治理
创新

全球专利科技发展史

岳强 杨飞 ◎著

电子工业出版社
Publishing House of Electronics Industry
北京·BEIJING

内容简介

本书以专利文献为史料，探讨企业和行业的沉浮兴衰、技术更替和市场扩张中的深层规律，力图从历史视角为知识产权管理和科技创新提供借鉴。全书分为兴衰篇、更替篇、边界篇、治理篇，聚焦 IBM、柯达、索尼、苹果、迪士尼等企业的专利故事，深入剖析其在科技演进中的研发布局及市场转型。通过呈现与解读真实案例，本书强调创新的重要性和持续革新的必要性，希望能为企业的专利战略和技术创新提供启发。本书作者期待与专利从业者、科技企业管理者及对专利布局有兴趣的科研人员就此主题进一步深入探讨。

未经许可，不得以任何方式复制或抄袭本书之部分或全部内容。
版权所有，侵权必究。

图书在版编目（CIP）数据

治理创新 ：全球专利科技发展史 / 岳强，杨飞著.
北京 ：电子工业出版社，2025. 2. -- ISBN 978-7-121-49439-0

Ⅰ．G306-091

中国国家版本馆 CIP 数据核字第 20257B7F56 号

责任编辑：张春雨
文字编辑：刘舫
印　　刷：三河市华成印务有限公司
装　　订：三河市华成印务有限公司
出版发行：电子工业出版社
　　　　　北京市海淀区万寿路 173 信箱　邮编：100036
开　　本：787×980　1/16　　印张：30.5　　字数：620 千字
版　　次：2025 年 2 月第 1 版
印　　次：2025 年 2 月第 1 次印刷
定　　价：118.00 元

凡所购买电子工业出版社图书有缺损问题，请向购买书店调换。若书店售缺，请与本社发行部联系，联系及邮购电话：（010）88254888，88258888。

质量投诉请发邮件至 zlts@phei.com.cn，盗版侵权举报请发邮件至 dbqq@phei.com.cn。

本书咨询联系方式：faq@phei.com.cn。

前言

专利文献，全面记载了近现代人类的应用科技演化史，却一直没有被系统性地从历史角度去梳理，诚可惜也。吾辈敢竭鄙诚，在日常知识产权工作之余，尝试从历史的角度研读专利文献，窥探一些深层的逻辑，以献此刍荛之议。

我们将专利文献作为研究历史的资料进行研究，观察一个公司乃至一个行业的兴衰、更替以及扩张变革的规律，穿透这些专利文献揭示的历史，以期为知识产权工作者、企业经营者提供一些借鉴，探究穿越时间周期保护创新、实施创新的些许思路。

本书分为兴衰篇、更替篇、边界篇、治理篇四个篇章，讲述IBM、柯达、索尼、飞利浦、苹果、博世、施乐、迪士尼、惠普等知名企业的专利故事。在这些故事中，我们主要以专利数据、专利文献、专利诉讼为视角，从中挖掘历史真相，分析企业在科技演进过程中的研发史实，探讨在特定历史阶段，企业的研发方向与企业的兴衰成败、技术更替和新市场拓展的关系。

在"兴衰篇"中，我们主要聚焦于IBM和柯达这两家百年企业，选取其发展历程中关键节点的一些重要专利事件，讨论企业研发与专利战略对企业兴衰的影响。在"更替篇"中，我们重点关注模拟时代向数字时代跨越的技术革命，以及这一时期索尼、飞利浦、苹果在大众电子消费品方面的产品与专利布局，揭示企业在研发上的布局和取舍所带来行业地位的更替。在"边界篇"中，我们以专利文献为主要依据，讲述博世、施乐、迪士尼、惠普等企业以传统业务为基础，开拓新市场乃至新行业的成功或失败的尝试。在"治理篇"中，我们会对以上故事做一小结，分享我们对创新与专利之间本质关系的一些思考。对于创新型企业经营者，我们的建议是，通过创新建立具备竞争力的核心根据地，具备了核心根据地之后，仍需时刻保持自我更替、自我革命的勇气，不断通过创新围绕核心根据地去建立创新羁縻区，并将创新羁縻区建设为业务过渡区，从而实现业务版图的扩张。企业如果不进行积极的创新开拓，将难以避免落入由盛转衰的陷阱，更甚者会被新的竞争者所更替。而对于知识产权工作者，工作的核心是探究创新的真相，并积极捍卫真正的创新被排他性地实施，从而为人民服务的权利，而对于利用知识产权渔利而不事推进实施的行为，我们持批判的态度。通过这些研究，本书所主张的创新理念以及专利保护理念，统称为治理创新。

我们相信科技以人为本，专利、创新和企业发展方向也都应当以造福于人类为核心。本书讲述的这些历史表明，能满足人民群众需求的创新，才能造就真正有价值的专利。而专利的真正价值在于守护优秀的产品和服务、守护优秀企业为人民服务的权利，这才是科技企业设计创新战略、专利战略的治理正道。

读者服务

微信扫码回复：49439

- 获取本书配套资源[1]

- 加入本书读者交流群，与作者互动

- 获取［百场业界大咖直播合集］（持续更新），仅需 1 元

▼1 为了便于读者更好地利用本书的参考资料、获知部分图表的具体来源及版权信息，我们将这些内容放在网上，以便读者下载。微信扫描本页或本书封底的二维码，回复 49439，可获取本书相关的资料。

目录

第一篇 ◆ 兴衰篇

第 1 章　导论　002

第 2 章　从织布机到计算机　017

第 3 章　从审查员到 CTO　025

第 4 章　从独角兽到托拉斯　037

第 5 章　用专利达成垄断的"爽点"　046

第 6 章　传奇专利的毁灭　053

第 7 章　从卡片到磁盘　061

第 8 章　从软件专利的反对派到旗手的转变　077

第 9 章　从论文机器到专利工厂　083

第 10 章　从大型机到微型机　091

第 11 章　留下专利挣快钱　101

第 12 章　外一则：蓝巨人的黄影　125

第二篇 ◆ 更替篇

第 13 章 导论 · 150

第 14 章 录音磁带技术溯源 · · · · · · · · · · · · · 161

第 15 章 卡式磁带的诞生 · · · · · · · · · · · · · · · 164

第 16 章 Walkman 横空出世 · · · · · · · · · · · · 172

第 17 章 艺术级的产品 · · · · · · · · · · · · · · · · · 177

第 18 章 年轻人的索尼 · · · · · · · · · · · · · · · · · 191

第 19 章 象牙塔上的飞利浦 · · · · · · · · · · · · · 195

第 20 章 数字音乐时代门槛前的纠结 · · · · · 200

第 21 章 一统天下的梦想 · · · · · · · · · · · · · · · 204

第 22 章 斤斤计较的王者 · · · · · · · · · · · · · · · 210

第 23 章 一代新人胜旧人 · · · · · · · · · · · · · · · 214

第 24 章 Betamax 的失败 · · · · · · · · · · · · · · · 217

第 25 章 CD 的诞生 · · · · · · · · · · · · · · · · · · · 227

第 26 章 不坚决的革命 · · · · · · · · · · · · · · · · · 231

第 27 章 那些"猪队友们" · · · · · · · · · · · · · · 238

第 28 章 作嫁衣裳的"时间平移" ⋯⋯⋯⋯⋯⋯ 245

第 29 章 飞利浦的格式之战 ⋯⋯⋯⋯⋯⋯ 254

第 30 章 格式之战的结局 ⋯⋯⋯⋯⋯⋯ 257

第 31 章 从《星际迷航》说起 ⋯⋯⋯⋯⋯⋯ 266

第 32 章 Newton 与通用魔术 ⋯⋯⋯⋯⋯⋯ 270

第 33 章 从 iPod 到 iPhone ⋯⋯⋯⋯⋯⋯ 281

第 34 章 多点触控专利小史 ⋯⋯⋯⋯⋯⋯ 284

第 35 章 更替瞬间的刹那余晖——专利视角下的索尼与苹果 ⋯⋯⋯⋯⋯⋯ 288

第 36 章 小结 ⋯⋯⋯⋯⋯⋯ 299

第三篇 ◆ 边界篇

第 37 章 导论 ⋯⋯⋯⋯⋯⋯ 302

第 38 章 从科学创新到产品的漫长之路(一) ⋯⋯⋯⋯⋯⋯ 312

第 39 章 从科学创新到产品的漫长之路(二) ⋯⋯⋯⋯⋯⋯ 329

第 40 章 博世核心区的建立 · 338

第 41 章 博世边界的拓展 · 343

第 42 章 新的边界——从理发器到电钻 · · · · · · · · · · · 352

第 43 章 施乐核心区的建立：从影印术到静电复印术 · · · · · · · · · 358

第 44 章 施乐的边界拓展：尝试了，努力了，失败了 · · · · · · · · 376

第 45 章 惠普的边界拓展：测量仪器、计算机与打印机 · · · · · 385

第 46 章 光与影的核心区建立 · · · · · · · · · · · · · · · · · · 400

第 47 章 幻与真的边界拓展 · 410

第 48 章 数字时代的传承与开拓 · · · · · · · · · · · · · · · · 418

第四篇 ◆ 治理篇

第 49 章 导论 · 432

第 50 章 创新与专利的本质关系 · · · · · · · · · · · · · · · · 439

第 51 章 保护创新的规则磨砺史 · · · · · · · · · · · · · · · · 443

第 52 章 知识产权规则的运用之道 · · · · · · · · · · · · · · 475

第一篇

◆

兴衰篇

第 1 章 导论

> 民为贵，社稷次之，君为轻。
> ——孟子

萨缪尔·P. 亨廷顿（Samuel P. Huntington）有个著名的论断："西方成为这个世界的赢家，所依凭的并不是其理念、价值或宗教的优越……而在于其更有能力运用有组织的暴力。西方人经常忘记这一事实，但非西方的民众永远也不会忘记。"

西方人在 15 世纪的地理大发现，演变为欧洲对亚非拉的殖民史。在这段历史中，来自欧洲的冒险家持火枪冲锋在前，传教士拿着圣经紧随其后，他们先用武力打击，再通过传教洗脑，对美洲和非洲土著在身体和心理上进行双重压制。在很长的一段时间里，亚非拉殖民地的民众都相信白人在智力和道德上天生具有优越性。直到今天，这种思维模式还像思想钢印一样烙在一些人的潜意识里。

就知识产权而言，很多人倾向于相信西方人的知识产权意识更强、专利制度更成熟，因此西方企业的创新能力更强，产品也更优秀。所以，要提高中国企业的创新能力，就必须增强国人的知识产权意识，同时在制度上向欧美看齐。在中国刚刚加入世界贸易组织大开国门的时候，业内人士有这样的想法也不足为奇。当时很多西方企业进入国内，其产品确实优秀，对知识产权的操作方式也让人耳目一新。乐百氏、美加净、中华牙膏等民族品牌被外企收购后雪藏，DVD、MPEG 等专利池权利人不事生产而坐收巨额许可费，国人对这些事实的感受，可能与美洲土著面对火枪齐射时的相仿。

而今，中国已经成为世界工厂。越来越多的欧美老牌企业放弃了生产制造甚至研发设计，把产品交给中国企业代工，满足于贴牌销售，用自己上百年积累的"科技企业"名号赚一些快钱；等到这些手段行不通了，再用专利捞最后一桶金。还有一些企业已经在竞争中落败，但是几十年来积累的专利落到一些 NPE（Non-Practicing Entities，非执业实体）手中。新兴的中国科技公司在海外开拓市场的时候，往往会遭到这两类企业的专利阻击。

我们相信，企业距离生产线和消费者的距离越远，产品力就越低，手中的专利也必然会越来越虚弱。当老牌企业用一些精心撰写却无实体产品支撑的专利"维权"的时候，其行为已经接近于专利流氓。这种专利本身不足为惧，但是由于专利诉讼可能涉及的巨额成本、陌生的语言和法域，中国企业在海外专利纠纷中确实面临天然的不利局面，这也是不争的事实。

在这一点上，我们相信亨廷顿的论断——这种优势并不是因为西方企业"理念、价值或宗教的优越"，而是因为其更有能力从专利中榨取真金白银；而且，这种能力并非一朝一夕之功，而是两个多世纪练就的成果。

在很多人的印象中，"专利运营"和"专利流氓"都是比较新的概念。追根溯源，"patent troll"（专利流氓）这个词最早见诸报端也不过是1990年代的事。从产业历史上看，专利流氓在美国大行其道大约是21世纪之后的事情。2001年互联网泡沫的破灭致使大量科技企业破产而抛售专利，一些NPE趁机开始大量囤积专利。然而，这种印象其实并不准确——至少在美国，专利制度已经有200多年的历史，大规模的专利诉讼战、策略性的专利运营、成熟的专利布局，早在100多年前就已经出现，并非最近几十年才有的现象。

美国历史上第一批大规模专利诉讼始于18世纪末。当时，美国人伊莱·惠特尼（Eli Whitney）发明了轧棉机，使棉花的大规模加工成为可能。他在1794年申请了专利，并获得了授权（见图1-1），为他授权的是美国国父之一——托马斯·杰斐逊（Thomas Jefferson）。很多专利从业者可能听说过，杰斐逊是美国历史上第一位专利审查员。但实际上，杰斐逊也没审过几件案子，他真正从事实审审查的时间只有短短的3年（1790—1793年）。1793年，美国取消了实审，只要求专利申请者宣誓证明自己专利的原创性，形式合格即可授权。

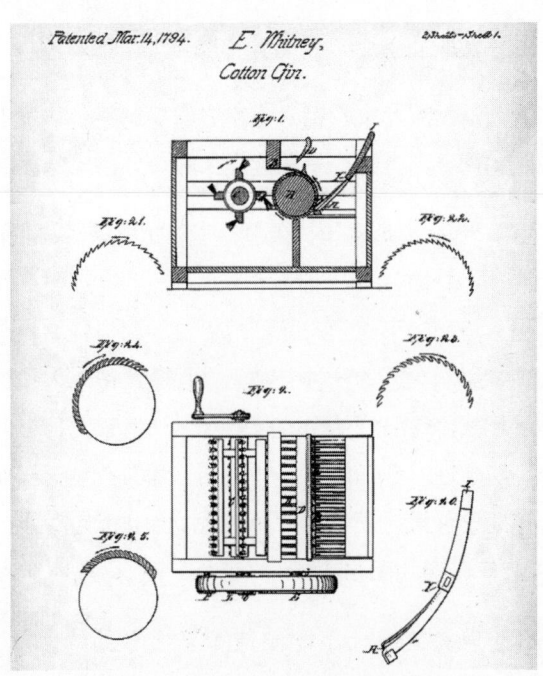

图1-1 惠特尼1794年的专利的附图

惠特尼找到了一位合伙人，开厂生产了一批轧棉机，目标客户是美国南部的种植园主。但是他的商业模式很不成熟，产能跟不上需求，价格也高得离谱——根据惠特尼开出的条件，客户要把机器处理后的棉花的销售收入的三分之一交给他。此外，他的机器设计并不复杂，明眼人一看便知其原理。在惠特尼的时代，要求人们具有"知识产权意识"是不可能的。很快，很多南方种植园主都开始仿制他的机器。惠特尼随即展开了一系列专利侵权诉讼来维权。但是，他在南方人生地不熟，法院对他的案子一拖再拖，有些州甚至根本不承认专利权。尽管惠特尼取得了一些胜利，但获得的收益只能勉强支付律师费。惠特尼愤然留下一句名言："发明的价值如此之大，然于发明人却无寸利。"（An invention can be so valuable as to be worthless to the inventor.）

这句话说得一点儿也不错——惠特尼的轧棉机使棉花成为一种非常适合美国南方奴隶制生产模式的农产品，而棉花纺织业的发展又促进了北方工厂生产模式的发展，在一定程度上塑造了当时美国经济的基本格局，但也加大了南北隔阂，促成南北战争爆发的一个间接诱因。这样一个重塑一国经济格局的发明，却没给惠特尼带来什么直接收益。在此之后，惠特尼还有多项发明，但是因为轧棉机专利失败的经历，他再也没有申请一项专利。[1]

轧棉机虽然没让惠特尼挣到多少钱，但却使他的才干广为人知，获得了政府的认可。后来，惠特尼接到美国联邦政府的一笔大单——为军队生产10,000支步枪。[2]惠特尼提出了"可替换零件"的概念，又快又好地完成了任务，为部队提供了装备，赚了一笔大钱。[3]可替换零件的生产模式在北方工业界逐渐发展起来，但是在南方奴隶制经济环境中却水土不服，最后成为南北战争中北方军队获胜的重要因素之一——这样来看，惠特尼也算是报了仇。

在惠特尼维权失败后，又过了几十年，专利运营成功的案例逐渐多了起来。1818年，美国发明家托马斯·布兰查德（Thomas Blanchard）设计出了能够加工各种不规则产品的自动车床，用来制造枪托、鞋楦、斧柄等不规则产品。他提交专利申请后，马上有竞争对手发起抵触程序。这是当时美国"先发明制"下的一种专利无效程序：请求人和被请求人谁能举证证明是自己先完成的发明，谁就能获得该发明的专利权。经过法庭审判，布兰查德获得了专利权，但是客户仍然担心他的专利稳定性。在了解了一些竞品之后，布兰查德撤回申请，重新撰写了说明书，并在1820年1月20日获得再颁专利（reissue patent）。图1-2和图1-3分别为布兰查德1820年的专利附图与车床实物图。

到了1830年代，布兰查德又设计了能制造可互换零件的多种车床，涉及US3、US4、US5、US6、US7、US8和US9等专利。熟悉美国专利历史的人，只要看到这些专利号，就能明白它们的重要性——这些专利号只有1位数,因为它们是美国1836年专利法改革后授权的第一批专利。在1836年之前,美国专利通常用授权日期指代,没有专利号。[4] 而布兰查德最重要的一件专利,就是他那件没有专利号的再颁专利。在1820年代,采用这件专利的技术生产的车床要卖到400美元,同时使用者每年还要交100美元的专利许可费。

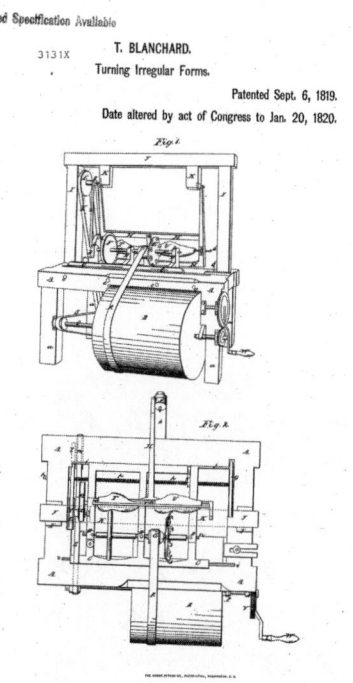
图1-2 布兰查德1820年专利的附图

图1-3 布兰查德发明的车床

从1830年代到1850年代,布兰查德频频出击,发起了几十场专利侵权诉讼,大多数官司都打赢了。这一连串的胜利并不是因为布兰查德的专利质量和律师的水平够高,而是当时美国专利法一项重要改革的结果:如果专利权人能够证明自己没有在专利有效期内获得"合理回报"(reasonable remuneration),并且不是出于本人疏忽或过错(neglect or fault)的原因,就有权申请专利保护期延长。布兰查德成为这一规定的最大受益人之一。而在布兰查德开始大肆进行专利战的时候,绝大多数被告都想不到要为三四十年前的技术进行回避设计。

1834年左右,布兰查德在1820年申请的车床专利即将到期。他到美国国会游说,希望国会给自己的专利特批延期。他诉苦说自己1820年申请的专利本来可以获得215,440美元的收益;但是在专利的有效期内,他一直在斯普林菲尔德兵工厂辛勤工作,耽于国事,没能很好地运营自己的专利,结果在14年内靠专利只挣到了一小笔钱——共计3665美元84美分,有整有零,看上去证据确凿。经过布兰查德反复游说，1834年6月，美国国会颁布一项法案，特批布兰查德的1820年专利延期14年。

从这段历史可以看出，美国的专利制度在当时还相当粗糙，远没有如今精细。因为布兰查德的专利在1834年1月就已经到期，而国会到当年6月才批准延期，从1月到6月近半年的时间，他的专利是无效的。由于存在这个空窗期，当布兰查德拿着他的车床专利起诉竞争对手抄袭时，对手都会宣称自己是在专利无效的半年时间内仿制了机器，而布兰查德要承担举证责任，证伪对方的说辞。除此之外，还发生了一个小小的意外——国会的工作人员一时马虎，把布兰查德专利的授权日写错了，把1月20日写成了1月12日。如前所述，1836年之前的美国专利没有专利号，通常是用专利日期指代专利的。所以，专利日期写错可不是一件小事。一名被告就以此为由，主张国会的延期法案指向一件根本不存在的专利，应当视为无效。布兰查德只好向国会申请重新颁布一项法案，为1834年的法案纠错。但这些都是无伤大雅的小障碍，没有影响布兰查德拿到大笔专利费和赔偿金。

又过了14年，布兰查德的专利再次临近过期。这次布兰查德早有准备，他为国会的老爷们备上了一份厚礼。当时照相机技术还不成熟，达官贵人们还保留着中世纪的习惯，通过画像和雕像给自己留影。布兰查德搞到一批国会议员的石膏胸像，把它们放在自己发明的车床上，以大理石为材料做了一批复制品，运到华盛顿展览。这个"马屁"让议员们甚是愉快，于是在1848年又通过了一项法案，再次给布兰查德的专利14年保护期。这次不仅没写错字，还做到了无缝衔接，没有像上次那样留下空窗期。于是，美国历史上出现了绝无仅有的一件超长专利，保护期长达42年。[5]

布兰查德是19世纪最早利用专利诉讼维权并获得大量收益的发明人之一，影响也大，但他不是最早的一位，更不是唯一的一位。

从布兰查德开始，很多发明家都会在获得专利权后走上诉讼之路，靠专利许可费成为巨富。根据布鲁克林法学院法制史专家克里斯托弗·博尚（Christopher Beauchamp）的考证[6]，纽约南区法院在1880年处理了381件专利侵权诉讼，这个数量超过2010年任何一个美国联邦地区法院处理的专利侵权诉讼量，即便在2014年，这个数字也能在联邦系统所有法院处理的专利侵权诉讼量中位列前三。该研究还显示，纽约州联邦法院系统在1880年受理的专利侵权诉讼有650多件，比2011年美国任何一个州的专利侵权诉讼量都要多。

表1-1为1840—1910年纽约州南区、宾州东区法院发起专利诉讼最多的实体的相关信息。

由此表可见，一位名叫奥利弗·H.P. 帕克（Oliver H.P. Parker）的发明人在 1850 年代就发起了多达 150 起专利诉讼，这个数量即使在今天的中国，也鲜有企业可与之相比。第二名和第三名都与大发明家查尔斯·古德伊尔（Charles Goodyear）有关。古德伊尔发明了硫化橡胶，在工业史上有着重要地位，著名的固特异轮胎与橡胶公司（Goodyear Tire & Rubber Company）就是为了纪念他而命名的。古德伊尔一生留下 28 件美国专利[7]，他的生意伙伴依靠这些专利，先后发起了数百起诉讼，控制了美国早期的橡胶产业，表 1-1 中展现的诉讼只是冰山一角。[8] 表 1-1 中排名第二的古德伊尔牙橡胶公司（Goodyear Dental Vulcanite Co.）¹ 也是古德伊尔的合作伙伴之一。从 1866 年开始，这家公司针对全美各地的牙医维权不下 2000 次，产生了深远的社会影响。

表 1-1　1840—1910 年纽约州南区、宾州东区法院发起专利诉讼最多的实体²

姓名/公司名称	发起诉讼数量	住所	领域	大致年份
Oliver H.P. Parker	150	Philadelphia, PA	Water Power	1850
Goodyear Dental Vulcanite Co.	65	New York, NY	Dental Rubber	1870, 1880
Charles Goodyear, Joined by Various Licensees	49	Connecticut	Rubber Goods	1850, 1860
American Bell Telephone Co. (with Local Licensees)	36	Boston, MA	Telephones	1880, 1890
George H. Wooster	33	New York, NY	Garments	1880
Farbenfabriken of Elberfeld Co.	26	New York, NY	Pharmaceuticals	1900, 1910
George C. Roberts	21	New York, NY	Refrigeration	1870
Columbia Motor Car Co. & George B. Selden	20	Hartford, CT & Rochester, NY	Automobiles	1910
George Gregerson, Assignee of John Lightner	20	Roxbury, MA	Railroad Equipment	1860
Richard Imlay	20	New York, NY	Railroad Equipment	1860

在 19 世纪，由于中南美洲和美国南部种植园经济的发展，蔗糖产量空前提高，这让蔗糖迅速廉价化，进入寻常百姓家，成为普通民众的生活必需品。由于这个进程实在太快，以至于大多数人并未意识到吃糖要有节制，一时牙病高发，成为北美地区的常见病。同时，由于麻醉技术的进步，拔牙和装假牙也变得普遍起来，牙医随之成为炙手可热的职业。这也是古德伊尔牙橡胶公司盯上牙医群体的一个重要原因。

▼1　Goodyear 在中国大陆地区常见的译法是"固特异"。这是固特异轮胎与橡胶公司（Goodyear Tire & Rubber Company）针对中国市场的本地化翻译。古德伊尔牙橡胶公司（Goodyear Dental Vulcanite Co.）与固特异轮胎与橡胶公司并无关联，因此不采用"固特异"的译法。

▼2　表 1-1 的来源见"图表链接 .pdf"文件，该文件可通过扫描封底二维码获取。

喜欢看美国西部片和黑帮片的读者可能都知道，19世纪中叶的美国民风彪悍、治安混乱，正处在私家侦探和赏金猎人活跃的时期。甚至连美国专利局都曾经两度失窃，案件轰动一时。当时，美国专利局除了保存专利说明书文档，还负责保存和展示专利技术的模型。而且美国专利局的模型展厅还有一个功能，就是展示美国联邦政府的一些重要文物，包括《独立宣言》、《宪法》原本和外国政府赠送的一些礼品，其中颇有一些容易变现的金银珠宝。1841年12月，一名盗贼潜入美国专利局模型展厅，偷走了俄国沙皇赠送的黄金镶钻鼻烟壶、马斯喀特伊玛目赠送的珍珠项链，以及秘鲁总督赠送的黄金剑鞘，警方几经周折才将这些物品寻回。1848年11月，专利局再次被盗，失窃的基本上是同一批珠宝首饰。[9]

在这样的时代背景下，专业律师的手段更是五花八门，层出不穷。为了取证，古德伊尔牙橡胶公司使用了各种盘外招，对目标牙医的仆人、邻居进行贿赂、收买、威逼利诱等都不过是常规手段。据当时的《纽约时报》报道，他们最常用的手段是美人计。在锁定了作为诉讼目标的牙医诊所后，古德伊尔牙橡胶公司就会花钱雇一位美女登门问诊，定制一副橡胶齿模。尽管牙医一般都是受教育水平很高的学霸，但也难免见到美女时智商减半，对这种请求不加提防。美女离开诊所之后，直接把齿模带回古德伊尔牙橡胶公司，随后公司律师就把状纸递到了法院。

1872年，牙医们终于熬到古德伊尔的专利到期。而古德伊尔牙橡胶公司又马上拿出约翰·坎明斯（John Cummings）1864年获得授权的一件专利（专利号为US43009A）[1]，继续满世界找牙医收钱。

约翰·坎明斯也是一位牙医，生平不详，他除了拥有这件让其他牙医闻风丧胆的专利，并没有其他专利的申请和授权记录。这件专利在1855年就提交了申请，但被专利局驳回。当时橡胶齿模技术已经有了初步应用，在英国也有类似的专利技术。但是不知道是什么原因，这件专利在1864年居然获得了授权，随后被立即转让到古德伊尔牙橡胶公司手中。[10]

坎明斯的专利说明文件只有薄薄的两页纸，其中一页是附图（见图1-4），另一页是说明书和权利要求（见图1-5）。整个方案也非常简单，和先前的技术相比，只不过是用可以硬化的硫化橡胶代替金属作为齿模的材料。这件专利至少遭遇过两次申请无效的诉讼挑战，但最终还是被维持为有效。后来牙医组织发现，在其中一次诉讼中，古德伊尔牙橡胶公司居然在偷偷资助被告，也就是提出无效主张的一方，甚至支持被告上诉，而整个上诉程序的潦草随意和快速结案也极为可疑。[11] 古德伊尔牙橡胶公司是不是买通了被告和法院，今天的我们已经无从得知；但是坎明斯的这件专利经过了诉讼的考验，最终存活下来。

▼1　2000年以前，美国专利的授权号的后缀为A，而非今天常见的B1或B2。

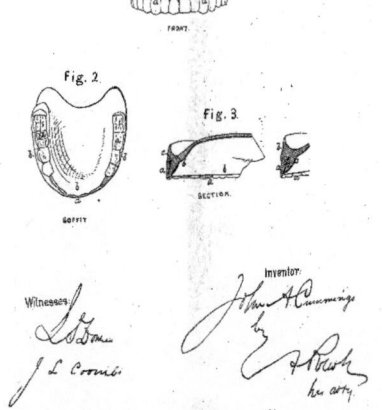

图 1-4 坎明斯专利的附图　　图 1-5 坎明斯专利的说明书及权利要求

古德伊尔牙橡胶公司给牙医报出的要价条件一般是每年 45 美元，外加每副齿模 1 到 2.5 美元。[12] 但是在签许可协议时，牙医要一次付足十几年的全部专利费，导致一次性支付的总费用达到数百美元，这往往是一名牙医辛苦一年的总收入。牙医们不堪其扰，一边组织基金会进行对抗，一边号召大家游说地方议会抵制专利延期，但是都没能成功。

这段历史发生在南北战争后，与电影《被解救的姜戈》的时代背景相距不过几十年。《被解救的姜戈》中的主要人物舒尔茨也是一位牙医，暗地里则是赏金猎人。他假扮成奴隶主，希望帮助主角姜戈买回他的黑人妻子。在整部电影最精彩的一场对手戏中，莱昂纳多·迪卡普里奥扮演的奴隶主加尔文与舒尔茨反复交锋，最终识破了他的伪装，但还是同意把姜戈的妻子卖给他。双方当场撰写合同，签名盖章。在这个过程中，加尔文多次无礼挑衅，舒尔茨全程保持冷静。但是，就在加尔文坚持与舒尔茨握手表示成交的时候，出乎观众意料的惨剧突然发生了：一直冷静自若、智计百出的牙医无论如何都无法接受这个要求，当场拔枪打死加尔文，引发了一场本来可以避免的火并，也送掉了自己的性命。

古德伊尔牙橡胶公司也惹上这样一位牙医，从而在与其相关的一场悲剧事件之后偃旗息鼓，最终结束了这场旷日持久的诉讼大战。当时，一位名叫塞缪尔·P. 查尔方特（Samuel P. Chalfant）的牙医拒绝向古德伊尔牙橡胶公司支付许可费。为了摆脱专利诉讼，他关掉特拉华州的诊所逃到圣路易斯开业，之后又从圣路易斯逃到旧金山。但是无论他搬到哪里，都会在第一时间迎来古德伊尔牙橡胶公司的律师。1879年，查尔方特在与古德伊尔牙橡胶公司的一位高管谈判时突然怒气爆发，当场拔枪射杀了对方。[13] 这位高管名叫约西亚·培根（Josiah Bacon），是古德伊尔牙橡胶公司推行积极诉讼政策的主要决策者。他死后，古德伊尔牙橡胶公司的诉讼战逐渐消停下来。

值得一提的是，法院认为查尔方特情有可原，只判了他10年徒刑。查尔方特在监狱里颇受优待。他在狱中主要给犯人看牙，不必做苦役，也不用穿囚服，时不时还可以接诊监狱外的牙病患者，挣点儿外快。牙医协会把他视为英雄，经常派人探监，还上下奔走呼号，为他争取特赦。一位女性笔友甚至帮他化装越狱，带他登上火车，远走他乡。结果，查尔方特在火车上吃东西导致假胡子脱落，引起了警察的注意，重新落入法网。虽然有这样藐视司法的极端行为，但查尔方特最终还是获得了政府的赦免令，仅服刑6年就重获自由。[14] 由此可见，专利诉讼活动在当时的美国本身就是一件争议很大的事情，而专利讼棍的不得人心，早在专利制度的初期就已是无可否认的事实。

在表1-1所列的实体中，还有一个重要角色——贝尔电话公司（American Bell Telephone Co.），它是AT&T的前身。作为当时高科技企业的领头羊，贝尔电话公司在美国专利诉讼史上扮演了重要角色，很多重要的判例都与其先进的技术有关。到了20世纪，我们耳熟能详的大发明家，如爱迪生、莱特兄弟等，也都是赫赫有名的专利巨头，他们通过积极的专利诉讼让竞争对手望而却步。在20世纪的很长一段时间里，贝尔电话公司的后继者——AT&T，一直与IBM共同占据着美国专利授权榜的前两位。

对于这些发明家和企业，我们当然不能简单地以"讼棍"来评价。让发明者从自己的发明创造中获得财富，正是专利法的本意。如前所述，19世纪下半叶美国专利诉讼量的突然增长，主要还是因为1836年专利法允许专利保护延期。这一规定让一些本来"行将就木"的专利突然获得了几十年的额外寿命，一般的企业连规避设计的机会都没有，只能被迫接受专利持有者的条件或法院的判决。这段历史给我们的启示是：美国的专利律师和科技企业早在两个世纪以前，就已经开始积累专利诉讼的经验了，从庭上的唇枪舌剑到庭外的文墨功夫，以及对制度改革的敏锐嗅觉，再加上美人计和商业间谍等盘外招，他们有200多年的历史积累与现代技术的加持——这就是中国加入世界贸易组织之初，第一代专利从业者面对的强大对手。很明显，这种强大和"理念、价值或宗教"是没有什么关系的。

如前所述，从1793年托马斯·杰斐逊不再负责专利实审工作开始，美国专利局只做形式审查。申请专利时申请人只需提交整理好的文件、必要的图纸和模型，再掏 30 美元的注册费，基本上就能确保授权。[15] 到 1836 年，美国专利局授权的专利总数已经达到 1 万件。[16] 因为专利局没有实审能力，专利的无效宣告只能在法院进行。在与日俱增的专利诉讼压力下，法院苦不堪言，这迫使国会在 1836 年进行改革，为专利局增加了实审职能，并要求专利具备原创性（originality）、实用性（utility）和重要性（importance）。1836 年，美国专利局迎来第一位专职审查员查尔斯·凯勒（Charles Keller），1837 年增加到两位，1861 年增加到 12 位，1870 年则增加到 22 位专职审查员和 44 位助理审查员。新的专利审查制度直接催生了专利代理行业。

1836 年，专利法生效后不到 4 个月，一位名叫托马斯·琼斯（Thomas Jones）的人就发现了商机，他在华盛顿开了美国第一家专利事务所。托马斯·琼斯曾经在学校担任教职，也曾在改革前的专利局短暂工作过一段时间，并且担任富兰克林研究所（Franklin Institute）的学报的编辑。这份学报在当时的工程师群体中影响力很大，托马斯·琼斯的事务所开张后的第一份广告就刊登在这份学报上，为他赢得了不少客户。1837 年，美国专利局又把他请回去担任审查员。托马斯·琼斯在专利局工作了一年，可能是看不上这份死工资，于 1838 年二度辞职，回到了自己的事务所。

和托马斯·琼斯的情况相似，早期美国专利局的很多审查员都在 1840 年代离职开设事务所[17]，包括第一位专职审查员查尔斯·凯勒、第四位专职审查员查尔斯·佩奇等，多数人的事业都很成功，从而造就了完美的政商旋转门。查尔斯·凯勒离职之后，曾经伙同他在专利局的前同事为客户获得了一件价值百万美元的再颁专利，这成为当时的一大丑闻。这些史实也表明专利行业当时已经进入第一个蓬勃发展的时期，专利运营、专利申请和专利诉讼都迅速发展起来。

图 1-6 为专利代理机构威廉·贝尔公司（William A. Bell & Co.）在 1891 年打出的广告，上面画着该公司前往郊县巡回展示和兜售专利的马拉四轮大篷车。车厢外壁上绘有专利技术的展示图，马车里还载着近 150 件专利的说明文件与模型。在广告中，威廉·贝尔公司承诺会把客户的专利带到各种展销会和博览会上展出，帮助客户联系生产商和投资人。广告上写着："注意！认真阅读！马上把您的专利交给我司出售，抓住机会用您的专利赚一笔钱。"（ATTENTION! READ WITH CARE! Have Your Patent Placed for Sale in Our Agency at Once. MAKE MONEY OUT OF YOUR PATENT WHILE YOU HAVE AN OPPORTUNITY.）这幅广告被收藏在美国国家历史博物馆（National Museum of American History）中。据记载，威廉·贝尔公司的大篷车曾于 1891 年夏秋两季前往美国中西部各州，次年冬季又前往南部各州巡回展示、兜售专利。[18] 这可能是

历史上最早的"知识产权下乡"的记录，距今已经130多年了。

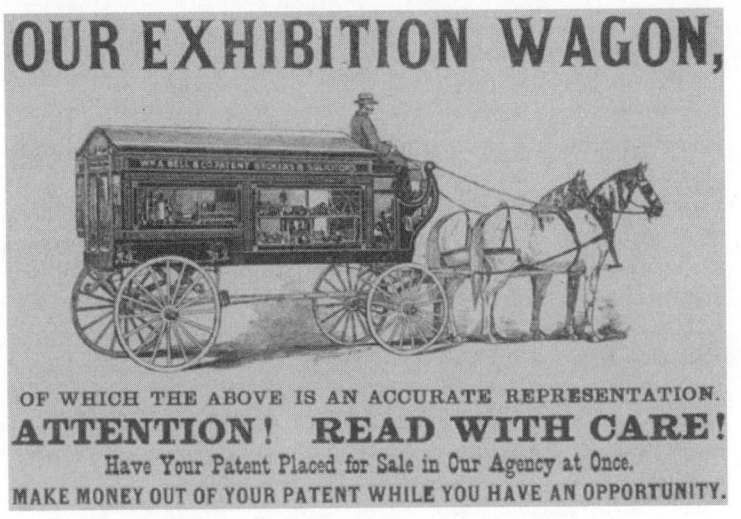

图1-6 威廉·贝尔公司在1891年打出的广告

到了20世纪初，专利运营已经成为成熟的商业模式，一些案例至今都还有着重要影响。例如，爱迪生在1893年发明的Kinetoscope（这是一个生造的单词，一般译作"活动电影放映机"）。Kinetoscope被公认为是现代电影技术的前身。从产品上看，这个技术只能让一名观众用一种很别扭的方式观看低质量的影像（见图1-7的左图，右图为放映机的内部结构），与今天的大屏幕电影几乎没有相似之处。

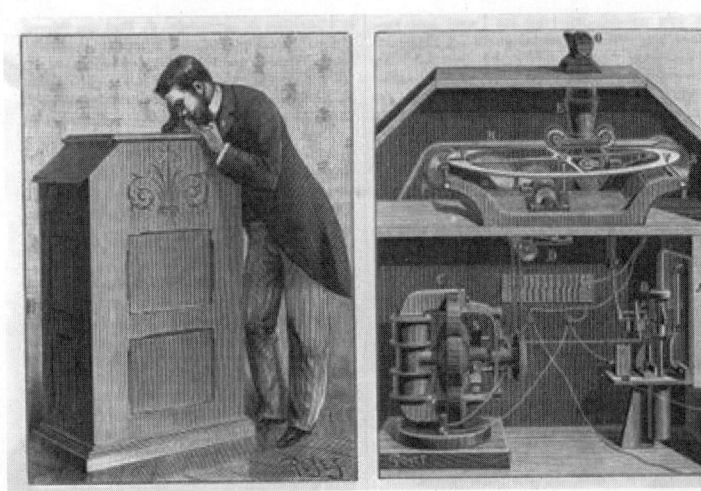

图1-7 早期"活动电影放映机"的观看方式（左）和内部结构（右）

由图1-7可见，爱迪生的"活动电影放映机"只是一个一米来高的小箱子，但是其专利说明书所述的保护范围却足以扩展到在大屏幕上播放的电影。"活动电影放映机"专利（专利号为US589168A，图1-8为其附图）的权利要求1写道：

> 一种通过摄影实现适合再现的场景重现的设备，该场景包括单个或多个移动物体，包括用于快速间歇性投影的装置，从固定和单一的角度观察，该装置会通过单个或多个物体的连续位置变化而产生连续视觉图像；感光带状胶片及移动胶片的装置，使连续的图像在其上分别以单行顺序被接收。

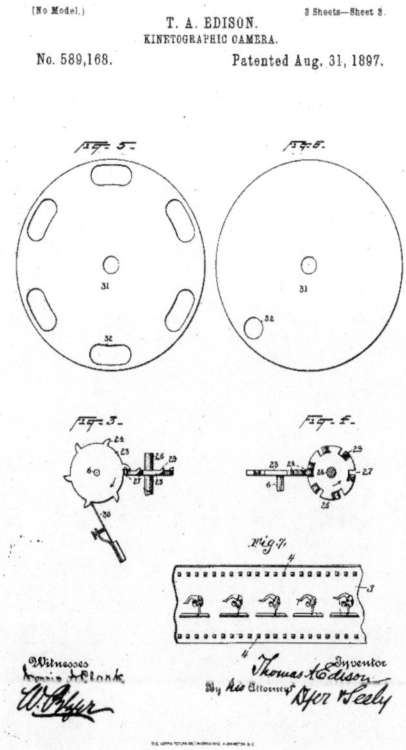

图1-8 "活动电影放映机"专利附图

而权利要求5则写道：

> 一种连续的透明或半透明带状胶卷，上面有运动物体连续位置的等距照片，所有照片都是从同一角度拍摄的，这些照片以连续的直线顺序排列，数量仅受胶卷长度的限制，大体如上所述。

可见，爱迪生这件专利的权利要求保护的是电影放映的基本原理的唯一实现方式，也就是用胶片上的连续图像在人眼前匀速运动造成视觉暂留的现象。至于电影的播放媒介和地点，并不在这件专利的讨论范围之内。

几年后，法国的卢米埃尔兄弟基于爱迪生的"活动电影放映机"技术，发明了电影投影技术。1895年12月28日，卢米埃尔兄弟把一系列影片投影在大屏幕上播放，在巴黎公开展览，引起巨大轰动。虽然爱迪生的专利申请日在此之前，但是业界和民间还是普遍认为电影诞生于这一天。电影技术从此走出了爱迪生的小箱子，但却逃不出爱迪生的专利束缚。

卢米埃尔兄弟的公开展览大受好评之后，电影产业迅速发展起来，这引起了爱迪生的注意。自1902年开始，爱迪生以专利诉讼威胁，要求美国各地的电影经销商和影院都使用他的设备。1907年，爱迪生发起了一系列专利诉讼，迫使一批竞争对手退出电影业。当时除了爱迪生的技术，电影摄像机的唯一选择是Biography公司的产品，其设计与"活动电影放映机"的基本思路略有不同。爱迪生曾试图通过抵触程序使Biography的专利无效，但是没有成功。他索性把Biography拉进来，组建了Motion Picture Patents Company（电影专利公司，简称MPPC），垄断了电影拍摄、放映、胶片的全部重要专利。柯达公司成为MPPC的唯一指定胶片供应商（图1-9为柯达创始人乔治·伊士曼和爱迪生在一起的照片）。

图1-9 柯达创始人乔治·伊士曼（左）和爱迪生（右）在一起

MPPC不遗余力地骚扰所有的电影制片人，除了发起专利诉讼，还雇佣商业间谍打探消息，甚至雇佣黑道人员砸场子。柯达公司虽然会偷偷把胶片卖给不交专利费的独立制片人，但是在当时的技术条件下，摄像机无论怎么设计，都不可能逃出爱迪生和Biography的专利。[19]

当时，爱迪生的大本营在新泽西。尚处于襁褓之中的美国电影工业本来在纽约一带发展，但是由于MPPC逼迫得太紧，一些独立制片人只能选择远走高飞，从东海岸逃到西海岸，在加州的洛杉矶找到了立足之地。洛杉矶附近既有山又有海，甚至还有沙漠，便于取景。更重要的是，在当时的交通和通信条件下，洛杉矶离新泽西实在太远，让爱迪生鞭长莫及。因此，好莱坞才得以在洛杉矶诞生。[20] 美国老牌杂志《星期六晚邮报》2021年的一篇文章还把爱迪生称为"不自觉的好莱坞奠基人"。[21]

爱迪生手下最重要的专利律师包括勒穆埃尔·塞雷尔（Lemuel Serrell）、乔治·戴耶斯（George Dyers）和理查德·戴耶斯（Richard Dyers）等人。在欧美国家，法学院有着悠久的历史，但是当时还没有专门的知识产权或专利法专业，这些律师的专利实务能力主要来自家传：勒穆埃尔·塞雷尔的父亲是1836年美国专利法改革后的第一代专利律师，而乔治·戴耶斯和理查德·戴耶斯则是一对父子，乔治年老之后，理查德子承父业，继续给爱迪生打工。早期的专利从业者就是这样，通过家族传承和政商旋转门，不断积累实务经验。在这样的历史背景下，美国企业很早就出现了专利部门，一些研究者甚至认为专利部是美国历史上最早的公司部门之一。[22]

总而言之，在中国加入伯尔尼公约和世界贸易组织，正式成为世界知识产权俱乐部的一员时，美国的专利从业者们已经在专利战场上摸爬滚打了200多年。无论是专利的撰写、挖掘、诉讼，还是运营，无不有丰富的经验，中国第一批专利人都难以望其项背。

不可否认，在美国专利法200多年的历史中，众多法律人辛勤工作，通过各种司法实践，为权利人和社会大众争取利益，填补法律漏洞，所做的贡献不可忽视。但是在这个过程中，也有大量企业与个人游走于法律的边缘地带，以国家公器满足一己私利，甚至打击异己、破坏社会创新，完全违背了专利制度建立的初衷。与此同时，美国学术界在专利的合法性、价值观和道德伦理方面也进行了大量的讨论，积累了丰富的经验和学术资源。这种资源让人们更容易相信美国知识产权制度在"理念、价值"上的优越性。

在我们看来，专利从业者的价值，是为创新保驾护航；而专利从业者持有的理念，应当是捍卫法律和服务大众。就企业而言，专利的价值体现在对技术方案的实施上，让专利成为产品或服务，而不能本末倒置，让专利凌驾于产品与服务之上。从大的方面来说，企业家要造福大众、改变世界，终究靠的是其产品与服务进入普通人的生活，而不是以专利让同行闻之色变；从小的方面来说，让用户满意才是企业生存和发展的立身之本。专利作为进攻的武器和防御的手段，其重要性固然不可忽视，但"兵者是凶器，圣人不得已而用之"，有"马上得天下"的天子，可哪里有"马上治天下"而长治久安的呢？

多年来，眼见西方科技企业在专利上种种令人眼花缭乱的操作，很多人自然而然地把专利运营看作"高大上"的高级业务，而忽视了产品的重要意义。相信很多人都听过"一流企业卖标准，二流企业卖技术，三流企业卖产品"的说法。但是，从1474年威尼斯率先实施专利制度以来，岂有一家企业单靠专利运营成为百年名企的记录？

要论专利强大和百年名企，最符合这两个条件的科技公司，非IBM莫属。因此，我们的故事就从IBM开始说起。在整个人类科技史上，IBM都是一个需要浓墨重彩书写的角色：在1970年到1990年之间，有6名IBM员工先后荣获诺贝尔奖，他们对人类的贡献不可磨灭。

2021年，IBM获得8682件美国专利授权，连续28年在美国商标专利局（USPTO）的年度专利排行榜上排名第一。[23]直到2022年，IBM才走下王座，把年度专利榜第一的位置让给三星。

庞大的专利数量使IBM在专利诉讼中长期立于不败之地——虽然偶尔也会遭遇专利流氓或NPE的骚扰，但是拥有实体业务的企业一般都没有胆量与IBM对簿公堂。著名专利律师克莱格·艾维（Clegg Ivey）曾经说过："IBM是人们能够想象的最恐怖的专利诉讼对手，因为它们的专利组合是热核武器等级的。"维拉诺瓦大学的法学教授迈克尔·里希（Michael Risch）在2013年的一份研究报告中指出："（IBM）几乎没有被竞争对手起诉过专利侵权，原因很简单：任何有可能起诉IBM专利侵权的公司，都难免遭到若干IBM专利的反诉回击。结果要么是撤诉，要么是和IBM达成交叉许可协议。"IBM知识产权部门的杰瑞·罗森塔尔（Jerry Rosenthal）也曾骄傲地表示："IBM的工程师只需要考虑如何设计出最好的产品就行了，他们不用为专利问题操心。"[24]

专利不仅是盾，也是矛。IBM维持着全世界最庞大的专利组合，也不仅仅是为了防御对手的攻击。早在2000年左右，IBM的专利许可收入就已经突破10亿美元，在业界独树一帜。到了2017年，IBM的专利许可收入为14.66亿美元，占到其当年总利润（约57.53亿美元，因美国税改而大幅减少）的四分之一以上。这些收入自然让人叹服，但即使是IBM这样的公司，也是以产品起家的，决定其兴衰成败的，始终是产品而非专利。

第 2 章 从织布机到计算机

最早的两款取得商业成功,并且可以称为"计算机"的发明都诞生于法国。它们的发明人分别是查尔斯-泽维尔·托马斯·德科尔马(Charles-Xavier Thomas de Colmar)和约瑟夫·马里·雅卡尔(Joseph Marie Jacquard)。

德科尔马曾在拿破仑麾下效力,负责全军后勤供给系统的审计工作。在当时的法军中,数学人才济济,拿破仑本人就是著名的数学爱好者,时常举办学术沙龙,召集当时的顶级数学家讨论数学问题解闷。拉普拉斯是他的授业恩师,拉格朗日、蒙日都是他沙龙里的常客,傅里叶还一直在他的政府和军队中担任要职。得益于这些世界顶级的数学家,当时的法军从弹道计算、军队调度到后勤系统管理都实现了数字上的高度精确化,这也是拿破仑军事成功的一个重要因素。德科尔马身为军队后勤高层,在工作中免不了处理大量的复杂计算工作,他由此萌生了设计机械工具辅助计算的念头。

拿破仑倒台后,德科尔马退伍从商,主营保险业,生意相当不错。他开了两家保险公司:一家名为"Le Soleil",意为"太阳";另一家名为"L'Aigle",意为"鹰"。前者是"太阳王"(法语为 le Roi du Soleil)路易十四的象征,后者是拿破仑的标志。拿破仑倒台后,波旁王朝复辟,但是法国国民大多对王室没什么好感。怀念拿破仑的国民会选择"L'Aigle"投保,而忠于王室的贵族和一些民众则会选择"Le Soleil",这种两头下注的方法使德科尔马左右逢源。在他去世之前,Soleil-Aigle 集团是全法最大的保险公司。从公司字号的选择可以看出,如果能活到今天,德科尔马一定会是一位把商标玩得很溜儿的企业家。

在工作之余,德科尔马完善了他的机械计算器的设计,并于 1820 年和 1822 年两次申请专利。图 2-1 为其 1820 年申请专利的附图。

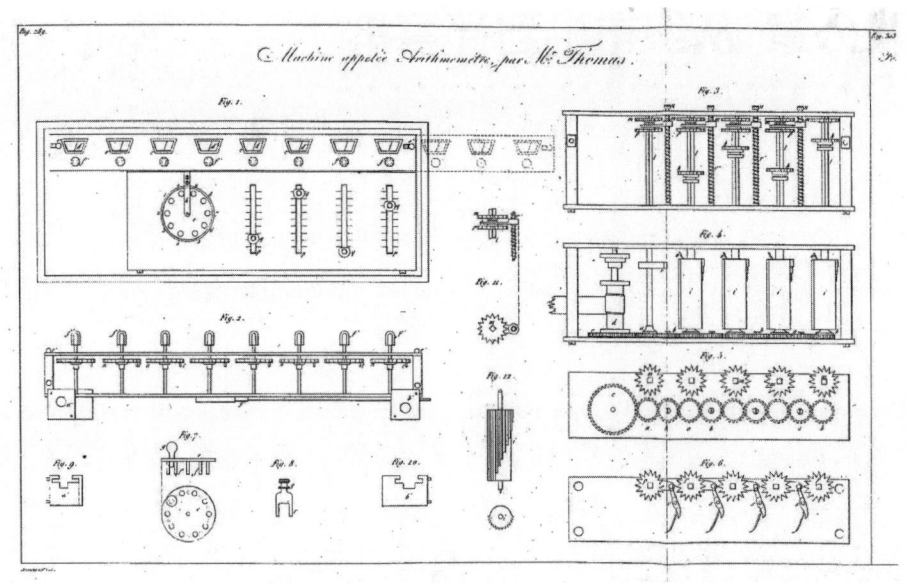

图 2-1 德科尔马 1820 年申请专利的附图

德科尔马一生积累了大量财富,其中大部分来自他的保险公司。机械计算器对他的事业有所帮助,同时也是他的个人名片。但因为德科尔马并不缺钱,他总觉得没必要把机械计算器当成产品来认真经营。直到 1842 年,德科尔马意外地受了刺激,才开始积极地把机械计算器产品化。当时,一位钟表匠制造出一款类似的机械计算器,在巴黎的一次博览会上获得金奖;而德科尔马的机械计算器与之同台展出,却只拿了个银奖。这次失败让德科尔马在面子上很是过不去,于是他花了一番功夫,全力推销自己的机械计算器。[1] 他用华贵的饰品装饰计算器的外壳,把外观做得如艺术品一样精致,并将其赠送给各国王室和政要;同时,他也做了进一步的改进,在 1849 年、1850 年和 1865 年再次申请专利。颜值主义和高层路线让德科尔马的机械计算器自上而下在商界打响了名声。1870 年德科尔马逝世时,他的工厂总共生产销售了 1000 台左右的机械计算器(图 2-2 为其实物图)[2],其中有一半左右是在 1865 年之后生产的[3]。这个小小的商业成功表明,在电气革命的前夕,"计算"这件工作已经可以交给机器来完成,人类与计算机的距离已经越来越近了。

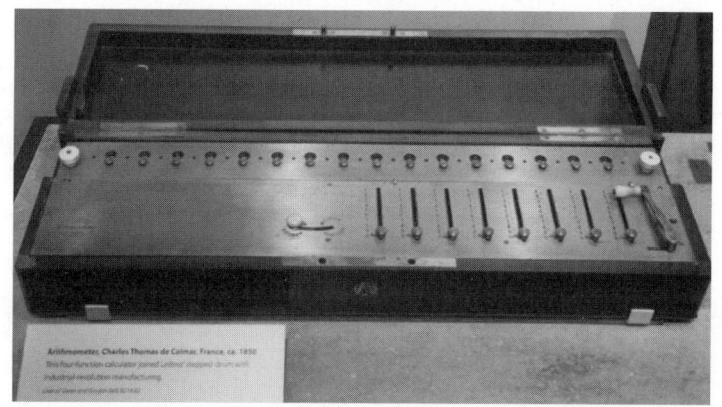

图 2-2 德科尔马的机械计算器（摄于美国计算机历史博物馆）

以加法为例，用户滑动滑块，选择每一位上的数，再转动面板右下角的摇杆，输入的数就会显示在面板上部的黑色输出孔中。然后用户再次滑动滑块输入另一个数，并再次转动摇杆，黑色输出孔就会显示两个数之和，操作示意图如图 2-3 所示。

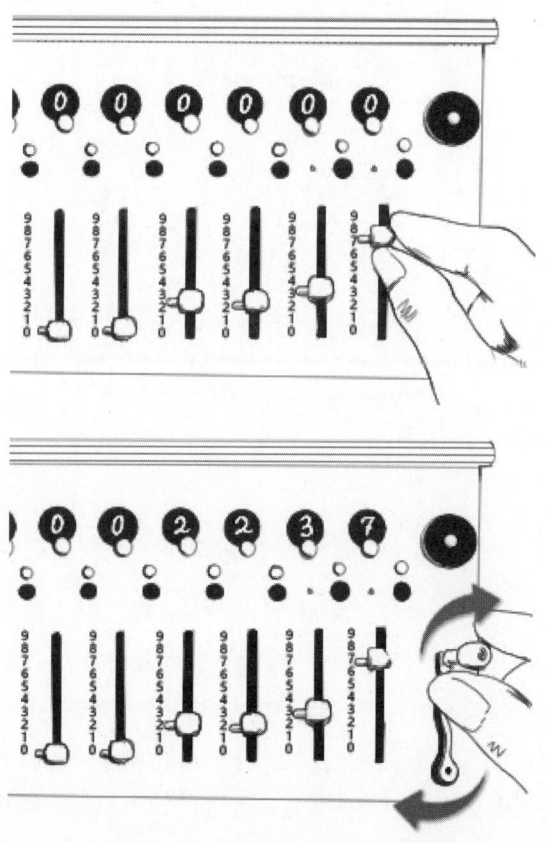

图 2-3 德科尔马的机械计算器操作示意图

在比德科尔马略早的时代，还有一位法国人，约瑟夫·马里·雅卡尔，在计算机历史上有着特别的意义。他的发明与计算本身没有太大关系，却与今天的计算机的核心逻辑有着密切联系：他发明的织布机通过打孔卡片上的孔洞控制机器用针线编织各种不同花样，从某种意义上说，算是一款"可编程"的织布机。如图2-4所示，打孔卡片（1）被串成链条，围绕在一个四面都有孔洞的木盒子（2）上。木盒子被打孔卡片覆盖的一面会向若干控制杆棒（3）移动。如果某个特定位置上没有孔洞，杆棒就会被推向弹簧（9）一侧；如果有孔洞，杆棒就会插入孔洞，不会产生运动。这就用纯机械的方法实现了1和0的识别。杆棒的运动可以决定金属钩（5）是否把丝线（4）向上钩起，从而控制织布机织出复杂的图案。

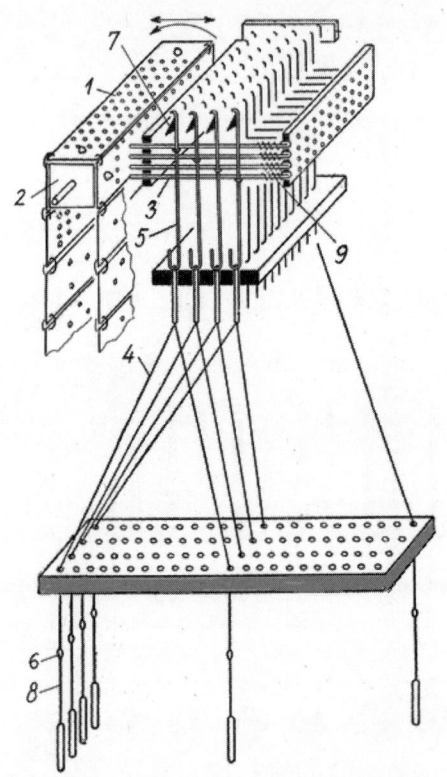

图 2-4 雅卡尔织布机原理示意图

雅卡尔在1800年就申请了第一个织布机专利，随后获得授权（图2-5和图2-6分别为其专利附图及实物图）。在他的有生之年，美国国内局势相对稳定，而法国正逢多事之秋，经历了7次反法同盟的围攻、第一帝国的覆灭、百日王朝和两次波旁王朝的复辟，雅卡尔不可能像美国人一样关起门来自己做买卖。所幸各届政府对他的技术都非常重视，拿破仑还亲自过问他的专利费问题，这使得出身寒门的雅卡尔可以一直过着优渥的生活。

图 2-5 雅卡尔在 1800 年申请并获得授权的织布机专利附图

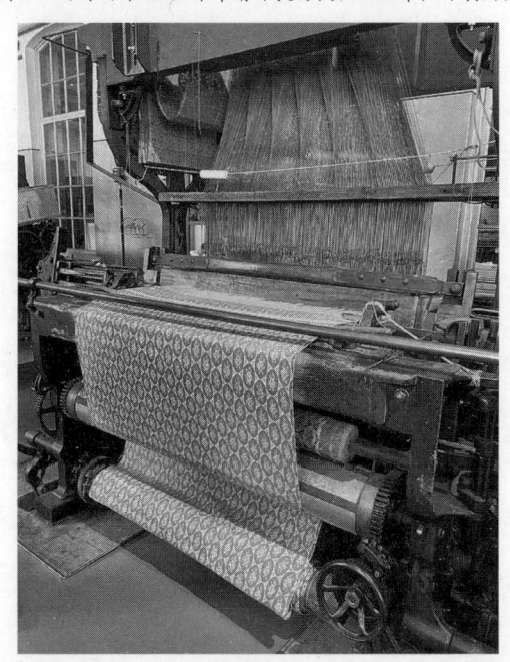

图 2-6 使用打孔卡片控制的雅卡尔织布机实物图，用到的卡片孔洞数量远比图 2-4 中的多

1805 年 4 月 13 日，拿破仑途经里昂，于百忙之中特地召见雅卡尔，要求看看他的织布机。两天后，拿破仑下达皇帝敕令，要求"从本令签发之日起 6 年内，对于每台将要交付使用的织布机，（向雅卡尔）支付 50 法郎"。1806 年，拿破仑再次签发敕令，要求里昂市政府每年支付 3000 法郎的年金给雅卡尔，同时指示雅卡尔"把全部时间和工作奉献给里昂市"。[4] 根据资料记载，雅卡尔在 1806 年至少交付给里昂市 41 台织布机，1811 年交付了 57 台。图 2-7 为用雅卡尔织布机织出的复杂布样。

图 2-7 用雅卡尔织布机织出的复杂布样（摄于美国计算机历史博物馆）

拿破仑倒台后，波旁王朝并没有把雅卡尔视为拿破仑余党进行清算，仍然给予了他很高的荣誉和待遇，1819 年，法国国王路易十八还授予他一枚荣誉军团勋章。雅卡尔织布机在法国的总装机量超过 1 万台，极大地节省了人力，一度引发了严重的失业问题。愤怒的失业工人把矛头对准雅卡尔。在一次群众运动中，雅卡尔作为自动织布机的发明人遭到了围殴，如果不是警察及时赶到，他差点儿被扔进罗纳河。[5]

如前所述，雅卡尔织布机和"计算"没有什么直接关系，但却给一位真正的计算机先驱带来了灵感。这位先驱就是英国数学家查尔斯·巴贝奇（Charles Babbage）。和保险大亨德科尔马、实业家雅卡尔不同，巴贝奇是一位更为纯粹的科学家。他从雅卡尔织布机中获得灵感，提出了"差分机"（Difference Engine）的概念，这是一种可以用来计算多项式的装置。但是，巴贝奇对机器部件精度的要求远远超过了当时人类的技术水平。经过 20 年的时间，巴贝奇不仅耗尽英国政府提供的 17,000 英镑资助，还搭进去自己一大半家产，最终也只完成原型机的一小部分（图 2-8 所示为未完成的差分机）。

图 2-8　未完成的差分机[1]

儒勒·凡尔纳（Jules Verne）的名作《八十天环游地球》成书于 1872 年，大概比巴贝奇的卒年晚一年左右。在这本书中，主角菲利亚·福格的全部家产大约是 4 万英镑。他以 2 万英镑为赌注，赌自己能在 80 天内环游地球一周，这一行为被众多富豪绅士认为是一场豪赌。福格环游地球的全部花费——包括高价买下一艘用于横渡大西洋的船只的钱——也恰好是 2 万英镑。也就是说，巴贝奇花掉的钱足以让他过上福格那样精致优雅、无所事事的贵族生活，甚至能让他像福格那样一掷千金环游地球；但巴贝奇对此都不感兴趣，偏要把一切投到看不到回报的科学研究中。科学家对梦想和真理的不懈追求，值得我们每一个人敬仰。

在开发差分机的过程中，巴贝奇又进一步提出了"分析机"（Analytical Engine）的概念。这次巴贝奇走得更远。在他的设想中，分析机应当是一台由蒸汽机驱动的大型机器，拥有纯机械的算术逻辑单元和内存，并使用打孔卡片进行输入和输出。这个宏伟的蓝图远远超越了时代，和差分机一样，巴贝奇终其一生也没有完成这台机器（图 2-9 所示为未完成的分析机）。

▼1　本图摄影作者：Mrjohncummings。本图基于知识共享协议（CC-BY-SA-2.0）共享。关于详细版权信息，请参阅"图表链接 .pdf"文件。

图 2-9 未完成的分析机[1]

巴贝奇的纯粹让他收获了不少追随者。大诗人拜伦的独生女阿达·勒芙蕾丝（Ada Lovelace）被他的这份纯粹所吸引，成为他的红颜知己，并且提出了用分析机进行伯努利数运算的方法。这个超前的设想使勒芙蕾丝被誉为"历史上第一个程序员"。遗憾的是，用爱发电的一群最纯粹的数学爱好者最终也没能实现巴贝奇的梦想。

企业家托马斯·德科尔马凭自己的发明和数学能力赚了大钱，而科学家查尔斯·巴贝奇却为自己的梦想耗尽了毕生精力和大半家产。德科尔马的计算器只能进行基本的四则运算，虽然造价不菲，但一般的企业也能够接受其价格；相比之下，巴贝奇设想的机器在概念上更接近现代意义上的计算机，但其制造难度已经超过了当时人类所能达到的技术水平，即便集中英国顶级精英的力量也不能完成制造。作为专利从业者，他们拥有不同的命运，这很值得我们思索。

▼1 **本图摄影作者：Mrjohncummings。本图基于知识共享协议（CC-BY-SA-3.0）共享。关于详细版权信息，请参阅"图表链接.pdf"** 文件。

第 3 章 从审查员到 CTO

如前面的章节所述,早在 19 世纪中叶,专利诉讼和专利许可就已经是技术企业的重要工具。在 IBM 崛起的过程中,专利同样发挥了不可忽视的重要作用。

对于 IBM 这家公司,人们熟悉的是老沃森(Thomas J. Watson)时代的异军突起、小沃森(Thomas J. Watson Jr.)时代的一枝独秀,以及郭士纳时代的力挽狂澜。很多人可能还知道,在老沃森入主 IBM 之前,这家公司赖以起家的核心技术,是赫尔曼・何乐礼(Herman Hollerith)发明的打孔卡片统计机器,亦称"制表机"。但是对于制表机的发明和专利历史,却鲜有人深入研究。因此,即使对 IBM 历史非常熟悉的人也未必知道:何乐礼在专利方面的专业程度,远远超过同时代的大多数发明家。

何乐礼在美国专利局担任过助理审查员,并曾以专利代理人身份创业。即使在他醉心于发明事业、全情投入开发制表机的那段时间,专利业务也是他的坚实后盾。在制表机事业取得成功之前,何乐礼曾经花了一些功夫追求他未来的妻子露西亚・塔尔科(Lucia Talcott)。当时,他未来的丈母娘对这位准女婿的评价是:

> 他把自己所有的一切——他的钱、时间和思想,全都投入了他的发明。如果失败,他会承受巨大的失望。但是就算失败了,他也能靠专利业务轻松维持生计。

今天,很多科技公司的创始人都和何乐礼一样,在技术上有独到见解,又具备商业头脑和领导力。但在企业创始之初筚路蓝缕的情况下,这些公司未必有条件和一流的专利专家交流,初期的专利往往质量不高。只有发展到一定规模后,公司才会组建专利部门,或与有水准的专利事务所合作。但何乐礼不同于一般的科技创业者:他既是技术大拿,又能自己撰写专利。因此,IBM 早在成立之前,就有了不错的专利质量和成熟的专利布局。

无独有偶,和 IBM 一起长期霸占美国专利授权榜榜首的 AT&T,在创立伊始也有优秀的专利专家坐镇。AT&T 的前身是贝尔电话公司,其创始人亚历山大・格雷厄姆・贝尔(Alexander Graham Bell)是电话技术的发明人,以技术入股,没有专利方面的专业背景。但是,另一位创始人加德纳・格林・赫巴德(Gardiner Greene Hubbard)就不一样了。此君是一位资深大律师,也是当时朝野知名的社会活动家,政商资源丰富,在专利领域也有不少经验。他把自己的女儿嫁给了贝尔，成为贝尔的重要投资人，并亲自担任贝尔电话公司的首任总裁。了解美国专利史的读者都知道，贝尔在发明电话之后第一时间赶往专利局提交了申请，比他的竞争对手早了4小时，确保自己获得了这件具有划时代意义的专利。这在很大程度上也是他的律师老丈人，即赫巴德，耳提面命的结果。[1] 赫巴德实力不凡，从1876年贝尔的电话专利授权到1894年到期为止，贝尔电话公司先后历经600多起专利纠纷，无一败诉。[2]

AT&T在专利史上有不少故事，我们在后文中还会细说，这里还是继续聊何乐礼。他于1879年从哥伦比亚矿业学院毕业，之后跟随母校的一位教授到美国人口普查局工作，在工作中学习到统计和计算的实务经验。当时，美国人口普查局的统计工作基本上是纯人工操作，唯一的机械化辅助设备是首席秘书查尔斯·W.西顿(Charles W. Seaton)发明的一种制表设备。我们知道，何乐礼赖以成名的打孔卡片机器本名叫作"制表机"（tabulator），因为它提供了基本的计算和统计功能，一般被认为是现代计算机的前身。而西顿的这个制表设备真的是只能做表格而已。它的主要作用就是帮助书记员在连续的纸张上打格子，然后将其切割成一张一张的表单（图3-1所示为西顿制表设备的专利附图）。这个粗陋的木头盒子在1872年获得了专利授权（专利号为US127435A），人口普查局以15,000美元的价格从西顿手里购买了专利，并将其应用于1880年的人口普查。如前所述，1872年是《八十天环游地球》成书的年份，当时1英镑大约相当于5美元。15,000美元大约相当于3000英镑，接近福格家产的1/10，也算是一大笔钱了。这次成功让何乐礼印象深刻，亲手操作过西顿的制表设备后，他很快有了自己的构想。

之后何乐礼离开人口普查局，在麻省理工学院短期担任教职。在学校的实验室里，他组装出一台真正的制表机。这台制表机不再是西顿那种用来做表格的木头盒子，而是用0和1代表数据的全新统计机器：它用纸带上的孔洞代表数据，用电流检测纸带上是否存在孔洞，用打孔设备记录数据。何乐礼对这台机器倾注了大量的热情，而对教学则兴趣不大。1883年，何乐礼从麻省理工学院离职，在查尔斯·W.西顿的推荐下入职美国专利局，担任助理审查员。

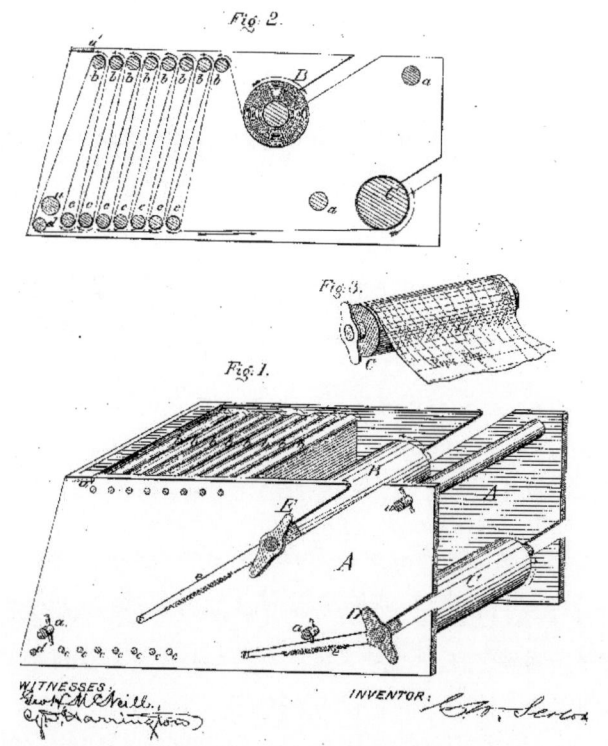

图 3-1 查尔斯·W. 西顿的制表设备专利（专利号为 US127435A）附图。这个设备其实只是一个可以用来做表格的木头盒子

19 世纪下半叶是一个技术飞速发展的时代，西方各国对科研成果的保护给予高度重视，专利审查员中不乏一流科学家。他们不仅社会地位高，收入也远超社会平均水平。举例来说，在何乐礼所处的时代，专利界还出现了一位历史上最有名的审查员，也是整个 20 世纪最伟大的科学家之———阿尔伯特·爱因斯坦（Albert Einstein）。爱因斯坦在苏黎世理工大学毕业后，于 1902 年入职瑞士专利局，年薪 3500 瑞士法郎。作为人类历史上公认的头脑最聪明的超级天才之一，日常的专利审查工作对爱因斯坦来说不过是小菜一碟。他在业余时间提出了光量子假说和狭义相对性原理，不仅没耽误本职工作，还因为绩效优异而获得一次加薪，涨薪幅度高达一年 400 瑞士法郎。[3]

何乐礼在美国专利局的薪水虽然比不上拥有博士学位的爱因斯坦，但每年也有 1200 美元。[4] 考虑到 1900 年美国人的平均年薪只有 449 美元[5]，这笔收入也算很不错了。但是，何乐礼接受专利审查员的职位并不是为了获得稳定的收入，成为爱迪生和贝尔那样的大发明家和企业家才是他的目标。为了达到这样的目标，何乐礼很早就有意识地在做准备，以便利用专利为未来的事业保驾护航。

1884年,何乐礼认为自己在专利领域已经积累了足够的经验,于是从专利局辞职,独立创业。他对外打出了专利专家和专利代理人的招牌,同时继续研究自己的制表机。当时,专利代理行业在美国已经发展起来,但是还没有一个统一的称谓。有人自称"patent solicitor"(专利掮客),有人自称"patent agent"(专利代理人),有人自称"patent counsel"(专利顾问),我们熟悉的"专利律师"(patent attorney)这个头衔还未广泛流行。[6] 所以,何乐礼只是自称"专家"和"代理人"。在1884年9月的一封私人信件中,何乐礼写道:

> 至于专利权……因为我是这个领域最早的发明人,我能确保获得技术上所谓的"基础专利",它覆盖了一个广泛的保护范围。因此,在此之后所有的改进都会受制于我这件宽泛的专利……当然,我能确保在外国获得专利(包括英国、德国、法国等,这些国家都需要编排统计数据)。[7]

这段文字表明,何乐礼对于自己尚在襁褓之中的发明,已经在专利布局甚至全球布局方面有了清晰的认识。在接下来的几十年时间里,何乐礼及早期的IBM确实是遵循这个基本方针推进专利布局的。这家百年企业在诞生之初,就已具备科技企业打造优势知识产权的三个关键要素:伟大的发明、优秀的专利质量和精心的专利布局,这为其日后的成功奠定了基础。

1884年9月23日,何乐礼为他发明的"统计编排技术"(Art of Compiling Statistics)提交了专利申请;1885年10月27日,他提交了分案申请;1887年1月4日和1888年9月8日两次通过再颁程序对本案进行修改,延长了授权时间;1889年1月8日,本案和分案同时获得授权,专利号分别为US395783A和US395782A。这两件专利主要保护的是用纸带或卡片上的孔洞记录数据的基本概念和工作步骤。

如图3-2所示,何乐礼的制表系统主要由卡片或纸带、打孔器、读卡装置和仪表盘组成。每张卡片代表一位美国居民,卡片上不同位置的孔洞编码了这位居民的年龄、性别、职业、收入、住址等信息。书记员会根据人口普查资料,在卡片或纸带上相应的位置打孔。打完孔后,卡片或纸带被放入读卡装置。读卡装置内装有金属探针,每个探针对应卡片或纸带上一个可以打孔的位置,同时也对应机器上方的一个仪表盘。每个仪表盘分别对应居民的年龄、性别、职业、收入、住址等信息。卡片被放进读卡装置后,探针会插入孔洞,这样卡片有孔洞的地方会有电流通过,无孔洞的地方就不会有电流。如果有电流通过,则该探针对应的仪表盘指针会移动一格。

图 3-2 何乐礼的制表系统[1]

例如，统计员拿到一位佛罗里达州男性白人农民的人口普查表。根据表格上的内容，他会在一张新的卡片上打孔，然后把卡片放入读卡装置。卡片被放入读卡装置之后，仪表上对应"佛罗里达州""男性""农民""白人"的四个仪表盘的指针就会各自移动一格。如果靠人工阅读表格上的信息并进行记录和计算，不仅耗时长，而且很容易出错。

1886 年，何乐礼接到一份政府项目，到巴尔的摩市统计死亡人口。在这段工作中，何乐礼借用火车检票员在车票上打孔的工具完成了他的打孔工作。通过与车票对比，何乐礼注意到卡片相对于纸带的优势：方便整理、容易携带，可以重新排序，或者从中挑选一部分来整理出新的数据。考虑到后期整理和分类的需要，何乐礼决定给自己的制表机增加一个机械设备，专门对卡片进行分拣。

1887 年 6 月，何乐礼为带有卡片分拣盒的制表机提交了一份新的专利申请。这件专利也在 1889 年 1 月 8 日获得授权，专利号为 US395781A。US395781A、US395782A 和 US395783A 这三件连号的专利就是何乐礼最早的一批专利。正像何乐礼计划的那样，这三件专利覆盖了日后制表机所有改进所用到的基本概念，为进一步的专利布局奠定了坚实的基础（见表 3-1）。

▼1 本图摄影作者：Erik Pitti。本图基于知识共享协议（CC-BY-2.0）共享。关于详细版权信息，请参阅"图表链接 .pdf"文件。

表 3-1 何乐礼的三件连号专利

专利号	申请时间	权利要求	权利要求 1
US395783A	1884 年 9 月 23 日	7 项	非导电材料的穿孔页面与所述穿孔页面控制的电路中的电磁机械计数器的组合，所述穿孔代表统计条目，大致如说明书所述及其指定目的 [1]
US395782A（US395783A 的分案）	1885 年 10 月 27 日	2 项	所述统计汇编技术的改进，包括以下步骤：首先，组成或排列出一个标准或模板，指示关于个人的每个条目或特征将被记录的相对位置；其次，通过在条带或平板上定位索引点来形成每个个人或事物的记录，所述索引点代表相关个人的特征，并且彼此之间以及与上述标准均具有确定的关系；最后，把所述单独的连续记录作为电路控制装置的动作提交，以操作代表要编制的统计条目的登记装置，从而准确登记个人记录中包含的每个统计条目或条目组合 [2]
US395781A	1887 年 6 月 7 日	21 项	统计汇编技术的改进，包括：首先，准备一系列单独的记录卡片，每张卡片代表一个人或一个主题；其次，以预定的间隔将电路控制索引点应用到每张卡片上，根据固定的分配计划排列，以表示个人或主题的每个条目或特征；再次，将所述单独的记录卡片依次应用到电路，基本上如所述，由索引点作用的控制装置指定由一个或多个所述索引点表示的每个统计条目 [3]

以今天的眼光来看，19 世纪末 20 世纪初的专利保护范围都很大，何乐礼的这几件专利也不例外。US395783A 号专利涵盖了用孔洞记录数据的基本概念和步骤。"非导电材料的穿孔页面"指打孔纸带或卡片，"穿孔代表统计条目"是这种纸带或卡片最重要的特征，"电磁机械计数器"就是读卡装置。US395783A 号专利的权利要求 1 保护的就是穿孔页面和计数器的组合，

▼1　US395783A 专利权利要求 1: The combination, with perforated sheets of electrically non-conducting materials, said perforations representing statistical items, of electro-magnets and mechanical counters in circuits controlled by said perforated sheets, substantially as and for the purposes specified.

▼2　US395782A 专利权利要求 1: The herein-described improvement in the art of compiling statistics, which consists in, first, forming or arranging a standard or templet indicating the relative position in which each item or characteristic of the individual is to be recorded; secondly, forming a record of each individual or thing by locating index-points upon a strip or tablet, said index points representing the characteristics of the individual and bearing a determinate relation to each other and to the standard, and, finally, submitting said separate records successively to the action of circuit-controlling devices for operating the registering devices representing the statistical items to be compiled, whereby each statistical item or combination of items when contained in the record of any individual is accurately registered.

▼3　US395781A 专利权利要求 1: The improvement in the art of compiling statistics, which consists in first preparing a series of separate record-cards, each card representing an individual or subject; second, applying to each card at predetermined intervals circuit-controlling index-points arranged, according to a fixed plan of distribution, to represent each item or characteristic of the individual or subject, and, third, applying said separate record-cards successively to circuit controlling devices acted upon by the index points to designate each statistical item represented by one, or more of said index-points, substantially as described.

简单粗暴。US395781A 号专利是一套更加完整的打孔卡片统计系统,增加了为卡片分类和存储卡片的"分拣盒",并且把保护范围从"穿孔页面"缩小为"卡片"。这件专利直到权利要求 12 才提及"分拣盒"这个特征。

IBM 早期的计算机用卡片或纸带上的孔洞代表数据,这是很多科普文章和计算机教材中都会讲述的事实,相信本书的读者对此不会感到陌生。但是,对于"分拣盒"这个概念,大多数读者可能并不熟悉。与"打孔记录数据"这一极具创新性和影响力的特征相比,"分拣盒"显得黯淡无光,它被放在一个毫不起眼的从权里。然而,历史证明,它实际上具有非常重要的商业价值。何乐礼的第一批专利虽然保护范围足够大,但是在制表机发展成为一个产业之前,它们的保护期已经过去了 17 年。而在这 17 年里,何乐礼一直都没有遇到真正的竞争对手。在接下来的半个多世纪中,用纸质卡片上的孔洞来代表信息的技术在制表机领域几乎没有进步,而卡片的整理、归类以及对硬件的控制技术却在不断发展。从分拣盒开始,这些改进逐渐发展成 IBM 最早的专利壁垒。

下面的图 3-3 和图 3-4 分别为何乐礼 US395781A 号专利附图及分拣盒实物图。分拣盒是比卡片略大一些的带盖的木盒,安装在一张矮矮的桌子表面,位于制表机操作人员触手可及的范围内。每个盒子一端装有电磁装置,这些装置与读卡装置的探针相连,当探针识别到特定信号时盒盖可以打开。每个盒子可以被设置成对应若干个仪表盘所代表的属性,如种族、性别、收入等。

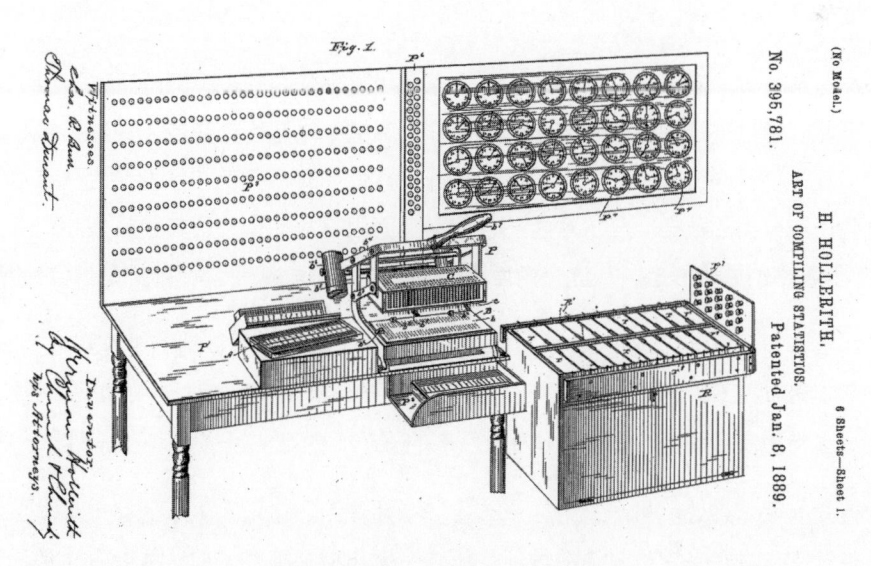

图 3-3 何乐礼 US395781A 号专利附图

图 3-4 何乐礼制表机的分拣盒（摄于美国计算机历史博物馆）

举例来说，在当时种族隔离的大背景下，人口统计局经常会把黑人和白人的卡片根据性别与收入分别存档。如果没有分拣盒，每统计完一张卡片的信息，统计员都必须手动将其归档，这个过程相当耗时。有了分拣盒，计数器会自动打开应存放卡片的分拣盒盒盖。例如，当统计员把一张无业黑人男性的卡片送入读卡装置后，不仅相应的仪表盘指针会走动一格，对应"黑人""男性""低收入"的分拣盒盒盖也会立即被电磁装置触发打开，统计员只需要抽出卡片并将其丢进打开的盒子中，即可完成归档工作。

从表面上看，分拣盒似乎只是帮助统计员省去了整理卡片的一小部分工作，但它的实际意义远不止于此。经过整理后的卡片，不再是杂乱无章的一堆，而是变成了经过组织和筛选的有序数据集，其内容已经符合"数据"的定义。分拣盒使制表机不仅在仪表盘上显示数字，还能提供经过整理和分类的数据。分拣盒内一个个小隔间里叠放的卡片，其实就是我们今天常见的 Excel 等电子表格的原始形态。从这个角度看，何乐礼的制表机完全称得上是一台计算机了。

何乐礼离开专利局之后，在一些地方性的人口普查或类似的统计活动中接到一些政府合同。他一边使用制表机工作，一边对其进行改进。1889 年，美军租用何乐礼的机器来统计生病士兵的数据。这份租赁合同为日后 IBM（乃至后来的施乐）的商业模式奠定了基础。

租赁模式有两个好处。第一，为客户节省了初期投入。何乐礼早期的客户基本上都是政府部门，节省开支本身也是官员政绩的体现。第二，采用租赁模式，何乐礼就有义务保证机器正常运行,这消除了在售后服务中扯皮的烦恼。贝尔电话公司在1870年代也开展了大量租赁业务。1960年代,施乐公司推出打印速度冠绝一时,但价格不菲又容易损坏的复印机之后,也采用了租赁模式。这种商业模式强调与大客户和政府客户的长期关系,依赖于与客户关系密切、熟悉技术和客户需求的精英销售团队。IBM的成功与衰落,都与这种商业模式有着密不可分的联系,我们在后文中还会详细解说。

当时,何乐礼把制表机的年租金定在1000美元左右。与此相比,当时专业统计员的年薪约为550美元[8],但是一台制表机的统计能力远远超过一两个统计员。

1890年的人口普查是何乐礼创业历程中的里程碑事件。在何乐礼制表机的帮助下,这一次人口普查只用了两年时间,而上一次人口普查,尽管统计的人口更少,要处理的数据量也更小,却耗费了人口普查局10年的时间。相比之下,1890年的人口普查节省的经济开支达到500万美元。[9] 在此之后,何乐礼拿到不少美国政府项目的合同,在欧洲和加拿大也接到了一些订单。同时,他在欧洲获得了许多个人荣誉和学会成员的头衔,成为政界、商界、学术界都普遍尊重的技术专家。但是,何乐礼的工作并不轻松:一方面,他一直是孤军作战,手下没有固定的雇员;另一方面,由于各国政府的人口普查项目都是短期项目,没有稳定的长期合同,他不得不东奔西走,疲于奔命。为了稳定下来,何乐礼开始探索其他的商业机会。

当时,保险公司和铁路公司都要处理海量的客户数据,何乐礼成名之后,这些企业先后找上门来,寻求合作。何乐礼不断改进他的机器,根据政府机构和大型企业的需求增加新的设计和功能,包括各种不同的打孔装置(如US487737A号、US676433A号专利)、以液压操作输送和分拣卡片的系统(US526130A号专利)等。1890年代,何乐礼还想到了为他的制表机增加打印功能。在给专利律师的一封信里,何乐礼提到了自己关于打印功能的构想,并且画了一张设计图,其中包括用来输入的轮盘,用来打印的辊、纸张和墨水容器,这些都可以和制表机连接。他还提到自己做过一个具有类似功能的计数器,但是在客户公司搬家的时候弄丢了。遗憾的是,不知道是由于何乐礼还是其专利律师的疏忽,这个设计没有申请专利。[10]

1900年,何乐礼和人口普查局签订合同,开发自动制表机。他于1901年3月13日申请的US685608A号专利进一步提高了制表机的自动化能力:"在卡片放置到位且设备开始操作之后,包括卡片的进给、其上数据的编辑或表格的制备,以及卡片的移除和分类,所有这些操作都是完全自动的,并且都由记录本身控制。"这意味着,制表机不仅可以接收输入的数据,而且能够计算并输出结果,还能对数据进行整理和归类,甚至控制硬件。这项技术标志着制表机向计算机迈出了重要的一步。得益于这些技术上的改进,打孔卡片机器的统计速度远远超过了人力。

在 1890 年代，何乐礼还只是看天吃饭，在欧美市场上偶有斩获；1900 年以后，随着机器自动化程度的提升，何乐礼在商业上才获得令人瞩目的成功。

1896 年，何乐礼拿下了 1897 年全俄人口普查的大合同，又签了纽约中央铁路公司（New York Central Railroad）这个大客户，手中资金充裕，这才终于注册了自己的"制表机器公司"（Tabulating Machine Company），也就是 IBM 的前身之一。何乐礼将手中所有专利转让给这家新公司。用今天的商业行话来说，制表机器公司无疑是一家独角兽公司：技术独一无二，与政府关系良好，主要客户都是高信誉度的政府机构和大企业。

很快，这家独角兽公司就迎来了第一个重量级竞争对手。进入 20 世纪之后，人口普查局对何乐礼制表机的高额租金越来越不满，为了摆脱对何乐礼机器的依赖，它开始自行研发统计机器。此时，何乐礼最早的三件专利即将过期，但他后续申请的十几件专利都还在有效期内。为此，人口普查局特地从专利局调来一位名叫哈里·H. 艾伦（Harry H. Allen）的专家来研究何乐礼的专利，并由他负责整个开发项目。1907 年，在何乐礼最早的三件专利到期后不久，人口普查局的员工詹姆斯·鲍尔斯（James Powers）完成了新型制表机的设计。

如前所述，何乐礼的制表机是利用电流来检测卡片上是否有孔洞的，尚未到期的有效专利上都有这个特征。为了规避这个特征，鲍尔斯煞费苦心地设计了一套机械方法来识别卡片上的孔洞。在他的制表机中，用来输入数据的打孔卡片会被置入一个"探针盒"（pin box），在这个盒子里针对每个可能的穿孔位置都安装有一个探针。如果卡片上有孔洞，探针就会伸入孔洞，进而推动卡片另一端的杆棒（图 3-5 中标有数字 29 的位置即"push rods"）。这些杆棒会通过一整套复杂的机械结构来拨动仪表盘上的指针，完成卡片数据的输入。鲍尔斯在 US1061118A 号专利的说明书中指出，现有技术依赖于"复杂的电气设备"，需要"在各种不同的导体间进行大量复杂的调整"，并且容易因为"灰尘和小型异物"接触不良。这种说法给人一种死鸭子嘴硬的感觉——这种用机械探针和杆棒来探测卡片上是否有孔洞的方法，早在 100 年前的雅卡尔织布机中就已有类似的设计。在电气革命如火如荼的时代，因为"复杂"和"接触不良"而重回纯机械结构的老路，显然算不上高明，只是为了规避专利的无奈之举罢了。

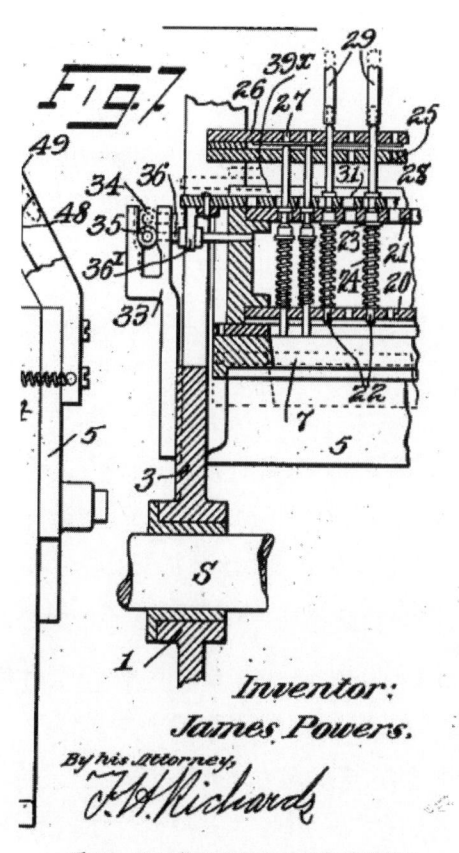

图 3-5 鲍尔斯 US1061118A 号专利附图 7

专利专家哈里·H.艾伦认为，鲍尔斯的机器基本上就是一台加上了鲍尔斯设计的分拣盒的大一号的何乐礼制表机。问题在于，鲍尔斯的分拣盒性能差得多，30 台鲍尔斯分拣盒只能堪堪与 10 台何乐礼分拣盒相比。[11] 何乐礼在 1894 年获得授权的 US526130A 号专利用液压方式控制分拣盒，US685608A 号专利则用卡片实现对机器的控制，液压是当时最基本的动力来源，另一个专利则涉及自动化的基础和计算机的基本理念，鲍尔斯根本绕不过这些专利。哈里·H.艾伦最后做出结论：人口普查局要么从何乐礼的制表机器公司买新的分拣盒，要么找何乐礼购买分拣盒的专利许可；除此之外，唯一的办法就是改装何乐礼在 1902 年卖给人口普查局的 20 台分拣盒。但是，这种改装也可能侵犯何乐礼的专利。人口普查局在权衡之后，最终选择了改装的方案。

1910 年，在新一轮人口普查启动前不久，何乐礼对人口普查局提起专利诉讼，并请求法院发出临时禁制令，禁止人口普查局继续改装他的分拣盒。根据有限的历史记载来看，人口普查局在专利方面似乎无力对抗，只能争辩说何乐礼在 1902 年交付的分拣盒质量太差，需要修理和改装。而这些证词与人口普查局此前的一些言论多有矛盾之处——人口普查局官员对何乐礼的机器一直不吝赞美。

一审的结果对何乐礼不利，但是二审法院推翻了一审判决。之后，双方在法庭上又有一些交锋，但由于年代久远，没有留下可靠的记录。我们只知道，双方最终在1912年5月达成和解，而人口普查局并没有给何乐礼支付和解费。

这一案件涉及的并不仅仅是专利问题。在20世纪初，美国政府在专利诉讼上还享有一定程度的主权豁免。何乐礼下了很大功夫游说国会，推动立法，几经辗转才获得起诉人口普查局的权利。即便如此，何乐礼也没有从人口普查局那里获得赔偿。在写给律师的一封信中，他表示，很难证明自己所遭受的损害，这需要投入大量的精力，而且会直接影响公司的日常运营。另外，涉案的机型已经非常老旧，服役超过10年，而且了解这个机型的人员大多已经离职。考虑到种种不确定因素，他认为即使拿到赔偿金，也未必能覆盖诉讼成本。[12] 何乐礼在100年前所面临的这个问题，至今仍然是困扰大多数企业专利维权的大课题。

我们认为，一项技术从科学原理到原型机，再到产业应用，往往需要很长时间，有的周期甚至超过专利的20年保护期（而当时的美国专利保护期只有17年）。产品投入实际应用之后，经过市场的洗礼和针对用户需求的不断改进，才能铸就杀手锏一样的重量级专利。制表机就是一个典型的例子：第一批制表机专利在1890年获得授权，但是这些专利直到过期，都没遇到竞争对手的挑战。专利期满后，人口普查局已经可以光明正大地设计自己的制表机。但是为了绕开何乐礼的分拣盒专利，人口普查局费了九牛二虎之力，甚至从专利局请来专家协助，但最终设计出的分拣盒性能不佳，只好改装何乐礼10年前的旧款机器。在何乐礼发起诉讼时，下一轮人口普查马上就要开始，却只有一台机器完成了改装。如果没有分拣盒，1910年的人口普查局将无力完成统计工作，改用人力分拣的话至少要多花50万美元。[13] 由此足以看出何乐礼分拣盒专利（US526130A号、US685608A号等专利）的重要性。

关于技术原理、基础专利和技术后续改进之间的关系，我们还会在"边界篇"中进一步讨论。人口普查局毕竟是何乐礼的客户而非竞争对手，何乐礼没有必要将其逼入绝境。接下来，我们将聊一聊何乐礼真正的竞争对手。

第 4 章 从独角兽到托拉斯

1911 年，何乐礼的制表机器公司与另外两家商用机器公司合并，组成计算－制表－记录公司（Computing-Tabulating-Recording Company），简称"CTR"。同年，鲍尔斯从人口普查局辞职，成立了鲍尔斯会计机器公司（Powers Accounting Machine Company），这家公司成为 CTR 乃至后来的 IBM 最大的竞争对手。1911 年到 1914 年间，鲍尔斯的公司赢得了不少客户，CTR 一度被迫避其锋芒，缩减研发费用，趁着鲍尔斯的公司还没开始拓展欧洲市场，把机器运往欧洲租赁，以此开拓海外市场。

此时的何乐礼年过五旬，对技术的狂热已经消退，在产品研发上趋于保守。在这个时期，老沃森入主 CTR，他加强营销工作并重点培养客户关系，帮助 CTR 夺回了市场。1924 年，CTR 改名为国际商用机器公司（International Business Machines Corporation），也就是我们熟悉的 IBM。

关于老沃森带领 IBM 崛起的那段精彩历史，有丰富的文献记载，本书不再赘述。有兴趣的读者可阅读关于老沃森的传记 *The Maverick and His Machine: Thomas Watson, Sr. and the Making of IBM*，或是 IBM 官网"Heritage"栏目中的介绍。我们在这里主要关注的是 IBM 早期的专利历史。

虽然老沃森是商科出身，在专利方面没有任何职业背景，但是对于专利的威力，他并不陌生。在加入 CTR 之前，老沃森在办公机器领域的另一家龙头企业——国家收银机公司（National Cash Register，NCR）担任高管。NCR 也是一家老牌技术企业，于 1884 年开发出历史上第一款机械式收银机并因此而崛起，在 20 世纪中期成为最早涉足电子计算机领域的科技公司之一，至今仍然是美国"财富 500 强"榜单上的常客。

NCR 收银机背后的专利故事也颇值得玩味。1870 年代，一位餐馆老板詹姆斯·里蒂（James Ritty）和他的兄弟为了防止员工在顾客结账时偷钱，共同发明了收银机，并于 1879 年获得专利授权（专利号为 US221360A）。作为企业的经营者，不提升管理手段，而是亲自开发一套机械工具来防止员工营私舞弊，这种奇特的思路值得我们尊敬，但也从另一个角度反映了这对兄弟不善于经营的事实。在获得专利授权之后，他们的收银机生意十分惨淡，前后只卖出去一台。

而这台收银机偏偏就落到"现代销售之父"约翰·帕特森（John Patterson）手中。帕特森意识到收银机作为产品的巨大潜力，随后收购了专利，并带领NCR成为美国的一流企业。

和制表机不同，早期的收银机结构简单，技术门槛较低，容易仿制。此外，收银机的市场也更为广阔，从跨国银行、保险公司到街边小店，都有其用武之地，不像制表机那样只能租给政府机关和大企业。由于这些原因，NCR很早就迎来了大量的竞争对手。和我们在上一章提到的很多企业一样，NCR在专利维权方面非常积极，自公司成立到1910年代，没有一年停止过专利诉讼，不少对手被它告到关门大吉。[1] 但是，NCR成立时已是19世纪末期，垄断资本的扩张引起社会的不满，时代的风向发生了变化：1890年美国通过了《谢尔曼法》，这是世界上第一部反垄断法。到1910年代，收银机市场已经是一个不可忽视的巨大市场，而NCR的收银机在这个市场上一直占据着90%左右的份额，开始引起美国司法部反垄断部门的关注。

在NCR通过专利诉讼击败的对手中，有一位名叫亨利·S.哈伍德（Henry S. Hallwood）的商人，他在破产后另起炉灶，组建新公司生产收银机，却又遭到NCR的专利阻击。比起牙医查尔方特的冲冠一怒，哈伍德的表现要冷静得多：他没有诉诸暴力，而是向美国司法部求助。1911年，美国司法部对NCR提起诉讼，以刑事罪指控NCR的20余名高管的"限制贸易"（restrain trade）行为，老沃森也名列其中。一审结果对NCR不利，老沃森一度面临牢狱之灾。所幸，1913年NCR所在地遭遇洪水，民众受灾严重，NCR积极破财赈灾，不仅开放设施给受灾民众使用，还发动员工参与救援，极大地提升了公司形象，也给了政府很大的压力，最后案件以NCR签署同意令的方式和解而告终。这表明，大西洋彼岸的美国其实也是一个人情社会。

因为在NCR有过度维权而引火烧身的前车之鉴，老沃森不敢用专利把竞争对手逼上绝路。他在CTR上任后不久就亲自前往鲍尔斯公司，向对方提供专利许可。老沃森的要价很高——打孔卡片机器租赁毛收入的25%，再加上打孔卡片销售收入的18%，总计大约相当于鲍尔斯公司总收入的20%。老沃森保留了一些关键的技术没有授权。如前所述，何乐礼的机器通过电流来检测卡片上的孔洞，而鲍尔斯主要采用机械方法。作为双方技术路线的主要分歧点，这方面的技术专利没有许可给鲍尔斯公司。[2] 据 *The Maverick and His Machine: Thomas Watson, Sr. and the Making of IBM* 的记载，后来有人把他这种狮子大开口的行为称为一种"慷慨大度"（magnanimous）的举动，也是他"欢迎竞争"的证明。除此之外，当时制表机作为一个独立的产业，门槛比收银机更高，规模也很小，尚不足以让反垄断部门落下铁拳。

这笔许可费成为压在鲍尔斯公司头顶上的一座大山。在接下来的几年里，鲍尔斯公司的现金流一直捉襟见肘，到1922年公司已经濒临破产。此时，制表机市场的规模已经大到足以引起反垄断部门的注意。为了不至于把唯一的竞争对手弄死，老沃森大方地把许可费砍掉一半。但即便如此，鲍尔斯公司的经营也难以为继，最终它在1927年被雷明顿兰德（Remington Rand）公司收购。这时，鲍尔斯公司还欠着IBM 35万美元的专利许可费，这笔费用后来由雷明顿兰德公司支付给了IBM。

雷明顿兰德公司也是早期商用机器和计算机领域的一个重要角色。和NCR、IBM一样，这家公司也是凭借拥有独家专利技术的机械产品起家的。

1868年，美国发明家克里斯托弗·肖尔斯（Christopher Sholes）和卡洛斯·格利登（Carlos Glidden）等人对传统打字机技术进行了一些重要的改进，获得了US79265A号专利，改进后的打字机被称为"肖尔斯和格利登型打字机"。肖尔斯本人对这项发明并不看好，把专利卖给了雷明顿公司[1]。雷明顿公司对这件专利非常重视，对基于该专利的打字机产品进行了一些技术调整，将其推向市场，并取得了巨大的成功。其中有一项技术调整的影响尤其深远，相信每一位读者都有亲身体验：因为肖尔斯的打字机打字速度过快，容易导致机器卡壳，雷明顿公司把键盘布局改成"反人类"的"QWERTY"排列。这种排列既无道理可言，又难以记忆，但这种键盘布局强行降低了打字员的输入速度，结果反而让打字机更加耐用。而"QWERTY"也成为今天的标准键盘布局。在1882年到1887年间，雷明顿公司的打字机的销量增加了数十倍[3]，成为政府和企业的办公标配，该公司也成为美国一流的技术企业。收购鲍尔斯公司后，雷明顿兰德公司就成为IBM的主要竞争对手。

老沃森上任后，何乐礼逐渐淡出公司事务，研发层面的决策也由老沃森一力承担。虽然IBM在技术上处于领先地位，但这并不意味着它在所有方面都能取得胜利。熟悉涉外专利事务的读者应该知道，美国早期的专利制度的特色是"先发明制"，作为这种制度的配套程序，美国专利局设有一种"抵触程序"来判定专利权的归属。何乐礼就有一件重要的专利申请遭到了鲍尔斯公司的挑战，并进入了抵触程序。

在何乐礼的早期设计中，制表机有一种"停止卡"。当机器探测到"停止卡"时，会中止运行，然后计算总数，并且把计数器复位为零。[4] 当然，这种"停止卡"需要由操作员手动放到合适的地方。而在1914年3月提交的申请中（专利号为US1830699A），何乐礼发明了一种"制表机的自动控制"功能，该功能在统计完一组卡片后可以自动停止并执行计算。这件专利的授权拖了很长时间：先是鲍尔斯公司主张自己更早完成了这个发明，之后又有两家小公司的发明人查尔斯·A.特里普（Charles. A. Tripp）和罗伊登·皮尔斯（Royden Peirce）拿着自己的专

▼1　此时雷明顿公司尚未与兰德公司合并，两家公司1927年才合并。

利加入了抵触程序。其中，特里普的专利构成的威胁更大。CTR 的专利律师认为，谁在这场专利抵触程序中获胜，谁就能够控制未来整个自动打印制表机市场。[5]

最后，何乐礼的 US1830699A 号、特里普的 US1824581A 号和皮尔斯的 US1930283A 号专利都获得了授权，三件专利各自划定了不同的保护范围，CTR 虽然保住了何乐礼的专利，但怎么也绕不开特里普和皮尔斯的专利。老沃森不得不用金钱开道：他先是在 1922 年收购了皮尔斯的公司和专利，花了 261,000 美元，而皮尔斯后来也成为 IBM 的核心研发人员。之后，老沃森又在 1924 年一次性支付给特里普 212,500 美元，获得了其专利许可。因为这两笔巨额支出，再加上 1922 年给鲍尔斯的专利费打了对折，CTR 一度陷入财务困境，不得不采取全员减薪和裁员的措施来应对。

从这个过程中我们清楚地看到，尽管早期的 IBM 也从专利中获得了收入，但是面对企业的战略需求，专利收入往往被置于次要地位；而为了核心产品的战略布局，专利在一定程度上承担了成本部门的角色，这与今天的 IBM 还是有很大不同的。

1920 年代末，全美遭遇了史无前例的大萧条。在很多企业勒紧裤带、挣扎求生的时候，老沃森却反其道而行之，不仅没有裁员，反而扩员增产，他认为大萧条只是短期事件。事实证明，老沃森的这个判断是错的，但是运气拯救了他。1933 年，罗斯福就任美国总统，并实施"新政"。他顶着强大的政治阻力推动国会通过了《社会保障法》，建立了老年保险制度和失业保险制度。1935 年，该法案正式颁行。为了确保社保制度顺利运行，美国政府需要立即开始登记 2700 万美国居民的社保缴费和发放记录。放眼全球，这个庞大的工程任务唯有 IBM 可以胜任。[6]

《社会保障法》为 IBM 带来的远不只是一纸合同。除了社保机构，美国的大中型企业也需要更细致地登记雇员的薪资与社保信息，这让 IBM 的制表机和打孔卡片成为商业世界的必需品。从 1935 年到 1939 年，在全美经济形势低迷的时代背景下，IBM 的收入逆势增长了 81%；其全美雇员总数也从 1935 年的 6268 人增加到 1941 年的 10,000 人以上。[1]

在大萧条期间，美国百业凋敝，只有 IBM 等少数企业能够赚钱。老沃森手中有了钱，趁机大量收购专利。很多企业资金短缺，这使得 IBM 可以充分压低价格。1952 年，在美国司法部进行反垄断调查时，一位官员曾对老沃森说："根据记录，你无法抵赖。我用一个难听的词来省掉漫长的讨论：法国布尔（Bull）公司的专利是你偷来的。"[7]

美国司法部在后来的反垄断诉讼中提出，老沃森在大萧条期间收购的很多专利都不属于制

▼1　详情请参见 IBM 官网的"Heritage"栏目。

表机领域，而属于其他商用机器领域；他购买这些专利也不是为了自己开发产品，而是用来构建市场壁垒，威胁那些尚未进入制表机市场的大企业，使其知难而退，不要进入 IBM 的领地。[8] 遗憾的是，因为 IBM 最终与司法部达成和解，老沃森到底有没有用专利威胁其他企业，这期间到底发生了哪些故事，以及司法部掌握了哪些证据，今天的我们就无从得知了。

IBM 在大萧条期间收购的专利也并不都被束之高阁，仅用来吓阻他人。例如，其中有一件专利是雷诺德·约翰逊（Reynold Johnson）发明的考试评分机（专利号为 US1997178A，图 4-1 为其附图，图 4-2 展示了原型机）。虽然这是近百年前的技术，但是相信每一位读者都不会感到陌生。这台机器可以自动识别学生在考卷上用铅笔涂黑的选项，并且为学生计分。

雷诺德·约翰逊本来是一位高中教师，他在业余时间发明了考试评分机，引起了 IBM 的注意。后来，他因为大萧条丢了工作，不得不和老婆到大街上摆摊，以卖丝袜维生。摆了几天摊之后，IBM 通知他前往纽约，付给他 50 美元的周薪，让他和 IBM 的一个项目组前往哥伦比亚大学试用评分机。虽然试用结果仅算差强人意，但在项目负责人的建议下，IBM 还是用 4000 美元买下了约翰逊的专利，并以 4000 美元的年薪把他招进公司。

1937 年，IBM 推出了 805 型国际考试评分机（International Test Scoring Machine），在 5 年之内，该机器的年租金收入就达到 10 万美元，配套设备的销售收入接近 20 万美元。虽然对当时的 IBM 来说，这只是一个微不足道的小产品，仅占 IBM 年收入的 0.3%，但是它的影响非常深远——毕竟，谁在高考的时候不是用 2B 铅笔涂答题卡的呢？这种机器具有复杂的机械结构，需要进行长期维护和后续开发，而且只能卖给政府和学校，这样的前期投入不是约翰逊这样的中学教师靠一己之力能够做到的，也只有像 IBM 这样的大企业才能把它成功地产品化，并纳入成熟的售后服务体系。雷诺德·约翰逊后来在 IBM 专注于研发，在 20 年后带领团队开发出第一款产品级的硬盘驱动器，被一些人称为"磁盘驱动器之父"。[9] 这次收购可以说是企业利润、个人价值和社会贡献的完美结合。

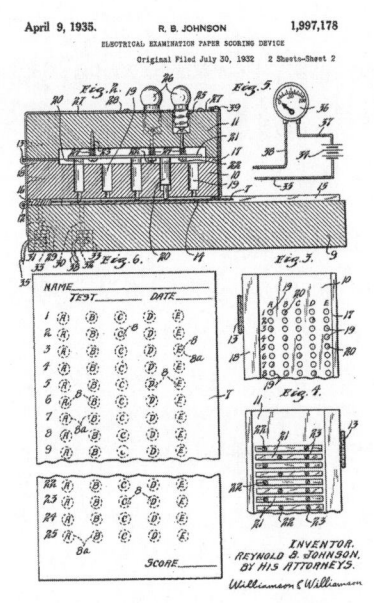

图 4-1 US1997178A 号专利附图 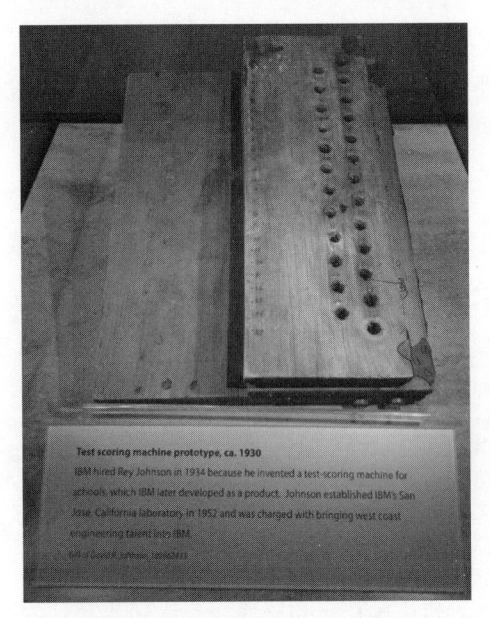　　　图 4-2 约翰逊考试评分机的原型机（摄于美国计算机历史博物馆）

在购买专利的同时，IBM 也投入大量人力和资金改进自己的产品。*The Maverick and His Machine: Thomas Watson, Sr. and the Making of IBM* 一书中也写到，IBM 成功的关键是能够"让客户开心"。在老沃森看来，客户的任何抱怨都意味着存在一个竞争对手可以利用的漏洞，必须马上驱使工程师团队补上。[10] 除了 IBM，鲍尔斯公司和之后接手鲍尔斯公司的雷明顿兰德公司也都花了很大力气开发新产品和新功能。1920 年代也成为办公自动化技术迅猛发展、新产品不断涌现的 10 年。

鲍尔斯公司和雷明顿兰德公司在信息的输入和输出技术方面都颇有独到之处。1913 年，鲍尔斯抢先申请了带有打印功能的制表机专利（专利号为 US1245502A，"统计目的的制表——打印机"），在很长一段时间内，这种制表机都是市面上唯一支持打印功能的机型。尽管何乐礼在 1900 年以前就想到过这个点子，但是因为他本人或专利律师的疏忽，没能申请专利，导致鲍尔斯后来居上，CTR 因此吃了不少亏。1914 年，鲍尔斯又申请了 US1271614A 号专利（图 4-3 为其附图），把打字机和打孔装置结合起来，允许打字机的数字键控制打孔装置在卡片上打孔，受到业界好评。

雷明顿兰德公司以打字机起家，与鲍尔斯公司的技术优势相得益彰。收购鲍尔斯公司后，雷明顿兰德公司在 1924 年申请的 US1682451A 号专利（图 4-4 为其附图）中把打字机的字母键、标点符号键和空格键整合到打孔装置中，使得按下字母键就可以在卡片的特定位置打孔；1925 年申请的 US1727471A 号专利则允许制表机自动在卡片上打印统计结果，供人工查看与确认。

在这个过程中，越来越多的办公室职员放下了纸笔，转而使用键盘和表格，工作方式开始接近今天的企业白领。世界就这样被这些看似微小的创新逐步改变了。

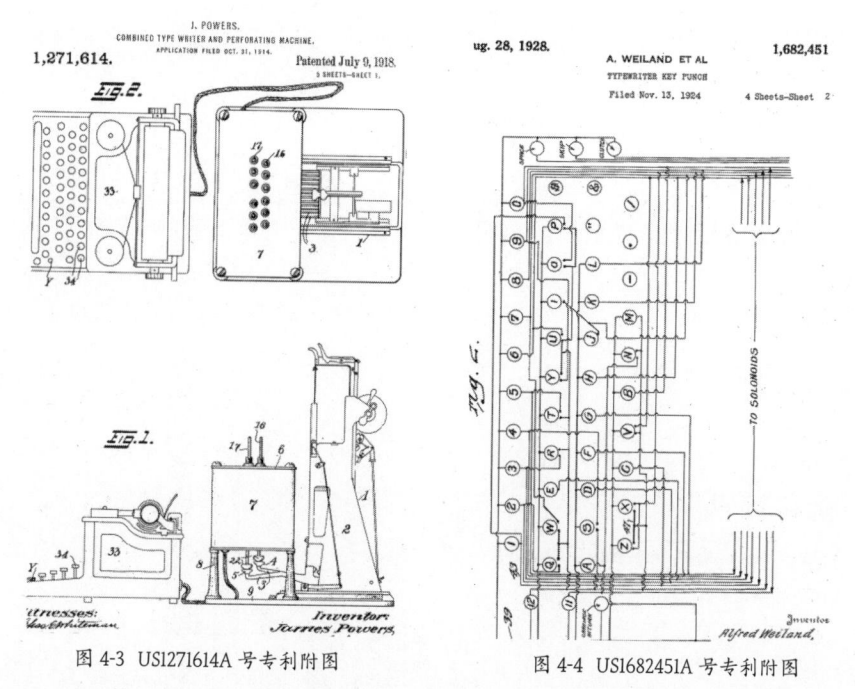

图 4-3 US1271614A 号专利附图

图 4-4 US1682451A 号专利附图

CTR 在输出技术方面的创新虽然起初略有滞后，但也从 1924 年（此时已更名为 IBM）开始申请了多件带有打印功能的制表机专利（如 US693572A 号、US1780685A 号等专利），并推出了自己的制表－打印机。根据专利说明书的描述，这些制表－打印机大多可以通过卡片控制（card controlled），在自动化方面已经颇为成熟。US1626871A 号专利保护的"会计机器"紧跟时代潮流，增加了数字键盘，并且很快推出了这样的产品。接下来，IBM 专利中出现了越来越多的"计算"机器，包括詹姆斯·W. 布莱斯（James W. Bryce）的"计算机器"（专利号为 US2271248A）和"乘法机器"（专利号为 US2237335A），古斯塔夫·陶舍克（Gustav Tauschek）的"计算机器"（专利号为 US1950527A）、帕里斯·罗伯特·爱德华（Paris Robert Edward）的"电气计算机器"（专利号为 US2185681A）和"自动控制的计算方法"（专利号为 US2165298A）等。可见，这一时期的 IBM 已经不满足于"制表"，而是把越来越多的精力投入数据的处理、计算和分析方面。古斯塔夫·陶舍克后来还发明了磁鼓，这是早期磁存储技术发展史上一个大胆又极具创造力的创新。正是由于这些技术积累，IBM 才能够在 1930 年代为哈佛大学承建马克 I 型（Harvard Mark I）电气计算机，从而在计算机历史上留下了浓墨重彩的一笔。

行文至此，我们作为专利从业者稍做总结。从何乐礼到老沃森的种种专利操作，是对先贤所设立的专利制度的经典实践。成熟的专利布局可以逼迫竞争对手不断创新，不断开发新产品，满足用户从大到小的各种需求，推动技术的进步，并进一步推动社会的发展。

由图 4-5 可见，从 19 世纪末开始，美国政府与企业对办公设备的需求开始爆发性地增长，而 1920 年代的增长更是现象级的。新技术极大地提高了生产力，也增加了市场对高素质劳动力的需求（图 4-6 展示了 1900—1940 年美国办公室工作岗位的增长情况与白领工作职位的增长情况）。对此，IBM、鲍尔斯公司、雷明顿兰德公司，还有老沃森的老东家 NCR，都做出了不可磨灭的贡献。

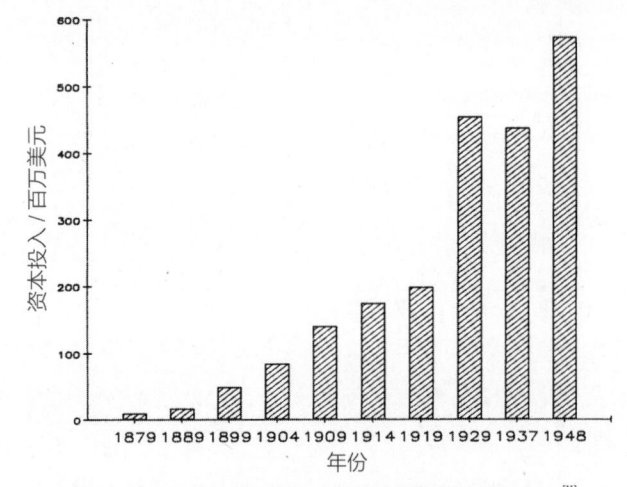

图 4-5 1879—1948 年美国办公设备制造资本的投入情况 [1]

1900-1940年间美国办公室工作岗位增长率（百分比）

	1900–1910年	1910–1920年	1920–1930年	1930–1940年
一般劳工	26[a]	23	15	6
经理人	45[b]	14	29	4[c]
文书	127[b]	70	28	15[c]

1900-1940年间美国白领工作职位增长率（百分比）

	1900–1910年	1910–1920年	1920–1930年	1930–1940[a]年
打字员/秘书	189	103	40	11
簿记员/出纳	93	38	20	-2
办公机器操作员	178	102	30	31
会计/审计	70	203	63	24

a: 估测值 b: 1900 年经理人和文书占民间雇员总数的 8.9% c: 1940 年经理人和文书占民间雇员总数的 16.9%

图 4-6 工作岗位的增长情况与白领工作职位的增长情况 [2]

据说公元 1 世纪，一位发明家向罗马皇帝韦帕芗（全名为 Titus Flavius Caesar Vespasianus Augustus）献上他发明的一种机器，这种机器能够运输建筑用的立柱，节省人力。韦帕芗奖赏了发明家，但封存了他的发明，并且禁止他制造同样的机器。皇帝的理由是："那我拿什么来养我的人民呢？"

对于 2000 年前的罗马皇帝而言，这种担忧或许有道理，因为每节省一个人力，就意味着一个工人失业。但是在技术迅猛发展的 20 世纪，对人力的解放意味着人们可以将更多精力投入更具创造性的工作。

打字机的出现对妇女解放具有重要意义。当时的打字机非常适合女性纤细的手指[13]，为受过教育的女性打开了一个巨大的就业市场。在 20 世纪初，从事打字员职业的女性不断增加，成为一种社会现象。热门英剧《唐顿庄园》就描述过一位大户人家的女仆辞职求学，通过了打字员考试而获得独立，实现阶层跨越的故事。女性的受教育程度、经济地位和社会地位的提升，极大地推动了女性解放运动的发展。当肖尔斯把他的专利卖给雷明顿公司时，买卖双方都未曾预料到这个技术会带来如此深远的社会影响。

20 世纪的第一个 10 年，美国的打字员和秘书岗位增加了 189%，第二个 10 年又增加了 103%，之后才伴随着大萧条的来临，增速逐渐放缓。作为具有时代特色的"办公机器操作员"，其数量也有数倍的增长。除此之外，相对传统的白领工作——会计/审计的工作岗位在 1910 到 1920 年间也激增了 200% 以上。可见，商用办公机器不仅极大地提高了生产力，还创造了大量优质工作岗位，对整个社会产生了积极的影响。

IBM 早期的研发与专利布局，立足于发明划时代的产品和对产品的持续改进，以及与对手的良性竞争，为用户带来了实实在在的便利，顺应了时代需求，为计算机的到来铺平了道路，同时也限制了竞争对手鲍尔斯公司的发展。在 IBM 崛起的过程中，专利的确起到了巨大的作用，但是 IBM 主要的收入来源一直都是产品，对社会的贡献也都是通过产品的方式实现的。

第 5 章 用专利达成垄断的"爽点"

在第 4 章中,我们提到了很多专利,尤其是在何乐礼的基础发明专利过期之后,关于制表机产品自动化、易用性方面的改进的专利。而本章我们要讨论的这件专利则有所不同:与其说它的申请和使用主要是为了保护技术上的创新,不如说它更多的是出于商业模式的考虑。

我们都知道"剃须刀–刀片"这一著名的商业模式:先用较低的价格把剃须刀刀架卖给用户,确保用户黏性;再设计只能安装在这种刀架上的刀片,并利用专利将这样的技术方案保护起来,从而彻底把竞争对手排除在市场之外。这种商业模式的首创者通常被认为是吉列公司(Gillette Company),其创始人金·吉列(King Gillette)与何乐礼差不多是同时代的人。金·吉列在 1901 年提交了一件名为"剃须刀"的专利申请,1904 年 5 月提出分案申请。同年 11 月,母案(专利号为 US775134A)和分案(专利号为 US775135A,图 5-1 为其附图)均获授权。

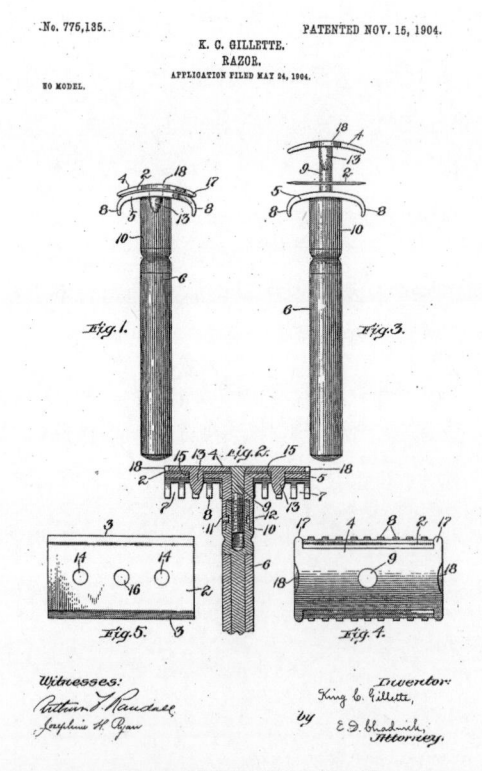

图 5-1 US775135A 号专利附图

在 US775134A 号专利中，金·吉列指出，可重复使用的刀片要保持锋利，需要花费不少精力和金钱。因此，他改进了一种可更换的刀片。这种刀片"所需材料很少，可以非常快速且轻松地进行打磨"。所以，金·吉列能够以低廉的价格生产并销售刀片，使用户可以大量购买刀片，当其变钝后就丢弃。这两件专利均保护了剃须刀和刀片的组合。在专利有效期内，刀架加一组刀片（12 个）的定价是 5 美元，一组刀片的价格是 1 美元。这个价格并不便宜，但是当时的主流品牌剃须刀定价在 12 美元到 20 美元之间，用钝了还要找专人去磨，很不方便。吉列公司的可丢弃刀片很快受到消费者的青睐，公司的发展也进入快速上升期。

1921 年，金·吉列的两件专利行将到期，众多竞争对手虎视眈眈，迫不及待地要进入可更换刀片的市场。这时，吉列公司把刀架的价格降到 1 美元以下，同时附赠 3 个刀片；而一组刀片的价格仍维持在 1 美元左右。[1] 这一年，虽然失去了专利的保护，但吉列剃须刀的销量反而翻倍，刀片的需求量大幅增加，利润增长的速度比之前更快，"剃须刀－刀片"的商业模式展现出巨大威力（见图 5-2）。

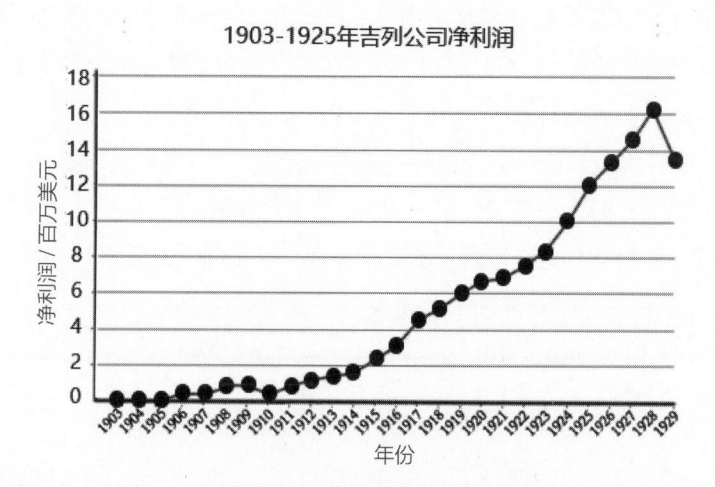

图 5-2 1903-1929 年吉列公司净利润

在吉列公司之后，IBM 应该算是最早采用"剃须刀－刀片"模式的知名公司之一。前面的章节提到，在何乐礼发明制表机的时候，最初用纸带，后来改用卡片。但是何乐礼没有对打孔纸带或卡片申请专利。前面的章节也提到，雅卡尔织布机已经率先把打孔卡片用于实业，而到了何乐礼时代，用孔洞存储信息的概念在电报技术上也有了成熟的应用。对当时的审查员来说，找到这些前案是轻而易举的事情。

虽然没有打孔卡片的专利，但何乐礼还是靠卡片赚了不少钱。早期的制表机是纯机械结构的，以当时的工艺水平，很难保证机器长时间无故障运行。如果用户因为贪便宜而用了质量不好的卡片，机器更容易出现故障。于是，何乐礼选择自己订制卡片并卖给用户。

何乐礼销售的每千张卡片的价格在 0.85 美元到 1 美元之间，但是成本仅为 0.3 美元。尽管单价不高，但由于消耗量大，带来的收入依然相当可观。例如，在当时的俄罗斯和美国政府订单中，每个项目的卡片消耗量都在百万张以上。与政府相比，企业的卡片消耗量虽然小得多，但是随着办公自动化技术的发展和管理的进步，数据呈现爆炸性增长，企业对卡片的需求十分强劲。1907 年，何乐礼的大客户——南方铁路公司，在项目初期的几个月内仅用了 20 万张卡片，但是到了项目末期，卡片消耗量达到每月 55 万张。

何乐礼在合同中通常都会坚持加入独家供货的条款，确保由自己独家供应卡片。这样做一方面是为了保证机器的运转不出错，另一方面也是为了牢牢控制卡片的现金收入。在何乐礼的时代，制表机尚未形成规模化的产业，因此这种做法还不至于触犯《反垄断法》的相关规定。

老沃森在接管 CTR 之后，认为普通的独家供货合同还不够，还需要进一步利用专利为这种商业模式建立一条护城河。根据 IBM 官网"Heritage"栏目的记载，老沃森在 1927 年让两名核心研发人员克莱尔·雷克（Clair Lake）和罗伊登·皮尔斯（在前面的章节中提到过，IBM 花大价钱买下他的专利，也把他本人招到旗下）各自带领团队设计一种新卡片，然后在两种技术方案中择优选择一种。皮尔斯的方案能够存储字母信息，和以前一样采用圆形孔洞。而雷克的方案则使用较窄的长方形孔，可以比圆形孔排列得更加紧密。这一新设计更容易获得专利授权，也让 IBM 的打孔卡片拥有与竞争对手不同的外观。[2] 最终，老沃森选择了雷克的方孔卡片方案。

根据这些信息，我们很容易找到 IBM 在 1928 年申请的 US1772492A 号专利"制表机记录表单"（Record Sheet for Tabulating Machines），图 5-3 为其附图。

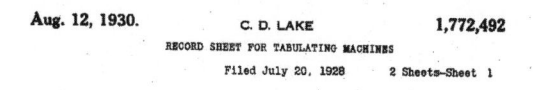

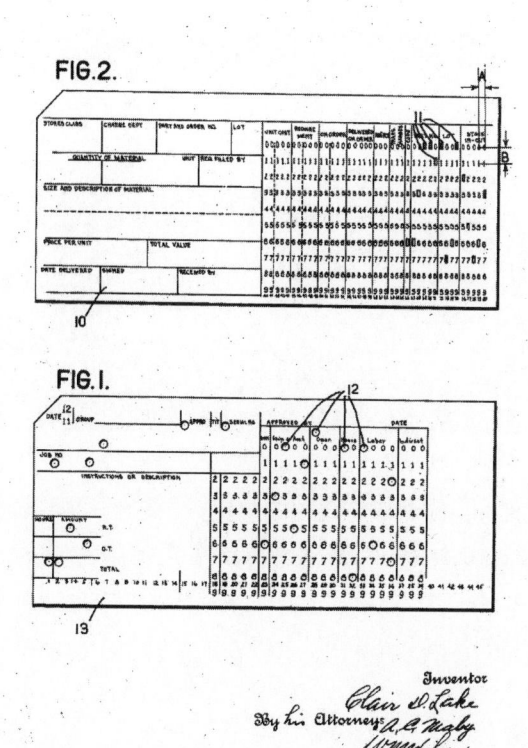

图 5-3 US1772492A 号专利附图

这件专利只有两项权利要求。

权利要求 1：一种制表卡片，具有排列在垂直列和水平线上的长方形控制孔，垂直方向的尺寸更大，因此该卡片比具有类似排列和间隔的直径等于所述垂直方向尺寸的圆形孔的类似卡片更坚固，并且能容纳更多的孔。

权利要求 2：权利要求 1 所述的卡片，其中的孔为矩形。

这件专利确保了 IBM 打孔卡片具有与众不同的外观，同时也将竞争对手牢牢限制在圆形孔技术上。在此之后，雷明顿兰德公司也推出了自己的卡片。但是随着 IBM 成为美国社保制度信息存储系统的独家供应商，80 列打孔卡片（见图 5-4）已成为事实上的商业标准，雷明顿兰德公司根本无力与之抗衡。在接下来的几十年里，尽管商用机器产品不断推陈出新，但是基本的 80 列卡片却一直用到制表机被淘汰。在很长一段时间里，打孔卡片都是 IBM 的重要利润来源，占 IBM 总利润的 30% 以上。[3]

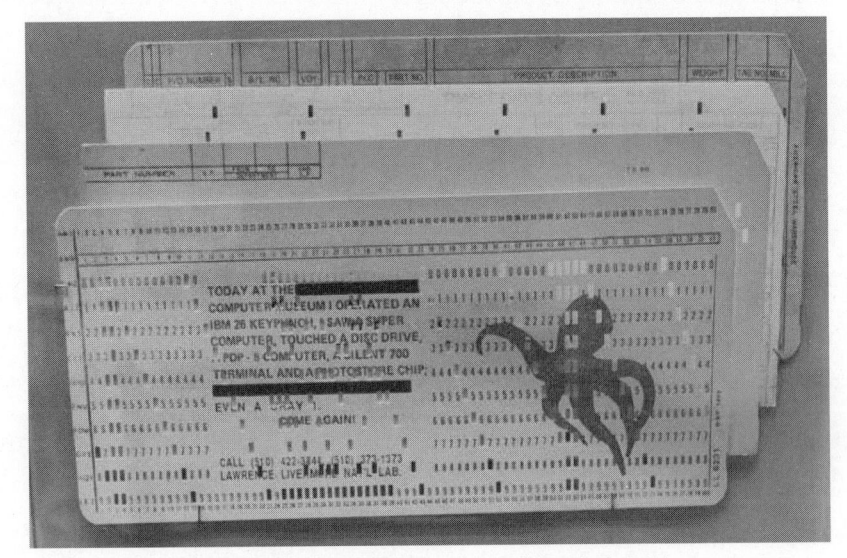

图 5-4 80 列卡片实物图（摄于美国计算机历史博物馆）

正如 US1772492A 号专利的说明书中描述的那样，方孔卡片确实有优势；对其他行业而言，标准统一也是利大于弊的。这件专利成为 IBM 排挤竞争对手、垄断市场的基本武器。IBM 申请这件专利的目的就是销售卡片。在商言商，这种做法本来无可厚非，但是 IBM 的实际做法是要让天底下所有的企业都只能买 IBM 的卡片。这种行为可以定义为专利中的霸权行为。

1930 年，雷明顿兰德公司和 IBM 签署了交叉许可协议，共同采用 80 列卡片作为行业标准。1932 年，美国司法部对这两家公司发起反垄断调查，调查内容包括只租不卖、强迫用户购买其卡片、拒绝向非客户销售卡片等行为。[4]1936 年，美国最高法院裁定 IBM 在卡片销售上违反了《反垄断法》。判决书显示，IBM 每年生产 300 万张打孔卡片，占市场份额的 81%；公司总收入的 10% 来自打孔卡片。[5]根据法院判决，IBM 不能再禁止客户使用非 IBM 生产的卡片。在法院判决之前，雷明顿兰德公司和 IBM 主动撤销了两家公司之间的交叉许可协议，使得司法部的两项诉由消失。IBM 还降低了向政府销售的卡片的价格，以换取与政府的和解。

在今天看来，以 IBM 的体量，利用专利和合同强迫搭售卡片、排挤竞争对手，无疑是板上钉钉的垄断行为。但是不要忘了，在 IBM 被判垄断之前，这种行为几乎没有先例。正是因为 IBM 这个案件，这种看法才成为法律常识。

此案是反垄断法领域的经典案例，几乎所有涉及反垄断法的教材都会提及。但是大多数教材都不会提到，在这一案件之后，IBM 的专利仍然有效，卡片业务也没有受到太大的影响。到 1930 年代末，卡片的销售收入已占到 IBM 总收入的 15%[6]，比反垄断诉讼前的 10% 还增加了不少。

这或许可以表明，利用专利或者类似的手段限制第三方甚至消费者的选择权，不过是小伎俩。相比之下，产品的竞争力才是最重要的。在本书的后续章节中，我们还会看到，很多企业对"剃须刀－刀片"模式过于依赖，为了赚刀片的快钱而本末倒置，将企业的盈利需求置于用户的实际需求之上。在产品本身极其优秀的情况下，在刀片上玩一些小花招，不至于造成太多负面影响；但在关键的技术变革时期，这种研发路线的错误就可能导致万劫不复的后果。

IBM 的制表机－卡片模式维持了相当长的一段时间。但是到了小沃森进入 IBM 管理层时，打孔卡片的局限性已经开始显现。无论是政府还是企业，要处理的数据都在不断增加，而卡片的面积和厚度却没有办法缩小。1940 年代，IBM 的一些大客户开始抱怨打孔卡片数量过多、堆积如山。1948 年，全球最大的保险公司之一——大都会人寿保险公司（Metropolitan Life Insurance Company）的副总裁向小沃森诉苦说："我们已经动用了三层楼来存放打孔卡片，而情况还在恶化。我们没钱支付这种存储空间。"他同时还表达了对新技术的期待："据说，我们可以把这种记录存储在磁带上。"[7]《时代》杂志公司的总裁也有类似的抱怨。对于每一名杂志订户，杂志社要用 3 张卡片来记录他们的联系方式、订阅信息等资料。他直接威胁 IBM 说："我们用整整一栋楼来放你们的设备……如果你们不能拿出些新的玩意儿，我们就得另选别的方案了。"

打孔卡片虽然也是通过机器读取的，但毕竟是实物，如果出错，还可以人工排查；对于操作员来说，换张卡片手动打几个孔也只是举手之劳。但是，如果数据通过数字化存储到磁带上，那就是另外一回事了：地球上还没有任何一种生物进化出肉眼识别磁带上记录的信息的能力。

相信经历过 CD 和 DVD 时代的读者都记得，21 世纪初，很多人对于重要的数据资料，还习惯于刻盘保存；随着机械硬盘的价格降低，很多人也会把数据资料转移到备用硬盘上。到了云时代，云存储成为很多"懒人"的首选方案，但这也让习惯刻盘或用硬盘保存数据资料的人感到不安。因为同样的原因，老沃森对磁带也持怀疑态度。据小沃森回忆，他父亲"从直觉上不信任磁带。在打孔卡片上的信息是永久性的，可以亲眼看到，可以放在手上。即使是保险公司保存的海量文件，也可以从中提取样本让书记员手工排查。但在磁带上存储的数据是不可视的，磁带作为一种媒介是要擦除和重复使用的"。[8]

据一些资料记载，老沃森为了缓解存储容量的问题，曾要求公司研发更大的 180 列的卡片，把一张卡片能够存储的数据量增加 7 倍。然而，我们没有找到相应的专利记录。从后续的技术发展来看，考虑到 80 列卡片已经是数十年的行业标准，用 180 列卡片替代 80 列卡片的想法显得不切实际。

1950年代，美国司法部再次对IBM启动反垄断调查。老沃森是骨鲠之性，老而弥坚。对于司法部的这次威胁，他拒绝让步，准备在法庭上一决胜负。而小沃森认为公司业务的未来在计算机领域，在制表机和打孔卡片上一争长短已经没有必要。

老沃森花大价钱请了一流的律师团队来应对司法部，团队中的每一位律师都经验丰富、背景深厚。据小沃森的自传记载，其中一位律师名叫约瑟夫·基南（Joseph Keenan），曾担任联邦法官。每次老沃森找他商量问题，他都会信心满满地回答"这类事总是能搞定的，沃森先生"，然后开出一张可观的账单，但始终都没有解决任何问题。另一位律师叫作罗伯特·帕特森（Robert Patterson），曾担任过杜鲁门政府的战争部长，他加入了IBM的董事会，说服老沃森开掉了约瑟夫·基南，但在诉讼启动后的第二天，他就死于飞机失事，没能发挥作用。此外，IBM的法律总顾问伯克·马歇尔（Burke Marshall）曾经在美国司法部担任要职，负责民事权利事务，与检察长私交甚好，但是也没能阻止诉讼。[9]

在反垄断诉讼和企业技术路线的问题上，沃森父子进行过多次辩论和争吵，双方关系一度势如水火。1955年，小沃森在一次前往法院的途中遇到老沃森。老沃森问他去哪里，小沃森回答说去见法官，老沃森一时控制不住情绪，大发雷霆。不过最终他同意小沃森去见法官，但是禁止小沃森做出任何决策。小沃森承受着巨大压力到达法院之后，一名IBM职员溜进会议室，递给他一张小纸条，上面写着：

100%

Confidence

Appreciation

Admiration

Love

Dad

这张小纸条标志着IBM两代传奇领袖之间的权力交替。1956年1月，小沃森签署了同意令，正式与美国司法部达成和解。IBM放弃了只租不售的政策，同意以合理的价格出售制表机，并允许其他公司销售打孔卡片。老沃森支持了儿子的选择，要求IBM全员做到100%合规。新员工入职的第一天都要学习这份文件。[10] 最重要的是，IBM同意以"合理的价格"对外许可自己的全部专利。

这一天，IBM把由制表机和卡片专利组成的护城河抛在身后，轻装上阵，引领人类用新的工具追寻新的梦想。

第 6 章 传奇专利的毁灭

我们在前面的章节中提到，早在 19 世纪末 20 世纪初，美国的专利诉讼和专利运营就已经非常兴盛。然而，在电子计算机的新时代到来之际，专利行业反倒由盛转衰，一度陷入低谷。

这是因为经过大萧条的洗礼，美国朝野上下已经对垄断行为深恶痛绝，而专利作为技术领域的垄断工具，自然成为司法界严格审查的对象。从 1930 年代到 1970 年代，反垄断调查成为大型科技企业要面对的首要问题，专利行业因此进入了将近半个世纪的低谷期。[1]

从法律沿革来看，这一时期也是"创造性"这一概念从无到有、从粗糙到初步完善的时期。早期美国专利法仅要求专利具备"新颖性"和"实用性"，直到 1941 年的一个判例确立了"灵光乍现"（flash of genius）规则，才对创新性提出了要求。1952 年，美国通过了新的专利法，这是 1836 年美国专利法颁行以来的第一次重要修订，把"非显而易见性"正式写入法条（第 103 条）。新规则的建立带来了严重的不确定性，各级法院对专利法的第 103 条的解释不一，导致专利权人对维权持谨慎态度。

从 1951 年到 1966 年，一位名叫威廉·格雷厄姆（William Graham）的独立发明人和一家企业打了 14 年的官司，从地区法院打到巡回法院。最后，最高法院发出调卷令，提审该案，对第 103 条中的"非显而易见性"标准进行了解读，这就是专利教科书中都会提到的"格雷厄姆规则"（Graham factors）。相信专利从业者对此都有所耳闻。据被告代理律师汤姆·莫里斯（Tom Morris）回忆，最高法院在公开审理该案件时，法庭内座无虚席，连走廊上都挤满了律师，所有人都在翘首以待案件的判决结果。[2] 格雷厄姆本人因为此案在专利史上留下了自己的名字，但是 14 年的诉讼给他带来的只是两件专利被宣告无效的苦果。

1960 年代的法官大多是在罗斯福时期上任的，他们目睹了大萧条的惨状，也了解早期大企业借助专利玩的一些"花活儿"，因此对垄断行为深恶痛绝，对专利也没什么好感。一位律师曾经感叹："专利法（在第八巡回法院）基本上不存在了。"[3] 1971 年，根据第二巡回法院的一份报告，80% 的专利会在司法程序的上诉阶段被宣告无效。[4] 这种不利于专利权人的司法倾向，一直持续到 1980 年代巡回上诉法院的设立才宣告结束。

在这样的时代背景下，IBM 一直是司法部反垄断部门密切关注的对象。尽管 IBM 保持了较高的专利申请量,但是在专利维权和诉讼方面却鲜有动作。然而,即便在这样的不利条件下,IBM依然靠着其无与伦比的产品竞争力再创新高,以无可匹敌的行业霸主身份度过了专利行业的低谷期,昂首迈入1980年代。

在这一时期,IBM不仅展现了精研产品、专注科研的王者之风,也凭借庞大体量欺凌弱小,对行业施加影响,显示出其霸道的一面。我们将在下文详细讨论。

这个新时代的主题是电子计算机。在这个时代,IBM不像在制表机时代那样拥有绝对的先发优势——早期电子计算机最重要的一件基础专利并不是IBM申请的,相反,这件专利落到了IBM的老对手雷明顿兰德公司手中。

1945年,美国宾夕法尼亚大学的工程师约翰·普雷斯珀·埃克特(John Presper Eckert)和约翰·W. 莫奇利(John W. Mauchly)为美军设计制造了人类历史上第一台通用电子计算机,其全名为"Electronic Numerical Integrator and Computer"(电子数字积分器与计算机),简称"ENIAC"。1946年初,ENIAC被交付给美军使用,主要用来计算弹道。ENIAC整机重30吨左右,使用了18,000个电子管,每秒可以计算5000次,计算一条弹道需要30秒。这个计算速度虽然远不及今天的手机,但已经比当时美军中经验丰富的计算人员快2400倍,标志着电子计算机时代的到来。

埃克特和莫奇利完成这项划时代的发明之后,从宾夕法尼亚大学辞职,创立了埃克特-莫奇利计算机公司(Eckert-Mauchly Computer Corporation)。由于ENIAC涉及的技术都是他们在宾夕法尼亚大学任职期间的职务发明,因此两人在创业之后写信给校长,请求将ENIAC相关技术的专利申请权转让给他们。幸运的是,校长相当慷慨地同意了他们的请求。但很可惜,这两位天才工程师的商业头脑实在无法与他们的技术天赋媲美,到1950年,埃克特-莫奇利计算机公司已经濒临破产。

此时,IBM的老对手雷明顿兰德公司正处于二战后的转型期,把计算机产业列为重点发展方向,因此收购了埃克特-莫奇利公司。埃克特和莫奇利两人放弃商业运营,专注于研发,共同设计出新一代计算机UNIVAC(UNIVersal Automatic Computer,通用自动计算机),使雷明顿兰德公司在计算机市场上异军突起,一度威胁到IBM的统治地位。同时,ENIAC涉及的专利申请工作也由雷明顿兰德公司经验丰富的专利团队接手。

经过漫长的答辩过程,1964年2月4日,ENIAC的核心技术专利终获授权,专利号为US3120606A。这份专利文档厚达207页,其中权利要求就占了12页,总共148项。因为权利要求实在太多，在此我们仅摘录权利要求 1 的内容：

> 用于产生序列电脉冲的装置；用于交替传输特定所述脉冲作为周期性分化组的电子单元；从上述一种分化组中选择特定脉冲以表示定量值的电子单元；从上述另一种分化组中选择特定脉冲以代表定性值的电子单元；响应于代表定性和定量值的脉冲的读取单元；用于读取数据以根据至少一个所述定性脉冲的命令进行处理，存储读取的数据，并使数据以数据脉冲的形式响应于所述定性脉冲中的至少一个其他脉冲，以及用于接收所述数据脉冲并对其做出响应以执行电开关操作的电子单元，其性质由所述定性值中选定的一些确定，其程度由所述定量值中选定的一些确定。[1]

与当年何乐礼的制表机专利一样，这件专利保护的是电子计算机的基本概念。此时，雷明顿兰德公司已经和另一家大企业合并，成为斯佩里兰德公司（Sperry Rand Corporation）。它获得专利授权后马上与 IBM 谈判，索要专利许可费。1965 年年底，斯佩里兰德公司与 IBM 达成专利交叉许可协议。据当时在斯佩里兰德公司负责专利授权事宜的查尔斯·麦克迪南（Charles McTiernan）回忆[2]，IBM 先后为这件专利支付了高达 1110 万美元的许可费。这起交易让我们想起当年鲍尔斯公司向老沃森支付许可费的故事，但是斯佩里兰德公司却没能因为这件专利成为电子计算机时代的霸主。

在搞定 IBM 之后，斯佩里兰德公司又把目光转向其他从事数据处理业务的企业，其中不乏 RCA（Radio Corporation of America）、通用电气、霍尼韦尔（Honeywell）等跨行业巨头。大多数公司面对 ENIAC 这件划时代的专利都束手无策，只能举手投降。通用电气的专利负责人乔治·埃尔格罗斯（George Elgroth）是斯佩里兰德公司的前员工，对其前东家的专利了如指掌。[3] 即便如此，埃尔格罗斯在面对 ENIAC 专利时也完全放弃了抵抗：在通用电气庞大的专利库中，埃尔格罗斯既挑不出一件对斯佩里兰德公司构成威胁的专利，也提不出任何有效的专利无效主张，只能以联系不到公司负责人为借口反复拖延时间。只有 AT&T 旗下的贝尔实验室奋起反抗，

▼1　US3120606A 号专利权利要求 1: Means for producing electric pulses in sequence, electronic means for alternately transmitting certain ones of said pulses as recurrent differentiated groups, electronic means for selecting particular pulses from one of said differentiated groups to represent quantitative values, electronic means for selecting particular pulses from another of said differentiated groups to represent certain qualitative values, reading means responsive to pulses representing both the qualitative and quantitative values for reading data to be processed upon command of at least one of said qualitative pulses, storing the data thus read, and making the data available in the form of data pulses in response to at least one other of said qualitative pulses, and electronic means for receiving said data pulses and responsive thereto for performing electrical switching operations of a nature determined by selected ones of said qualitative values and of a degree determined by selected ones of said quantitative values.

▼2　查尔斯·麦克迪南于 1988 年在《IEEE 计算史年鉴》（*IEEE Annals of the History of Computing*）中发表 "ENIAC 专利" 一文，详细讲述了 ENIAC 早期的专利申请、答辩和对外许可的故事。

▼3　据查尔斯·麦克迪南回忆，埃尔格罗斯对斯佩里兰德公司的专利比他还熟悉。

通过司法程序主张 ENIAC 专利无效，但是没有成功。[5]

在所有对手中，只有霍尼韦尔给 ENIAC 专利造成了真正的威胁。1967 年 5 月 26 日，斯佩里兰德和霍尼韦尔互相发起诉讼，两家公司在同一天内向法院提交了起诉状。斯佩里兰德主张霍尼韦尔侵犯了其专利权，要求对方支付 2000 万美元的许可费和侵权损害赔偿。而霍尼韦尔则认为斯佩里兰德实施了欺诈和垄断行为，并请求法院判决 US3120606A 号专利无效。

这起诉讼是美国历史上规模最大的专利诉讼案之一，仅口审就花了 135 天，先后有 77 名证人出庭作证，庭上笔录文件达 2 万多页，是美国联邦法院系统处理过的最耗时的案件之一。据说，霍尼韦尔的合作律所合伙人在把案件交给手下的律师查尔斯·G. 考尔（Charles G. Call）时，直接问他愿不愿意在一个案子上投入"10 年的职业生涯"。[6] 在案件审理过程中用到的证据文件不仅数量大，在技术上也够"硬"，包括了计算机领域最早的一批重要著作，包括计算机之父冯·诺依曼用来揭示"冯·诺依曼架构"的历史性著作"101 页报告草案"（First Draft of a Report on the EDVAC）。到 1973 年，双方总共花掉了 800 万美元的诉讼费用。不知道有多少律师会心甘情愿地为这笔钱卖掉自己 10 年的职业生涯。

1973 年，法院做出一项重要的初步判决，认定 US3120606A 号专利全部无效。部分权利要求因为缺乏新颖性等原因而被判无效，但其被判无效的主要理由是"使用公开"。霍尼韦尔提供的证据证明，在 US3120606A 号专利被申请前，ENIAC 已经被公开展示过，其日期均在专利优先权日（1947 年 6 月 26 日）之前一年以上。除此之外，有证据表明 ENIAC 的一些部件在 1944 年 7 月就已经交给军方使用。法官认为，这些部件本身已经符合专利保护的"电子计算机"定义，其交付构成了使用公开。前面提到的冯·诺依曼的"101 页报告草案"也公开了 US3120606A 号专利保护的一些重要技术内容，在 1945 年 6 月由 ENIAC 项目安全官赫尔曼·戈德斯坦（Herman Goldstine）公开，构成了该发明的关键对比文献。

随着法官落槌，US3120606A 号专利的巨大价值在一瞬间化为乌有。斯佩里兰德颗粒无收，反过来还要向霍尼韦尔支付一笔和解费。从宾夕法尼亚大学到埃克特－莫奇利公司再到斯佩里兰德公司，众多专利工作者 20 多年的努力付诸东流。作为电子计算机历史上最早也是最重要的专利之一，US3120606A 号专利保护的一系列重要技术从此进入公共领域。

对于新兴的电子计算机行业而言，ENIAC 专利的无效可能算是一件好事。US3120606A 号专利在 1964 年授权，原本要到 1981 年才到期（当时美国的专利保护期为 17 年），覆盖了电子计算机发展历程中极其重要的一段历史时期。如果没有被宣告无效，不知道有多少兴起于二十世纪六七十年代的早期科技公司要向斯佩里兰德缴一笔许可费。

回顾这件专利，历史给了斯佩里兰德公司弥足珍贵的 9 年。然而，历史的机遇往往是短暂的，斯佩里兰德公司没能在这个短暂的窗口期做大做强，最终只能在 IBM 统治的计算机市场占据边缘位置。1986 年，斯佩里兰德与另一家早期计算机公司巴勒斯（Burroughs）合并，重组为优利系统（Unisys），雷明顿·兰德的名字自此湮没在历史长河中。

这个故事告诉我们，拥有基础专利和传奇发明人，不代表企业就一定能成功。要让产品成为市场的宠儿，还需要做大量细致而全面的工作。拥有制表机基础专利的何乐礼，在组建公司之前花了 10 多年时间改进机器、探索各种应用场景、拓展客户，才有了后来 IBM 崛起的基础；在 IBM 遇到真正的竞争对手时，最初的基础专利其实已经过期了。因此，在产品获得商业成功的诸多重要因素中，专利的申请日、发明人在学术界的名气并没有决定性的作用。

斯佩里兰德公司在早期计算机市场上的失败有很多原因。第一，合并前的斯佩里公司体量比雷明顿兰德公司大得多，拥有多条产品线，缺乏像小沃森那样在计算机业务上孤注一掷的决心。[7]第二，科学家埃克特和莫奇利仍然在领导斯佩里兰德公司的计算机部门，他们的员工像学者一样低调而诚实，敢于承认产品的不足，但这样往往会削弱客户的兴趣[8]，而 IBM 的很多员工则都是久经考验的销售人员，通晓人情世故，懂得迎合客户。第三，斯佩里兰德公司的组织架构比当时的 IBM 还要臃肿和官僚化。为了改革管理体系，1959 年，斯佩里兰德公司从 IBM 挖来了高管多斯·L. 毕比（Dause L. Bibby）来掌管计算机部门，但是没有成功。据斯佩里兰德公司的高管回忆："在 IBM，毕比只要按一个按钮，就有 1000 个穿高档西装的家伙跑出来朝他敬礼。然而他在 UNIVAC（斯佩里兰德公司的计算机部门）按按钮时，什么都不会发生。动员一个有效的组织需要一种天赋，而让一个死亡的组织复苏则需要另一种能力。"[9]

IBM 虽然没有 ENIAC 这样的杀手级基础专利，但它拥有在商业财会领域耕耘多年的丰富经验，充分了解客户的各种计算需求，以及在电气机械领域的深厚技术积淀。这些因素使 IBM 很快成为新兴电子计算机市场的龙头企业。

为了满足不同领域客户的需求，IBM 推出了多条计算机产品线。例如，IBM 701 主要用于科学计算，而 IBM 702 主要用于财会业务。虽然 IBM 在大多数产品线上都占据了稳固的市场地位，但由于各系统采用不同的硬件且互不兼容，需要用不同的计算机语言编写软件，造成了极大的资源浪费。

由图 6-1 和图 6-2 可见，IBM 早期的不同计算机系统需要连接各种适配器才能使用特定的磁盘。而且，各种系统使用的程序语言也各不相同，除了汇编语言（Assembler），没有任何一种语言能够支持 IBM 的所有系统。

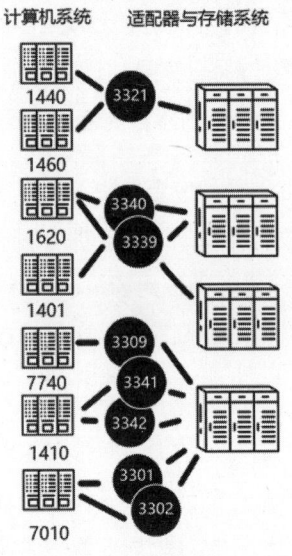

图 6-1　早期 IBM 计算机系统使用的不同存储设备[10]

IBM 计算机型号	支持的计算机语言						
	COBOL	FORTRAN	Auto-coder	Assembler	Sort	Utilities	RPG
305				支持		支持	
650		支持		支持	支持	支持	
704		支持		支持			
705	支持			支持	支持	支持	
709		支持		支持			
1401	支持	支持	支持	支持	支持	支持	支持
1410	支持	支持	支持	支持	支持	支持	
1620		支持		支持			
1710				支持			
7030		支持		支持			
7040	支持	支持		支持	支持	支持	
7070	支持	支持	支持	支持	支持	支持	
7080	支持			支持	支持	支持	
7090	支持	支持		支持	支持	支持	

图 6-2　早期 IBM 计算机系统使用的不同程序设计语言

为了解决兼容性问题，小沃森投资 50 亿美元进行了一场世纪豪赌，最终 IBM 在 1964 年推出了划时代的 System/360 大型机（图 6-3 为其实物图）。管理学大师詹姆斯·柯林斯（James Collins）在《从优秀到卓越》[11]一书中把 System/360 大型机与波音 707 飞机、福特 T 型车并称为人类历史上的三大商业成功案例。IBM 官网上关于 System/360 大型机的介绍中骄傲地引用了这一评价[1]。除了柯林斯，很多专家都把 System/360 大型机列为史上最优秀的产品之一。[12] System/360 的发布既是信息革命史上的里程碑事件，也为 IBM 接下来的 20 年霸业打下了基础。

▼1　参见 IBM 官网"Heritage"栏目中的文章"The IBM System/360"。

图 6-3 System/360 大型机实物图（摄于美国计算机历史博物馆）

　　System/360 大型机提供了多种具有不同性能和存储容量的机型，客户可以根据实际需求进行一定程度的定制，但所有机型基本上使用相同的指令集，这样 IBM 就不需要再为不同领域的客户重写软件了。此外，System/360 大型机还拥有标准化的接口，可以灵活自由地搭配各种外接设备。

　　System/360 大型机的这一特性，带来了新的商业模式。首先，可以根据客户需求搭配各种配套设备和服务，包括用于存储数据的磁带、磁盘和磁鼓，用于输出的打印机和显示器，以及各行各业需要的不同软件。这让 IBM 找到了新的"剃须刀-刀片"组合。大型机取代了制表机，配套设备和软件取代了打孔卡片，成为更加优质的盈利来源。其次，软件设计无须考虑跨系统、跨平台的兼容性问题，这大大减少了程序员的工作量，并使得 IBM 在软件服务方面的定价更加灵活，成为其重要的竞争力之一。根据一些学者的统计，对于 1960 年代预装软件的计算机系统，其中软件价值事实上占总价值的 40% 以上。[13] 而在 IBM 当时的定价策略中，软件与硬件是捆绑销售的，而且软件往往是免费提供的。据一些资料记载[14]，1972 年美国走出经济危机后，全美开始急缺程序员，程序员的春天由此开始。而 50 年后的今天，这个漫长的春天好像还没有彻底结束的迹象。

　　我们找到了 System/360 大型机的一些相关专利，例如 1964 年申请的两件"数据处理系统"专利（专利号为 US3400371A、US3315235A）。[1] 这些专利的文档大都很长：US3315235A 号专利

▼ 1　参见美国克莱蒙森大学 Mark Smotherman 教授个人整理总结并发表于克莱蒙森大学网站上的计算机架构专利列表。

有102页，27项权利要求，字数比一般的硕士论文还多。因为篇幅所限，本书不详细讨论这些专利。由于同意令的制约，这些专利顶多只能作为一种交换手段，换一笔"合理"的许可费，偶尔在诉讼中作为反诉的武器。这种状况一直持续到1980年代。

此外，当时的计算机成本很高，而且需要专业团队进行维护和软件开发，一般的小企业根本无力涉足这个领域。在System/360大型机诞生之前，尚有"IBM和七个小矮人"的说法，指的是IBM和七个规模较小的竞争对手。在System/360大型机诞生之后，七个竞争对手又倒掉两个：RCA在1971年把计算机事业部卖给斯佩里兰德公司，通用电气在1970年把计算机业务卖给霍尼韦尔公司，双双退出计算机行业。对于当时的IBM来说，用专利去逼死剩余的几个竞争对手，显然不是一种聪明的选择。另外，为了确保系统的封闭性，IBM对各个部件的接口方面的很多技术采取了商业秘密的保护措施。[15] 由于这些原因，讨论System/360在大型机领域的专利意义不大。

就"剃须刀-刀片"商业模式而言，有趣的地方往往不是"剃须刀"，而是"刀片"。因此，我们接下来主要讨论IBM全盛时期的两大盈利点：磁盘和软件。

除了IBM，第三方厂商也不需要再为不同的平台设计软硬件。它们很快开始生产适用于System/360大型机的配套设备，开发适用于System/360大型机的软件，在IBM的一亩三分地里风生水起。尽管IBM在大型机市场上独领风骚，但是在配套硬件设备和软件领域都长期面临竞争压力。在应对这些挑战者的过程中，IBM既展现了作为全球第一科技企业的王者风范，也暴露了巨型垄断企业所特有的霸道行径，颇值得玩味。且听我等细细道来。

第 7 章 从卡片到磁盘

亚瑟·C. 克拉克（Arthur C. Clarke）在其处女作《救援队》（Rescue Party）中讲述了这样一个故事：在近未来的某一天，外星文明联盟监测到太阳系正面临一场毁灭性的灾难。出于人道主义，联盟派出一支救援小分队前往地球，希望能救一些人逃出生天。当时，联盟对地球人所知甚少，只知道地球上存在智慧生物，掌握了无线电技术，因为有 200 年前收到的无线电信号为证。在外星人的认知里，一个文明从发明无线电到掌握太空航行技术，至少要花数千年的时间。但是，救援队登陆地球之后，却发现整个地球一片死寂，空无一人。原来，地球上的人类在灾难前夕就已经开发出太空航行技术，全都离开了太阳系，不知所终。这个故事反映出二战后美国人对技术的乐观态度，对人类技术飞速发展的自信和骄傲。在《三体》中也可以看到这种思想——正是因为担心落后文明在技术上迅速赶超，先进文明才会施展残酷的黑暗森林打击，把潜在竞争对手扼杀在襁褓之中。

克拉克是工科理论基础非常扎实的一位科幻小说家，他笔下的很多技术设想都已成为现实。但是，在《救援队》中，"开了挂"一样的人类文明似乎还未能彻底淘汰打孔卡片。在这篇小说中，外星救援队虽然没在地球上找到一个活人，但却在人类留下的遗迹里发现了一个专门存储人口信息的房间，对打孔卡片留下了深刻印象：

> 救援小分队进入第一个房间时，空气简直都要凝固了。他们发现房间里除了机械以外基本上空无一物，这才放松下来。一排排机器悄无声息地矗立于此。顺着房间排列着成千上万个文件柜，它们筑起一堵一眼望不到头的墙。除了文件柜和机器，房间里没有其他家具。
>
> 每个文件柜里都装着 9000 张薄而坚韧的卡片，卡片上打满数不清的孔洞。帕拉多星人抽出其中一张卡片，阿拉卡勒（另一个外星人）记录下这里的情景，还给那些机械拍了张特写。然后，他们离开了这个巨大的房间。这里曾是世界上最令人惊叹的奇迹之一，但它对救援小分队的成员来说毫无意义。那套功能绝妙的霍尔瑞斯（Hollerith，即何乐礼）人类分析器以及记录着这颗星球上每位男人、女人和儿童信息的 50 亿张打孔卡片，将再也不会重见天日。[1]

这种克拉克认为可以一直用到太空时代的存储技术，最终被磁存储技术所淘汰。众所周知，磁存储技术最常见的应用——机械硬盘，就是 IBM 的发明。沿着硬盘技术的发展史，我们或许

▼ 1　出自亚瑟·C. 克拉克处女作《救援队》，刊登于科幻世界译文版，2007 年 11 月出版。

可以找到 IBM 在电子计算机时代获得成功的原因。

1950 年代，磁存储技术已经是比较常见的技术，但硬盘的出现并不是 IBM 对磁存储技术逐步改进的结果，而是源自对打孔卡片系统的改造。

说到这里，不能不提及一个小小的冷知识，即"文件"(file)这个概念的起源。诸君想必对"文件"一词熟悉到不能再熟悉：无论是在撰写专利说明时使用的 Word 或 WPS，还是在制图时使用的 AutoCAD，以及在日常计算机操作中使用的 Windows 资源管理器，这些软件工具左上角菜单栏的第一个选项必定是"文件"，快捷键为"F"，这是因为"文件"的英文是"file"。但是各位可能未必知道，"file"的概念出现于打孔卡片大行其道的1950年代，远远晚于"document"或"dossier"。我们知道，一张打孔卡片不过 80 个孔，通常存储不了多少内容，往往需要把几张、几十张、几百张甚至更多有关联的卡片放在一起，才能代表一组有意义的数据，这大致对应于今天一个 Excel 文件所能存储的数据量。这样的一组卡片通常会被放在一个专门的抽屉、柜子或箱子里，而这样的一箱或者一抽屉卡片就称为一个"file"。在英文中，表示"敞口的盒子或箱子"与"浴缸"是同一个词，即"tub"，因此一箱专用数据文件也被称为"tub file"。[1]

"tub file"在1950年代的应用非常普遍。以财务流程为例：财务人员为企业处理各种订单，在开具发票时，发票上的大多数内容都是相同的，因为企业经常要把同样的产品发给同一批客户。但是当时没有可视化的字处理软件，自然也不可能有 Word 或 Excel 模板，无法用填写模板的方式批量打印发票。为了简化对发票上重复内容的输入，当时的财务人员会准备一些客户信息卡或产品信息卡，客户信息卡上的孔洞包含了客户的名称、地址、电话号码等信息，产品信息卡上的孔洞则包含产品的参数和分类等信息。这些卡片都被放在 tub file 里。在开具发票时，操作员需要从 tub file 里取出客户信息卡和产品信息卡，放入专门的会计机器，再通过卡片或键盘输入每个订单的产品数量、折扣价格、时间等信息，这样就可以自动打印出相应的发票。

1950 年代初，一些客户反馈说 tub file 的操作和管理太过麻烦。IBM 马上立项，探索如何优化 tub file 的处理流程。这一项目从 1952 年 4 月开始，研发人员的最初想法是在办公室安装一个机械传送带系统，把整箱的 tub file 用传送带送到操作员的座位上，使操作员免受来回奔波之苦。这个方案看上去非常适合《三体》中秦始皇的人力计算机。以这个原始的方案为契机，IBM 在短短几年之内发明了硬盘驱动器，彻底淘汰了打孔卡片。旋转的磁盘取代了传送带，而磁头则取代了操作员。《三体》中秦始皇人力计算机的故事似乎暗示三体人在古代就发展出了人力计算机技术来计算三体问题，推算灾难纪元的来临时间。但是因为三体问题过于复杂，人力计算机无法预测灾难，三体文明的发展被灾难多次打断，开发出电力和机械技术已经是很多个纪元之后的事了。如果三体人看到人类在短短几年间就把半人力的计算机数据存储系统升级为全自动的磁存储系统，也许真的会脊背发凉吧。

在探索传送带方案的同时，IBM 也在研究磁存储的可能性。当时的磁存储技术主要有两种方案：磁带和磁鼓。磁带存在一个天生的缺陷，即必须物理地卷动磁带，才能定位到所需信息的位置。直到 30 多年之后音乐磁带风靡全球时，一般的磁带播放机仍然无法解决这个问题。

磁鼓这项技术我们在前文中有所提及，它是古斯塔夫·陶舍克的发明（图 7-1 为其专利附图），在 1937 年获得专利授权（专利号为 US1880523A），算是 IBM 自家的技术。IBM 650 型计算机就是用磁鼓作为存储单元的。磁鼓倒是可以随机存取，但磁鼓中的信息是存储在庞大圆柱体的外表面上的，与其体积相比，可用来存储信息的表面积非常有限。IBM 在一些产品中使用了磁鼓技术，雷明顿兰德公司（此时已经改名为斯佩里兰德公司）对磁鼓也有更进一步的应用，这家公司的实践也证明了一点：磁鼓要突破体积对应的存储空间限制，实在是太难了。

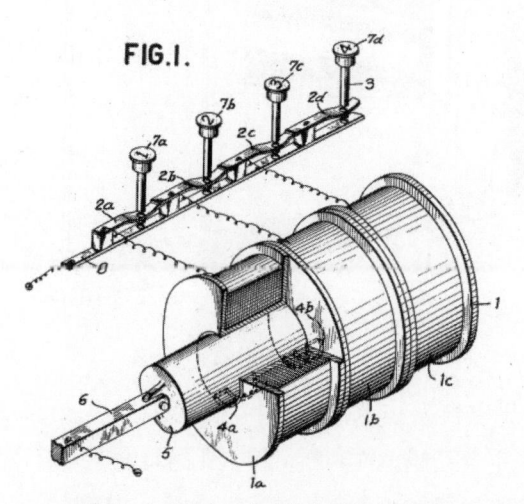

图 7-1 古斯塔夫·陶舍克的磁鼓专利附图

斯佩里兰德公司在 UNIVAC 项目中本来有机会开发出自己的磁盘存储方案，但因为公司内部政治的原因，这个方案不幸夭折。负责这部分研发工作的团队分别位于圣保罗和费城。圣保罗团队设计出了基于磁盘的存储方式，而费城团队的方案则使用了磁鼓。因为费城是宾夕法尼亚大学的所在地，也是埃克特和莫奇利的大本营，在公司内部的影响力更大，导致斯佩里兰德公司放弃了磁盘方案，而选择了采用直径为 18 英寸的磁鼓。[2]

最终，斯佩里兰德公司发布了一款名为 FASTRAND 的磁鼓存储器，与 UNIVAC 配套使用，如图 7-2 所示。FASTRAND 是当时速度最快的存储设备，技术的先进性毋庸置疑，但其缺点也非常明显：整台存储设备重约 2.27 吨，一般的地板难以承受，需要采用专门的承重机构。磁鼓由铸铁制成，是一根长度超过 1.8 米的超大号铁柱。在高速旋转时，它会产生巨大的角动量，足以使整台机器从地面上弹跳起来，因此必须将其牢牢地固定在地板上。据说一些产品在运转过程中发生过机器解体、磁鼓破墙而出的事件。还有资料记载，美军曾经尝试在户外移动时用 UNIVAC 进行计算，把包括 FASTRAND 在内的一整套机器都装载在一辆卡车上，进行野外试验。在行驶过程中，由于磁鼓的运转，卡车在转弯时翻车。为了解决这个问题，第二代 FASTRAND 产品用了两个磁鼓，让它们各自朝相反的方向旋转，以此抵消角动量的影响。

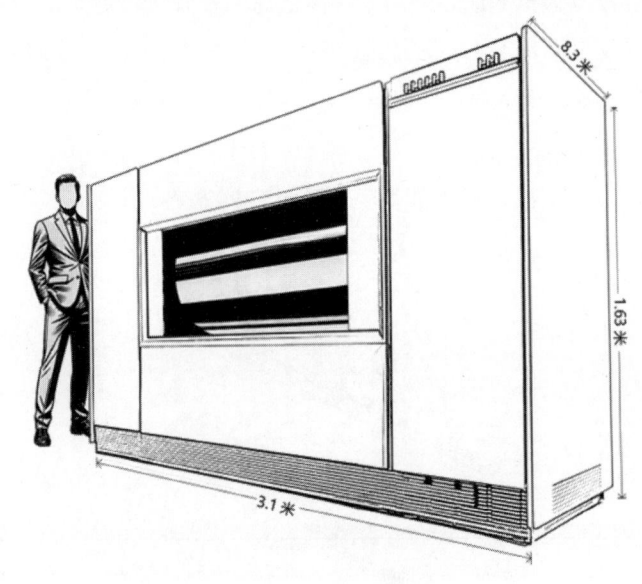

图 7-2 FASTRAND 磁鼓存储器

美国的科技企业对于非自家技术往往都持有偏见，一些研究者称之为 "not invented here" 问题。这种偏见有时会超越理性判断，使企业的研发走上歪路。但是，IBM 作为磁鼓技术的发明人，却没有沉溺于这项技术而不能自拔。在探索磁存储技术发展的过程中，IBM 的研发人员从一篇学术论文中得到了灵感，开始探讨磁盘存储的可能性。

这篇论文的作者是美国国家标准局的工程师雅各布·拉比诺（Jacob Rabinow）。拉比诺在电磁机械领域颇有建树，一生获得了 200 多件发明专利，是电子计算机行业的重要先驱之一。他在论文《缺口盘片存储器》（英文名称为"The Notched-Disk Memory"）中探讨了磁盘存储的概念，并且在 1951 年申请了专利。图 7-3 为拉比诺的论文截图，图 7-4 为其专利附图。

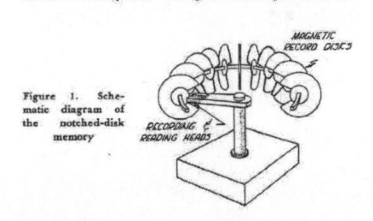

图 7-3 拉比诺的论文 "The Notched-Disk Memory" 的截图[3]

图 7-4 US2690913A 专利附图

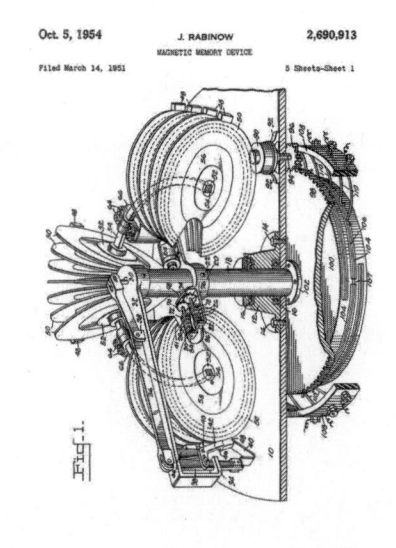

根据拉比诺的论文，IBM 圣何塞实验室的一支研发团队进行了初步设计，提出了用旋转的圆形磁盘片代替 tub file 的方案。

我们在前面的章节中提到过雷诺德·约翰逊，他发明了涂卡考试评分机，这一发明使他在大萧条期间获得了去 IBM 的工作机会，免遭饥馑之苦。后来，约翰逊功成名就，成为圣何塞实验室的总负责人。他在看到这个方案之后，力排众议，全力支持磁盘计划。

1953 年，约翰逊前往 IBM 总部向董事会汇报，并为当年的研发项目申请预算，而磁盘项目是这次汇报的重点。当约翰逊到达办公室时，老沃森和其他董事在场，而小沃森不在。老沃森对约翰逊的磁盘方案有所了解，他半开玩笑地向董事会介绍说这是要"干掉打孔卡片"的团队，引起了董事会的警惕。约翰逊可不想显得这么激进，他连忙向董事会解释，说磁盘的应用只会增加打孔卡片的销量。但是董事会并不买账，投票否决了这个研发项目。

约翰逊大失所望，但是他不愿意就此放弃，决定先斩后奏，继续推进磁盘项目。在回程的路上，他要求随行的两位团队成员对董事会否决磁盘项目一事保密。回到圣何塞之后，约翰逊指示团队继续开发，只是项目名改为 RAMAC，以避人耳目。幸运的是，小沃森不久后前往圣何塞视察，正式批准了 RAMAC 项目。

由于拉比诺已经把磁盘的基本概念公诸于世，IBM 无法像当年保护制表机一样，用专利把磁盘的基本概念保护起来。IBM要做的是把拉比诺的想法变为现实，把看上去极具蒸汽朋克风的环状机械结构变成结实耐用的成熟商业产品。

例如，如何让磁头在高速旋转的磁盘上快速定位而不损伤磁盘，就是IBM的工程师要解决的一个实打实的技术难题。为了节省空间，必须控制磁盘厚度并使其紧密排列。一开始设计的磁盘太薄，在高速旋转时会摇晃，影响磁头读取数据。因此，研发团队不得不改用较厚的磁盘。这样一来，磁盘之间的距离缩小，磁头难免会碰到磁盘而损坏上面的数据。最终，研发人员在磁头上安装了三个气动活塞，用空气作为磁头和磁盘之间的缓冲带，这就是所谓的空气轴承。

为了应用空气轴承，磁盘表面必须非常平整，这就带来了磁盘材料的选择和涂层工艺的问题。拉比诺在其论文中建议采用"薄铝盘且两面都涂上磁性材料"，但开发团队还是尝试了各种不同的材料，包括铜、镁、玻璃和塑料等，经过反复试验，最终还是回到铝的方案。在涂层工艺上，难题是如何让磁盘表面尽可能平整，避免凹凸不平。最终，开发团队成员采用了旋转涂层法，即在旋转的盘片中心倾倒液体涂层材料，利用离心力使涂层材料均匀覆盖在盘片上。在早期，他们用纸杯来度量涂层材料，用丝袜来过滤，这种方法用了一年之久才被自动化方法所取代。

1954年2月，IBM的开发团队终于成功地把信息从卡片输入磁盘，再从磁盘转回到卡片上。这表明研究已经基本成功。从当年年底开始，IBM为RAMAC磁盘系统申请了至少三件专利：[1]

• US3134097A号专利"数据存储机器"（Data Storage Machine），1954年12月24日申请，1964年5月19日获得授权。

• US3503060A号专利"直接存取磁存储设备"（Direct Access Magnetic Storage Device），是US3134097A号专利的分案，1954年12月24日申请，1970年3月24日获得授权。

• US3037205A号专利"带有气动传感器的磁存储碟片"（Magnetic Record Disc with Gas-supported Transducer），1956年10月9日申请，1962年5月29日授权。

前两件专利涵盖了硬盘驱动器的基本构造，而第三件专利则是针对一个关键技术问题的解决方案。因为有拉比诺的论文和专利珠玉在前，IBM无法对圆形磁盘存储数据的基本概念申请专利保护。因此，前两件专利保护的是一整套复杂的机械设备，包括磁盘中心的主轴、磁道的同心圆设计、控制磁盘旋转的皮带轮，以及复杂的磁头组件。虽然磁头组件有接近一只手臂的长度，但却能在磁盘之间的狭窄缝隙里精确移动和定位。

▼1 参见IBM及CDC前员工Ed Thelen个人网站上的RAMAC 350历史资料栏目。

一些研究者认为，尽管当时的美国已经站在电子计算机的新时代门槛上，但是电气和机械等传统领域的技术仍然非常重要。IBM 在电气和机械领域的生产制造能力，为其核心产品的开发提供了强大而有效的支持，这是 IBM 在二十世纪六七十年代取得巨大商业成功的重要因素。[4] 以上三件专利充分体现了 IBM 在传统领域的技术方面的深厚积累，完全佐证了研究者的这种观点。传统的电气机械技术加上对用户需求的快速反应、对学术界最新研究成果的吸收，共同造就了这三件伟大的专利。

US3134097A 号专利的说明书中提到"磁头是空气轴承型的，其中磁头与记录表面之间有空气间隔"，但这一特征没有被写入权利要求。而在作为分案的 US3503060A 号专利中，其权利要求 1 和 2 都记载了"空气轴承"："将传感器（指磁头）向相反方向移动，并将其置于空气轴承之上。"这两件专利的文件都有 60 多页，而第三件专利 US3037205A 的文件则要短小得多，加上附图只有 3 页。这件专利保护的就是空气轴承磁头的解决方案："所述的支撑装置适于将传感器（即磁头）固定在轮辋上，直到弹簧偏压被由所述圆盘旋转引起的空气膜的建立所克服，所述的支撑装置进一步适于支撑所述传感器，以便从轮辋上的位置移动到软磁涂层上的位置而不干扰空气膜。"下面的图 7-5 为 RAMAC 磁盘系统的硬盘驱动器实物图。

图 7-5 RAMAC 磁盘系统的硬盘驱动器（摄于美国计算机历史博物馆）

采用了 RAMAC 磁盘系统的 IBM 305 的租金为每月 650 美元，总重 785 公斤，可以存储 3.75 MB 的数据。[1] 在今天，3.75 MB 的空间只能勉强存储一首普通音质的 MP3 歌曲，或者一张中高

▼1 参见 IBM 及 CDC 前员工 Ed Thelen 个人网站上的 RAMAC 350 历史资料栏目。

分辨率的手机照片。而在当时，这些数据要用掉52张直径为24英寸（约61厘米）的磁盘。即使如此，24英寸的磁盘还是比打孔卡片占据的物理空间要小，访问速度更是有了翻天覆地的提升。从RAMAC磁盘系统开始，打孔卡片和制表机操作员逐渐被历史淘汰。几十年后，亚瑟·C.克拉克期待的太空时代没有到来，被他视为人类骄傲的打孔卡片存储技术却早已灰飞烟灭，无论是打孔卡片还是制表机都已经不见踪影，只有在博物馆、历史书和专利数据库中，才能窥见它们当年的盛景。

1950年代，磁盘与磁带、磁鼓同位于存储技术的前沿，但是市场规模相对较小。直到1965年4月，IBM推出了全新的磁盘产品"2314型直接存取存储设备"（2314 Direct Access Storage Facility，简称"2314 DASF"。下文为表述的方便，进一步简称为"2314"），其可以与前一年发布的System/360大型机配套使用，从此以后，磁盘市场迎来了跨越式的发展。

2314在磁头技术上进行了创新，它采用陶瓷材料，将磁头与高速旋转的磁盘之间的距离缩小到2.159微米。这一技术被记录在US3631425A号专利中。其专利说明书指出了磁头设计的一个核心问题：磁头离磁盘表面越远，信号就越弱。为了增加数据密度，必须让磁头更靠近磁盘，以获得良好的信噪比。US3631425A号专利通过弹性元件把浮动块压向磁盘表面，使磁头穿过空气轴承的空气膜，进一步靠近磁盘表面。浮动块上开有孔洞，形成了压力差，从而维持磁头与磁盘表面相隔微小的距离；而弹性元件确保磁头能随着磁盘表面上极其微小的凹凸不平移动，同时允许磁头刮除磁盘表面的细小污染物。

此外，2314还改进了涂层技术，使得磁盘表面更平整。喷嘴先在磁盘外圈倾倒涂层材料，然后移动到内圈，最后再移回外圈，避免了传统旋转涂层法产生的放射状条纹。这一技术被记录在US3198657A号专利中。

磁头和涂层技术的革新，再加上System/360的普及，使2314获得了良好的市场反响。作为System/360及其后续的System/370大型机的标准外接存储设备，2314开辟了一个价值数亿美元的巨大市场，成为IBM除大型机租赁以外的重要现金流来源。1970年2月，IBM把外接设备定义为"企业核心战略问题"。[5]大型机系统与外接设备取代了制表机与打孔卡片，成为新的"剃须刀－刀片"式组合。

IBM对2314采用了一贯的高溢价策略，存储容量最大的版本，月租金为5675美元，售价为256,400美元。由于品牌溢价较高，IBM的出货速度并不快，而且产品质量也并非最佳[6]，这为众多中小厂商提供了商机。1966年，德力斯公司（Telex Corporation）开始生产能够适配 IBM System/360 大型机的磁带设备，市场反应良好。尝到甜头之后，德力斯又开始开发磁盘、打印机和内存等产品。1970 年 4 月，德力斯推出了 5314 型磁盘驱动器及控制器，到当年年底就从 2314 口中抢下了 5.3% 的市场份额。

在当时的市场环境下，IBM 是不可能用拒绝专利许可的方法来逃避竞争的。IBM 用其他方式做出了回应。

首先，IBM 在 1970 年 9 月推出了新产品——2319A 型磁盘驱动器（下文也用其型号"2319A"代指该产品），它能适配最新的 System/370 大型机。从技术上看，这款新产品并无特别之处，最大的变化是把 2314 的 4 个主轴减少为 3 个，从而减少了 1/4 的存储容量，降低了成本和售价。另外，磁盘驱动器的控制功能也被拆分成两部分：一部分保留在驱动器上，另一部分则集成到 System/370 Model 145 的 CPU 中。显然，这是为了增加竞争对手仿制和适配的难度。2319A 的月租金比德力斯的类似产品还要便宜 300 美元，但利润率仍然保持在 20% 以上。

1970 年年底，IBM 又推出了 2319B 磁盘驱动器，价格进一步降低，与同等存储容量的 2314 相比，月租金便宜 1000 美元以上。2319B 没有将控制功能分成两部分，除此之外，和 2319A 几乎没有差别。在随后 IBM 和德力斯的反垄断诉讼中，地方法院认为 2319B 是一款纯粹以降价为目的而推出的产品，性能相对于 2314 没有任何提升。

然而，这两款产品并未能阻止中小厂商的崛起。德力斯等厂商顶住了价格战的压力，并采用更灵活的分层定价策略来争夺市场份额。这种策略在今天来看是电子消费品领域的企业的常规操作：IBM 就好比今天的苹果公司，只给用户提供类似"大杯"和"超大杯"的产品选项，而德力斯等厂商就好比今天的 HOVM（华为、OPPO、Vivo 和小米），它们则提供了类似"中杯""小杯""半杯"甚至"三分之一杯"的产品选项，覆盖从低端到高端的各个价格区间。如果傲慢的头部企业店大欺客，这种战术往往很有效。1972 年年底，以德力斯为代表的中小外设厂商在与 2314 同级别的磁盘驱动器市场上赢得 21.6% 的市场份额，从 IBM 嘴里抢下一块肉。

面对竞争压力，IBM 的市场团队经过调研，提出了一个更加激进的降价方案，"杀敌一千，自损八百"，再降价 15% 到 50%，彻底逼死中小厂商。这明显不符合 IBM 的一贯作风，管理层否定了这个方案。在新任 CEO 弗兰克·卡里（Frank Cary）的授意下，IBM 于 1971 年甩出杀手锏，推出了"长期固定租赁计划"。

在此之前，IBM 的租赁业务大致以月度为基本单位，相对灵活。而"长期固定租赁计划"则以年度为单位，签订一年的长租合同，租金可以有 8% 的折扣，签两年则可以有 16% 的折扣。

这种策略看上去只是普通的薄利多销、长租优惠，实则背后暗藏玄机。

首先，"长期固定租赁计划"覆盖了磁盘、磁带和打印机等外设产品，却刻意排除了IBM最核心的产品：CPU和内存。推出该计划之后，IBM将全线CPU产品涨价，涨幅从4%到8%不等，与"长期固定租赁计划"的优惠幅度相当。IBM对外称这只是为了应对成本上升而做的正常价格调整。当时正逢1970年的美国大通胀（Great Inflation），这个涨价幅度也算正常，因此获得了美国联邦价格委员会的批准。

1972年，IBM进行了一次看似正常的产品迭代，推出了新一代大型机产品System 370/Model 158 和 System 370/Model 168。这两款新品与前代产品相比，性能确实有所提升，但是月租金也大幅度上涨，涨幅远远超过性能提升的幅度：前代产品System 370/Model 155 和 System 370/Model 165的月租金分别是20,600美元和36,400美元，而两款新品的月租金则分别飙升至30,700美元和48,600美元，涨幅都超过10,000美元。同时，IBM用来适配新系统的新内存产品的月租金却大幅下调。在后来的反垄断诉讼中，地区法院认为IBM对新系统的高定价有两个目的：一是平衡"长期固定租赁计划"的让利，二是抵消内存租金的大幅下调。内存降价的原因是市场上已经出现了为IBM大型机生产内存的第三方厂商，德力斯也在其中。IBM希望通过大幅下调内存价格，把竞争对手扼杀于襁褓之中。但是，"羊毛出在羊身上"，表面上价格大幅下调，其实成本都通过大型系统价格的巨大涨幅转嫁到了客户身上。

此外，IBM还为"长期固定租赁计划"设定了高额违约金。如果客户签了两年的长租合同，在第一年内终止合同，就要支付相当于5个月的租金作为违约金；即使在第二年终止合同，也要支付2.5个月的租金作为违约金。

"长期固定租赁计划"给中小外设厂商带来了沉重打击。System/360 和 System/370 大型机在市场上独树一帜，大多数客户没有别的选择，议价能力有限，只能选择长租IBM的外设来节省开支。1971年7月22日，在IBM的磁盘、磁带和打印机业务中，有40%的用户选择了长期固定租赁，被牢牢捆绑在IBM的战车上。中小外设厂商崛起的势头被遏制了。

1972年，发展势头严重受阻的德力斯对IBM发起反垄断诉讼，要求拆分IBM。德力斯在一审中胜诉，但是在IBM提起的反诉中，法院认定德力斯窃取了商业秘密，需要赔付1850万美元给IBM。德力斯根本无力支付这笔巨额赔偿金[7]，最终只能选择与IBM和解。

在1973年9月17日的判决书[8]中，法官虽然认为IBM有排除竞争的行为，但也高度评价了其对计算机产业的贡献：

IBM 在产业中的增长与成功源于其技术、勤勉和远见。[1]它为 EDP 产业（指计算机外设）的产品和服务定义了标准和质量。它获得了令人瞩目的正面市场反应，这一产业自诞生以来，就与其现象级的增长密切相关。每一代 IBM 产品都较前一代展现了技术的进步，包括新的方法（process）、存储设备、输入/输出设备和软件的开发。在 EDP 产业诞生以来约 20 年的时间里，IBM 推出了超过 600 种产品。其中一些产品包含了重大技术创新。通过自身研发，IBM 获得了超过 1 万件专利，并可以自由许可。因此，我不能完全同意德力斯关于"IBM 并非通过技术、勤勉和远见来获得或维持市场地位"的主张。

这份判决书还提到一些很有趣的事实：IBM 在有重要员工离职时，都会安排离职面谈，到场的除了该员工的直接上级主管，通常都还会有一名专利律师，以确定该员工所接触过的商业秘密、机密信息、产权信息的类型。面谈结束后，这些信息会被归档保存。这表明，在 1970 年代的美国已经有成熟的商业秘密保护制度。美国的证据开示制度以"繁文缛节"名闻天下，即使是欧洲人也会对"疯狂的美国开示"谈虎色变，而美国企业对这种制度早就有了成熟的应对策略。

当然，鉴于当时 IBM 的体量及其在大型机市场中占有的份额，它也不方便为所欲为。除了德力斯，还有多家外设厂商都在 1970 年前后对 IBM 提起过反垄断诉讼。在核心产品方面，CDC（Control Data Corporation）也曾在 1967 年要求美国司法部对 IBM 发起反垄断诉讼。CDC 认为 IBM 会狡猾地安排产品发布时间，让客户在一些关键的时间节点产生犹豫，倾向于等待 IBM 的新品，而不是购买 IBM 竞争对手的产品。此外，当时的 IBM 也是"挤牙膏"的老手，它为新机型规划了若干技术改进，并在开始失去市场份额时逐一公布这些信息。除此之外，IBM 还有一招是开"空头支票"，也就是公开宣布一些难以企及的产品指标，引诱客户取消对其他公司产品的订单。CDC 在诉讼中称这些未实现的产品为"纸做的机器和幽灵计算机"。CDC 认为自己至少被这种伎俩坑了两次。一次是在 1960 年代初 CDC 试图进入科学计算机市场时，IBM 宣布将推出一款科学计算机，公布的性能指标看上去很出色，但一直没有达到。这款产品的交货推迟了四次，设计也几经修改，最后算力减半，只交付了几台。另一次是在 1960 年代 CDC 推出 6600 型计算机时，IBM 高调宣布要推出性能更强的计算机，吸引了 CDC 的大量潜在客户，但是 IBM 的这款产品最后也没卖出几台。[9]

在从 1968 年开始的一系列反垄断诉讼中，IBM 参与证据开示的文件材料多达 4000 万页，其中有 IBM 高层会议的纪要、关于新计算机系统的讨论、关于产品利润和成本的详细说明、

▼1 即"skill, industry and foresight"。根据美国反垄断法的相关规定，企业只能通过"skill、industry and foresight"来获得市场统治地位。

研发费用、价格政策、客户调研等信息。仅德力斯案件的庭审记录就超过 40,000 页。德力斯案件结案后，法院把 IBM 开示的文件复印了一份交给美国计算机行业协会（Computer Industry Association）。该协会随后把这套资料以 5000 美元一份的价格出售[10]，成为新一代美国科技企业成长路上的教科书。

汉宣帝教育太子时曾经留下一句名言："汉家自有制度，本以霸王道杂之。"霸道也并不是 IBM 唯一的手段。在商业运营团队依靠 IBM 的庞大体量花招频出的同时，圣何塞实验室的磁盘研发团队也没闲着。1975 年，IBM 发布了两款重磅磁盘驱动器产品，靠硬实力把竞争对手甩在了身后。一款是 IBM 3330 Model 11，代号"冰山"；另一款更有名，对外的型号名是 IBM 3340，代号"温切斯特"，也就是所谓的"温盘"。

与前代产品相比，温盘最主要的特征是把磁头、磁盘和托架封装在一个密封的小盒子里，不可随意拆卸，整个盒子作为一个产品单元销售。这个特征被记录在 US3786454A 号专利里。该专利的权利要求 1 列举了磁盘的常见组件，包括框架、中心有孔的旋转磁盘、磁盘中心的主轴和存取数据的磁头，这些都与之前的产品没什么区别，直到第 7 个特征：

> ……与所述框架组件整体连接的密封可互换盒，用于封闭所述磁盘装置、主轴、托架和磁头组件……

在温盘问世之前，硬盘驱动器里的磁盘就像光盘驱动器里的光盘一样，是可以拆卸的。把单片磁盘或多片磁盘组成的磁盘组拆下来进行保养和维修或保存起来，就像整理及保存打孔卡片、唱片和磁带一样，时人视为理所当然。温盘项目的负责人担心不可拆卸的磁盘会引起客户不满，曾多次前往市场部询问可拆卸磁盘到底有什么好处。结果市场部也不知道，只能回答"向来如此"。磁盘可拆卸的开放式驱动器遇到的一大问题就是盘面容易污染和刮伤，磁头和盘面的距离也难以进一步缩小。尽管 2314 的 US3631425A 号专利说明书声称，磁头可以去除磁盘上的一些污染物，但实际上还是要驻场工程师定期用酒精擦拭盘面，以保持其表面清洁。如果清理不及时，灰尘等污染物会导致坏道，进而损坏数据，这是每月支付几十万美元租磁盘的大客户无法接受的。

温盘的磁盘盒提供了一个密封的无尘空间，解决了这个问题。由于磁头要和磁盘、主轴和托架一起销售，因此磁头的成本就必须控制在最低水平。温盘项目的核心技术在于全新的磁头设计，由生产制造团队和研发团队共同完成，利用生产制造团队的经验来控制成本。最终设计出来的磁头由三条导轨组成，它在不工作时就停留在磁盘上的一个特定区域，在执行读/写操作时则"起飞"寻道。这项技术被记录在 US3823416A 号专利中。

由于磁盘已经被封死在盒子里，出现坏道等缺陷时无法及时更换。于是，项目组又开发出另一项重要的技术，即 US3997876A 号专利保护的"在外设存储系统的存储介质中避免缺陷的装置和方法"。温盘采用的技术重新定义了磁盘驱动器，在接下来的 20 年里成为新的行业标准。

1979 年 10 月，IBM 申请了"薄膜感应换能器"专利（"Thin Film Inductive Transducer"，专利号为 US4295173A），发明了薄膜磁头，进一步缩短了磁头和磁盘之间的距离，为 IBM 建立了真正的技术壁垒。企业技术创新问题的著名研究者、哈佛大学教授克莱顿·克里斯滕森（Clayton Christensen）把这项技术称为"摧毁竞争力的技术创新"（competence-destroying technological innovation）。据他统计，从 1981 年到 1986 年，有 60 多家新公司进入磁盘驱动器市场，其中只有 5 家有能力应用薄膜磁头技术，而它们在商业上均遭到失败。在 1980 年代，IBM 即使内外交困，深陷危机，也仍然能在磁头技术上多次实现重要创新，这一点值得我们尊重。

虽然本章主要聚焦于磁盘技术，但也必须指出，当时的 IBM 还有很多像磁盘这样的改变人类生活和工作方式的重大发明。虽然 IBM 在商业上多有霸道行为，但在研发上仍能不断创新，追求卓越，没有偏离科技企业的正道的。试举二例如下。

首先是动态随机存取存储器（DRAM）的发明。1966 年，IBM 著名计算机科学家罗伯特·登纳德（Robert Dennard）设计出仅包含一个 MOS 晶体管的存储单元，完成了这项影响巨大的发明。根据 IBM 官网的记载：

> 1966 年，登纳德在位于纽约州威彻斯特县的家里欣赏克罗顿河峡谷的落日余晖时，在客厅的沙发上灵感闪现，提出了 DRAM 的想法……在沙发上，他仔细考虑了 MOS 技术的特点——这种技术能够制作电容，在电容上存储一个电荷或者无电荷可代表 1 比特信息（1 或 0）。一个晶体管可以控制将电荷写入电容。登纳德想得越多，就越确信自己能够设计出一种简单的存储器。

1967 年 4 月，登纳德在一次内部会议上展示了他的精妙设计：通过晶体管将电荷写入电容，然后通过同一个晶体管读取电荷。在场的听众并未立刻意识到这项发明的重要性。当登纳德的报告结束时，听众陷入沉默，没有人提问，也没有人讨论。这是因为登纳德的想法过于超前，在这项发明真正得到应用之前，还需要业界在集成电路设计以及 MOS 处理技术方面取得更多进展。

IBM 的专利律师也搞不懂这项发明的意义。一位专利律师表示，登纳德的发明只用到了一个晶体管和一个电容，过于简单，缺乏创造性，难以申请专利。后来，在同事的帮助下，登纳德说服了专利律师,在 1968 年获得了专利授权(专利号为 US3387286A,图 7-6 展示了其专利附图)。根据 IEEE 的一篇论文,登纳德的发明已经是"地球上数量最多的人造物品"。

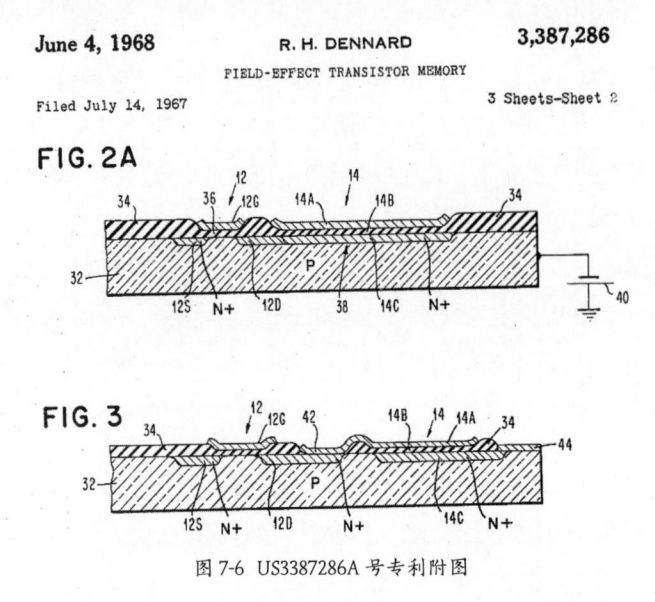

图 7-6 US3387286A 号专利附图

虽然登纳德及时申请了专利,但 IBM 并没有积极进行后续研发,没能第一时间开发出真正可以商业化的 DRAM 产品。在登纳德发明 DRAM 的三年之后,业界新秀英特尔发布了著名的 1103 存储芯片,这成为第一款真正商业化的 DRAM 产品。1103 芯片的影响极大,民间一直流传着英特尔发明了 DRAM 的说法。

多年以后,即便登纳德已经是业界公认的"DRAM 之父",他仍然对这种说法愤愤不平。在 2009 年的一次采访中[11],IEEE Spectrum 的记者调侃说,在被问及 DRAM 的发明时,登纳德总是要拿出自己当年发明 DRAM 时的笔记给人看,并且时常会吐槽民间关于英特尔发明 DRAM 的说法。

第二个例子是如今日常随处可见的条形码。1949 年,诺曼·伍德兰(Norman Woodland)和席尔瓦·伯纳德(Silver Bernard)共同申请了"分类装置和方法"专利,并于 1952 年获得授权,专利号为 US2612994A(图 7-7 展示了其附图)。两位发明人当时还是学生,他们在学校偶然听到一位超市经理抱怨存货管理耗时费力,伍德兰打算尝试解决这个问题。有一天在沙滩上晒太阳时,伍德兰从莫尔斯码(Morse code)中得到了灵感。众所周知,莫尔斯码使用点和线来代表两种信号。伍德兰想到,为什么不用粗线条和细线条来代表更复杂的数字组合呢?他顺手用四根手指在沙滩上画了一个圆圈,这就是后来被称为"牛眼"的环形码,是为条形码的雏形。

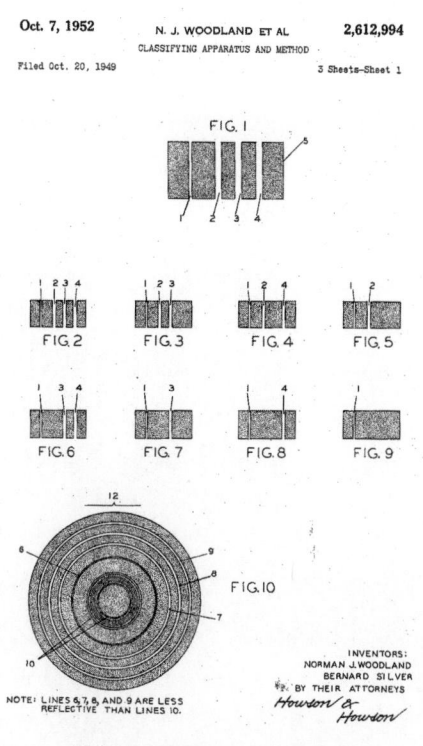

图 7-7 US2612994A 号专利附图

老沃森非常欣赏伍德兰在条形码技术上的创意，把他招进了 IBM。但因为当时技术条件的限制，没有办法用自动的方式把编码输入计算机系统，伍德兰没能继续开发他的条形码技术。根据很多材料记载，这件专利在伍德兰入职 IBM 后多次易手：首先是伍德兰本人在 1952 年以 15,000 美元的价格卖给了 Philco 公司，然后又被 Philco 公司卖给福特汽车公司，福特汽车公司又转手卖给了 RCA 公司。[1] 到了 1960 年代末期，随着激光技术的发展，RCA 终于为这件专利找到了用武之地，在伍德兰的"牛眼"环形码的基础上开发了专用扫描仪。在一次展销会上，IBM 的参会代表看到 RCA 的产品展示，觉得这个技术很有意思，建议公司开发。研发部门按照正常的流程立项，进行专利检索并排查现有技术，然后惊讶地发现：原来环形码专利的发明人一直待在 IBM，而且已经是有 15 年资历的老员工了！于是项目负责人把伍德兰请回了项目组，伍德兰为项目出了不少力。[13]

条形码减少了人工输入产品信息和价格的烦琐工作，让收银员工作的进一步自动化成为可能。IBM 在 1973 年推出了 IBM 3650 和 IBM 3660 存储系统，为零售业带来了一场革命。今天，

▼1 由于时代久远，在常见的专利数据库中（如 Globa Dossier 和 EspaceNet），我们看不到这些转让记录。但是有很多材料可以佐证，如本章参考资料 [12] 中介绍的内容。

条形码已经成为现代生活不可或缺的一部分，在我们身边无处不在。

伍德兰的贡献长期不为人知，直到1992年，一次意外让他声名鹊起。当时，美国总统老布什前往奥兰多访问，来到一家超市参观。随行的一位NCR高管为他介绍了超市的条形码扫描结账系统。老布什很感兴趣，问了几个问题，并赞叹现代技术的进步。这个过程被记者完整地拍摄下来，包括几张老布什面露不解之色的照片。随后，《纽约时报》发表了一篇文章，题为《遭遇超市，布什震惊》（英文名为"Bush Encountered Supermarket, Amazed"），批评老布什身为总统却脱离民众，对中产阶级的生活一无所知，以至于看到超市结账系统还会面露错愕。[14] 布什的公关团队辩解说，布什面露讶异之色是因为NCR高管介绍扫描器还能读取损坏的条码，这在当时是一项新技术。为了维护总统的形象，共和党安排了一场活动，把伍德兰请了出来，由老布什给他颁发一枚勋章，以证明总统对条形码技术有着深刻的理解，连条形码技术的真正发明人都认识。[15]

第 8 章 从软件专利的反对派到旗手的转变

1970年代，IBM和施乐（Xerox）、Ampex等公司打过专利官司，施乐和Ampex起诉IBM侵犯其专利权并涉嫌垄断。不过，最终双方达成交叉许可协议并和解。[1] 这种纯粹的防御性操作，并不能被视为一种主动的专利策略。如果要说当时的IBM在专利方面有什么主动的战略性行为，那么其主要体现在软件领域。IBM的一位专利律师曾经承认：

> IBM……通过游说来阻止软件获得可专利性。在总统组织委员会对美国专利系统开展研究时，一位IBM的资深经理被任命为委员会的负责人。自然而然，该委员会得出结论，认为软件不能获得专利保护，因为专利审查员在软件专利的审查方面还没做好准备。[2]

在1960年代到1970年代的一些关键案件或会议中，IBM都积极参与，反对以专利形式保护软件发明，并发挥了重要作用。

1963年，贝尔实验室的两位研究人员盖瑞·本森（Gary Benson）和亚瑟·塔伯特（Arthur Tabbot）提交了一项专利申请，希望保护一种把BCD码转换成纯二进制数（pure binary）的方法。这是一个纯粹的算法专利，美国专利局不出意料地驳回了申请。贝尔实验室上诉到PTAB（Patent Trial and Appeal Board，专利审判和上诉委员会），再次遭到驳回。贝尔实验室随后提起行政诉讼，希望海关与专利上诉法院（United States Court of Customs and Patent Appeals，联邦巡回上诉法院的前身）推翻PTAB的决定，这一次获得了胜利。之后，IBM和霍尼韦尔带头提出反对意见，专利局也向最高法院申请提审。

在最高法院的审理过程中，IBM作为"法庭之友"（amicus curiae）积极参与了诉讼，并提出"计算机程序只不过是一种思想的表达方式"（computer program is simply a mode of expressing ideas）。最高法院对IBM的意见表示认同，判决专利局胜诉，驳回了盖瑞·本森等人的专利申请。

IBM为什么反对以专利形式保护软件呢？

1965年，一家软件公司"应用数据研究"（Applied Data Research，简称"ADR"）的创始人马丁·A.戈茨（Martin A. Goetz）为自己开发的软件产品Autoflow申请了专利，并在

1968 年 4 月 28 日获得授权，专利号为 US3380029A。Autoflow 是一个流程图制作软件。当时，几乎所有的程序员都要为自己的程序画流程图，这是标准开发过程的最后一步。但手工画流程图很麻烦，很多人会跳过这一步，这导致后续的程序维护非常麻烦。针对这个用户痛点，ADR 推出了 Autoflow，该软件可以根据源代码自动生成流程图。Autoflow 的开发成本大概是 1 万美元，先后卖出了几千份。[3]

和今天的很多软件专利一样，马丁·A. 戈茨申请的这件专利经过了专业代理人的包装，保护的是计算机、磁带单元和控制系统组成的"系统"，而不是软件本身，因此获得了授权。作为历史上第一件"软件专利"，ADR 的专利代理人自己搞不清专利局审查的尺度，在说明书中不遗余力地详细介绍了软件的工作流程，几乎把源代码从头到尾解释了一遍。由于在专利说明书中介绍得过于详尽，到 1972 年，市面上至少出现了 4 种竞品软件，但是没有一件取得商业成功，ADR 也没有用专利起诉这些竞争对手。因此，马丁·A. 戈茨这件专利的威力究竟如何，我们不得而知。

在 ADR 公司努力推销 Autoflow 时，IBM 推出了自己的流程图制作软件 Flowcharter，成为 Autoflow 最强劲的竞争对手。和 Autoflow 相比，IBM 的 Flowcharter 在自动生成流程图方面要逊色不少，需要程序员手动输入一些内容。[4] 但 IBM 的这款软件是免费的，至少表面上是免费的。如前所述，IBM 软件的真实成本和利润其实已经包含在大型机的月租金中，而客户对大型机几乎没有议价权。既然租了大型机，就自动接受了捆绑的 Flowcharter 软件，也就没有必要再去购买同类软件了。Autoflow 虽然提供了一些自动化功能，但似乎不值数千美元。另外，IBM 还有"空头支票"大法，不断向客户承诺会进一步升级 Flowcharter 的性能并增加新功能，让客户难以下定决心放弃 Flowcharter。[5]

据戈茨记载，ADR 曾经与 IBM 就涉及 US3380029A 号专利的问题进行过沟通，希望阻止 IBM 开发类似的自动流程图软件。由于双方始终没有在专利领域展开诉讼，因此不清楚 IBM 究竟有没有尝试绕过戈茨的专利。但根据戈茨本人的说法，IBM 的 Flowcharter 在功能上是远逊于 Autoflow 的。[6]

作为最早的独立软件公司之一，ADR 同时也在开发其他软件。但是 IBM 的软件，无论质量如何，单凭捆绑销售和定价为零这两点，就能稳稳占据市场。戈茨回忆说，ADR 的基本经营策略就是避开 IBM 已经涉足的领域，但是 IBM 下一步会往哪里走，谁都无法预料。当 ADR 的一款主打产品 ROSCOE 正在开发时，IBM 就推出了竞品 CRBE，让 ADR 进退两难。1970 年，IBM 联系了 ROSCOE 所有的潜在客户，宣称会免费提供一款功能与 ROSCOE 相似的软件，名为 TSO。

为了对抗 IBM 的软件霸权，戈茨还联合其他软件公司成立了"数据处理服务组织协会"（Association of Data Processing Service Organizations，简称 ADPSO），倡导软件专利。当时，新兴的小型软件公司立足于 IBM 未关注的用户痛点，不断开发新品，赢得用户青睐。但是，这些新品毕竟要依赖 IBM 的平台才能运行，而 IBM 在自己的平台上有着天然优势。在这些小型软件公司绞尽脑汁开发出来的新品打开市场之后，IBM 有的是办法把同样的功能加到自己的免费软件中，甚至无须真的加入，只需推出一些功能较差的软件，加上一些"空头支票"，就能让小型软件公司苦不堪言。ADPSO 认为"软件事实上是机器设备的一种形式，是对通用硬件的结构化"（Software is actually a form of machine device which structures the general-purpose hardware）。在当时的辩论中，IBM 则认为软件只不过是"心智步骤"（mental steps），没有可专利性。

1968 年，美国司法部对 IBM 展开新一轮反垄断诉讼，认为 IBM 作为硬件市场 80% 份额的占有者，通过捆绑销售软件，损害了软件市场的发展。1969 年，ADR 也对 IBM 发起了反垄断诉讼。不久，IBM 发表重要声明，公开放弃软件搭售。随后 ADR 与 IBM 庭外和解，IBM 向 ADR 支付了 200 万美元的和解费。

美国学界、技术界和法律界关于软件专利的争议，差不多是从 Gottschalk 诉 Benson 案开始的，到 1981 年的 Diamond 诉 Diehr 案才有初步定论。[7]

到了 1980 年代，一些发达国家开始针对计算机软件展开版权立法工作。在这一时期，IBM 的游说团体非常活跃，在全球推动立法，主张用版权保护软件。[8] 我们知道，版权保护主要针对的是抄袭行为，而专利保护的是技术手段。如果完全依赖版权法来保护软件，而缺乏专利保护，那么无须抄袭竞争对手的软件，仅实现其功能，就可以绕过版权保护。而这个时候，IBM 已经积累了大量的软件资产，其主要诉求是希望限制对软件进行反向工程。

1980 年代，日本国际贸易和产业部试图为软件设立专门的保护制度，保护期为 15 年，远远低于版权的保护年限（通常是作者去世后 50 年）。大约在同一时间，世界知识产权组织（WIPO）也在起草关于软件保护的条约。1984 年，在 IBM 的积极推动下，欧美联合向日本施压，迫使日本放弃了 15 年保护期的方案。WIPO 看到国际贸易的风向变化，也放弃了草案。[9]

1989 年，当时的欧共体委员会试图统一欧共体成员国的版权法规定，发布了关于软件保护的欧共体指令草案。由于法国 Bull、日本富士通、意大利 Olivetti、美国 NCR 和 Sun 等公司的游说活动，草案回避了软件反向工程的问题。Bull 等公司还在 1989 年建立了"欧洲可互操作系统委员会"（European Committee for Interoperable Systems，ECIS），进行游说活动；而 IBM 也组织建立了"欧洲软件行动组织"（Software Action Group for Europe，SAGE），微软、苹果和 Lotus 均为其成员。*Information Feudalism* 一书记载："在接下来的几年时间里，版权专家和计算机专家如潮水般涌入欧共体委员会的走廊，这是委员会经历过的最大规模的游说活动之一。"ECIS 的主张得到了一些发展中国家的支持，但是包括阿根廷在内的国家因为畏惧美国的压力而中途反水，导致 ECIS 的努力功亏一篑。1991 年 5 月 14 日，欧共体通过了《计算机程序指令》（Directive on the Legal Protection of Computer Programs，也称为《软件指令》，Software Directive），针对 ECIS 的主张做了一些妥协，允许对软件进行一定程度的反向工程，但整体上还是倾向于 IBM 领导的 SAGE 一方。

从 1970 年代到 1980 年代，IBM 在涉及软件的各种知识产权立法活动中积极奔走，其游说人员的足迹遍布全球，而各国立法的结果也基本上符合 IBM 的主要诉求。然而，具有讽刺意味的是，新制度的真正受益者是 Wintel 联盟（即微软和英特尔的联盟），尤其是当时规模还不算大的微软。在操作系统方面，IBM 的 OS/2 遭遇了彻底失败；在其他软件方面，IBM 也无法和群狼一样的新兴软件公司竞争。在绕了一个大圈子之后，IBM 发现自己的软件连抄都没有人愿意抄，最终不得不回到软件专利的老路上。

1994 年，美国专利商标局针对软件专利问题组织了一场公开听证会，邀请了所有业界巨头参与讨论。甲骨文和 Adobe 等公司反对用专利保护软件。甲骨文认为软件专利对整个产业发展不利，因为"在软件开发过程中，创新出现得很快，即使没有大量的资本投入也可以创新，（其成果）往往是已知技术的具有创新性的组合"。此时，曾经坚决反对软件专利的 IBM，采取了与以前截然不同的态度。一方面，它套用 1970 年代竞争对手的理论，宣称"不能把计算机程序涉及的发明与硬件和其他微处理器发明分割开来"；另一方面，它也高举爱国主义和产业保护的大旗，声称"随着（计算机）产业的成熟，来自海外的竞争增加，专利将成为保护美国产生的最重要创新的关键"。

在这次听证会之前，比尔·盖茨本人曾经表示过对软件专利的担忧。[10]1991 年，他在发给公司高层的一份备忘录里写道："今天我们用到的大多数方法，如果一开始就知道如何获取专利，并且申请了专利，这个产业（指软件业）在今天可能会完全停滞……一些大公司会把一些显而易见的东西申请专利……（并获得）17 年的专有权，对我们的利润，它们可以予取予求。"[11]话虽如此，微软自己也采取了积极申请软件专利的态度，并且在听证会上支持了 IBM 关于软件专利的意见。

在本篇开头，我们谈到亨廷顿关于"价值和理念"的论述。在这里，我们不妨再次探讨这个问题。IBM 在 1960 年代反对软件专利的时候，其基本出发点是保护创新和产业；在 1990 年代支持软件专利的时候，其观点仍然是出于保护创新和产业的考虑。那么，软件专利对于保护创新究竟是有利还是有弊呢？这个问题至今还有争论，无论是正方还是反方都有充分的理由，在理论上也都能自洽。而美国的专利制度也正是在这种争论中诞生并发展至今的，其背后当真有优越的"价值和理念"在支撑吗？

据专家考证，在小沃森时代，IBM 较少参与政治，只在华盛顿安排了两三个人充当"耳目"。这些"耳目"的主要任务也不过是了解国会的一些公开信息，IBM 甚至不许他们去旁听国会的立法听证。[12] 小沃森有自己的方式来施加政治影响力。他曾经告诉他的继任者弗兰克·卡里（Frank Cary）："最优雅而最有效的施加政治影响力的方式是当面进行的，而最糟糕的方式可能就是在华盛顿设立一个办公室，里面塞满专业游说人员。"尽管如此，弗兰克·卡里还是在 1975 年设立了政府项目部，里面塞满了专业游说人员。这个部门一开始很小，后来规模不断壮大，最后突破百人，发展为华盛顿规模最大的同类机构。里面的人员都是税务、贸易、合规、研发政策和进出口控制方面的一流专家，也是各种行业会议的常客。IBM 内部把他们称为"议题经理"（issue manager），因为他们从事的不是简单的游说活动，而是高层次的"议题管理"（issue management）。作为议题的"管理者"，议题经理的任务不是对政府行为做出被动的反应，而是要主动、充分地了解政治议题的各种细节，然后决定 IBM 应当采取的立场，再去跟踪整个议题的讨论，从中提出 IBM 的诉求，施加影响力。

从长远来看，这种影响力到底发挥了怎样的作用，也相当难说。1980 年代，IBM 既自己制造 DRAM 以供自己用，也对外采购 DRAM；它的日本子公司向美国出口 DRAM，同时 IBM 还是 DRAM 的主要生产商英特尔公司的大股东。IBM 和很多日本公司有知识产权纠纷。这种复杂的业务版图，让 IBM 自己都搞不清楚政策往哪个方向走对自己会更有利。按照哈佛大学教授大卫·M. 哈特（David M. Hart）的说法，无论是"便宜的芯片，贵的芯片"还是"美国的芯片，日本的芯片"，IBM 都有不同程度的利益在其中。[13]

IBM 作为美国半导体行业协会（Semiconductor Industry Association，SIA）成员，在日美半导体协议的签署上发挥了重要作用。但是在协议签署之后，不仅日本企业哀鸿遍野，IBM 在日本的子公司也遭受池鱼之殃。同时，美国芯片价格的飙升，让 IBM 的本土计算机业务也大吃苦头。IBM 高层重新分析利害之后，又牵头组织十几家公司建立了"计算机系统政策项目"（Computer Systems Policy Project，CSPP），与 SIA 谈判，推动 1991 年第二次日美半导体协议的签署。这件事说明，即使是像 IBM 这种规模的公司，对政治的复杂影响也是难以判断的。然而，至少到 1997 年，IBM 还是在政治领域保持着很强的存在感，其公开的游说支出高达 500 万美元；相比之下，作为行业新贵的惠普在这方面的支出只有 50 万美元，英特尔为 60 万美元，而正在面对反垄断调查的微软也只有 190 万美元。

这种花费巨大的活动对企业本身有多大的意义呢？IBM 曾反对软件专利，在盖瑞·本森案中获胜；它提出的以版权保护软件的观点，在 1980 年代得到了司法和立法部门的认可。但是在整个 1980 年代，IBM 都没能推出可以与甲骨文、微软或 Adobe 相抗衡的软件产品。无论在游说战线上取得多大的成功，没有一流的产品，这些成功都不能转化为战略上的胜利果实。

1995 年，IBM 收购了 Lotus，获得了 Lotus 1-2-3 以及 Lotus Notes 的专利。一些资料显示[14]，当时的 IBM 管理层并不真正了解 Lotus，只是凭着对软件业务的迫切需求和对 Lotus 的浓厚兴趣而行事，最后几乎是以一种近似恶意收购的方式完成了交易。在被收购之后，Lotus 的管理层人员，包括 CEO 在内，都在短时间内先后离职，Lotus Notes 的主要开发人员也在两年后离开了公司。核心团队成员纷纷离去之后，Lotus 的市场份额也不断缩小，在与微软 Office 的竞争中败下阵来。

在商言商，在欧美法律允许的框架内，IBM 积极参与涉及前沿技术的立法活动，提出符合自己利益的诉求，对此我们也不宜多做道德评判。但是，在讨论学习和借鉴美国先进制度的同时，我们也应警惕一些 NPE 借保护创新之名，行敲诈勒索之实，正如一句老话所说："嘴上都是主义，肚子里全是生意。"

总而言之，IBM 在 1980 年代以前因为同意令的束缚，在专利操作上并没有多少令人印象深刻的地方，但是其在整个知识产权立法领域的影响力之大，业界无人能及。这种间接插手国家立法的做法，可能是专利领域最"高大上"的玩法，比"卖标准"还要高级。但遗憾的是，此时 IBM 已经没有一流产品的支撑了，这种行为只能是为他人作嫁衣裳。

第 9 章 从论文机器到专利工厂

1980 年代是美国专利制度的重要转折点。在 IBM 和反垄断部门反复缠斗的几十年间，另一家高科技巨擘 AT&T（American Telephone and Telegraph Company，美国电报电话公司）也深陷反垄断调查之中。在头部公司面临反垄断高压的大背景下，即使是高科技领域的电子和半导体公司，也不会很重视专利。[1]

1970 年代，迫于美国国内经济危机的压力，卡特总统主张采取行动促进科技创新与发明成果的商业化，这标志着美国向信息化时代转型的开始。[2]1982 年，为解决专利案件的审期过长、审判标准不一等问题，美国国会通过《联邦法院完善法》（Federal Courts Improvement Act），将原海关与专利上诉法院和联邦索赔法院上诉部合并，组建联邦巡回上诉法院（Court of Appeals for the Federal Circuit，CAFC），成为"专利专门性法院的先驱者"。[3]CAFC 成立之后，统一了专利案件审判的标准，做出了一系列有利于专利权人的判决，提高了专利无效的难度，把无效证据的证明标准从"优势证据"（preponderance of the evidence）提升为"清晰且令人确信"（clear and convincing evidence）。[4]在这一大背景下，整个美国的专利申请数量开始快速增长。

在 1983 年到 1988 年间，惠普的授权专利量增加了 275%，英特尔增加了 213%，柯达增加了 187%，德州仪器增加了 168%，连反应较慢的 AT&T 也增加了 32%。相比之下，IBM 似乎完全没有意识到时代的变化，在这 5 年中，IBM 的授权专利量不疾不徐地增长了 10% 左右。

有研究者根据美国商标专利局发布的官方数据，整理了 IBM 在 1969 年到 2014 年间注册专利的数据，如图 9-1 所示。其中，灰色阴影部分为 IBM 注册专利数量，黑色方块为 IBM 的注册专利在全美授权专利中所占的比例。[5]从图 9-1 可见，从 1970 年代到 1980 年代末，IBM 每年获得授权的专利一直在 1500 件到 2000 件之间波动，数量的变化不算很大。在 1984 年到 1990 年间，IBM 的注册专利数量略有提升，但是在全美授权专利中所占的比重反而下降了不少。

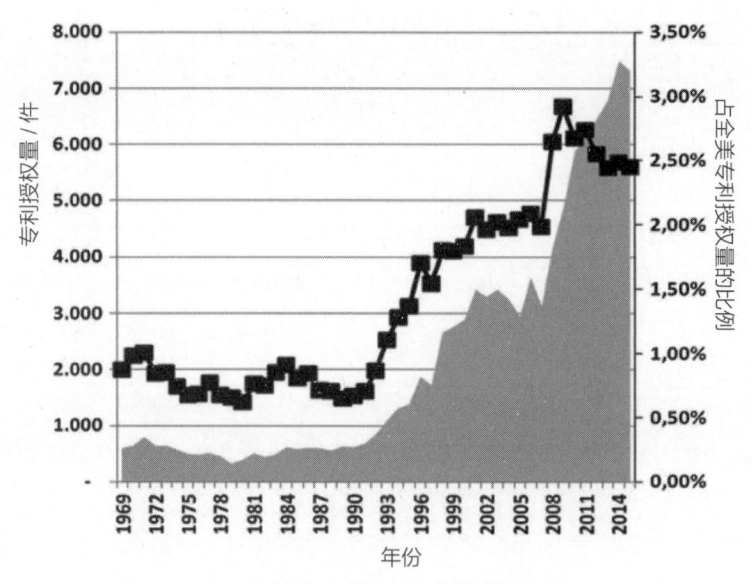

图9-1 1969—2014年IBM注册专利的数量

关于专利管理的大多数研究认为，1980年代既是美国的专利法律制度的重大变革时期，也是美国高科技领域知识产权管理模式的转型期。在这一阶段，引领时代变革的不是IBM，而是在日美半导体摩擦中濒临破产、拼死一搏的德州仪器。1985年，也就是日美签署"广场协议"的那一年，德州仪器对多家日本公司提起诉讼，就一系列集成电路专利和生产方法专利主张侵权损害赔偿。1986年《日美半导体保证协定》的签署，宣告了日本在半导体战争中彻底落败。同年，德州仪器在对日诉讼中获得初步胜利。

尝到甜头之后，德州仪器迅速调转枪口，向自己的美国同行发难。在1986年到1993年间，德州仪器屡战屡胜，在7年之内斩获将近20亿美元的赔偿费和专利许可费。1992年，德州仪器的专利许可收入达到3.91亿美元，而该公司当年的营业利润（operating income）也不过2.74亿美元。[6] 德州仪器的成功为整个硅谷树立了新时代知识产权管理的优秀范例，摩托罗拉、惠普、AT&T和IBM等公司纷纷跟进，开启了专利运营的新时代，其中又以IBM的成绩最为显著。在21世纪以后关于专利策略的管理学研究中，一般都认为德州仪器和IBM确立了知识产权管理的两种模式。[7]

虽然同为时代的开创者，但与德州仪器相比，IBM的反应是较为滞后的。如前所述，IBM从1956年开始受制于同意令的束缚，在专利维权方面一直战战兢兢，如履薄冰，难越雷池一步。同时，作为全球屈指可数的巨型跨国企业，IBM本身庞大无比的组织结构使其转型困难，难以变革。即使经过郭士纳大刀阔斧的改革，直到2010年代，管理学学者们还在为IBM复杂到极点的组织结构伤透脑筋。著作等身的管理学大师、瑞士国际管理发展学院（IMD）的杰伊·R. 加尔布莱斯（Jay R. Galbraith）教授曾经说过："IBM 的组织结构是我见过最复杂的。"[8] 在这样的组织结构中，知识产权管理制度的变革是很难推进的。

1989 年以前，IBM 在知识产权管理方面还处于比较原始的阶段。整个管理模式是"去中心化"的[9]，研究人员做出技术创新之后，由研发经理和公司律师组成内部委员会进行评审，在以下两种保护方式中择一执行：

- 申请专利。

- 在《技术披露公报》（Technical Disclosure Bulletin，TDB）上公布。

在 TDB 上公布是一种防御性的技术公开手段。该出版物定期出版，主要作用是阻止竞争对手申请专利。按照 IBM 当时的绩效评估制度，如果成功申请专利，可以得到 3 分，而在 TDB 上发布则仅有 1 分。但是，在 TDB 上发布的流程非常简单，内容通常是两三页的研究项目报告。因此，发明人往往会倾向于直接在 TDB 上公布自己的研究项目，而不是启动复杂的专利申请流程。到 1988 年为止，IBM 只有 18% 的发明申请了专利，其他的技术创新或发明创造都以公开发表的方式，毫无代价地公之于众了。

IBM 旗下的科学家也经常会把研究成果发表在科技期刊上。发表论文本身不涉及绩效评分，但对 IBM 院士（IBM Fellow）的评定有重要的加权。有研究者指出，1980 年代的 IBM 研究部门有着浓厚的学术气息，科研人员以学术成就和 IBM 院士身份为荣。[10]1980 年代，IBM 研究部门的主要负责人包括著名数学家拉尔夫·戈莫里（Ralph Gomory）和物理学家约翰·阿姆斯特朗（John Armstrong）。两人的学术成就显赫，但并不以职业经理人的身份知名。推动专利改革的詹姆斯·麦高第（James McGroody）也是著名的物理学家，曾担任美国物理学会主席，并且是美国国家工程院院士。根据拉尔夫·戈莫里本人的说法，1989 年以前 IBM 雇用的科学家和大学科研人员并无不同，他们没有为公司创造价值的义务。IBM 研究部门内弥漫着象牙塔式的学术气息，以开放科学为追求，对积极的专利战略有一定的抵触情绪。从 1981 年到 1987 年，在 IBM 逐步走下坡路的过程中，研发支出却逆势上扬，增加了整整一倍，从 30 亿美元增加到 60 亿美元。1986 年和 1987 年，IBM 旗下实验室的科学家两度荣膺诺贝尔奖，可谓这一时代的最佳注解。

IT 记者罗伯特·科林格里（Robot Cringely）在其 The Decline and Fall of IBM: End of an American Icon 一书的评论中印证了这一说法。[11] 科林格里喜欢用日本封建的"种姓制度"比喻 IBM 的组织结构（虽然日本并不存在典型的种姓制度）：如果 CEO 是 IBM 王国的君主，那么各事业部的领导就是贵族阶层；销售部门是武士阶层，因为只有武士能够进阶为贵族，功勋卓著的贵族甚至有加冕为王的可能；程序员和工程师是手工业者，拥有一定的收入和社会地位；剩下的客服人员、制造部门和系统维护人员则属农奴阶层（虽然日本并没有农奴），敬陪末座。在这个层次分明、等级森严的体系中，科研人员地位超然，属于祭司或教士一类的人物，受到各阶层的普遍尊重，虽然"没人搞得懂他们都在做些什么"。

所谓盛极必衰，裁员的大刀最终还是砍到了科学家们的头上。郭士纳在其自传体管理学著作《谁说大象不能跳舞》（Who Says Elephants Can't Dance?）一书中，始终津津乐道于自己对研发部门的裁减和对研发投入的削减。1994年年底，郭士纳委任约翰·汤普森（John Thompson）整合软件部门。汤普森进行了堪称惨烈的精兵简政，把30个实验室砍到只剩8个，把60个品牌合并为6个。郭士纳对汤普森的贡献不吝赞美："他的团队削减了数亿美元的研究支出，把大量的资金转移到新的市场和销售方面。"1990年代以来，IBM有盛时也有衰时，但是研发支出再也没有回到1980年代两夺诺贝尔奖时期的水平。在欧盟委员会发布的"2022年欧盟工业研发投资排名"（The 2022 EU Industrial R&D Investment Scoreboard）中，IBM排在第36位，不仅低于英特尔、微软等传统研发巨头，也被华为远远抛在身后。从2004年的世界10强，到2012年的20名开外，再到2022年的第35名，IBM的跌落之快不免令人唏嘘。[12]

马克·莱文森（Marc Levenson）的例子，可以说是当时IBM研究部门脱离产业、管理体系复杂的一个典型案例。1981年，莱文森发明了相移掩模（Phase Shift Mask, PSM）技术，并且向IBM专利部门提交了报告。专利部门经过评估，认为这项发明的创新性没有问题。但是，由于当年IBM在光学领域的专利申请数量已经满额，因此专利部门决定不予申请专利。莱文森随后在IEEE发表了一篇论文，把他的发明公之于众，使之进入公共领域。对莱文森个人来说，这个决定不过是少拿点儿奖金而已；但是对于IBM来说，这却是一个足以影响未来产业布局的失误。

1982年，莱文森改进了他的发明。由于使用了聚甲基丙烯酸甲酯（Polymethyl Methacrylate, PMMA）材料作为移相器（phase-shifter）材料，因此这项新发明可以归于聚合物（polymer）领域，而IBM专利部门当年正打算在聚合物领域增加专利申请，所以莱文森得以在美国、日本和欧洲都提交了专利申请（美国专利申请号为US36567282A）。

遗憾的是，这项宝贵的发明最终还是没有获得授权。在专利申请提交之后不久，美国专利局的审查员在例行检索中发现了一件前案，要求IBM答复。这件前案是麻省理工学院的专利（专利号为US4360586A），对莱文森专利的创新性可能存在威胁。IBM的专利团队对专利局的答复通知进行了讨论。芯片部门的一位重要顾问，加州伯克利大学的安德鲁·诺伊吕特（Andrew Neureuther）教授支持莱文森，认为这件前案对莱文森的申请不构成威胁。但是 IBM 的专利团队认为不值得进行专利答辩，于是撤回了申请。

在日本，莱文森的专利申请没有遇到障碍，很快获得了授权。但是后来，当在日本遇到专利无效的挑战时，日方 IBM 负责人发现美国总部已经放弃申请，便放弃了答辩，眼睁睁地看着这件专利被宣告无效。[13]

1980 年代中期，日本的半导体企业开始关注莱文森的发明。而 IBM 认为 X 射线光刻技术才是未来，因此安排莱文森从事 X 射线光刻技术的研发任务。尽管莱文森仍然认为自己的技术路线是正确的，却得不到主管部门的支持。有一次，莱文森希望申请一笔预算前往 IBM 自己的芯片工厂考察，在实际生产环境下考察自己的发明的用途。经过努力争取，他从芯片部门的一位高管那里搞到了这笔资金，但是钱到账之后，却被他的直属上司挪作他用，导致莱文森最终未能成行，使他失去了近距离接触产业的一个重要机会。

1984 年，莱文森转而从事压缩态光的研究。这是基础科学领域的研究课题，在 IBM 的产品线上没有任何直接应用，莱文森对此也没什么不满，因为他再也不需要和专利部门打交道了。1993 年，IBM 压缩研发规模，莱文森在一次出差回来之后发现自己的办公室空空如也，所有设备都被人搬走了。这件事成为莱文森离开 IBM 的导火索。

之后 IBM 的芯片事业部终于发现 X 射线光刻技术没有前途，而莱文森发明的技术已成为主流。但是 IBM 已经失去了莱文森，也没有保住莱文森的专利。

管理学的研究者们在讨论 IBM 的历史时，免不了会关注郭士纳 1993 年对 IBM 实行的起死回生的改革。在这些讨论中，郭士纳的前任，在 1985 年到 1993 年间担任 CEO 的约翰·F. 埃克斯（John F. Akers），常被当作反面教材。乔布斯曾经评价他"聪明，雄辩，是优秀的销售人才，但对产品一无所知"。[14] 但是，IBM 知识产权管理制度的改革并非郭士纳驱动，而是在约翰·F. 埃克斯在职期间完成的。

马绍尔·菲尔普斯（Marshall Phelps，美国专利界的重量级人物。他在 IBM 主持专利业务 20 多年，在美国知识产权界有"教父"称号）说过，郭士纳是典型的制造业 CEO，他在上任之初，对高科技领域的专利许可实务并不熟悉，甚至表示不能理解"为什么地球上会有人愿意把技术许可给竞争对手"。在菲尔普斯详细向他解释了高科技领域交叉许可的必要性之后，郭士纳表示全面支持，并让菲尔普斯放手去做。

因为郭士纳在企业管理领域的重要地位，学界有不少文章把 1993 年视为 IBM 知识产权管理制度变革的重要节点，很多相关统计数据也是从 1993 年起算的；但是，根据 Bhaskarabhala & Hegde（2014）[1]的研究，郭士纳的改革涉及知识产权的地方很少，IBM 的专利管理模式改革是从 1989 年开始的，到 1993 年左右已经大致成型。在郭士纳的《谁说大象不能跳舞》一书中，对公司知识产权管理制度的改革也只是一笔带过。

1989 年，IBM 已经身陷严重的内忧外患而难以自拔，在外部市场，其 PC 业务严重受挫，而研发预算却达到史无前例的 72 亿美元。我们前面说过，即使到了 21 世纪，IBM 的研发费用也只是在 50 亿美元到 65 亿美元之间，再也没有恢复到 1989 年的水平。面对这种窘境，时任 CEO 约翰·F.埃克斯不得不进行大规模的人事调整，并启动了 IBM 成立 70 多年来的第一次裁员。这次人事调整导致四分之一的员工失业，公司士气受到严重打击，很多部门陷入"兵不知将，将不知兵"的境地，业界对此也是毁多誉少。但是，这次改革也是 IBM 知识产权管理制度改革的开始：研究部原主管约翰·阿姆斯特朗升任首席科学官（Chief Scientific Officer，CSO），不再负责具体专利事务；而著名物理学家、原 ThinkPad 部门的詹姆斯·麦高第（James McGroody）升任研究部主管，开始全面负责知识产权方面的业务。麦高第上任后，立即对公司的专利管理制度进行了大刀阔斧的改革。

首先，麦高第明确了专利注册是对公司技术创新的主要保护方式，而不是依赖商业秘密或无偿公开技术来保护的。1990 年，麦高第建立了"专利学院"（Patent Academy），对全体技术人员进行专利培训，内容包括专利的撰写、评估、发布流程，以及优秀专利的评判标准等。1991 年，约翰·克罗宁（John Cronin）组建了"专利工厂"（Patent Factory）团队，积极开展专利挖掘工作。在 1991 年至 1999 年间，克罗宁带领团队转战 IBM 在全球各地的研发部门，发掘了数百项被忽视的发明，并将其一一注册为专利。

同时，麦高第也改变了公司对发明人的奖励制度。根据一些研究者对麦高第的采访[15]，在 1989 年之前，IBM 对发明的奖励标准是"撰写 + 发表"或"撰写 + 提交专利申请"。因为"撰写 + 发表"的方式更加简单快捷，很多发明人会和公司的专利律师私相协定：在对发明进行评审时，尽量评定为"宜于发表"，而不是"适合申请专利"。这样做虽然单次绩效得分较少，但是省心省力，长期来看攒分更快。为了杜绝这一现象，麦高第力排众议，改成只有提交专利申请才能获得奖励。此外，如果一项专利产生了对外许可费用，发明人将获得 2 万到 5 万美元不等的奖金。

▼ 1　详情请参见 Ajay Bhaskarabhatla 和 Deepak Hegde 合著的"An Organizational Perspective on Patenting and Open Innovation"。

麦高第还指派专利律师马绍尔·菲尔普斯带领一支团队负责专利的对外许可业务。麦高第为这个团队下达了明确的目标：尽可能多地争取许可收入，以支持公司的研发支出。

2003年，处于半退休状态的菲尔普斯被比尔·盖茨亲自返聘至微软，负责重组并管理微软的专利部门，继续在专利界引领风骚。专利智库 IAM 的"专利名人堂"网站对菲尔普斯的介绍是"他迫使高级管理层（和华尔街）不再把知识产权视为一种法律成本，而是作为盈利中心看待"。

此外，IBM 还采取措施减少专利方面的法律开支。IBM 创造性地组建了一个专门为自己服务的"虚拟律所"（Virtual Law Firm），由退休或半退休的律师和专利代理人组成，允许其在公司以外的地点办公，以固定费率为公司提供专利方面的法律咨询服务。

经过一系列改革，IBM 的授权专利量迅速增长，在 1988—1998 年从 637 件增加到 3777 件，数量增加近 5 倍，与 1982—1988 年的 10% 的微弱增长形成鲜明对比。到 1998 年，IBM 的发明中有 85% 申请了专利，历史悠久的 TDB 也在这一年宣告停刊，寿终正寝。在菲尔普斯的领导下，IBM 对外许可费用爆发性增长。在 1991 年以前，IBM 每年拿到的许可费还不到 2000 万美元，而 1992 年就增加到 3000 万美元，1993 年暴增到 3 亿 4500 万美元，到 1998 年已经增长到 11 亿美元左右，达到当年研发预算的 25%。21 世纪初，几乎所有关于知识产权管理的研究都对 IBM "每年 10 亿美元的许可费用"津津乐道。

我们注意到，从这一时期开始，IBM 的专利申请策略发生了明显的变化，朝着专利"变现"的方向发展。

一些研究表明[16]，1989 年以前，IBM 在涉足的各个技术领域的专利申请量走势都比较平稳，无论是增加还是减少，都与公司业务发展的重心相符：在一些技术领域，如 IBM 逐渐退出的半导体设备制造业，专利申请量有减少趋势；而在另一些技术领域，尤其是 IBM 日渐看重的软件领域，如文件管理、数据库和数据传输等方面，专利申请量逐渐增长。有专家指出，1990 年代初期，大多数软件公司很少有软件专利。相反，因为软件本身不可被专利保护，需要与硬件结合，作为传统硬件公司的 IBM 反而拥有了大量的软件专利。[17] 在 1978—1988 年美国商标专利局授权的所有的软件专利中，有四分之一以上是 IBM 申请的。如前所述，IBM 也成为软件专利的积极推动者。

从 1989 年开始，IBM 专利和技术公开文献的被引率急剧下降。下面两张图所示的是一些研究者总结的 IBM 专利被引率变化，图 9-2 中的实线为 1980—1998 年其他公司的专利申请中引用 IBM 专利的数量变化[18]，图 9-3 展示的是其他公司的专利申请引用 IBM 的 TDB 等技术公开文献的数量变化。专利被引率一向是评估专利质量的重要指标之一，但也有研究者认为，这种下降不一定是专利质量下降的表现，而是由于 IBM 专利战略转型，逐渐远离"开放科学"，导致引用 IBM 专利的法律成本和经济成本增加了。[19]

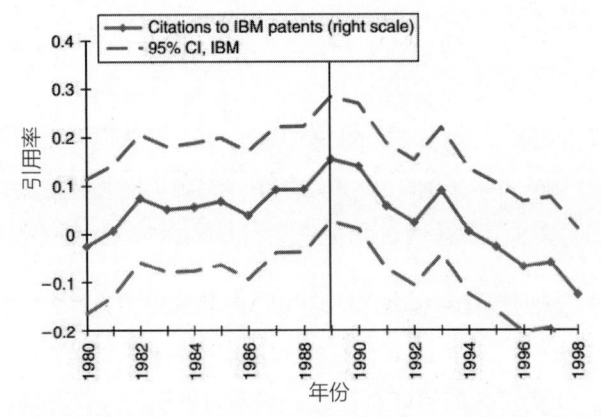

图 9-2 1980—1998 年其他公司的专利申请中引用 IBM 专利的数量变化

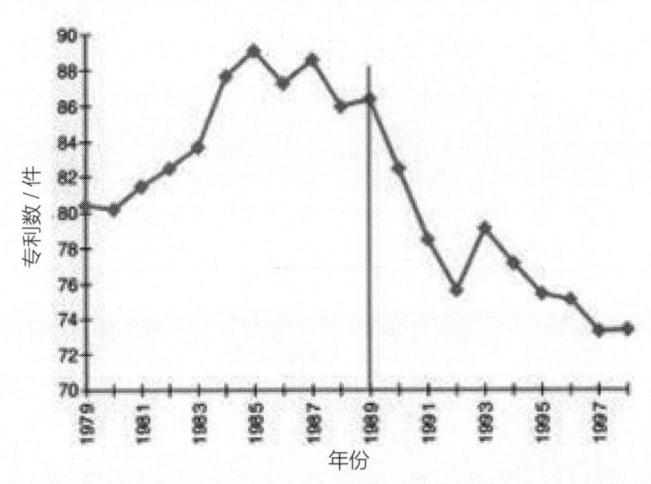

图 9-3 1979—1998 年其他公司的专利申请引用 IBM 的 TDB 等技术公开文献的数量变化

第 10 章 从大型机到微型机

在讲述 IBM 的兴衰时，个人计算机（Personnal Computer，PC）的历史是绝对不可忽视的一部分。关于这段历史的记载已经汗牛充栋，但凡是技术爱好者应当都不会陌生，读者若有兴趣，可以阅读《浪潮之巅》等资料，本文对此不展开叙述，只关注专利和版权。简言之，1970 年代，个人计算机还只是计算机爱好者的玩物，属于面向"技术宅"和小企业的小众产品。后来，苹果公司推出的苹果 II 型计算机（见图 10-1）一炮走红。这款机器的质量、性能和外观设计均属上乘，还配有优质的桌面级办公软件。随后，IBM 也推出了自己的桌面计算机产品——IBM PC。IBM 和苹果对自己的产品分别采取了"开放"和"封闭"的态度，但是在势若群狼的中小厂商的围攻下，两家公司在 1980 年代末双双陷入困境。由此引发了郭士纳拯救 IBM、乔布斯王者归来这两段传奇故事。

图 10-1 1977 年发布的苹果 II 型计算机（摄于美国计算机历史博物馆）

这里值得一提的是苹果 II 型计算机的一款杀手级应用——电子表格软件 VisiCalc（图 10-2 为其界面截图）。作为电子表格软件的鼻祖，VisiCalc 代表着微型计算机进入办公领域的重要一步。我们都还记得，何乐礼在人口普查局工作时，统计员使用的西顿制表设备是一个名副其实的表格制作工具，它可以帮助统计员在纸上打格子做表格。而正是这个简陋的工具给了何乐礼灵感。从这个意义上讲，VisiCalc 的成功具有重大意义——IBM 因"制表"而诞生，但是从 VisiCalc 开始，制表工作开始逐渐由轻便的个人计算机接管。

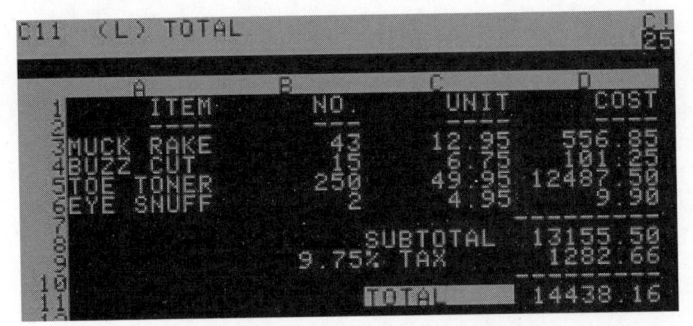

图10-2 在苹果Ⅱ型计算机上运行的 VisiCalc

VisiCalc 以 250 美元的价格总共售出了 70 万份,可谓爆品。因为时代的原因,这款重量级软件没有获得任何专利保护。对此,VisiCalc 的主要开发者丹·布里克林(Dan Bricklin)曾很大度地说:"我没有因为 VisiCalc 成为巨富……但是我觉得我改变了世界。这种满足感是金钱买不到的。"[1] 然而,他也在其他场合说过一句老实话:"如果是在今天发明电子表格,我当然会申请专利。"[2] 顺带提一句,当时的另一款重要办公软件——字处理软件 WordStar,以 495 美元的价格售出了 65 万份。[3] 这款软件同样也是没有专利保护的。

有了电子表格和字处理软件,也就是原始版的 Excel 和 Word,个人计算机不再是"技术咖"的玩物,而是真正的生产力工具。除了苹果,越来越多的企业也开始研发个人计算机产品。IBM 就在 1981 年推出了 IBM PC(见图 10-3),该机型主要通过采购第三方部件组装而成,其操作系统也采用了微软的 MS-DOS。之后,在 IBM 的放任下,很多中小厂商包括惠普、康柏、戴尔等,模仿 IBM PC 推出了个人计算机产品,时称"IBM 克隆机",它们迅速占领了新兴的个人计算机市场,同时也促使了一大批软件企业崛起。个人计算机以其低廉的价格、便捷的使用方式和丰富的软件资源,统治了大小企业的办公室,给 IBM 传统的大型机业务带来了沉重的打击。

图10-3 美国计算机历史博物馆展示的苹果Ⅱ型计算机和 IBM PC

要说 IBM 关于个人计算机的专利策略，我们不妨看一下当时 IBM 在个人计算机市场上的最大竞争对手——苹果公司的专利情况。苹果早期的专利不多，1977 年推出著名的苹果 II 型计算机时，其唯一的一件专利是"与视频显示器配合使用的微型计算机"（Microcomputer for Use with Video Display，专利号为 US4136359A）。这件专利在 1983 年到 1984 年间有若干次诉讼记录。

计算机是早期苹果公司的唯一核心产品。但从本质上看，早期的苹果作为一家典型的创业公司，在硬件上以组装其他公司的成熟产品为主。尽管苹果在知识产权保护方面的态度一直十分坚决，但是其早期的专利数量并不多，专利诉讼的记录也寥寥无几。不过，苹果在版权保护方面表现得十分激进。1982 年的苹果诉富兰克林计算机公司（下文简称"富兰克林公司"）版权侵权案和 1988 年的苹果诉微软版权侵权案，一胜一负，都是美国知识产权法历史上的里程碑案件。

苹果的联合创始人之一斯蒂芬·沃兹尼亚克（Stephen Wozniak）是一位具有开放精神的技术专家。本着这种朴实的个人价值观，沃兹尼亚克在早期苹果计算机的开发文档里公布了大量技术细节，以便第三方开发软件。这种做法无意中给仿制苹果产品的厂商开了方便之门。当时的法律对于只能由计算机读取的代码没有做任何规定。1982 年，富兰克林公司仿照苹果 II 型计算机设计出一款个人计算机，命名为 ACE 100，这是苹果计算机最早的一款兼容机。

1982 年 5 月，在 ACE 100 正式发售两个月后，苹果以版权侵权为由将富兰克林公司告上法庭。当时美国的《版权法》确实没有对只能由机器识别的代码做出规定，而从字面意义上看，只能由机器识别的程序代码也无法被认定为《版权法》意义上的"作品"。因此，一审法院没有支持苹果的诉讼请求。

1982 年 6 月，富兰克林公司又推出了新款个人计算机 ACE 1000，标价 1595 美元。因为面临苹果的诉讼，富兰克林公司针对苹果的硬件专利进行了一些规避设计。与前代产品相比，新款的 ACE 1000 计算机从主板上移除了从视频端口输出彩色信号的一块芯片。这个做法有分离式侵权（divided infringement）的嫌疑，因为用户在购买计算机的时候，只要再花 50 美元就可以让零售商装上这块芯片。[4] 另外，ACE 1000 系列计算机的 ROM 中只写入了用来启动磁盘的代码，开机后从 ROM 启动磁盘，再从磁盘中把代码载入内存，规避了苹果公司直接从 ROM 把代码载入内存的相关专利权利要求。因为没有找到相关的专利诉讼记录，富兰克林公司的这些规避设计是否有效，我们也不得而知。

由于富兰克林公司在软件方面的抄袭过于明显，苹果公司就把打击重点放在了版权方面。ACE 1000 系列计算机的操作系统与苹果的几乎一模一样，只是对一些应用程序做了自欺欺人式的改名，比如把"COPYA"改成"COPY"。此外，在 ROM 中还有一些明显抄袭的痕迹，例如"Applesoft"和"James Huston"两个字符串。"Applesoft"即"苹果软件"，而 James Huston 是苹果的一位程序员，富兰克林公司中没有人叫这个名字。

在这样的证据面前，富兰克林公司很难抵赖，只能根据《版权法》的基本规定辩称苹果计算机 ROM 里的代码仅机器可读，不是版权保护的对象。1983 年 8 月，费城巡回上诉法院做出判决，认定 ROM 和软盘中的代码都是版权的保护对象。法官在判决意见中留下一段著名的论断：

"文字"类作品，作为版权保护的七大类型之一，不局限于与海明威的《丧钟为谁而鸣》具有相同性质的文学作品。

这一判决在版权法历史上具有划时代的意义，直接影响了世界各国在软件领域的立法。自此，唯有机器可读的计算机代码也成为受版权保护的对象。1984 年 1 月，富兰克林公司同意向苹果支付 250 万美元的和解费[5]，当年就申请了破产保护。这家公司最终还是存活了下来，但是在苹果的穷追猛打下，最终被彻底赶出了桌面计算机市场，转向 PDA 和电子书等业务，一直运营到 2009 年。

苹果在自身专利壁垒弱不禁风的劣势下，在版权领域推动司法变革，成功遏制了一个重要竞争对手的发展。1988 年，苹果再次以版权侵权为由，向法院起诉微软抄袭其图形用户界面（GUI）。这一案件在版权法历史上更为知名，我们在后续章节中还会详述。如果苹果胜诉，《版权法》对 GUI 的保护完全可能会上升到一个新的高度。但是法官没有支持苹果，因为苹果的 GUI 也是从施乐那里"学"来的。

从这两个案例中可以看出，苹果保护自己核心产品的决心非常坚定。这两起诉讼都是在法律没有直接规定，也没有先例可循的情况下提出的，不确定性很大，但是苹果仍选择了起诉。正因为如此，这两个案件在知识产权领域产生的影响极其深远。

与苹果的穷追猛打、不依不饶相比，IBM 在 1980 年代对中小厂商仿制 IBM PC 采取了放任自流的态度，这一点是众所周知的事实。但是，IBM 对 IBM PC 这个产品到底采用了怎样的专利布局来保护，各种文献并没有形成一个统一的观点。按照维基百科上的说法，IBM PC 的主要部件大多采购自第三方，因此 IBM 没有关于 IBM PC 的任何专利。[1] 但这个说法未必可靠，因为

▼1 参见维基百科"IBM Personal Computer"条目。

维基百科引用的参考文献只不过是 1982 年 InfoWorld 的一篇报道，其中提到"据说 IBM 没有关于 IBM PC 的特定专利"（IBM ... reportedly has no special patents on the PC）的说法。[6] 仅以这篇简单的报道作为证据，显然不够充分。近年来，有很多媒体提到 IBM PC 有 "9 件基础专利"，而这些说法无一例外都来自对 IBM 前员工马克·迪恩（Mark Dean）的采访或介绍。[7] 马克·迪恩是 1980 年代高科技公司中少见的黑人工程师，在美国民众普遍关注种族平权的今天，他受到了媒体的广泛关注。几乎所有媒体在介绍他的时候都会提到他拥有 IBM PC "9 件基础专利"中的 3 件。但这 9 件基础专利究竟是哪些，这些报道却又言之不详。

IEEE 的《计算机》（Computer）杂志在一次采访中特别提到了这一都市传说，并且向马克·迪恩求证。[8] 对此，马克·迪恩的回答是："其中两件涉及像素点在屏幕上的显示，即显示器上的图形界面、颜色和像素点的创建与控制。第三件涉及内存接口（memory interface）的刷新……这 9 件专利定义了后人所知的 IBM PC 兼容机。"[9] 根据以上线索，马克·迪恩关于 IBM 兼容机的三件专利应当是：

- US4442428A：数字彩色信号的组合视频彩色信号生成技术（Composite Video Color Signal Generation From Digital Color Signals）。

- US4437092A：具有可编程边框颜色的彩色视频显示系统（Color Video Display System Having Programmable Border Color）。

- US4575826A：用于动态内存的刷新发生器系统（Refresh Generator System for a Dynamic Memory）。

大约在同一时期，IBM 还在博卡拉顿（美国佛罗里达州东南部的一座城市）提交了一些专利申请，包括大卫·J. 布拉德利（David J. Bradley）的以下四件专利。

- US4437093A：在选定的图形显示部分中滚动文本和图形数据的装置与方法（Apparatus and Method for Scrolling Text and Graphic Data in Selected Portions of a Graphic Display）。

- US4408200A：在图形显示器中读取和写入文本字符的装置与方法（Apparatus and Method for Reading and Writing Text Characters in a Graphics Display）。

- USRE32201E：在图形显示器中读取和写入文本字符的装置与方法（Apparatus and Method for Reading and Writing Text Characters in a Graphics Display）。

- USRE33894E：在图形显示器中读取和写入文本字符的装置与方法（Apparatus and Method for Reading and Writing Text Characters in a Graphics Display）。

布拉德利在个人计算机史上有一项著名的贡献：他最早设计了 Ctrl-Alt-Del 组合键，用他能想到的最不可能误触的三键组合来重启 IBM PC。这套组合键一直沿用至今。他无疑是早期 IBM PC 项目团队的重要人物之一。

马克·迪恩的三件专利和布拉德利的四件专利的优先权日都是 1981 年 8 月 11 日，而 IBM PC 的正式发布日为 1981 年 8 月 12 日[10]；专利的申请地为博卡拉顿（Boca Raton），与 IBM PC 项目的开发地吻合。从技术内容上来看，它们都涉及在屏幕上显示和操作特定内容，属于类似的技术领域。再考虑发明人、申请时间和地点等因素，这些专利很可能是 IBM PC 的 "9 件基础专利"的一部分。这些专利在 1980 年代没有留下诉讼记录。而根据 *Big Blues: The Unmaking of IBM* 一书记载[11]，IBM 的律师在晚些时候确定了 IBM PC 的一些关键专利，足以对市面上的主流个人计算机厂商产生威胁。但是，为了集中精力推广 IBM 后来开发的 PS/2 总线标准，IBM 采取了按兵不动的策略。

这些资料表明，只要 IBM 愿意，其完全有能力拿出一批专利，把所有 IBM 克隆机厂商全部干掉，或者至少也能像老沃森对鲍尔斯那样，用高昂的许可费给对方套上一层枷锁。但是，IBM 没有这样做。在苹果不遗余力地用版权保护自己的产品时，IBM 对个人计算机采取了相当开放的态度。归根结底，IBM 并没有把个人计算机当成真正的核心产品。根据 *Big Blues: The Unmaking of IBM* 一书记载，作为 CEO 的约翰·埃克斯曾经在一次会议上提到，只要个人计算机发展成 "日用品"级别的业务，IBM 会马上把这个业务砍掉。[12] 后来 IBM 把个人计算机业务出售给联想，也印证了 IBM 的这种观点。

IBM PC 后续的产品开发并不顺利。IBM PC 的开发是绝密的，由一位名叫唐·埃斯特里奇（Don Estridge）的工程师领导，地点设在 IBM 总部以外的博卡拉顿，公司绝大多数部门对此一无所知。这种保密措施很大程度上是为了规避 IBM 庞大官僚系统的繁文缛节。[13] 正因为如此，PC 项目才能脱离 IBM "垂直整合"的传统，大多数部件都来自外部的采购；软件方面也是采购微软的 BASIC 和 MS-DOS。但是 IBM PC 取得一定成果之后，项目组就无法保持原来的快速反应能力了。

1983 年 8 月 1 日，IBM PC 项目组改组为 Entry Systems Division (ESD)。IEEE Spectrum 的一篇报道[14]认为，这件事标志着 IBM PC 项目组重新回到 IBM 官僚体系内。该报道同时指出，改组为 ESD 的 IBM PC 项目组由 4000 人猛增到 10,000 人，让埃斯特里奇对此相当不满。尤其让他不爽的是，新来的程序员对 IBM PC 知之甚少。当时 IBM PC 的软件与 1950 年代大型机的软件相似，需要在小得可怜的内存里运行。新来的程序员们已经习惯于 1970 年代的大型机开发环境，对 IBM PC 的内存限制缺乏经验。另一方面，埃斯特里奇需要处理大量行政和管理事务，精力被大大分散。IBM 针对家用计算机市场的 IBM PCjr 也惨遭失败。最后，一场悲剧让埃斯特里奇彻底告别了这个世界：1985 年 8 月 2 日，他在一次坠机事件中不幸丧生。

埃斯特里奇死后尽享哀荣，被业界很多人称为"PC 之父"。而在他死后，IBM 高层就更没有人愿意把 IBM PC 作为核心产品来经营了。

在前面的章节中我们提到，IBM 在 1970 年代坚决反对对软件进行专利保护。IBM PC 推出以后，凭着 IBM 的名声，几乎所有的软件公司都愿意在 IBM PC 平台上开发软件，所有的硬件公司也都愿意提供兼容 IBM PC 平台的硬件。这两点让 IBM PC 很快在个人计算机市场占据主导地位，压得苹果、康柏等厂商透不过气来。

当时，康柏本来是有自己的个人计算机生产线的，但是由于软件公司纷纷转投 IBM PC，康柏只好照猫画虎，按照 IBM PC 的架构去生产能够兼容 IBM PC 软件的计算机。用康柏创始人罗德·卡尼恩（Rod Canion）的话说，"既然软件公司不愿意适配康柏的计算机，那就让康柏计算机来适配软件公司的软件吧。"[15] 由此，PC 兼容机市场应运而生。随着康柏 PC 兼容机的销售额在 1983 年一飞冲天，很多小型个人计算机厂商都加入 PC 兼容机的行列。在 IBM PC 发布 5 年之后，IBM PC 和 PC 兼容机占据了 75% 的美国个人计算机市场，苹果的市场份额只剩下 15%。

1984 年，IBM PC 的收入达到 40 亿美元，超过苹果一倍以上。但是这笔收入对 IBM 的副作用也很大：每多一家公司采用 IBM PC，大型机的市场就会相应缩减。对于 IBM 这样一个以大型机及相关的系统、软件、服务构建起来的庞大帝国，每失去一块市场都意味着巨大的损失，IBM PC 的销售收入与之相比，不过是杯水车薪。

几年之后，IBM 设计了 Personal System 2（PS/2）总线标准，希望重新定义个人计算机的标准。这个项目由高级经理比尔·劳（Bill Lowe）负责。IBM 认为，竞争对手看到新的设计一定会如获至宝，像以前一样抄袭仿造、请求许可。

如前所述，IBM 的律师也找到了原版 IBM PC 的一些关键专利，如果提起诉讼，足以威胁到市面上的主流个人计算机厂商。但是，考虑到诉讼的不确定性，比尔·劳决定暂不轻启战端。他的想法是等到新系统发布之后新账老账一起算。为了获得更多的赔偿金和许可费，IBM 将许可标准定为每台计算机售价的 5%。当时的整机定价大概在 3000 美元左右，如果 IBM 的计划最终成功，每台计算机大概可以给 IBM 带来 150 美元的收入。[16]

微软能够在个人计算机时代崛起，是因为主流个人计算机厂商每生产一台计算机，就要掏一笔钱给微软以购买操作系统。如果 IBM 也能这样，那么它也会在个人计算机时代赚得盆满钵满。然而，事情并没有这么简单。在 IBM 的慷慨下成长起来的新一代个人计算机厂商并没有坐以待毙，每家公司都有自己的研发路线、周边产品和与之相匹配的商业模式。到 1980 年代末，这些公司都积累了自己的专利，虽然无法和手握大批基础专利的 IBM 相比，但是它们手中也有了谈判的筹码，有足够的技术积累进行反向工程和规避设计。

康柏创始人之一罗德·卡尼恩在 *Open: How Compaq Ended IBM's PC Domination and Helped Invent Modern Computing* 一书中记载了 IBM 和康柏之间关于 PS/2 的专利交锋。在 PS/2 发布后不久，IBM 就主动联络康柏，就专利许可事宜展开谈判。双方的谈判从 1987 年开始，一直持续到 1988 年 9 月，但没有取得实质性进展。IBM 有点儿不爽，开始打出专利侵权这张牌，向康柏施压。罗德·卡尼恩回忆说："一开始，我以为它会采用德州仪器在 1982 年的策略，通过诉讼拖慢我们的发展。但后来看，这更像是一个更大计划的一部分，旨在从竞争对手使用的 IBM 知识产权中榨取一些价值。"[17]

事实证明，罗德·卡尼恩的判断是正确的。虽然同样是索取许可费，但是 IBM 的目的与当年老沃森向鲍尔斯公司提供许可时的目的完全不同。当年 IBM 是为了给竞争对手套上枷锁，增加其成本，以便自己统治制表机市场；而此时的 IBM 并不想统治个人计算机市场，它不在乎个人计算机市场，它想从市场的统治者手中收取租金。

这个时候的康柏与 IBM 相比虽然体量要小得多，但也不是完全无力反抗。康柏很快找到了几件被 IBM 侵犯的专利，其中的一件关键专利是肯·罗伯茨（Ken Roberts）在 1982 年发明的"具有多种可选屏幕格式的视频显示系统"（专利号为 US4574279A）。经过将近 9 个月的谈判，双方于 1989 年 7 月 14 日达成交叉许可协议，康柏向 IBM 一次性支付了 1.3 亿美元的许可费。[18] 罗德·卡尼恩说，因为康柏有自己的专利，这个金额比 IBM 一开始要求的要少得多。此外，康柏带头建立了免许可费的 EISA（Extended Industry Standard Architecture，扩展行业标准架构），使 PS/2 更没有市场。

从表面上看，这似乎是"一流企业卖标准，三流企业卖产品"的典型故事：IBM 仅派出一个谈判团队，就从康柏手中榨出了 1.3 亿美元的真金白银，付出的成本不过是若干差旅费。但从战略角度来看，这 1.3 亿美元对 IBM 来说，不过是其惨痛战略失败之后的一笔微小的补偿——IBM 试图用专利控制个人计算机产业的战略目标并未实现。而个人计算机产业的发展对 IBM 核心业务的冲击是一个长期的过程：只要康柏、惠普、Sun Microsystems 和戴尔等公司活下去，并不断推出新产品，IBM 的市场份额就会不断被侵蚀。

而这个故事的另一个启示在于：虽然 IBM 拥有优秀的技术，但是脱离了用户；而康柏一直从用户的角度出发研发产品，其专利总量虽少，但是质量过硬，形成了 IBM 难以绕过的障碍，为康柏赢得了重要的战略空间。

除了康柏，其他个人计算机厂商也对比尔·劳视若珍宝的新标准不屑一顾。*Big Blues: The Unmaking of IBM* 一书描绘了当时事态的戏剧性走向：

> 比尔·劳耗费了 1987 和 1988 整整两年的时间等戴尔、Tandy、东芝或其他公司开发出克隆机。一开始，他的姿态十分强硬。他表示，不管是谁想仿造新 PS/2 的微通道（Micro Channel）架构，都得招募一群非常聪明的工程师和一大群优秀的律师。几个月之后，眼看竞争对手纷纷绕开了微通道技术，比尔·劳改口说自己可能会在合适的条款下同意许可微通道技术。随后，他甚至表示愿意在任何条件下给出许可。最后，比尔·劳几乎是在恳求其他公司采用微通道技术。

该书作者认为，IBM 在这里最大的失误就是把个人计算机业务的希望寄托在总线架构上，而总线对当时个人计算机性能的影响微乎其微。消费者希望看到的是肉眼可见的性能提升，例如软件的启动与运行速度，而 IBM 的新总线架构对此几乎没有影响。在与康柏的谈判过程中，康柏承认新架构速度更快，但其认为这种提升就好像是"为只有驽马奔跑的世界建了一条高速公路"。此外，除了专业技术人员，大多数人甚至不知道总线是什么。当时的软件巨头 Lotus 的高管埃德·贝洛夫（Ed Belove）表示，既然 IBM 声称微通道技术有用，那它就一定有用，虽然埃德·贝洛夫自己也不知道具体有什么用。

比尔·劳非常固执地相信自己的战略是正确的。在一年多的时间里，他在美国各地奔波，四处推销他的 PS/2，只有 3 天待在自己的办公室。但是，没人买账。

我们在前文中提到，在制表机时代，IBM 的重要利润来源是成本低廉的卡片的销售收入；而在大型机时代，IBM 最重要的资产也一直是软件。但是到了 1980 年代，内外交困的 IBM 已经没有能力在 IBM PC 及其兼容机上重写这些软件了。随着个人计算机的普及，IBM 的重要软件资产的实际价值每天都在降低。长期巨额投入的游说活动和在全球立法层面的积极努力所取得的成果，在这个时候只能沦为毫无意义的沉没成本。

在 IBM 的庞大产品体系中，IBM PC 是一个技术含量不算高、高层并不重视的产品。但就是这么一个不起眼的产品，让 IBM 多年来的知识产权战略付诸东流。多少西装革履出入华府、在觥筹交错中影响国家政策的大人物，以及数百万美元的持续投入所取得的成果，因为这个小小的商业产品，突然变得毫无意义。

第 11 章 留下专利挣快钱

IBM 专利策略的成功，对业界产生了深远的影响。大多数关于知识产权管理的研究都认为 IBM 和德州仪器均为新时代专利经营模式的开创者，但因为企业规模的差异，IBM 的影响显然更加深远。

1995 年，美国专利商标局总共授权了 113,834 件专利。到了 2004 年，授权总量达到 181,229 件，增长幅度约为 59%。[1] 在这段时间里，IBM 在专利授权排行榜上一直位居首位，其授权专利数量从 1995 年的 1383 件[2]，增加到 2004 年的 3248 件[3]，增幅高达 135%。耶鲁大学法学院的伊恩·艾尔斯（Ian Ayres）和宾夕法尼亚大学的吉迪恩·帕尔乔莫夫斯基（Gideon Parchomovsky）认为，IBM 在研发支出下降的同时，专利数量激增，专利许可收入暴增；作为群雄瞩目的行业领袖，IBM 为业界树立了一个标杆，成为众多科技企业仿效的对象。[4] Chien[5] 也认为，美国企业在 1990 年代展开的专利"军备竞赛"，很大程度上是 IBM 在高科技领域四处出击而引发的连锁反应。

在 IBM 的专利策略初露锋芒的 1990 年代，"知识产权管理"还是一个新名词。曾经多次与马绍尔·菲尔普斯合著作品的大卫·科林（David Kline）在 2000 年出版的 *Rembrandts in the Attic: Unlocking the Hidden Value of Patents* 一书[6] 中提到，即使到了 2000 年左右，也没几个 CEO 会把"专利"和"战略"两个词放在同一个句子里……只有少数美国企业拥有知识产权战略，而且对此讳莫如深，生怕竞争对手学会它们的秘密武器。

Rembrandts in the Attic: Unlocking the Hidden Value of Patents 是 20 世纪初关于知识产权管理的重要作品之一。在该书的写作过程中，大卫·科林采访了美国科技界多名重量级人物，包括在 2000 年前后担任施乐 CEO 的 G. 理查德·索曼（G. Richard Thoman）。科林指出，1990 年代末，大多数 CEO 在讨论增加企业价值时，还是开源节流、兼并收购之类的老生常谈；然而，索曼却明确指出施乐的未来在于知识产权。索曼说："我关注的重点是知识产权……我相信知识产权管理是施乐价值提升的关键……知识产权管理做得好的公司会取得胜利，其他的会落败。"索曼认为施乐是"在'财富 500 强'里，第一个专门聘请 CEO 来最大化知识产权资产价值的公司"。值得一提的是，在入主施乐之前，G. 理查德·索曼在 IBM 担任 CFO（Chief Financial Officer，首席财务官）。

G. 理查德·索曼并不是唯一一位以积极的知识产权战略而知名的 IBM 前高管。朗讯科技（Lucent Technologies，下文简称"朗讯"）的丹·麦科迪（Dan McCurdy）也在 IBM 工作多年。他在 2000 年到 2001 年间担任朗讯的知识产权部门主管，对贝尔实验室和朗讯拥有的 26,000 件各国专利进行对外许可，为朗讯带来了 5 亿美元的许可收入。布莱恩·辛曼（Brian Hinman）是 1996 年到 2007 年间 IBM 的副总裁，负责专利许可事务，并于 2013 年到 2017 年担任飞利浦的首席知识产权官（Chief Intellectual Property Officer, CIPO）。

在 IBM 知识产权部门出身的著名经理人之中，影响最大的可能是大卫·卡波斯（David Kappos）。2009 年，刚刚当选美国总统的奥巴马聘任卡波斯担任美国专利商标局的局长。2013 年，从美国专利商标局卸任之后，卡波斯从事律师工作，辗转于硅谷与华盛顿之间，在知识产权领域相当活跃。美国一些反对软件专利的激进人士坚定地认为他是 IBM 和微软收买的院外游说专家，多年来不遗余力地渲染他的软件界公敌形象。

卡波斯对软件专利持积极态度，并认为专利领域的大量诉讼是一件好事。2012 年前后，苹果对三星展开大规模专利诉讼，智能手机行业硝烟弥漫，卡波斯发表了以下言论："……诉讼案件数量的爆炸性增长，反映出专利体系刺激创新的现实。……创新者利用专利体系来保护他们的技术突破是自然而然的做法，而且是合理的……全世界都羡慕和嫉妒我们的专利体系。"[7]

与卡波斯的言论不同，业界更多人反对滥用诉讼。美国知名科技公司投资人乔恩·埃伦塔尔（Jon Ellenthal）曾经表示："任何行业如果大多数的交易都是在法庭完成的，就说明这个行业出问题了。"[8] 马绍尔·菲尔普斯也感叹说，从前人们听到"专利"这个词，就会想起"发明"二字，到了现在，首先想起的却是"诉讼"，这不能不说是一种退步。波士顿大学法学院的一位教授詹姆斯·本森（James Bessen）也指出，从 1980 年代末到 2010 年代，在化学和药学之外的技术领域（本森认为化学和药学领域的专利制度运转良好），美国的专利诉讼成本直线上升，增加了近 3 倍。本森认为，不必要的专利诉讼成为创新活动的一种沉重负担，其税率至少在 10% 到 20% 之间。[9]

平心而论，在 2010 年代以前，IBM 虽然在"敲诈"许可费上已经初具恶名，但还是很少直接启动诉讼。美国学者林德西·摩尔（Lindsay Moore）等人指出，21 世纪初以前的 IBM 在面对专利侵权问题时，更多地倾向于和解，而不是诉讼。[10] 专利诉讼的大幅增长，并不能完全赖到 IBM 头上；大多数企业主要羡慕的，还是 IBM 获得的天量许可收入。不过，IBM 专利的质量却不是那么令人信服。

对于 IBM 专利质量的质疑早已有之。早在 1990 年代，软件行业的不少人士就对 IBM 等专利巨头颇有微词，认为拥有软件专利最多的几家公司，包括 IBM、日立、AT&T、DEC、东芝和夏普，"没有任何能力为市场贡献创新性的软件产品"。[11]

开放源代码促进会（Open Source Initiative）前主席西蒙·菲普斯（Simon Phipps）曾先后效力于 IBM 和 Sun。关于在 IBM 工作时的经历，他回忆说："当我在 IBM 工作时，曾经问过一位专利律师，申请专利都需要什么东西。对方告诉我说：'原始的想法（rough ideas）——我们会给你补充细节——然后是你能想象到的以及我们能发现的所有的应用这个想法的方式。'"[12]

对于庞大的专利数量，IBM 的管理层显然深以为傲，每年都会大肆宣传。然而，这种态度似乎又一次落在了时代的后面。

2008 年，Sun 的法律总顾问麦克·迪伦（Mike Dillon）在个人博客上宣布，要把每年的专利申请量从 1000 件左右减少到 700 件，把注意力集中到较少的高质量专利上。麦克·迪伦指出，专利的申请和维护费用是一笔不小的支出；同时，从 Sun 本身的商业模式出发，Sun 只需要拥有足以支持客户需求和自我防御的专利就足够了。[13]

2009 年年底，思科公司的法律总顾问马克·钱德勒（Mark Chandler）也宣布，要放弃"数量主义"，改为以质量为先，减少 30% 左右的专利申请量。[14] 同年，惠普公司的法律顾问和知识产权部门副总监凯文·莱特（Kevin Light）也提出，惠普会"追求专利的质量而不是数量"。据报道，马克·赫德（Mark Hurd）自 2005 年担任惠普 CEO 之后，提出以效率为目标，要求在专利申请方面减少金钱和时间的投入，减少大量申请造成的浪费；同时，也要求专利团队增加与主营业务有关的高质量专利申请。科技网站 CNET 在 2009 年发表的一篇文章中，把 IBM 作为惠普的反面教材，其标题为《惠普重质量，IBM 重数量》（英文标题为 "HP Focuses on Patent Quality, IBM on Quantity"）。[15]

在庞大的专利数量背后，IBM 的专利质量和创新能力真的下降了吗？

吉迪恩·帕尔乔莫夫斯基与 R. 波尔克·瓦格纳（R. Polk Wagner）在 2005 年的一项研究中指出[16]，IBM 从 1990 年代开始，虽然专利的数量稳定增长，但质量确实呈下降趋势。帕尔乔莫夫斯基和瓦格纳参考的数据是"专利强度"（patent intensity），即每件专利对应的研发支出。该研究显示，从郭士纳 1993 年担任 IBM 总裁以来，IBM 每件专利对应的研发支出急剧下降，到 2003 年只有 10 年前的六分之一（见表 11-1）。

表 11-1 IBM 1992—2003 年专利数量与研发支出的变化

年份	专利数量	研发支出（百万美元）
1992	842	6522
1993	1107	5558
1994	1298	4363
1995	1383	4170
1996	1867	4654
1997	1724	4877
1998	2657	5046
1999	2756	5723
2000	2866	5084
2001	3411	4986
2002	3288	4750
2003	3415	5077

很明显，"专利强度"这个指标本身是比较粗糙的：研发支出通常对应的是数年之后的专利数量，而非当年的专利数量。但是，在有更精确的数据可供参考之前，我们不妨用这个指标对 IBM 的专利质量进行简单的评估。作为表 11-1 的补充，我们整理了 IBM 从 2004 年到 2022 年的"专利强度"数据，见表 11-2。

表 11-2 IBM 2004—2022 年专利数量与研发支出的变化

年份	专利数量	研发支出（百万美元）
2004	3248	5673
2005	2203	5842
2006	3621	6107
2007	3125	6337
2008	4169	6153
2009	4887	5820
2010	5866	6026
2011	6148	6258
2012	6478	6302
2013	6788	5743
2014	6969	5437
2015	7355	5247
2016	8088	5751
2017	9043	5787
2018	9100	5379
2019	9262	5989
2020	9130	6333
2021	8682	6488
2022	4743	6567

如图 11-1 所示，在郭士纳入主 IBM 之后，IBM 的研发支出被一刀砍到谷底。对于 1993 年生死悬于一线的 IBM 而言，这样做也是完全合理的。之后 IBM 的研发支出虽有波动，但总体上变化不大，稳定在 50 亿到 60 亿美元之间，只有在效益很差的几个年份里，才出现了比较明显的下降。与研发支出的相对稳定形成鲜明对比，IBM 的专利数量一路飙升，仅在 2002 年互联网泡沫破灭后出现了明显回落。综合这两个数据来看，IBM "专利强度" 的下降则是极为明显的，到了 2017 年，研发支出不及 1992 年的十分之一。如果考虑美元贬值的因素，每件专利对应的研发支出下降得更多。

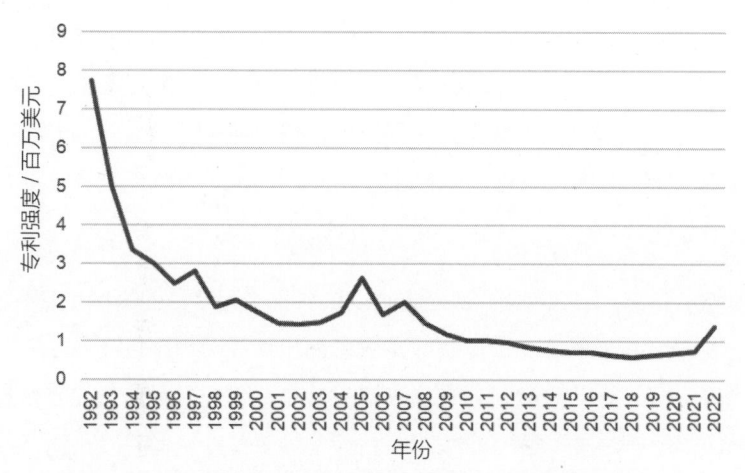

图 11-1 1992—2022 年 IBM "专利强度" 的变化趋势

在高科技产业研发投资如火如荼的今天，不少业内人士都注意到，IBM 一枝独秀的专利数量似乎有些不对劲。和 IBM 同位于美国商标专利局年度排行榜前列的大公司中，微软和英特尔在专利数量上处于明显的劣势，长期比 IBM 少 50% 以上。专利数量勉强接近 IBM 的是三星、东芝和佳能等东亚公司，这些公司的专利运营策略是防御性的，较少主动出击，而且其主营业务也是面向大众的，以消费电子产品为主。IBM 的研发支出也明显低于这些公司。以三星为例，2018 年的研发支出超过 130 亿美元，是 IBM 的 2 倍以上。这么看起来，IBM 的巨大专利申请量明显是有问题的。

有业内专家认为："在争取授权方面，IBM 遵循'越多越好'的策略，似乎在追求某种没有必要的荣誉。它因放弃维护而导致失效的专利，比维持有效的专利更多……就 IBM 的策略而言，它对专利质量有着某种奇怪的悲观态度。IBM 自从由硬件公司转型为软件和服务提供商之后，主营业务已不再是计算。虽然其仍然出售大型机和相关设备，但是一家咨询公司需要多少专利来保持其竞争力呢？在最具创新性的技术公司中，很少有公司会维护数以万计的专利；而在最优秀的咨询公司中,更是没有一家会这么做。"[17]这位专家指出,在IBM获得的专利中,有三分之一或二分之一最终会被放弃,很多专利的寿命都不会超过24个月。"在过去的20年里,'多即是好'的理念驱动着IBM的专利战略。IBM是否陷入了自己对知识产权领头羊形象的追逐中,以质量和真实回报为代价,追求夸张的专利数量,这一点还有待观察。……专利不应该是目标,而应该是达成目标的工具。"

笔者非常认同业界一些同行的观点[18]:IBM实现打造庞大专利武器库的目的是以专利质量的下降为代价的。至少在2005年左右,IBM的庞大专利组合在质量上已经落后于微软、思科和Sun。知识产权咨询公司Ocean Tomo的研究表明,在2005年到2010年间,尽管IBM的专利授权量雄踞第一位,但在专利总价值的排名中仅位列第八。[19]该公司通过专利引用量、专利续展费支付总额和相关诉讼费用等数据对专利进行估值,结果显示微软的专利虽然在数量上远少于IBM,但其价值却已经达到IBM专利的三倍以上。Ocean Tomo专利评估部门的主管指出,IBM的大量专利与服务有关,在价值上不如微软的游戏和软件相关专利。

天下大势,浩浩荡荡;顺之者昌,逆之者亡。从1980年代到1990年代,IBM虽然转型缓慢,但还是凭着丰富的技术积累和庞大的专利数量脱颖而出,在专利领域一枝独秀,成为众多企业钦羡和争相模仿的对象。时代在变化,在越来越多的企业公开表示更加注重专利质量的今天,IBM是不是又一次落后于时代了呢?

加州伯克利大学的钱为德(Colleen C. Chien)教授认为,美国的专利实务正在从疯狂扩军的"军备竞赛"阶段,转向一个相对和平的"贸易市场"阶段。[20]她指出,大公司之间的专利"冷战"已经落下帷幕:在2000年到2008年间,大多数专利诉讼都是以大欺小或以小博大,只有三分之一左右发生在势均力敌的对手之间。此外,到2010年左右,NPE发起的专利诉讼已经占全美专利诉讼总数的20%。相比之下,互为竞争对手的大型实体企业之间关系已经相对稳定,直接诉讼减少,形成了一种微妙的平衡。

钱为德教授指出,自IBM对德州仪器的专利战取得成功以来,各大企业不得不疯狂囤积专利。这种"冷战式"军备竞赛的结果,就是各大公司都维持庞大的专利武器库,虽然对NPE的效果有限,但相互之间已经达成了某种"和平"协议,进入一个停战期。到2010年左右,在高科技领域互为竞争对手的公司之间,专利侵权诉讼已经大大减少了。持续20年的专利军备竞赛、报复性专利诉讼的后果、专利讼棍的糟糕名声,加上公司文化等多种因素,使得大公司在启动专利诉讼前都会三思而后行。

钱为德教授还进一步指出，如果仅以防御为目的，专利权人不需要所有的专利都是高质量的。在实体企业的专利军备竞赛中，绝大多数专利都不会经历无效程序，也不可能进入许可协议。在以恐吓为目的的冷战中，武器的数量比质量更加重要。因此，在专利军备竞赛阶段，即使不以专利讹诈为目的，企业也会普遍采取"数量大、质量低"的申请策略。一些研究表明，在这一时期，企业申请专利时投入的有限时间和资源根本不足以进行专利检索。2008 年的一项研究表明，采用这一类策略的典型项目，其专利代理费用要比平均值低 25% 以上。[21]

尽管大量的专利使大型企业之间达成了"冷战式"平衡，却导致了 NPE 的进一步崛起。NPE 无实体业务，因此专利巨头空有专利在手，无从下手对其实施有效打击——除了无效诉讼的定点打击，几乎没有其他报复手段。在这一背景下，对于拥有实体业务的公司来说，专利的数量已经越来越不重要了。

我们之前提到过，IBM 庞大的专利数量是迫使其他公司支付许可费的杀手锏。诚然，专利数量的重要性不可忽视，尤其是在法律服务费用高昂的美国，对大量的专利进行评估，对中小企业而言是一笔不小的开销。从知识产权界一些知名人士的看法中，我们不难看出，真正重视专利数量的往往是 NPE。以著名的 NPE Intellectual Ventures 为例，有研究者估计其拥有 30,000 到 60,000 件专利，由 1300 家以上的空壳公司分别持有。[22]

为什么 NPE 需要巨量的专利呢？芯片分析公司 Chipworks 的 CEO 特里·勒德洛（Terry Ludlow）曾经在著名的 NPE 公司 MOSAID 工作多年，在 2014 年发表的一篇文章中[23]，他解释了专利数量之所以重要的原因：在今天的美国，"通过单个专利或少数专利组合行使权利，无异于自杀行为"。

勒德洛指出，如果专利流氓只拿少数几个专利主张许可费，大多数科技公司都会置之不理，因为它们对这种律师函已经司空见惯，一家普通规模的科技公司每周都要收到好几封。由于 2007 年的 Sandisk 判例极大地降低了不侵权之诉的难度，这种律师函一般都会极尽简略之能事，尽量不阐明涉及侵权理由的具体内容。对于这种空泛而缺乏实质内容的律师函，目标公司的专利团队通常连看都懒得看一眼。但是，如果在律师函上阐明具体的主张，比如具体的权利要求和产品技术特征等，又很容易被目标公司发起针对性的确认不侵权之诉，或启动 IPR（Inter Partes Review，双方复审程序）程序主张专利无效。总而言之，面对少量专利，大多数公司都不乏正面对抗的勇气。但是专利数量多起来之后，就必须慎重考虑了。请律师把所有专利看一遍就要支出非常高昂的成本，启动无效程序也要巨额投入，还不能确保所有权利要求都能无效成功。

加州伯克利大学 2013 年的一项研究也有类似的观点[24]：NPE 在展开攻击的时候，固然会依赖一些高质量专利，但是其从数量庞大的低质量专利中受益更多。该研究主要考虑社会影响，认为过分重视专利数量会带来两个结果。首先，随着攻击性的专利策略越来越流行，人们会越来越多地就小发明或微创新申请专利，而这些专利往往无法通过无效程序或诉讼的考验。这种增长会进一步导致美国专利商标局的资源浪费，从而进一步导致美国专利质量下降，形成恶性循环：低质量专利的增加会导致更低质量的专利进一步增加。其次，专利组合会产生"超级专利"的效果，为权利人带来超过单一优质专利的排他权，形成对全行业课税的实际后果。

该研究进一步指出，NPE 虽然不会只拿少数几个专利实施攻击，但也不会倾囊而出，一次性把手中的武器全部亮出来。在初次交锋时，NPE 会对目标公司展示一定数量的专利，同时要求目标公司接受一个大范围的许可合同，不仅包括已经展示的专利，还包括尚未披露的专利。这使得 NPE 的很多低质量专利也能产生许可收入。如果目标公司拒绝接受许可，NPE 会先以第一批专利起诉。如果输掉第一轮官司，就整理第二批专利，启动下一轮攻击。在这个过程中，NPE 一定会露出獠牙，表现出决不放弃、死缠烂打的态度。一旦这种形象为业界所知，下一个目标公司在面对其讹诈时，就不得不小心掂量，"即使每个专利本身只有 10% 的概率通过有效性的挑战……对（NPE 的）整个专利组合接受许可协议（也）是合理的。"

通过这些研究，我们不难看出，IBM 在研发支出远低于三星、华为、谷歌等公司的同时，还要维持一个庞大的专利武器库的原因：这种对数量的狂热追求，很可能是片面追求许可收入的结果。

上述研究还指出，实体企业在进行专利侵权方面的沟通时，对不同的对手会采取不同的态度。在大企业强强相遇时，双方自知难以分出胜负，往往会以交叉许可收场。对于小公司，大企业则希望吓唬对手，让对方知难而退，以达到减少竞争对手的目的。NPE 完全没有这方面的考虑，既不追求交叉许可，也不希望锁死某项关键技术，市场上的玩家越多，对 NPE 越有利。当一类技术逐渐获得市场认可，相关产品站稳脚跟时，NPE 会潜伏下来，耐心等待，等"猎物"养肥之后再突然出击。

美国学者克里斯滕·奥森加（Kristen Osenga）在 2014 年的一份研究报告中提出了"前生产实体"的概念 [即 Formerly Manufacturing Entities，对应"非执业实体"（NPE）的说法][25]，用来指代曾经有实体业务，后来逐渐转型为以专利许可收入为主，形如 NPE 的公司，而 IBM 就是前生产实体的一个典型例子。在本章中，我们会讨论几个案例，看看 IBM 是不是与典型的 NPE 越来越相似。接下来，我们也会从 IBM 的整体企业文化和战略出发，看 IBM 的管理层是如何把一艘目标为星辰大海的巨舰，变成一艘海盗私掠船的。

2002年，美国律师加里·L.里巴克（Gary L. Reback）[1]在发表于福布斯网站的一篇评论中，以刻薄的口吻描述了自己代表Sun公司和IBM专利团队交锋的一次经历[26]：

> 14名IBM的律师带着他们的助理，全都穿着规定的深蓝色西装，挤在Sun公司最大的会议室里。
>
> 领头的蓝西装主持展示了IBM主张侵权的7件专利。其中，最重要的是IBM臭名昭著的"肥线条"专利：要把计算机屏幕上显示的细线条转换为粗线条，可以从细线条两端各延伸一段相等的距离，再用直线把四个点连接起来。这种把线段转换为四边形的技巧大概是我们在七年级的几何课上学会的，人们会觉得这是欧几里得或者其他哪位3000年前的思想家的发明创造。但是美国专利商标局的审查员不这么认为，他们给了IBM一个专利。
>
> IBM做完展示之后，就轮到我们了。蓝色巨人的团队就在那里看着（没有流露出任何表情），而我的同事们——每人都拥有工程师和法律学位——拿起了记号笔，在白板上有条不紊地展示和说明，驳斥IBM的每一个主张。我们的用词包括"你们简直是在开玩笑""你们应该感到丢脸"。但是IBM的团队全程面无表情，全都是一副事不关己的样子。我们自信满满地放出结论：在IBM主张的7件专利中，只有一件有可能被法院认定有效；而且即使是这件专利，任何正常的法院都不会认为Sun的技术构成侵权。
>
> 接下来是一段尴尬的寂静。穿蓝西装的人甚至连相互交流的意愿都没有，他们像石头一样坐在原地，一动不动。最后，领头的蓝西装发话了。"好吧，"他说，"这7件专利可能你们没有侵权。但是我们有1万件美国专利。你们真想让我们回阿蒙克（IBM总部所在地），再找7件能够确定侵权的专利吗？要不然你们让事情简单点儿，直接给我们2000万美元吧？"
>
> 经过小规模的讨价还价，Sun给IBM开了一张支票，蓝西装团队走了，去讨伐他们名单上的下一个目标。

这个故事发生在1980年代。当时，IBM主要通过沟通和会议来索要专利费，保持着蓝色贵族的体面。而今天的IBM则越来越多地依靠诉讼。至少从专利的视角来观察，很明显，IBM的经营重心发生了巨大的转变。

2016年，IBM起诉Groupon专利侵权。和IBM的其他对手不同，Groupon高调反击，在媒体上毫不客气地展现对IBM的敌意。Groupon的一名发言人把IBM蔑称为"拨号时代的恐龙"[27]，一名律师则用"敲诈勒索"（extortion）形容IBM的行为。另一名律师大卫·哈登

▼1 美国National Law Journal评选的美国百名最有影响力律师之一。

（David Hadden）对彭博社说，亚马逊因为怕 IBM，才不得不向 IBM 支付许可费；而 Groupon 不怕 IBM，因为必须有人站出来对抗 IBM 的横行霸道。[28]

媒体对 Groupon 表现出广泛的同情，对 IBM 用 1980 年代的专利起诉 21 世纪互联网企业的做法感到无法理解。

Prodigy 曾经是 IBM 的子公司，由 IBM 和老牌零售公司西尔斯（Sears）在 1980 年代合资创建，由 IBM 高管担任 CEO。[29]Prodigy 是互联网崛起之前的区域性网络服务提供商之一，与 CompuServe、Genie 等公司一起，承载着数百万美国网民对网络、电子邮件和网上论坛的最早记忆。

从 1980 年代末开始，Prodigy 公司建立了覆盖全美的地区性网络，提供称为"Prodigy Service"的付费网络服务。用户只要每月支付 12.95 美元，就可以通过个人计算机接入 Prodigy 网络。通过 Prodigy 的主界面，用户可像现代网民访问门户网站一样，浏览广告、新闻、天气、体育报道等信息；用户之间还可以通过电子邮件和 BBS 进行交流。

在互联网的诸多先行者之中，Prodigy 是最早提供图形界面的网络服务供应商（图 11-2 为 Prodigy 当年的用户界面）。当时的其他网络服务商如 CompuServe 和 Genie 等只能提供纯文字界面。凭借丰富的可视化元素，Prodigy 很早就推出了网络银行、在线股票交易、在线广告和在线购物服务，并且获得了不菲的广告收入。面对当时个人计算机的孱弱性能，Prodigy 进行了一系列技术创新，早在 1993 年左右就开发了 CDN（Content Delivery Network，内容分发网络）的雏形。Prodigy 的成就没有逃过 IBM 专利团队的法眼，如今，一些关键技术的知识产权仍然掌握在 IBM 手中。

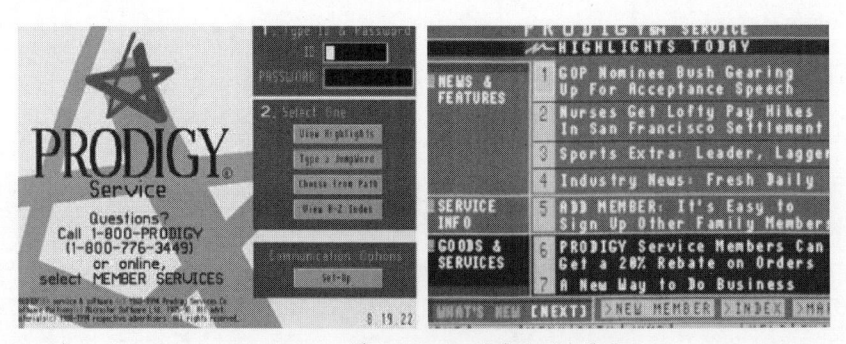

图 11-2 Prodigy 当年的用户界面

Prodigy 算得上是一家优秀的创新企业，但是在商业上昏着儿频出，最终因为亏损严重被 IBM 抛弃。Prodigy 的开发团队认为用户会用多数时间来查看广告、新闻等内容，而不是进行互动，因此在远程访问的设计方面非常保守。Prodigy 把内容部署在位于各个城市的入网点（Points of Presence, POP）。这些入网点通过租赁的专线连接 Prodigy 主机，以刷新本地存储的内容。按照开发团队的设想，用户在线上的活动无非是看看新闻和广告，在需要时通过本地电话线连接到最近的 POP 来访问上面的内容即可，没必要让网络保持长时间的连接。

然而事实证明，Prodigy 严重低估了早期网络用户对邮件和 BBS 等交互活动的热爱。1990 年，仅占用户总量 5% 的活跃用户就发送了 3500 万封电子邮件，导致 POP 需要频繁进行拨号操作，产生了远超预期的巨额支出。为了减少流量，Prodigy 从 1991 年起开始进行内容审查，删除攻击性的信息和评论，这激起了用户的强烈不满。愤怒的用户纷纷抨击 Prodigy 的做法，坊间一时流言四起，称 Prodigy 会阅读所有用户的邮件，甚至直接攻击用户的个人计算机，这些负面消息导致用户大量流失。1994 年，Prodigy 又推出了聊天室功能，大受欢迎。数千名用户乐此不疲，每天保持 8 到 10 小时长期在线，再次给 Prodigy 带来了巨量的成本支出。Prodigy 不得不砍掉聊天室服务功能，而此举再次引起用户的极度不满。1996 年，Prodigy 累计亏损 13 亿美元，用户总数降到百万以下，终于被 IBM 抛弃。这一年，Prodigy 被 International Wireless Inc. 收购[30]，并接入新兴的互联网，成为全球最早的互联网服务提供商（Internet Service Provider，ISP）之一，为用户提供拨号接入服务。Prodigy 原来的网络以 "Prodigy Classic" 的名义保留了一段时间，到世纪之交，因无法应对 "千年虫" 问题而关闭。进入 21 世纪后，Prodigy 被 SBC 收购，最终并入同样被 SBC 收购的 AT&T，泯然世间。

虽然 Prodigy 早已不复存在，但是作为网络广告和网络购物业务的先行者之一，其创新能力和地位都值得后人尊敬。为了充分利用当时个人计算机的性能，Prodigy 的研发团队进行了不少有价值的创新。IBM 虽然卖掉了 Prodigy，也没有继续从事网络购物和门户网站之类的业务，但保留了 Prodigy 的大量专利。多年以后，互联网企业蓬勃发展，Prodigy 的专利成为悬在美国互联网公司头上的达摩克利斯之剑。

近年来，IBM 发起的专利诉讼多数都涉及 Prodigy 时代的一些关键专利。2013 年 11 月，IBM 在推特首次公开募股（IPO）前夕向其发送官方函件，要求推特为自己的三件专利（US6957224B1、US7072849B1 和 US7099862B2）支付许可费。2014 年 3 月，推特与 IBM 达成协议，用 3600 万美元购买了 IBM 的 900 件专利。这笔费用相当于推特 2013 年总收入（6.65 亿美元）的 5%。

2015 年 2 月，IBM 在特拉华州地方法院起诉 Priceline 及其子公司 Kayak、OpenTable 等专利侵权。2016 年，IBM 在特拉华州法院以 4 件专利（US5796967A、US7072849B1、US5961601A 和 US7631346B2）起诉 Groupon 专利侵权，主张 1.67 亿美元的巨额赔偿。2018 年 1 月，

IBM以4件专利（US5796967A、US7072849B1、US5961601A和US7631346B2）起诉Expedia专利侵权。2019年9月，IBM以US7072849B1等专利起诉房地产信息公司Zillow。2020年，IBM又以US7072849B1等专利起诉Airbnb，同时以4件专利（US7072849B1、US9569414B2、US7076443B1和US6704034B1）向宠物食品电商品牌Chewy索要许可费，后者随即向纽约南区法院提起不侵权确认之诉。

在所有这些诉讼中，出现最多的就是US7072849B1号（下文简称"849专利"）和US5796967A号（下文简称"967专利"）两个专利。它们是IBM软件工程师罗伯特·菲勒普（Robert Filepp）在1980年代末的两项发明，其中，849专利主要针对在线广告，其权利要求1如下：

一种用来呈现从计算机网络上获取广告的方法，所述网络包括多个用户接收系统，用户可在其系统上对应用发起请求，所述应用包括互动服务，所述接收系统包括一个显示器，所述应用至少视觉部分会在显示器上以一屏或多屏显示。所述方法包含以下步骤：

a. 对应用进行构建，使其能够通过网络，成为所述一屏或多屏显示内容呈现的第一部分。

b. 通过与应用匹配的方式对广告内容进行构建，使广告能够通过网络呈现，成为所述一屏或多屏显示内容的第二部分，与所述应用同时呈现。对广告内容的构建包括把广告内容配置成包含广告数据的对象。

c. 把广告对象选择性地存储在接收系统的存储器上。

967专利则主要针对网络应用的显示，内容与849专利的差别不大。其权利要求1如下：

一种在计算机网络上呈现互动应用的方法，所述网络包括多个用户接收系统，用户可在其系统上对多个可用的应用发起请求，所述接收系统包括一个显示器，被请求的应用会在显示器上以一屏或多屏显示。所述方法包含以下步骤：

a. 在接收系统上为被请求的应用生成屏幕显示，屏幕显示内容由接收系统根据拥有预设结构的数据对象生成，其中至少有部分数据对象可以存储在相应的接收系统中。屏幕显示内容包括多个部分，这些部分由所述数据对象生成，所述数据对象存储在相应的接收系统中，如果接收系统中存储的对象不可用，则从网络上获取这些对象，从而至少允许部分对象可以在一个以上的应用中使用。

b. 为呈现所述应用，至少生成（屏幕显示内容的）第一部分。

c. 在生成（屏幕显示内容的）第一部分的同时，至少生成其第二部分，以呈现多个命令功能，所述命令功能至少包括可选择的第一组命令，允许在应用之间切换。

849 专利保护的对象是 30 年前尚处于起步阶段的网络技术。当时还没有"互联网技术"的概念，Priceline 的专家证人大卫·伊斯特本（David Eastman）认为 849 专利涉及的技术在当时主要属于"电子出版"（electronic publishing）范畴。从具体应用上看，849 专利（及其类似的 967 专利）涉及的技术主要用于 1990 年代的 Prodigy 系统，同一时期其他区域性网络和更早投入商用的"可视图文系统"（VideoTex）都有可能构成前案。对这些网络和古老信息系统有所记忆的都是 30 年前的技术专家或爱好者，如今他们多半年事已高，当年的技术已经很难考证。

在诉讼中，Priceline 和 Zillow 都聘请了大卫·伊斯特本作为专家证人。伊斯特本从 1974 年起在 CompuServe 公司担任管理职务。CompuServe 和 Prodigy 一样，也是互联网在全球流行之前就投入运营的商业网络之一。伊斯特本在他的专家证词中分析的多数前案来自前述可视图文系统，还有一些来自苹果公司 1980 年代推出的 HyperCard 系统。这些系统或者流于空想，或者是完全失败的产品。和 Prodigy、CompuServe、VideoTex 一样，在被历史遗忘的角落蒙尘。因为影响太小，除非是专业的技术史作者，很少有人会去了解这些领域，也很难说这些完全过时的技术会对我们有什么启示。

2015 年美国知识产权法协会（American Intellectual Property Law Association，AIPLA）的一份报告显示，IPR 在 PTAB（Patent Trial and Appeal Board，专利审判和上诉委员会）听证的费用的中位数为 27 万 5000 美元，上诉阶段则为 35 万美元。对于赔偿额在 1000 万到 2500 万之间的专利侵权诉讼，在证据开示末期就能达到 190 万美元，到最终阶段达到 300 万美元。超过 2500 万美元的专利侵权诉讼，在证据开示和最终阶段，费用中位数分别是 300 万和 500 万美元。这些资金本可以进入研发领域，为人类进步做贡献，但却被专利律师、专家证人、政府官僚和非运营实体瓜分。

就 849 专利而言，IBM 的不同对手至少发起三次基于可专利性的无效请求，但均未成功。Priceline 最早在法院提起动议，主张 849 专利指向不可专利的客体，被特拉华州法院驳回。[1] Priceline 同时还基于可专利性问题向 PTAB 申请提起 CBM（Covered Business Method）审查程序[2]，PTAB 经过初步审查后也驳回了请求。在 Groupon 案中，Groupon 没有找到任何有价值的前案，仅基于可专利性问题请求法院判定 849 专利无效，同样被法院驳回。[3]

▼ 1　IBM v. The Priceline Grp., Inc., 2016 WL 626495（D. Del. Feb. 16, 2016）

▼ 2　Kayak Software Corp. v. IBM., CBM2016-00075

▼ 3　IBM v. Groupon, Inc., C.A. No. 1:16-cv-00122（D. Del.）

基于新颖性和创造性的无效尝试也均以失败告终。除了 Groupon 以外，几家被告都找到了具有一定价值的前案，在法院或 PTAB 提出了针对 849 专利的无效请求。Priceline 和 Zillow 的前案以 1980 年代基于电视网络的可视图文系统（Videotex）为基础，佐以学术论文、技术专著等材料；而 Expedia 的前案则来自 1980 年代的一个区域性网络"波士顿社区信息系统"。但这些尝试也都没能成功。到目前为止，在涉及 849 专利的各项诉讼中，唯有 Priceline（后更名为 Booking Holdings）基于 Akamai 判例中分离式侵权的不侵权抗辩取得了成功，其他公司与 IBM 的对抗大都以失败告终。

IBM 主张 Groupon 网站及手机应用都侵犯了 967 和 849 两件专利。以 849 专利为例，IBM 在诉状中写道：

Groupon 至少侵犯了 849 专利的权利要求 1，例如：

呈现来自计算机网络（如互联网），所述网络包括多个用户接收系统（如 Groupon 用户的计算机或手机），用户可在其系统上对应用（如 Groupon 家庭版、本地版或产品版等）发起请求，所述应用包括互动服务（如以折扣价格提供商品或服务），所述接收系统包括一个显示器（如 Groupon 用户的计算机显示器或手机屏幕），所述应用的至少视觉部分会在显示器上以一屏或多屏显示。所述方法包含以下步骤：

a. 对应用（如 Groupon 家庭版、本地版或产品版等）进行构建，使其能够通过网络，成为所述一屏或多屏显示内容呈现的第一部分（如 Groupon 家庭版、本地版或产品版的网页或内容）。

b. 通过与应用匹配的方式对广告内容（如优惠券促销码的广告）进行构建，使广告能够通过网络呈现，成为所述一屏或多屏显示内容的第二部分（如横幅），与所述应用（如 Groupon 家庭版、本地版或产品版等）同时呈现。对广告内容的构建包括把广告内容配置成包含广告数据的对象（如 woff 或 jpeg 文件）。

c. 把广告对象选择性地存储（例如嵌入一个 cache control 参数）在接收系统的存储器上（例如浏览器缓存）。

Groupon 提起动议，主张 967 和 849 专利的客体是"在用户计算机上对信息和资源进行本地存储，并将该信息和资源分成多个部分进行显示的抽象概念"，没有发明性概念（inventive concept），不具有可专利性，希望法院基于美国专利法第 101 条认定上述专利无效。

IBM 援引 2016 年的 Enfish LLC v. Microsoft 判例，主张 967 和 849 专利是对计算机功能的改进，根据 Alice 判断标准（Alice Test），其具有可专利性。针对这一主张，Groupon 认为这两件专利不过是"功能性的结果,无非是使用传统计算机概念来达到这一结果的建议……是基于结果的功能性描述,并没有披露如何达到这一结果"。IBM则反驳说,在这两件专利之前,基于网络的互动服务只能是"通过'哑终端',处理和存储用户可能请求的所有应用"。这样,单个主机可以服务的用户数量是有限的,反应时间也较慢。系争专利提供的方案把应用或广告拆解成对象存储在接收系统中,减少了主机负担,能够让主机的反应速度更快,服务更多的用户。

法院援引Enfish等判例指出,权利要求如果是"计算机功能方面的进步",就不认为是抽象概念。菲勒普的专利带来了特定计算机功能的进步,提高了网络主机和计算机网络的性能,其保护客体具有可专利性。例如,967专利的权利要求1通过加速数据存储过程,减少内存需求,让计算机运转得更快,可以服务更多用户。另外,法院认为菲勒普的专利并不是宽泛地使用通用的功能性描述,而是描述了提升计算机性能的具体架构,提供了生成屏幕显示内容的具体方式,包括如何生成("在接收系统中选择性地存储数据对象")、从哪里生成("从数据对象和分区中")。

法院总结说,按照Alice判断标准,上述专利可以被视为计算机问题的具体解决方案,不属于抽象概念,也就无须进行Alice判断标准的第二步检测。

Groupon认为两件专利的先占(preemption)威胁"高得无法接受",其权利要求"涵盖了一切通过本地存储的信息、为计算机用户展示有意义信息的技术"。IBM则反驳说,除了系争专利描述的方法,还有其他的解决方案:"一种替代方案是把整个互动应用即时传输到用户接收系统,而不拆解成数据对象……另一种替代方案是让用户每次与应用进行互动时,都从服务器上获取内容,而不把数据对象存储在接收系统中。"法院认可了IBM的意见,在判决书中指出,系争专利的权利要求不是一般性的数据存储,而是"通过把应用(或广告)拆解成数据对象的特殊的本地存储方式",也就没有"先占"一切优化数据存储的方法。

Groupon的无效动议遭到否决后,陪审团判决Groupon支付8300万美元的赔偿。Groupon不服,表示要提起上诉,但IBM不希望诉讼继续进行下去,双方经过谈判,达成了数额较低的和解协议,赔偿金最终敲定为5700万美元。Groupon对IBM霸权的反抗最终以失败告终。[31]

IBM旗下的Prodigy比亚马逊更早推出网上购物,比雅虎更早建立门户网站的雏形,比谷歌更早以在线广告作为收入来源。但是,技术实力雄厚的IBM并没有依靠这些专利打造自己的电商平台或互联网产品,而是在互联网公司风头正劲的时候,四处兜售行将过期的"古董"专利来换取现金。

在 Prodigy 因为用户长期在线导致成本激增而与用户对着干的时候，已然预示着 Prodigy 的失败，也是 IBM 的失败。用户的需求才是商业发展的正确方向，后来所推崇的"流量"归根结底也不过是把握用户的需求。当海量的用户为 IBM 打开流量大门的时候，IBM 却亲手为自己关上了这扇门，攥紧了几根专利钢针，躲在这扇门的背后，以等待抢劫的机会。

The Decline and Fall of IBM: End of an American Icon 一书认为"IBM 是一家销售公司，由销售人员掌管"，重销售轻产品是 IBM 的痼疾。事实上，除了创始人沃森父子和外来户郭士纳以外，IBM 的历任 CEO 几乎全部是销售人员出身。这使得销售部门在公司决策层面拥有与众不同的话语权。乔布斯也曾经对 IBM 做过以下评价：

> 如果你在 IBM 或者施乐的产品部门工作，你设计了更好的打印机或者计算机，又能怎么样呢？当你的公司在市场上占据垄断地位时，已经没法更进一步了。这个时候还能让公司继续前进的，是销售和市场人员。于是，销售和市场人员就接管了公司。产品人员被赶出了决策会议。公司忘记了什么才叫伟大的产品。原本是对产品的敏感性，是产品天才们把公司推到了垄断地位，他们现在烂在一边，而接管公司的人对于什么叫好产品、什么叫坏产品完全没有概念……在他们的内心深处，对于如何帮助消费者，完全不存在任何感觉。

The Decline and Fall of IBM: End of an American Icon 一书还指出，IBM 对销售人员实行赏罚分明的奖惩制度。业绩出色的销售人员晋升渠道畅通，不仅可以到其他部门做主管，甚至成为 CEO 也并非遥不可及。相反，没能成功地完成订单的销售人员，绩效评分会降低，并可能被放在"提升计划"里。为了避免惩罚，销售部门常常会把自己的责任推到其他团队头上。同时，IBM 和很多巨型企业一样，倾向于通过校园招聘和内部提拔来构建团队。包括销售部门在内，从 IBM 的基层到最高层，很多员工终其一生都在 IBM 工作，缺乏"外部世界"的经验。

由于 IBM 的管理层多来自销售部门，又缺乏"外部世界"的经验，所以他们会倾向于按照经验做事，通过"惩罚"来解决问题，而不是改进内部流程、优化产品或改善管理。The Decline and Fall of IBM: End of an American Icon 一书指出，即使在郭士纳担任 CEO 期间，IBM 也"从来没有真正提升过服务的质量、效率和生产力"，只是一味地降低成本，在人力资源方面尤甚，在研发上大力裁员，在生产制造方面则是将产业向海外转移，"用 8 个印度工人代替 1 个美国工人"。1997—1998 年，IBM 的全球服务部甚至形成这样一种认知：机器坏掉后，支付罚款比提供售后服务更划算；此外，由于种种原因，一些客户不知道或者不愿意要求 IBM 支付罚款，所以不如把售后服务砍掉算了。

经过长期转型，IBM 的全球服务部取代了硬件部门，成为新的现金流中心。众所周知，IT

服务的利润要高于设备制造。但是，随着越来越多的企业进入 IT 外包市场，IBM 开始面对激烈的竞争。一开始，IBM 仍然拒绝改变，试图依靠品牌溢价效应维持高价。但是在一个竞争激烈的 B2B 市场，价格为王，IBM 的品牌效应不再显著。这样一来，作为"销售公司"的 IBM 就只能降价。但是在降价的同时，IBM 没有提升服务——不是用更便宜的价格提供同样标准的或更好的服务，而是在降价的同时，也降低了服务的质量。

The Decline and Fall of IBM: End of an American Icon 中有一个有趣的比喻：早期的 IBM 可比作瑞士，产品做工精良，定价实而不惠，品牌效应明显。后来，IBM 逐渐变成了封建时代的日本，层级森严，派系林立。低阶层的"农奴"部门饱受压榨，声音无法上达天听。而销售人员就是武士，会不惜代价地博取晋身之阶。郭士纳就是引领日本改革的麦克阿瑟。

有趣的是，一些日本学者也认为 IBM 和日本公司颇有相似之处。日本学者松本茂指出[32]，长期以来日本大型企业都以通用电气（GE）的并购模式为学习对象。但是，在日本的多元化企业中，各项业务的领导人都是公司董事，从而成为自己负责的业务部门的"利益代言人"，这与 GE 不同，反而与 IBM 更为相似。综合多种原因，松本茂认为，IBM 是日本企业更好、更"现实"的学习对象，因为 IBM 和日本公司有太多的共同点。

约翰霍普金斯学院在 2016 年的一份研究中虽然看好 IBM 股票的长期表现，但也指出 IBM 的主要风险包括"无法把收购的业务与 Watson 整合"，同时"公司转型极度依赖高级技术人员。高级技术人员流失到竞争对手企业，会严重影响 IBM 为客户完成项目的能力"。从 1995 年到 2016 年，IBM 一直面临同样的问题，可见巨型公司的转型是何等困难。

作为一家巨型公司，IBM 近些年来的重要操作，是天魔解体般的疯狂瘦身。2002 年，IBM 将硬盘业务出售给日立；2005 年，将 PC 业务出售给联想集团；2007 年，将数字打印机业务出售给理光；2012 年，将 POS 业务出售给东芝 Tec[1]。松本茂对 IBM 的瘦身行动颇为赞赏，他认为 IBM 退出业务的时机与日本公司有明显区别，值得日企学习：IBM 会在某个"大宗商品"业务仍属主营业务，占有较大市场份额且仍然产出利润的时候，果断退出。经过一系列资产并购和业务剥离，2002—2011 年 IBM 的总销售额仅仅增加了 30%，但利润率却从 9% 增加到 20%，增幅极其显著。公司的自由现金流也增加了 100 亿美元。松本茂认为，这是收购高利润率企业，同时退出大宗商品业务的结果。

松本茂指出，"在彭明盛（英文名为 Samuel Palmisano）担任 CEO 期间，只要一项业务被

▼1 东芝集团旗下的一家子公司，专注于制造和销售办公设备、零售系统以及自动识别系统等产品。

认为属于大宗商品,彭明盛就会立即卖掉,毫不犹豫。即使是彭明盛本人负责过的业务,如 PC 业务,也概莫能外。" 松本茂指出,IBM 在其一百多年的历史中,最擅长的是用原创产品开创市场,而不是模仿其他公司的产品,在其他公司开创的市场中进行价格战。自 2002 年开始,IBM 从它认为的属于"大宗商品"(commodities)的业务中全面撤出,因为大宗商品以量取胜,不符合 IBM 追求高利润率的长期战略。这种对高利润的疯狂追求,与科林格里的观察完全一致。

The Decline and Fall of IBM: End of an American Icon 一书指出,IBM 根本就不想做"大宗商品",不愿意投入任何产品的大规模生产制造。"把数百万美元投入消费级数字电话的制造,这种想法大概会吓坏 IBM。它的公司文化不支持打造能够低成本、大规模制造的高集成设备。"和松本茂的极力推崇不同,*The Decline and Fall of IBM: End of an American Icon* 的作者对销售人员持有某种敌意,认为 IBM 连续大规模地剥离业务是销售出身的高管缺乏竞争意识的表现:"作为一家销售公司,IBM 在(某项业务的)销售开始出现困难的时候,倾向于退出这项业务。作为一家销售公司,IBM 不知道自己应该不断地优化产品和服务,这样即使在竞争变得激烈的时候,也不影响销售的难度。"

从日本人的角度来说,其实也不难理解松本茂对 IBM 剥离业务的推崇。2002 年,IBM 把硬盘业务作价 20 亿美元出售给日立。之后不久,存储设备价格迅速下跌,该业务连续亏损 5 年之久,日立不得不投入大笔资金补偿,最终还是将其转卖给美国的西部数据公司(Western Digital)。脱手后,日立如释重负,深感轻松。同样,IBM 出售 POS 业务给东芝 Tec 之时,移动支付行将崛起。交易完成后不久,PayPal 和 Rakuten 先后推出了手机移动支付应用,给 POS 市场造成严重打击。2016 年,东芝 Tec 收购的 POS 业务部门亏损 696 亿日元。此外,联想 2004 年斥资 12.5 亿美元收购 IBM 的 PC 业务之后,2011 年仅以 18 亿日元就购得 NEC(Nippon Electric Company,日本电气株式会社)PC 部门 51% 的股份,也让松本茂感叹 IBM 抛售时机的选择是何等正确。

通过以上分析,我们可以看到,IBM 在公司文化上对销售和利润的重视。那么,专利许可团队是优秀的销售团队吗?专利许可业务会产生高额的利润吗?

毫无疑问,专利许可收入不可能是纯利润。研发、律师咨询费、差旅和行政费用都应该是专利许可收入的成本。但是,我们很难在公开发布的文件中找到这类成本,也很少有研究关注这一问题。但是在《从资产到利润》(*From Assets to Profits: Competing for IP Value & Return*)一书中,作者布鲁斯·伯曼(Bruce Berman)提到自己和菲尔普斯曾在 2006 年进行过一次谈话,后者认为在 IBM 的专利许可收入中,95% 可以被认为是纯利润。[33]

这么看来，对于 IBM 这样重视利润的公司来说，专利许可业务的重要性也就非常明显了：还有哪些业务可以实现 95% 以上的纯利润呢？当专利业务逐渐 NPE 化，专利的数量开始比质量重要时，管理层对研发的态度也就不言而喻了。

仅仅是像 IBM 这样，有着销售为王的传统、追求利润的基因，以及复杂而庞大的体制，才会陷入这样的困局吗？

答案可能不是这样。IBM 走向 NPE 的道路，可能还要从资本的本性上寻找原因。

我们知道，在硅谷创业传奇中，上演过无数的悲喜剧。其中，创业者被投资人赶出自家公司的故事尤其吸引眼球：苹果的乔布斯、黑莓之父麦克·拉扎里迪斯（Mike Lazaridis）、Twitter 创始人杰克·多西（Jack Dorsey）都是人们耳熟能详的名字。有的创始人是因为经营能力欠佳，也有的创始人是因为坚持创业初衷，无法迎合投资人对资本增值的无限追求，他们最终都被资本所抛弃。常言说，"只要有足够的利润，资本家就会出卖吊死他们自己的绞索。"毕竟资本以逐利为唯一本性。人们通常会相信，以创业者为代表的经理人是真正的企业家，他们旨在改变世界，造福人类；而投资人是不劳而获的食利阶层，为了短期利润可以不择手段。

即使我们抛开这种情感因素，从客观的角度看经理人与投资人之间的关系，也会发现两者之间的矛盾早已是学界普遍认可的事实。1976 年左右，罗切斯特大学的迈克尔·詹森（Michael Jensen）等人发表了重要论文《公司理论：经理人行为、代理成本和所有权结构》（英文名称为 "Theory of the Firm: Managerial Behavior, Agency Costs and Ownership Structure"），指出公司所有人（股东）和经理人之间存在内在矛盾，即著名的"代理人理论"（agent theory）。到了 1980 年代，"代理人理论"被学界广泛接受，一系列重要研究随之而展开。为了解决这种矛盾，不少学者转而关注 CEO 薪酬与公司业绩之间的关系。一些研究显示，基于股价的薪酬和奖励机制有利于提高公司业绩。[34] 学界和业界的一些人士达成共识，认为把经理人的薪酬体系和股东利益绑定，实施基于公司股价的奖励机制，是解决股东和经理人之间内在矛盾的一种看上去两全其美的方案。

有学者总结了 1970 年代到 1990 年代中期，标普 500 公司 CEO 的薪酬变化（见图 11-3）。[35] 图中细线条代表 CEO 的工资与奖金，粗线条代表加上股票奖励和期权等之后的 CEO 实际收入。可见，到 1996 年左右，与公司股票相关的收入已经成为大公司 CEO 收入中不可或缺的部分。有趣的是，图中矩形条代表有关 CEO 薪酬机制的论文发表数量，反映了学界对这一议题异乎寻常的关注度。

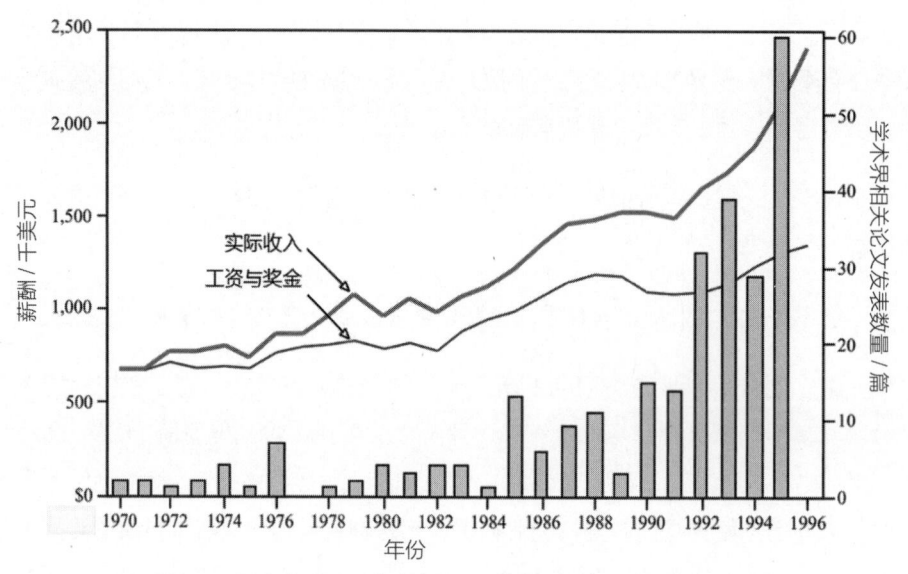

图 11-3 1970 年代到 1990 年代中期，标普 500 公司 CEO 的薪酬变化

在 1996 年左右，标普 500 公司 CEO 薪酬的中位数大约为 250 万美元。后续研究显示，这一数字到 2009 年已经增加到 700 万美元，到 2015 年更是超过了 1000 万美元。[36]

越来越多的 CEO 薪酬模式与股价挂钩，IBM 也不例外。彭明盛和郭士纳都赶上了这一趋势。其中，彭明盛退休时拿到 2.71 亿美元，超过了扶大厦之将倾的郭士纳。*The Decline and Fall of IBM: End of an American Icon* 一书的作者认为，正是由于薪酬与股价挂钩，彭明盛才会在 2005 年第一次把 IBM 的公司目标定为提高每股收益（EPS）。2010 年，行将卸任的彭明盛为公司定下了第二个 EPS 目标：到 2015 年把每股收益提高到 20 美元。

杰克·韦尔奇（Jack Welch，通用电气公司前 CEO）2009 年接受《金融时报》（*Financial Times*）采访时，对这种做法表示了明确的反对："股东价值是全世界最愚蠢的东西。股东价值是结果，而不是战略本身。企业存在的价值在于员工，在于客户，在于产品。经理人和投资人不应该把股价的提升作为首要目标。"

2014 年 10 月，IBM 不得不放弃这一目标。时任 CEO 的罗睿兰（英文名为 Ginni Rometty）表示："我们对公司的表现很失望……公司的业绩表明，我们的行业正面临前所未有的大变局。"

曾经在 IBM 担任高级管理咨询人员的亚历克山德·杰斯科维亚瓦克（Aleksander Jaskowiak）指出[37]，为了达到 EPS 的增长目标，罗睿兰采用了降低成本、出售业务部门、裁员、避税、回购股票等多种手段，并且参与大量的对赌协议。面对"前所未有的大变局"，罗睿兰带领公司转向,将计算云业务确定为 IBM 的战略方向。尽管 IBM 对这样的转型有所准备,但是投资的积极性不足,到 2014 年左右,云计算业务仅仅贡献了 3% 左右的营收。此时,云计算市场已经成为竞争激烈的修罗场,大小玩家蜂拥而入,生死相搏。亚马逊、谷歌和微软等云计算服务供应商纷纷降价,云计算不再是一项高利润的业务。如前所述,IBM 从来都是追求高利润的,低利润的行业会让 IBM 感到"不舒服"。此外,面对高科技领域飞速的迭代和淘汰,IBM 准备不足,2010 年定下的 EPS 目标完全没有考虑到时代的迅速变革。

杰斯科维亚瓦克进一步指出,以 IBM 为代表的一些公司的高管,对于 EPS 有着强烈的痴迷。EPS 简单易算,已经成为最流行的金融分析指标,不仅影响战略决策,也是管理层薪酬、兼并收购的决定性因素。金融分析师们喜欢用 EPS 来评估股票价格、公司价值,甚至预测公司未来的走向。相应地,上市公司的 CEO 和 CFO 们也尽己所能进行各种操作,试图让公司股票的 EPS 符合分析师的预期,让分析师"给出'推荐购买'的建议"。当 EPS 上升时,不仅投资人,公司管理层也会欢欣鼓舞。而当企业遇到种种压力,不得不降低每股收益时,市场给出的反应往往既直接又残酷,会让股价出现两位数以上的暴跌。

从短期来看,股票回购对于提升 EPS 有着魔术般的威力。通过股票回购,公司发行在外的股票总数减少,需求增加,股价自然会提升,每股收益也随之增长,至少会满足当季的 EPS 目标。如果经理人拥有期权,能够从股票回购中得到好处,就会更加倾向于股票回购。杰斯科维亚瓦克明确指出,IBM 的高管们就是这么做的:他们在行使期权后会立即出售股票。

由于管理层被资本绑架,无法制定真正有意义的长期战略计划,公司的未来变得模糊不清,难以判断。为了在华尔街的投资人面前展现自己的能力,管理层会启动一系列战略合作伙伴关系,这些项目看上去都很有创新性,但是要么缺乏变现能力,要么无法补偿核心业务的恶化。杰斯科维亚瓦克指出,IBM 和 Twitter、腾讯、苹果等的战略合作伙伴关系都是如此。*The Decline and Fall of IBM: End of an American Icon* 中也提到,为了在华尔街的投资人面前展现决心和力量,IBM 一直在寻找 100 亿美元量级的业务进行收购。因为目的是 EPS 的增长,所以一切小规模的交易都不再重要。这是因为 IBM 的客户已经变成了华尔街的投资人。

2015 年,IBM 董事会再次批准了 50 亿美元的回购计划。2014 年的前 9 个月,IBM 花在股票回购上的现金已经达到 136 亿美元,超过 2013 年净收入的两倍,也超过 2013 年研发支出的两倍。

杰斯科维亚瓦克认为,在收购 Softlayer 之后,IBM 在云计算行业再进行新的收购已经没有任何意义,首要任务是做好内部整合,稳定业务。此外,云业务是资本密集型行业,公司必须在负载能力上大量投资,才能赶上行业头部竞争对手,达到合规要求。

杰斯科维亚瓦克主张改革管理层的薪酬机制,从基于期权和股票奖励的模式,转为以公司长期价值为目标的 KPI 模式。以股价为基础的薪酬机制,会让管理层倾向于通过大量回购股票来操纵股价。同时,股票期权的操作是现金交易,不会体现在企业利润表上,让外部难以监管。

马克·库班(Mark Cuban,美国最知名的投资人之一)在 2014 年对 IBM 的评价是:"它毫无远见。它已经成了一个通过收购来套利的公司……对我来说,它没有未来。" 财经网站 Fool 的一篇评论也指出:"股票回购很简单,但也往往是管理层缺乏创意的信号。"[38]

2016 年左右,沃伦·巴菲特及旗下的伯克希尔·哈撒韦公司持有 8100 万份 IBM 股票。2017 年的前两季度,巴菲特出售了所持 IBM 股票中的 1/3。巴菲特对 CNBC(Consumer News and Business Channel,消费者新闻与商业频道,一家美国的商业新闻电视台)说:"和 6 年前我开始购买 IBM 股票时相比,我对 IBM 的估值不一样了……如果你回顾历史,看看它的规划以及对业务发展的愿景,我想说的是,它遇到了强劲的竞争对手。"[39]2018 年上半年,沃伦·巴菲特及伯克希尔·哈撒韦公司已经卖掉了所持 IBM 股票的 94.5%。巴菲特承认,投资 IBM 是一个错误。[40]

著名经济学家,被称为"里根经济学之父"的大卫·斯托克曼(David Stockman)在《资本主义大变形》(*The Great Deformation*)中指出:

> 到 2013 年为止,IBM 在 7 年中获得了约 1000 亿美元的净利润,并且花掉了这笔利润中的每一分钱来回购股票。曾经的全球高科技之王拿着现金,除了缩小自己的股本基数以外,竟没有别的事可做。IBM 的股份总数(share count)减少了 20%,其 EPS 增长中的 45% 要归功于这一点。此外,IBM 在 7 年中还将 200 亿美元用于股息分配。总之,IBM 把相当于 2007—2013 年净利润 120% 的现金扔进快钱和对冲基金的巨口。毫无疑问,自动交易员对这种"对股东友善"的股票是来者不拒的,即使这种股票的最终命运是破产清算。

当企业的管理层为了追逐私利,将巨量的现金用于操纵股价,在战略上无所作为,一言一行都在追求华尔街投资人的欢心时,他们会如何指导研发团队的目标,又会如何确定专利团队的目标呢?

在《从资产到利润》一书的第 8 章中,哈佛商学院的威利·希(Willy Shih)教授讨论了管理层对专利许可团队的常见态度。[41]他指出,虽然学界和业界都在尝试用各种方法对专利价值进行尽可能客观的统计（如本文提到的 Ocean Tomo 估值和较为粗糙的"专利强度"），但在现实中，真正能够确定专利价值的往往只有商业交易和诉讼。然而，即使是商业交易也未必能够反映专利的商业价值。因此，专利不一定会作为资产出现在资产负债表中，除非是通过交易从外部获得的专利。相应地，如果某个特定的专利产生许可费用，一般也很难计算对应于该专利的研发支出。因此，对很多经理人来说，专利许可收入算得上是一笔"意外之财"（found money）。

如果专利许可收入达到一定数额，并能在一定时间内保持稳定，管理层往往会希望专利团队准确预测下一期的收入，以平衡研发预算，也让财务报表更好看，赢得投资人的青睐。然而，在财务报表的压力下，每到财务周期的期末，专利团队为了尽早拿到许可费，将其记为当期收入，往往会在价格上让步。因此，很多美国以外的企业都已经发现，与美国公司解决专利纠纷的最佳时期是财务季度或财年的期末。

威利·希教授警告，把专利视为纯粹的现金来源是"极其短视，甚至于危险的"。他认为，以专利许可收入作为唯一目的的研发，作为一种商业模式是难以为继的，其原因如下：

1. 真正优秀的专利往往来源于实践。只有在实际应用中测试和改进技术，才能针对具体问题，提出优秀的解决方案；而优秀的解决方案又会带来新的发明创造，形成良性循环。

2. 专利从发明、申请到行权，其变现的过程有着较长的时间窗口，和投资人考虑的时间窗口并不一致。资本逐利，投资人追求的是尽可能最大化短期利润。针对专利的奖励机制一般不在大多数投资人的计划之内，而权利的行使就更远了。

3. 前沿技术专利的价值很高，这些专利往往来自新领域的基础研究。新技术领域的基础性专利（foundation patents）可能需要 10 年以上的时间才可能进入大众市场。对于投资者而言，这些技术的商业化实践也不在计划之内。

4. 在业界关注度高、研发竞争激烈的领域，要想设计出保护范围宽泛、明确而又不易受威胁的发明，是相当困难的。要通过这种发明建立专利组合，就必须在某个领域的早期，在更多人进入该领域之前，就展开研发工作。这一点在今天已经越来越难。

对于威利·希教授的总结，我们深以为然。正因为如此，我们反对"一流企业卖标准，二流企业卖技术，三流企业卖产品"的说法。没有优秀的产品，标准和技术只会是无源之水、无本之木。当"前生产实体"变成 NPE 的那一天，距离失败也就不远了。

《红楼梦》中有"晴为黛影,袭为钗副"的说法,为黛玉、宝钗各自安排了一个影子人物,以影射其命运。读到晴雯之死,便不难想象黛玉之结局。笔者不才,东施效颦,在本章为 IBM 安排一个影子企业。这家企业与 IBM 的命运轨迹相似,它曾以划时代的发明成就霸业,但是在新时代步履维艰,不得不把希望寄托在专利上。IBM 能不能靠专利翻身,可能要在几年之后才会有答案;而这家企业靠专利翻盘失败,走入穷途末路,已经是历史。它就是曾经被称为"黄巨人"的柯达。

第 12 章 外一则：蓝巨人的黄影

和 IBM 一样，柯达也有一位鼎鼎大名的传奇创始人乔治·伊士曼（George Eastman）。与何乐礼一样，乔治·伊士曼也是以在工作之余开发的独家专利技术起家的，他从一件专利的发明者成长为商界巨子。

乔治·伊士曼比何乐礼大 6 岁，创业的时间也比何乐礼略早一些。在创业之前，乔治·伊士曼是一家银行的小职员，同时也是一位狂热的摄影爱好者。当时摄影技术还处于相当原始的阶段，很多摄影爱好者都在"用爱发电"，用各种土法和野路子改进这一新生技术。在本章中，我们谈到的很多重要技术改进都出自业余爱好者之手。

众所周知，照相机拍照是利用小孔成像的原理，让光线在感光版上形成一个倒置的图像，再把感光版拿到暗房内处理，得到照片。早期照相机使用的感光版主要是玻璃，有所谓的"湿版"和"干版"两种方法。湿版又称"火棉胶摄影法"，即用火棉胶作为感光材料（硝酸银）的溶剂，涂在玻璃板上。要在玻璃板上的火棉胶溶液变干之前完成拍照，故称湿版。玻璃感光版要趁未干时装入照相机内，并在曝光后立即冲洗，很不方便。十几年后，随着材料技术的进步，出现了干版，允许摄影师在感光材料变干后进行拍摄，但是溶剂变干后又会导致感光度下降，效果比湿版的差，因此还不能完全把湿版淘汰。

在工作之余鼓捣干版摄影的过程中，乔治·伊士曼发明了一种在玻璃上涂抹干版摄影感光材料的装置，可以批量生产摄影干版。这项技术的原理非常简单，主要是用滚轴在玻璃板上涂抹一种新型感光材料。1879 年，乔治·伊士曼为这一技术申请专利，并于 1880 年获得授权（专利号为 US226503A，下面的图 12-1 为其附图）。之后，乔治·伊士曼创建了"伊士曼干版公司"（Eastman Dry Plate Company），专门生产涂有感光材料的玻璃"干版"。因为之前的工作是银行职员，他在自己公司里的正式头衔是财务主管，公司总裁则由他的合伙人担任。但是乔治·伊士曼对摄影的热情丝毫未减，他完全主导了公司的研发。接下来，他主导的两个重要革新彻底改变了摄影行业。

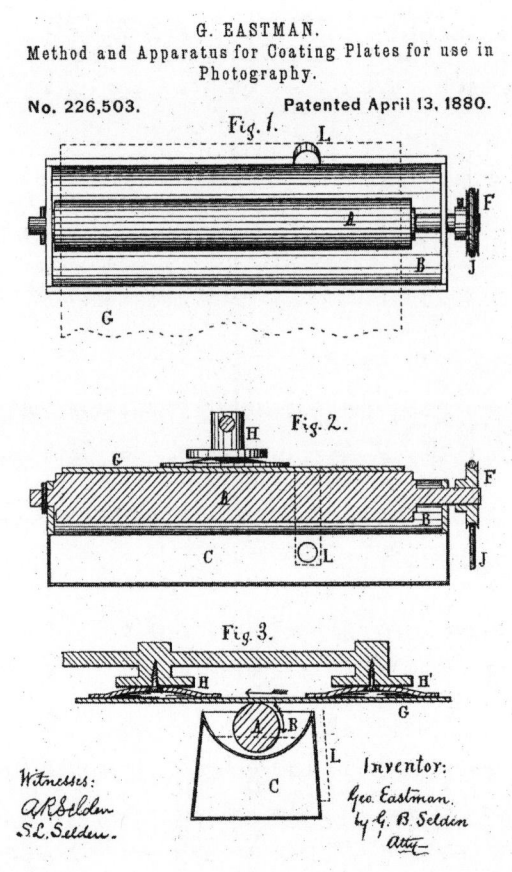

图 12-1 US226503A 的专利附图。图中"G"为用作照相机底片的玻璃板，"B"是盛有感光材料的凹槽。滚轴 A 浸入凹槽 B 的感光材料中，在其上方的玻璃板上滚动，以确保感光材料均匀地涂遍玻璃板

　　虽然公司的名字都带有"干版"二字，但是伊士曼并不满足于坚硬粗笨的玻璃干版，把目光投向了柔性材料。玻璃板的优点是透明度好，硬度高，不易产生划痕；缺点是重而易碎，难以携带。当时的感光版材料除了玻璃，还有纸。1881 年，一位业余摄影爱好者彼得·休斯顿（Peter Houston）首创纸胶卷照相机。他的兄弟大卫·休斯顿（David Houston）有一些商业头脑，申请了一系列专利（专利号为 US526446A 等），以 5000 美元的价格卖给伊士曼的公司。[1] 乔治·伊士曼认为柔性胶卷比硬的玻璃板更适合做底片。1884 年，他把公司改组为"伊士曼干版和胶卷公司"（Eastman Dry Plate and Film Company）。

　　乔治·伊士曼曾宣称自己的目标是，要"让照相机像铅笔一样好用"。在 1884 年到 1885 年间，他自己设计了各种"用于摄影胶卷的滚筒夹持器"，包括 US317049A、US317050A 及 US316933A 等专利。1888 年 3 月，他把这些"夹持器"塞进一个木头盒子，并配上重新设计的快门和镜头，申请了"照相机"专利，同年 9 月获得授权，专利号为 US388850A。下面的图 12-2 和图 12-3

分别为 US388850A 专利附图和最早的柯达照相机。

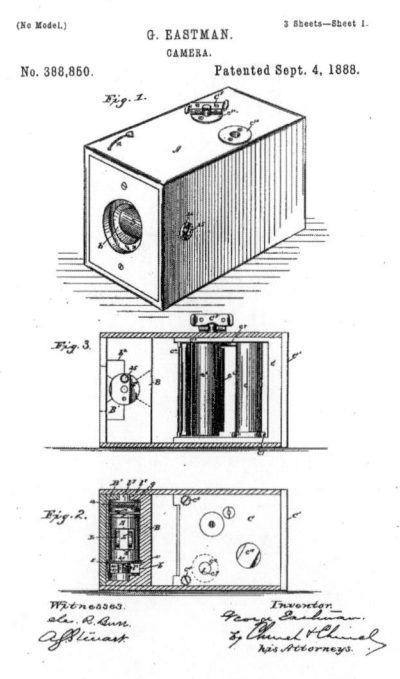

图 12-2 US388850A 专利附图

图 12-3 1889 年开始销售的 Kodak No.1 相机

这一年，柯达照相机打出了著名的广告语"你按快门，其他的交给我们"（"You press the button, we do the rest"，如图 12-4 所示），把伊士曼的木头盒子照相机裹上一层看上去很高级的黑色皮革，装上可以拍 100 张照片的胶卷，以 25 美元的价格出售。100 张照片全部拍完之后，用户要把照相机和里面的胶卷连同 10 美元一起寄回伊士曼公司，由伊士曼公司冲洗照片，再寄回给用户。

就像 IBM 的打孔卡片生意一样，柯达也是"剃须刀－刀片"模式的最早实践者之一，靠廉价的照相机获得用户黏度，把胶卷和冲洗服务打造成利润中心。从 1888 年这台简陋的照相机开始，伊士曼公司无师自通地走向这种商业模式，发展成一个庞大的胶卷帝国。

纸胶卷和便携的柯达照相机大大简化了摄影的操作过程，培养了更多的业余玩家。但是纸胶卷的冲洗很麻烦，效果也比不上玻璃板，没有被专业摄影师普遍接受。有什么材料可以同时具备纸的轻便和柔性特质，又能像玻璃一样结实而透明呢？

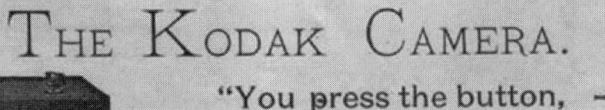

图 12-4 1888 年柯达照相机的广告

1869 年，发明家和企业家约翰·海厄特（John Hyatt）研究出一种神奇的材料，既有一定的硬度，又不脆，可以加工成任何形状。他把这种材料命名为"赛璐珞"，开了一家工厂生产赛璐珞台球，人类的塑料工业由此诞生。包括乔治·伊士曼在内的众多摄影爱好者很快注意到，赛璐珞有着替代纸和玻璃的潜力。一些摄影爱好者开始从块状的赛璐珞上切割薄片用来制作底片，但是这些薄片并不能满足伊士曼的需要：它们不能像纸张一样卷成小卷，透明度差，更不能像玻璃一样避免划痕。

1880 年代，随着化工技术的进步，新的赛璐珞材料不断出现，以满足不同行业的各种需要。每次有新材料上市，乔治·伊士曼就拿给他的化工工程师亨利·赖兴巴赫（Henry Reichenbach）研究。但是，所有的新材料都没有办法达到乔治·伊士曼的要求。最后，赖兴巴赫反其道而行之，拿赛璐珞的原材料进行试验，最终找到一种配方，制作出的材料在透明度和柔韧性上完全合乎照相机的需要。1889 年 4 月 9 日，伊士曼公司为这种配方提交了专利申请。

申请的过程并不顺利，因为审查员很快发现了一篇对比文献，并启动了抵触程序。这篇对比文献是一份已经审查了两年的专利申请，发明人是一位名叫汉尼拔·古德温（Hannibal Goodwin）的摄影爱好者，在某地当牧师。古德温没什么钱，也没有系统学习过化学知识，但是凭着一腔热情和无数次试验，他在两年之前就发现了和赖兴巴赫几乎一样的配方。但是古德温的专利律师水平不高，把专利文档写得又臭又长，保护范围也写得过大。古德温本人不大懂化学，也搞不懂为什么自己的方法能够奏效，对细节问题不甚了了，以致专利申请反复修改后都被驳回。审查员虽然头疼，但对这份申请印象深刻，所以伊士曼和赖兴巴赫提交申请之后，审查员立即把古德温的申请找了出来。

伊士曼和赖兴巴赫最终还是在抵触程序中击败了古德温，于1889年12月10日获得了专利授权。伊士曼对这件专利的市场价值非常有信心，他在一封信里写道："就算拿电话专利给我，我也不换"。当时，贝尔电话公司蒸蒸日上，电话专利案也非常知名，可见伊士曼对这项技术的信心。

早期的IBM在专利方面基本上顺风顺水，而柯达则因为专利吃过不少苦头。

伊士曼公司因为有了胶卷业务，业绩爆发性增长，这让古德温愤愤不平。他拿出自己的养老钱，聘请了更专业的专利律师，不断修改专利申请，并在此过程中不断学习，掌握了越来越多的化学知识。1892年，专利局重启了抵触程序。这次，古德温取得了一个小小的胜利：专利局承认他的发明在先，但是赖兴巴赫的专利也得以维持。赖兴巴赫最初开发的胶片虽然光滑且透明度高，但是容易出现折痕。为此，赖兴巴赫在配方里添加了樟脑成分，以增加胶片的强度。专利局认为，赖兴巴赫增加了樟脑成分的配方是有效的改进，但古德温发明的无樟脑成分的胶片配方是在先的。伊士曼对此并不太在意：古德温的专利还没授权，就算授权了，到时候花钱买下来就可以了。

直到1898年9月13日，古德温的专利才终于获得授权，专利号为US610861A。此时，柯达公司的胶卷生意已经做了将近十年，而古德温垂垂老矣，但是他的美国梦还没有熄灭。1900年，这位78岁高龄的退休牧师注册了"古德温胶卷与照相机公司"。遗憾的是，古德温没有看到自己的专利撼动业界龙头的那一天，他在1900年的年底遭遇事故，撒手人寰。

在这短短的十年间，胶卷已经取代了玻璃板，成为大多数摄影师的不二之选。不仅如此，新兴的电影产业也开始把胶卷作为主要的摄像耗材。在这个新的市场中，柯达占据了80%的市场份额，呈一家独大之势。经过这么长的时间，伊士曼可能已经忘了那位锲而不舍的独立发明人。在专利风险方面，他更担心的是约翰·海厄特的赛璐珞制造公司。如前所述，赛璐珞的配方是约翰·海厄特的独家专利技术。赖兴巴赫的胶片配方来自赛璐珞，其基本成分和赛璐珞非常接近，主要区别在于樟脑的用量。为了避免侵犯赛璐珞制造公司的专利，柯达减少了配方中樟脑的成分。这样做虽然规避了赛璐珞方面的专利风险，但却使柯达的胶卷技术更加接近古德温的专利。

古德温去世后，他的遗孀把"古德温胶卷与照相机公司"和专利一起卖给了安思科公司（Ansco）。安思科公司也是摄影产业的先驱之一，深知古德温专利的价值，其实力也远远超过古德温这样的独立发明人。安思科要价100万美元，伊士曼拒绝了这个狮子大张口的要求。安思科公司随即以"古德温胶卷与照相机公司"的名义，起诉柯达专利侵权。

这起诉讼持续的时间超过十年，比古德温专利审查的时间还要长。柯达提交了多件前案，试图使古德温的专利无效，并且在答辩状中抱怨："……在赖兴巴赫的417,202号专利过期7年后，在伊士曼公司开始制造硝化纤维素薄膜24年后，在古德温提交专利申请26年后，本行业却被禁止使用一件专利，而这件专利曾在11年内先后经专利局5位审查员审查并驳回"。法官对此感叹道：

> 这确实是一个不寻常的、令人遗憾的局面！但是，谁该为此负责呢？是应该责怪古德温本人，还是在这11年内不当地剥夺了他权利的五名审查员呢？[2]

1914年3月，第二巡回上诉法院认定古德温的专利有效，柯达侵权成立。乔治·伊士曼被迫与古德温公司和解，支付了一大笔和解费。[3] 我们不清楚这笔和解费究竟是多少，但是柯达显然没有伤筋动骨，仍然以绝对优势主导着胶卷市场。古德温案还没结束，美国政府就对柯达发起了反垄断调查，并于1913年正式发起诉讼。1915年，在纽约西区法院的一份判决书中指出："……照相机、胶片、照相版和照相纸……对于这些产品，伊士曼的柯达公司在本案启动时控制了整个市场大约75%至80%的份额，并由此实现了垄断。" [4]

这次反垄断诉讼主要针对柯达的照相纸业务，涉及的内容包括收购竞争对手、与外国供应商签订独家供货协议、与零售商签订独家销售协议等。1921年，柯达放弃上诉，签署了同意令，使反垄断诉讼得以终结。根据同意令的要求，柯达要剥离一批被收购的企业，并且不再限制零售商销售竞争对手的产品。直到73年之后，柯达宣称自己已不再拥有市场控制力，因此请求法院解除了这份同意令。[5]

IBM和反垄断部门和解后，锐意进取，全力投入计算机领域，亲手结束了自己的打孔卡片业务，然后通过360大型机等一系列划时代产品建立了霸业。而柯达在1921年签署同意令之后，也投入重金研发彩色胶卷，开辟了新的市场，维持了其在影像领域的统治地位。

柯达彩色胶卷的王牌当属"柯达克罗姆"（Kodachrome）系列产品。其颜色真实，色彩鲜艳，在20世纪的大部分时间里都是专业摄影师和摄影爱好者的首选。这款产品的开发也颇具传奇色彩：其核心技术的发明人不是专业的化学家，而是两位爱好摄影的音乐家利奥波德·曼内斯（Leopold Mannes）和利奥波德·戈多斯基（Leopold Godowsky）。

曼内斯和戈多斯基都出身于音乐世家，少年时期就是要好的玩伴。两人对早期彩色电影的画质不满，立志要研究一种新型胶片，拍出色彩令人满意的彩色电影。后来，两人各自子承父业，在音乐领域深造。曼内斯考入哈佛大学学习钢琴，戈多斯基则进入加利福尼亚大学主修小提琴。但是他们初心不改，在大学里都选修了物理学课程。毕业后，两人一边从事演艺事业，一边研究摄影和摄像技术。1920 年，他们为"一种彩色电影的制作方法及装置"申请了专利（US1619949A）。从 1921 年开始，他们又申请了多项名为"彩色摄影"的专利（US1538996A、US1997493A、US1516824A、US1980941A 等），其基本思路是：在胶片上涂多层感光材料，每一层对不同的光谱范围敏感，拍照时每一层都会形成一幅图像；然后，通过复杂的处理过程，让这些图像叠加，呈现出真实的颜色。例如，US1516824A 号专利（图 12-5 为其附图）采用了两个感光层，上层对蓝光和绿光敏感，感光较慢；而底层对红光敏感，感光较快。经过显影处理，上层的图像漂白后变成蓝绿色，底层的图像变成橙红色，从而叠加出鲜艳的色彩。在研究过程中，两位音乐家结识了柯达研究实验室的主管肯尼思·米斯（Kenneth Mees）。[6] 米斯对他们的研究表现出浓厚的兴趣。

图 12-5 US1516824A 专利附图

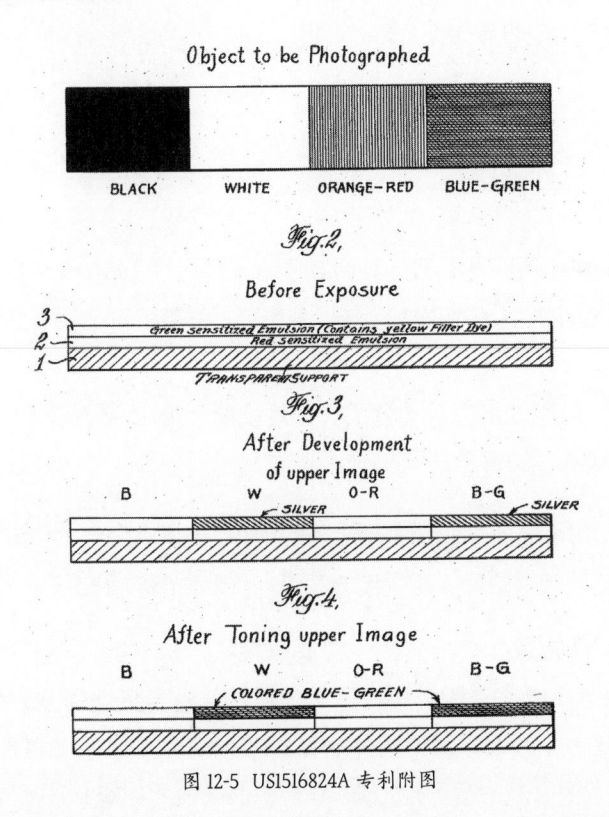

两位音乐家的方法虽然效果不错，但是处理过程过于复杂，而且用于敏化不同颜色的染料

会穿过感光层，导致红色感光层变绿，绿色感光层变红。正好柯达实验室开发出的新型染料，可以解决这一问题。[7]1930年，在大萧条的打击下，柯达希望开拓新的市场，彩色胶卷成为公司确定的重点发展方向。当时，两位音乐家已经花掉了投资人不少研究经费，债台高筑，而他们开发的胶卷距离产品化还有很远的距离。米斯于是邀请两位音乐家前往柯达总部，帮助他们偿还了30,000美金的债务，付给他们7500美元的年薪，让他们在柯达实验室继续研究，而柯达工程师则负责解决生产制造问题。

进入柯达之后，两位音乐家不能再像以前秉持完美主义，随意安排进度了。米斯以企业的标准要求他们尽快推出产品。在米斯的敦促下，柯达于1935年推出了16毫米电影胶片版的"柯达克罗姆"彩色胶片，第二年又推出了35毫米的照相机胶片。摄影和摄像技术由此进入一个新的时代。

两位音乐家在加入柯达时，并没有把之前申请的专利转让给柯达。"柯达克罗姆"的技术仍然在他们早期专利的保护范围之内。因此，两位音乐家每年都从柯达获取大笔的专利许可费，音乐家发明彩色胶卷的故事也成为业界的一段佳话。

"柯达克罗姆"胶卷的冲洗方式仍然非常复杂，虽然经过多次改进，仍然不是非专业人士能够轻易完成的。而柯达也把冲洗服务的费用计入"柯达克罗姆"胶卷的费用中，形成了一个"剃须刀－刀片"式的利润点。

1954年，柯达再次卷入反垄断调查。调查显示，柯达在1954年左右控制了彩色胶卷和胶卷冲洗市场90%的份额。这次柯达很快就与政府和解，签署了第二份同意令，不再把洗相服务与彩色胶卷捆绑销售，同时将照片处理技术相关的专利许可给竞争对手。即使如此，也没有竞争对手能够撼动柯达的市场地位。四十年后，柯达请求废止这两份同意令时，其胶卷仍然占全美胶卷销量的67%，胶卷总销售额的75%。

IBM PC项目组开始组建的时候，柯达的一位工程师也在研究一个小小的数字技术项目。就像PC一样，这个项目代表着新的工作和生活方式，却把柯达逼入绝境。

这个故事很多人都知道：柯达发明了数码照相机，却被数码照相机逼到濒临破产的境地。从专利的角度来看，这个过程并没有这么简单。首先要强调的是，柯达所发明的并不是数码照相机的基本概念。1972年，德州仪器提交了一份关于"电子摄影系统"（electronic photography system）的专利申请。1976年10月，该申请的延续案US4057830A在多次修改后获得授权，这才是真正最早的数码照相机专利（图12-6为其专利附图）。

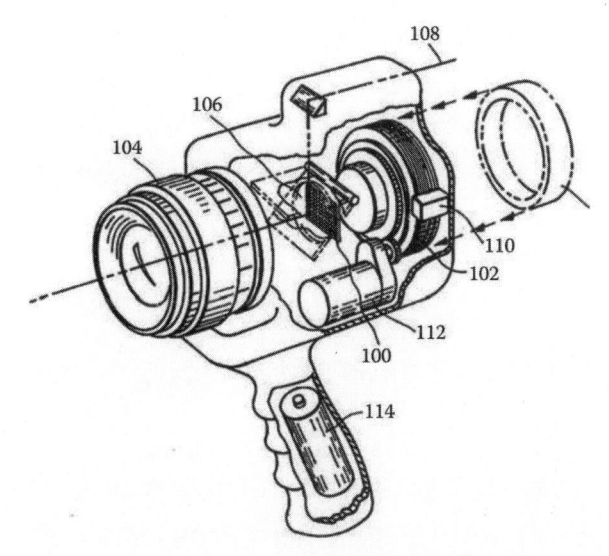

图 12-6　德州仪器 US4057830A 号专利附图

该专利保护的"系统"包括电子照相机、存储装置、用来展示图像的电视接收器和选择并读取图像的回放装置。如图 12.6 所示，电子照相机用刚刚问世不久的 CCD 作为图像传感器，代替了传统照相机的胶卷，安装在反光镜（106）后面。拍摄的图像信号被传输到电磁读写头（110），通过磁鼓（102）存储。拍摄下来的图像需要用"传统的电视设备"观看。这个发明大致囊括了数码照相机的基本概念，尤其是用图像传感器和磁存储介质取代胶卷这一点上。但是德州仪器并没有把这个发明产品化，甚至连一台原型机也没有做出来。可能是因为这个原因，并没有人把德州仪器或这个专利的发明人称为"数码照相机之父"。

"数码照相机之父"这个头衔，正主是柯达公司的史蒂芬·萨松（Steven Sasson），他因此在 2011 年入选"美国国家发明家名人堂"（The National Inventors Hall of Fame）。在发表于 2007 年的一篇博文中，萨松回忆了数码照相机的开发过程，以及自己向公司高层展示数码照相机的情景：

> 1975 年 12 月，在花了一年时间钻研一堆新技术之后，在罗切斯特 Elmgrove 工厂的一个实验室里，我们准备好尝试"它"了。"它"是一个看上去相当怪异的数字电路的集合体，我们想尽办法说服自己，让自己相信它是一台便携式照相机。它有一个镜头，是我们从楼下超 8 毫米摄影机生产线的废旧件垃圾桶里捡回来，带回我们位于 4 号楼 2 楼的实验室的。在这台装置的一侧，我们硬装上去一个便携的数字磁带模拟记录器。再加上 16 节镍镉电池、一个极其难以捉摸的新型面阵 CCD，以及从某个数字电压设备上"偷来"的模拟/数字转换装置，还有几十个数字和模拟电路。把这些东西连接在大概半打电路板上，这就是我们定义的全电子便携式静态照相机。

我们给与会人员拍了几张照片，在房间里的电视设备上进行展示，然后大家就开始提问了：怎么会有人想在电视上看自己的照片？怎么存储这些图像？电子相册看起来是什么样的？消费者什么时候会使用这种模式？对于最后一个问题，我们试图用摩尔定律来进行解释（需要15到20年才能被消费者接受）。我们完全不知道如何回答这些问题，也不知道如何应对这种新模式面临的其他挑战。有人写了一份内部报告，我们的概念在1978年获得了专利授权（专利号为US4131919A）。在过去的30年里，尽管我在公司的岗位发生了变化，但我一直保留着这台原型机，主要是作为对这个最有趣的项目的个人纪念。除了这件专利，直到2001年，我们都没有对外公布过这项成果。[8]

最后，柯达设备部门的主管同意萨松的项目继续进行。但是，他对萨松明确表示，他很希望这一项目失败。[9]

值得一提的是，US4131919A号专利的第一发明人不是萨松本人，而是他的上司加雷斯·A.劳埃德（Gareth A. Lloyd）。在CCD刚刚问世的时候，加雷斯和萨松进行了一场不超过30秒的谈话。加雷斯问："我们能造一台使用固态成像器的照相机吗？"[10]这个问题成为萨松开发数码照相机的契机。可能是这个原因，加雷斯才被列为专利的第一发明人，而把这个想法付诸实践的萨松则以第二发明人的身份，获得了"数码照相机之父"的美誉。很多人以为"发明"是天才的灵光一现，就像砸到牛顿头上的苹果一样。但是真正改变人类生活的发明，源于枯燥而致郁的反复计算与实验，是无数次失败后的成果。虽然德州仪器和加雷斯灵光闪现的珠玉在前，但最终荣誉还是落到了亲手拧螺丝、做实验的工程师萨松头上。我们也认为这样是非常公平的。

萨松的US4131919A号专利并没有回避德州仪器的"电子摄影系统"专利。相反，萨松在背景技术中重点讨论了这一专利，并指出该专利的问题："该照相机存在一个缺陷，热生成的少数载流子会对与入射光相关的电荷分布产生负面影响。从1秒存储间隔来看，我们预计会产生大量暗电流，而且这些'暗电流'也可能是不均匀的。"为此，萨松提出的解决方案是："'捕捉'单个场景图像并将其存储在缓冲存储器中所用的总时间约为75毫秒。场景信息约需要23秒从缓冲区传输到记录设备。通过这种方式使CCD暗电流保持在低水平，因为CCD不像在上述英国专利1,440,792（即德州仪器的US4057830A号专利）中披露的电子照相机中使用的成像设备那样被用于信息存储。"

因此，萨松这台电子照相机需要23秒来拍摄一张1万像素的照片，并将其存储在磁带上。而且需要一台专门的电视机来展示图像，而图像的传输需要23秒。

萨松的照相机长期被束之高阁，很难说它对业界产生了什么实质性的影响。在20世纪70到80年代，柯达对业界的贡献远比萨松的数码照相机更大。真正奠定了数码照相机基础的一项技术，应该是著名的拜耳滤色器。

1975 年 3 月，柯达工程师布赖斯·拜耳（Bryce Bayer）为一种"彩色成像阵列"技术提交专利申请，于 1976 年 7 月获得授权，专利号为 US3971065A（图 12-7 为其附图）。直到今天，这种技术仍然广泛应用于数码照相机和手机，被称为"拜耳滤色器"。拜耳滤色器模仿了人眼对颜色的感知，由 25% 的红色、50% 的绿色和 25% 的蓝色（也就是所谓的 RGB）组成滤镜，把接收到的颜色光传递给图像传感器。这样，就可以用一个单独的传感器来捕捉颜色信息了。

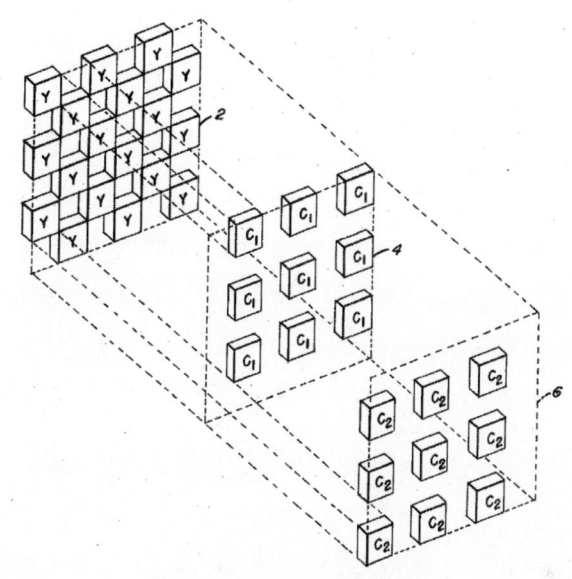

图 12-7 US3971065A 号专利附图

萨森曾经在接受采访时说过，在拜耳滤色器发明之前，根本就没法设想数码照相机的存在。他还说："布赖斯当时在努力解决的问题，是用不能辨认颜色的传感器组成二维阵列来捕捉颜色，这是数字影像技术的基础之一。他在问题出现之前就解决了一个根本性的问题……布赖斯一直是我心目中的英雄。"

布赖斯·拜耳在研究滤色器的时候，华裔物理学家邓青云获得康奈尔大学物理化学博士学位，加入了柯达。1979 年，邓青云博士在返回实验室取遗忘的物品时，发现一块有机蓄电池在黑暗中闪闪发光。邓青云没有忽视这个意外。经过反复研究，他在 1987 年和史蒂芬·范·斯莱克（Steven Van Slyke）共同发表论文《有机场致发光二极管》（论文的英文名称为"Organic Electroluminescent Diodes"），发明了 OLED 技术。当柯达的高管问萨松"电子相册看起来是什么样的"时，谁又能想到，40 年后的电子相册往往就是手机 OLED 屏上显示的一个 App，而 OLED 技术的发明人就坐在柯达的实验室中呢？

CCD 和拜耳滤色器都是现成的技术，而且磁存储技术也在不断发展，柯达没有深入研究的东西，自然有其他公司研究。在萨松之后的那些年里，至少有以下公司都在开发基于数字感光元件的电子照相机（见表 12-1）。[11]

表 12-1 1970 年代末 1980 年代初的电子照相机专利

公司	专利号	标题	申请年份
宝丽来	US4262301A	电子成像照相机	1978
宝丽来	US4541010A	电子成像照相机	1983
尼康	US4420773A US4456931A	电子摄影照相机 电子照相机	1980
尼康	US4758883A US4896226A	具有低存储容量的电子照相机 具有存储磁盘、焦平面快门和滤光片的多电机电子静态照相机	1982
奥林巴斯	US4614966A	用于通过多次短时曝光结果相加产生长时间曝光的电子静态照相机	1982

1981 年 8 月，索尼发布了一款叫作"MAVICA"的电子照相机，在业界引起轰动。这台照相机是单反照相机，可以把模拟视频信号存储在磁盘上，并且能够在标准电视设备上即时显示。索尼对这个产品进行了大张旗鼓的宣传，称其为"革命性"的新产品，高调鼓吹无胶卷时代的到来。

以今天的眼光来看，这台产品不见得比萨松的发明更实用。MAVICA 使用专门的软盘（称为 Mavipaks），需要用专门的读盘装置（Mavipak Viewer）来读取。但是，作为最早的无胶卷照相机产品，MAVICA 的发布还是引发了柯达管理层的恐慌，柯达的一些员工发出了"神啊，摄影已死"的悲鸣。[12]

时任柯达 CEO 的科尔比·钱德勒（Colby Chandler）说："有 100 万单个元素（即像素）的电子传感器"才足以实现可以接受的 3R（5 寸，此处的"寸"指的是英寸，1 英寸为 2.54 厘米。5 寸照片的尺寸是 12.7 厘米 × 8.9 厘米，即 5 寸 × 3.5 寸）打印。这个数字是现在传感器所能实现像素的 4 倍，即使如此，也远远落后于现在的胶卷标准……35 毫米柯达彩色胶卷 II 能够实现 1000 万像素传感器的效果。"他指出，数码照相机真正替代传统照相机还要很长时间。

1980 年代初期，柯达正如日中天。1980 年，柯达营收达到 97 亿美元，是索尼的（为 42 亿美元）两倍以上，是富士胶卷的（为 20 亿美元）近 5 倍。当年，柯达在研发方面的投入为 5.21 亿美元，次年增长到 6.15 亿美元。[13] 大笔的资金砸向数字技术的研究。

MAVICA 发布之后，柯达建立了消费电子部（Consumer Electronics Division），宣布要在

1983 年进军消费电子领域。不久，消费电子部推出了 Kodavision 2000 系列 8 毫米录像机，使用柯达的 8 毫米录像带进行摄录。录像机由松下代工，录像带则由 TDK 代工，均在日本生产与制造，和索尼正面竞争。然而，这款产品没有在市场上取得成功：其出货量太小，而松下收取的代工费又很高，导致产品几乎没有利润。如前所述，在柯达的"剃须刀－刀片"模式中，照相机处于"剃须刀"的地位，其产生的利润远低于胶卷业务。因此，柯达很早就把照相机生产外包出去了，在照相机设计和制造方面的经验和资源都十分有限。松下曾经提出与柯达合作，帮助柯达在美国开发制造业务。柯达管理层在权衡利弊之后，觉得投资 10 亿美元来开发生产制造能力并不值得，于是干脆退出了消费电子业务。[14]

但是，柯达并没有完全停止电子影像技术的开发，只是把电子和数字影像技术的开发转为秘密进行，并维持在一个较低的投资水平。在整个 20 世纪 80 年代，柯达在美国获得授权的 CCD 相关专利有 271 件，超过了奥林巴斯的 247 件、索尼的 152 件、尼康的 96 件和宝丽来的 47 件。但是，奥林巴斯和索尼在日本分别获得了 710 件和 524 件涉及 CCD 的专利，这些数字又远超柯达。而佳能在美国拥有涉及 CCD 的专利 940 件，在日本更是高达 2614 件，其押宝新技术的决心和魄力超过了所有竞争对手。

单以 CCD 技术而论，柯达仍然技压群雄，它率先开发出百万像素级的 CCD，产品名称为 KAF 1400 或 M1。柯达的子公司 Videk 在 1986 年用这款 CCD 打造了百万像素的数码照相机 Videk Megaplus，单价在 1 万到 4 万美元之间，是第一款有足够的分辨率来打印 5 英寸 ×7 英寸相片的数码照相机。[15]

同年 7 月，佳能推出了 RC-701 数码照相机，该机型使用德州仪器生产的 38 万像素 CCD，整机售价为 2725 美元，在市场上获得了一定程度的成功。3 个月之后，柯达立刻申请了 US4739409A 号专利，指出 RC-701 的问题是"图像传感器会受内部噪声的干扰，例如所谓的'暗电流'。即使在传感器上没有任何入射光线，每个单独的 CCD'桶'中也会积累一定量的'暗电流'"，并且提出了"智能曝光控制"作为解决方案。

这些事实表明，1980 年代的柯达没有停止对数字技术的开发，也一直保持着对竞争对手的关注。但是，柯达的很多尝试都停留在实验室里，没有实现产品化。直到 1990 年左右，在探索了数字影像产品化的各种可能之后，柯达认为自己找到了一种与传统胶片业务结合得最好的电子产品：Photo CD。以今天的眼光看，这种产品不过是存储照片的光盘而已：顾客在使用传统照相机拍完照片后，可以把底片交给洗相馆，洗相馆会把底片转成数字照片，存储在光盘里交给顾客，这使得顾客能以数字方式浏览和操作自己的照片。当时，Photo CD 中存储的图像质量要超过同时代所有的数字摄影产品,让长期注重图像质量的柯达管理层十分满意。

柯达的管理层对 Photo CD 寄予厚望,希望这一产品能够像柯达胶卷一样进入千家万户,并且为电子图像的显示、传输和打印建立一整套行业标准。在柯达的管理层看来,Photo CD 融合了数字和模拟两个技术方向的全部优点,可以在即将到来的电子摄影时代延长胶卷产品的寿命。

为了实现自己的宏伟计划,柯达一度尝试与微软合作,把 Photo CD 整合到早期的 Windows 系统中。这个计划没有成功,具体原因不明,但是柯达和微软关于 Photo CD 的一次高层会议中的戏剧性场景至今仍偶尔见诸报端:柯达 CEO 凯·惠特莫尔(Kay Whitmore)居然在比尔·盖茨面前睡着了。因为这个糟糕的表现,*CEO Magazine*[16]和《雅虎财经》[17]都把凯·惠特莫尔列为史上最差的 CEO 之一。

Photo CD 并没有取得符合期望的成功。当时光驱还未普及,而柯达的 CD 读取设备售价高达 400 美元,每卷胶卷转 CD 的费用为 20 美元,让大众消费者无力接受。该产品发布一年之后,基本上变成专业摄影人员的高级玩具,没能进入柯达视为重中之重的大众消费市场。

时来天地皆同力,运去英雄不自由。在 20 世纪 80 到 90 年代,柯达的研发实力依然雄厚,产品利润也仍然丰厚,但是一场专利诉讼的失败,加上多次战略失误的打击,让柯达迅速陷入困境,难以应对数字摄影和数字存储技术带来的新挑战。

我们在前面说过,何乐礼是专利专家,而伊士曼是专利"素人"。可能是这个原因,IBM 在专利方面大多数时候都顺风顺水,而柯达不止一次在专利上倒大霉。古德温案算是其中的一次,但是没让柯达伤筋动骨。接下来要讲的拍立得照相机专利侵权案,才是让柯达赔上老本的一次惨败。

1947 年,美国发明家埃德温·兰德(Edwin Land)发明了拍立得照相机,其可以在完成拍摄后一分钟之内冲印出照片,轰动一时(图 12-8 为埃德温的 US2520641A 号专利附图)。1948 年产品上市之后,销售额达到 500 万美元,开辟了一个全新的市场。下面的图 12-9 为 1948 年宝丽来发售的 Model 95 拍立得照相机。

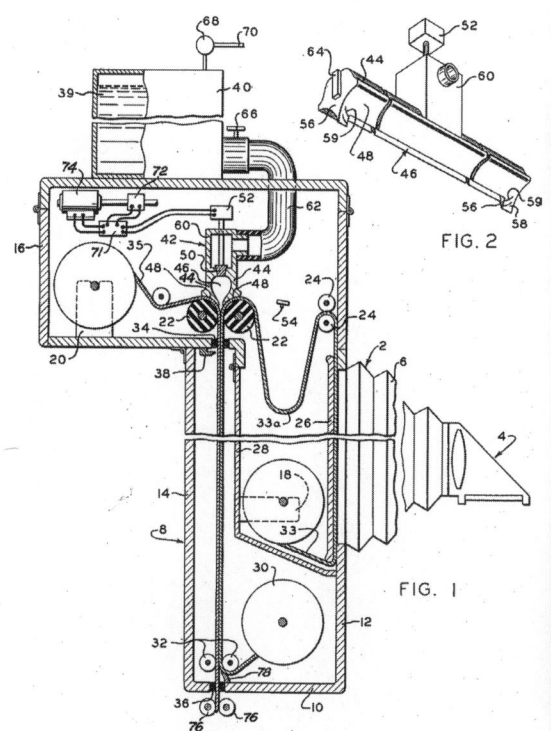

图 12-8 US2520641A 号专利附图　　　　　图 12-9 1948 年宝丽来发售的 Model 95 拍立得照相机[1]

在接下来的十几年里，柯达和埃德温·兰德的宝丽来公司保持了良好的合作关系，柯达为宝丽来生产胶片。随着拍立得照相机的不断改进和市场的扩大，柯达最终决定亲自下场，并在 1976 年推出了自己的拍立得照相机和胶卷系统，和宝丽来公司直接竞争。

1976 年 4 月，宝丽来在马萨诸塞州地区法院以 10 件专利起诉柯达专利侵权。1986 年法院认定侵权成立，给柯达下达了永久禁令。柯达从此退出拍立得照相机行业，砍掉 800 个相关工作岗位，价值两亿美元以上的厂房和设备永久关停。柯达也不能再为已经售出的 1600 万台柯达拍立得照相机提供耗材，还需要自掏腰包给消费者补偿。除此之外，还要付出史无前例的 9 亿美元的赔偿金。

一些资料表明，为了规避宝丽来的专利，柯达付出了巨大的努力，按照 20 世纪 70 年代的标准，其实很难认定柯达侵权。但是，柯达这次的对手实在不好惹：埃德温·兰德是乔布斯（Steve Jobs）的偶像，他和乔布斯一样秉持完美主义和艺术家精神，对自己认准的事情有相当程度的执着。此外，埃德温·兰德的专利意识极强，远远超过一般的企业家或发明家。他在

▼ 1　本图摄影作者：OppidumNissenae。本图基于知识共享协议（CC-BY-SA-4.0）共享。关于详细版权信息，请参阅"图表链接 .pdf"文件。

19岁时结识了专利律师唐纳德·布朗（Donald Brown），提交了自己的第一件专利申请，一生获得500多件专利授权。后来，埃德温·兰德创建宝丽来公司，唐纳德·布朗也加入了公司，并成为董事会的一员，可见宝丽来对专利的重视程度。

根据宝丽来的一位专利律师斯坦利·梅尔维斯（Stanley Mervis）的记载，埃德温·兰德与大多数发明人不同，他在专利申请上签名前会非常认真地审查，对保护范围和权利要求的用语非常关注，"在定义一件发明的时候，比很多专利律师都厉害"。他会亲自判断专利的创造性，并以创造性不足为由，要求专利律师重写申请，他还会关注专利答辩的整个过程。斯坦利通过一个亲眼所见的小故事说明埃德温·兰德对专利的关注。埃德温·兰德的一件专利申请被驳回之后，他通过司法程序起诉了专利局，但被法院驳回。之后，埃德温·兰德入选"美国发明家名人堂"，在庆典现场上冤家路窄，正好遇到负责该案的法官。他马上缠住法官，长篇大论地解释为什么自己的发明具有创造性，并逐条批驳法官判决中的错误之处。法官也不好拒绝，只能面露礼貌而不失尴尬的微笑，作认真倾听之态。这种交流虽然不会改变案件的结果，也足见埃德温·兰德对专利近乎偏执的关注。[18]

这样一位企业创始人出生于美国专利制度的低潮期，似乎有点儿生不逢时。如前所述，1976年宝丽来发起诉讼时，美国司法界的专利判罚尺度还处于对专利权人相当不利的阶段，而且没有任何迹象表明美国的专利制度会发生180°的转向。但是，当诉讼进行到第四年，随着联邦巡回上诉法院的建立，一切都不一样了，埃德温·兰德对专利的坚持终于得到了回报。柯达虽然不是联邦巡回上诉法院第一批死鬼中出血最多的一个，但对柯达的知识产权团队来说，这也算是非战之罪了。

宝丽来在1940年代就申请了不少专利，大多数和黑白胶卷有关。到了1960年代，宝丽来公司又开始大量申请与彩色胶卷相关的拍立得技术专利。而柯达认为，宝丽来的很多专利不过是从单色胶卷到彩色胶卷的简单移植，创造性不强。[19] 宝丽来早期的单色胶卷专利就是现成的前案。例如，针对涉案专利US3362821A，柯达拿出了早就准备好的前案US2584030A，请求法院认定涉案专利无效。这两件专利均涉及感光元件中的一层酸反应试剂，发明人都是艾德温·兰德本人。US3362821A专利主要针对彩色照片，而US2584030A针对的是单色照片。对此，法官在判决书中写道：

> 正如特劳特韦勒博士（柯达的专家证人）所说的，如果从权利要求1中删除"颜色"和"染料"这两个词，那么得到的就是US2584030A专利所描述的过程，这种说法没有充分考虑偏褐色和彩色（照片处理）过程之间的本质差异。彩色扩散转移（color diffusion transfer）比用于偏褐色（sepia）的银转移（silver

transfer）要花费更多的时间，而彩色要求完全从图像环境中去除碱金属离子。彩色的这些独特要求，以及 US3362821A 中用于满足这些要求的机制，在 US2584030A 专利中都没有披露。[20]

事实上，早在进入拍立得照相机市场的 7 年之前，柯达的专利团队就开始分析宝丽来的专利，先后出具了 67 份关于不侵权或专利稳定性的律师意见。然而，面对 1980 年代的法官，这些律师意见都成了一纸空文。

不过这些律师意见最终还是发挥了一点点作用：宝丽来诉柯达案的最后一步是确定赔偿金额，双方的主要争议是柯达是否构成故意侵权。马萨诸塞州联邦地区法院在审查了柯达的 67 份律师意见后，认为柯达寻求专利律师意见的时间点够早，频率也够高，因此不构成故意侵权。要不然，柯达的赔偿金额可能还要增加几倍。

除了这场专利诉讼的惨败，还有一些战略失误让柯达陷入困境。柯达一直在寻找传统胶片业务之外的增长点。虽然在电子产品方面举棋不定，但是作为一家历史悠久的化工产品公司，柯达对医药行业表现出了浓厚的兴趣。当时，柯达已经掌握了一些治疗癌症和心血管疾病方面的化学配方，但是在国际药品注册和分销渠道方面缺乏经验。因此，柯达前所未有地高调举借巨额债务，收购了斯特林制药公司（Sterling Drug, Inc.），宣称"要在 2000 年成为世界前 20 家制药公司之一"。[21]

从这一时期开始，柯达开始依赖长期债务，给公司发展带来了严重问题。1990 年，柯达总共支付了 9 亿美元的利息支出，利润率大幅降低。1991 年，宝丽来诉讼案尘埃落定，柯达还要再支付 9 亿美元的巨额赔偿金，进一步加重了债务危机。[22]

1990 年，凯·惠特莫尔开始担任柯达 CEO。因为斯特林收购案和宝丽来侵权案导致的债务危机，惠特莫尔决定抛弃前任 CEO 的多样化战略。他采取了与三年后入主 IBM 的郭士纳一样的措施，减少人力成本和研发支出，同时进行大规模的业务剥离，把公司重心放在胶卷和摄影用化学品上。

在接下来的几年时间里，惠特莫尔先后卖掉 20 个业务部门及相关专利，其中不少部门都与消费数字产品有着密切关系。这些部门包括喷墨打印业务、软盘制造企业 Verbatim（被松下收购）、液晶显示设备企业 Sayett Technology、伊泰克（Estek）电子公司、Aquidneck 数据公司以及 Ultra-life 电池公司等。1993 年，惠特莫尔对公司最古老、利润最高的业务部门下手，将伊士曼化工公司独立出去。1994 年，柯达又以收购价的一半卖掉了斯特林制药，其进军医药行业的尝试最终以失败告终。

以事后诸葛亮的角度来看，惠特莫尔的业务剥离策略显得有些短视，导致柯达失去了重要的利润来源和数字战略路线上的很多机会。1997年，惠普、爱普生和佳能等公司基于低成本的喷墨打印技术，先后推出了面向大众消费者的家用照片打印机。这些相对廉价的打印机和价格不菲的耗材构成了新的"剃须刀－刀片"模式，很快引起了柯达的兴趣。柯达也想进入这个市场，并评估了包括喷墨、热敏打印、卤化银打印和电摄影打印（electrophotographic printing）等在内的各种技术。最后，柯达发现喷墨技术和电摄影打印的成本最低，而喷墨打印的质量优于电摄影。然而，遗憾的是，柯达的喷墨技术部门在5年前被惠特莫尔卖掉了。1999年，柯达和爱普生合作推出了家用喷墨打印机，但市场反应不佳。2003年，当柯达终于决定基于喷墨技术大力进军家用照片打印市场时，惠普已经建立了无法撼动的市场地位，导致柯达的战略转型再次失败。不过，被惠特莫尔卖掉的伊士曼化工公司至今仍然存在，是化工行业的顶尖企业之一，在伊士曼柯达公司破产之后，它成为唯一承载创始人伊士曼之名的企业。

除了债务危机和宝丽来诉讼案的打击，20世纪80到90年代，柯达在传统胶卷市场上还迎来了富士胶片公司（下文简称为"富士"）的挑战。在这一时期，尽管日美之间存在半导体贸易冲突，IBM多少还是有所获利，但柯达的核心业务——胶卷，却不是美国政治家的重点保护对象。

1984年，富士发布了比柯达产品便宜20%的400度彩色胶卷。一开始，柯达的管理层拒绝相信美国公众会购买外国品牌的胶卷[23]，对富士的威胁不屑一顾。

这一年，美国奥组委主席彼得·尤伯罗斯（Peter Ueberroth）通过出售各种独家赞助权，使得洛杉矶奥运会成为历史上第一次大规模盈利的奥运会，并因此被誉为"奥运商业之父"。尤伯罗斯曾亲自前往柯达总部，希望柯达成为奥运会的独家胶卷赞助商。他提出的报价为400万美元，而柯达只愿意出100万美元，双方未能谈妥。最终，富士以700万美元获得独家赞助权，名声大振，开始在美国市场上占据一席之地。随后，双方在全球市场上展开了十几年的角力，在美日以外的市场各有胜负，但在各自本土市场上的占有率都长期保持在70%左右。[24]

面对竞争对手的步步紧逼，柯达却拿不出专利来遏制对手。1995年5月18日，柯达公司向美国贸易代表办公室提起申诉，要求美国政府发起301调查，以惩罚日本政府针对柯达的反竞争行为。时任柯达CEO的费舍尔认为："富士在全球范围和柯达进行竞争，但是它的利润几乎全部来自日本，用这些利润来支撑其在日本之外的低价格销售……富士（在日本）有一个利润避难所，赚取大笔的资金，再用这笔钱购买欧洲和美国的市场份额。"

富士满腹委屈地发布了一份588页的辩护书，名为《重写历史，柯达对日本消费级摄影市场的修正主义视角》。在这份辩护书中，富士指出，柯达在日本的经营问题主要是管理不善而非不公平贸易。柯达子公司在日本1994年的销售额达到12亿美元，是日本第43大外资公司。另外，凯·惠特莫尔自己在1990年还公开表示："我认为柯达进入日本市场不存在太多障碍。如果有什么问题，那肯定是柯达自己在日本市场上不够努力。"

1998年1月30日，世界贸易组织争端解决机构驳回了柯达的申诉。一些观点认为："柯达和富士之间的争端持续8年，而胶卷和相纸市场已经被数字影像替代。事实证明，引起变革的催化剂是技术，而非政策……（柯达管理层）对WTO案件（的过分关注）蒙蔽了他们的眼睛……使他们落在行动更为敏捷的竞争对手后面。"[25]

2011年，在申请破产保护之前，柯达的年度营收只有60亿美元，亏损7.6亿美元；而富士的营收是274亿美元，利润为1.4亿美元。虽然都是胶卷时代以胶卷为核心业务的公司，但体量更大的柯达却倒在了前面。

柯达的管理层一直受到评论者的批评，普遍认为他们缺乏远见，导致柯达完全错过了数字革命的浪潮。这种说法也许有些偏颇：从现有的各种资料来看，柯达的高层对数字技术一直是比较看好的，也在尝试转型，只是他们低估了数字革命来临的速度和猛烈程度。自1987年起担任柯达董事会成员的瑞克·布拉多克（Rick Braddock）坚持认为，柯达很早就准备面对变革，未雨绸缪；只是市场转型太快，远远超出董事会的预料。此外，柯达高层认为专业摄影人员会首先接受数字摄影，而大众消费者在相当长的时间内离不开相纸打印的照片，需要过很久才能接受数字摄影。[26]

1993年，原任摩托罗拉公司CEO的乔治·费舍尔入主柯达，成为柯达公司成立117年来，第一位从公司外部聘任的CEO。费舍尔被认为是带领摩托罗拉走入数字时代的领路人，业界称其为"数字男"（digital man），柯达董事会希望他带领柯达走上数字化的道路。费舍尔确立了以数字影像为核心的战略方向，直到他卸任以后，都是柯达努力转型的主要方向。但是，费舍尔始终未能从中层管理人员中获得支持，他的转型努力最终以失败告终。

在费舍尔的领导下，柯达也推出了一系列数码照相机产品。同时，柯达也在尽己所能地寻找数字时代的"剃须刀–刀片"组合。1996年，柯达和富士、佳能、尼康、美能达联合推出了APS（Advance Photo System），这种胶卷能够记录数字信息，既能够冲洗成照片，也可以不冲洗而经专门的设备导入计算机进行编辑。资本市场难得地对这一产品表示了浓厚的兴趣，但是在数字时代的大潮面前,所有胶卷最终都难免沦为艺术家的玩物。

另外,和 IBM 类似,柯达也在 1990 年代对公司高管的奖金制度进行了改革。在费舍尔任职期间,奖金的 50% 与股东满意度挂钩,考量营收增长、现金流增长和净资产收益等多种因素;高管还能通过期权获得奖金。在这一背景下,资本市场的反应成为公司战略转型必须考量的因素之一。

进入 1990 年代,虽然董事会和"数字男"费舍尔积极寻求转型,但资本市场却成为柯达进军数字行业的一大阻力。《金融时报》的一篇评论指出,在技术原因之外,"华尔街为柯达的数字转型踩下了另一个刹车"。[27]

沃顿商学院教授玛丽·博纳尔(Mary Benner)曾经就资本市场对颠覆性技术的反应进行过一项有趣的研究。[28] 她对数字摄影技术来临后传统企业转型的案例分析表明,股评师们对企业拓展现有技术更容易给予积极评价,而企业围绕全新技术制定战略往往会招致负面评价。在针对数字摄影技术的实证研究中,玛丽·博纳尔对 1990—1996 年 LexisNexis 上关于柯达的所有英文新闻报道进行了整理。柯达发布的数字产品平均每件有 29 篇报道,而由苹果贴牌的 Quicktake 数码照相机更是有数百篇之多。提到"柯达"和"数码照相机"的报道有 1400 多篇,表明当时媒体和业界已经对数字摄影技术有相当程度的关注。但是,在华尔街的各种股票分析报告当中,柯达的 13 款数字产品几乎被忽略。相反,资本市场对两种胶卷与数字技术的混合产品表现出极其浓厚的兴趣:Photo CD 被提及 38 次,而 APS 则被提及 144 次之多。

1991 年,摩根士丹利的股票分析报告表示"对新的 Photo CD 产品的长期前景持积极态度"。同年,所罗门美邦的分析报告认为,"柯达和其他胶卷制造商开发混合系统来组合化学和电子影像是极好的机会。Photo CD 是混合系统的绝好实例,我们相信它会极大延长 35 毫米胶卷的寿命。"1996 年,所罗门美邦的报告提出,"APS……将会是 20 年以来摄影行业最重要的发展。"瑞士信贷第一波士顿也认为,"(APS)将会带来发达国家消费级摄影市场上前所未有的消费热潮。"根据玛丽·博纳尔的研究,上述报告的意见与柯达股票在华尔街的表现相当一致,都带来了柯达股价的攀升。

一些证券机构,如保诚证券,对柯达的数字战略非常不看好,一直予以尖刻的批评。在 1994 年的一份分析报告中,保诚认为,"数字影像业务微不足道(并且遥不可及)的收益潜力变得显而易见之后,股东会抗拒。当股东意识到自己的钱被浪费在'数字蠢事'上的时候,我们很期待看到他们的反应。"1995 年,保诚认为"柯达不是数字影像行业的玩家……柯达转向数字影像技术寻找增长不会有很好的运气。"在 1996 年的一份分析报告中,保诚仍然认为"从长远来看，柯达应当好好利用其强劲的现金流，进行股票回购，发布 APS 胶卷和降低成本。它在数字产品方面的努力对我们没什么吸引力。"相比之下，摩根士丹利和所罗门美邦较少批评柯达的数字战略，但是每次柯达减少数字方面的投资时，它们都会给出正面评价。

1996 年以后，数码照相机的趋势越来越明显，但华尔街仍然对融合了数字技术的胶卷产品恋恋不舍。1997—2001 年间，各大股票分析报告中提到 APS 达 1917 次之多，而柯达所有 32 款数码照相机产品总共才被提到 156 次。所罗门美邦等投行开始转变看法，认为柯达的数字转型是"正确的方向"，但还是有一些机构持怀疑态度。摩根士丹利在 1999 年的分析报告认为："数字影像正在蚕食柯达高利润的胶卷业务，并且还会继续蚕食下去……我们不相信（数字影像的）利润能够与柯达的胶卷业务相提并论。"

值得一提的是，柯达的老对手宝丽来也在经历痛苦的转型，资本市场对它的反应与对柯达的反应完全一致。每当融合了胶卷与数字技术的妥协性产品发布时，股评机构从来不吝赞美之辞，股价也会随之攀升，而纯粹的数字产品在整个 1990 年代都很难得到股评师的青睐。

即使是柯达自己，在公司年报上对自家数字产品的态度也是扭扭捏捏的。在 1997 年的年报上，柯达才第一次提到自己"开发了不使用卤化银胶卷技术的（消费级）数码照相机系统"。

资本凶猛，足以让企业忘记初心，变得鼠目寸光。无论是黄巨人还是蓝巨人，在资本面前都变成了矮子，这些故事值得我们引以为戒。

无论资本市场对数字摄影持怎样的态度，都挡不住老百姓对方便小巧的数码照相机的热爱。在转型期犹豫不决的柯达，终于迎来了消费市场的反击。在 2016 年发表的一篇论文中[29]，曾经在柯达担任高管的威利·希（Willy Shih）指出，柯达当时开始面临规模缩小（scaling down）的问题。具体地说，当公司业务处于增长阶段时，会加大投资和生产规模，提高生产效率，"量"的增加会降低单个产品的成本，提升资本盈利的效率。这个过程称为规模加大（scailing up），是一个愉快而令人振奋的过程；反过来，规模缩小就非常痛苦了。随着传统照相机和胶卷市场的萎缩，柯达不得不缩小生产规模；而缩小规模就意味着成本的增加，从而进一步加剧市场的萎缩，产生连锁反应，把柯达拖进一个无可挽回的死亡螺旋。在这个死亡螺旋中，柯达必须断臂求生，砍掉一条条传统产品线。而每消失一条产品线，就把胶卷用户向数字用户推近一步，尤其是那些对胶卷仍然恋恋不舍的专业摄影师。有一段时间，柯达依靠电影胶片制造来消化产能。但是当电影产业也彻底转投数字技术的怀抱之后，公司就再也找不到可以依赖的业务了。

同时，柯达的分销网络也面临着规模缩小的困扰。产品的数量减少之后，就很难维持其在实体店货架上的存在感了。曾经在各种商店、超市占据一席之地的胶卷柜台，如今面临彻底消失的命运。威利·希指出，柯达的高管对这些问题一直心知肚明，但是长期以来都是小心翼翼地缄口不言，这种态度被外界误以为柯达对变革带来的影响不了解。

很多人可能认为柯达在数码照相机时代完全被市场抛弃了，但事实并非如此。2001年，柯达在美国数码照相机销售榜上排名第二，仅次于索尼。但是这一成绩的代价也非常昂贵：每台照相机要亏损60美元。[30]事实上，直到2010年，柯达仍然在数码照相机市场上位居前四，但是整个市场都在手机的冲击下岌岌可危。在这段时间，柯达小心翼翼地减少公司的支出，缩小企业规模，以应对市场的萎缩。2004到2007年间，公司花费了34亿美元进行重组，没想到2008年就遭遇金融危机。由于柯达为员工提供良好的福利和高额的退休金，因此金融危机后的低利率又给了公司致命一击。

柯达不得不寻求新的增长点，转向了专利运营的路线。

2001年，柯达主张三洋的数码照相机产品侵犯其专利权，对三洋提起专利诉讼。双方在短暂交锋后很快达成和解，三洋同意向柯达支付专利许可费。之后不久，柯达又和奥林巴斯达成了专利许可协议，并启动了和索尼的专利谈判。经过三年时间，谈判破裂。2004年3月9日，柯达对在美国数码照相机市场排名第一的索尼提起诉讼。

在2004年7月16日提交的修正后的起诉状中，柯达列出了11件专利，包括US5016107A、US5164831A、US5493335A、US6292218B1、US4642678A、US5373322A、US5382976A、US4660101A、US6573927B2、US5477264A和US6600510B1，基本上都是数字影像方面的基础性专利，以图像压缩和存储为主。在起诉状中排名第一的是史蒂夫·萨松1989年申请的"利用图像压缩和数字存储的电子静态照相机"专利（专利号为US5016707A）。

柯达与索尼之间的诉讼引起了业界的广泛关注。当时《纽约时报》的新闻报道也提到，在起诉索尼之前，柯达在专利诉讼中通常是被告的角色，很少以原告的身份出现。[31]彭博社后来在2012年的一篇评论中指出，柯达完全就是在照搬德州仪器1980年代的做法，在公司濒临破产之际，企图通过专利诉讼起死回生。[32]

索尼进行了反击。几周之后，索尼在美国新泽西联邦地方法院对柯达提起专利侵权诉讼。关于这场专利战的细节，我们知之甚少。从公开的判决书中可知，2006年重点讨论的是证据开示问题，而不是专利侵权或有效性问题。我们只知道柯达在2007年与索尼达成和解，双方签署了交叉许可协议。同时，柯达还与索尼旗下的索尼爱立信手机业务部门签署了交叉许可协议。根据协议内容，索尼要向柯达支付专利许可费用。也就是说，这场专利战以索尼的失败而告终。

从 2004 年开始，柯达开始和三星、LG 沟通专利费用问题。2008 年，谈判失败，柯达在联邦地区法院对两家公司提起专利诉讼，同时以两件专利请求美国国际贸易委员会（ITC）对三星和 LG 发起 337 调查（337-TA-663）。被控产品包括三星的几十款带有摄像头的手机以及 LG 的至少四款手机。

这两件专利是柯达起诉过索尼的 US5493335A（以下简称"335 专利"）和 US6292218B1（以下简称"218 专利"）。335 专利申请于 1993 年，标题为"具有用户可选择图像记录大小的单传感器彩色照相机"，适用于具有多分辨率模式的数码照相机，旨在降低分辨率存储图像时减少噪点的出现。218 专利申请于 1997 年，标题为"在预览运动图像的同时开始捕获静止图像的电子照相机"，允许照相机拍照时生成较低质量的图像以供预览。

2009 年 12 月 16 日，LG 在初裁前夕率先举手投降，与柯达和解。12 月 17 日，ITC 行政法官做出初裁决定，认定涉案专利有效，三星侵权成立。2010 年 1 月，三星与柯达和解，签订了专利交叉许可协议，并向柯达支付许可费。一些媒体报道显示，柯达在 2010 年最大的一笔收入是 8.38 亿美元的专利许可费，这多半与三星和 LG 支付的和解费有关。[33]

在专利战场上连续取得胜利的柯达，不再满足于与日本和韩国的数字新贵争斗，而是把目光投向了美国本土如日中天的顶尖科技企业、手机市场的新王者——苹果。

2010 年 1 月，柯达请求 ITC 对苹果公司发起 337 调查，同时也把推出黑莓手机的 RIM 公司列为被告（案号 337-TA-703）。据彭博社报道，柯达 CEO 安东尼奥·佩雷兹（Antonio Perez）对此案寄予厚望，希望拿到 10 亿美元的和解费。[34] 财经网站 Fool.com 感叹道："看起来，伊士曼柯达（NYSE:EK）认为自己的未来也就是个专利流氓了。"[35]

这起诉讼颇具戏剧意义。柯达因为在数码照相机市场面临困境而陷入窘境，而以 iPhone 为代表的智能手机正是埋葬数码照相机市场的掘墓人。在苹果与三星展开手机大战的前一年，柯达这个曾经的行业巨头跳入战场，向两个后来的王者亮剑，让这场专利战平添了一丝悲壮色彩。

在这次诉讼中，柯达所依赖的专利只剩下 US6292218B1，也即 218 专利。针对涉诉的 RIM 公司，原始诉状主张了权利要求 15、23、24、25、26 和 27；对苹果则主张了权利要求 15、23、25、26 和 27。然而，在初裁前，柯达撤回了关于权利要求 23、24、25、26 和 27 的所有主张，只保留了权利要求 15。

前面说过，IBM 的战术是凑出 5 个专利来，哪怕只有一个能打，剩下的装装门面也好。而柯达这次把所有鸡蛋放在一个篮子里，用区区一个权利要求来对抗实力雄厚的苹果，这就让人看不懂了。是因为前几个对手的投降导致柯达过于自信，还是因为旧时代的数码照相机专利已经无法应对新一代的智能手机？还是因为柯达的财务能力已经无法承担昂贵的律师费呢？从专利内容来看，柯达用来起诉索尼、LG 和三星的这些专利，其侵权可视度不是非常明显，可能需要苹果披露大量的内部材料作为证据。如果是这样的话，审阅这些材料必然需要巨量的律师费和专家证人费用，会导致柯达的财务压力过大，因此柯达只好把希望放在一个最有把握的权利要求上，这也是有可能的。

2011 年 1 月 24 日，ITC 行政法官做出初裁，认定所有涉案产品不侵权，同时认定 218 专利的权利要求 15 无效。对于风雨飘摇的柯达，这是一次非常沉重的打击。同年 3 月，ITC 委员会决定复审，在 6 月 30 日做出裁定，重新解释了两个关键术语 "still processor" 和 "motion processor" 的定义，要求行政法官重审，给柯达留下一线生机。但是，到了 2012 年 1 月 19 日，柯达就申请了破产保护，这起诉讼的胜负已经无关紧要。2012 年 5 月，ITC 行政法官仍然认定 218 专利的权利要求 15 无效。8 月 9 日，ITC 委员会发布终裁，确认行政法官的裁判结果，218 专利的权利要求 15 维持无效。

我国高技术产业发展促进会知识产权战略研究课题组曾在 2014 年对柯达破产的案例进行过专题研究，并发表了一篇题为"柯达公司的经验说明，我国专利巨头应当尽早'兼职'当'专利楚奥'"[36] 的论文 ["专利楚奥"即专利流氓（patent troll）的音译]。在论文中，课题组援引一些"国外专家"的意见，指出柯达转型为专利流氓的时机并不恰当，在 2011 年手机专利战最为激烈时，柯达没有对 HTC 和谷歌"落井下石"，后来对苹果和 RIM 的诉讼又过于仓促。此外，选择 ITC 而非法院司法程序也是一个错误：因为美国联邦地方法院更愿意保护本土企业，而在多个外国法院起诉可能会给被告带来更大的压力。最后，课题组认为：

> 稳定、持续的专利收入能大大改善公司的财务状况，IBM、飞利浦、高通、微软、甲骨文等企业'兼职'当专利楚奥，取得了大量收入。柯达公司养着一堆专利不挣钱，最终酿成了破产危机。因此，我国专利巨头应当尽早兼职当'专利楚奥'，拓展专利业务收入，不能白白供养专利，要让专利挣钱。

我们旗帜鲜明地反对这种思想。柯达失败的根本原因，是因为其无法壮士断腕、自我更替，无法做出新时代消费者需要的产品，被旧时代的成就束缚，陷入威利·希所谓的死亡螺旋。

关于企业的自我更替，还请阅读"更替篇"。

第二篇

◆

更替篇

第13章 导论

> 外部的更替是历史，内部的更替是传奇。
> ——本书作者

很多人都听过这样一个故事：1803年，美国工程师罗伯特·富尔顿（Robert Fulton）拜见拿破仑·波拿巴，向他推荐自己的蒸汽轮船发明，并提出建立蒸汽动力舰队的超前设想。拿破仑认为富尔顿是个骗子，他回答说：

你要在甲板下面生火，让船只逆风逆流航行？我可没时间听这种傻话。[1]

遭到拿破仑拒绝之后，富尔顿转投英国，把自己的发明专利卖给了英国海军。1805年，法国与西班牙的联合舰队与英国海军在特拉法尔加展开了整个19世纪最大规模的海战，遭到毁灭性打击，拿破仑因此彻底放弃了进攻英国本土的计划。

这个故事在民间广为流传，在中文和英文互联网上都有各种不同的版本。一些版本这样叙述，因为拒绝蒸汽轮船技术，拿破仑的风帆动力舰队输给了采用蒸汽动力的英国舰队。我们很愿意用这样一个戏剧性的故事作为"更替篇"的开场白，但是很遗憾，这不是事实。虽然拿破仑确实拒绝了富尔顿的天才设想，但是因为当时技术能力的限制，参加特拉法尔加海战的英、法、西三方的所有船只都是风帆动力的木制战舰。人类历史上第一艘真正的蒸汽动力战舰要到1849年才出现。而这艘战舰是不折不扣的法国货，名字就叫作"拿破仑号"。

像拿破仑这样的军事家，对技术的敏感性一般都不会差。我们在"兴衰篇"已经讲过拿破仑亲自过问雅卡尔织布机专利费的故事。而据《清代野史》记载，晚清四大名臣之一的胡林翼第一次见到装备蒸汽轮机的外国舰艇"鼓轮西上，迅如奔马，疾如飘风"，他的反应是"变色，不语"。"勒马回营，中途呕血，几至坠马……不数月，薨于军中。"

胡林翼死于1861年。那个时候，西方的军事技术突飞猛进，每一个进步都能让当时的爱国者陷入深深的绝望。同年，美国人理查德·乔丹·加特林（Richard Jordan Gatling）发明了手摇式多管机枪，并在1862年获得专利授权（专利号为US36836A，见图13-1）。仅仅一年之后，这一新式武器就在南北战争中投入使用。据记载，加特林枪械公司在1873年8月1日到1874年10月8日之间售出245挺机枪，其中美国陆军购买了52挺，海军26挺，巴西10

▼ 1 这句话的英文原文为"You would make a ship sail against the wind and currents by lighting a bonfire under her decks? I don't have time for such nonsense"。

挺，西属古巴4挺。尤其值得一提的是，清朝政府也购入51挺之多，是这一阶段的大客户（图13-2所示为晚清《中西兵略指掌》中描绘的加特林多管机枪）。[1]1874年，威廉·加德纳（William Gardner）发明了加德纳机枪，并于1876年获得专利授权（专利号为US174130A）。1880年，已经装备了加特林机枪的英国海军对加德纳机枪表现出浓厚兴趣，邀请加德纳前往英国建厂，为英军生产机枪，使其成为加特林的最大竞争对手。

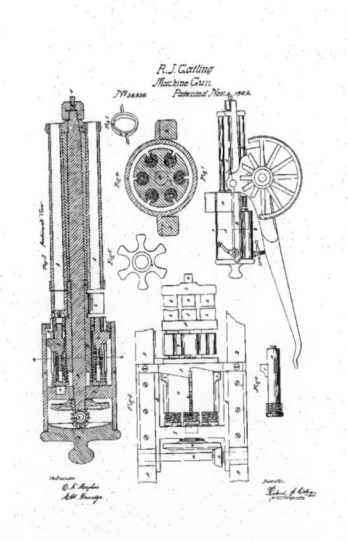

图13-1 加特林1861年申请的US36836A号专利"旋转式连发枪的改进"附图

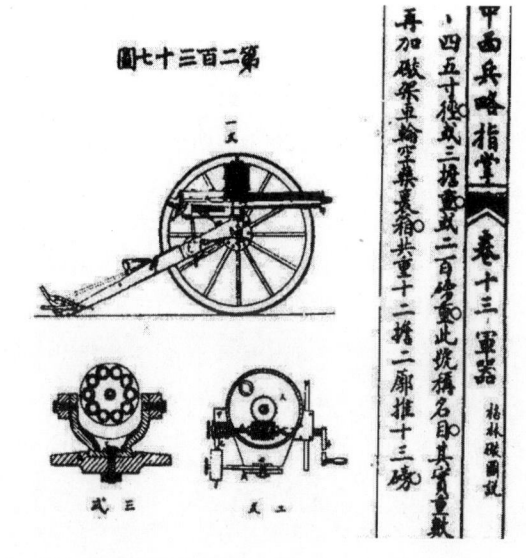

图13-2 晚清《中西兵略指掌》上描绘的加特林多管机枪，当时称为"格林快炮"

差不多在同一时期，美国发明家海勒姆·马克沁（Hiram Maxim）也完成了第一款全自动机枪——马克沁机枪的设计。在此之前，马克沁本来从事的是民用技术研究。当时美国的投资人追捧包括电灯在内的各种新型电气技术，因此很多企业和独立发明家都在研究白炽灯技术。众所周知，爱迪生取得了这场竞争的胜利，也成为发明家的代名词。马克沁本来也有机会，他比爱迪生更早开发出一种亮度和寿命都令人满意的白炽灯泡。但是，根据他的自传记载，一个骗子了解到他的一个关键技术的细节，抢先申请了专利。马克沁的申请在后，只能和这个骗子通过抵触程序争夺专利权。骗子找了一些亲戚做伪证，导致马克沁功亏一篑，没能获得这件专利[2]，无法与专利经验丰富的爱迪生竞争。之后，马克沁被公司派往欧洲，研究德、法等国的电气专利。在这段时间，马克沁前往维也纳参加一个展会，遇到一个美国人。对方给了他一个著名的建议：

> 马克沁，去他的电气机器！你要是想永远富有，让黄金堆积成山，就该去发明一种杀人兵器，方便这些欧洲人自相残杀——他们要的就是这个。

马克沁听从了这个建议，并且马上迸出灵感的火花。加特林和加德纳的机枪都是手摇式的，要靠人力来确保机枪可以连续不断地射击。因此，加特林和加德纳机枪都具有复杂的机械结构，容易卡壳，分量重，个头大。尤其是加特林机枪，外形和小型火炮差不多——正因为如此，加特林机枪引入我国时被称为"格林炮"或"格林快炮"，而不是"快枪"。马克沁的天才构想是利用枪支射击时产生的后坐力作为能量来源取代人力，实现武器的全自动化。1884 年，他拉到一笔投资，成立了马克沁枪械公司。当年年初，他的原型机试验成功，在 1 分钟内打出 600 发子弹。消息一传出，马上就吸引了欧洲各国军方的注意，英国陆军统帅乔治王子亲自驾临参观，一时间访客多到马克沁白天根本无法工作。1887 年，另一名英国王子把马克沁机枪介绍给德皇威廉二世（Kaiser Wilhelm II）。威廉二世见马克沁机枪在 30 秒内打出了 333 发子弹，立即下了订单。[3] 马克沁机枪很快被欧洲列强购买以装备军队。

1893 年 10 月 25 日，英国不列颠南非公司的 700 名治安队队员遭遇恩德贝莱族 5000 名士兵的伏击。恩德贝莱部队是撒哈拉沙漠以南的非洲地区历史上唯一一位军事家沙卡·祖鲁（Shaka Zulu）的军事遗产，训练水平和装备都超过一般的非洲士兵。但是在技术领先了一个时代的英国人面前，无论是勇猛还是纪律都显得无力：英国人装备的 4 挺马克沁机枪开火了，这是该武器在历史上第一次投入实战，像割草一样收割了 1500 名恩德贝莱士兵的生命，而英国人只损失了 4 名士兵。这就是历史上有名的"尚加尼战役"（Battle of Shangani）。

马克沁名利双收。他成了英国公民、英国企业家和大发明家，申请了一系列英国专利（图 13-3 所示的是机关枪专利），获得了爵士头衔和贵族身份。

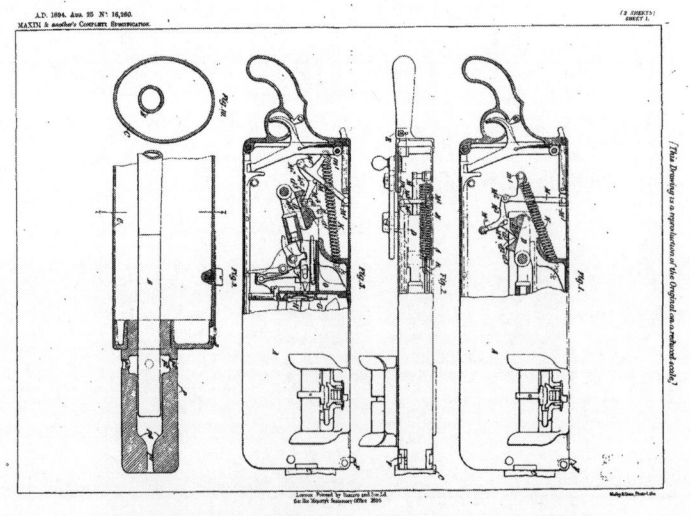

图 13-3 马克沁在英国申请的 GB189416260A 号专利附图

此时，美国的白炽灯市场已经杀成一片红海，而爱迪生的一流专利团队也开始了他们的表演。1885 年，爱迪生公司发起的专利诉讼和行政程序接近 100 起。[4]1890 年，爱迪生公司的白炽灯市场份额跌破 50%，爱迪生随即掀起了一场规模空前的专利战，所有白炽灯厂商都在爱迪生的威名下瑟瑟发抖。1895 年，法院在一份判决中对爱迪生的 US223898A 号专利做出了宽泛的解释[5]，基本上宣告了爱迪生的胜利：

> 该专利的第一项权利要求是发光的电灯，通过白炽发光，由高电阻碳丝组成，按照所述方法制作，并固定到金属导线上。第二项权利要求是将这种丝状结构与全玻璃制成的容器相结合。当然，容器或球体中的丝状结构的形状可以根据需要随意改变。它可以是线圈状、马蹄状，或者绕在一个线轴上。所有上述形状都是现有设计。最主要且有意义的描述是纤细的丝状物及其在完全真空中的密封。用于制作丝状物的材料可以视偏好而定。

到 1901 年，爱迪生及其盟友在 200 多起诉讼中花了 200 万美元的诉讼费，但战果辉煌，几乎所有的白炽灯厂家都要给爱迪生缴纳专利许可费。到 1910 年，爱迪生的通用电气（General Electric）公司控制了白炽灯市场的 97%。[6]

除了在美国本土，爱迪生还尝试在海外维权，通过在海外布局专利来维护自己的发明。在欧洲，他主要对一些前期与其有生意来往的熟人兜售专利，获得投资，组建一些专利运营企业收取许可费。[7]当时的美国专利法有一些今天看来很奇怪的规定：一件美国专利如果也在外国提交了申请，并先于美国获得授权，那么这件专利在该国失效时，其在美国的专利权也会同步失效。由于美国的专利申请往往需要数年时间才能获得授权，但是在一些对专利不进行实审的欧洲国家，专利授权的速度很快，这导致专利在这些国家比在美国更快过期，进而使美国专利提前失效。因为这些原因，爱迪生在欧洲布局的专利有限，一些欧洲本土的白炽灯企业得以发展起来。"更替篇"的主角之一——飞利浦（Philips），就是在这样的背景下诞生的。

1817 年，尼德兰王国[1]——包括今天的荷兰和比利时——颁布了第一部专利法。经过半个多世纪的发展，荷兰并没有建立起发达的专利制度。相反，因为产业界的抵制，荷兰的第一部专利法在 1869 年被废止，直到 1910 年才重新制定了新的专利法。[8]我们熟悉的那个精于专利布局和行权的飞利浦，就是在这样的背景下诞生的。对于这段历史，荷兰阿姆斯特丹大学的阿德·特灵斯（Ad Teulings）写道：

> 1891 年创建（飞利浦）公司的杰拉尔德·飞利浦（Gerard Philips），以优秀发明家的身份在荷

▼ 1 尼德兰王国（Kingdom of the Netherlands）成立于 1815 年拿破仑战争结束后，作为联合荷兰和比利时的王国。然而，比利时在 1830 年独立，荷兰继续以尼德兰王国的名义存在。

兰的工业史上占据一席之地。事实上，他从来都不是（优秀的发明家）；他确实是一个优秀的手艺人，1911年以前因为荷兰没有专利法，他可以抄袭竞争对手的产品和制作流程。1912年之后，他的地位下降了。他留在总经理的位置上，希望被誉为荷兰的西门子或爱迪生。[9]

他的兄弟，商务总监安东·飞利浦（Anton Philips），在海外市场的拓展上曾经非常成功。然而1930年以后，随着白炽灯市场的萎缩，他似乎失去了商业方面的决断能力，面对经济危机一筹莫展。他其实是被高级管理层和研发人员通过"政变"架空的。这些人促使公司做出了历史上最正确的决定，即通过业务多元化进军无线电业务，从而使公司在世界市场上占据了领先地位。虽然安东·飞利浦对于公司的个人贡献下降了，但他还是被誉为荷兰的埃米尔·拉特瑙（Emil Rathienau，德国企业家，AEG公司创始人），无线电业务的成功也被视为他的功劳。[10]

荷兰在专利保护缺位的情况下走向工业化。在这个过程中，飞利浦大胆仿制通用电气和西门子的各种产品，完成了原始积累。另外，当时荷兰的工资水平比德国低，而且允许使用童工；而德国在第二帝国时期实施了很多有利于劳工的社保政策，并禁止使用童工。这使得飞利浦在成本控制上比竞争对手西门子和AEG更有优势。由于爱迪生在欧洲的专利布局有限，他也无法阻止飞利浦的白炽灯行销欧洲。

无独有偶，当时的瑞士也没有专利法。1888年，在巴黎公约组织和国联的敦促下，瑞士才通过了第一部专利法。然而，因为瑞士化工产业人士的积极游说，瑞士专利法对发明的可专利性设定了一个限制：只有那些能用机械模型描述的发明，才能得到专利保护。这个规定在当时全世界所有的专利法中是独一无二的，它实际上允许化工企业毫无顾忌地抄袭国外专利，尤其是德国专利。直到1907年，在德国的压力下，瑞士才删除关于机械模型的要求。[11]

马克沁定居英国后，虽然对电灯研发竞赛的失败耿耿于怀，但是至少不需要为爱迪生的专利律师而头疼，也无须经历美国式的旷日持久的专利战。他的公司轻松击败了加特林和加德纳，为他带来了巨额财富，也实现了"方便这些欧洲人自相残杀"的目标。马克沁机枪被投入实战后，堑壕战成为主流，在战争中被子弹直接杀死的军人数量开始爆炸性增长。1916年7月1日，索姆河战役（Battle of the Somme）爆发，双方都装备了经过多次改进的马克沁机枪。在协约国发起的第一轮攻势中，进攻方英联邦的12万人的军队伤亡接近半数，死亡人数高达2万人，绝大多数人在战斗开始后的第一个小时之内就命丧黄泉。在整场战役中，双方伤亡人数超过100万。

富尔顿向拿破仑推销蒸汽轮船的故事，大体上可以被证伪。但是，把足以改变未来的发明拒之门外的故事，历史上倒也不少见。马克沁机枪本身就是一个例子：虽然一问世就获得了欧洲巨头的普遍关注，但偏偏就是吸引不了美国人的兴趣。当时的美国南北战争已经结束，只剩下对印第安人的治安战，使用加特林机枪绰绰有余。马克沁枪械公司多次赴美推销，都没拿到什么订单。直到1898年的美西战争（Spanish-American War），美国人才体会到机枪的重要性。

另一个例子是在索姆河战役中崭露头角的坦克。年轻的海因茨·古德里安（Heinz Guderian，1888年出生，德国二战名将，擅长装甲战）、戴高乐（Charles de Gaulle，1890年出生）和米哈伊尔·图哈切夫斯基（Mikhail Tukhachevsky，1893年出生，苏联红军的一位杰出将领，被誉为"红军的拿破仑"）对这一新型武器深深着迷，而年事已高的法国元帅霞飞（Joseph Joffre，1852年出生）和贝当（Philippe Pétain，1856年出生）却不太感兴趣。战后，古德里安和图哈切夫斯基分别在德国和苏联提出了全新的机械化战争理论。而在法国，霞飞元帅出于对堑壕战和要塞防御体系的迷恋，提出建设马其诺防线以防范德军，得到了贝当的全力支持。戴高乐虽然也很早就提出了建设装甲部队的理论，反对建设马其诺防线，但是没有得到高层的重视。

1940年，德军闪电袭击法国，高速集结的机械化部队绕过马其诺防线，长驱直入，所向披靡。法国在46天之内放弃抵抗。84岁高龄的贝当出任法国总理，向德国投降。1945年德国战败，贝当被判处叛国罪，身败名裂，终老于囹圄之中。

机枪和坦克的故事，体现了技术更替的冰冷无情与不可阻挡，也是"更替篇"故事的重要背景。

两次世界大战直接杀死了大量的中青年男性，极大地改变了欧洲国家的人口结构。1946年到1964年间，西方世界迎来了历史上前所未有的婴儿潮。这一时期各国的出生率显著上升，为社会带来了大量的年轻一代。而两次世界大战的残酷也让欧洲人逐渐失去了自中世纪以来的尚武精神，反战情绪和及时行乐的生活方式成为新一代年轻人的主流。

在这个背景下，索尼趁势而起，牢牢地抓住了"婴儿潮"一代的需求。伴随着这一代人的成长，索尼先后推出TR系列晶体管收音机、特丽珑（Trinitron）电视和Walkman便携式音乐播放器等创新产品，这些产品迅速成为年轻人生活中不可或缺的娱乐工具。

飞利浦在这一时期对人类文化和娱乐生活也做出了出色的贡献。飞利浦发明了卡式磁带，并拥有卡式磁带及其录音设备的所有基础专利。到了1970年代末，飞利浦已经开发出多款便携式录音机产品，旗下的宝丽金（PolyGram）也成为全球最大的唱片公司之一。在消费电子领域和诸多存储介质标准的制定上，飞利浦与包括索尼在内的众多日本企业"相爱相杀"，保持着时而激烈竞争时而密切合作的复杂关系。

1977 年，德裔巴西工程师安德里亚斯·帕威尔（Andreas Pavel）把磁带机、音频放大器和电池插在腰带上，并连上耳机，发明了历史上最早的个人随身听原型。帕威尔在意大利为这个"腰带音响系统"（Stereo）申请了专利（专利号为 IT2162577），随后又在美、德、英、日等国申请专利并获得了授权。在此期间，他主动联系了飞利浦，兜售自己的发明。此时，距离索尼推出划时代的革命性产品 Walkman，还有约两年时间。

和拿破仑时代的法国海军不同，飞利浦手中的技术储备、硬件资源和软件音乐资源都足以让它成为随身听时代的开创者。但是，飞利浦却认为帕威尔是个异想天开的疯子，把他拒之门外。帕威尔还联系了根德、雅马哈、ITT 等音响巨头，但是没有一家公司对他的发明感兴趣。

2005 年在接受《纽约时报》的采访时，帕威尔委屈地抱怨：

> 它们都说不相信会有人疯到戴着耳机跑来跑去，说它（指"腰带音响系统"）只是个小玩具，一个疯狂的没用的小玩具。[12]

帕威尔一直坚称自己是随身听的发明人。索尼推出 Walkman 并取得空前成功之后，帕威尔向索尼索要专利许可费，但遭到拒绝。经过反复沟通，直到 1986 年，索尼才勉强同意为在德国销售的少数几个型号的 Walkman 支付少量许可费，数额大概相当于索尼在德国 Walkman 销售利润的 1%。帕威尔对此并不满意。1989 年，他在英国起诉索尼专利侵权，双方正式对簿公堂。涉案专利为帕威尔原始专利的英国同族，专利号为 GB1601447A（图 13-4 为其专利附图），其权利要求 1 如下：

> 一种音频收听装置，其组合包括：（i）一条供个人佩戴的带子，其上附有音频系统，包括相互连接的立体声音频信号源和立体声放大器以及相应的电池电源；（ii）与立体声放大器电气连接的立体声耳机或耳塞。

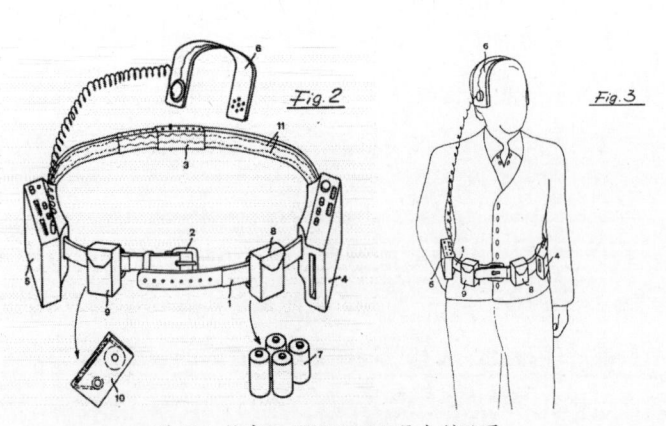

图 13-4 帕威尔 GB1601447A 号专利附图

索尼准备了多件前案来尝试无效帕威尔的专利。其中包括 Sony TC-153SD，这是一款提供了肩带的便携式录音机，有耳机插孔（见图 13-5），1977 年就在英国发售了；还有中道公司的 Nakamichi DT-550，它也采用了类似的肩带设计（见图 13-6）。比起第一代 Walkman，这两款产品在体积上大了一号，没法放进口袋，作为"随身听"来说过于笨重，但是它们已经完全公开了帕威尔英国专利权利要求 1 的所有技术特征。帕威尔专利的附图里虽然画的是腰带式随身听，但权利要求 1 中并没写"腰带"这个词。

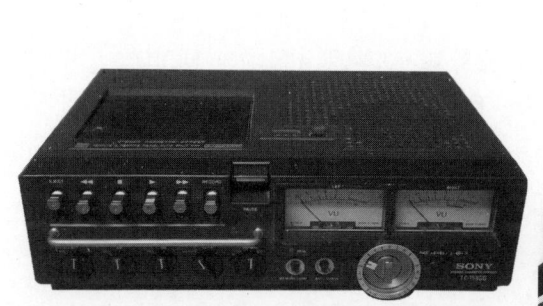

图 13-5 Sony TC-153SD 便携式录音机

图 13-6 Nakamichi DT-550 便携式录音机

帕威尔主张的另一项独立权利要求是权利要求 10。除了权利要求 1 中提到的主要特征（包括立体声），它还明确指出了这是"一条供个人佩戴的腰带，该腰带上附有回放设备、放大器和电池电源装置"。对此，索尼依赖的最重要前案是瑞士的一款间谍录音机 Nagra SNN（见图 13-7）。这款录音机价格昂贵，但是非常轻巧，大小与 Walkman 相仿，附带耳机，而且机身还附有套环，可以插在腰带上。

图 13-7 Nagra SNN 间谍录音机

美中不足的是，Nagra SNN 是单声道的，没有立体声功能。但是 Nagra 的证人在法庭上作证时称，1970 年代已经有客户建议他们在 Nagra SNN 上增加立体声功能。法官据此认为，把

Nagra SNN 从单声道升级为立体声并不构成创造性的步骤。此外，把 Sony TC-153SD 的肩带改成腰带也不是什么创造性的发明，因此帕威尔专利的权利要求 10 被认定无效。

1996 年，帕威尔在英国上诉法院败诉，前后承担了约合 368 万美元的巨额诉讼费，濒临破产。但是锲而不舍的帕威尔继续死缠烂打，威胁要在另外两个国家提起诉讼。而索尼终究也没找到一个能公开权利要求 10 所有特征的前案，风险仍然存在。2001 年，索尼做出妥协，与帕威尔达成和解。尽管和解协议的具体内容是保密的，但一些欧洲媒体估计和解费可能高达数百万欧元。[13]

除了帕威尔，美国的一位工程师和滑雪爱好者威廉·J. 哈斯（William J. Hass）也在索尼之前想出了随身听音乐的点子。1977 年，他为一种"个人音频系统"申请了专利，并在 1978 年获得授权，专利号为 US4070553A（图 13-8 为其附图）。这件专利主要保护的是藏在围巾里的骨传导耳机，可以连接收音机或磁带录音机使用。

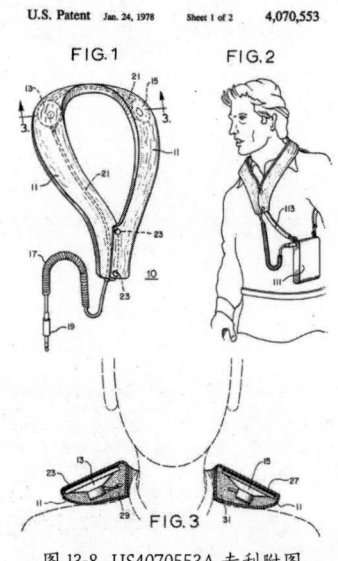

图 13-8 US4070553A 专利附图

和帕威尔四处碰壁的遭遇不同，威廉·J. 哈斯成功地把他的发明卖给了美国的 JS&A 公司。1978 年，JS&A 把这一发明产品化，命名为 Bone Fone 在美国上市，定价 69.95 美元。1981 年之前，这款围巾随身听卖出了超过 10 万台。需要强调的是，虽然哈斯的专利说明书中明确提到耳机音源可以是收音机或磁带录音机，但是 JS&A 只为 Bone Fone 搭配了便携式收音机，没有推出带磁带录音机的型号。Bone Fone 取得了一定的商业成功，但是在索尼 Walkman 问世之后就迅速销声匿迹了。

帕威尔案的证据和 Bone Fone 表明，Walkman 在技术上没有超越时代，无论耳机、立体声、便携式录音机，还是三者的组合，都是成熟的技术。帕威尔的专利与其说是一种技术方案，倒不如说是随身听音乐的基本概念；无论索尼还是飞利浦，与随身听的距离都只差这个简单的概念。我们不禁要想，如果是飞利浦买下了帕威尔的专利，主动推广这个概念，历史又会是怎样的一种走向呢？

飞利浦在 1980 年代末陷入经营困境，虽然手中的标准专利一直在产生稳定的现金流，但是其消费类产品的市场表现总是不尽如人意。飞利浦耗巨资开发的 Video 2000 录像系统、CD-I 播放器和 DDC 磁带先后遭遇惨重失败，因此公司不得不施展天魔解体大法，在接下来的 20 多年时间里不停地剥离业务。如今的飞利浦已经只剩下医疗器械和个人健康等几个核心部门，早已不是当年横跨数十个产业、执全球科技之牛耳的工业巨头了。

正如前文所述，真实的历史往往比编造的故事更加具有戏剧性。到了 21 世纪，同样的故事又在索尼身上以另一种方式重演了。

21 世纪初的索尼，在数码照相机、数字音乐、数字随身听、个人数字助理（PDA）乃至个人计算机方面积累了雄厚的技术实力。就像飞利浦曾经拥有的宝丽金一样，索尼旗下的索尼唱片公司也是全球最大的唱片公司之一。MD 系列产品虽然没有再现磁带 Walkman 的辉煌，但也是高端随身听市场的不二之选。面对移动通信时代的挑战，索尼与爱立信合作成立了索尼爱立信，稳固了其在手机市场的地位。阿尔法数码照相机也开始在高端照相机市场上攻城略地。同时，索尼每年在美国获得的专利授权超过 1000 件，除 2003 年（第 14 位）和 2005 年（第 11 位）以外，年度专利授权量一直位列全美前 10。飞利浦管理的几个重要专利池，包括 CD、CD-R 和 DVD3C 标准，也都有索尼的直接参与。

接下来的故事，每一个对科技感兴趣的人都耳熟能详。1997 年，乔布斯重返苹果公司，其 2001 年推出的 iPod 很快成为随身听市场的王者，索尼苦心耕耘多年的 MD 产品线刚刚开花结果，就遭受沉重打击。2007 年苹果推出 iPhone 之后，索尼的消费电子类主打产品，从 PDA、消费级数码照相机、数字随身听到智能手机，都遭到了全面压制。值得一提的是，从 2000 年到 2007 年，苹果在优秀产品井喷式发展的同时，每年的专利授权量也就 100 件左右，堪堪赶得上索尼的零头（见表 13-1）。

表 13-1　2000—2007 年苹果与索尼专利授权量的对比

	苹果当年授权专利数（件）	全美排名	索尼当年授权专利数（件）	全美排名
2001	97	172	1363	7
2002	77	225	1434	8
2003	80	218	1311	14
2004	94	180	1500	9
2005	85	184	1234	11
2006	106	176	1906	8
2007	118	156	1454	10

技术积累深厚、专利壁垒牢固的飞利浦和索尼，为什么都会在产业布局与知识产权双双占据优势的情况下，被后来者的革命性产品击倒呢？

托尔斯泰在《安娜·卡列尼娜》中有一句名言："幸福的家庭都是相似的，不幸的家庭各有各的不幸。"我们认为，就产品的开发与推广而言，成功的企业都有相同之处。其中，对客户需求的敏感与重视是重中之重。企业的失败则会有多种因素，飞利浦和随身听的失之交臂、索尼智能手机的功败垂成各有其原因，值得我们深入分析。

为了以史为鉴，我们不妨从最早的录音磁带专利说起，回顾一下在技术快速迭代与更替的时代浪潮中，飞利浦、索尼和苹果这三家公司一些重要产品和专利的成败得失。我们会发现，面对时代更替，对专利和个别技术优势的片面追求不足以让企业立于不败之地，客户才是通向成功之门的钥匙。

我们终将发现，在我们所处的这个时代，中国的工程师在面对西方发达国家的先进技术时，不必再像胡林翼面对蒸汽机船一样绝望呕血；对产品和客户的务实态度完全可以让我们后来居上，突破专利壁垒，挑战西方霸权。

第 14 章 录音磁带技术溯源

1928 年，德国科学家弗里茨·普弗勒默（Fritz Pfleumer）发明了可以用来记录声音信息的磁带（德国专利号为 DE500900C）。1931 年，普弗勒默制造出最早的原型机，次年，他把相关专利技术许可给德国 AEG 公司使用。

AEG 公司在普弗勒默发明的基础上设计并制造了磁带录音机，命名为"Magnetophon"。1935 年，它在柏林收音机展上展出了第一款产品：Magnetophon K-1。在此后的几年间，AEG 公司不断改进 Magnetophon 的音质，降低背景噪声，使得录音音质达到与现场广播音质前所未有的接近程度。图 14-1 所示的 DE712759C 号专利和图 14-2 所示的 DE664759C 号专利就是 AEG 公司在普弗勒默发明的基础上进行的改进之一。

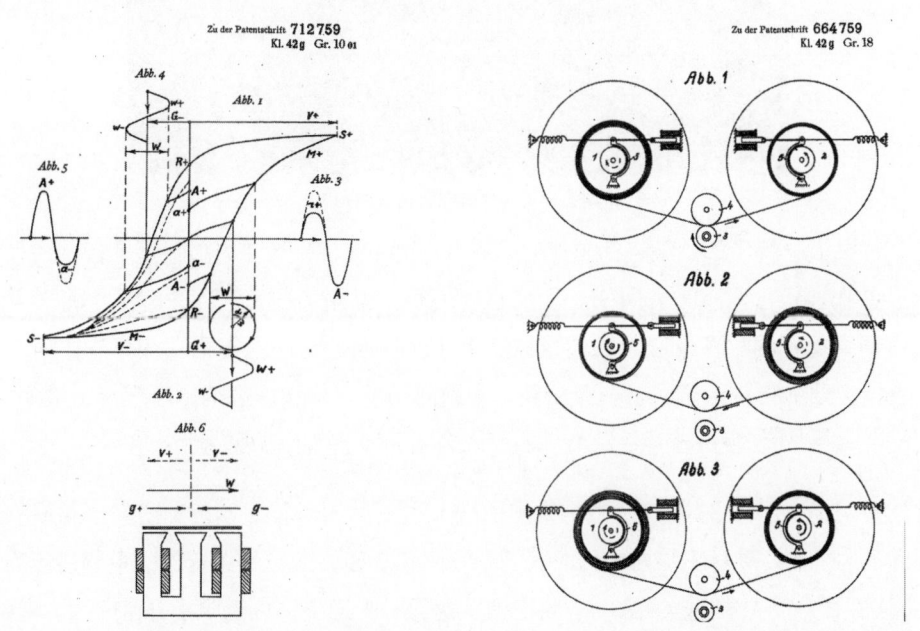

图 14-1 AEG 公司 1935 年申请的 DE712759C 号专利，旨在减少磁声方法引起的非线性失真，发明人为普弗勒默本人

图 14-2 AEG 公司 1935 年申请的 DE664759C 号专利，用三个马达来确保磁带的匀速转动

Magnetophon 虽然在技术上非常先进，但是没有在市场上打出名声。随着欧洲局势的紧张，Magnetophon 渐渐淡出大众视野，在市场上销声匿迹了。这款产品最终只剩下一个超级大客户——德国纳粹党的宣传部。

在第二次世界大战期间，德国在各地电台中部署了不少 Magnetophon（见图 14-3），把希特勒的讲话用高保真的音质传遍全国。当时，大多数人还不知道磁带是什么东西，更无法想象磁带录音的音质足以与电台现场广播媲美。德国民众和士兵听到录播的元首讲话，都以为希特勒亲自驾临本地电台发表演说，因而士气大振。纳粹德国对设备和技术严格保密，Magnetophon 于是成为第三帝国宣传战线的重要武器。

图 14-3 第二次世界大战时期德国使用的 Magnetophon[1]

盟军方面很早就了解到纳粹德国能够保存和播放长达 15 分钟的高保真录音，但具体使用了什么设备和技术，盟军一无所知。巴黎解放之后，美国工程师杰克·穆林（Jack Mullin）上校受命调查德军的秘密录音设备。穆林随军从巴黎辗转到法兰克福，在德法各地电台检查了数百台低音质的传统录音机，一无所获。直到回国前，穆林途经德国小镇巴特瑙海姆（Bad Nauheim），才意外发现两台手提箱大小的 AEG 公司 K-4 型 Magnetophon。

穆林把两台机器和 50 卷盘式磁带带回美国，在此后的两年里反复地研究、测试和改进。作为战胜国的公民，穆林不需要考虑 AEG 的专利问题。因为 AEG 是纳粹党的重要供应商，德国投降后，AEG 面临同盟国的全面清算，早已焦头烂额，既无精力也无胆量去追究区区专利问题。德国专利局也在柏林轰炸中损失惨重，房舍损毁三分之一以上，大量申请文件在转移过程中遭到焚毁，雇员星散各地，战后德国的专利事务完全是无法追究的一笔烂账。

▼ 1 本图摄影作者：George Shuklin。本图基于知识共享协议（CC-BY-SA-1.0）共享。关于详细版权信息，请参阅"图表链接 .pdf"文件。

《商业内幕》（Business Insider）杂志网站在 2005 年发表的一篇文章中，列举了美国政府在二战期间从德国"偷"走的 6 项技术：空降作战、同步交叉式双旋翼直升机、喷气动力飞机、巡航导弹、甲基苯丙胺（冰毒）和火箭。[1] 区区一台录音机，和美国政府的巨大收获相比，真是微不足道。

1947 年，穆林开始为他的改进机型申请专利（图 14-4 展示的是 US2529097A 号专利），并奔赴好莱坞做商业推广。他在舞台幕帘后安排乐队现场演奏，然后播放录音，让听众分辨哪一段才是现场音乐。听众无法分辨，对穆林的技术赞叹不已。很快，穆林的改进机型引起了美国著名影星和歌手宾·克罗斯比（Bing Crosby）的注意。

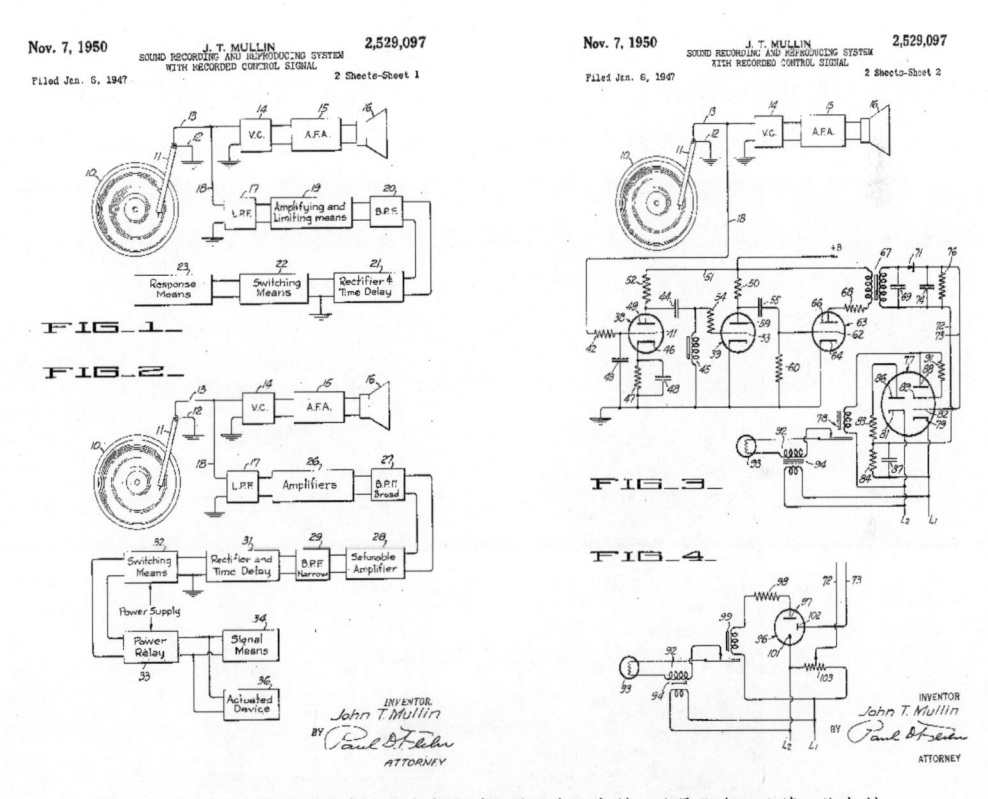

图 14-4 杰克·穆林 1947 年申请的声音录制和再现系统专利。这是他名下的第一件专利

宾·克罗斯比在 1944 年刚刚获得奥斯卡最佳男主角奖，风头正劲。作为歌手，克罗斯比讨厌现场演唱会的嘈杂，对电台的安静环境情有独钟，是当时电台最火爆的歌星之一。克罗斯比很希望这辈子再也不开演唱会了，他给当地的 Ampex 公司投资 5 万美元，要求 Ampex 尽快研发出新的录音设备。Ampex 公司和穆林合作，在改进型 Magnetophon 的基础上制造了 Model 200，大受好评。从此，磁带录音机开始大规模进入音乐产业。

第 15 章 卡式磁带的诞生

最早的音频磁带是盘式磁带，携带声音信息的磁带要手动缠绕到塑料圆盘上。把盘式磁带安装到磁带机的过程也相当繁杂，普通用户难以操作。

在盘式磁带开始流行的时候，井深大（Masara Ibuka）与盛田昭夫（Akio Morita）合作于 1946 年建立了"东京通信工业株式会社"，即索尼公司的前身。在这一时期，晶体管逐渐替代了笨重、脆弱的真空管，使得收音机和电视机的体积不断减小。1954 年，德州仪器开发了世界上第一款面向消费市场的晶体管收音机 Regency TR-1（专利号为 US2892931A）。仅仅 3 年之后，索尼就推出了更小更薄的 Sony TR-63 晶体管收音机，长度只有德州仪器 Regency TR-1 的一半，宽度为其 3/4，因便携而获得良好市场反应，当年，其在美国市场就销售了 10 万台左右，打出了不小的名气。索尼与晶体管的这段历史，我们在后面的"边界篇"还会详述。在小型化的大趋势中，盘式磁带的巨大尺寸（见图 15-1）成为录音和播放设备体积进一步减小的瓶颈。

图 15-1 盘式磁带

1958 年，美国 RCA 公司率先想到一个解决方法：把磁带塞进一个小盒子里，将其缠绕在盒内的一对卷轴上，并设计可以直接对磁带盒进行操作的录制和回放系统。这样，用户就不需要用手接触脆弱的磁带，也无须把磁带卷来卷去了，对磁带的所有操作都由机器在盒内完成。从外观上看，RCA 的盒式磁带已经和我们熟悉的卡式磁带非常相似了（见图 15-2）。

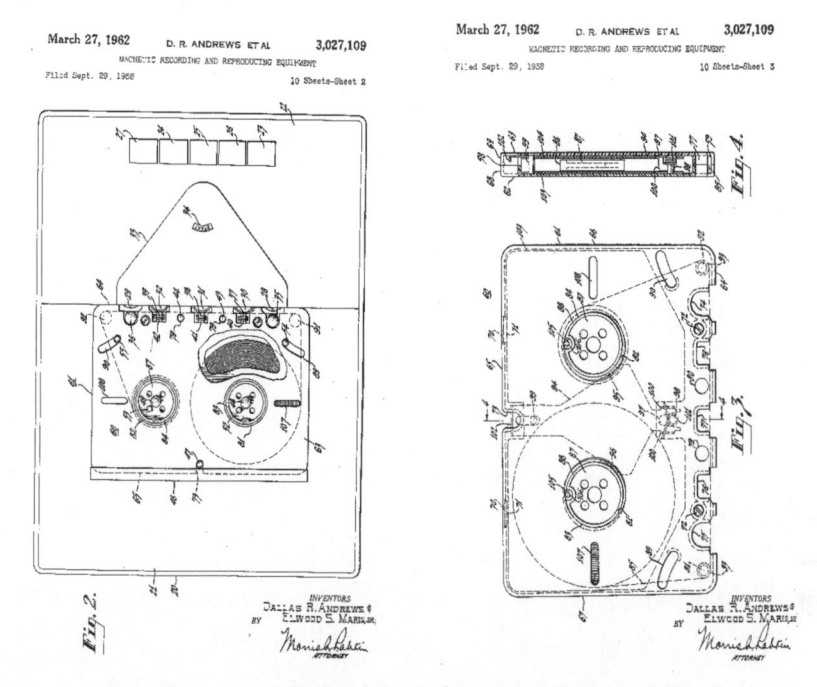

图 15-2 RCA 1958 年申请的磁录音与回放设备专利附图（US3027109A）

RCA 的基本设计理念堪称完美，但实际做出来的产品容易卡壳，没有取得良好的市场反响。从图 15-3 可见，其体积也不小，比我们熟悉的卡式磁带大得多。

图 15-3 飞利浦卡式磁带（左）与 RCA 盒式磁带（右）的对比

1960 年，三家美国公司 CBS、Zenith 和 3M 联合推出了另一种盒式磁带系统，把磁带条做得非常窄，只有 3.81 毫米，我们熟悉的卡式磁带的磁带条就是这个宽度。和 RCA 的双卷轴设计不同，三家美国公司的磁带盒里只有一个卷轴，播放之后需要手动把磁带卷回去。[1] 三家公

▼1 详情请参见 The Register 网站 2013 年对 Lou Ottens 的采访：Compact Cassette supremo Lou Ottens talks to El Reg。

司开出了高额的专利许可费价码：一次性的入场费高达 100 万美元。

在欧洲，飞利浦和根德（AEG）两家公司是盘式磁带的主要生产商。它们不愿意支付高额的专利许可费，决定自力更生，联合研制欧洲人的小型磁带系统。

如前所述，这一时期的西欧已经彻底走出了两次世界大战的阴影，经济腾飞，民众富裕，青少年有充裕的零花钱可以支配。同时，随着披头士和滚石等现象级乐队的崛起，青少年开始追求节奏强劲的音乐，和父辈在音乐口味上产生了代沟。他们不愿意和父母一起在家里听老一辈的音乐，音乐设备的便携性开始成为时代的呼声。

然而这个时候，无论美国的 CBS/3M 阵营还是欧洲的飞利浦/根德阵营，都没有意识到这个需求。两大阵营虽然都以"家用"为目的开发新的磁带系统，但是普遍以音质为第一追求，完全没有考虑便携性的问题。

首先注意到人们对便携性的需求的，是飞利浦比利时分部的工程师劳德维克·奥登司（Lodewijk Ottens，也写作 Lou Ottens）。他不仅是卡式磁带的主要发明人，还是 CD 光盘技术的重要发明人之一。奥登司把他的想法提交给飞利浦总部进行讨论，得到上层的首肯。于是，飞利浦重新立项，以便携式音乐播放设备为目标，设计开发了另一款磁带系统。

在这个新项目中，对磁带的播放速度进行了调整，以确保最佳的音乐播放效果，最短播放时间为每面 30 分钟。为了控制磁带盒的尺寸，奥登司用木头做了一个录音机模型，可以放进上衣口袋。他要求卡式磁带的大小不能超出这个木头录音机模型能容纳的范围。为了实现小型化和便携性的要求，奥登司的团队吸收了 RCA 盒式磁带和 CBS/3M 盒式磁带的优点。和 RCA 的盒式磁带一样，这种新式磁带也是闭环的，它缠绕在两个卷轴上，向不同的方向转动就可以播放不同的音轨。而其宽度则与 CBS/3M 盒式磁带的相同，为 3.81 毫米，播放速度为每秒 4.76 厘米。下面的图 15-4 为飞利浦的卡式磁带专利之一（专利号 US3394899A）的附图。

在这段时间中，飞利浦和根德公司的盒式磁带合作项目还在按部就班地进行，根德公司对奥登司的新项目一无所知。在飞利浦看来，卡式磁带和盒式磁带的应用场景不同，是两个完全不相干的项目。

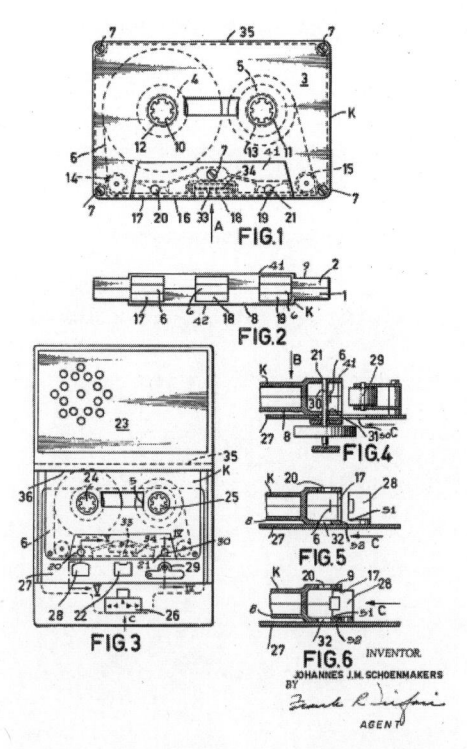

图 15-4 飞利浦的卡式磁带专利之一（专利号 US3394899A）的附图

曾经效力于飞利浦的威勒姆·安德烈森（Willem Andriessen）回忆，在奥登司开发卡式磁带期间，他原本在飞利浦与根德的合作项目组工作，对飞利浦和根德联合开发的盒式磁带非常满意。但是在第一眼看到奥登司项目小巧精致的卡式磁带时，他的第一反应是"天哪，就是它了！"卡式磁带优雅的外观和完整的技术概念都让威勒姆·安德烈森深深折服。[1]

威勒姆·安德烈森指出，卡式磁带的成功，关键在于解决了此前磁带设计中的一个大问题，"把'难以处置的磁带'放入了'易于处置的外壳'里"。他总结说：

> 从诞生之初延续至今，卡式磁带独一无二的成功的原因是什么呢？答案就是消费电子领域成功与失败的终极决定者——消费者——的行为和反应！[2]

1963 年，飞利浦同时发布了卡式磁带和使用卡式磁带的便携式录音机 EL 3300。奥登司回忆说，卡式磁带的发布，在根德看来等同于宣战。因为直到这个时候，根德公司才知道飞利浦背着自己搞出来一套新的磁带系统。

根德的老板马克斯·根德（Max Grundig）认为飞利浦无耻地欺骗和背叛了自己。他立即叫停了合作项目，并要求手下模仿飞利浦的卡式磁带开发自己的小型磁带系统，同时联系包括索尼在内的日本制造商谈判合作事宜。1965年,马克斯·根德在柏林的一次展会上发动突然袭击,发布了"DC-International"磁带系统（图 15-5 展示了卡式磁带与 DC-International 磁带的对比）。"DC"代表"double cassette","International"体现了建立全球标准的野心。由于存在一定的侵权风险,根德放弃了许可费。

图 15-5 卡式磁带（上）与 DC-International 磁带（下）[1]

面对马克斯·根德的突然袭击,飞利浦有些措手不及。和根德等欧洲企业一样,飞利浦自己的磁带产能有限,需要依赖日本制造企业。如果根德与日本的明星制造企业索尼联手,率先大面积铺货,为 DC-International 磁带打开市场,飞利浦的卡式磁带可能就要胎死腹中了。索尼的大贺典雄（Norio Ohga）了解到飞利浦的窘境,充分利用这一点对其进行了极限施压。

根据索尼官网"Sony History"栏目的记载,飞利浦原本没打算为音乐磁带收专利许可费,但不想放弃磁带录制与播放机的许可费。在和索尼谈判时,飞利浦开出了每台磁带机收费 25 日元的价码。大贺典雄表示这个价格过高,无法接受,要求飞利浦免费许可。由于根德公司的威胁迫在眉睫,飞利浦很快决定让步,把许可费价格降低到每台设备 6 日元。索尼公司的一名

▼1 本图摄影作者: Ulrich Miemietz。本图基于知识共享协议（CC-BY-SA-3.0）共享。关于详细版权信息,请参阅"图表链接 .pdf"文件。

高管已经建议接受这个价格，但是大贺典雄寸步不让，并且威胁飞利浦说要加入根德阵营。[1]

1965 年，飞利浦忍痛放弃了许可费，把卡式磁带的相关技术免费许可给全球的生产商。[3]

飞利浦与索尼的合作，宣判了 DC-International 磁带的死刑。飞利浦的卡式磁带统治了市场，在很多国家成为"磁带"的代名词。正是因为如此，每当想起专利许可费的问题，飞利浦的高层都会心痛不已。索尼官网的"Sony History"栏目记载道：

> 飞利浦虽然把大贺典雄看作成功路上的关键合作伙伴，但也认为他是导致飞利浦丧失大笔潜在专利许可收入的元凶。

一篇研究指出，飞利浦对卡式磁带的免费许可模式一直有着"苦涩的记忆"。到 1980 年代 CD 标准制定完之后，无论是 CD 播放器还是 CD 光盘，飞利浦都坚决不肯免费了；1990 年代，飞利浦对 DVD 要价更高，到了 21 世纪以后，DVD 播放器许可费的价格甚至超出了机器本身的制造成本。[4]

1965 年之前，飞利浦的磁带名称一直没有确定。有人沿用盒式磁带的说法称之为"cartridge"，也有人称其为"cassette"。法国飞利浦还为这种产品起了个昵称，叫"K7"（读音和法语中的"cassette"相同）。从 1965 年开始，飞利浦使用"compact cassette"作为品牌名，在中国或称之为"卡式磁带"，或称之为"盒式磁带"，也有直译为"紧凑式磁带"的。而对我国大多数人来说，卡式磁带是完全可以与"磁带"画等号的。

1960 年代之前，日本刚刚开始经济重建，人均收入不高，难以接受昂贵的盘式磁带。廉价的卡式磁带出现以后，很快就进入了普通家庭，使日本得以跳过盘式磁带直接进入卡式磁带时代，就好像中国跳过录像带时代直接进入光盘时代一样。

得益于卡式磁带的小巧设计，磁带录音与播放设备的体积得以进一步缩小。1966 年，飞利浦推出了一款名为"Radiorecorder"的收录放一体机——Philips 22RL962。这台机器不仅可以播放音乐磁带或电台广播节目，还能将电台广播节目录制到空白磁带上反复播放。其外观与图 15-6 所示的 DE1937759U 号专利附图所揭示的设计基本一致。此后，这种一体机逐渐发展为一种特定的造型：正面中部为磁带插口，两边为扬声器，机顶设置机械按钮。在欧美，它被称为"boombox"，并形成了独特的"boombox"街头文化。至今，我们还能在世界各地看到围着"boombox"席地而坐的嬉皮士、流浪汉，以及用"boombox"伴舞的艺人或街头斗舞者。对中国的"70 后"和"80 后"来说，"boombox"就是其成长过程中所熟知的"收录机"或"录

▼ 1　详情请参见索尼官网"Sony History"栏目中的文章："Promoting Compact Cassettes Worldwide"。

音机",承载着一代人对家庭音响娱乐设备最早的回忆。图 15-7 所示的是 1980 年代初飞利浦推出的 D8444 收录放一体机。

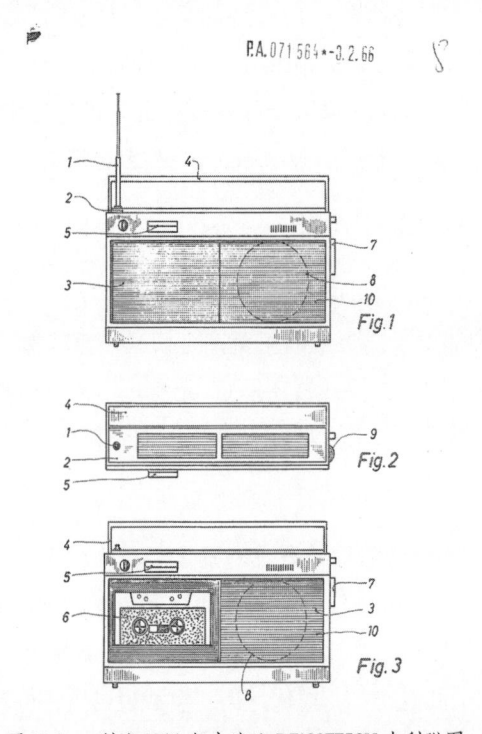

图 15-6 飞利浦 1966 年申请的 DE1937759U 专利附图

图 15-7 飞利浦推出的 D8444 收录放一体机

飞利浦发明收录放一体机之后,这个市场百花齐放,日美大厂纷纷入场,涌现出无数明星级产品。飞利浦并没有统治这个市场,虽然没有人质疑其发明人的身份。

随着收录放一体机的诞生,磁带音乐播放系统完美地满足了飞利浦对便携性的早期设想。

与此同时，录音设备的小型化也在持续进行。1969 年，飞利浦推出了史上第一款便携式磁带录音机 Typ EL 3302。如图 15-8 所示，Typ EL 3302 的体积已经很小了，大概不会超过 6 盘磁带堆在一起的体积，距离"随身听"只有一步之遥了。

图 15-8　飞利浦 1969 年推出的便携式录音机 Typ EL 3302[1]

但是，即使是市场嗅觉敏锐的奥登司也没有想到要把耳机和便携式音乐播放设备结合起来。美国人约翰·C. 高斯（John C. Koss）在 1958 年发布了历史上第一款立体声耳机。这是第一部真正可以用来欣赏音乐的耳机。在此之前，耳机几乎只是军队通信的专用工具，很少有人会用耳机去听音乐。

在安德里亚斯·帕威尔带着他的"腰带音响系统"敲开飞利浦的大门之前，飞利浦已经拥有卡式磁带及其播放器的所有标准专利，在声音存储技术方面独步全球，在机器的小型化方面也不遑多让。同时，飞利浦的子公司宝丽金也开始崛起，日后发展为全球最大的唱片公司之一。然而，这次没有奥登司来回应时代的需求，也没有井深大或者乔布斯这样的产品天才来预测未来——在不经意间，飞利浦与随身听的诞生失之交臂。从飞利浦发布自己的第一部便携式录音机 Typ EL 3302 到索尼的 Walkman 诞生，还要等足足 10 年。

▼1　本图摄影作者：mib18。本图基于知识共享协议（CC-BY-SA-3.0）共享。关于详细版权信息，请参阅"图表链接 .pdf"文件。

第 16 章 Walkman 横空出世

Walkman 或者说磁带随身听，这个发明应归功于何人，众说纷纭。安德里亚斯·帕威尔自称是磁带随身听的发明人。而根据索尼官方的说法，Walkman 是井深大在出差途中用便携式录音机消遣时产生的灵感。真正领导第一代 Walkman 开发团队的是大曽根幸三（Kozo Ohsone），他在 1994 年到 1996 年担任索尼的副社长。另外，高篠静雄（Shizuo Takashino）从 2005 年开始任索尼公司驻中国总代表，后改任索尼（中国）有限公司董事长，十几年来都是索尼（中国）的一把手。[1] 因为他直接参与了第一代 Walkman 的开发工作，所以一些中文媒体在采访他时会称他为"Walkman 之父"。

索尼认为，Walkman 的发明与安德里亚斯·帕威尔和威廉·哈斯都没有关系。早在 1969 年，索尼就做出了体积小巧、质量过硬的小型录音机 TC-50（如图 16-1 所示），其曾参与"阿波罗"项目登月，名噪一时。而根据索尼官网的记载，Walkman 的原型是 1977 年开发的小型录音设备 Pressman。Press 在这里是"新闻媒体"的意思，Pressman 是专为媒体人士而设计的采访工具，方便他们录音。为了增加回放功能，索尼的工程师基于 Pressman 制造了一台只能回放、不能录音的原型机。这台原型机的回放音质让工程师们非常满意，他们打算把它改造成专门的音乐播放设备。与此同时，索尼内部的另一个团队正在设计尽可能轻的耳机。当时，世界上最轻的耳机约重 100 克，而索尼的工程师希望将这个重量再减一半，并且成功制造出原型机。1979 年春，井深大在出差途中用一台 TC-D5 录音机（见图 16-2）听音乐时灵光突现，他把 Pressman 和耳机项目合并，世界上第一台真正意义上的随身听——Sony TPS-L2（见图 16-3）就此诞生。如前所述，索尼似乎认为磁带播放器和耳机的简单组合不具有"可专利性"，一开始就没有为这款 Walkman 申请专利，而是允许由其他公司仿制。

▼ 1 详情请参见新浪网报道：《索尼高篠静雄：WALKMAN 的父亲不只我一人》。

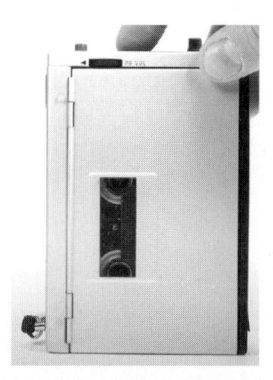

图 16-1　1969 年发售的 TC-50 录音机　　图 16-2　TC-D5 录音机[1]　　图 16-3　1979 年发售的第一代 Walkman，TPS-L2

事实上，索尼对小型精品录音机的探索比 Pressman 还要早。1972 年，索尼开始发售 TC-55 型便携式录音机，这成为索尼在 1970 年代初的一款明星产品。这一时期正是日本制造摆脱廉价低质的产品形象，进军高端领域的关键阶段。在英国，TC-55 的售价是飞利浦基础款录音机的三倍以上。这台机器材质厚重，据说用户在拿起时会发现它比想象中重两倍。

TC-55 机身的侧面设有耳机插孔。耳机插入后，机器的外放喇叭会自动静音。比起第一代 Walkman，TC-55 没有立体声放大器（stereo amplifier），但是基本上已经能当随身听用了。帕威尔在英国起诉索尼 Walkman 专利侵权的时候，他的专家证人曾在法庭上出示加装了立体声放大器和耳机的 TC-55 录音机，以证明帕威尔专利在 1970 年代有技术上的可行性。

因为缺乏有效的专利保护，索尼推出第一代 Walkman 后很快迎来了第一批竞争对手。其中比较有名的竞品包括三洋的 M5550、赤井的 PM-01 和爱华的 TPS-30 等。这些竞品各有特色：三洋的 M5550 比索尼的 Walkman 更小也更轻薄，赤井的 PM-01 则率先提供了 FM（调频）功能。为了保持自己的先发优势，索尼必须不断创新。

索尼在 1979 年 7 月推出了第一代 Walkman TPS-L2，并于 1981 年在此基础上推出了 WM-3 型 Walkman。和 Boombox 相似，随身听市场很快迎来了百花齐放的局面，来自欧洲、日本、美国的各大电子厂商纷纷入场，不仅是飞利浦，连美国的通用电气也加入了竞争。但是，在整个 1980 年代，索尼不断进行技术创新。如图 16-4 所示，在 1979 年到 1988 年间，索尼先后两次升级 Walkman 的平台系统，并推出了 Disc Drive、超扁平电机、口香糖电池、动态低音增强回路等技术，始终占据着随身听市场的统治地位。[1]

▼1 本图摄影作者：Yo12525。本图基于知识共享协议（CC-BY-SA-4.0）共享。关于详细版权信息，请参阅"图表链接 .pdf"文件。

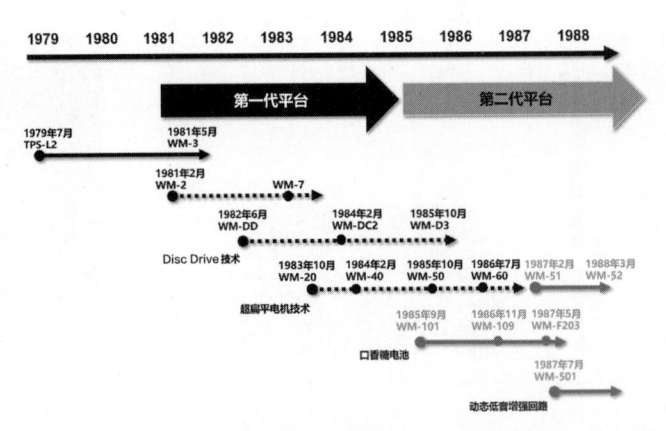

图 16-4 索尼先后两次升级 Walkman 的平台系统

如表 16-1 所示，索尼在 1989 年到 1990 年磁带随身听产品的美日市场份额占比都接近 50%。斯蒂芬·W. 桑德森（Stephen W. Sanderson）和穆斯塔法·乌祖梅里（Mustafa Uzumeri）的研究指出，索尼在整个 1980 年代的随身听销量占全球的 40%，而从销售额来看则占全球的 50% 左右。[2]

表 16-1 1989—1990 年磁带随身听产品的市场份额

排名	公司	美国市场份额	公司	日本市场份额
1	索尼	45%~50%	索尼	46%
2	通用电气	10%~12%	爱华	20%
3	松下	6%~8%	松下电器	8%
4	三洋	4%~6%	东芝	7%
5	爱华	4%~6%	三洋	6%
	其他	25%	其他	13%

注 1：美国方面的数据来自 Sanderson & Uzumeri（1995）对业内人士的访谈，并得到索尼市场部经理的确认。日本方面的数据由 Sanderson & Uzumeri（1995）从 Market Share in Japan 1989, Yano Research Institute Ltd., New York 得到。
注 2：当时索尼持有爱华 50% 以上的股份，并且积极介入爱华的战略运营。爱华的随身听产品线可以看作是索尼的扩展，定位有所不同，因此两家公司的市场份额大可以放在一起计算。

1981 年，索尼开始大规模推广第二代 Walkman 产品——WM-2 系列。桑德森和乌祖梅里认为这是 Walkman 产品线历史上第一次重要的技术革新，其特点是机身更小、重量更轻。随后推出的下一代 Walkman 是 WM-20，厚度仅为 WM-2 的一半。为了缩小体积，WM-20 把电池换成了 1.5 伏的 5 号电池，耗电量也只有 WM-2 的一半。索尼的研发团队花了两年时间来完善这一产品，到 1983 年 10 月才将其正式推向市场。

根据一些学者的总结（见表 16-2）[3]，索尼是磁带随身听系统大量革命性创新的发明者，但是几乎所有创新都遭到后来者的模仿。即使如此，索尼在 1980 年代随身听领域的王者地位也无法被撼动。

表 16-2 1980 年代随身听系统的技术创新

技术点	公司	年份	是否被竞争对手模仿
第一部随身听	索尼	1979	是
AM/FM 立体声	索尼	1980	是
立体声录制	索尼/爱华	1980–1981	是
FM 调谐磁带	东芝	1980–1981	是
自动翻转	索尼	1981–1982	是
耳机收音机	索尼	1981–1982	是
杜比音效	索尼/爱华	1982	是
短波调谐器	索尼	1983	否
遥控功能	索尼	1983	是
独立扬声器	索尼	1983	是
防水功能	索尼	1983–1984	否
图形均衡器	索尼	1985	是
太阳能	索尼	1986	否
预设电台	松下	1986	是
双磁带技术	索尼	1986	否
电视音频波段	索尼	1986–1987	是
数字调谐	松下	1986–1987	是
儿童模式	索尼	1987	否
增强低音	索尼	1988	是

和 iPod 不同，Walkman 的产品线极其丰富，型号很多，可充分满足日本和美国两个市场消费者的需求。日本消费者很多居住在大型都市圈，乘坐公共交通工具上下班，他们倾向于选择性能更好、体积更小、方便充电的型号。在耳机线上安装线控也是为了照顾日本的上班族，因为在人挤人的地铁上，乘客伸手操作随身听上的按钮十分不便，而美国人并没有这方面的需求。此外，与美国人相比，日本人不大喜欢听电台广播，日本的电台也远少于美国，因此很多日版 Walkman 根本没有调频收音功能。

针对崇尚个性的美国消费者，包括索尼在内的所有随身听厂商在产品的设计上都非常多元化，而不是像日版产品那样大同小异。在整个 1980 年代，索尼在美国市场推出了不少于 250 个型号的 Walkman。美国人更喜欢在户外休闲或运动时使用 Walkman，在沙滩上听音乐是常见的需求，因此，索尼在美国最早推出了防水型号且大受好评，而在作为海岛国家的日本几乎没有提供防水型号。亮黄色的防水"Sports Walkman"是特地为美国市场设计的，日后的 CD 随身听等产品也沿用了类似的外观。"Sports Walkman"系列在整个 1980 年代没有遇到任何对手，所有试图挑战这一产品线的对手很快都主动放弃。

虽然索尼没有对"耳机 + 便携录音机"的概念申请专利，但是在 Walkman 的整个生命周期中，索尼还是申请了不少专利，索尼 Walkman 能够在全球随身听市场上独占鳌头的秘密也蕴含在这些专利之中。

第 17 章 艺术级的产品

我们不妨从 Walkman 的第一件专利说起。第一代 Walkman 蓝色配银灰色的经典造型非常有名，是设计界的经典之作。但是，即使资深的索尼粉丝中也很少有人知道机体上方最显眼的那个橙黄色按钮有什么用处。

在索尼 1979 年申请的专利中，我们找到了一件实用新型专利（专利号为 JP60017052Y2），发明人为浅井俊男（Toshio Asai）。他曾在帕威尔诉讼案中，作为 Walkman 开发项目组的代表人员出庭作证。这件实用新型专利于 1979 年 6 月 21 日在日本提交申请，之后先后在 13 个国家申请发明专利，美国同族专利为 US4395739A，其专利附图与 1979 年发布的第一代 Walkman 一模一样（见图 17-1）。

在帕威尔诉讼案中，浅井俊男在他的证词中表示，索尼并不认为耳机与录音机的结合是一种可专利的发明。但是，索尼还是为第一代 Walkman 注册了至少一件专利，并且在主要市场的国家布局。

这件专利主要保护的不是耳机和便携式录音机的结合，而是 Walkman 的一个早已被人遗忘的功能：热线（hotline）。据盛田昭夫回忆，在 Walkman 正式上市之前，他曾把一台原型机带回家试用。在他一个人享受音乐的时候，盛田夫人表示不爽，说自己有一种被排斥在外的感觉。盛田昭夫把这个意见反馈给 Walkman 项目团队。因此，Walkman 设计了两个耳机插孔，可以插两副耳机，让两个人一起听音乐。

为了让两个人在共享音乐时还能聊聊天，索尼为用户贴心地设计了一个名为"热线"的功能：按下机身上方的橙黄色按钮（见图 17-2），Walkman 就会降低音乐音量并激活机身上的麦克风，使两个人可以通过耳机听到对方说话。这个按钮就被命名为"热线"键（hotline button，在专利说明书中被称为"talk button"）。

和盛田昭夫预想的不同，虽然 Walkman 一经推出就迅速走红，但"热线"功能却无人问津，似乎没人愿意与他人共享一个 Walkman 来聆听音乐。这个设计很快在后续的产品中被抛弃。

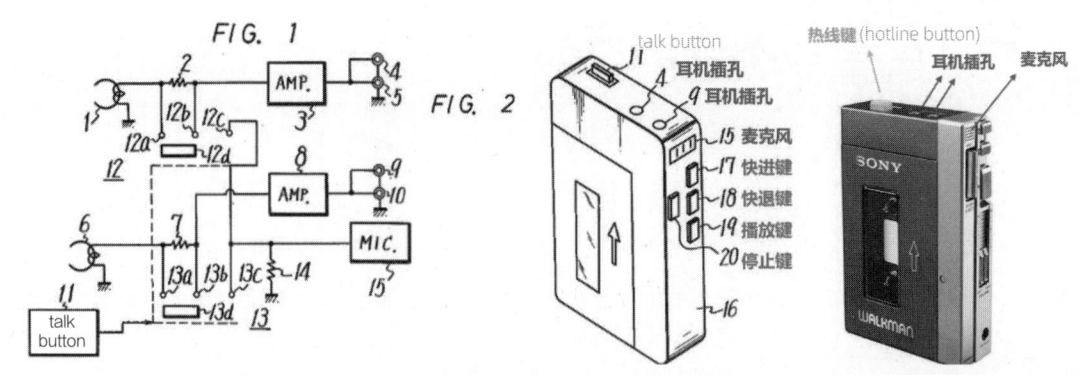

图 17-1　US4395739A 号专利附图（左、中）和第一代 Walkman（右）的对比

1981 年 2 月，索尼推出了第二代 Walkman，型号名为 WM-2（亦称 Walkman II），它比第一代 Walkman 更小（见图 17-2 中的对比），操作也更人性化。1982 年 6 月，索尼又开始发售采用 Disc Drive 技术的 WM-DD 型 Walkman。WM-DD 沿用了井深大的御用随身听 TC-D5 的防抖晃设计，成为索尼专为音乐发烧友打造的高端产品。1983 年 10 月，索尼再次推出一款全新的 Walkman，型号名为 WM-10（该型号在美国市场上称为 WM-20），其外观与 WM-2 和 WM-DD 大相径庭。WM-10 及其后续产品主打的轻薄设计，是索尼引以为傲的小型化技术的集中体现。

图 17-2　第一代 Walkman 与第二代 Walkman

在整个 1980 年代，索尼的绝大多数磁带随身听都是基于以上三款 Walkman 进行小修小补的结果。斯蒂芬·W. 桑德森（Stephen W. Sanderson）和穆斯塔法·乌祖梅里（Mustafa Uzumeri）在一篇论文中把这三款磁带随身听的基本设计称为 Walkman 的三大平台[1]（见图 17-3）。他们的研究指出，索尼在 1980 年代基于这三个平台开发了数以百计的 Walkman 型号，仅在美国就有 250 多个。这些型号是索尼工程师把通用部件和模块在三大平台上以各种方式排列组合的结果，工程师们的工作"就像玩乐高积木一样"。平台化和模块化使得 Walkman 的设

计成本大大降低。虽然有的型号也遭遇了失败,但是低廉的设计成本使索尼能够充分试错。我们找到了与这三大平台对应的基础专利,Walkman 成功的要素就隐藏在这些技术里。

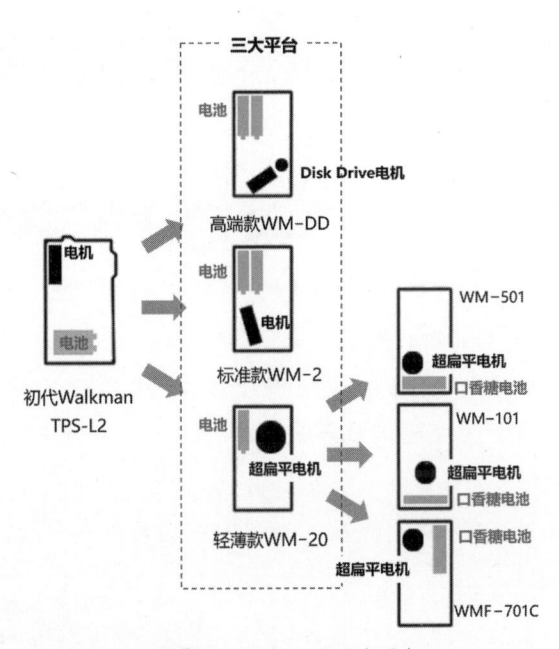

图 17-3 Walkman 的三大平台

　　首先是 WM-2 系的主流设计。1981 年推出的 WM-2 作为第二代 Walkman,其一项重要的改进是把磁头(tape head)安装在磁带仓盖上而不是仓盒内,节省了宝贵的内部空间。另一项重要的改进是把操作按钮从机体一侧移到正面,使得机器的外部体积也减小了不少,同时也避免了机器放在口袋里时因触碰造成的误操作问题。索尼为这些关键改进点都申请了专利,并且在主要市场的国家布局。虽然两个耳机孔的设计仍然被保留下来,但是"热线"功能被毫不犹豫地砍掉了。

　　1980 年 12 月 29 日,索尼在日本针对 WM-2 系 Walkman 的主要技术创新提交了至少 5 件专利申请(图 17-4 的左图为索尼申请的那批专利共有的一张附图,右图为 WM-2 系 Walkman 的真机图)。一年之后,索尼以那批专利为优先权,在英、法、德、美、韩、加拿大、奥地利、西班牙、澳大利亚和巴西等国提交了 4 件专利申请,完成了这批专利的全球布局。1980 年代,索尼的大多数 Walkman 专利都只在以上 10 个国家布局,并未扩展到荷兰、意大利和北欧各国。

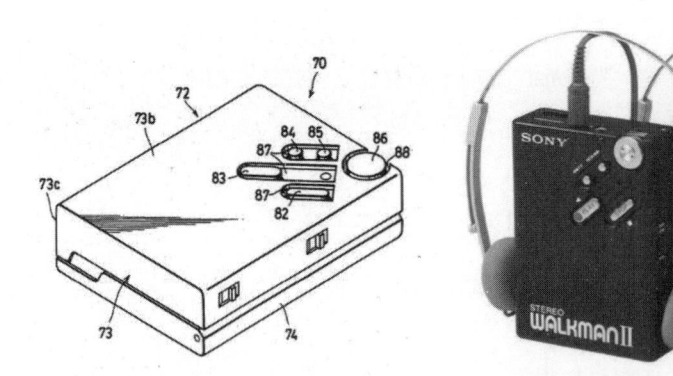

图 17-4 索尼于 1980 年 12 月 29 日申请的那批专利共有的一张附图（左）与 WM-2 系 Walkman 真机图（右）

如前所述，索尼 WM-2 系 Walkman 的第一个重要改进，是把磁头的位置从磁带仓内部靠近操作按钮的一侧，移到了磁带仓的仓盖上。在 WM-2 产品问世之前，录音机磁头的位置一般与 1963 年飞利浦在德国申请的"盒式磁带录音/回放机"专利（专利号为 DE1896300U，图 17-5 为其附图）类似，位于磁带仓内部靠近操作按钮的一侧（见图 17-6）。按下"播放"按钮后，磁头会接触磁条，开始播放声音。第一代 Walkman 的磁头位置也采用了这样的设计。

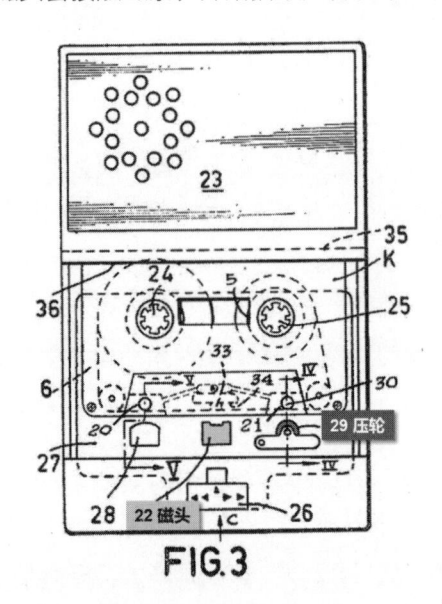

图 17-5 DE1896300U 号专利附图

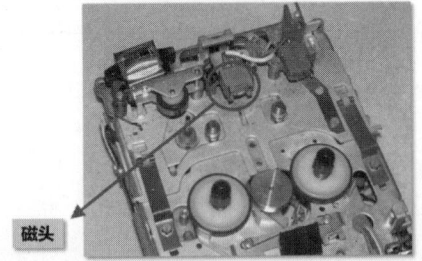

图 17-6 飞利浦 1960 年代生产的 EL-3302 录音机，其基本构造及磁头位置与 DE1896300U 专利中的一致

如图 17-7 所示，第一代 Walkman 的磁头位置与飞利浦最初的设计大致相同。按下"播放"按钮，磁头会向下移动，接触磁条。索尼的工程师在 US4511941A 号专利的说明书中指出，按钮和磁头之间的机械结构，以及磁头上下移动所需的空间（图 17-8 中双向箭头所示的距离），是便携式录音机体积进一步缩小的主要瓶颈。US4511941A 号专利的目的就是减小这部分空间。

图 17-7 第一代 Walkman 的磁头（圆圈圈出的位置） 　　图 17-8 第一代 Walkman TPS-L2 的拆机图

AT&T 公司在 1974 年申请的一件美国专利（专利号为 US3909845A）中，把磁头移到磁带仓盖的底端（见图 17-9）。这件专利是索尼 US4511941A 专利引用的前案之一。这种设计节省了不少内部空间，但磁头是固定在仓盖上的，这导致一个问题：当磁带插入磁带仓之后，磁头始终与磁带保持接触，即使在快进、快退时也如此，容易损伤磁带。

在索尼公司的 US4511941A 号专利中，索尼并未简单地把磁头固定在仓盖底部，而是在仓盖底部安装了一个精巧的机械结构，专利说明书中称其为"磁头安装单元"（153）。磁头（100）和压轮（101）都安装在这一结构上（见图 17-10）。

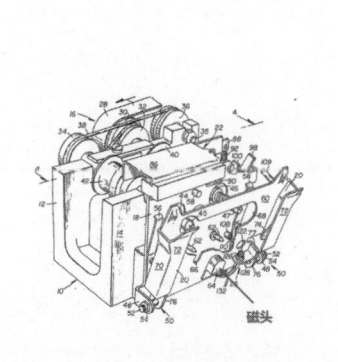

图 17-9 AT&T 公司的 US3909845A 号专利附图中的磁头位置 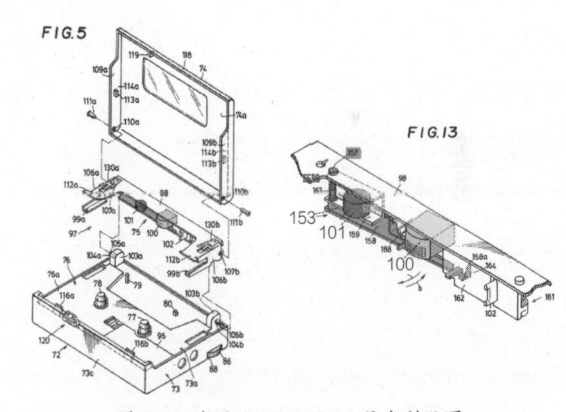　　图 17-10 索尼的 US4511941A 号专利附图

在执行快进或快退操作时，磁头不会接触磁条。只有在按下"播放"按钮后，磁头安装单元才会以 157 为轴，沿图 17-10 所示 b' 方向转动极短的一段距离，使磁头接触磁条，播放音乐。按下"停止"按钮后，扭簧（163）将使磁头安装单元弹回原来的位置（见图 17-11）。

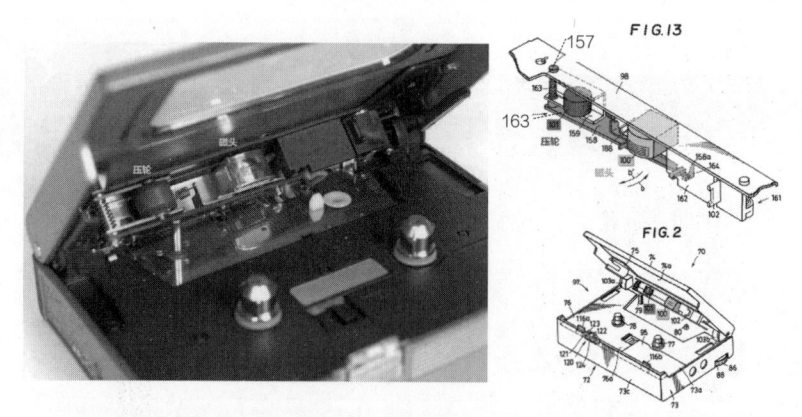

图 17-11　第二代 Walkman WM-2 内部图与相关专利（US4491287A）附图的对比

当时松下和三洋的一些经典磁带随身听，例如 RQ-S75 和 JJ-P101，操作按钮位于机体正面，磁头安装在磁带仓仓盖的底部，与 WM-2 系 Walkman 的关键特征类似。至于松下和三洋是做了规避设计，还是获得了索尼的专利许可，那就不得而知了。

除了上述的改进，索尼 WM-2 系 Walkman 在外观上还有一个明显变化：操作按钮的位置从机体侧面移到了机体正面。我们知道，录音机内部是用一个电机驱动多个齿轮转动磁带轴来播放音乐的。在播放、快进和快退模式之间进行切换时，要改变齿轮或惰轮之间的啮合关系。

在索尼发布第二代 Walkman 之前，这些齿轮或惰轮通常位于同一平面。常见的做法是用按钮控制机械结构，带动齿轮或惰轮横向（即与设备底面平行的方向）移动，从而实现不同的齿轮啮合或分离，改变录音机的工作模式。

例如，在索尼引为前案的 US4010493A 号专利中，录音机快进和快退模式之间的切换是通过齿轮 27（见图 17-12）的移动实现的。

在这项发明中，用户按下"快退"按钮时，图 17-12 中的蓝色机械结构带动齿轮 27 移动，与绿色齿轮 20 啮合，进入快退模式。按下"快进"按钮，齿轮 27 向另一个方向移动，与另外三个齿轮啮合，进入快进模式。

显然，在这样的设计中，在录音机内部必须为齿轮和各种机械结构的移动预留足够的空间。同时，控制齿轮的机械结构本身也会占据不少空间。

根据索尼在 WM-2 系 Walkman 中的设计，在播放、快进和快退等模式之间切换时，所有的齿轮和惰轮都只在垂直于设备底面的方向上移动（在专利说明书中称为"轴向移动"）。如图

17-13 所示，WM-2 系 Walkman 的齿轮和惰轮可以做得很薄，抬起或降低几毫米就可以啮合到其他齿轮上（或与其他齿轮脱离）。

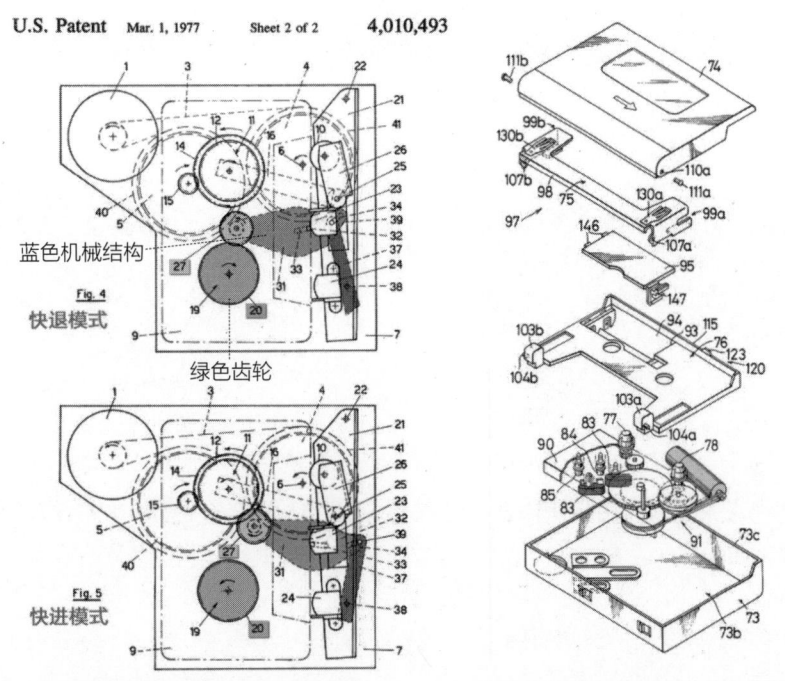

图 17-12　US4010493A 号专利附图

图 17-13　索尼 US4491287A 号专利附图

按钮的按动方向被设置为垂直于底面，而且按钮从设备的侧面被移到了设备的正面。由于齿轮只需要抬起或降低几毫米，所以按钮被按下的幅度也可以很小，从而进一步减小了机身的尺寸。

如图 17-14 所示，在正常的播放模式下，第二驱动齿轮 222 与控制录音机主转轴的齿轮 234 啮合，带动主转轴以较慢的速度转动。若要暂停，用户需要按下位于垂直于设备底面方向的"播放/暂停"按钮，带动按钮下部的结构 283 向下移动，卡住第一驱动齿轮上的突起 295，让音乐暂停播放。如前文所述，这个操作也会让磁头离开磁条。

用户按下垂直于设备底面的"快进"按钮后，按钮上连接的操纵杆 253 会同时把操作板 248 与 245 抬高，使第一驱动齿轮 221 抬升到最高点。此时，第二驱动齿轮 222 将与控制录音机主转轴的齿轮 234 脱离，而第一驱动齿轮 221 则与齿轮 234 下方的小齿轮（图 17-14 的右图中的虚线部分）啮合，带动磁带主转轴 78 高速转动，进入快进模式。

按下"快退"按钮时，按钮上连接的操纵杆 254 会把操作板 245 抬高。和快进模式一样，第二驱动齿轮 222 也会与控制录音机主转轴的齿轮 234 脱离。但是因为操作板 248 的阻隔，第一驱动齿轮 221 仅略微抬高，与切换齿轮 229 啮合，而不接触主转轴下方的齿轮。在切换齿轮的作用下，磁带副转轴 77 高速转动，进入倒带模式。

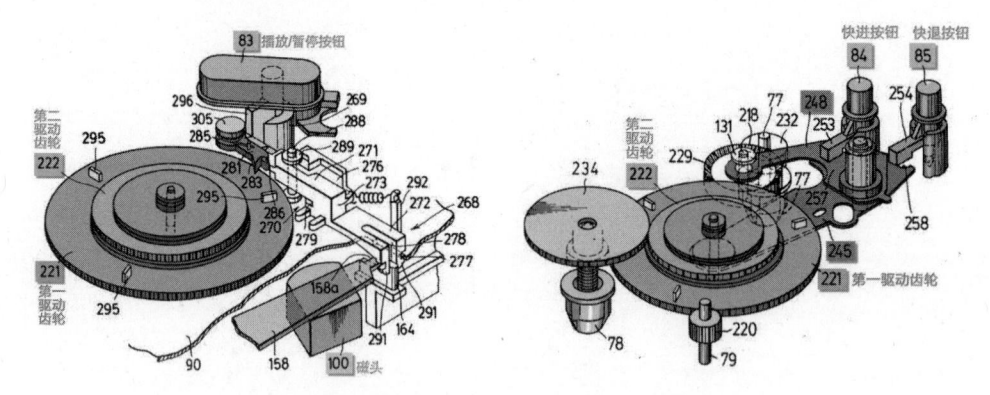

图 17-14 US4491287A 号与 US4453189A 号专利附图

针对这种齿轮排列和按钮操作方式，索尼申请并注册了至少三件美国专利，分别是：

- US4491287A：Pushbutton Actuated Cassette Tape Transport，主要保护齿轮轴线和按钮方向垂直于录音机底面的设置。

- US4453189A：Tape Transport Mechanism for Cassette Tape Player，主要保护 WM-2 系 Walkman 的整体走带机制，包括主转轴齿轮、副转轴齿轮、切换齿轮和驱动齿轮之间的关系。

- US4542431A：Mode Changing Mechanism for Cassette Tape Player，主要保护涉及模式切换与模式锁定的设计。

接下来，是高端 Walkman 的防抖晃设计。

如前所述，Walkman 的灵感来源于井深大用 TC-D5 听音乐的个人体验。井深大之所以选择用 TC-D5 来听音乐，是因为这台机器采用了首创的 Disc Drive 技术，可以显著降低抖晃率，确保稳定且高质量地输出音频。1982 年 6 月，索尼把 Disc Drive 技术应用到 Walkman 上，推出了著名的 WM-DD 系列。WM-DD 系列产品的价格高于其他型号的 Walkman，是索尼针对音乐发烧友推出的高端产品。

从外观上看，WM-DD 系列的机型和 WM-2 的差别很小（见图 17-15），操作按钮的形状和位置基本保持一致。两种机型用的模具差不多是一样的。

图 17-15　1982 年发售的 WM-DD（左）与 1984 年发售的第二代 WM-DD（右）

在 WM-2 系 Walkman 中，电机启动后，通过皮带（图 17-16 中的结构 91）带动绞盘转动，实现播放音乐、快进或快退功能。这种设计较为简单，成本也较低，但是皮带长期使用后会产生形变，而且在机身摇动时会产生较大的噪声和失真。在 YouTube 上的很多 Walkman 拆机修复视频中，大多数 Walkman 出现的问题都是由于皮带磨损或断裂造成的。更换皮带后，这些寿命超过 30 年的老机型就能运转如新。

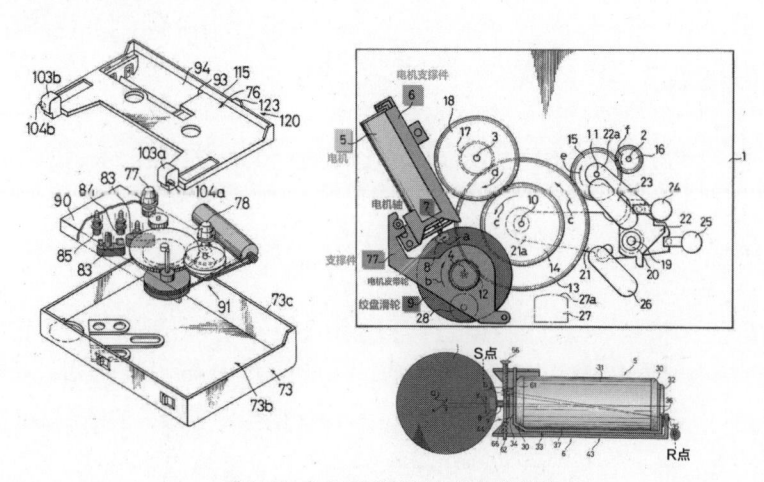

图 17-16　索尼 US4701816A 号专利附图

早在 1978 年，索尼就利用 Disc Drive 技术解决了这一问题：电机轴不再通过皮带直接带动绞盘和齿轮转动，而是在电机轴顶端安装一个皮带轮（见图 17-16 中的结构 83、84、85），该皮带轮紧贴着一个绞盘（见图 17-16 的右上图）。当皮带轮向 a 方向转动时，通过摩擦力带动绞盘向 b 方向转动。

这种设计比使用皮带的传统方式稳定得多。因为这一创新，采用 Disc Drive 技术（见图 17-17）的 TC-D5 得到了井深大的青睐，促进了 Walkman 的诞生。但是在这种设计中，皮带轮和绞盘表面均由橡胶材料制成，二者长期接触产生的压力会导致一定程度的形变。

图 17-17 TC-D5 的 Disc Drive

为了进一步改进，索尼为电机设计了一个可枢转的支撑件（见图 17-16 中的结构 6），利用机器轻微的力量把皮带轮压在绞盘上。支撑件与电机的接触点为图 17-16 右下图中的 S 点和 R 点，这两点之间的连线与电机的轴线略微错开。

在电机没有运转的时候，电机皮带轮对绞盘施加的压力大概相当于 20~30 克的重物产生的压力（之前的机型大概是 90 到 100 克）。电机启动之后，因为重心发生变化，对绞盘的压力增大，产生的摩擦力足以使绞盘正常转动。这项技术被详细记录在索尼于 1984 年 3 月申请的 US4701816A 号专利中。

除了以上两类产品，索尼还有主打极致轻薄的 WM-10 系列。这一系列的首款产品是 1983 年 10 月发售的 WM-10（在美国市场上称为 WM-20）。直到 20 世纪末，WM-10 都是市场上体积最小的磁带随身听。

这款 Walkman 采用抽屉式抽拉结构，不装磁带的时候，它的尺寸甚至比一般的磁带盒还小。为了减小体积，WM-10 只用一节 5 号电池。从 1985 年的 WM-101 开始，基于 WM-10 平台的 Walkman 开始使用长条形的"口香糖电池"。但因为磁带本身尺寸的限制，即使采用了口香糖电池，后续机型也很少能做到比 WM-10 的体积更小。以轻薄程度而论，索尼的 WM-10 可以说"出道即巅峰"。

在 1983 年左右的一张广告图片中，一部 Walkman 被人用镊子夹起，以展示 WM-10 的轻薄程度举世无双。不知道乔布斯用牛皮纸袋装 MacBook Air 的著名创意，是否受到了索尼这张广告图的启发。WM-10 系的 Walkman 不仅是最轻、最小的随身听机型，也是最便宜的机型，正如

MacBook Air 在苹果 MacBook 笔记本系列中的定位一样。

在 WM-2 系 Walkman 中，电机大小与一节 5 号电池相仿，如图 17-18 中的圆柱体部分。当机器启动后，电机开始运转，电机内的轴随之转动，通过皮带带动绞盘旋转，带动磁带运动，从而播放音乐。

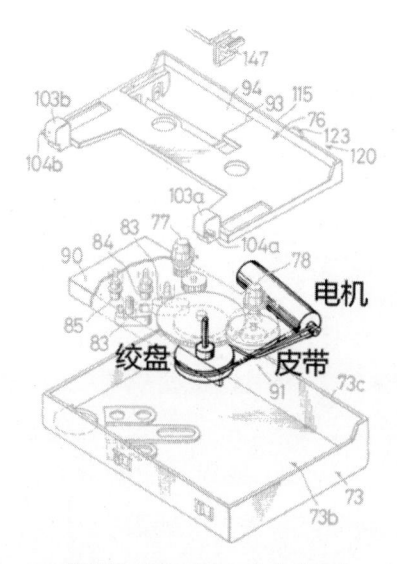

图 17-18 US4491287A 号专利附图

为了缩小体积，索尼把 WM-10 的电池去掉一节，只需要一节 5 号电池驱动（WM-2 和 WM-DD 系列都需要两节 5 号电池）。即便如此，剩下的空间仍然非常紧张，这个圆柱形电机无论如何都塞不进去。

要把电机做成扁平形状并不是一件难事。但是，随身听的用户经常处于运动状态。为了让电机在运转过程中保持稳定，电机的轴（图 17-19 中标号为 38 的部分）必须足够长，而且至少要有两个轴承，这两个轴承之间要保持一定的距离，才能把抖晃率降到可以接受的程度。

为了解决这一问题，索尼在 WM-10 中对电机进行了极具创造性的改造：它把录音机的一个转轴（spindle，图 17-19 中标号为 9 的部分）掏空，把电机的轴和轴承部分塞进这个小小的转轴里。索尼的 WM-10 转轴看似普通，实则内有乾坤。

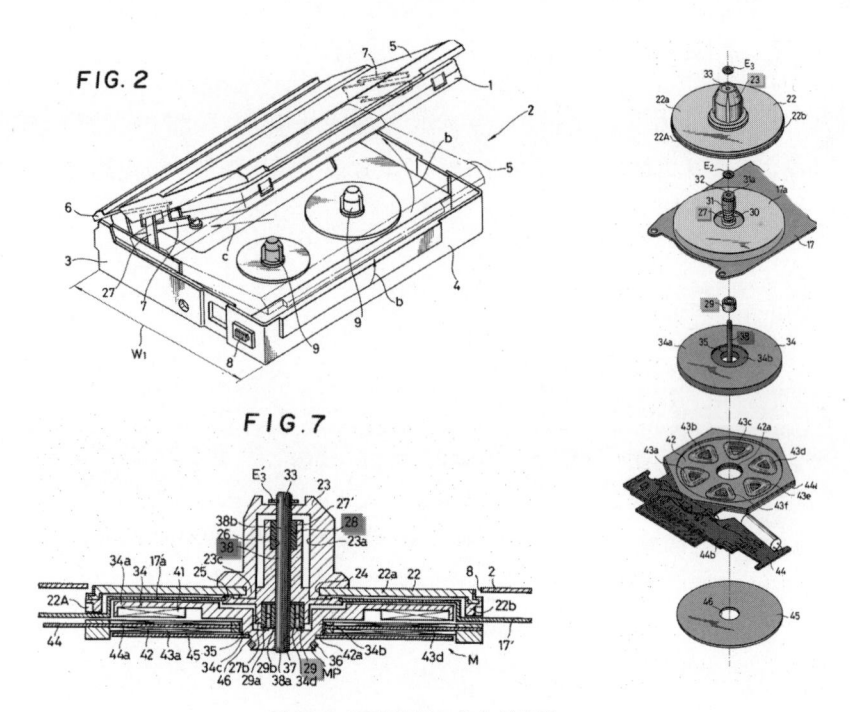

图 17-19 US4630149A 号专利附图

索尼于 1984 年申请的 US4630149A 号专利权利要求 1 写道：

> 轴承装置至少部分位于所述转轴内部，所述电机轴部分远离所述端部，具有固定在其上的转子，转子沿电机轴的轴线方向延伸入所述一个转轴，所述轴承可旋转地支撑该转轴，所述转子和定子沿轴的轴线远离所述转轴上安装的卷盘装置。

如图 17-19 所示，标号为 34 的部分是 WM-10 电机的转子，其下方为电机定子（42）。柱状物为电机的轴（38），一个无油轴承（图 17-19 左下图中的结构 28，位于左下图套件 27 的内部）安装在电机轴上端，一个滚珠轴承（29）安装在电机轴的下端，靠近定子一侧。两个轴承之间的距离可以确保电机轴在旋转过程中尽可能地保持稳定。WM-10 Walkman 极致轻薄的秘密就隐藏在这里。

WM-10 的极致轻薄，实际上也是有"水分"的：这台机器在不安装磁带时确实可以缩小到磁带盒的大小，但在安装磁带时，需要把磁带仓像抽屉一样拉开，此时的机身还是要比磁带盒大一点点的（见图 17-20）。这个设计被记录在美国 US4614991A 号专利中（见图 17-21）。

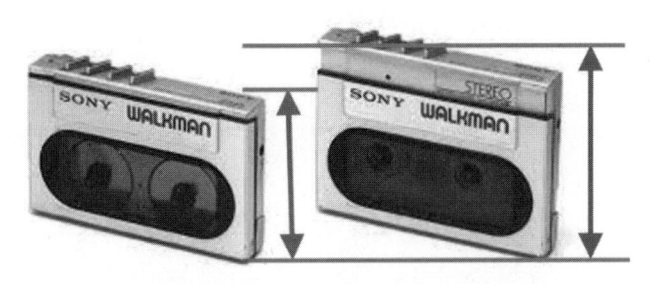

图 17-20 没有安装磁带的 WM-10（左）与安装了磁带的 WM-10（右）

没有安装磁带的WM-10，机体宽度为W2

安装磁带的WM-10，机体宽度为W1

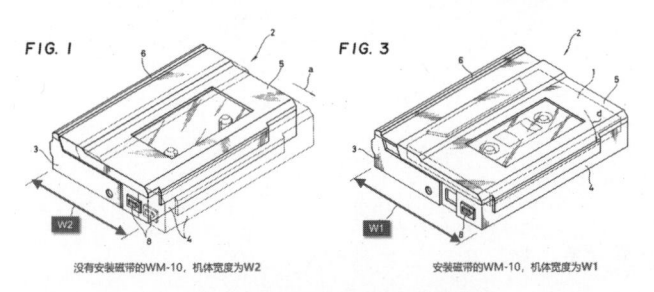

图 17-21 US4614991A 号专利附图

US4614991A 号专利有一件中国同族专利 CN1009504B，是索尼在中国最早申请的专利之一，申请日为 1985 年 6 月 19 日。1985 年是中国建立专利制度并开放专利申请的第一年。可能是因为中国 1985 年才加入巴黎公约，这份专利证书上没有提供优先权信息，但从内容上看，毫无疑问是 US4614991A 的同族专利。

如前所述，只有在未安装磁带的情况下 WM-10 才拥有最小的体积。但是，没有安装磁带的 Walkman 有什么用处呢？索尼给出的答案是：可以当收音机用。

1985 年索尼在华申请的另一项专利是 CN85101051A"带有收音机的盒式磁带放音机"。从外观上看，这一专利对应的产品是索尼的 WM-F10，在 WM-10 的基础上增加了收音机功能。

索尼在 CN85101051A 专利的说明书中指出，把收音机整合到便携式录音机上，最大的障碍是录音机金属部件带来的干扰："为了使机器具有必要的机械强度，磁带录音机中的磁带驱动部件，诸如安装在磁带录音机主机中的主动轮、微电机盒体、底盘都必须用金属材料制造……被接收的无线电波在到达天线棒之前，就会受到这些金属部件的阻碍和干扰。"

索尼的解决方案是把收音机的所有部件打印到一块电路板上（图 17-22 中的灰色部分），安装在磁带仓的仓盖上，"收音机装配在盒式磁带收录机铰接式盒盖中……由于对盒盖的机械强度和结构强度要求不高，所以盒式磁带收录机的盒盖是用塑料制成的。棒形天线也装配在铰接式的塑料盒盖上，因此棒形天线与盒式磁带录音机所需的金属部件的距离就能尽量增加。"

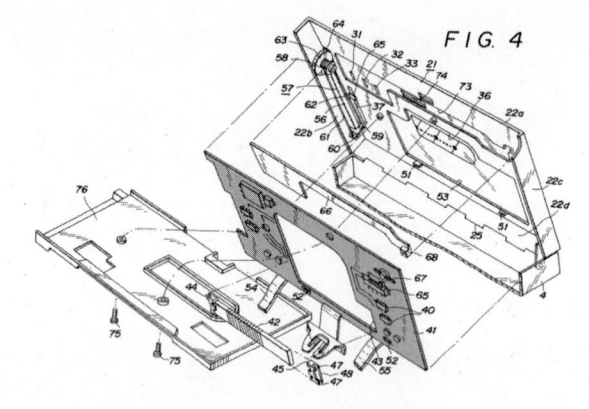

图 17-22　CN85101051A 专利附图

如前所述，WM-10 系列的 Walkman 既是最轻薄的机型，也是最便宜的机型。这应该是索尼在 1980 年代的中国重点关注 WM-10 平台专利的原因。

说到这里，不能不提一下索尼在中国的早期专利布局。在中国启动专利制度的第一年，日本在华申请的专利超过 3000 件，在中国以外的所有国家中排名第一。荷兰排名第 5，其中将近一半的申请都是飞利浦公司提交的（见图 17-23）。

索尼在中国申请了 176 件专利，在所有申请人（企业）中排名第 5，在外国申请人中排名第 4，仅次于日立、夏普和飞利浦。相比之下，美国企业并不是很积极，申请量超过 100 件的只有西屋电气一家，"专利大王" IBM 只申请了区区 12 件专利。在申请量排名前十的企业中，日本企业占了一半以上。在接下来的几年时间里，这些榜上有名的企业——日立、夏普、索尼、松下和飞利浦，都成为中国"80 后"人群耳熟能详的名字（见图 17-24）。

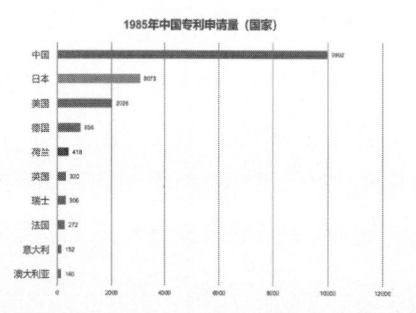

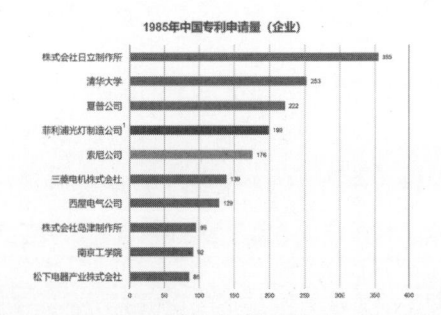

图 17-23　1985 年在中国申请专利申请量（国家）的国家排名　　图 17-24　1985 年在中国申请专利申请量（企业）的企业排名

▼1　专利说明书中用的是此名称。

第 18 章 年轻人的索尼

英国著名科幻小说家道格拉斯·亚当斯（Douglas Adams）在《怀疑的鲑鱼》（The Salmon of Doubt）中，就人类对新生技术的反应发表了一些有趣的看法，被读者戏称为"科技三定律"：

- 任何在我出生时已经有的科技，都是稀松平常的世界本来秩序的一部分。

- 任何在我 15 岁至 35 岁之间诞生的科技，都是将改变世界的革命性产物。

- 任何在我 35 岁之后诞生的科技，都是违反自然规律要遭天谴的。

"科技三定律"本属戏言，但却真实地反映了每一代年轻人和父辈之间都存在的代沟，在网上广为流传，无论在欧美还是在中国，很多人都对这种现象感同身受。

磁带和播放卡式磁带的随身听对大众文化的影响，可以说是"科技三定律"的完美注解。在"婴儿潮"一代出生之前，钢琴、留声机和收音机是欧美中产家庭的主要娱乐工具。对"婴儿潮"一代的年轻人来说，留声机和黑胶唱片是"稀松平常的世界本来秩序的一部分"。而与他们同时成长起来的磁带技术，最终成为"改变世界的革命性产物"。

索尼与磁带有着不解之缘。索尼官网的"Sony History"栏目记载，在索尼成立之初，开发最早的产品时，井深大等人"仅凭当时《音响工学》一书中的两行极其简单的记述就决定研制磁带录音机……在《音响工学》里有这样一句话：'1936 年，德国 HEC 公司在塑料上涂抹磁性材料，发明了录音机。'仅凭这一句简单的话，它就动手干了起来"。

录音磁带在其诞生后的很长一段时间，都没能给黑胶唱片带来真正的挑战。事实上，即使是 CD 也花了很多年才彻底击败黑胶唱片。1986 年，CD 唱片的全球销量只有 1.3 亿张，仅约为黑胶唱片（当年销量 25 亿张）全球销量的二十分之一。但是在这一年，CD 唱片在美国售出 5300 万张，约达到了黑胶唱片美国销量的十分之一。直到 1988 年，CD 唱片的销量才第一次超过黑胶唱片。

1950 年代，磁带的主要用户是电台。对家庭用户来说，盘式磁带和磁带机过于笨重，难以操作，录音功能的用处也不大，但是对电台来说已经够用了。这一时期，磁带技术的发展在欧美催生了大量地方小型电台，欣赏电台音乐成为"婴儿潮"一代的主流休闲方式。索尼赖以成名的晶体管收音机就是在这一背景下应运而生并取得市场成功的。

Walkman 取得成功之后，来自老一代的批评和教训马上扑面而来，其中很多都是针对当代文化的道德批判。一些学者指出，很多批评者把 Walkman 看作商业公司消费主义骗局的伪需求。在他们看来，"Walkman 销售的增长表明，大众消费主义的'虚假'需求替代了'人类真正的需求'……大公司通过对人类行为的操纵，鼓励人们偏离其对于需求的'自然'的限制，陷入越来越邪恶的重复的满足感怪圈"。[1]

当时针对 Walkman 的另一种主流的批判论调认为，带耳机的随身听是一种让人把自己隔绝于世界之外的技术。[2]1980 年代，美国著名保守主义哲学家艾伦·布鲁姆（Allan Bloom）曾经批判年轻人说："只要他们开着 Walkman，他们就听不到伟大的传统的声音了。"[1]艾伦·布鲁姆认为以 Walkman 为代表的技术封闭了美国人的精神（《美国精神的封闭》为艾伦·布鲁姆的代表作之一），让年轻学生们偏离了莎士比亚、圣经等经典作品的轨道，损害了美国统一的文化精神。

对于"80 后"、"90 后"乃至"00 后"的互联网一代，这些论调何其熟悉！年轻人喜闻乐见的那些伟大产品，从平板电脑、智能手机再到社交网络，哪一个不能套用这些理论来批判呢？这正应了道格拉斯·亚当斯的那句话："任何在我 35 岁之后诞生的科技，都是违反自然规律要遭天谴的。"

杜甫诗云："王杨卢骆当时体，轻薄为文哂未休。尔曹身与名俱灭，不废江河万古流。"时过境迁，在当年的年轻人掌握话语权之后，曾经被认为离经叛道、惊世骇俗的披头士、猫王和鲍勃·迪伦都成为一代经典。鲍勃·迪伦甚至被瑞典学院的老学究们硬塞了一尊诺贝尔文学奖。

"科技三定律"和 Walkman 的故事给了我们一个启示：对于处于科技一线的研发人员，保持年轻的心态是至关重要的。哲学家或许可以站在道德制高点上，倚老卖老地指责年轻人沉迷于现代科技的奇技淫巧，但科学家和企业家必须保持年轻的心态，拥抱变革，相信新技术的力量。

正如梁启超在《少年中国说》中所说：

老年人常思既往，少年人常思将来。惟思既往也，故生留恋心；惟思将来也，故生希望心。惟留恋也，故保守；惟希望也，故进取。惟保守也，故永旧；惟进取也，故日新。惟思既往也，事事皆其所已经者，故惟知照例；惟思将来也，事事皆其所未经者，故常敢破格。老年人常多忧虑，少

▼ 1 这句话的英文原文为 "As long as they have the Walkman on … they cannot hear what the great tradition has to say"。

年人常好行乐。惟多忧也，故灰心；惟行乐也，故盛气。惟灰心也，故怯懦；惟盛气也，故豪壮。惟怯懦也，故苟且；惟豪壮也，故冒险。惟苟且也，故能灭世界；惟冒险也，故能造世界。

索尼发明 Walkman 的时候，音乐磁带还没有真正流行起来。包括索尼内部人士在内的很多人都认为，Walkman 不过是一个没有录音功能的"录音机"，属于一种噱头产品。盛田昭夫在回忆录中说，即使在当时的索尼，大多数人也都过于关注技术细节，而没有考虑以年轻人为代表的目标市场人群的音乐消费方式。[3]

那么，索尼在 Walkman 上取得的成功仅仅是一种偶然吗？我们不妨对 Walkman 诞生之前 10 年间飞利浦和索尼的专利技术做下个简单的分析，看看索尼的成功是否仅仅为一种巧合。

表 18-1 是我们对 1969—1978 年索尼和飞利浦在全球范围内公开的专利族，按照一些关键字进行检索的统计结果。从表中可以看出，1970 年代的索尼在规模上还远远不能与飞利浦相比。在发明 Walkman 之前的 10 年间，索尼在全球范围内公开了 4894 个专利族，而同一时间的飞利浦公开了将近 13,000 个专利族。事实上，根据 Fletcher 的研究[4]，索尼到 1989 年还只是全球电子产品营销收入排名第 9 的电子企业，以 16.9 亿美元排在飞利浦（21.5 亿美元，排名第 6）之后。

表 18-1 1969—1978 年索尼和飞利浦在全球的专利及专利族分析

关键字	飞利浦			索尼		
	专利数	专利族（简单同族）	占该公司专利族总数的比例	专利数	专利族（简单同族）	占该公司专利族总数的比例
Stor*（存储）	2719	1697	13.35%	719	389	7.95%
Portab* OR Miniatur*（便携/小型化）	265	155	1.22%	135	85	1.74%
Audio（音频）	349	219	1.72%	493	257	5.25%
Video（视频）	926	492	3.87%	1100	549	11.22%
Stereo（立体声）	65	40	0.31%	128	74	1.51%
Fidelit*（保真度）	24	17	0.13%	200	116	2.37%
Playback（回放）	391	295	2.32%	373	255	5.21%
Magnetic tape（磁带）	262	148	1.16%	716	393	8.03%
Magnetic head（磁头）	261	144	1.13%	502	271	5.54%
总数	46,127	12714		11,029	4894	

根据表 18-1，涉及"存储"的专利族，飞利浦有 1697 个，占其专利族总数的 13.35%，而索尼只有 389 个，只占其专利族总数的 7.95%；涉及"音频"和"视频"的专利族，索尼分别拥有 257 和 549 个，与飞利浦不相上下，在占据专利族总数的比率上甚至高于飞利浦。这些数

据表明，索尼在研究方向上更加贴近大众消费领域。在涉及音乐的一些具体细节上，如"立体声"和"保真度"，飞利浦相对而言不够重视，而索尼在这方面的专利数量已经占有优势。

众所周知，飞利浦是卡式磁带的发明人。但是在1970年代，飞利浦在磁带方面的研究明显放松了，反倒是索尼把大量的精力投入磁带相关的技术上：索尼涉及"磁带"的专利族有393个，涉及"磁头"的则有271个，比飞利浦多出一倍以上，占到全部专利族总数的5%以上，而飞利浦只有略高于1%的专利族涉及"磁带"或"磁头"。

如前所述，在1970年代，价廉物美且易于复制（但也容易盗版）的卡式磁带就像1990年代的MP3一样，都是深受年轻人喜爱的产品。索尼抓住了年轻人对音乐和影视节目的喜好，投入大量资源研发年轻人偏爱的磁带技术，同时不遗余力地提高用户体验。这才是索尼取得成功的关键。

通过IncoPat数据库提供的专利沙盘分析工具，我们可以对这两家公司的研发方向有一种更加直观的认识。从1969年到1978年间，索尼在"磁性记录""磁带盒"等领域深耕细作，在"立体声"技术上积累颇丰，在彩色电视领域的投入甚至超过飞利浦，同时它对电视的"色度信号"和"亮度信号"也非常重视。总的来说，在年轻人更感兴趣的新潮科技上，索尼表现得更加积极。这一切都说明，Walkman的成功绝非偶然，与索尼深入理解并迎合年轻人口味，以及在这方面的技术积累是分不开的。

我们进一步来看两家公司主分类号为G11B（基于记录载体和换能器之间的相对运动而实现的信息存储）的专利。在这一分类号下，索尼拥有1353个专利族，而飞利浦只有584个。尽管两家在视频磁带方面都有不少专利，但只有索尼注册了大量与"彩色视频"和"彩色信号"有关的专利。根据"科技三定律"，彩电在当时年轻人眼里属于"革命性产物"，以"色彩"为研发方向是符合当时年轻人的口味的。

相比之下，就像我们在"兴衰篇"中讲过的IBM一样，飞利浦的研究方向似乎更偏向于基础科学的研究。我们知道，飞利浦的剃须刀名扬天下，这表明它并不是像IBM那样恐惧大宗消费级产品，死守toB业务的企业。那么，为什么飞利浦的专利布局也倾向于基础科学呢？

第 19 章 象牙塔上的飞利浦

1914 年，飞利浦兄弟聘请了年轻的物理学家吉勒斯·霍尔斯特（Gilles Holst）主持公司的研究工作。霍尔斯特是诺贝尔物理学奖得主卡末林·翁内斯（Kamerlingh Onnes）的弟子。翁内斯发现超导现象时，霍尔斯特是研究项目的主要参与者之一。从某种意义上说，霍尔斯特是最早发现超导现象的地球人——当实验材料的电阻降为零时，是他亲手测量的电阻读数。

当时，很少有科学家进入工业企业工作，吉勒斯·霍尔斯特建立的飞利浦研究中心是最早大批雇佣纯科研人员的商业机构之一。他从荷兰的大学和科研院所招募了大量员工，并且在研究中心内部鼓励学术文化的发展。推动飞利浦发展的科研人员在基础科学方面进行了大量探索。

如前所述，飞利浦公司的创始人兄弟分别是优秀的工程师和商业天才，对技术和市场都有深刻的理解。他们一方面支持霍尔斯特建设一个学术气息浓厚的研究中心，另一方面也有能力把控研究中心的研发方向，确保科学家们的工作不脱离公司的实际需求。在第二次世界大战爆发前的几十年间，飞利浦兄弟一直和研究中心保持着密切的联系，在众多事务上亲力亲为，积极地把新的研究成果转化成产品。早期飞利浦公司的成名之作——X 射线管（US1893759A）、旋转剃须刀（US2308920A）和高压汞蒸气灯（US2094694A）等，都是研究中心在这一时期的贡献。由于研究中心的技术突破多点开花，飞利浦在这一时期开始向多样化的方向发展，不断开拓新的技术领域，最终成为一家横跨医疗、照明、电气等多个行业的科技巨头。

第二次世界大战之后，飞利浦的研发指导思想发生了微妙的变化，研究中心逐渐沉迷于基础科学的研究，与产品部门渐行渐远。这种转变大概有以下两个方面的原因。

1. 理论基础

1945 年，万尼瓦尔·布什（Vannevar Bush）向美国总统罗斯福提交了报告《科学：无尽的前沿》（*Science, the Endless Frontier*，又称为"布什报告"）。该报告被认为是对世界各国科技政策影响最大的文件之一。在这份报告中，布什提出了著名的"线性模型"（如图 19-1 所示）：先有基础研究，基础研究催生应用研究，由应用研究进一步开发，最后才有产品和市场运营。

图 19-1 "布什报告"中提出的线性模型

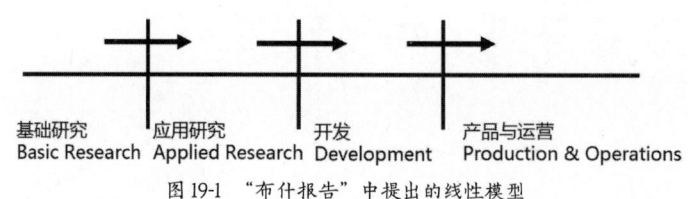

"布什报告"不仅得到了美国政府和欧洲各国的支持,也得到了产业界的普遍认可。很多大公司都接受了布什的线性模型,把基础科学研究拔高到前所未有的重要地位。贝尔实验室、IBM和飞利浦在二战后几十年内偏学术的研究方向都与"布什报告"提出的线性模型有一定关系。

2. 领导口味

从 1946 年起,著名物理学家亨德里克·卡西米尔(Hendrik Casimir)开始主管飞利浦研究中心。卡西米尔在量子物理领域做出过很多重要贡献,与玻尔、泡利和埃伦费斯特等人私交甚笃,在学界名声显赫。作为飞利浦研究中心的主要负责人,他在工作中毫无保留地秉承了自己对科学的热爱,积极推动针对超导现象、超流体现象和激光物理的研究——虽然这些技术对当时的飞利浦没有任何实际用途。

卡西米尔认为自己的主要任务是鼓励个体的自由研究工作,帮助科研人员摆脱官僚主义制约。为了确保科学家们的研究自由,他为研究中心的各种项目预算大开绿灯。在很长一段时间中,飞利浦的研发投入都排在世界第三的位置,仅次于 AT&T 和 IBM。卡西米尔相信,通过"对自然现象更加深刻的理解",会自然而然地为公司打开通往新产品的大门。他要求研究主管们以理论驱动研究,以基础科学方面的探索作为核心任务。他鼓励研究人员和学术界保持密切联系,以科研文章的发表数量和专利的数量来评估研究中心人员的产出。

卡西米尔在任期间,飞利浦研究中心的规模有了极大的扩张:科学家数量从 1946 年的 157 位增加到 1965 年的 388 位,助理人员从 170 位增加到 991 位,行政人员从 240 位增加到 722 位。

这一时期,飞利浦的组织架构与二战前相比有了重要改变,各个产品部门(Product Divisions, PD)开始拥有一定的自主权,能够决定自己的产品组合和发展方向,甚至也拥有自己的下属研究部门,在公司中占据强势地位。但是,强势的产品部门主管们对研究中心没有任何影响力,因为研究中心直接从位于公司顶层的管理委员会获得预算,不受产品部门制约。研究主管们对产品部门提出的实际问题不屑一顾,与产品部门的关系日益紧张。

在卡西米尔主持研究中心期间，飞利浦的科学家们还是贡献了不少重要发明。从商业市场的角度来看，氧化铅摄像管（Plumbicon，US3372056A）和硅局部氧化隔离（LOCOS，US3970486A）都是非常成功的技术。这两项技术都成为行业标准，为公司贡献了大量的许可收入。

氧化铅摄像管的发明是飞利浦研究中心基础科学实力的体现。在这项发明问世之前，RCA公司基于光电导性（photoconductivity）原理发明了一种电视摄像管（pickup tube），但在应用中出现了不少问题。RCA对此一筹莫展，认为是光电导性固有的问题。飞利浦研究中心的科学家不认同RCA的结论。凭借在能带结构领域的丰富经验，他们只做了少量实验就在为数众多的备选材料中选定了氧化铅。氧化铅摄像管很快成为业界标准。

但是，氧化铅摄像管的产品化过程就没有这么顺利了。研究中心完成了氧化铅摄像管的设计之后，将其转交给产品部门，由后者开发成可批量制造的产品。但这个过程比研究中心的科学家们预期的复杂得多：图像上的斑点、灯泡的内爆等问题导致工厂事故频出，疲于应对。因为后续问题层出不穷，该项目又被打回研究中心，研究中心不得不派技术人员常驻工厂以提供技术支持。产品部门不断地抱怨研究中心对于原型机和批量制造之间的过程理解不足，双方的关系日益紧张。

从1940年代到1970年代，飞利浦研究中心花了数十年的时间研究斯特林发动机（热气机），负责该项目的研究团队一度是研究中心中规模最大的团队之一。飞利浦在这一领域积累了大量专利，这些专利直到1990年代仍是产业界研究斯特林发动机的重要基础。通过IncoPat数据库整理的飞利浦1969—1978年专利的沙盘图（见图19-2），我们可以看到右侧有一个很大的"工作空间/热气体/工作介质"聚类，这代表了飞利浦几十年间在热气机方面的科研成果。遗憾的是，在飞利浦内部，没有一个产品部门对这些成果表现出任何兴趣。

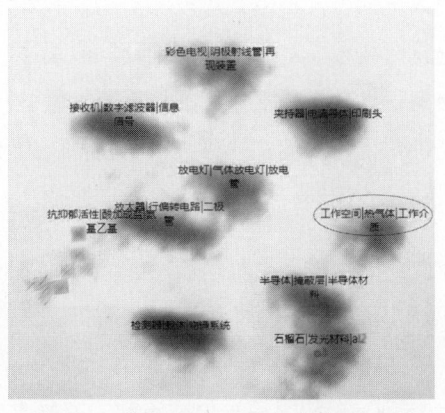

图 19-2 飞利浦 1969—1978 年专利的沙盘图

1971 年，研究中心花费数年时间设计了一种新型摄像管，兴冲冲地展示给产品部门。产品部门认为研究中心的设计只适合小尺寸图像，没有任何市场价值。研究中心争辩说，日本的电视都是小尺寸的,结果被产品部门用一句"那我们就教教日本人来欣赏大图像好了"顶了回去，双方不欢而散。在此之前，产品部门已经注意到日本彩电开始向大尺寸规格发展，并因此砍掉了一个针对小尺寸图像的开发项目，但是双方完全没有针对这一问题进行有效沟通。研究中心不满产品部门的无礼，而产品部门则抱怨研究中心浪费公司资源而无所作为。在以索尼为代表的新兴日企迅速崛起之时，飞利浦的研发工作在这种内部困境中艰难前行——这就是 Walkman 诞生之前飞利浦研发部门所面临的窘境。

到了 1970 年代，西方世界持续多年的经济强势增长终于到了尾声。原本不吝大笔投资于基础科学研究的大公司开始面临资金问题，对布什线性模型的质疑也越来越多。这个时期也正是飞利浦从家族企业向职业经理人企业转型的关键期。1971 年，亨克·范兰斯戴克（Henk van Riemsdijk）开始担任飞利浦集团 CEO——他是首位不姓"飞利浦"的 CEO。但是范兰斯戴克仍然是飞利浦家族的成员，他从 1934 年开始在飞利浦的商业部门工作，并娶了飞利浦创始人的女儿亨丽埃特·安娜·飞利浦（Henriëtte Anna Philips）为妻。飞利浦家族直系成员退居二线之后，新一届高层对投资回报的要求越来越高，那些没有可靠回报的研究活动受到了越来越多的质疑。

1973 年，发达国家遭遇了滞胀危机，飞利浦面临的行业困境进一步加剧。差不多就在这段时间，卡西米尔从飞利浦退休，去自己一手创建的欧洲物理学会担任会长。飞利浦研究中心迎来第三任主管爱德华兹·潘嫩伯格（Eduard Pannenborg）。在他的主导下，研究中心逐渐开始失去独立的象牙塔地位。

潘嫩伯格提出要在研究人员的个人自由和对产品部门的服务之间找到一种平衡。他仍然支持研究机构的独立性，但也认为要减少对"技术的推动"的关注，要求研究人员更注重"市场的拉动"。他希望研究人员意识到自己是工业界的一部分。但是，卡西米尔在研究中心确立的学术导向已经根深蒂固，潘嫩伯格和稀泥式的路线得不到科研人员的支持。研究中心与产品部门、生产部门始终无法形成统一战线。

在这段时期，来自日本企业的挑战已经越来越严峻，飞利浦开始关闭部分工厂，砍掉一些低利润的业务。尽管如此，从 1971 年到 1977 年，飞利浦仍然保持了相对稳定的增长，雇员数维持在 38 万人左右，营收从 82 亿欧元增长到 141 亿欧元。1977 年，尼科·陆登伯格（Nico Rodenburg）接任 CEO。作为飞利浦历史上第一位非飞利浦家族成员的 CEO，陆登伯格并没有展现出卓越的领导能力。在他任职期间，公司营收仍然有所增长，但是利润增长很慢。那时恰逢第一次石油危机导致全球经济危机，为了控制公司成本，陆登伯格启动了飞利浦历史上的第一次大规模裁员。1977年到1981年间，就在Walkman横空出世之际，飞利浦的消费电子部门经历了前所未有的大规模重组，前后裁员达36,000人左右。

飞利浦家族的退出带来的转型困难、滞胀危机、第一次石油危机、消费电子部门的大规模裁员，以及被飞利浦拒之门外的帕威尔和他的"腰带随身听"——把这些事件联系起来看，真让人不禁感叹"时也，命也，运也"。

1982年，维斯·德克（Wisse Dekker）开始担任飞利浦的CEO。同年，飞利浦的V2000项目宣告失败，日本电子企业对飞利浦传统市场的攻势也更加猛烈。从1984年开始，维斯·德克改变了飞利浦在技术研发上自给自足（autarky）的传统战略，发起了21个联合投资项目来推动研发。在中美贸易战背景下受到国人普遍关注的光刻机生产商ASML，就是飞利浦在这一时期与外部企业联合投资的产物。

1986年维斯·德克卸任，范德克鲁格特（Van der Klugt）开始担任CEO。他在任期内的主要成就之一是重新控制了桀骜不驯的飞利浦北美分部。同时，为了补偿美元贬值导致的资本市场损失，范德克鲁格特卖掉了很多事业部和业务部门，前后主导了23次资产剥离。ASML就是在这一时期从飞利浦独立出来的。

1989年年底到1990年年初，飞利浦利润急剧下降，范德克鲁格特在董事会被孤立，失去对公司的掌控；1990年，他被迫辞职。范德克鲁格特在任期间，飞利浦裁员71,000人，相当于员工总数的1/5。

1989年，内忧外患的飞利浦再次推动研究中心的改革。在管理委员会的干预下，研究中心启动了"合同研究"制度。为了获得预算，研究中心的人员需要向飞利浦的生产部门申请项目。1991年，来自惠普的卡鲁巴（Carrubba）开始主持飞利浦的研究中心，要求研究人员从客户的角度思考问题，把自己看成公司的"知识工人"。到此为止，飞利浦研究中心彻底失去了其象牙塔的超然地位。

第 20 章 数字音乐时代门槛前的纠结

《金融时报》资深记者吉莲·邰蒂（Gillian Tett）在其代表作《谷仓效应》(The Silo Effect)一书中，把企业内部沟通不畅、部门各自为政的现象称为"谷仓效应"，并且把索尼列为具有"谷仓效应"的典型企业。《谷仓效应》着重描述了索尼1999年在拉斯维加斯举行的一场新闻发布会。为了推出两款重量级产品，索尼别出心裁地用刚刚大获成功的《精灵鼠小弟》动画人物致开场辞，再邀请乔治·卢卡斯发表演讲，盛赞索尼在音频视频技术方面对世界的贡献。最后，作为发布会压轴的重头戏，索尼社长出井伸之邀请吉他大师史蒂夫·范（Steve Vai）上台，现场演奏了一小段音乐。接下来，在万众瞩目之下，史蒂夫·范从口袋里掏出了使用索尼记忆棒的新款 Walkman（见图 20-1），回放了他刚刚弹奏的曲子。面对这款比 MD 更小巧、更便携的新款随身听，观众情绪高涨，报以热烈的掌声。面对互联网和数字革命，这是否是索尼即将引领新一代风潮的全新产品呢？

听众对记忆棒 Walkman（MemoryStick Walkman）的热情还没有消退，出井伸之马上又掏出另一款新的数字设备。这款新设备的外形是优雅的圆柱形，看起来像一支钢笔。出井伸之用这款数字设备再次播放了史蒂夫·范的演奏，听众再次报以热烈的掌声。这款设备的名称是 VAIO MusicClip，和记忆棒 Walkman 一样小巧，同样具备录音和播放音乐的功能（见图 20-2）。和记忆棒 Walkman 不同的是，VAIO MusicClip 采用的是内置的固态存储器。

观众对索尼新产品的精巧设计赞不绝口。然而，在这个时候，还没有人想起问：索尼为什么要在同一天发布两款功能几乎一模一样的新产品？

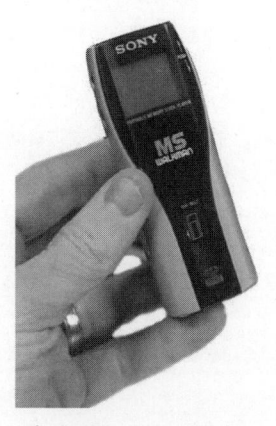

图 20-1 MemoryStick Walkman

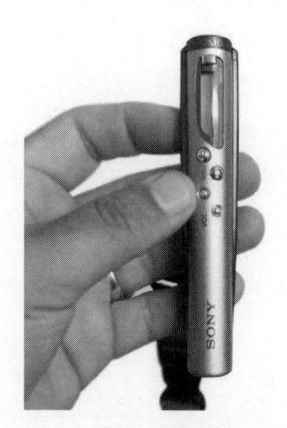

图 20-2 VAIO MusicClip

似乎觉得给消费者带来的选择困难还不够，在发布会后不久，索尼又推出了另一款音乐播放器产品——Network Walkman。到了 2004 年，索尼对 MD 系统进行了大规模的升级，推出了 Hi-MD 系统。Hi-MD 碟片容量达到了 1GB，并且通过磁畴壁移动检测（Domain Wall Displacement Detection, DWDD）专利技术，实现对旧版 MD 碟片的兼容。同时，索尼还增强了 MD 系统和 PC 的交互传输能力，并推出了新的音乐管理软件，用户可以通过 CONNECT 音乐商店下载音乐。

在前面我们提到过，索尼在 1980 年代发布了数以百计的磁带随身听型号，每个型号针对不同的客户群体。其中，针对运动爱好者的 Sport 型号在北美市场所向披靡。但是 MemoryStick Walkman、VAIO MusicClip、Network Walkman 和 Hi-MD 遵循的却是完全不同的逻辑。它们并不是索尼针对不同客户群体的不同需求设计的，而是索尼内部各部门根据自己的市场需求设计的。

当索尼各个部门在新时代的门槛前纠结的时候，MP3 和互联网的大势已经不可阻挡。

有研究者指出[1]，MP3 作为一种音乐格式，真正被媒体广泛报道并大规模进入公众视野是在 1997 年[2]。在此之前，北美地区在 1995 年到 1997 年间已经出现了在线音乐文件共享的热潮，MP3 就是在这段时间流行起来的。

1988 年 12 月，国际标准化组织（ISO）成立的动态图像专家组（Moving Picture Experts Group, MPEG）开始为音频编码标准征集提案。松下电器、法国电视通讯传播中心（CCETT）、德国广播技术研究所（Institut für Rundfunktechnik, IRT）和飞利浦提出的方案被称为"Musicam"。德国弗劳恩霍夫协会、AT&T 和法国电信提出了一组方案——ASPEC（Adaptive Spectral Perceptual Entropy Coding）。索尼、富士通、JVC 和 NEC 则提出了 ATAC（Adaptive Transform Aliasing Cancellation）方案。1991 年，MPEG 基于 Musicam 和 ASPEC 两种方案推出了 MPEG-1 音频标准，包括三种编码方式：MPEG Layer 1、MPEG Layer 2 和 MPEG Layer 3。

MPEG Layer 2 得到了大多数公司的支持，尤其是飞利浦和松下电器。MPEG-1 标准确立后，MPEG Layer 2 很快成为数字音频广播（Digital Audio Broadcasting, DAB）和我们熟知的 VCD 的标准音频编码格式，并在业界得到了广泛应用。然而，在很长一段时间内，MPEG Layer 3 都无人问津。

作为 MPEG Layer 3 的主要支持者，弗劳恩霍夫协会不甘落后，艰难地进行各种推广工作。1995 年，弗劳恩霍夫协会与微软签订协议，在 Windows 系统内置对 MPEG Layer 3 的支持。同年，弗劳恩霍夫协会发布了适用于 Windows 3.1 平台的 MPEG Layer 3 音乐播放器软件 WinPlay3。

这些商业活动是 MP3 取得成功不可或缺的因素，但并非决定性原因：MP3 之所以流行起来，是一系列意外事件和条件共同作用的结果，这个过程是任何人都无法预料的。

1994年7月，弗劳恩霍夫协会推出了用于 MPEG Layer 3 文件编解码的两个命令行程序 L3Enc 和 L3Dec，并以 250 美元的价格出售。一名澳大利亚黑客盗用他人的信用卡购买了 L3Enc 软件，破解了源代码，重写了用户界面，免费发布在网上，取名为"Thank you Fraunhofer"（感谢弗劳恩霍夫）。

在此之前的 1993 年，互联网上出现了最早的一批音乐分享社区，其中最著名的是 IUMA（Internet Underground Music Archive）。IUMA 的早期成员主要是一些独立乐队，它们最早使用 MPEG Layer 2 格式在网上共享各种音乐。"Thank you Fraunhofer"软件和 WinPlay3 发布之后，IUMA 的活跃用户发现 MPEG Layer 3 比 MPEG Layer 2 的比特率更低，占用空间更小，更加适合拨号上网时代的可怜带宽。从 IUMA 开始，网上的音乐共享社区逐渐接受了 MPEG Layer 3 格式，大量以 MPEG Layer 3 格式编码的音乐开始在互联网上传播。

在这一时期，唱片公司完全没有注意到互联网上盗版音乐的问题。美国唱片业协会（RIAA，相当于我国的音乐著作权协会）追查盗版的部门主要是退下来的警官，他们还只知道从跳蚤市场或早期的交易网站上追查盗版磁带或 CD。直到 1997 年，美国唱片业协会才第一次对网上传播盗版音乐的一些 FTP 站点提起诉讼；在此之前，互联网基本上是版权法鞭长莫及的法外之地。

差不多也就在这一时期，弗劳恩霍夫协会通过内部投票，将 MPEG Layer 3 更名为 MP3，文件名后缀由"bit"改为"mp3"。这个简单好记的名字也促进了 MP3 音乐在网络上的流行。

同样是在这一时期，北美出现了宽带，校园网的建设日渐繁荣，在校的学生们开始用 FTP、IRC 等工具大量共享音乐。CD 刻录机的价格也在这一时期降低到 1000 美元左右。1997 年左右，北美网民在买计算机时常常会选择购买刻录机，把 MP3 音乐刻录到 CD 上保存，进行交换或贩卖。1997 年 10 月，著名的早期在线音乐网站 mp3.com 注册成立。1998 年，"MP3"成为当年第二流行的搜索关键词（最流行的关键词是"色情视频"）。1999 年，"MP3"超越"色情视频"，成为当年最流行的搜索热词。同年 8 月，提供 MP3 音乐共享服务的 Napster 网站注册成立。

Napster 在鼎盛时期号称拥有 2800 万名用户。这家公司是互联网泡沫时期的典型企业：没有广告收入，没有明确的盈利模式，甚至没有收集用户数据，但是拥有不断增长的用户。当时的风险投资人相信，只要用户人数不断增长，找到盈利模式只是时间问题，Napster 迟早会成为像微软或谷歌那样的一流公司。然而，理想很丰满，现实很骨感：2002 年，Napster 在美国唱片业协会的一系列诉讼攻击后宣告破产。

Napster等音乐网站的兴起，表明年轻一代对计算机、音乐和互联网结合的渴望。遗憾的是，在这个时间点上，索尼并没有很好地回应市场的需求，没有做出顺应时代的选择。

历史并不是没有给过索尼机会。在20世纪末，一起意外事件让销量平平的MD一度起死回生，也让索尼意识到公众对MP3的热爱。遗憾的是，索尼的应对之道过于保守，没能抓住转瞬即逝的机会。

1998年，澳大利亚公司Xitel在进行市场调研时，发现了一个奇怪的现象。这家公司销售一种带有数字光学输出功能的声卡，本来目标消费群体是对立体声音质有要求的高端PC游戏玩家。随着MP3的流行，Xitel注意到，购买声卡的大多数用户不是预想的PC游戏玩家，而是追求音质的MD发烧友。原来，一些"技术宅"偶然发现，利用Xitel声卡的光学输出功能，能够简便地与MD录音设备连接，这样就可以把计算机中保存的MP3音乐烧录到MD上。这种方法一传十，十传百，很快成为MP3转MD的最佳民间解决方案。Xitel随即在1999年开始销售专门为MD打造的转接设备"MD-Port"。这款简单的产品问世之后，MD在北美的销售突然猛增，2000年上半年的销售额同比增加了两倍。2001年2月，MD居然起死回生，一度跃升为市场上销量最高的数字音乐随身听。

索尼对此反应迅速。在了解到前因后果之后，索尼马上和Xitel签订协议，把Xitel生产的转接头和MD捆绑销售。2001年7月，MD的销量达到全美数字随身听市场的40%，Xitel每月销售的MD转接设备一度达到10万件之多。

遗憾的是，MD市场的短暂复苏并非起死回生，而是回光返照。2001年年底，苹果的iPod横空出世，席卷天下，索尼一手开创的数字随身听市场终于落入他人之手。

第 21 章 一统天下的梦想

1998 年 10 月，索尼发布了一款闪存卡产品，名为"记忆棒"（Memory Stick）。在此之后的十几年时间里，索尼销售的很多数字产品都支持记忆棒而不支持 SD 卡，包括数码照相机、数字摄像机、个人数字助理（PDA）、随身听和手机等，这给众多索尼用户带来了无穷无尽的麻烦。同时，索尼也申请了大量与记忆棒或其他闪存卡有关的专利。从这些专利中，我们或许可以看出索尼设计研发路线时的一种独特思路——这也可能是索尼很多产品失败的原因。

在 JP2001216481A 号的日本专利申请（对应的美国同族专利的申请号为 US20010030883A1，二者均未获授权）中，索尼设想了一种便于携带大量记忆棒或其他存储卡的"钥匙圈"（见图 21-1）。发明人认为："在不远的将来，每个人都会拥有并使用若干个 IC 存储卡，以存储不同类型的信息。"根据这一判断，索尼发明了一种带有通孔的记忆卡，可以穿在类似于钥匙圈的环上。根据专利申请文件的描述，这种通孔不仅方便用户携带大量的存储卡，在一些实例中还能起到数据保护开关的作用。

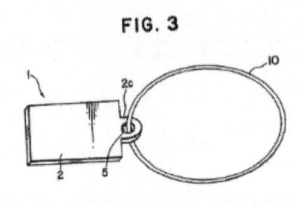

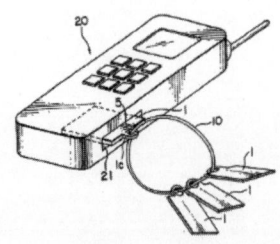

图 21-1 JP2001216481A 号专利申请附图中携带大量记忆棒或其他存储卡的"钥匙圈"

在 JP2001229352A 号专利申请（未获授权）中，索尼又发明了一种适配器，其中可以同时插入多根记忆棒或其他闪存卡（见图 21-2 的左图）。用户可以把好几根记忆棒插进这个小小的装置里，然后将其插入计算机以读取记忆棒中的文件（见图 21-2 的右图）。

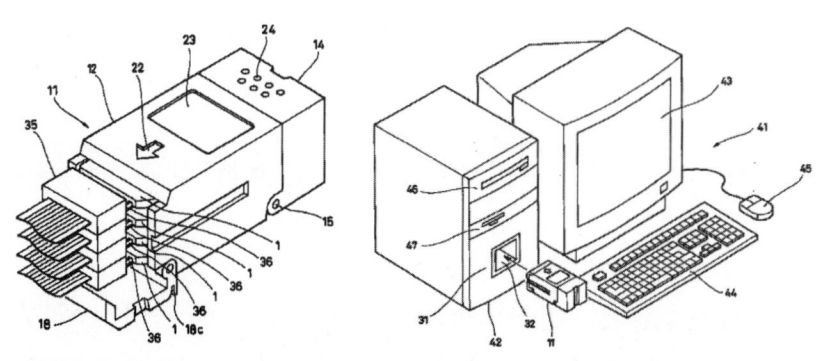

图 21-2 JP2001229352A 号专利申请附图中可以同时插入多根记忆棒或其他闪存卡的适配器

在 JP2000029998A 号专利申请中，索尼又发明了一种基于记忆棒或其他闪存卡的"记录与回放设备"。从图 21-3 中可以看出，这款设备类似于使用录像带或 DVD 的录放一体机，但它不使用磁带也不使用光盘，而是像多米诺骨牌一样，在主机上插 10 张闪存卡。"80 后"和"90 后"人群对这种设计思路应当不陌生：早在 1980 年代，就出现了可以同时插入两盒磁带的录音机，后来又有了可以放三张光盘、自动连续播放的 CD 机或 VCD 机。如果记忆棒像磁带、光盘、录像带一样普及，成为数字消费的必需品，那么能连续读取记忆棒的播放设备也少不了吧！

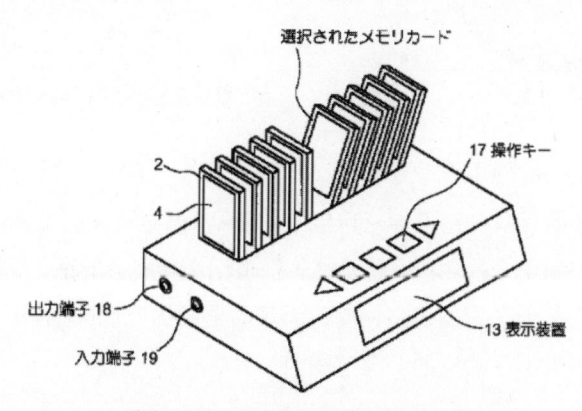

图 21-3 JP2000029998A 号专利申请附图

除了上述这些专利申请，索尼还为存放记忆棒的卡盒申请了很多专利。这些专利不仅包括普通的卡盒，还包括带挂链的卡盒（如 JP2001222695A）、能放记忆棒也能放 SD 卡的卡盒（如 JP2002166987A）等。从这些专利申请中，我们可以看出索尼对记忆棒这款产品寄予厚望，希望它能成为比软盘、磁带和 CD 更普遍的生活必需品，无处不在，无人不用。这种思路是索尼针对使用很多闪存卡的场景申请大量专利的动机。那么，这种思路有什么不对的地方吗？

在 JP2000032582A 号专利"头戴式耳机系统"中，我们可以清楚地看到索尼这种思路的局限性。索尼推出过内置闪存的一体式 MP3 耳机，该产品至今还在市面上销售（见图 21-4）。

虽然这个系列的产品销量非常一般，但是其抛弃播放器只留下耳机的设计也算是可圈可点的技术创新。申请于 1998 年的 JP2000032582A 号专利是这种设计的早期体现。遗憾的是，这项专利完全是围绕记忆卡设计的（见图 21-5）。这是一款"耳机连接部分包括多个记忆卡的耳机系统，具备选择功能，允许用户选择一个记忆卡播放其中的内容"。这表明，尽管索尼拥有足够的技术能力和创新能力简化产品——抛弃播放器，只留下耳机，但它却不愿放弃对记忆棒的依赖。可以说，这项发明是索尼打造自己的记忆卡帝国的宏大布局的一部分，而不是解放用户双手的一种尝试。这件专利体现的设计思想完全是以索尼为中心的，而不是以用户为中心的。

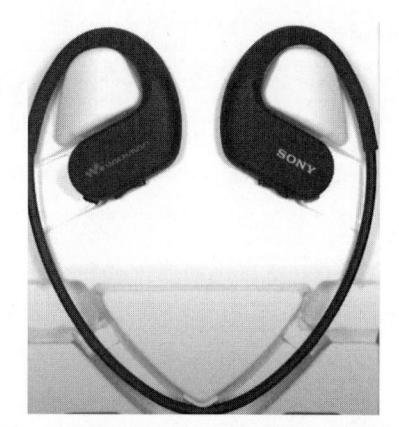

图 21-4 索尼内置 4 GB 闪存的 MP3 一体式耳机 NWWS413BM，于 2016 年发布

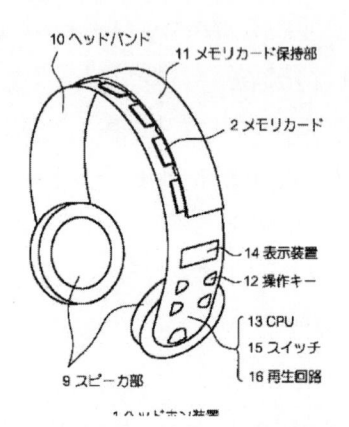

图 21-5 JP2000032582A 号专利申请附图

1998 年提交的 JP2000030010A 号专利申请"遥控设备"的设计思路和上面的耳机颇为类似（见图 21-6）。这种遥控器可以控制多种家用电器，与某台家电有关的信息可以保存在记忆棒中。如果用户家里有不同公司生产的多种家用电器，一根记忆棒不够的话，可以多插几根。可以说，这些发明的真正目的不是为了方便用户，而是为了给自己的记忆棒找到更多的用途——用户反复插拔记忆棒的麻烦根本不在索尼的考虑范围内。

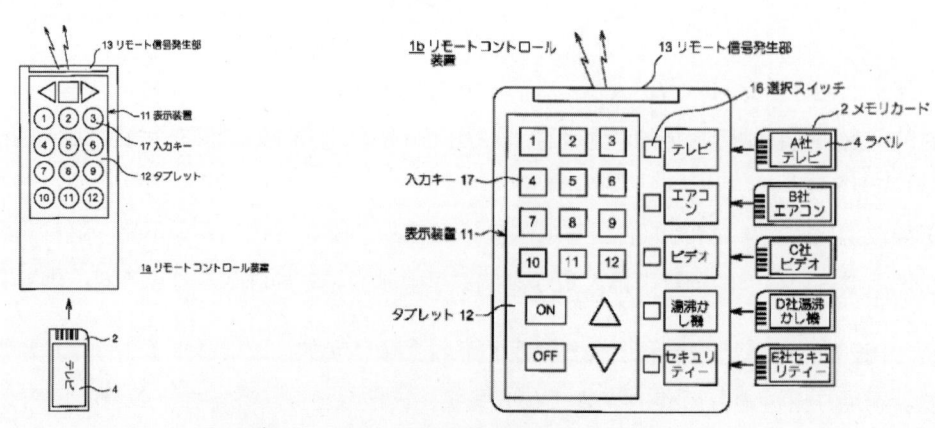

图 21-6 JP2000030010A 号专利申请文件附图

索尼的记忆棒专利还反映出另一个问题，它体现在 JP2001175817A 号专利申请"磁带适配器"中（其中国同族专利为 CN1300070A，未获授权）。这项发明揭示的是一种卡式磁带形状的闪存卡适配器（见图 21-7）。把闪存卡或记忆棒插入这个磁带形状的适配器后，就能像普通的卡式磁带一样把它放进录音机里播放。这件专利的申请时间是 2000 年——当苹果梦想着淘汰键盘、手写笔和软驱的时候，索尼还在思考用录音机来播放闪存卡中的内容。

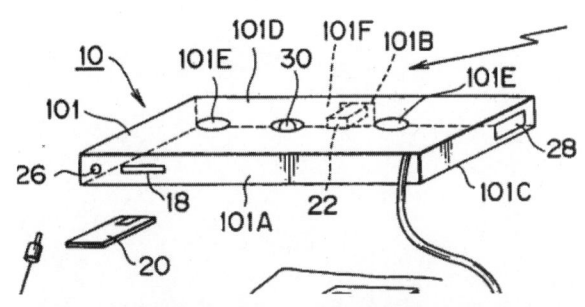

图 21-7 JP2001175817A 号专利"磁带适配器"申请文件附图

1998 年，苹果公司发布了乔布斯回归之后的第一款重量级产品：iMac G3 一体机（见图 21-8）。这款计算机是 1990 年代苹果扭亏为盈的开始，以激进而大胆的设计闻名。iMac G3 有着与众不同的鲜艳的半透明机壳、圆形的"冰球"鼠标，还有一个重要创新点：取消了软盘驱动器。

图 21-8 1998 年开始发售的 iMac G3 一体机，第一款淘汰软驱的主流品牌计算机[1]

我们知道，索尼和苹果都是早期 3.5 英寸软盘的重要生产商。但是，苹果在 1998 年亲手给 3.5 英寸软盘套上了绞索，iMac G3 移除软盘驱动器成为软盘遭到淘汰的标志性事件。而当苹果对软驱举起屠刀时，索尼却以极大的温情，试图给 3.5 英寸软盘续命。

1999 年 6 月 15 日，索尼在 JP2000357209A 号专利"记忆卡适配器"申请文件中，设计了一款 3.5

▼1 本图摄影作者：David Fuchs。本图基于知识共享协议（CC-BY-SA-4.0）共享。关于详细版权信息，请参阅"图表链接 .pdf"文件。

英寸软盘形状的适配器（见图 21-9）。这件专利申请没有获得授权，也没有在日本以外的国家布局，但是索尼确实做出了相关的产品。2000 年 10 月，索尼推出了型号名为 MSAC-FD2M 的适配器（见图 21-10）。至今，我们还能在亚马逊和 eBay 上找到一些数字爱好者收藏的这种古董，价格约 50 美元 ~100 美元。

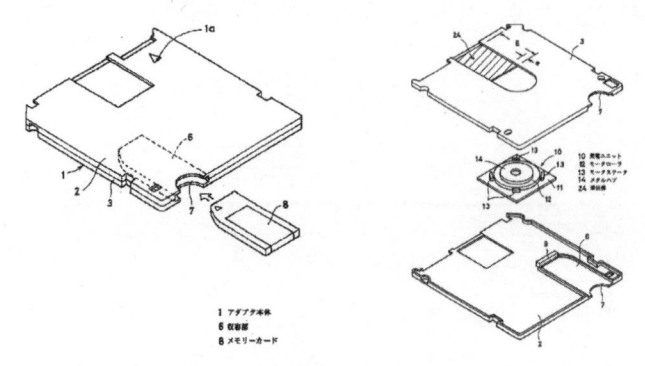

图 21-9　JP2000357209A 号专利"记忆卡适配器"申请文件附图

图 21-10　索尼记忆棒软驱适配器 MSAC-FD2M，2000 年左右发售[1]

从这些千奇百怪的专利申请文件中，我们不难看出索尼对记忆棒抱有的宏伟愿景：当乔布斯在绞尽脑汁替用户做减法时，索尼为自己描绘了一个记忆棒无处不在的世界——遥控器、计算机、手机、家庭音响、汽车音响、头戴式耳机、电子相册、导航系统……这些设备上都插着索尼记忆棒。

iPod 之所以是伟大的产品，是因为它针对用户的痛点提供了解决方案：从计算机中拷贝歌曲太麻烦，就设计一个大容量硬盘来存储歌曲，再通过音乐商店和同步功能解决歌曲管理的问题。索尼为用户着想的方式完全不是这样的：它先假定记忆棒是生活中不可或缺的必需品，然后基于这一假定去设想用户的需求——完全没有考虑到这个假设本身就是用户的大麻烦。在索

▼1　目前在索尼官网上能找到该产品的说明书 MSACFD2M.pdf，其发布日期为 2000 年。

尼的这些记忆棒专利中，我们看到的是索尼的理想，而不是用户的梦想。

当苹果努力为产品做减法，大刀阔斧地砍掉软驱、光驱、数码照相机、数字随身听、耳机插孔和 USB 接口的时候，索尼却在拼命做加法：很多与记忆棒有关的专利都涉及发明人本身熟悉的那些技术，如光盘、软盘、磁带、家电遥控器、家用音响、车载音响等。从这些专利中，我们也能感受到索尼作为老牌大企业老气横秋的一面。

第 22 章 斤斤计较的王者

我们在研究过程中，试图找出那些最贴近用户、最能站在用户角度考虑问题的专利技术——这个工作很不容易。但如果我们反其道而行之，去寻找站在用户对立面、完全不考虑用户的专利技术，那么答案一定是数字版权管理（Digital Rights Management，DRM）技术。这是一种完全以普通用户为假想敌的技术，比索尼那些千奇百怪的记忆棒专利技术还要糟糕。

我们用孟子"民贵君轻"的说法来比喻用户和企业之间的关系。孟子针对君民或君臣之间的关系还说过这样一番话："君之视臣如手足，则臣视君如腹心；君之视臣如犬马，则臣视君如国人；君之视臣如土芥，则臣视君如寇仇。"DRM 技术可以说是一种"君视民如盗贼"的技术。从索尼 DRM 技术的发展沿革上，我们很容易看到"君视民如盗贼"的下场。

版权保护是音乐、影视等内容资源生产商进入数字时代以后面临的一个大问题。在模拟时代，对影视等资源进行复制时会造成明显的质量损失。而在数字时代，数据基本上不依赖特定介质，在复制时不会有明显的质量损失。DRM 技术就是在这种背景下出现的。

在 CD 时代，音乐公司常用的 DRM 保护机制是在音频 CD 中加入计算机能够读取和处理的数据。把这些"加了料"的 CD 放进一般的 CD 机（如 CD 音响或 CD 随身听），机器会忽略计算机数据，直接读取音频内容而播放音乐；但是，如果把这些光盘插入计算机光驱，计算机则会直接读取计算机数据部分而忽略音频内容，无论如何都不会播放音乐了。早期流行的一种重要技术是以色列 Midbar Tech 公司发明的 Cactus Data Shield 技术，美国专利号为 US6425098B1，专利标题为"防止光盘盗版"。EMI 和 BMG 等唱片公司长期使用这种技术保护自己的音乐。从这件专利的说明书中，我们不难看出它反用户的本质：

> 在未经授权复制数据时，辅助数据不能有效地校正编码数据的改变部分，导致对原始介质进行的未授权拷贝中出现基本上不可恢复的错误。

用 Cactus Data Shield 技术处理过的音乐 CD 可以被 CD 音响或随身听正常读取，将其插入计算机光驱也可以正常看到里面的内容。但如果把 CD 里的音乐复制到计算机，就只能得到一堆噪声。用户多半会以为是自己的计算机或光驱出了问题，在多次尝试失败之后自然会放弃。

随着互联网的发展，用户习惯和偏好等数据越来越重要，DRM 技术也与时俱进，有了新的方案。新一代的 DRM 技术会在音乐 CD 中加入计算机能够直接运行的程序，当用户在光驱中插入音乐 CD 后，这些程序会自动运行，在用户计算机上安装监控软件，一方面自动监视插入光驱的所有音乐 CD，另一方面上传用户数据。First 4 Internet 公司的 XCP 软件就是这类技术的代表。First 4 Internet 公司的 GB2415826A 号专利就是这种技术的体现，其说明书上明确提到要在存储介质中加入"监控程序"，计算机读取该存储介质时自动激活，并监控一切"未授权的存取"。

索尼自己也在 DRM 技术方面投入大量精力。因为旗下有索尼音乐和索尼影业这两个重要的内容资源生产商，索尼对光盘防拷贝问题非常重视。2000 年 8 月，索尼影业高级副总裁史蒂夫·赫克勒（Steve Heckler）在美国信息系统大会（Americas Conference on Information Systems）上，对以 Napster 为代表的下载网站发出了气势汹汹的宣战书，他说：

> 索尼会用进攻性手段阻止这一切。我们会开发技术来越过个人用户的界限。我们会从源头出发，用防火墙挡住 Napster——我们从你的有线电视公司那里封锁它。我们会从你的电话公司封锁它。我们会从你的网络供应商（ISP）封锁它。我们会从你的个人计算机上用防火墙挡住它。

索尼在全球申请了至少 3000 个与防拷贝有关的专利，1000 多个专利族（简单同族合并）。[1] 相比之下，飞利浦只有 196 个专利族，苹果也只有 53 个。如前所述，索尼的这类专利申请数量在 2003 年达到顶峰（见图 22-1），主要是为了吸引各大电影公司加入蓝光阵营。2006 年之后，索尼防拷贝技术专利的申请量不断减少，最近几年已经减少到个位数。

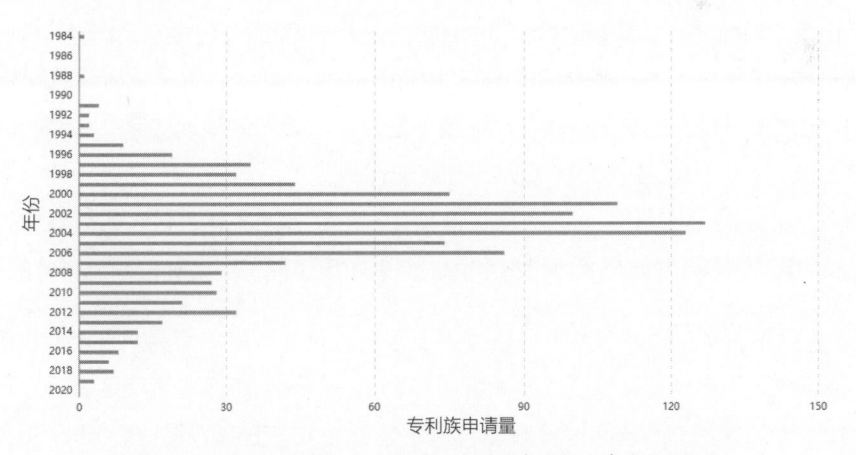

图 22-1 索尼每年与防拷贝技术有关的专利族申请量（简单同族合并）

▼ 1 检索式：TIAB=(copy* (n) (manag* or control* or administrat* or prohibit*) or ((file* or data or content*) (n) encrypt*)) and (ap=sony or aee=sony)

自2005年开始,索尼音乐偷偷在2200万张音乐CD上安装了DRM程序。虽然索尼自己也有大量的防拷贝技术专利,但在这些CD中主要使用的还是First 4 Internet的专利技术。在这些处理过的CD中,200万张CD安装了First 4 Internet公司的XCP软件,余下的2000万张CD安装了SunnComm公司的MediaMax CD-3软件。XCP只支持Windows系统,而MediaMax CD-3则同时支持Windows和MacOS系统。

把这些CD放入计算机光驱后,系统会自动弹出最终用户许可协议(End User License Agreement,EULA)。然而,不管用户点击"接受"还是"拒绝",音乐CD上自带的DRM程序都会悄无声息地自我复制到用户的计算机中。如果是苹果的MacOS系统,还会提示用户确认程序的安装,而Windows系统则没有任何提示。和很多流氓软件一样,First 4 Internet公司的XCP没有提供卸载程序,软件包中包含存在严重漏洞的Rootkit。很快,网上就出现了利用这些漏洞攻击用户的木马程序。

不久,小型软件公司Winternals的创始人,同时也是一位杰出软件工程师的马克·罗西诺维奇(Mark Russinovich)发现并揭露了这件丑闻(Winternals公司主要开发针对Windows系统的修复和管理软件,后来被微软收购。马克·罗西诺维奇进入微软公司,现在是微软云Azure的首席技术官)。事件进入公共视野之后,索尼音乐马上发布了一款卸载工具,声称可以帮助用户卸载XCP的Rootkit。但自作聪明的索尼在这款卸载工具上又动了手脚。

这一切当然逃不过安全专家罗西诺维奇的法眼。他很快发表文章指出,索尼发布的卸载工具只是取消了Rootkit安装的隐藏文件的隐藏属性,并没有将文件删除。不仅如此,这款工具还变本加厉地安装了一个无法卸载的流氓软件dial-home。此外,为了下载这款卸载工具,用户还需要向索尼提供自己的电子邮箱,从而成为索尼广告邮件的推送对象。一时间群情激愤,索尼只好在2005年11月18日发布了真正有效的卸载工具。同时,索尼音乐开始召回有DRM的音乐CD。几天之后(11月21日),得克萨斯州对索尼提起集体诉讼,纽约和加利福尼亚州随后跟进。索尼最终以巨额赔偿换得庭外和解,承诺向用户提供现金补偿或无DRM的音乐下载。

值得一提的是,苹果也在DRM方面吃过不少苦头。21世纪初,苹果用自己开发的FairPlay技术来保护版权。但苹果没有为这项技术申请专利——这一点居然成为苹果被诉专利侵权的理由。2005年,专利流氓Pat-rights威胁要起诉苹果侵犯其US6665797B1号专利。Pat-rights总裁钟彼得(Peter Chung)说:"……(FairPlay)当然是可以申请专利的技术。如果iTunes没有为这项技术申请专利,那么一定有没这样做的原因——其他人已经为这个技术申请了专利。"[1]

Pat-rights利用这件专利疯狂地攻击了多家业界知名公司,包括苹果、谷歌、eBay、三星、

HTC 和索尼。在最近的一次诉讼中[2]，苹果和索尼同被列为被告。联邦上诉法院的法官援引间接禁反言原则（collateral estoppel），用不满 6 页的判决书驳回了发明人谢浩强（音译，Ho Keung Tse）的上诉。

除了专利流氓的威胁，FairPlay 还为苹果带来了一场漫长的反垄断诉讼。2005 年 1 月，就在索尼在音乐光盘上偷偷做手脚的时候，一名 iTunes 用户对苹果提起诉讼，理由是苹果禁止用户用其他音乐设备播放从 iTunes 购买的音乐，从而排除了竞争。2012 年，该诉讼转为集体诉讼，2006 年到 2009 年间购买 iPod 的大多数消费者都被包括在内。直到 2014 年，苹果才勉强胜诉。

针对这一事件，乔布斯在 2007 年发表了著名的《关于音乐的想法》公开信，呼吁四大唱片公司放弃 DRM 技术。他在信中表示，苹果本来就不愿意使用 DRM 技术，用 FairPlay 保护 iTunes 音乐是四大唱片公司强迫的。

2007 年，EMI 和环球音乐率先宣布放弃 DRM 技术。当年年底，华纳也停止销售有 DRM 保护的唱片。这一年，索尼防拷贝专利的申请量比上年减少了一半。2008 年 1 月，索尼音乐也宣布放弃 DRM。在四大唱片公司中，索尼音乐是最后放弃 DRM 的。[3] 值得一提的是，Netflix 从 2016 年开始允许用户直接下载自己的流媒体电影离线观看，这一决定标志着 DRM 技术开始走向消亡。差不多在这一时间点，索尼防拷贝专利的年申请量也跌落到个位数。

对于索尼、苹果与 DRM 技术的这段往事，我们大可以说，如果路线错了，专利越多失败得越彻底。错误的研发路线，就是只护着自己的瓶瓶罐罐，而眼里没有用户的路线。

第 23 章 一代新人胜旧人

如表 23-1 所示，1997 年乔布斯重返苹果时，索尼在美国专利商标局获得了 859 件授权专利，在当年的全美专利授权排行榜上排第 9 位，比北美飞利浦获得的授权专利（473 项）多出将近 1 倍。苹果在这份榜单上排名第 48 位，专利数只有 206 件。1998 年，索尼以 1316 件专利跃升到第 5 位，而苹果仅以 270 件专利排名第 49 位。接下来的几年时间，苹果的专利授权数量不增反减，排名一度跌落到 170 位开外，而索尼的排名一直稳定在全美前 10 之列。

表 23-1 1997—2001 年苹果与索尼的专利授权数量与排名

年份	苹果当年的专利授权量 / 件	全美排名	索尼当年的专利授权量 / 件	全美排名
1997	206	48	859	9
1998	270	49	1316	5
1999	169	90	1410	5
2000	86	183	1385	6
2001	97	172	1363	7

同样是在这一时期，乔布斯完成了 iPod 项目的人才、技术与软件资源布局。1997 年，乔布斯任命年仅 30 岁的乔纳森·艾维（Jonathan Ive，1967 年出生）为工业设计部高级副总裁。乔纳森·艾维此后主持了 iPod、iPhone、iMac、iPad 等产品的设计工作。目前，我们可以找到以他为发明人的 2000 件苹果公司专利，其中 1593 件为外观设计专利。苹果起诉三星外观专利侵权案的 USD618677S1 和 USD593087S1 两件专利都有他的参与。

这一时期加入苹果的另一个重要人物是被誉为"iPod 之父"的安瑟尼·法戴尔（Anthony Fadell，1969 年出生）。法戴尔与索尼、飞利浦和苹果三家公司都有莫大的因缘。他曾效力于从苹果剥离出的通用魔术（General Magic）公司，在 1990 年代初就致力于触控界面的开发。当时，苹果、索尼和飞利浦都是通用魔术的主要客户和投资人，大贺典雄、苹果 CEO 斯卡利和摩托罗拉的乔治·费舍尔（"兴衰篇"中提到的柯达转型期的 CEO）都是这家公司的董事。

1995 年，法戴尔在飞利浦公司创建了 Mobile Computing Group 并且担任 CTO，开发了基于

Windows CE 的多项手持电子智能设备,包括飞利浦的 PDA 设备 "Nino PDA"。1999 年,法戴尔离开飞利浦,创建 Fuse 公司,立志要成为 "消费电子界的戴尔",希望推出一款使用硬盘存储的音乐播放设备和网络音乐商店。他的设想被乔布斯几乎全盘接受。2001 年 4 月,32 岁的法戴尔正式加入苹果公司,直到 2008 年离职之前都是 iPod 部门的主要领导。目前,苹果公司拥有以他为发明人的 101 项发明专利和 117 件专利申请,大多数专利为触觉反馈和数据交换方面的。

iTunes 的开发则依赖以杰弗瑞·罗宾(Jeffrey Robbin)为首的团队。在乔布斯重返苹果之前,杰弗瑞·罗宾曾效力于苹果,后离职创业开发了 SoundJam MP 软件,是为 iTunes 的前身。2000 年,乔布斯收购了 SoundJam MP,同时把杰弗瑞·罗宾团队聘回苹果公司,由杰弗瑞·罗宾担任 iTunes 项目主管。目前,苹果公司拥有的以杰弗瑞·罗宾为发明人的专利授权和专利申请分别为 163 件和 214 件,主要是用户界面、媒体资产和图像缩放方面的。

乔布斯于 1997 年重返苹果,并于 2001 年推出初代 iPod。我们通过关键字检索,对苹果和索尼在 1997 年到 2001 年间申请并获得授权的专利进行了简单的分析。从表 23-2 可以看出,虽然苹果的专利在数量上和索尼根本不在一个层面,但前者对人机界面和交互的重视要远远超过后者。

表 23-2 1997—2001 年苹果与索尼申请并获得授权的专利对比

关键字	苹果		索尼	
	专利数	占总专利数的比例	专利数	占总专利数的比例
network OR internet OR web(网络/互联网)	277	52.36%	2721	28.43%
interface(界面)	373	70.51%	3702	38.68%
interact*(交互)	219	41.40%	847	8.85%
synchro*(同步)	108	20.42%	2856	29.84%
audio(音频)	156	29.49%	3652	38.16%
fidelit*(保真度)	17	3.21%	112	1.17%
Portab* OR Miniatur*(便携/小型化)	97	18.34%	1891	19.76%
Stereo(立体声)	25	4.73%	423	4.42%
music*(音乐)	31	5.86%	1266	13.23%
batter*(电池)	46	8.70%	825	8.62%
总数	529		9570	

毫无疑问,索尼在数字音乐硬件方面的技术积累远远超过苹果,在音频、数据传输、电池

方面的技术也都具有压倒性的优势。但是，苹果对用户——特别是年轻用户更加重视，其 70% 以上的专利涉及"界面"，半数以上的专利涉及"网络"。对于新一代的年轻人来说，拥有图形界面的软件和互联网是属于他们的新技术，而单纯的音频和立体声已经是"稀松平常"的旧日风景。苹果抓住了年轻人的心，而这个时候的索尼就像当年的飞利浦一样，已经显露出老态。

从鲜衣怒马的搅局者和开创者，到老态毕现，是一个持续数十年的漫长过程。在这段时间，索尼和飞利浦在专利上的最高追求，是在录像磁带和光盘上打赢格式之战，让自家的标准成为全球标准，达到"赢家通吃"的效果。而索尼和飞利浦的犹豫不决和投鼠忌器，也在这些格式之战中表现得淋漓尽致。

第 24 章 Betamax 的失败

飞利浦小巧的卡式磁带在大众市场获得成功之后，包括索尼在内的竞争对手都想在视频领域复制这种成功，用一种卡式或盒式的录像磁带开拓一个全新的消费市场。但是，视频信号所需的带宽是音频信号的数百倍，而磁带却不能加宽或者加长几百倍。为了设计一套方便易用的视频磁带系统，还有大量的工程问题需要解决。要讨论这些问题，我们还是要从最早的视频磁带讲起。

前面提到，克罗斯比因为不喜欢开演唱会，曾经投资加州的 Ampex 公司开发磁带技术。Ampex 在音频录制方面取得突破之后，很快就把视频录制系统的开发提上日程。为了应对视频信号所需的带宽，工程师们首先想到的办法就是增加磁头的数量、增加磁带长度，以及提高盘式磁带转盘的转速。把录音磁带技术从德国带到美国的杰克·穆林很早就想到了这种方法，在 1950 年左右开发出了这种视频磁带系统，并申请了专利（专利号为 US2794066A，见图 24-1），于 1951 年对外展示。

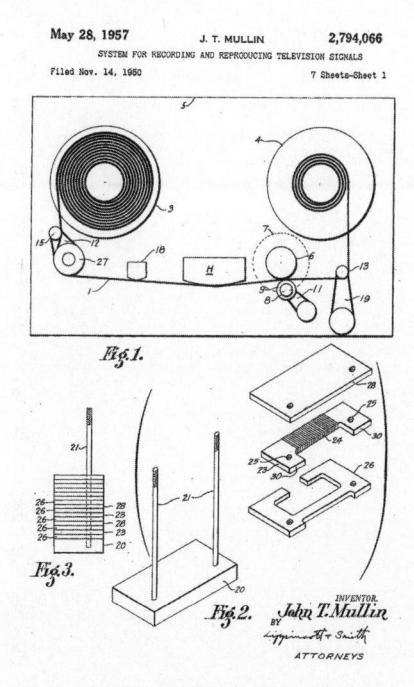

图 24-1 US2794066A 号专利附图

杰克·穆林的这种增加转速、延长磁带的技术称为"纵向视频录制"（Longitudinal Video Recording）。磁带的行进速度要达到 360 英寸/秒才能正常录制。即便如此，半径 45 厘米的一盘磁带也只能录制 4 分钟的视频。[1] 视频效果也不理想，缺乏实用性。

1956 年，Ampex 的查尔斯·金斯伯格（Charles Ginsburg）团队开发出"多工多磁头（quadraplex）"录制技术。如图 24-2 所示，他们把四个磁头安装在旋转的圆盘状结构上，圆盘旋转的方向与磁带行进方向大致垂直；而在磁带上，携带图像信息的轨道也与磁带行进方向大致垂直（见图 24-3）。这种设计极大地减小了磁带的长度和体积。在接下来的几十年时间里，多工多磁头技术都是专业视频录制领域的标准。

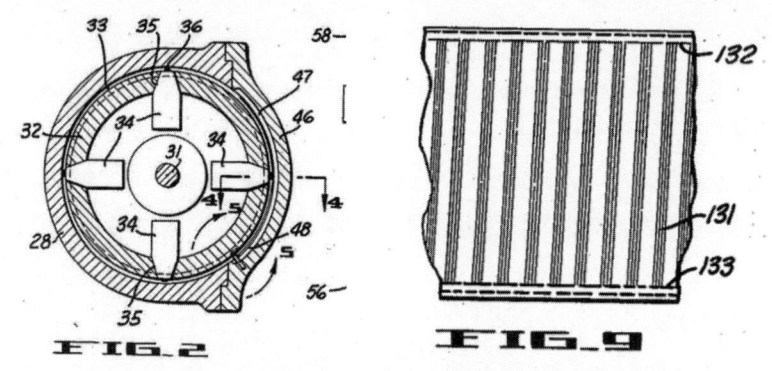

图 24-2　1955 年金斯伯格等人申请的 US2866012A 号专利附图

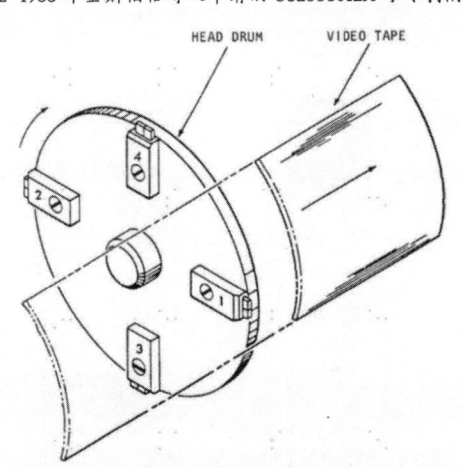

图 24-3　多工多磁头录制技术示意图[2]

视频磁带进化的下一步是螺旋扫描技术（helical scan）。螺旋扫描磁头的旋转方向与磁带行进方向不是垂直的，而是大致平行，二者之间的角度不超过 5°。在磁带上，记录视频信息的轨道与磁带的纵向轴线既不平行也不垂直，而是保持一定的夹角。因为多工多磁头技术的录制轨道与磁带纵向轴大致垂直，所以长度最大也不能超过磁带本身的宽度。当时主流视频磁带的宽度为 2 英寸，多工多磁头技术需要 32 条轨道才能记录一帧电视画面。而采用螺旋扫描技术的磁带，因为轨道是倾斜的，长度可以达到 19 英寸，所以只要 2 条轨道就能记录一帧画面，从而大大缩减了视频磁带的尺寸（见图 24-4）。

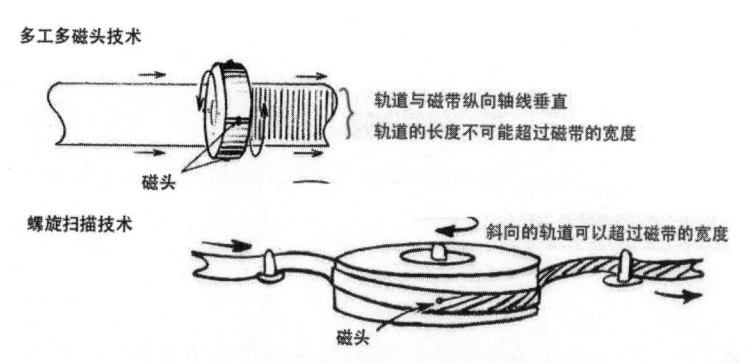

图 24-4 多工多磁头技术和螺旋扫描技术对比示意图[3]

螺旋扫描技术本身出现得很早，RCA 公司在 1950 年就对此申请了专利，并在 1956 年获得授权，专利号为 US2773120A（图 24-5 为其附图）。Ampex 很快从 RCA 手中拿到了授权，开始基于螺旋扫描技术开发新的视频磁带系统。[4] 这些早期视频磁带技术的核心专利掌握在 Ampex 和 RCA 手中，但是在大众市场上把它们发扬光大的却是日本的企业。1950 年代的日本，专利制度尚不完善，Ampex 只能在日本寻找合作伙伴开展业务，把专利许可给日本企业。日本的视频磁带产业由此兴起并后来居上，让录像带得以进入千家万户。[5]

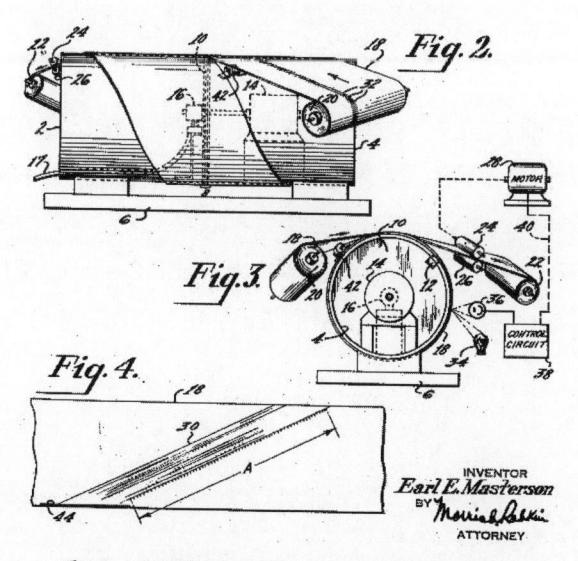

图 24-5 说明螺旋扫描技术的 US2773120A 号专利附图

1960年代，螺旋扫描技术日臻成熟，但是市面上的主流设计仍是盘式磁带。如前所述，飞利浦的卡式磁带在这一时期取得了巨大成功，在音频领域淘汰了盘式磁带，为索尼指明了前进的方向。索尼非常清楚，小巧的尺寸是卡式磁带成功的关键，而索尼擅长的就是小型化技术。这次它要走在飞利浦的前面，率先开发出优良的卡式视频磁带。

根据索尼官网的记载，负责开发视频磁带系统的木原信敏（Nobutoshi Kihara）一度认为，把视频磁带设计成类似飞利浦卡式磁带的形式是一项不可能完成的任务。他对井深大说："造一台使用卡式磁带的（视频磁带）机器会非常难，更别提色彩问题了。你根本不明白你在要求工程师做什么！"但是，井深大坚持将卡式磁带作为开发方向："看看磁带录音机用起来多方便，这完全归功于卡式磁带！我们为什么不能把这个功能整合到视频播放器里？很显然，这个产品的开发必须要迈出这一步。"[6]

在井深大的坚持下，木原信敏团队在1969年左右开发出一种小巧的卡式磁带录制系统，称为U-matic，并在多个国家进行专利布局。[7]

根据索尼官网的记载，U-matic系统主要有三项技术革新。首先就是解决了木原信敏所强调的色彩问题。[8] 在U-matic之前，视频录制技术通常采用"Y/C信号分离系统"来处理颜色，其中Y信号代表亮度，C信号代表颜色，它们被记录在不同的轨道上。工程师沼仓俊彦设计了Color-Under System，它在同一轨道上记录颜色和亮度信号，这一创新被称为"沼仓专利"（日本专利号为JPS5345656B1，美国专利号为US3580990A），成为日后索尼录像带能够在色彩表现上独步天下的基础。

U-matic系统解决的另外两个问题分别是卡式磁带的设计和磁带的自动装载及运行。如前所述，当时的视频录制和播放需要多个磁头，这些磁头安装在体积较大的圆盘状结构上，无法像音频磁带的磁头那样小巧。因此，在录制和播放时，需要把视频磁带从磁带卡盒中拉出来，绕过圆盘状结构的各个磁头，经过一条较长的路线再放回到卡盒中。木原信敏用一系列销钉和滑轮实现了这一设计，记录在US3740495A号专利中。因为磁带的运行路线大致呈倒置的"U"形，所以新系统被命名为U-matic。卡式磁带的设计则被记录在US3735939A号专利中（见图24-6）。

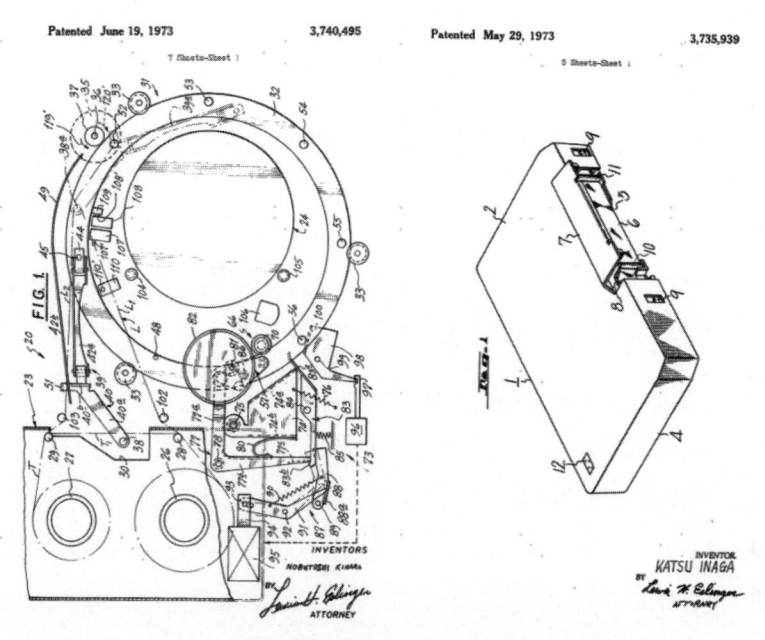

图 24-6 卡式磁带的设计（US3735939A 号专利附图）

　　对于这款新品，索尼的信心不是很足。因为市场上已经有一些竞品，索尼担心其他大公司的格式标准取得消费者的拥护，为抢占先机，其在 1970 年和松下、JVC 等公司签署协议，共享 U-matic 系统的相关技术，共同对这一系统进行商业和技术上的开发。[9] 这一次，飞利浦没有加入索尼的阵营。

　　U-matic 技术虽然优秀，但是没能在大众市场上取得和飞利浦卡式磁带一样的成功。一台 U-matic 录像机的价格在 2000 美元左右，重达 27 千克，一盒磁带 30 美元，这并不是普通消费者承担得起的。[10] 但是，相对于当时用于电视摄像的 16mm 胶片系统，U-matic 足够轻便，反而在新闻媒体、教育和商业领域取得了无心插柳的成功，并成为一个事实上的行业标准。日后，在飞利浦和索尼联合开发音频 CD 时，因为 U-matic 的音频采样频率是 44.1 kHz，并且已经被业内广泛接受，音频 CD 的采样频率也只能按照 U-matic 的进行设置。

　　U-matic 的第一个大客户是福特汽车公司（下文简称"福特"）。1972 年 8 月，U-matic 刚刚发布，福特就买了 4000 多台机器，用于拍摄录像、培训销售人员和对外宣传。几年之内，这种做法在工商业界被广泛接受。[11] 同年，美国 NBC 公司也开始使用 U-matic 录像。NBC 的一位高管曾经表示："索尼可能没有想过 U-matic 还可以这么用……但我们现在来看，这种磁带系统是质量和便携性的最佳组合。"[12] U-matic 系统的磁带和录像机，再加上索尼不久前发布的便携式摄像机 DV-2400，使得电视记者单枪匹马扛一套设备就可以完成采访工作，在新闻界产生了巨大的影响。[13]1980 年代，欧美很多电视台留下的第一手视频资料都是使用 U-matic 磁带录制的。到了 21 世纪，历史遗留的海量 U-matic 磁带的数字化还成为欧盟的一个重要课题。[14]

因为 U-matic 的主要用户变成了企业和电视台等专业用户群体，为了照顾它们的需求，U-matic 系统变得越来越复杂，成本降不下来，空白的 U-matic 磁带价格一直为 25 到 35 美元，超出普通消费者能够承受的范围。此外，U-matic 不是索尼独占的标准，这一点也不符合索尼的预期。索尼决定继续开发一种更轻便、更廉价的视频录像系统，以期占领唾手可得的视频录像磁带大众市场。这就是索尼在 1970 年代的核心战略级产品：家用录像系统 Betamax。

在这一时期，日本企业基于螺旋扫描技术进行了一项重要创新，使磁带上的信息密度大幅增加，并进一步减小了磁带的尺寸。这项技术被称为"方位录制"（Azimuth Recording，图 24-7 展示了螺旋扫描技术与方位录制技术的对比示意图）。松下和索尼在这方面都做出了重要的技术贡献。

要知道，无论是多工多磁头技术还是螺旋扫描技术，记录信息的轨道都不是紧挨着的，每条轨道与相邻的轨道会保持一定距离，其间的空白区域叫作"保护频带"（guardband）。这种设计是为了避免磁头在读取不同轨道信息时产生"串扰"（cross-talk）。早在杰克·穆林 1950 年的 US2794066A 号专利中，视频磁带就有这种避免串扰的保护频带设计。二十多年来，无论是多工多磁头技术还是螺旋扫描技术，都保留了保护频带，其所占的空间高达磁带总面积的 30% 到 50%。这部分空间不携带任何信息，实际上是被浪费了。

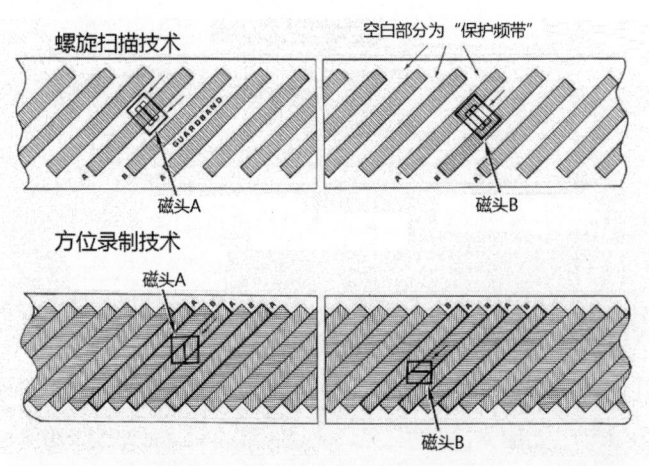

图 24-7 螺旋扫描技术（上图）与方位录制技术（下图）对比示意图[1]

一些资料表明，松下在 1968 年率先发明了方位录制技术[15]，而索尼也在 1970 年基于方

▼1 关于本图的详细信息，请参阅"图表链接.pdf"文件。

位录制技术完成了 U-matic 磁带的设计。但是，当索尼把这一设计展示给松下和 JVC 时，却遭到了两家公司的反对。作为 U-matic 阵营的重要盟友，松下和 JVC 尚无能力实现基于方位录制的磁带系统的量产。为了照顾盟友的生产能力，索尼只好妥协，最终推向市场的 U-matic 产品是基于螺旋扫描技术的，虽然更容易制造，但是在大小和重量上都没有达到索尼的预期。这是 U-matic 产品未能进入大众市场的原因之一，也导致索尼在开发和推广 Betamax 的过程更倾向于独立行动。[16]

《华盛顿邮报》在 1980 年代的一篇报道中说："是松下公司带来了方位录制技术，这是一种巧妙的方法，通过倾斜磁头来避免相邻轨道之间的'串扰'。而索尼公司再次取得了突破，尤其是一位名叫木原信敏的工程师，他找到方法把方位录制的概念应用于彩色视频信号，并开发出第一款可行的录像带。如果必须为视频磁带录放机找到一位'发明人'，那么这个人应该是木原信敏。"[17]

根据这些信息，我们找到了木原信敏在 1971 年申请的 JPS5133690B2 号专利（美国同族专利为 US3821787A，图 24-8 为其附图）。木原信敏在专利说明书中指出："……（以前的）磁带的大部分（总长度的 30% 至 50%）是没有用的……随着家用紧凑型录像机的出现，节省磁带空间的需求进一步提高。一是为了降低磁带的成本，二是为了把装置封装在尽可能小的空间内。因此，通过更加接近的倾斜轨道进行录制，以充分利用磁带空间变得更加重要，这也是本发明的目的之一。"我们在前面的内容中已经领教了索尼刻在基因里的"小型化"能力。之前的小型化主要是缩小机械结构，而这次的小型化则是把业界通用存储介质所需的空间省出近一半，其贡献要远远超过一两件极致小型化的产品。

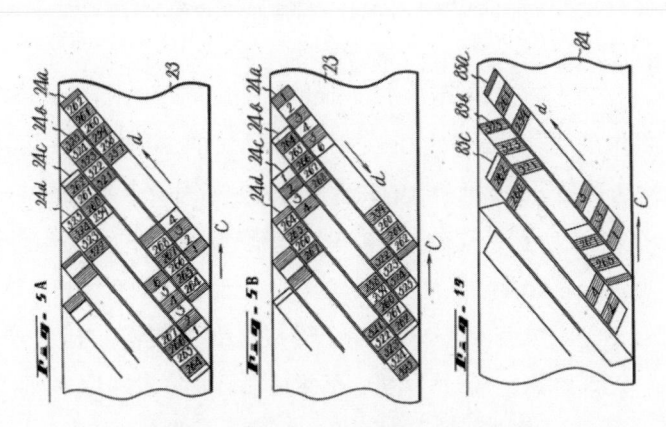

图 24-8 木原信敏的 US3821787A 号专利附图

因为节省了更多的空间，索尼把新系统的磁带宽度从 U-matic 的 3/4 英寸减小到 1/2 英寸。

同时，索尼还为Betamax设计了新的卡式磁带和磁带传送机制，并将其记录在US3925820A号等专利中。

作为U-matic阵容的一员，与索尼共享不少技术的JVC也开发了新型的家用录像系统，命名为VHS。VHS同样使用方位录制技术，在颜色处理上也与U-matic和Betamax一脉相承，只是体积比Betamax略大，总体图像质量也略逊一等。VHS和Betamax的磁带装载和传送的路径也不同，其区别如以下两件专利所示（见图24-9和图24-10）。

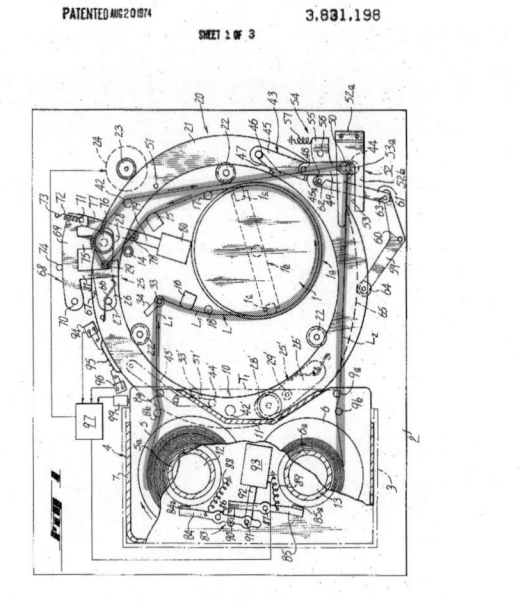

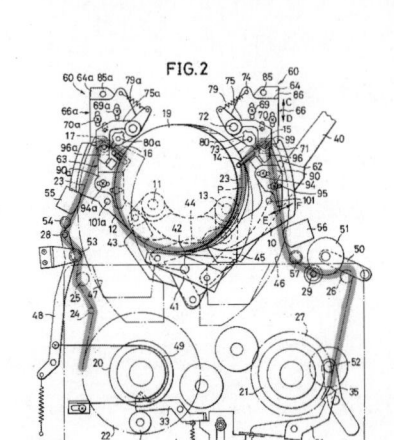

图24-9 Betamax磁带路径（索尼的US3831198A号专利附图）　图24-10 VHS磁带路径（JVS的US4060840A专利附图）
（高亮部分为磁带）　　　　　　　　　　　　　　　　（高亮部分为磁带）

在图24-11中，从左到右依次展示的是U-matic、Betamax和VHS的磁带运行路径。U-matic磁带的运行路径呈倒置的U形，故称为U-Load；Betamax的磁带运行路径类似英文字母B，称为B-Load，Betamax也得名于此；而VHS的磁带传送路径如同一个大写的M，所以称为M-Load。索尼的B-Load设计较为复杂，目的在于减少滑轮和销针对磁带的压力。图24-11中圆圈处的磁带会承受较大的压力。Betamax只有一处承压较大，而VHS则有两处。这是Betamax比VHS磁带质量略好的原因之一。然而，这一优势并未形成压倒性的竞争力量。相反，VHS的设计在生产制造上更容易，这成为JVC的一大优势；而索尼在日后希望为Betamax增加录像时长时，B-Load的复杂性反而给自己增加了不少难度。

此一处承压较大　　此两处承压较大

U-Load　　B-Load　　M-Load

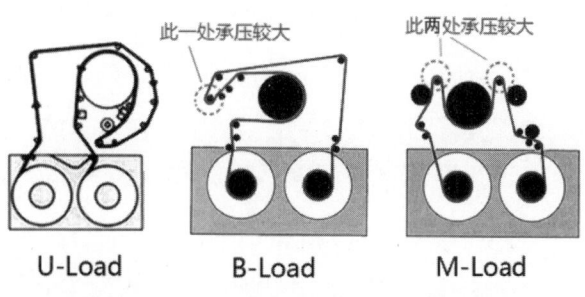

图 24-11　U-matic、Betamax 和 VHS 的磁带运行路径

根据索尼官网的记载，在 JVC 发布 VHS 录像系统之后，"索尼仔细研究了 VHS 格式，每个人都惊呆了。索尼在提议统一 U-matic 和 Betamax 格式时自愿披露的技术和工艺已经被 VHS 全盘收纳。尽管索尼免费向两家公司(松下和 JVC)提供过其基础的专利技术，也无法掩饰其震惊。"

VHS 于 1976 年 9 月正式发布，比索尼的 Betamax 晚一年多。利用这一年多的时间，JVC 不仅从 Betamax 那里学到很多技术，还掌握了一个重要的知识点，而这一点最终成为 Betamax 失败的一个关键原因。

索尼在开发 Betamax 的时候，没有进行任何市场调查。在 Rosen 等人对索尼高层的采访中，索尼功勋元老黑木靖夫亲口承认了这一点。[18] 美国著名学者，哈佛大学教授克莱顿·M.克里斯坦森(Clayton M. Christensen)对此也有过论述：

> 1980 年以前，索尼创始人盛田昭夫和一小批受信任的伙伴为每项新产品的启动进行决策。作为一种指导政策，他们从来不做任何市场调查——他们相信，如果市场尚不存在，就没有办法进行分析。这些人发展出了一种由直觉驱动，但又经过实践检验的流程来调整和开创突破性的业务。[19]

因为这一决策方式，索尼忽视了当时美国用户的一个重要需求。1974 年 9 月，索尼向 RCA 展示了 Betamax 的设计方案，希望联手开发美国市场。RCA 作为曾经的磁带技术引领者，当时也在设计自己的家用录像系统，但还停留在原型机阶段。看到索尼的设计方案后，RCA 直接放弃了自己的开发项目。但是，RCA 也对 Betamax 的磁带长度提出了质疑：美国人喜欢看的美式足球比赛以及一般的电影，时长都在 1 小时以上。Betamax 的 1 小时录像时间够用吗？

据一些资料的记载，Betamax 的尺寸和录放时长都是由井深大拍脑袋决定的。他曾经把一本标准的美国平装书放到索尼视频磁带开发团队的办公室，要求 Betamax 的尺寸不能超过这本书：长度不超过 15 厘米，宽度不超过 10 厘米，厚度不超过 1.5 厘米，而播放时长不能低于 1 小时。Betamax 就是根据他的这些要求开发的，在遇到真正的对手之前，也一直坚持这些设置。1974 年，发布 Betamax 之前，索尼高层和松下高层曾经在地铁上秘密会面，讨论共建 Betamax 阵营的问题。和 RCA 一样，松下对 Betamax 磁带的录制和播放时长不满，要求至少达到 2 小时。在大小上，松下认为磁带比美国标准平装书大 1/3 也是可以接受的。但索尼在尺寸上坚持一步不让，也不愿意为了播放时长牺牲哪怕是一点点画质。经过一年的争论，双方仍然各不让步。[20] 在 JVC 开发出 VHS 之后，松下和 RCA 都拒绝了索尼，转而支持 VHS。

这时，索尼才意识到 2 小时播放时间的重要性。为了修改设计以延长录制时间，索尼不得不暂停对外专利许可的谈判，从而错过了宝贵的战略时机。1975 年 7 月，日立表示对 Betamax 技术感兴趣，并与索尼谈判，请求专利许可。面对主动上门的合作伙伴，索尼高层却因追求完美而拒绝了合作：他们认为 Betamax 还不完美，没有达到可以对外许可的成熟阶段。

除了录制时长的问题，索尼拒绝日立还有两个原因。首先，JVC 是松下的子公司，索尼仍然希望说服松下加入 Betamax 阵营，从根本上消除 VHS 的威胁。其次，日立在磁带系统方面的生产能力有限，希望索尼提供产能支持，但是索尼天生就不喜欢做 OEM（原始设备制造商）。1976 年年初，盛田昭夫公开表示"索尼不是一家 OEM"，拒绝帮助 Betamax 阵营的合作伙伴制造产品。

在这段时间，JVC 不仅积极地对外授权专利，还主动提供 OEM 服务，帮助合作伙伴增加产能。此时，Betamax 和 VHS 系统的复杂程度已经非常高，无论是美国的 Ampex、RCA，还是日本的日立、夏普、三菱等公司都缺乏量产能力。索尼坚持"吃独食"的吃相和 JVC 的雪中送炭形成鲜明的对比，导致夏普、三菱、日立等公司纷纷加入 VHS 阵营，而索尼则逐渐陷入孤立无援的境地。

飞利浦没有加入 VHS 阵营，而是和德国的根德合作，使用 1972 年的技术生产家用录像系统，但是技术上已经远远落后于索尼和 JVC。1975 年，JVC 携 VHS 进入欧洲市场之后，飞利浦一触即溃。飞利浦决定开发新的机器，对旧技术进行大规模改进。1980 年，飞利浦推出了 Video 2000 视频磁带系统，但由于成本高，入场时间也太晚，北美飞利浦又不配合，这款产品只在欧洲昙花一现就销声匿迹了。

从 1977 年到 1983 年，索尼不断推陈出新，为 Betamax 系统提供了遥控器、1/2 和 1/3 速度播放、高保真（Hi-Fi）音响等功能。但是松下和 JVC 在后面紧追不舍，每当索尼取得技术突破，松下和 JVC 就迎头赶上。索尼的 Betamax 虽然在画质上仍然有一定优势，但是优势并不明显。另外，Betamax 虽然体积更小，但是较小的体积也成为一把双刃剑：当松下开始研制能够录制 4 小时的 VHS 时，索尼发现自己很难再往 Betamax 的外壳里塞进更多的磁带，增加录制时间越来越难。

经过将近 10 年的竞争，VHS 系统最终获得了设备制造商、电影公司和消费者的共同认可，统治家用录像市场直到 20 世纪末。这就是 1970 年代到 1980 年代著名的录像带"格式之战"。

第 25 章 CD 的诞生

1970 年代末,很多公司都做出了能够存储音乐的 CD(光盘)。1979 年,飞利浦发布了自己的数字音频 CD 系统原型。飞利浦和索尼合作,结合飞利浦的光学技术与索尼强大的纠错技术,推出一种全新的音频存储标准。

1980 年 6 月,飞利浦和索尼共同为音频 CD 的核心技术申请了专利。主要专利包括"可纠错数据传输方法"(专利号为 US4413340A)、"二进制数据的编码方法"(专利号为 US4501000A),以及 "反射式光学记录载体"(专利号为 US5068846A)等。1981 年,两家公司的音频 CD 标准发布。同年,由日本国际贸易与产业省指定,日本数字音响磁盘委员会(Digital Audio Disc Committee)接受了这一标准,并作为全球标准对外推荐。

1984 年,飞利浦和索尼联合发布了最早的 CD-ROM 标准。从 1985 年起,一些计算机公司开始把 CD-ROM 驱动器(俗称"光驱")作为 PC 计算机的配件出售。1989 年,飞利浦、索尼和微软共同提出了统一的 CD-ROM XA 标准,允许计算机使用 CD 的各种多媒体衍生产品。

1982 年,飞利浦和索尼建立了音频 CD 相关专利的专利池,由飞利浦管理。此后,该专利池逐渐扩展到飞利浦和索尼建立的其他 CD 标准。

CD 原型盘片的直径为 115 毫米,这个尺寸参考了卡式磁带的大小。飞利浦的高层认为,卡式磁带的成功是因为体积够小,因此 CD 也要尽量做得小一点儿,直径不应超过卡式磁带的横径。索尼的态度更加激进,它最早提出的方案是盘片直径为 100 毫米。

经过反复讨论,最后因为大贺典雄的个人要求,CD 盘片的标准直径最终定为 120 毫米。索尼公司官网的"Sony History"栏目不吝笔墨,浓墨重彩地描述了这段充满艺术家偏执与热爱的浪漫故事。大贺典雄在谈判中表示,贝多芬第九交响曲是妻子的最爱,不能完整存储贝多芬第九交响曲的 CD 是不完整的,而已知的第九交响曲的最长演奏时间是 74 分钟,由威廉·富特文格勒(Wilhelm Furtwängler)1951 年指挥乐团演奏。因此,CD 的播放时间不能少于 74 分钟。

飞利浦官网也引述了这段故事。但是,曾经参与 CD 标准制定工作的基斯·伊明克(Kees Immink,前述 US4501000A 号专利的发明人之一)对这种说法颇有微词。在 2007 年发表的一篇文章中，伊明克以他的视角描述了当时的情况。原来，索尼和飞利浦在商讨 CD 标准期间，飞利浦的子公司宝丽金已经在汉诺威投资设厂，生产 CD。这个时候，盘片直径自然是按照飞利浦的 CD 原型设置的，为 115 毫米，新的生产线已经开始运作。而这个时候，索尼还没有为 CD 建立生产线。如果索尼接受 115 毫米的标准，等于任由飞利浦在音乐市场上占据先发优势。伊明克认为大贺典雄多半是有意为之，狡猾地用一个浪漫主义的借口迫使飞利浦放弃先发优势。"这不是因为大贺夫人对音乐的热情，而是因为金钱和两个合作伙伴在市场上的竞争关系。……CD 的最长播放时间设定为 74 分钟 33 秒，但是实际上，最长播放时间是由 U-matic 录制设备决定的，也就是 72 分钟。因此，很可惜，大贺夫人最爱的富特文格勒指挥的第九交响曲直到 1988 年都无法存储在单张盘片上……"[1]

1980 年 3 月，在东京举行的 CD 标准研讨会上，飞利浦接受索尼的建议，把采样位数设为 16bit，采样频率设为 44.1 kHz。

根据香农定理，采样频率至少要达到所关心的信号最高频率的 2 倍，而人耳可以识别的最高频率是 20 kHz，因此采样频率需要高于 40 kHz。但是为什么采用"44.1 kHz"呢？网上对此曾经有很多讨论。如前所述，当时 U-matic 已经成为主流的专业视频录制设备，其所配套的音视频编码设备——索尼 PCM-1600 编码器的采样位数是 16bit，采样频率为 44.1 kHz。但是作为当事人的伊明克描述的原因是——"44.1"这个数字比飞利浦建议的"44.056"更好记。[2]

1982 年，飞利浦和索尼联合组建了 CD 专利池，为最早的一批数字音频 CD 专利启动了许可项目。这个专利池日后扩展到飞利浦和索尼的其他 CD 标准。1990 年代初期，两家公司联合太阳诱电公司组建了 CD-R 专利池，之后又携手理光公司（Ricoh）共同组建了 CD-RW 专利池。

CD 标准制定完成后，两家公司都紧锣密鼓地开始开发 CD 播放器。年轻的索尼再次领先一步，比飞利浦提前半年完成了史上第一款 CD 播放器 CDP-101。飞利浦不得不请求索尼推迟发布时间。索尼没有完全同意飞利浦的请求：因为飞利浦尚未进入日本市场，索尼只在日本市场首发它的 CD 播放器。半年之后，等到飞利浦的 CD 播放器开发完成，两家公司在全球一起发布了 CD 播放器。

出于对免费磁带的"苦涩的回忆"，飞利浦这次不愿再做慷慨的"冤大头"，而是努力把 CD 专利变成一个稳定的现金流来源。在之前的录像带格式之战中，Betamax 系统因专利许可费过高而遭到众多厂商的抵制，飞利浦和索尼不得不吸取教训，这次把 CD 专利的许可费定得很低。

早期 CD 驱动器专利的许可费并没有公开，但据一些企业透露，大概相当于产品销售额的 3%。1994 年，另一家制造商透露，许可费比率为 2%。1995 年，这个数字大概是 2% 到 3% 之间。较低的收费标准起了很大的作用，它不仅允许了更多制造商开展光驱制造业务，也为制造商之间的价格战留下了较大空间。索尼也不遗余力地开发 CD 随身听产品 Discman 系列，该系列后来被并入 Walkman 品牌。

对于每张空白的可写 CD，飞利浦－索尼专利池收取的是固定费用。1982 年，CD 盘片的生产商要为每张 CD 缴纳 3 美分的基本费用。考虑到物价上涨等因素，许可协议中还设置了专门的涨价条款，根据 CPI 指数的增长逐渐上调费用。到了 1995 年，每张 CD 的许可费已经达到 5 美分。此时，由于新技术极大地降低了生产成本，5 美分的许可费占到了 CD 成本的三分之一。

当然，与早期 CD 的平均售价相比，这笔费用不过是九牛一毛。1988 年，每张 CD 的平均价格高达 500 美元。1990 年，这一数字已经下降到 300 美元，到 1995 年则低于 100 美元，下降了 80% 以上。尽管如此，对于早期 CD 内容的提供商来说，这笔费用仍然是微不足道的。

1994 年，美国司法部针对飞利浦－索尼专利池展开反垄断调查，这也是美国司法部早期针对专利池调查反垄断活动的重要案例之一。最终，飞利浦和索尼做出让步以换取和解，允许被许可人只对单个专利或者部分专利申请许可，不再强制性授予一揽子许可。次年，美国司法部发布了《知识产权许可的反垄断指南》，明确禁止专利授权中强迫"搭售"或"一揽子许可"的行为，这一指南明显受到飞利浦－索尼专利池案件的影响。

和卡式磁带一样，CD 标准取得了远超飞利浦预期的巨大成功。1982 年以前，飞利浦和索尼估计 CD 销量会在 1985 年达到 1000 万张，后来又将预期目标上调至 1500 万张。让两家公司都没有料到的是，1985 年 CD 销量高达 5900 万张！即使到了卡式磁带已经彻底退出市场的今天，CD 唱片和 CD 播放器虽已沦为小众商品，但仍然坚强地存活着。

1990 年代，飞利浦和索尼再接再厉，与先锋公司联合组建了 DVD3C 专利池，并于 1998 年 12 月获得了美国司法部的批准。根据专利池的许可规定，DVD 视频播放器和 DVD-ROM 的许可费率是净销售额的 3.5%，每台机器最低收取 5 美元许可费，每张 DVD 收取最低 5 美分许可费。值得一提的是，关于最低费用的规定是此前 CD 专利池中没有的。

1999 年，一台 DVD 刻录机的售价往往要达到数百美元，15 到 20 美元的许可费并不算高。正因为如此，美国司法部很爽快地批准了索尼－飞利浦专利池的申请，并在相关文件中明确指出这笔费用非常合理。但是，几年后，DVD 刻录机的专利许可费就变成一个不可忽视的数字。2007 年，DVD 刻录机的世界平均 OEM 价格（if-sold-OEM）为 30 美元，2008 年降低到 25 美元，2009 年只有 23 美元。2008 年 12 月，日本三菱公司的 Hisashi Kato 在一次公开报告中指出，当时生产商为每台 DVD 刻录机要支付的专利许可费高达 17 美元，相当于当年 DVD 刻录机平均售价的 68%。其中，有 14 美元要付给 DVD3C 和 DVD6C 专利池的权利人。

在高额许可费的压力下，日本的光驱生产商不断地放弃低端市场，向高端市场进军。从一开始的 CD 刻录机，到 DVD 驱动器，再到蓝光光驱，日本厂商不再专注于某一种存储介质，而是在新标准面世之后迅速转型，把旧技术留给包括中国在内的其他国家。2001 年，日本的光驱产量达到峰值，之后飞速下降。在这个过程中，无论是 CD、DVD，还是蓝光光盘的播放器，像 Walkman 那样的伟大产品再也没有出现过。

有研究者认为，CD 专利池的收费策略很好地设置了市场准入条件，平衡了竞争和创新之间的关系，而 DVD 专利池则设置了更高的准入门槛，增加了市场集中度，同时也阻碍了创新。[3] 这个结论很好理解：如果索尼和飞利浦"坐着"就能从现有 CD 技术中获取巨大利润，它们为什么还要花费精力研究消费者，去开发 DVD 播放器呢？

第 26 章 不坚决的革命

1983 年，由于一些游戏开发商无底线地粗制滥造劣质游戏产品，美国消费者对电子游戏彻底失去信心，导致美国游戏市场崩盘，作为一个行业几乎彻底消失，头部企业雅达利赔得血本无归。这一事件被称为"雅达利冲击"。几乎是在同一时间，任天堂公司（Nintendo）推出了著名的红白机（Famicom），很快风靡全球，拯救了美国的游戏市场。

雅达利的失败，很大程度上是因为游戏开发的准入门槛过低。雅达利公司的 Atari 2600 游戏机曾是北美市场最受欢迎的游戏机。但是，在美国反垄断法的规制之下，雅达利不能有效限制软件开发商自行在 Atari 2600 平台上开发游戏和生产游戏卡带，导致大量劣质游戏涌入市场。劣币驱逐良币的后果是刚刚兴起的游戏市场遭受毁灭性打击。

因为雅达利的教训，任天堂决定把游戏的审核权牢牢控制在自己手中。虽然不能禁止游戏开发商开发游戏，但是凭借游戏卡带的专利权，任天堂可以在日本禁止游戏开发商生产红白机的游戏卡带。为了保证游戏质量，任天堂建立了极为苛刻的专利授权制度：一开始，每个被许可人每年只允许开发 5 款红白机游戏，而且在游戏发售后两年内不能在其他平台上发布。[1] 此外，游戏开发商不能自己生产游戏卡带，必须委托任天堂生产，而卡带的产量要由任天堂评估决定。

在这种霸道的许可条款限制下，常有游戏开发商耗费巨资开发了游戏，却得不到任天堂的认可，无法按计划生产卡带。游戏开发商的生死完全掌握在任天堂手中，对任天堂敢怒不敢言。

针对这种霸王条款，日系游戏开发商忍气吞声也就罢了，美国司法部难道可以坐视不管吗？

原来，为了规避美国反垄断法的规制，任天堂特地设计了 10NES 芯片锁（10NES Lockout Chip）并申请了专利（美国专利号为 US4799635，名称为"在信息处理设备上检测外部存储器 Authenticity 的系统"）[1]。芯片锁安装在游戏卡上，用来检测游戏卡是否经过任天堂授权。未经任天堂授权的公司就算生产了游戏卡，如果没有芯片锁，那也无法在红白机上运行。

任天堂并没有在日本的红白机上安装 10NES 芯片锁，只在美版红白机（称为 NES 主机）上

▼ 1 其英文名称为 System for Determining Authenticity of an External Memory used in an Information Processing Apparatus。

使用了这种技术。毫无疑问，如果直接通过游戏卡专利禁止其他游戏开发商生产游戏卡，任天堂几乎一定会触犯美国反垄断法。因此，任天堂并没有禁止其他厂商生产游戏卡，只禁止它们生产10NES芯片锁。雅达利后来通过逆向工程破解了芯片锁，随后又倒打一耙，对任天堂提起反垄断诉讼。整个过程一波三折，十分精彩。在网易网站上对整个故事有比较完整的介绍[2]，本文不再赘述。

在红白机以后的第二代游戏主机SFC上，任天堂仍然坚持使用卡带。由于卡带的存储空间过小，任天堂主动寻求与索尼合作，开发兼容SFC的CD游戏机。在开发工作进行了数年之后，任天堂突然发现合同内容对自己极为不利，于是单方面取消了合作计划。此后，在没有事先通知索尼的情况下，任天堂在一次电子展会上突然高调宣布要与飞利浦合作开发SFC的CD游戏机。

在遭背叛之后，索尼决定自己开发游戏主机——这一项目最终发展成第一代PlayStation（简称"PS"）。经过周密的市场分析，索尼决定使用CD作为游戏载体，并建立了对开发商极为友好的准入制度，只收取很低的许可费。

差不多在同一时间，任天堂也推出了自己的第三代游戏主机N64。任天堂坚持在N64上使用游戏卡带，同时设计了N64芯片锁（N64 lockout chip），来防止盗版并控制游戏开发商。

和CD相比，卡带的优缺点都非常明显。虽然卡带的读取速度极快，又能有效防止盗版，但是制作成本较高，存储空间也要小得多——N64的卡带容量为4~64MB。任天堂虽然非常清楚卡带的这些缺点，但是不愿意放弃高额的专利许可费，更不愿意放弃对游戏开发商的控制。

早已对任天堂敢怒不敢言的游戏开发商纷纷倒戈，投到索尼旗下。1997年，和任天堂一直保持良好关系的明星开发商史克威尔也转投索尼。除了因为PlayStation性能更强，还因为史克威尔的新作《最终幻想7》需要4张700 MB的CD才能装下，远远超出N64的64 MB卡带容量。《最终幻想7》在全球产生巨大影响，直接决定了索尼在游戏主机市场上的胜出。

PlayStation成功的原因有很多，采用CD作为游戏载体只是其中之一。值得一提的是，最早使用CD作为游戏载体的游戏主机不是索尼的PlayStation，而是飞利浦的CD-I光盘播放器。

索尼进军游戏产业的同时，飞利浦也不甘人后，凭借与任天堂建立的合作关系，飞利浦在1992年推出了CD Interactive系统，简称"CD-I"。顾名思义，CD-I是"可互动"的CD。CD-I播放器除了可以播放音乐CD，还可以运行CD-I光盘里的视频、游戏或教育软件。飞利浦的野心很大："CD-I将改变世人使用电视的方式。随着这一新科技的应用软件被开发出来，各年龄段的用户都可以和电视互动，浏览博物馆，给卡通画上色或制作动画，学习新的技能，或是为游戏和经典故事增加一个新的维度。机遇无限。"[3]

很显然，早在 1990 年代初，飞利浦就希望做出能够统合游戏、视频播放、学习和音乐欣赏的家庭娱乐系统。即使到了 21 世纪，微软的 Xbox、苹果的 Apple TV，甚至贾跃亭创立的乐视，也都秉承这一思路，企图"占领客厅"。

飞利浦在游戏和软件方面没有什么积累，但是从知识产权的角度来看，1990 年代初的飞利浦手中也不乏好牌。首先，CD-I 是最早的光盘游戏机，CD-I 的专利标准写在 1986 年发布的多媒体 CD "绿皮书"里，掌握在飞利浦手中。由于与任天堂的合作关系，飞利浦获得了任天堂一些重要游戏人物商标及版权的使用权，得以为任天堂的重量级游戏开发续作，在 CD-I 主机发售初期得到一些任天堂"死忠"玩家的支持。

然而，CD-I 遭受了灾难性的失败。到 1997 年停产时，这台四不像的机器只卖出了 57 万台。教育软件根本卖不出去，游戏虽然还好，但 CD-I 的游戏手柄更多次被评为"史上最差游戏手柄"（早期的 CD-I 的游戏手柄见图 26-1）。当索尼精心雕琢第一代 PlayStation 手柄时，飞利浦似乎根本没想到要为游戏功能设计专门的控制器，接二连三地推出一些造型奇特的遥控器。另外，作为一台以"占领客厅"为目的的娱乐设备，CD-I 没有提供第二手柄，需要用户另行购买；而第二手柄的插口在机体背面，给用户操作带来很大不便。

图 26-1 早期的 CD-I 游戏手柄

在早期的宣传中，飞利浦宣称 CD-I 播放器的价格在 300 美元左右。结果，这台似是而非的游戏机却卖出了 700 美元的高价。这种近乎虚假宣传的错误，也暴露出飞利浦内部协作方面的种种问题。

在"兴衰篇"中，我们描述了柯达在 1990 年代向数字技术转型的痛苦经历。飞利浦和索尼在 1990 年代也面临着从模拟技术到数字技术的转型问题，这个过程也同样充满艰辛。Walkman 随身听被发明 10 年之后，飞利浦和索尼双双推出了基于数字技术的新一代音频存储媒介，希望用数字技术为随身听市场带来新的革命。

1991 年，《纽约时报》用一篇豆腐块大小的新闻报道了飞利浦和索尼的初步接触。此时，两家公司各自开发的产品都已经进入发布阶段，但彼此又都对对方的产品表现出兴趣。它们计划签订交叉许可协议，这样即便自己的产品失败，也能靠对方的产品扳回一局。可见，纯粹从技术上看，两种产品并不见得有很明显的差距。根据这篇报道，1990 年的音乐市场规模为 210 亿美元，其中各种播放器的销售总额约为 1.9 亿美元。对于当时已经陷入困境的两家电子巨头来说，如果能在这个市场中找到新的增长点，带来的回报将是非常可观的。

1990 年 8 月，飞利浦发布了 DCC（Digital Compact Cassette），它采用基于 MPEG-1 Layer 1 的压缩技术，音质几乎与 CD 没有差别。[4]1992 年，在芝加哥消费电子展（CES）上，飞利浦展出了第一台 DCC 录音机。作为飞利浦的合作伙伴，松下旗下的 Technics 品牌和根德也紧随其后推出了 DCC 录音机。这个时候的根德已经不再是飞利浦的竞争对手：从 1972 年根德上市以来，飞利浦就不断增持其股票，到 1984 年它已经控股 1/3，成为根德的母公司。

MD 和 DCC 反映了当时向数字技术转型的公司的一个共同特点——对模拟技术念念不忘，正如我们在"兴衰篇"中看到的柯达一样。与柯达在同期推出的 Photo CD 一样，MD 和 DCC 都是模拟与数字技术混合的产物，它们都支持模拟信号的录制。

在飞利浦的 EP0381266B1 号专利中，我们可以清晰地观察到这种倾向（见图 26-2）。该专利的说明书中明确指出，虽然基于模拟技术的磁带在音质上不及数字磁带，但是"市场上存在着大量的卡式磁带和与之匹配的录音机……录音机的数量大约有 10 亿台，而卡式磁带的数量是其数倍之多"。为了照顾现有的卡式磁带用户，飞利浦并未采用纯数字技术的磁带系统进行彻底的革命，而是选择"通过对系统进行最小的调整……实现渐进式的市场渗透"。该专利设计的新系统与现有的卡式磁带录音机在外观上"不需要有太大区别，除了磁头装置和一些电子设备"。这样既能读写数字信息，也"可以使用现有的卡式磁带……至少在模拟形式的磁带信息录制方面与之前的技术保持兼容"。

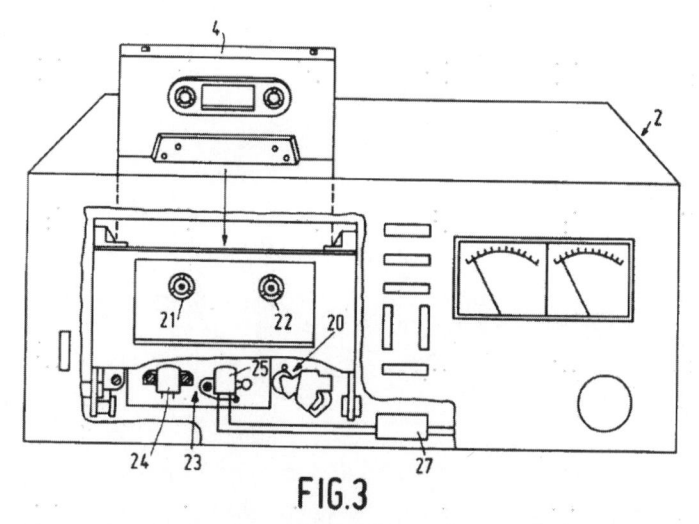

图 26-2 EP0381266B1 号专利说明书的附图 3。其中，24 号装置为擦除头，
25 号装置为新型磁头，既能读写数字信息，也能读取模拟信号

我们没有见过 DCC 的实物，在中文互联网上也很难看到关于这款产品的记载。但从照片上看（见图 26-3），这款新型的磁带非常精致小巧。

图 26-3 DCC 磁带[1]

MD 是一种"磁光盘"（magneto-optical disk），在当时的技术条件下，比 CD 更容易实现多次擦写，具有替代磁带的潜力。这种光盘最初是由前文提到的飞利浦的工程师基斯·伊明克在 1980 年代初发明的，而索尼对其进行了极致的小型化改进。在索尼 1991 年申请的 US5400316A 号专利中（图 26-4 为其附图），磁光盘已经缩小到"直径小于 80mm，并且能够存储至少 130 MB 的压缩数字信号"，这成为 MD 技术的基础之一。

▼ 1 本图摄影作者：DigiAndi。本图基于知识共享协议（CC-BY-SA-3.0）共享。关于详细版权信息，请参阅"图表链接 .pdf"文件。

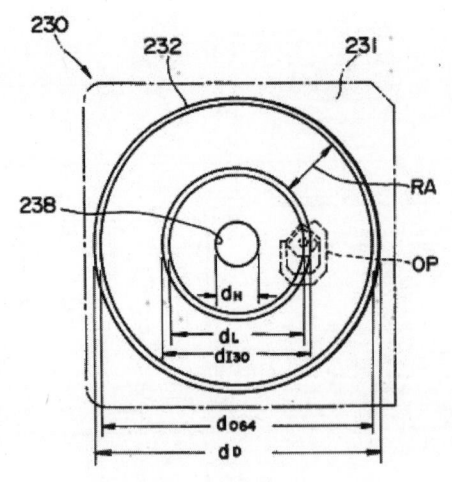

图 26-4 US5400316A 号专利附图

当时的索尼在数字音频领域缺乏经验，其新推出的 ATRAC（Adaptive TRansform Acoustic Coding，自适应声学转换编码，一种音频压缩技术，用于 MD）技术也尚未成熟。当飞利浦骄傲地声称自己的 DCC 拥有 CD 级别的音质时，MD 只能达到 "接近" CD 音质的效果。事实上，初代 MD 的音质和 CD 存在明显的差距，其最大优势在于盘片尺寸足够小。

索尼对 MD 寄予厚望。大贺典雄组建了专门的团队，并将 MD 项目提升到 "公司地位"（corporate status）的层面，要求所有部门通力合作，集中全部技术和创新能力给 MD 项目。在此之前，只有 Betamax、8 毫米录像机和 CD 播放器享受过这种待遇。

MD 的文件目录光学拾取技术源自 CD 播放器部门，防震功能则采用了 CD 播放器团队正在开发的缓存（memory buffer）技术。MD 系统的核心性能和小型化方面用的是单片微波集成电路（MMIC）和异质结场效应晶体管（HFET）技术，这些技术来自一个车载导航系统项目。遗憾的是，这种上下同心、多部门合力共同打造一项产品的精神，在今天的索尼身上已经很难看到了。

在整个开发过程中，索尼的专利团队与 MD 开发团队保持了密切的合作，为 MD 建立了全面而严格的知识产权保护措施。专利团队的努力使得宣传推广部门能够尽早开放 MD 技术的对外许可。MD 上市前夕，索尼已经签署了 64 份许可协议，其中 32 份是关于硬件的，18 份是关于软件（即音乐）的，14 份是关于空白 MD 盘片的。同时，针对消费者对 MD 和 CD 的观感、对 MD 与 DCC 的接受度，宣发部门也进行了详细的市场调查工作。

1992 年年底，DCC 和 MD 产品相继上市。DCC 播放器的价格相当昂贵，飞利浦和松下生产的家庭音响系统价格都在 850 美元左右。DCC 得到了几乎所有唱片公司的支持，年底就已经有

500 张 DCC 专辑上市。唯一不支持 DCC 的主流唱片公司就是索尼旗下的哥伦比亚电影公司。在营销活动中，飞利浦把 DCC 捧作磁带录音机的继任者，大张旗鼓地宣传其音质足以与 CD 媲美，以及对传统卡式磁带的完美支持。

索尼的初代 MD 播放器的售价在 650 美元左右，低于 DCC 播放器，但也价格不菲。到 1993 年年初，美国市场上大概有 300 张 MD 格式的专辑，数量上少于 DCC。1993 年 9 月，MD 格式的专辑数量达到 1200 张，其中索尼自己的唱片公司贡献了约 750 张。

面对两款价格昂贵的新产品，经历了多次格式战争的消费者表现得十分谨慎。经过一段时间，两款产品的市场反应都不算很好，消费者都在静静地等待着胜者的出现。一年之后，MD 播放器在美国的销量堪堪达到 5 万台，DCC 播放器据估计也只售出了 3 万台左右。飞利浦很快失去了信心，在 1993 年承认 MD 和 DCC 播放器都只是吸引了 Hi-Fi 玩家；而索尼仍然信心满满，宣称要在 1995 年实现 1000 万台的出货量。

经过一年多的技术积累，索尼引以为豪的小型化技术开始显现优势。1993 年 9 月，索尼发布了第二代 MD 播放器，与初代产品相比，体积和重量分别缩小了 40% 和 45%。ATRAC 的压缩算法也有了很大的进步，显著提升了新版 MD 的音质。1994 年 4 月，索尼顺势在美国进行了二轮宣发，降低播放器售价，并推出了支持 MD 的家用音响系统。

此时，飞利浦已经尽显败象，媒体对 DCC 的质疑越来越多，消费者开始怀疑这种格式还能活多久。为了适配旧的卡式磁带，飞利浦在设计生产双模式磁头（dual-mode head）时也遇到很多技术难题，导致制造成本居高不下，难以实现规模经济的效应。由于 DCC 播放器能够完美支持传统卡式磁带，用户倾向于购买更便宜的传统卡式磁带，而不是价格昂贵的新型 DCC 磁带。DCC 项目一直没能盈利。到 1996 年，飞利浦不得不宣布放弃 DCC 格式。

MD 虽然在市场上取得了胜利，但是赢得并不漂亮，没有像 Walkman 或后来的 iPod 那样席卷全球市场。在发布 7 年之后，MD 播放器的销量仍然不温不火，在美国仅售出 100 万台，远远没有达到索尼的预期。与此同时，索尼的态度也发生了变化，与一开始对 MD 的全面支持不同，索尼一方面大幅降低 CD 随身听的价格，另一方面又大力推广使用其记忆棒技术的数字播放器。消费者感觉索尼似乎要放弃 MD 格式了。如前所述，此时市场上已经出现新的竞争对手——采用固态存储器的 MP3 播放器。无论是磁带还是光盘，一切外部存储介质都将成为明日黄花。

第 27 章 那些"猪队友们"

索尼认为，Betamax 的失败主要是因为自己单打独斗，孤立无援[1]，既没有影视公司的支持，自己也没有独占的内容资源。索尼高层相信，如果索尼有足够的影视资源为 Betamax 撑场子，未必不能战胜 VHS。出于这方面的考虑，索尼斥巨资收购了哥伦比亚电影公司[2]。

此时正是"广场协议"签订后日元大幅升值的时期，日本人"买下美国"的说法甚嚣尘上。索尼小心翼翼地应对着美国人的反日情绪，对新收购的业务给予近于溺爱的呵护。

据索尼官网"Sony History"栏目记载：

> 电影向来是美国人的骄傲，日本公司的介入引起了美国舆论的恐慌。盛田一再表示"这不是日本文化的入侵，我们不想把日本的管理人员送进哥伦比亚电影公司"。大贺典雄坚守索尼的"全球本土化"座右铭，强调说收购后成功的关键在于"不凸显日本公司的特点"，保证被收购的公司继续保持美国特色。在宣布收购哥伦比亚电影公司的次日，索尼宣布以 2 亿美元收购古贝尔－彼得斯娱乐公司，并聘请这家公司的两位合伙人——著名电影制片人彼得·古贝尔（Peter Guber）和乔恩·彼得斯（Jon Peters）担任收购后的哥伦比亚电影公司的联合董事长。

盛田昭夫虽然信心满满地写出《日本可以说不》，对内也以独裁和强硬著称，但是在面对新收购的美国公司时，他反而变得温文尔雅，把权力拱手送到美国人手中。出井伸之对此的评价是：

> ……我们从来没有跟外国人打过交道，当他们提出某个建议时，我们会欣然接受。我们上一代的日本人对外国人怀有自卑心理，盛田自己就是一个生动的例子。[3]

事实证明，对美国人卑躬屈膝是没有好下场的。虽然日本一路让步，签署了日美半导体协议等一系列不平等条约，但美国人还是不依不饶。1989 年，后来曾任美国总统的唐纳德·特朗普就曾经公开控诉日本"系统性地从美国身上吸血——把血都吸走了！"（systematically sucked the blood out of America - sucked the blood out!）至于索尼寄予厚望的几个美国高管，他们根本不和日本人穿一条裤子。

王育琨在《索尼并购哥伦比亚：从泥沼到经典》一文中评述了这段公案：

> 并购本来是件很折腾人的事，内容涵盖价格谈判、战略接轨、组织设计、组织结构调整、裁减

人员等，需要一个很强、很全面的工作团队，可是这一切在当时的索尼公司却很不健全。只是简单地把公司委托给美国人按美国的方式管理就行了。而靠私人纽带找到的管理团队，又纯粹是好莱坞玩家。最重要的3个玩家，一个是索尼美国的总裁米基·舒尔霍夫、盛田的老朋友兼并购财务顾问彼得·彼得森以及未来的哥伦比亚电影公司总裁彼得·古伯（即前文提到的彼得·古贝尔）。他们交相呼应，玩转了索尼。没有独立第三方的评估，没有日本团队的吹毛求疵，舒尔霍夫的判断就直接成了大贺的判断。[4]

1990年代，哥伦比亚电影公司连连亏损，成为索尼手中的烫手山芋，到世纪之交才缓过劲儿来。

在世纪之交，索尼再次吃了美国人的一个大亏。1999年，索尼与IBM联合申请了一件名为"电子控制系统"的专利（专利号为US6292718B2）。2001年，两家公司和东芝一起，共同申请了3件关于计算机处理器架构的专利（专利号分别为US6809734B2、US7093104B2和US7233998B2）。在US7093104B2号专利的说明书上，发明人明确提到了索尼和IBM的这个合作项目："本专利申请披露的发明是索尼电子娱乐公司、东芝公司和国际商用机器公司自2001年3月9日起执行的联合研究协议范围内活动的成果。"

索尼、IBM和东芝的这个联合研发项目持续了多年，从2001年到2010年间在全球范围内申请了175项专利，64个专利族（简单同族合并），其中绝大多数专利申请于2005到2006年间（见图27-1）[1]。IBM自己通过这一项目申请的专利更多，总数可能在500项以上。这个项目的最终成果是一款名叫Cell的处理器。

IBM和索尼共同申请的专利

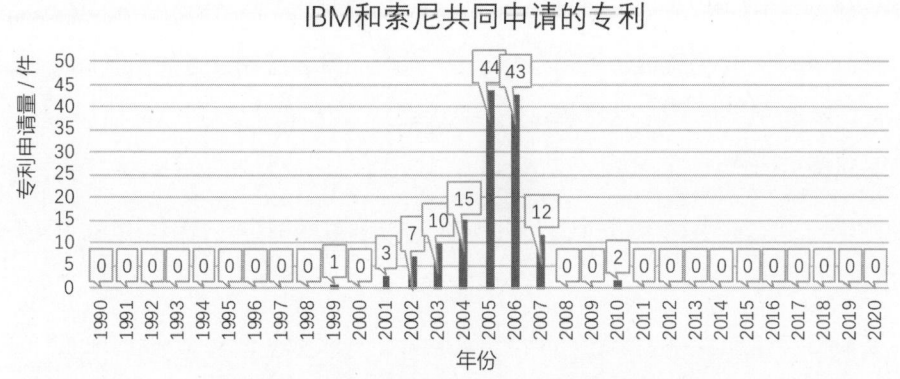

图27-1 1990—2020年IBM和索尼为共同申请人的专利

Cell处理器是"PlayStation之父"久多良木健（Ken Kutaragi）以个人职业生涯为赌注

▼ 1 检索式：AP=(international business machines) AND AP=SONY

的一款极具野心的产品。前面提到，缺乏个人威望的出井伸之在1990年代被大贺典雄强推上CEO的位置，对索尼进行了大规模改革，在2000年左右终于控制了董事会。在这个过程中，大贺典雄被架空为荣誉会长，离开了索尼的权力中心。之后，随着索尼的经营形势日益恶化，大贺典雄对出井伸之日益不满，开始对外声称"选择出井伸之是一个错误"。在两人的对立中，久多良木健站在了大贺典雄一边。

1990年代初，大贺典雄曾顶住公司内外的压力，倾力支持久多良木健开发第一代Play-Station游戏机，久多良木健为此对大贺典雄忠心耿耿。他性格强势，常常公开和上司唱反调，有着迅速决策和独裁的评价；出井伸之和后来的霍华德·斯金格都欣赏他的才能，同时又对他的桀骜不驯大为头疼。2000年代初，因为两代PlayStation取得了巨大成功，久多良木健坐上了索尼副社长的位置，全面负责游戏、消费电子和半导体业务，背后有大贺典雄撑腰，俨然有索尼新一代继承人的架势。作为索尼数字业务的总掌门，久多良木健构想了一款支持分布式计算的微处理器。在他的设想下，这款新处理器不仅可以用在索尼的第三代PlayStation游戏机上，还能用在其他多种家用设备上，打造索尼的智能家庭。

Cell处理器的研发费用由索尼、东芝和IBM三家公司各出1/3，但在人力上则是以IBM团队为主：IBM员工占开发团队的3/4，索尼和东芝只有少数工程师参与了整个过程。在知识产权方面，索尼允许IBM在今后的其他产品上使用Cell处理器的相关技术。不知道出于什么原因，索尼没有禁止IBM把相关技术提供给自己的竞争对手使用，而IBM恰恰就毫无底线地利用了索尼的这个疏忽，让索尼再次吃了大亏。

根据IBM官网的介绍，"Cell处理器的特点是9个独立核心的设置：1个IBM PowerPC® 处理元件（PPE）和8个协处理器（SPE）。PPE是一个与IBM曾经制造过的任何PowerPC都不一样的核心，作为通用微处理器，负责运行操作系统。8个协处理器是Cell芯片的主要组成部分，专门用于进行高速计算。"[5]

在2001年三家公司共同申请的US7093104B2号专利说明书中，我们可以找到关于这一设计的描述：

> 基本的处理模组是一个处理元件（PE）。优选地，1个PE包含1个处理单元（PU），1个直接存储器访问控制器（DMAC）和多个附属处理单元（APU）。在优选实施例中，1个PE包括8个APU。PU和APU通过共享的动态随机存取存储器（DRAM）进行交互，该DRAM优选地采用纵横制交换架构（crossbar architecture）。

8个协处理器的设计也被写入该专利的权利要求21："权利要求20所述的处理装置中，用于至少一个所述处理模组的第一处理单元的数量为8个。"

为什么要用8个协处理器呢？8个协处理器可以带来更高的计算能力，而"8"这个数字完全是索尼副社长久多良木健拍脑袋决策的结果。这个决策像蝴蝶效应一样，带来了当事人无论如何都无法预料的后果。

在研发的早期，IBM团队设计的Cell处理器芯片只有6个协处理器。当设计图纸已经完成了一大半时，久多良木健突然对IBM提出了增加2个协处理器的要求。他给出的理由只有简简单单的一句话：

8个比较好看。（Eight is beautiful.）

Cell处理器的首席架构设计师戴维·希普（David Shippy）把这个故事记录在《压力下的角逐：解密索尼PS3与微软Xbox 360的生死时速之战》[6]一书中。根据他的记载，IBM团队因为久多良木健突然抛出的这个荒唐要求头疼不已，同时又觉得莫名其妙。戴维·希普最终也没搞明白"8个比较好看"是什么意思。久多良木健的风格就是给出一个要求，不多做解释，静静地等着对手就范。他写道："如果久多良木健需要8个协处理器的强大计算能力来实现他占领更大市场的宏伟抱负，或者相对于PS2在性能上有较大提升，这会更容易理解一些，但为什么他说'8个比较好看'呢？"他认为"这是一个成本高昂的决定"，既降低了IBM的利润，也大大提高了索尼PS3游戏机的成本。

2002年年底，微软高层突然与IBM接洽，希望IBM为自己的新款家用游戏机开发处理器。我们知道，微软从2001年开始发售Xbox游戏机，与索尼的PS2分庭抗礼；直到今天，两家公司仍然各占家用游戏机市场的半壁江山。索尼开发第三代游戏机PS3的时候，微软正在开发自己的第二代游戏机Xbox 360。

微软上门之后，IBM新成立的工程技术服务部（E&TS）表现得非常积极，把微软的订单当成是证明自我的一个好机会，为微软展示了各种方案，但都被微软否决了。最后，工程技术服务部一位曾经在Cell团队工作过的工程师把索尼的方案泄露给微软，马上引起了微软团队的强烈兴趣。

平心而论，微软并没有横插一刀破坏STI联盟的意思：它根本不知道这个方案的背后是Xbox 360的头号竞品。微软的报价让工程技术服务部非常兴奋——我们在"兴衰篇"中提到过，IBM从郭士纳时代起强推"服务"的概念，带"服务"字眼的部门和团队都是IBM高层眼里的香饽饽。在工程技术服务部的推动下，IBM 瞒着索尼和微软，做出了一个毫无商业道德的选择。

在《压力下的角逐：解密索尼 PS3 与微软 Xbox 360 的生死时速之战》一书中，戴维·希普抱怨说："我知道是赚大钱的想法迷了那些高管的心窍……为了 IBM 的财务收入报表而不择手段，他们不会有丝毫内疚。"他描述了自己和日本工程师们的"友情"：他们参加各种富有创意的主题聚会，一起泡吧、划船、滑雪、聊体育———一名日本工程师还是姚明的铁杆球迷。但是在现实中，戴维·希普却用出色的演技，把日本工程师们骗得团团转。

2003 年 9 月，IBM 和微软签署合作协议，正式开始为微软开发用于 Xbox 360 游戏机的处理器。这一年，IBM 的经营状况不佳，高层不愿意大规模招聘新人；恰巧刚刚成立的高通公司在大肆从 IBM 挖人，PowerPC 处理器部门的大批精英出走，导致 IBM 在资金调配和人力资源方面都捉襟见肘，没有能力再为微软的项目配置一个团队。

于是，IBM 做出了一个对自己最有利的选择：让索尼和微软共用同一个设计方案和同一个团队。因为索尼和东芝的工程师也在开发团队中，所以 IBM 把一半的真相告诉了索尼：他们正计划为另一个客户开发这个核心，建议索尼接受同时适用于索尼和新客户的设计，以免开发团队精力分散。这个说法完全是事实，但是 IBM 以商业秘密为由，对索尼隐瞒了"另一个客户"的真实身份。

据戴维·希普回忆，索尼没有怎么讨价还价就接受了这个提案：因为 IBM 接受了久多良木健"8 个比较好看"的无理要求，索尼也理所当然应当在 IBM 提出要求的时候有所退让，"以显示双方平等相待"。这个结果当然是久多良木健无论如何都想不到的。

因为索尼和微软的报酬更高，工期要求也更加苛刻，IBM 决定牺牲 Cell 处理器的一位不太重要的潜在客户——苹果。Cell 团队的主管长期负责维护 IBM 与苹果之间的客户关系，在 Cell 处理器开发的早期，他向苹果推荐了该处理器，引起苹果的强烈兴趣。在当时看来，Cell 团队只需要在索尼方案的基础上增加一些乱序处理方面的工作就可以满足苹果的要求。但是因为微软加入了客户行列，Cell 团队没有时间同时兼顾三家公司的需求，最终做出了撤掉乱序处理的决定。这一决定全盘打乱了苹果的计划，让苹果大为震怒，成为苹果抛弃 PowerPC 而转投英特尔怀抱的导火索之一。至此，IBM 成功地得罪了我们"更替篇"的两大主角。戴维·希普回忆说：

> 带着极大的愤怒和无奈，苹果公司最终决定由 IBM 的服务器事业部设计一个不同的核心……我敢肯定它会立即着手，投入大量的精力和财力物色替代办法。

到微软在 Cell 团队所在的奥斯汀为 Xbox 360 举行路演活动时，索尼和微软被蒙在鼓里，不知道自己和头号竞争对手的新产品的核心处理器由同一个团队在开发。而 IBM 的保密工作也做得一塌糊涂。路演之后，IBM 和微软的合作关系逐渐浮出水面，索尼和东芝的工程师逐渐通过公开或半公开的消息猜到了事情的真相。但是，体量和技术能力无人能出其右的 IBM 就是有"店大欺客"的本钱。索尼和东芝因为已经在 Cell 项目上投入了巨额资金，别无选择，只好打落牙齿和血吞，继续共同开发。而 IBM 则继续利用索尼和东芝的工程师进行开发。戴维·希普回忆，在开发过程中，IBM 常常会把同一个纠错会议开上两遍，利用索尼和东芝工程师的经验解决微软的问题。他说：

> 第一部分为"绝密纠错会"，由 IBM 自己人参加，讨论在 PS3 和 Xbox 360 模拟环境中发现的共同错误或者那些只存在于 Xbox 360 里的错误。我们邀请索尼和东芝的工程师参加第二部分的会议，只讨论在 PS3 上发现的错误。

他还说：

> 最困难的是，我得假装我是头一次听到验证工程师描述一个错误。我得重复问一次早上已经问过的问题，假装我不知道那个逻辑工程师的答复。

在这些"心怀内疚"的 IBM 员工的出色演技下，索尼的工程师们仍然被蒙在鼓里，他们"没有发觉自己也在为对手的产品工作"。

索尼本来比微软早两年开始新一代游戏机处理器的开发工作，目标是在 2005 年发布 PS3 游戏机。但是因为 IBM 两面三刀的背叛行为，微软抢先一步，在 2005 年就开始发售 Xbox 360 游戏机；而索尼反而要等到 2006 年年底才发售自己的 PS3。幸运的是，微软并没有因为占尽先机而取得决定性胜利：因为拼命赶工，率先发布的 Xbox 360 爆出了消费电子市场历史上最严重的质量问题之一，使得将近三分之一的产品都在很短的一段时间内因为过热而报废。

正当微软因质量问题而忙得焦头烂额之时，2006 年 11 月，索尼的 PS3 游戏机千呼万唤始出来，但是其价格让游戏爱好者们全都倒吸一口冷气：20GB 硬盘的低配版要 499 美元，60GB 硬盘的高配版要 599 美元！这个价格比 Xbox 360 的首发价（首发两种版本，分别为 299 美元和 399 美元）高出 40% 之多。索尼认为这个价格十分合理：PS 游戏机不仅搭载了性能强劲而成本高昂的 Cell 处理器，还配备了蓝光光驱。以 PS 游戏机赔本的代价来强推蓝光技术，是索尼为赢得后 DVD 时代高清格式之战主动做出的战略牺牲。事实上，PS3 在发售时比市面上主流的蓝光影碟机还要便宜很多，即使买来仅用于观看蓝光影碟也值。市场研究公司 iSuppli 认为，索尼 PS3 的成本价"至少在 805 到 840 美元之间"。[7]

对真正的游戏迷、技术宅和"索粉"来说，PS3 的定价并无不妥；但是对于普通的美国大众消费者而言，花二三百美元买个玩具或许勉强可以接受，而花五六百美元买一台游戏机则已经远远超出其心理预期了。而且，虽然 Cell 处理器性能强劲，但是其架构设计与众不同，让习惯于 x86 架构的游戏开发商们头疼无比。

由于索尼和微软都昏着儿迭出，这两家公司在这一代游戏机市场争夺战中都没能取得决定性胜利。微软在家用游戏机市场上站稳了脚跟，而索尼的游戏部门却赔得血本无归。2007 年，索尼长期盈利的 PS 部门严重亏损，久多良木健成为替罪羊，被霍华德逼迫退休，仅保留名誉主席的职位，在索尼的高层权力斗争中出局。

索尼历尽艰辛开发的 Cell 处理器也远远没有达到久多良木健所期望的效果。在索尼内部，久多良木健试图推动其他电子业务采用 Cell 处理器，但是各个部门都不愿意接受：对索尼的大多数业务来说，Cell 处理器的性能严重过剩，价格高昂，发热量也过大。在外部，这款曲高和寡的处理器也鲜有人问津。据《纽约时报》报道，出井伸之和久多良木健曾经在 2004 年一同前往加州，以分享索尼技术为诱惑，劝说苹果公司在 Mac 计算机上采用 Cell 处理器；但是乔布斯认为 Cell 的设计比 PowerPC 还要低效，拒绝了他们。[8]

Cell 处理器的失败是索尼众多失败产品的一个缩影。长期以来，索尼都致力于做出音质更好、画质更高、性能更强的产品，在各个产品线上都有宏大的战略构想。但是索尼没有考虑这两点：首先，用户追求的未必是最好的音质、最佳的画质或最强的性能；其次，用户永远没有义务多掏钱来帮助商家实现自己的战略构想。

有趣的是，PS3 因为追求强劲性能而极大地抬高了成本，却也因此得到了一小群真正追求高性能的用户的喜爱，虽然从市场角度来看，这部分用户群体小到几乎可以忽略不计。2010 年，美国空军研究实验室（Air Force Research Laboratory）采购了 1760 台 PS3 游戏机组成集群，命名为"Condor"。Condor 集群拥有每秒 500 万亿次浮点运算的能力，在搭建完成时成为全球排名第 33 位的超级计算机，被美国空军研究实验室用于分析高清卫星图像。对索尼来说，这正所谓"求仁得仁，又何怨乎"？

第 28 章 作嫁衣裳的"时间平移"

Betamax 虽然失败了，但却有一个不得不提的重要贡献。早期美国人购买录像机的一个主要目的，是把电视节目录下来，等到有空闲的时候再看；而日本人买录像机基本上就是为了在家看电影。松下电器对消费者的需求非常敏锐，在美国，他们最早把录像带的播放时间定为两小时，足以录下整场橄榄球比赛；同时积极与各大电影公司签约，确保在每个主要市场都可以供应足够的电影资源。索尼的 Betamax 磁带虽然在画质上拥有明显优势，但一卷 Betamax 磁带却录不下一场完整的橄榄球或篮球比赛。

在对 Betamax 进行市场推广时，索尼并没有在技术细节上大做文章，而是围绕着"时间平移"（time shifting）这样一个感性的概念进行营销。在没有录像带的时代，电视观众一旦错过了某个节目的播放时间，就只能等待重播。录像带让观众能够把无暇按时观看的电视节目录下来，在有空的时候反复观看。盛田昭夫把这种观看方式称为"时间平移"。他回忆：

> 1975 年把 Betamax 推入市场时，我们确定的市场策略是推广"时间平移"这个新概念……我在演讲中告诉人们，Betamax 是真正的新东西。"现在你可以把一期电视节目抓在手中，"我说，"有了 VCR，电视就变得像杂志一样——你可以调整自己的时间安排。"我想卖的就是这个概念。

"时间平移"直接改变了一代人的生活方式，但也触碰了影视产业的"逆鳞"。很快，索尼就迎来了一场全美瞩目的诉讼。这一案件成为 20 世纪美国版权史上最重要的判例之一。

1976 年 11 月，环球影业（Universal Pictures）在加州地方法院对索尼提起诉讼。环球影业的律师认为，录像机用户对影视节目的录制侵犯了环球影业的版权，要求索尼承担共同侵权责任。这一年，美国版权法刚刚经历了 1909 年版权法案通过之后最大规模的改革，颁布了 1976 年版权法案，对"合理使用"做出了明确的规定，但是该法案要到 1978 年 1 月 1 日才正式实施。尽管如此，索尼通过"合理使用"抗辩，得到了地方法院的支持。

环球影业联合迪士尼等公司，向法官诉苦说电影公司深受"时间平移"技术之害，损失惨重。它们还争取了广告业内一些公司的支持。广告公司的代表对法官表示，用户如果录制电视节目再自己安排时间观看，就可以通过快进功能略过广告，损害了广告公司的利益。

索尼则请来另一些内容提供商作证，表明用户"时间平移"对它们不构成任何损害。站在索尼这一边的主要是四大体育联盟、NCAA（National Collegiate Athletic Association，全国大学体育协会）和NRB（National Religious Broadcasters，国家宗教广播）。

索尼的律师迪安·邓莱维（Dean Dunlavey）说："在历史上，某个用途合法的机器的制造商因为购买机器的人使用不当而受到惩罚，这种例子从未有过。"地方法院认同了这一说法，判决索尼胜诉。

环球影业不服地方法院判决，很快提起上诉。1981年，经过多方的反复交锋，第九巡回法院做出了不利于索尼的判决。法官在判决书中写道：

> 基本上所有电视节目都是受版权保护的材料……有的版权所有人因为某种原因选择不去维护自己的权利，但这一点并不能阻止其他权利人合法地选择保护自己的权利。

第九巡回法院的判决让方兴未艾的整个家用录像系统行业都惴惴不安，却让影视公司和美国电影协会欢欣鼓舞。1982年，在相关利益集团反复游说之后，美国国会正式开始着手调查"时间平移"技术带来的法律问题。一些议员希望直接通过法案豁免家用录像带录制节目，从立法层面解决问题。同时，美国电影协会也开始积极进行院外游说活动，希望对所有录像机和空白录像带收取版税。

在国会组织的听证会上，美国电影协会主席杰克·瓦伦蒂（Jack Valenti）不遗余力地攻击家用录像系统。他危言耸听地说："对于美国制片商和美国公众而言，VCR就像是独自在家的女性面对的波士顿扼杀者。"就像今天的美国某些政客一样，杰克·瓦伦蒂还大打民族牌，把话题引向美日冲突："娱乐业不是日本的机器开创的，而是美国电影工业开创的。"

杰克·瓦伦蒂还请学界大佬出马，由哈佛大学的法学教授劳伦斯·特里布（Laurence Tribe）论证"时间平移"侵犯了美国宪法保护的公民自由。劳伦斯·特里布认为，"时间平移"首先侵犯了宪法第五修正案对私有财产的保护，因为录制电影节目等同于侵犯电影公司的财产。其次，"时间平移"还侵犯了宪法第一修正案保护的言论自由："如果电影和电视制片人因努力而获得的回报大幅减少，他们的表达也会相应减少。"

新成立的"家用录像系统联盟"（Home Recording Rights Coalition）在国会听证中做出了针锋相对的回复：如果对公民在自己家里使用录像系统的方式进行限制或监控，那就侵犯了宪法第四修正案对公民私有领地的保护。

当双方在国会吵得不可开交时，索尼上诉到最高法院。1984年1月17日，最高法院对这场旷日持久的诉讼做出了终审判决。大法官们的投票结果是5：4，索尼以一票险胜。根据判决书的说法，"时间平移"是一种"非商业性、非营利性的活动"，"对受版权保护作品的潜在市场或价值，没有任何可以证实的效果"。

讽刺的是，在录像机和录像带终于被消费者接受，成为美国家庭的必备之物以后，起初群起抵制的电影公司纷纷赚得盆满钵满，作为开创者的索尼反倒只能吃些残羹剩饭。

如前所述，索尼胜诉之后的1985年，Betamax已经在市场上完全落败。1986年，电影公司欣喜地发现，电影录像带来的销售总额已经超过了院线票房的销售总额。两年后，索尼自己也开始生产和销售VHS录像带，宣告自己在录像带格式之争中彻底失败。

Betamax案的影响十分深远。虽然Betamax本身并不成功，但是Betamax案的胜诉为日后的DVD、DVR甚至计算机录屏都打开了方便之门。美国电影协会和环球影业等公司的激烈反应也表明，传统产业在面对硬件技术革命时，会抱有怎样的恐惧。

为了支持磁带和CD格式，索尼苦心打造了索尼音乐。因为Betamax的教训，索尼收购了哥伦比亚电影公司，建设自己的电影公司，希望为下一代视频存储技术DVD乃至高清DVD提供支持。在这个过程中，索尼自己不知不觉地成为传统内容产业的代言人之一。

这在很大程度上是索尼无法自我革命的原因。相比之下，苹果没有格式标准和内容产业的负担，反而可以在互联网时代轻装上阵，一骑绝尘。

1997年，VHS格式的录像带仍然占据着美国电影租赁市场的大半江山。有一天，创业不顺的程序员里德·哈斯廷斯（Reed Hastings）从录像带租赁连锁店租了一盘汤姆·汉克斯主演的《阿波罗13号》录像带。因为工作繁忙，哈斯廷斯忘记了及时归还，累计要交40美元的罚金。哈斯廷斯害怕被老婆责骂，心情非常不好。在健身房发泄郁闷情绪的时候，哈斯廷斯想出了按月收费的新商业模式，创建了Netflix公司。

多年之后，索尼苦心经营的蓝光技术击败东芝的HD DVD（High Definition DVD），高清光盘的格式战争终于决出胜负。当消费者还在犹豫是否要把自己收藏的DVD更换成蓝光光盘时，Netflix和亚马逊先后推出了高清流媒体电影订阅服务。4K分辨率标准出现之后，4096像素×2160像素的分辨率成为新的业界标杆，索尼的蓝光光盘（只支持1920像素×1080像素的分辨率）更是英雄再无用武之地。

如前所述，Betamax 的失败让索尼遭受沉重打击，索尼高层痛定思痛，认为缺乏独占性的内容资源是失败的原因之一。借"广场协议"后日元升值的契机，索尼收购了哥伦比亚电影公司。但是在美国经理人的操作下，哥伦比亚电影公司昏着儿迭出，再加上巨额收购产生的债务、日本房产泡沫破灭后经济低迷等因素，让索尼高层焦头烂额。

雪上加霜的是，井深大在 1993 年因心脏病发作而病倒；仅仅三周之后，盛田昭夫在打网球的时候突然中风，失去了语言和行动能力。根据约翰·内森（John Nathan）在《索尼秘史》一书中的记载，这两人住在疗养院相邻的病房里。在艰难的复健过程中，他们时常会坐轮椅相互拜访，握手而坐，相对无言。1997 年和 1999 年，井深大和盛田昭夫先后去世。

两位创始人突然病倒，让索尼高层出现了权力真空。下一代继承人的选择毫无预兆地发酵为一个巨大的危机。

井深大本人是一流的工程师，盛田昭夫则是出色的经理人。第二代掌门人大贺典雄加入索尼较晚，但和两名创始人关系密切，通常也被认为是创始人的同代人。他的音乐家身份，在柏林爱乐乐团的经历以及与卡拉扬等著名音乐家的良好私人关系，使他拥有不亚于盛田昭夫和井深大的威望。

1995 年，出井伸之在大贺典雄的支持下接任索尼社长。和之前的三位功勋元老相比，出井伸之的资历显得黯淡无光。在索尼不算长的历史上，他是第一位从职员提拔上来的社长。在出任社长之前，出井伸之也是管理层中年龄最小、级别最低的一名高管。

上任伊始，出井伸之面临的局面称得上是"主少国疑，大臣未附"。为了破局，出井伸之对公司架构进行了"社内分社制"改革，将索尼从原来以"事业部"为基础的架构，改为以下属公司为基础的架构。因为本人缺乏威望，出井伸之的改革不以集权为目的，而是大规模地分权、放权，这一改革为索尼的"谷仓效应"埋下了隐患。

在索尼实施多年的"事业部"架构下，对事业部主管的考核主要以销售额和利润为导向，资产负债表上其他指标的重要性不高。如果一个事业部的销售额在 1000 亿日元以上，总部往往会给事业部主管下达一些比较具体的任务目标，如销售额、利润或收益率增加 10%，现金流增加 100 亿日元等。

而在"社内分社制"架构下，索尼总部成为下属公司的控股公司，仅负责总体协调和新业务的对外投资。原来的 19 个事业部重组为 8 家公司：消费者音频与视频（Consumer A&V）、零部件（Components）、媒体录制与能源（Recording Media & Energy）、广播（Broadcast）、商业与工业系统（Business & Industrial Systems）、信息通信（InfoCom）、移动电子（Mobile Electronics）和半导体（Semiconductors）。索尼的游戏、音乐、电影和保险业务都由不同的公司进行管理。

总部采用新的评估方式对每个下属公司的表现进行年度评估。新的评估方式参考了投资人对上市公司的评估手段：除了原有的销售额和利润率目标，资产负债表上的各项指标也成为重要的考核因素。在下属公司向总部请求投资的时候，总部要像外部投资人一样，基于现金流分析投资收益率（Return on Investment，ROI）。

由于总部对投资回报斤斤计较，下属公司的经理们开始高度关注每一笔投资的回报周期，对资本成本（cost of capital）变得格外在意。从1998年开始，索尼开始强调股东价值，把涉及股东价值分析的很多计算方法加入考核标准。同时，索尼也把EVA（Economic Value Added，经济附加值）引入考核标准，来追求股东价值最大化。EVA是企业每年税后营业净利润与投入资本的资金成本的差额。在新的组织架构下，部门主管以上领导的奖金与EVA评估结果挂钩。

因为对投资的严格把控，索尼砍掉了一系列颇受关注的前瞻性项目，其中尤以2006年宣告终止的Aibo机器狗项目最为著名。负责Aibo项目的功勋员工土井利忠（Toshitada Doi）博士在项目终止后辞职。[1]100多名索尼员工为Aibo举行了一个象征性的葬礼。在回忆起这次葬礼时，土井利忠哀叹道："Aibo（的死）表明，（索尼）敢于承担风险的精神已经死掉了。"

1994年之后，索尼又多次对公司进行重组。1998年，8家公司经重组后变为10家。1999年4月，10家公司又整合成3家"Network Company"，分别是家庭网络公司（Home Network Company）、个人IT网络公司（Personal IT Network Company）和核心技术与网络公司（Core Technology & Network Company）。重组反映了出井伸之的"网络"理念。他希望通过"聚合式/去中心化的管理"（integrated/decentralized management），来达到协同效应（synergy）的目的。"Network Company"的绩效仍然要根据资产负债表上的指标考核，部门以上级别领导50%的奖金由公司业绩决定。

新的公司架构让索尼得以极大地削减成本、减少债务，并增加利润。在1993财年，索尼的营收为3.7万亿日元，毛利润达到1000亿日元，但是净利润只有153亿日元。到1997财年，索尼营收为6.7万亿日元，营业利润为5000亿日元，净利润达到2020亿日元。1999年，出井伸之被《商业周刊》杂志评为年度全球最佳25名经理人之一。

从10家公司变成3家"Network Company"之后,索尼的决策方式出现了极大的转变。研发业务也不再由总部主导,而是由3家"Network Company"的管理层分别负责。总部另设一个专门的"数字网络解决方案"(Digital Network Solutions,DNS)部门,负责开发新的网络业务。2000年,家庭网络公司下属的广播业务被转移到DNS部门,建立了通信系统网络解决方案公司(Communication System Network Solutions Company),总部直属的"Network Company"的数量增加到4家。每家"Network Company"下设若干相互独立的公司。例如,原来负责设计制造VAIO个人计算机的IT公司、负责设计制造移动电话和数码照相机的个人移动通信公司,在改革后都统一归属"个人IT网络公司"管理。这些下属公司基本上相当于之前的事业部,总数共有25个之多。

在"Network Company"改革之后,公司业绩评估的标准和奖励机制的联系变得模糊不清。不同公司下属的不同业务部门开始推出相似的产品,相互蚕食各自的目标市场。

现在看来,很少有人认为出井伸之的改革是成功的。分权放权的做法看似具有现代特色,但是在数字浪潮和互联网革命的大变革时期,这种改革是严重不合时宜的。反复地进行重组更是对索尼的组织建设没有任何好处。

在模拟技术时代,索尼的各个事业部在技术方面依赖性不强,电视、音频和计算机部门基本上可以互相独立,老死不相往来。到了数字时代,不同技术部门之间的关联变得前所未有的紧密。计算机不仅可以收看电视节目,也可以看DVD、听MP3音乐。如果拥有这些技术的各下属公司密切合作,索尼完全有可能做出市场上最好的个人计算机、数字随身听和智能手机。遗憾的是,今天的索尼却成为一家以内斗著称的公司。

2001年,出井伸之希望开发一种新的电视收看模式。他在家庭网络公司之下成立了一家"网络终端解决方案公司"(Network Terminal Solution Company,NTSC)。NTSC开发了一款名为"Cocoon"的新产品,号称是"拥有大脑的电视"。这款2002年发布的产品能够根据用户的习惯,自动把用户喜爱的电视节目录制到本地硬盘上。

然而当硬盘装满之后,Cocoon会自动覆盖掉旧内容。很显然,这对于希望长期保存某些节目的用户来说非常不便。那么,索尼为什么不用DVD做存储介质呢?

当时,与电视相关的技术掌握在电视事业部手中,硬盘和相关的软件技术掌握在VAIO公司手中,DVD技术又掌握在视频公司手中。视频公司忙于开发自己的DVD产品,不愿意为Cocoon提供DVD支持。因此,Cocoon在推出的时候,因为没有DVD功能,所以叫好却不叫座。过了很长一段时间，索尼才推出了带有 DVD 功能的新版 Cocoon，取名为 Sugoroku，取得了一定的市场成功。

但是，Sugoroku 的成功是以牺牲索尼下属宽带网络公司（Broadband Network Company）的 PSX 产品为代价的。PSX 是宽带网络公司对新型电视的另一种尝试，它整合了 PS2 游戏机和 DVD 录制功能。因为 PSX 销量不佳，索尼对其进行降价处理，反过来又影响了 Sugoroku 的销售。这种毫无必要的"零和竞争"带来了无穷无尽的内耗，让消费者也搞不清楚哪个才是索尼主打的 DVD 产品。

这就是索尼在同一天推出使用记忆棒的 MemoryStick Walkman 和使用内置存储器的 VAIO Music Clip Walkman 的原因——这两款产品是音频部门和 VAIO 部门分别独立开发的。

MemoryStick Walkman、VAIO Music Clip 和 Network Walkman 上市几年之后，面对 iPod 的威胁，索尼又打算推出一款新的数字音频播放器，由已经负债累累的子公司爱华承担这项任务。2003 年，爱华项目组设计出了新的音乐播放设备，使用的是业界通用的 MP3 音乐格式和 USB 接口。但是，索尼的个人音频公司拒绝接受这一方案，坚持开发使用 ATRAC 格式的产品，并且坚持使用 MD 作为存储介质。

这个时候，MP3 格式已经一统天下，成为数字音乐文件的代名词。但是在个人音频公司看来，MP3 仍然是来自对手的竞品，是 ATRAC 格式的不共戴天之敌。就在爱华的产品开发接近尾声时，索尼副社长久多良木健亲自出面叫停了这个项目。爱华项目组被整合入个人音频公司后解散，爱华品牌从此销声匿迹。

除了硬件部门之间的矛盾，索尼的硬件部门和软件部门之间也存在根深蒂固的矛盾。高盛的一位分析师评价：

> 索尼有两种 DNA，来自两位创始人，井深大和盛田昭夫。井深大是一位工程师，喜欢玩技术。盛田昭夫虽然也是工程师出身，但更是天生的企业家。盛田昭夫出身富贵，因为他的天性，他喜欢做成年人的玩具。这也部分地解释了为什么他会进入娱乐产业。当井深大步履艰难地开发特丽珑 CRT 并承受巨额亏损时，盛田昭夫在建造漂亮的银座大厦。从某种意义上说，两人都乐于追求自己的爱好。这两种 DNA 从来没有混合在一起。盛田昭夫可能对于协同效应（synergy）有一种非常幼稚的概念，认为只要把两种业务（指硬件和软件）放在一起，就会自然而然地产生协同效应。但这种事情从来没有发生过。

在磁带与 CD 时代，硬件和软件（指音乐和电影等内容）部门之间有着完美的互补关系。但在互联网加持的数字时代，这一切发生了改变。索尼的硬件部门当然不是傻瓜，如果消费者有需求，它也很愿意提供各种工具方便其下载和共享音乐，这对索尼计算机和各种音乐播放器的销售来说，有百利而无一害。但是对软件部门（音乐公司）来说，易于下载、易于分享的音乐文件意味着易于被盗版。

在飞利浦发布 DCC 之前，索尼也曾开发过一款数字磁带，以及使用数字磁带的 DAT（Digital Audio tape，数字音频磁带，是一种专业和消费级音频录制和存储格式）Walkman 产品。当时，其他的音乐公司因为担心数字格式易于被盗版，不愿意通过数字磁带发布音乐。索尼希望索尼音乐提供音乐资源，以数字磁带的格式发布一些音乐专辑。此时，索尼音乐的 CEO 舒霍尔夫站在其他音乐公司一边，拒绝提供内容，导致硬件部门的强烈不满。新加坡国立大学教授张世真（Sea-Jin Chang）指出："索尼一直以来倾向于尊重和听从索尼音乐的意见，而不是强制其服从命令。即使是索尼炒掉舒霍尔夫，重新控制这家美国子公司之后也依然如此。"[2] 他认为，索尼花了太多时间让硬件部门和内容部门达成协同效应（synergy），但是"最多也就达到了阿诺德·施瓦辛格在索尼亏本的《幻影英雄》（*The Last Action Hero*）上用 MD 播放器听首歌的程度。今天，在索尼内部，'协同效应'这个词已经成为禁忌。"

索尼的一名高管曾经表示："（企业）内部的内容业务不一定是资产，它同时也是一种负债，因为我们要保护内容业务的利益。我们不可能像史蒂夫·乔布斯那样做 iPod。在我看来，他把内容卖得太便宜了。"[3] 久多良木健在 2005 年的一次采访中也曾说过："几年来，包括我在内的索尼员工，都为管理层没能做出苹果 iPod 这样的产品感到恼火。他们（指索尼高层）的负面想法，是因为担心音乐和电影部门对版权内容的保护态度。"

2004 年，索尼效仿苹果的 iTunes 创建了 Connect 公司，开发音乐管理软件，并开设了 CONNECT 音乐商店（CONNECT Music Store），在网上销售音乐文件。索尼的硬件部门和音乐部门各自安排了一名高层来 Connect 公司担任总裁，但结果是两位总裁在任何事务上都无法达成一致。

CONNECT 音乐商店从一开始就饱受恶评。《纽约时报》尖刻地评论说，索尼的新音乐商店"粗糙得令人尴尬"（embarrassingly crude），常常断线，应当改名叫"Sony Disconnect"。CONNECT 音乐商店的歌曲单价和 iTunes 商店相同，也为 0.99 美元，但超过 7 分钟的音乐就要收 1.99 美元（而 iTune Store 中的音乐一律为 0.99 美元）。这种小家子气的做法也让不少网民颇有微词。

CONNECT 音乐商店逐渐发展成网上最大的音乐商店之一，鼎盛时期拥有 2500 万首单曲可供下载，每周二会定时更新加入上万首歌曲。当然，这些歌曲全部都是 ATRAC3 格式的，通过索尼的 DRM 技术加密，只有索尼的随身听产品（包括 MD）或软件（SonicStage）才可以播放。需要指出的是，索尼的车载或家用音乐系统反而不支持 ATRAC 格式的 CD。[4]

2008 年 3 月 31 日，因为市场反应不佳，索尼关闭了 CONNECT 音乐商店。索尼很仁义地提供了 FAQ 和转换工具，指导用户把曾经下载的 ATRAC3 文件转成 MP3 或 WMA 格式。

2009 年，时任索尼 CEO 的美国人霍华德·斯金格（Howard Stringer）在一次采访中总结了他对 CONNECT 失败的个人看法。他说：

> 当时我们认为，与开放技术相比，（不开放）可以让我们赚更多钱，因为这样能对用户和他们的下载行为进行管理。这种做法导致了一个问题：除了索尼签约的网站，用户在其他地方下载不到音乐。如果一开始选择了开放技术，我认为我们本可以打败美国的苹果公司。

霍华德·斯金格对"开放技术"很有信心，他接下来说：

> 苹果的 iTunes 商店使用它（索尼）拥有产权的 DRM 技术，叫作 FairPlay。我认为，这给了索尼一个机会，让索尼能够拿出苹果做不了的产品。在苹果对其他硬件提供支持并把我们挡在门外之前，我们必须前进，抓住这个机会。[5]

这次访谈让霍华德·斯金格遭到了不少嘲笑，不是因为他说索尼曾经"本可以"打败苹果，而是因为他认为拥抱开放技术的索尼应该"抓住机会"，战胜仍然使用 DRM 技术的苹果——要知道，在此之前 5 个月，苹果已经公开放弃了 DRM。乔布斯关于 DRM 的公开信更是广为人知，而霍华德·斯金格对此居然一无所知。

苹果推出在线音乐商店的时候，并没有像索尼推广 Betamax 时那样，遭遇内容生产商的强力阻击。2000 年以后，随着网上盗版、音乐共享的兴起，各大唱片公司的产品销量不断下跌，损失惨重。美国唱片业协会四处出击，把 Napster 这样的公司告到破产，也仍然无法挽回传统音乐市场的颓势。2002 年，BMG 裁员 1400 人，索尼音乐裁员 1000 人，EMI 裁员 1800 人，整个行业的营业利润率从 15% 下降至 5%。虽然唱片公司对在线音乐销售仍有疑问，但是乔布斯说服了他们。在谈判中，乔布斯把音乐销售收益的大头留给了唱片公司：在每首歌曲 0.99 美分的直接收入中，苹果保留 0.33 美分，音乐公司获得 0.66 美分。iTunes 商店下载的音乐为 AAC（Advanced Audio Coding）格式[1]，这种压缩格式的专利权人不仅包括弗劳恩霍夫协会，还包括索尼和飞利浦。[6] 但是，苹果对于使用竞争对手的格式并不介怀。

▼ 1　旨在提供比 MP3 更高的音质和更高的压缩效率。这种格式是由 ISO/IEC 和 MPEG（Moving Picture Experts Group）开发的，作为 MPEG-2 和 MPEG-4 标准的一部分。AAC 格式的音频文件通常使用扩展名 .aac 或 .m4a。

第 29 章 飞利浦的格式之战

索尼推出 Betamax 格式之后，松下电器和飞利浦分别推出 VHS 和 Video 2000 格式与之竞争。但是到 1980 年代中期，Betamax 仍然保持着 5% 的市场份额，而 Video 2000 已经彻底出局。

从 1970 年代到 1980 年代，飞利浦实行所谓"矩阵式"管理模式。在这种模式中，企业员工至少有两个汇报对象：一个是直属经理（line manager 或 functional manager，也译作"直线经理"），另一个是项目经理（project manager）。从上到下的"直属经理—普通员工"纵向线路，与项目经理到项目成员的横向线路交叉，形成了矩阵。这种结构便于企业围绕具体项目安排工作，从 1970 年代开始受到众多企业的青睐，至今仍然是极为常见的管理模式。

作为最早采用矩阵式管理模式的巨型公司之一，飞利浦的组织结构相当复杂。1970 年代到 1980 年代的飞利浦内部组织矩阵由 4 个基本元素组成。

- 管理委员会（Board of Management）：位于公司总部，决定整个集团的基本政策。该委员会由 9 名成员组成，设主席一人。每名成员负责管理与其专业背景最接近的部门业务。

- 产品部门（Product Divisions，PD）：飞利浦产品及部件的生产制造被分成若干个较大的产品部（division），由高级经理分别管理。产品部的主管负责该系列产品的全球业务，不受国界限制。

- 公司部门：包括财务、法务、产品设计与开发、市场支持、员工发展等常见的部门，为全球业务提供支持，不受国界限制。

- 国家组织（National Organizations，NO）：飞利浦在荷兰以外的各个子公司或其他分支机构。每个 NO 负责管理飞利浦在该国的业务活动，如产品的生产、营销等。

以飞利浦在新加坡的一家收音机生产厂为例。从组织关系上看，新加坡的"国家组织"也就是子公司，是该厂的直属上级单位。同时，飞利浦总部艾丁霍芬的消费电子部（产品部门 PD）为所有收音机产品制定产品战略，该厂需要遵循总部的消费电子部的整体战略来开展业务。而对于收音机的设计、开发及部件外包，则要与艾丁霍芬相应的公司部门对接。这种复杂的网络使得厂长需要同时处理横向和纵向的大量业务关系，严重增加了沟通成本。

在 1980 年代的"格式战争"中，飞利浦国家级子公司过于强势的问题导致了严重后果。有学者在 1990 年代的一份研究报告中总结了飞利浦内部对 Video 2000 失败的一些观点：

> 一些经理认为，产品的开发人员距离市场过于遥远。其他一些人认为是研究、开发、生产制造和市场之间的藩篱导致了延误和成本超预算。另一些人指出，世界各地的子公司没有参与到项目中来，没有对开发做出适当的贡献，没有努力让项目在关键市场取得成功。[1]

Video 2000 系统的失败固然有多种原因，但是飞利浦北美分部的拒绝合作是一个不可忽视的因素。飞利浦总部发布的第一台 Video 2000 录像机比索尼的 Betamax 录像机晚了两年，但也投入了大量的资源，技术上更加成熟，被公司寄予厚望，希望在全球推广。然而，飞利浦北美分部置总部战略于不顾，拒绝在美国销售 Video 2000 系统。它解释说，索尼的 Betamax 和松下电器的 VHS 已经建立了先发优势，在成本控制、特性、系统支持方面，拥有飞利浦的 Video 2000 系统无法比拟的优势。

需要指出的是，在我们熟悉的巨型跨国科技公司中，飞利浦可能是最早着眼于国际化和全球化的。和日本、美国乃至我国的大型企业不同，飞利浦在荷兰国内的市场极小，根本不足以支撑飞利浦这种体量的公司存在。因此，飞利浦在各国的子公司拥有较强的自治能力和权限。

此外，二战爆发后，飞利浦总裁安东·飞利浦（Anton Philips）逃亡美国，其子弗里茨·飞利浦（Frits Philips）留在荷兰，在德国占领期间维持飞利浦公司的运营。为了避免德国占领区的飞利浦总部干涉北美业务，在美国的飞利浦北美分部早早就建立了较强的独立地位。

飞利浦北美分部凭借自己在法律上的较强自治权，对总部的策略置若罔闻。它不仅没有帮助总部在美国推广 Video 2000，反而决定把录像带系统的相关产品全部外包给日本竞争对手，贴上"Magnavox"的牌子在北美销售。[2] 同时，飞利浦北美分部还在松下电器定制电视机产品，以 Magnavox、Philco 和 Sylvania 等品牌的名义销售；消费级的光盘播放器则从先锋公司订购。有研究者认为，当时的飞利浦北美分部就是一家完全依赖日本企业提供产品的公司。[3]

包括飞利浦北美分部在内，各子公司内部的关系也错综复杂。在很长一段时间里，飞利浦在各国的子公司都由技术、商务、财务三大职能主管组成的委员会来管理，并没有一个强势的 CEO 来主导。这种"三头"管理模式历史悠久，因为飞利浦从起家开始，技术和营销就是相对独立的，分别由飞利浦兄弟管理，一人负责技术，一人负责营销。

1990 年代以后，飞利浦经过重组，更加重视个人权责，几乎所有的国家组织都设置了大权独揽的国家经理。但是，近百年历史留下的责任分担和共同决策的传统不是那么容易清除的，各子公司的上下各级都有复杂的功能整合机制。大多数飞利浦的子公司在三个组织层级上都存在功能整合机制：

- 每个项目都有一个项目团队（在飞利浦内部称为"article team"），由商务和技术职能的低级经理组成，负责制定产品政策、年度销售计划和预算。项目团队以下还有子团队（subarticle team），负责监督日常工作和开展特殊项目。

- 在产品层级，有跨部门的协调小组，称为"团队管理小组"（group management team），由技术和商业方面的代表组成。他们每月举行固定会议，对工作结果进行评估，解决部门之间的冲突。

- 在每个子公司的最高层级，有高级管理委员会（Senior Management Committee，SMC），由商业、技术和财务方面的主管组成，协调该国家所在区域部门之间的关系，同时确保该国家所在区域的业务符合子公司本身战略的需要。

早在 1979 年，麦肯锡就在关于矩阵式管理的一项研究中指出了飞利浦矩阵式管理的缺点。[4] 该研究引述了飞利浦一名产品经理的评论：

> 在格罗宁根，我们强烈感受到矩阵式管理的缺陷。首先，不对销售负责，这毫无疑问是一个重大缺陷——有些人完全没有意识到明天要把产品卖出去的问题，却要对利润承担责任。矩阵太慢了——我们面对的是一个变动剧烈、潜力巨大的市场，而我们的低成本竞争对手又太多。我们需要的是尽可能短的沟通渠道、快速决策、警觉性——我们必须具备快速自我调整的能力。

该研究还引用英国学者切瑞尔·巴伦（Cheryll Barron）的一份研究指出：

> ……飞利浦的组织架构承担着矩阵式管理和日本式架构共有的明显缺陷——在会议、个人关系的搭建和沟通上花费了无穷无尽的时间——但又不具有日本式架构的优点。

因为组织架构的种种缺陷，飞利浦在格式之战中早早出局，虽然在各类音视频格式的专利池组织中都占有一席之地，但再也无法达到磁带和 CD 时代的主导地位了。

第 30 章 格式之战的结局

作为 CD、DVD 和蓝光光盘技术的重要发明人之一,索尼一直在光盘相关的技术领域积极研发并申请专利。从图 30-1 可以看出,索尼在光盘相关技术领域的专利申请有两个显著的高峰,一个出现在 1998 年(共 209 个专利族),另一个则是在 2003 年(共 194 个专利族)。2006 年以后,索尼的光盘技术专利申请量迅速下降,从 2011 年开始,年申请量跌落到 50 个以下。进一步地,从 2015 年开始,年申请量跌落至个位数。在这些时间点上,究竟发生了什么呢?

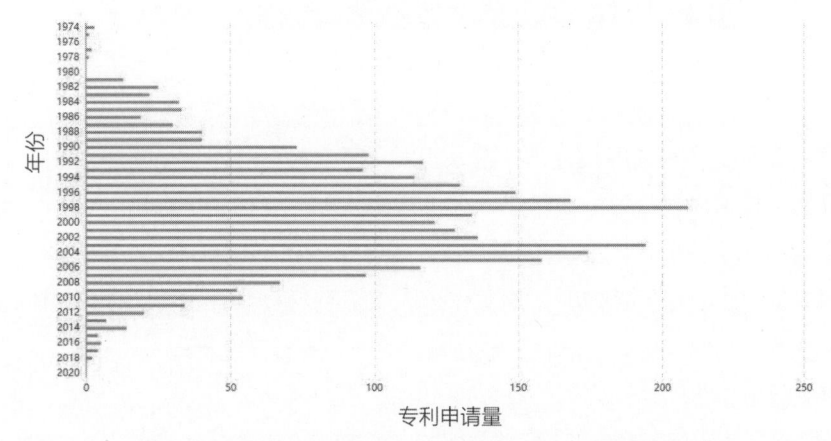

图 30-1 索尼每年与光盘有关的专利族申请量(简单同族合并)[1]

1994 年 12 月,索尼和老朋友飞利浦发布了共同开发的 MMCD(多媒体 CD)技术。一个月后,松下和东芝也发布了它们的 SD(Super Density Disc,超高密度光盘)技术。眼看着新的格式之战即将开始,经历了多次折腾的 IT 界不愿再次在两种格式之间做选择,它们联手施加压力,迫使 MMCD 和 SD 两大阵营走向合作,统一为 DVD 格式。在这一过程中,MMCD 和 SD 两大阵营不得不联合起来,组建了 DVD6C 专利池。因为 DVD 格式更多地使用了 SD 阵营而非 MMCD 阵营的技术,这场技术竞争一般被认为东芝是胜利者,而索尼则被视为失败方。

从 1997 年到 2003 年,日美市场的主流消费者开始淘汰录像带,大踏步迈入 DVD 时代。如图 30-2 可见,DVD 在美国的租赁及销售收入在 21 世纪初爆发性增长,到 2007 年左右几乎完全吞食了录像带的市场。在此期间,索尼和飞利浦想要争取更多的专利许可费,但是没有被其

▼ 1 检索式:TIAB=(optical (w) disc*) and (ap=sony or aee=sony)

他专利权人接受。于是，两家公司独立另组 DVD3C 专利池。索尼和东芝的关系也因此而恶化。

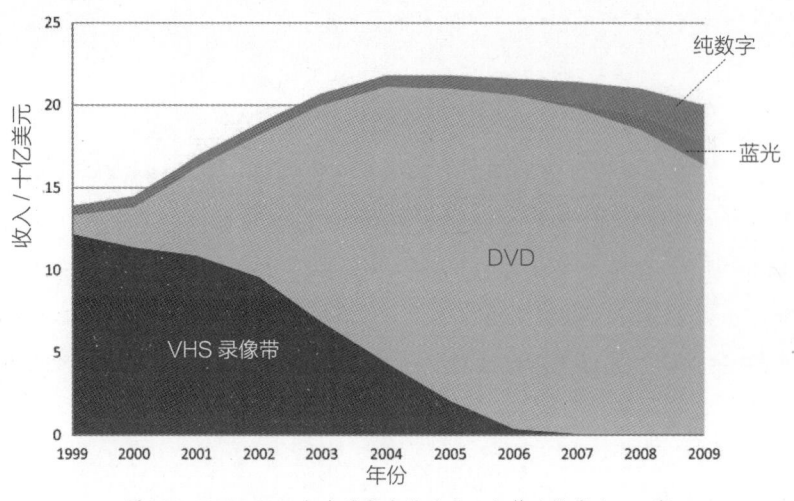

图 30-2 1999—2009 年全美家庭娱乐产业租赁及销售收入组成

1997 年，索尼和飞利浦继续合作，携手开发了新一代高清光盘格式 DVR-Blue。1997 年，索尼申请的光盘技术专利达到 168 件，1998 年达到 209 件，为历史最高。2000 年 10 月，索尼和飞利浦联合推出了首个 DVR-Blue 的原型机。半年后，松下发布了另一种高清光盘原型机。索尼和飞利浦认为自己应吸取前两次失败的教训，迫不及待地向松下抛出橄榄枝，盛情邀请松下加盟己方阵营。在松下接受邀请后，索尼阵营的一名高管曾经宣称："从历史上看，松下支持的技术会赢得格式之战。"[1]

松下公开站队之后，处于观望状态的各大厂商纷纷加盟，投入 DVR-Blue 的怀抱。唯有与索尼积怨已深的东芝在孤军作战。新一代格式战的格局逐渐明朗起来。这个时候，光盘产业的传统大佬们谁也没有注意到，搅局者的身影已经悄然出现在了美国专利商标局的专利数据库中。

2000 年 4 月，Netflix 公司的第一件专利"租赁物品的方法和装置"获得授权，专利号为 US6584450B1。这件专利描述了 Netflix 赖以起家的"订阅"租赁模式：用户按月支付一笔订阅费，就可以在 Netflix 网站上任意租借 DVD。DVD 由 Netflix 邮寄给用户，什么时候归还则由用户自行决定，不存在超期罚款，但是用户可以同时租借的 DVD 数量是有限的——因为这一限制，用户自然不会无限期拿着 DVD 不还。US6584450B1 是通过计算机实现这种商业模式的一个方法专利。从这件专利的说明书中还能看到创始人哈斯廷斯对当年遭到 Blockbuster 罚款的怨念。其专利背景技术描述的第一句话就是："传统的存货租赁模式基于确定的租赁期间，以及逾期持有租赁物品带来的延迟罚款……"

2001年6月，Netflix申请了第二件专利"估测用户评分的方法"，专利号为US7403910B1。从这件专利开始，与评分有关的技术成为Netflix所申请专利的一个主要领域。但是，在接下来的一两年里，Netflix申请的很多专利都是IPC分类号B65D27/06（带有再三重复使用的设施）下的信封专利，如US6966484B2号专利"邮寄和回复信封"、US7401727B2号专利"邮寄和回复信封及其制造方法"等。无论怎么看，这个时候的Netflix都只是DVD行业红利下的一个撞了大运的小角色，对索尼和东芝等大公司没有任何威胁。

US6584450B1号专利描述的商业模式很快被同行效仿，其中既有给哈斯廷斯罚款40美元的传统录像带租赁公司Blockbuster，也有美国头号零售巨头沃尔玛（Walmart）。但是Netflix似乎对此并不在意，没有提起任何专利诉讼。根据Wired网站报道，Netflix发言人曾经表示："我们认为伟大的商业源于伟大的服务，而不是伟大的专利。"[2]

2002年2月19日，DVR-Blue阵营的9家公司组成了技术标准组织BDF，DVR-Blue更名为我们熟知的Blu-ray，即"蓝光"，发布了1.0版的蓝光标准。同年8月，东芝和NEC联合推出了AOD（Advanced Optical Disc，高级光盘）技术，后更名为HD-DVD。

HD-DVD盘片的表层（surface layer）和DVD光盘的相同，为0.6毫米，技术突破不大。但也正是因为如此，HD-DVD光盘使用的制造设备与DVD光盘基本相同，为生产厂商减少了转型成本。相比之下，蓝光光盘的表层厚度为0.1毫米，轨道排列更加紧密，生产成本更高；但其单面单层容量达到25 GB，高于HD-DVD光盘的15 GB。因为DVD光盘在市场上仍然处于垄断地位，两大阵营都在努力实现对上一代DVD光盘的兼容。要做到这一点，HD-DVD光驱仅需要一个激光发射器，而蓝光光驱要有一个红色激光发射器和一个蓝紫色激光发射器。因此，蓝光技术的成本一直比HD-DVD高。

电影公司在选边站队的同时，也在试图用自己的办法解决格式问题。2005年年底，华纳兄弟公司发明了一种同时能够被蓝光光驱和HD-DVD光驱读取的"多层两用光盘"，专利申请号为US20060179448A1，中国同族专利为CN101088125B。这种光盘"包含多个层，……至少一层遵循第一格式，第二层遵循第二格式，这些格式可以包括CD、DVD、HD和BD等"。这一技术后来发展成昙花一现的Total HD光盘，但没能正式投入市场。

2003年，1.0版本的蓝光标准开始对外许可授权。索尼开始发售历史上第一台蓝光录放机BDZ-S77，价格高达45万日元（约3800美元）。这时，市面上还没有蓝光光盘，BDZ-S77主要用来录制和播放高清电视节目。同时，索尼、飞利浦和松下开始积极游说各大电影公司，并且努力开发电影公司最看重的防拷贝系统——BD+。

索尼在 2003 年关于防拷贝技术的专利申请量达到了历史最高点[1]，总数为 127 个专利族；2004 年也有 123 个之多，历史排名第二。之后，索尼在防拷贝方面的专利申请逐渐减少，到 2015 年之后只剩个位数。图 30-3 所示为索尼 1984 至 2020 年间与防拷贝技术有关的专利族申请量。

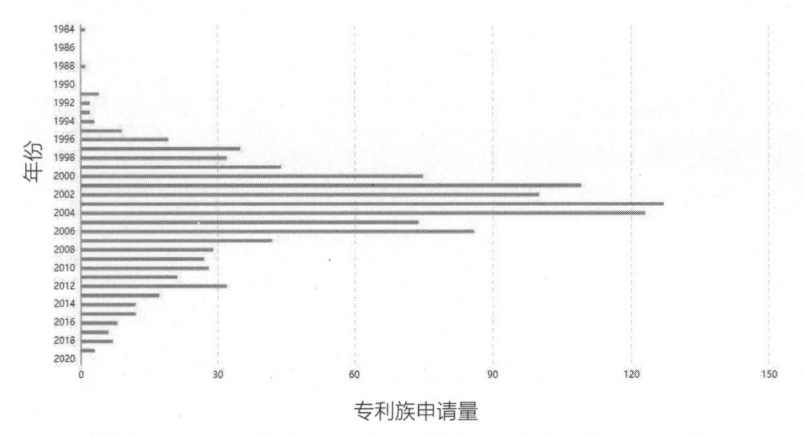

图 30-3 索尼每年与防拷贝技术有关的专利族申请量（简单同族合并）

2004 年，20 世纪福克斯公司和迪士尼公开宣布支持蓝光格式。20 世纪福克斯公司后来公开表示，BD+ 系统及其出色的防盗版能力是该公司选择支持蓝光格式的关键因素。[3] 同年，Netflix 开始和 Blockbuster 正面竞争，两家公司大打价格战。这一年，全美 2/3 的家庭都已经拥有 DVD 影碟机，DVD 如日中天。

2005 年年初，Blockbuster 取消了 DVD 延迟归还的罚款——我们知道，要不是因为这种罚款，Netflix 可能根本就不会存在。这一年的年底，Blockbuster 的网上租赁用户堪堪达到百万规模，全年亏损 5.9 亿美元。沃尔玛宣告投降，退出了网上 DVD 租赁业务。而 Netflix 的用户数量已经达到 360 万，当年利润达到 4200 万美元。同年，日本经济贸易产业省迫使蓝光阵营和 HD-DVD 阵营谈判，以达成高清格式的统一。但是双方均不愿让步，谈判最终失败。

2006 年 3 月 31 日，东芝推出了第一款 HD-DVD 影碟机，售价 11 万日元，并于同年 4 月开始在美国市场上以 499 美元和 799 美元的价格销售。在内容方面，东芝得到了华纳兄弟和环球两家电影公司的支持。三个月后，蓝光阵营的三星率先推出市面上第一款蓝光影碟机 BD-P1000。这款影碟机基于蓝光 2.0 标准，建议零售价高达 999 美元。

▼1 检索式：TIAB=(copy* (n) (manag* or control* or administrat* or prohibit*) or ((file* or data or content*) (n) encrypt*)) and (ap=sony or aee=sony)

如前所述，就在 2006 年年底，索尼放出大招——为 PS3 游戏机配备了蓝光光驱。这款游戏机既能读取蓝光游戏盘，又能播放蓝光影碟，最低售价只有 499 美元，比市面上的主流蓝光影碟机都便宜。蓝光和 HD-DVD 两大阵营的格式战进入高潮。作为回应，微软为自己的 Xbox 360 游戏机增加了 HD-DVD 光驱，但仅作为附件单独出售，标价 199 美元。据调查，到 2008 年年初，只有 3.5% 的 Xbox 360 用户购买了这种光驱。[4]

同样是在这一年，苹果和亚马逊双双推出了付费的电影下载服务，而 Netflix 也开始显露出其锋芒。似乎是因为当年被 Blockbuster 罚款的那股怨气始终未散，Netflix 对已经日薄西山的 Blockbuster 穷追猛打。2006 年 4 月，Netflix 第一件专利的分案"向顾客租赁物品的方法"（专利号为 US7024381B1）获得授权。在获得授权之后，Netflix 立即用这件专利及其原案对 Blockbuster 提起了侵权诉讼。

Netflix 还干了一件轰动业界的大事。2006 年 10 月 2 日，该公司悬赏 100 万美元，向全世界所有研究团队征集一种推荐算法。根据悬赏规则，参赛团队将以 Netflix 的电影推荐系统 Cinematch 为竞争对象，第一个开发出比 Cinematch 推荐效果强 10% 的算法的团队将获得 100 万美元的奖金。[5] 这场竞赛吸引了全球一百多个国家或地区的数万支研究团队参加，最终在三年之后由一个名为 Pragmatic Chaos 的团队摘得桂冠。

2007 年，高清格式之战继续激烈地进行，双方都在拼命拉拢电影公司，希望它们加盟。派拉蒙和梦工厂加入 HD-DVD 阵营，宣布只会发布 HD-DVD 格式的影碟。因为索尼的赔本卖游戏机送光驱策略威胁太大，东芝也开始赔本卖 HD-DVD 影碟机，每台定价降至 500 美元左右。据业界人士分析后发现，东芝 HD-DVD 影碟机的成本价高达 674 美元。虽然都是赔本赚吆喝，但是东芝的损失甚至比索尼更大，因为游戏机厂商从来都是赔本卖主机，靠游戏软件赚钱，而东芝没有这方面的经验。

同年，华纳兄弟公司终于公布了他们的"多层两用光盘"原型机，称为 Total HD，但是在年底就宣布无限期搁置开发。

2007 年年初，苹果开始销售自己的机顶盒 Apple TV。差不多同一时间，Netflix 开始推出视频流服务 Watch Instantly。Netflix 现有的订阅用户可以免费观看视频，而且租赁 DVD 时每花 1 美元都可以换取 1 小时的视频观看时间。2007 年，Netflix 为这个服务花掉了 4000 万美元，完全是赔本赚吆喝。

同年，Blockbuster 和 Netflix 之间的专利诉讼达成和解，但和解协议未公布。Blockbuster

对外宣称和解金额对自己的财务状况没有很大影响，但是这家公司在三年之后就宣告破产。

到 2007 年年底，格式战的局势逐渐明朗起来。HD-DVD 影碟机比单独的蓝光影碟机更便宜，销量也更高，但是索尼 PS3 的销量超过了蓝光和 HD-DVD 硬件产品的总和（见图 30-4）。HD-DVD 影碟的销量更是明显低于蓝光光盘。HD-DVD 阵营开始进行大规模的降价促销：微软把 HD-DVD 光驱的价格从 199 美元砍到 179 美元，同时附送 5 部免费电影。东芝更是推出了售价 100 美元的 HD-DVD 影碟机。

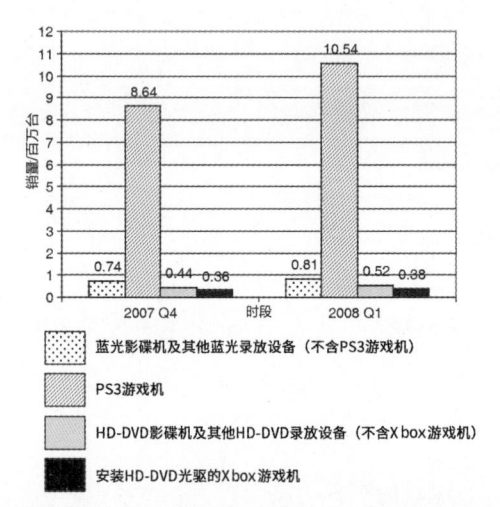

图 30-4 2007 年第 4 季度（Q4）和 2008 年第 1 季度（Q1）蓝光和 HD-DVD 硬件产品的销量。内置蓝光光驱的 PS3 销量超过了蓝光和 HD-DVD 影碟机的销量总和

2008 年 1 月 4 日，华纳兄弟公司放弃了"骑墙"路线，宣布从 2008 年 5 月起彻底告别 HD-DVD 格式，只发布蓝光格式的电影。华纳旗下的新院线和 HBO 也跟随华纳做出了同样的选择。据彭博社报道，有传言说索尼为此支付给华纳 4 亿美元的巨款。[6]

华纳放弃 HD-DVD 格式之后，沃尔玛和百思买也将所有的 HD-DVD 影碟和影碟机从货柜上下架。Netflix 此时已经足以影响格式战的战局，也宣布不再采购新的 HD-DVD 产品。

2008 年 2 月 19 日，东芝宣布终止 HD-DVD 相关技术的一切研发、销售与制造业务，原因是"近期市场的重要变动"。[7] 以 PS3 部门的沉重损失为代价，索尼终于打赢了这场旷日持久的高清格式之战。

索尼虽然赢了，但却未能笑到最后。2008 年 1 月，苹果为 Apple TV 进行了免费升级，允许 Apple TV 的用户直接从 iTunes 上租赁和购买电影，而不必用计算机中的 iTunes 进行同步。乔布斯骄傲地宣称：

有了新的 Apple TV 和 iTunes 的电影租赁，电影爱好者们坐在沙发上按一个按钮就能租到 DVD 质量的电影或令人震撼的高清电影……再也不需要开车去商店，或者等着 DVD 装在信封里寄到家里来。[8]

2008 年 10 月，乔布斯就蓝光技术发表了以下意见：

> 蓝光就是一大堆麻烦。这句话不是从消费者角度说的。它用来看电影还不错，但是许可太复杂了。我们要等所有一切水落石出，在我们把许可成本加诸用户之前，先等蓝光流行起来再说。[9]

是的，这个时候蓝光格式还没有流行起来。虽然已经击败了 HD-DVD 产品，但是蓝光产品距离淘汰上一代的 DVD 产品还有很长的路要走。在蓝光产品取得决定性胜利的这一年，蓝光光盘的销量还只相当于 DVD 光盘的零头。

按正常的剧本，用户会像当年抛弃磁带和录像带，接受 CD、MP3 和 DVD 一样，逐渐淘汰 DVD 而接受蓝光格式。索尼只需要静静地等待几年，就能看到自己的高清格式一统天下，蓝光专利池产生巨额的现金流，多年的巨额研发投入及巨大牺牲终于开花结果……但是这一次，面临淘汰命运的不是上一代的旧光盘格式，而是包括新旧格式在内的所有一切光盘。

这一年，Netflix 开始申请流媒体相关的专利。第一个专利是"流媒体的 trick play"，专利号为 US8365235B2。"trick play"又称"trick mode"，指的是视频快进或倒带时的显示效果。但是，通过网络观看流媒体视频时，如果未播放的视频还没有下载完，就只能静待视频缓冲，而不是像录像带或 DVD 一样显示快进效果。Netflix 的这一专利通过调用静态图像，在流媒体上实现了类似于快进快退的效果。在这件专利的附图中，还有一张导致哈斯廷斯被罚款 40 美元的《阿波罗 13 号》海报（见图 30-5）。这一定是故意的。

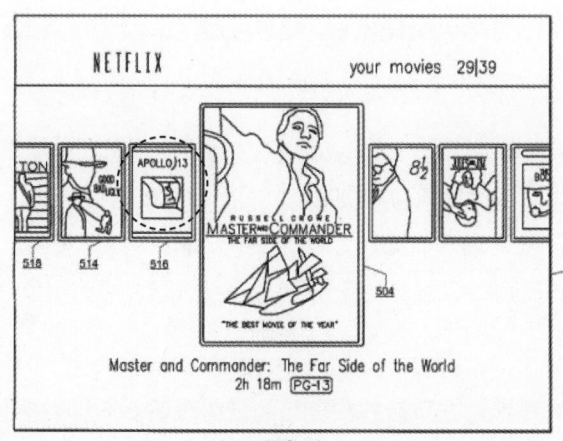

图 30-5　US8365235B2 号专利附图中的《阿波罗 13 号》海报

截至写作本书时，Netflix 已经在美国申请了 119 项涉及流媒体（streaming）的专利，其中 54 项获得授权。我们从图 30-6 中可以看到，这些专利申请正是从 2008 年开始的。

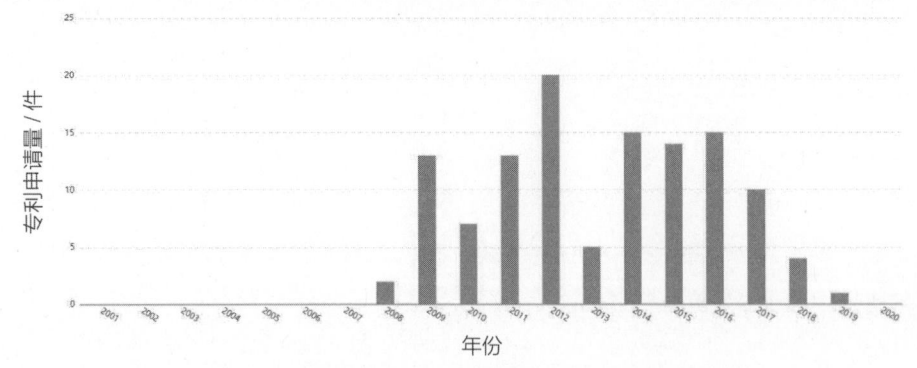

图 30-6　2001—2020 年 Netflix 公司流媒体相关专利的申请数量

2009 年，Netflix 继续在流媒体方面发力，申请了关于流媒体加速播放、多路复用、视频流编码等 13 件专利。巧的是，苹果在这一年申请的流媒体专利也有 13 件。当年，Netflix 通过流媒体提供的电影库中影视节目的总数超过了 12,000 部，这个数字还在继续增长。

2010 年，苹果发布了第二代 Apple TV 机顶盒，抛弃了上一代的 Apple TV Software 而改用改版的 iOS 操作系统，当年销量即达到 100 万台。这一年，乔布斯在一封邮件里谈到了他对蓝光格式的看法：

> 看起来，蓝光越来越像是继承了 CD 的一种高端音频格式——和 CD 一样，它会被可以从网上下载的格式击败……免费、即时的满足感和便利性（排名分先后），这是可下载格式能够成功的原因。可下载的电影业务在快速走向免费模式（如 Hulu）或租赁模式（如 iTunes），把买到的电影或电视剧存储下来不再是一个问题……我们将见证一个快速而巨大的变化，免费或租赁模式的流媒体内容会达到足够高的品质（分辨率至少 720p），赢得一切。[10]

就像苹果计算机率先取消软驱一样，从 2011 年开始，苹果逐渐取消了各产品线个人计算机上的光驱。Netflix 成为全美流量最高的网站，订阅用户数量达到 2300 万之多，数字业务的收入达到 15 亿美元。同年，亚马逊开始免费为 Prime 会员提供流媒体影视。索尼花了大量研发费用倾力开发的蓝光产品和记忆棒一样，最终淡出大众消费领域，成为小部分专业人士与"技术宅"的玩物。

今天，我们清楚地看到，乔布斯的预言已经成为现实。美国数字娱乐集团（Digital Entertainment Group）发布的 2019 年《全美数字媒体娱乐报告》显示，从 2018 年到 2019 年，实体形式影视资源的销售总额下降了 18.29%，只有 32.9 亿美元；实体店的影碟租赁业务更是萎缩到只有 2.5 亿美元的规模，在死亡边缘挣扎。而流媒体订阅仍然在高速增长（23.73%），从 2018 年的 128 亿多美元增长到 2019 年的近 159 亿美元（见图 30-7）。

U.S. Consumer Spending						
($ in millions)	Q-4 2018	Q-4 2019	YOY	YTD 2018	YTD 2019	YOY
Sell-Thru						
Sell-Thru Packaged Goods All	$1,238.96	$1,018.30	-17.81%	$4,029.87	$3,292.65	-18.29%
Sell-Thru Including EST	$1,903.15	$1,688.60	-11.27%	$6,487.54	$5,876.06	-9.43%
Rental						
Brick & Mortar	$ 75.87	$ 61.60	-18.81%	$ 316.99	$ 250.07	-21.11%
Subscription (Physical Only)	$ 86.02	$ 70.14	-18.46%	$ 369.28	$ 301.21	-18.43%
Kiosk	$ 257.00	$ 206.64	-19.60%	$1,098.03	$ 884.59	-19.44%
Total Rental (excluding VOD)	$ 418.89	$ 338.38	-19.22%	$1,784.30	$1,435.87	-19.53%
Total Rental (including VOD)	$ 935.80	$ 818.13	-12.57%	$3,871.29	$3,393.77	-12.33%
Digital						
Electronic Sell-Thru (EST)	$ 664.15	$ 670.29	0.92%	$2,457.67	$2,583.41	5.12%
VOD	$ 516.91	$ 479.75	-7.19%	$2,086.99	$1,957.90	-6.19%
Subscription Streaming (SVOD)*	$3,425.31	$4,317.15	26.04%	$12,848.96	$15,897.66	23.73%
Total Digital	$4,606.37	$5,467.20	18.69%	$17,393.62	$20,438.97	17.51%
Total U.S. Home Entertainment Spending	$6,264.22	$6,823.88	8.93%	$23,207.79	$25,167.49	8.44%
Box Office in Billions	$ 3.07	$ 2.98	-3.03%	$ 12.09	$ 11.02	-8.86%

图 30-7 2019 年《全美数字媒体娱乐报告》关于影视资源销售额的统计[11]

在最后的格式之战中，索尼好像没有犯过什么错。它投入大量资金进行研发，专利的数量和质量都不差；蓝光技术的突破性比 HD-DVD 更强，能提供的存储空间也更大。索尼完全吸取了之前 Betamax 失败的教训，和松下结盟，争取各大电影公司的支持，甚至不惜血本用自己的龙头产品 PS3 来强推蓝光格式。然而，索尼的胜利成果却被互联网和流媒体碾得粉碎。正如乔布斯所言，在互联网时代，用户没有必要"开车去商店，或者等着 DVD 装在信封里寄到家里来"。苹果、亚马逊和 Netflix 看到了这一趋势，成为站在新时代风口浪尖的弄潮儿；而索尼只落得一个虽胜犹败的结局。

第 31 章 从《星际迷航》说起

无论是磁带随身听还是 MP3 播放器，无论是录音磁带、录像磁带还是 CD、蓝光光盘，再加上"兴衰篇"中讲到的数码照相机，在今天这个时代，这些设备要么被彻底淘汰，要么已淡出大众视野，成为少数专业人士的玩物。其原因不言而喻，就是因为诸君人手一台的智能手机，作为本篇的终章，我们有必要聊一聊这个小玩意儿——"更替篇"中所有技术的终结者。

随身听的出现是少数天才灵光一现的结果，是在技术成熟的情况下对现有技术的组合利用。而智能手机则不然，它是无数天才向着一个模糊的目标竞逐多年的产物。

对数字手持智能设备最早的梦想，可能源于美国"婴儿潮"一代最追捧的科幻电视剧《星际迷航》（Star Trek）。[1] 和很多披着科幻外皮的动作片不同，《星际迷航》是一部很"硬"的科幻剧，动作戏少而剧情丰富，深入探讨了文明冲突、人类学和未来学的问题。

苹果公司的诞生与《星际迷航》就有着很大关系。苹果创始人史蒂夫·沃兹尼亚克（Steve Wozniak）曾经在一次采访中表示：

> 《星际迷航》对我的影响非常大。如果不是我年轻时有一辆汽车，并且能开到南加州参加《星际迷航》主题大会，不知道我们还能不能找到灵感来创建苹果公司，完成所有这些技术工作，并且拥有我生命的意义。[1]

和硅谷的许多高科技公司一样，苹果公司里有相当数量的《星际迷航》粉丝。很多关于乔布斯的传记都会把他的雄辩口才描述为"现实扭曲力场"——这个梗也来自《星际迷航》。1990 年代，苹果公司把 Mac 系统迁移到英特尔平台的战略性项目直接命名为"星际迷航项目"（Project Star Trek）。在 iPhone 4 的发布会上，乔布斯也提到了《星际迷航》，他在介绍 Facetime 时说：

> 我在美国成长，看着《杰森一家》、《星际迷航》和通信器（Communicator）长大，梦想着视频通话。现在它已经成为现实！

▼ 1 星际迷航（Star Trek）是一部美国科幻电视和电影系列，由吉恩·罗登贝瑞（Gene Roddenberry）创作。最初的电视系列于 1966 年首播，后来发展出多个电视系列、电影、小说、漫画和其他衍生作品。

乔布斯口中的"通信器"最早出现于1960年代的初代《星际迷航》电视剧中，用于船员间的远程通话和信息传输。从外观上看，这款设备基本上就是一台翻盖手机。

在今天来看，这台幻想设备的外形和配色都十分"土"，没有一点儿科技感。但是，被称为现代手机之父的马丁·库珀（Martin Cooper）曾公开表示，摩托罗拉的第一部商业化的手机——1983年发布的 DynaTAC 8000x 的设计灵感就来自《星际迷航》中的这种通信器。1996年，摩托罗拉发布了历史上第一款翻盖手机，不仅外形酷似"通信器"，连名字也叫作 StarTAC，与"Star Trek"接近。

图31-1（从左至右）展示了《星际迷航》中的"通信器"、摩托罗拉 DynaTAC 8000x 和 StarTAC。

图 31-1 《星际迷航》中的"通信器"、摩托罗拉 DynaTAC 8000x 和 StarTAC

亚马逊创始人杰夫·贝索斯（Jeff Bezos）是最著名的《星际迷航》迷之一，他还在近些年的《星际迷航》电影中客串过一个外星人的角色。亚马逊高级副总裁大卫·林普（David Limp）在亚马逊智能音箱 Alexa 发布之后也曾表示，这款设备的设计灵感来源于《星际迷航》中的智能语音系统。掌上电脑 Palm 操作系统 Palm OS 的主设计师罗伯·海塔尼（Rob Haitani）也曾说过："1993年我设计 Palm OS 的用户界面时，最初的草图是受《星际迷航》'企业号'舰桥面板用户界面的影响而绘制的。"

《星际迷航》作为一部电视剧，我们当然不能指望它为人类做出任何实质性的技术贡献；但是触屏操作、可视化元素乃至平板电脑的概念都与《星际迷航》有着莫大的关系。

《星际迷航》的设计师迈克尔·奥库达（Michael Okuda）在一次采访中解释说，早期的《星际迷航》剧组资金匮乏，艺术导演马特·杰弗里（Matt Jefferies）几乎没拿到一分钱的预算，"他（马特·杰弗里）必须找到一种便宜又可信的解决方案……当时的太空船，如双子座飞船，里面塞满了拨动式开关和仪表盘。如果他有钱买这些玩意儿的话，'企业号'本来应该是（双子座飞船）那个样子。"[2]

因为没钱采购电视剧中的机器、按钮、操纵杆和开关等道具，《星际迷航》的主要场景——"企业号"飞船的内部十分空旷，体现出一种极简主义的设计风格。为了省钱，迈克尔·奥库达设计了一种以彩色圆角矩形图案为主要元素的"用户界面"，打印在各种大小的透明卡片上。根据剧情需要，他们把这些卡片粘贴在道具计算机上，假装是屏幕显示的内容。

在好莱坞出品的很多科幻影视中，一般会借鉴汽车、飞机甚至自行车的驾驶方式来驾驶太空飞船。但是因为"企业号"没有足够的按钮或开关供导演发挥，迈克尔·奥库达就告诉演职人员，所有功能都是由计算机软件实现的，让他们对着屏幕自由发挥。演员们对着屏幕，以优雅的姿态指指点点，而不是像"复仇者联盟"系列电影中那样使出吃奶的力气来拉一个操纵杆，反而带来了一种符合逻辑、令人信服的未来感。

"企业号"内部的极简风带来一种强烈的未来感，影响了相当数量的科技和艺术工作者。除了设计师迈克尔·奥库达本人的才能外，谁能料想到这种未来风格居然是因为剧组太穷呢？

另外，早期《星际迷航》的主创吉恩·罗登伯里（Gene Roddenberry）也曾经明确要求，作为一部科幻电视剧，"企业号"中不得出现纸和笔。创作人员不得不寻求其他的方式来表现未来的会议。一开始，剧中的会议记录人员使用一种触屏操作的"电子记事本"，又厚又大。后来，剧组设计了一种轻薄便携的平板电脑终端——PADD（Personal Access Display Device，个人访问显示设备），可以查阅信息甚至操作飞船。因为这一点，Bayus 等人在一篇关于早期 PDA 市场的重要研究中，把 1960 年代的《星际迷航》作为 PDA（Personal Digital Assistant）技术发展史的起点。[3] 图 31-2 展示了《星际迷航》中出现的 PADD 以及其使用场景。

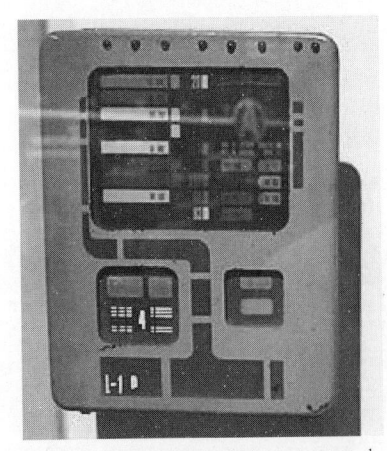

图 31-2 《星际迷航》中出现的 PADD [1]

▼1　本图摄影作者: Joe Ross。本图基于知识共享协议（CC-BY-SA-2.0）共享。关于详细版权信息，请参阅"图表链接 .pdf"文件。

了解这一切之后，我们就不难理解，为什么包括马丁·库珀、比尔·盖茨在内的一批美国科技人会充满激情、孜孜不倦地追求掌上设备和平板电脑的研发，催生了 Newton、Magic Cap、Palm、Windows Tablet PC 等一大批曾惊艳一时却又昙花一现的产品。这些技术和产品的积累最终在乔布斯手中完成了量变到质变的转化，并且改变了整个世界。

第 32 章 Newton 与通用魔术

熟悉苹果公司历史的人都知道，乔布斯曾经用他号称"现实扭曲力场"的雄辩口才说服百事可乐公司的著名经理人约翰·斯卡利（John Sculley）加盟苹果，担任 CEO。在劝诱斯卡利时，乔布斯留下了这样一句名言：

> 你是想一辈子卖糖水，还是想改变世界？

众所周知，没过多长时间，斯卡利反客为主，赶走乔布斯，自己主掌了苹果公司。斯卡利一度领导苹果实现了颇为可观的盈利；但可能是因为被乔布斯"改变世界"的想法彻底扭曲了立场，名利双收的他强烈希望用一款真正的高科技产品来证明自己。曾经担任苹果高级研发副总裁的让－路易·加西（Jean-Louis Gassée）评价当时的斯卡利："他有一种绝对的热情要把自己的名字留在某些东西上。"

1980 年代末，苹果公司的两个预研性质的项目先后入了斯卡利的法眼：一个是偏重于个人信息管理的个人手持设备 Newton，另一个是偏重于通信功能的手持设备 Pocket Crystal。Newton 项目正处于探索之中，而 Pocket Crystal 的领头人则希望从苹果独立出去，另组公司，开发一款划时代的产品。

1987 年，苹果的功勋员工史蒂夫·萨克曼（Steve Sakoman）希望自己创业，让－路易·加西为了挽留他，安排他带领团队做无线网络和文字识别方面的工作，给他极大的自由，不受其他部门干扰。史蒂夫·萨克曼把这个项目起名叫作 Newton（即牛顿），因为苹果公司的名字本来就源自"砸到牛顿的苹果"。在团队成员的努力下，Newton 项目向着个人手持数字设备的方向发展。之后，让－路易·加西与斯卡利产生矛盾，决定离开公司，史蒂夫·萨克曼也宣布辞职。Newton 项目是否还应该继续进行下去，成为摆在项目组面前的一大问题。

另一个项目是苹果 Advanced Technology Group 的马克·波拉特（Marc Porat），他的任务是为公司找到个人计算机之外的新发展方向。波拉特的想法也以个人手持智能设备为导向，由此建立了 Pocket Crystal 项目组。1990 年，波拉特在写给约翰·斯卡利的一封邮件中，充满激情地描绘了他对这款手持设备的愿景：

> 一台小小的计算机、一部电话、一件非常个人化的物品……它必须非常漂亮。它一定要给人一

种只有珍宝才能带来的个人满足感。即使在闲置时，也应具备触手可及的价值。它应该带来一种（触摸）试金石般的舒适感，如抚摸海贝时体验到的满足感，像水晶一样具有魔力。一旦开始使用，你在生活中就再也离不开它了。[1]

两个项目都让斯卡利心痒难耐。要知道，在1987年出版的自传中，斯卡利曾经提出过"知识导航仪"（Knowledge Navigator）的概念。他写道："人们可以用它来浏览图书馆、博物馆、数据库或机构文库"，他还发布过一个概念视频，展示了便携的"知识导航仪"是如何通过语音识别、无线通信等功能，对信息进行汇集、组织和整理的。当时的科技媒体认为，因为相关技术的落地还遥遥无期，这种想法纯属白日做梦，让斯卡利大为不爽。在这一背景下，Newton项目组率先做出的原型机让斯卡利如获至宝，他认为这足以证明自己对"知识导航仪"的畅想既是独具慧眼的远见卓识，又是脚踏实地的战略构想。

在公司内部，斯卡利为Newton项目提供了不遗余力的支持。同时，他也为Pocket Crystal提供了大量的帮助。

1990年7月，由苹果投资，马克·波拉特和Pocket Crystal项目组的两名主要成员建立了一家小规模的初创企业——"通用魔术"（General Magic）公司。苹果作为主要股东之一，帮助通用魔术说服了摩托罗拉和索尼加入投资人行列。电信公司AT&T、NTT和Cable & Wireless也先后加盟。通用魔术获得了大笔资金，但苹果之外的五家股东都是旧时代的巨头，对这家立志革新的公司而言，这其实也是一种隐患。《福布斯》杂志的一篇评论文章指出，"……（通用魔术）的命运和五家基于模拟技术的公司绑定在一起，所有这五家公司都没能毫发无损地挺过互联网革命。"[2]

通用魔术把具有通信功能的个人手持智能设备定为公司经营的目标：

> 我们的梦想是通过一个小小的个人生命支持系统，改进数百万人的生活。人们可以把它带到任何地方。这些系统会帮助人们组织他们的生活，与他人沟通，获取各类信息。它们简单易用，有着多种多样的型号以适应所有人的预算、需求和品位。它们会改变人们生活和交流的方式。

根据《洛杉矶时报》的一篇报道[3]，马克·波拉特认为他的新设备将会像电话一样普及，有各种各样的形状和大小，可以很方便地发送电子邮件或传真，自动搜寻电话簿里的电话号码，浏览海量的电子格式的信息……如果用户想计划一次旅行，只需要在设备上输入日期和目的地，设备上安装的软件会像旅行社一样自动检索航班时间、酒店房间和天气信息，进而进行预订和发送其他信息。为了实现这一愿景，通用魔术把注意力集中在软件方面，希望开发出一款支持智能手持通信设备的操作系统 Magic Cap。硬件制造商索尼、飞利浦、松下和东芝组建了"通用魔术联盟",承诺为通用魔术制造兼容 Magic Cap 的硬件设备。

通用魔术流淌着苹果的创新血液。HypersCard 的作者丹·温克勒（Dan Winkler）、QuickTime 团队主管布鲁斯·利克（Bruce Leak）、系统软件部门的菲尔·戈德曼（Phil Goldman），以及负责设计早期 Mac 图标和字体的艺术家苏珊·卡雷（Susan Kare）都加入了通用魔术团队。1992 年，一名外号"人形机器人"（即 Android）的苹果员工也转投通用魔术，他的名字是安迪·鲁宾（Andy Rubin），在十几年之后获得了"安卓之父"的称号。同年，后来被称为"iPod 之父"的托尼·法戴尔（Tony Fadell）刚刚大学毕业，带着简历一个人跑到通用魔术的总部求职。

根据托尼·法戴尔的回忆，那天他在早上 8 点半左右到达通用魔术公司，公司大堂没有一个人影。他从大堂跑到内部走廊，才见到几个满眼血丝好像熬了整夜的人，他们毫不客气地让他走开。最后，托尼·法戴尔自己找到两名创始人的办公室，软磨硬泡，争取到一个低级职位。他回忆说：

> 一开始的 10 分钟我感到非常自卑，我心里想：天啊，这里可不是密歇根（托尼·法戴尔的家乡），在这里的都是全世界最聪明的人，我一定要在这里工作……这就是早生了 14 年的 iPhone。它有触摸屏和液晶显示屏，虽然不能装进口袋但可以随身携带——大小和一本书差不多。它有 E-mail 功能、可供下载的应用，可以购物，具有动画效果，能显示图像，还能玩游戏。它还有电信功能：它既是一部电话，又内置了调制解调器。我当时的感觉就是：我要和他们一起，把这个东西从草图变为现实。

通用魔术的员工们和年轻的托尼·法戴尔一样充满了狂热的激情，他们忘我地工作，昼夜不休，很多人 24 小时都待在公司。作为一家脱胎于苹果的非传统公司，通用魔术有着宽松的氛围和各种奇思怪想：为了刺激工程师们创新，公司在办公室里散养了一只兔子（因为通用魔术的 Logo 就是魔术师帽子里的一只兔子），任由它在各个房间里跳来跳去，随地大小便。托尼·法戴尔和同事们在闲暇时间做出一个弹射装置，把价值 6000 美元的窗玻璃打得粉碎。他为此惴惴不安，在接下来的一次全体会议中还以为自己要面临被开除的命运，但是迎来的却是疯狂的欢呼和口哨声。

虽然眼光长远，雄心勃勃，但是马克·波拉特还是低估了科技发展的速度。根据《洛杉矶时报》的报道[4]，马克·波拉特认为个人通信设备业务要在 25 年之后才会充分发展起来——也就是 2018 年。事实上，这一年距离第一款 iPhone 的发布只有不到 14 年时间。而斯卡利却信心十足，在苹果和通用魔术都还没准备好的时候，就催生了一个新市场。

在1992年1月7日的拉斯维加斯消费电子展（CES）上，斯卡利发展了他的"知识导航仪"设想，进一步提出了"个人数字助理"概念，也就是我们所熟悉的PDA（Personal Digital Assistant）。以哈佛大学等机构的研究为依据，斯卡利高调宣称：这种新产品将在21世纪初达到3万亿美元的市场规模。这个耸人听闻的数字引起了巨大的反响，虽然后来斯卡利改口说他指的是整个"数字融合"（digital convergence）市场，但是覆水难收，他的话刺激了多家高科技公司的积极跟进。我们在"兴衰篇"提到的IBM Simon智能手机，就是在这一背景下投入研发并最终推出的。

苹果工业设计师蒂姆·帕西（Tim Parsey）认为："斯卡利提前发布Newton的决定是一个错误，因为这个决定引起了超出必要的预期，迫使我们在出货前几个月完成一个设计。"[5] 由于斯卡利的这一决定，Newton项目组突然承受了来自公司内外的巨大压力，为其失败埋下了伏笔。

通过简单的专利检索（见图32-1）[1]，我们可以看到PDA的相关专利从1993年开始出现，到21世纪初达到高峰，随着智能手机的出现开始下滑，并在iPhone出现（2007年）之后断崖式下跌。今天，PDA已经是一个即将被遗忘的术语。

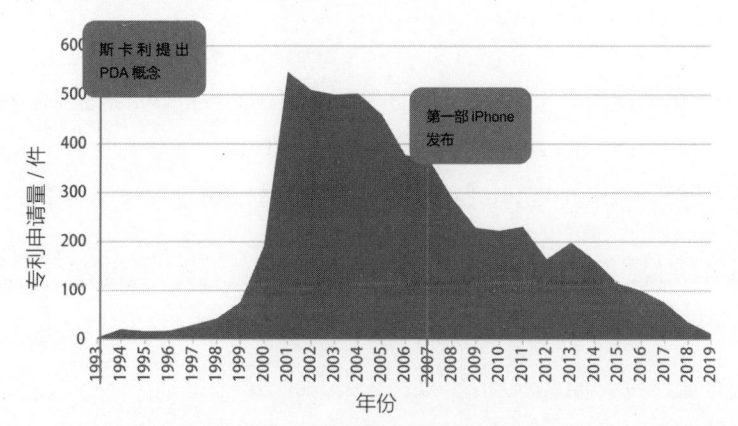

图32-1 1993—2019年美国PDA相关专利年申请量

在这一时期，触摸屏技术还不成熟，最适合掌上设备输入的先进技术是手写笔和手写识别技术。不少技术大牛都在这一时期参与了手写识别相关的研发工作：eBay的创始人皮埃尔·奥米迪亚（Pierre Omidyar）在1991年创建了Ink Development公司，专攻手写识别技术，后来他还加入通用魔术从事相关研究。国人熟悉的企业家李开复博士在这一段时间也从事过这一领域的研究工作。

▼1 检索式: ((TIAB=("PERSONAL DIGITAL ASSISTANT" OR PDA) NOT TIAB=((PDA TUBE*) OR BPDA OR PDAS OR "POSITIVE DIELECTRIC ANISOTROPIC" OR "PERCENTAGE DOT AREA" OR "PPM PDA")) AND ((PNC=("US")))

我们以TIAB=((handwrit* OR character) (n) recogni*)为检索式在Incopat数据库中进行检索，可以看到手写识别专利的申请量从1993年左右开始出现了明显的上升趋势（见图32-2）：从52件翻倍增加到1995年的102件左右。很明显，这与斯卡利关于"个人数字助理"的演讲掀起的PDA热潮有关。这一时期各大公司相关专利的申请量都不算多，苹果从1993年到1999年只有11件专利被授权。值得一提的是，苹果的这批专利有两位重要发明人都是华裔，其中一位就是李开复。

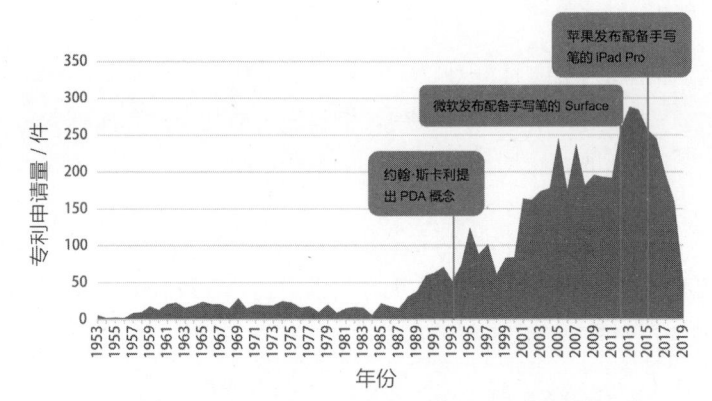

图32-2 1953—2019年美国手写识别相关专利申请量

Magic Cap阵营的两家公司也没闲着：1993年到1999年间索尼在日本提交了49份专利申请，在日本和美国分别获得8件和4件专利授权；摩托罗拉则申请并获得了19件美国专利授权。通用魔术自己没有与手写识别相关的专利，但与索尼和摩托罗拉都签署了相关专利的交叉许可协议。

在这一领域的专利霸主，仍然是我们"兴衰篇"的主角IBM：在1993年到1999年间，IBM共获得51件专利授权。

值得一提的是，早期PDA市场的最终胜者Palm公司虽然只有4件授权专利，但是US6493464B1披露的Graffiti手写识别系统，以及US5889888A号专利把字母输入区和数字输入区分开的设计，成功地解决了当时移动处理器难以识别手写字符的问题，该系统成为20世纪初PDA产品的标配。下面的图32-3、图32-4、图32-5分别为两件专利的附图，以及Palm Pilot掌上电脑。

图 32-3 Palm 公司的 US6493464B1 号专利附图。此专利为每个字母和数字设定了简单好记的笔画输入方式，除字母 X 外，每个字母/数字都可以一笔完成

图 32-4 Palm 公司的 US5889888A 号专利附图。此专利把字母输入区域（350）和数字输入区域（360）分开，以免混淆数字和字母

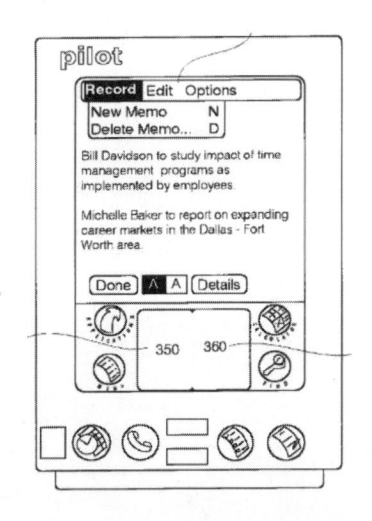

图 32-5 Palm 公司的成名之作——Palm Pilot 掌上电脑

即使今天我们用如此粗糙的方法复盘专利，也能看到高科技公司当时在这一领域突然投入了大量资源，研发人员面临的压力可想而知。而在 1993 年前后，苹果公司也经历了诸多困难：由于亏损严重，斯卡利被迫辞去 CEO 的职位；为了维护他的颜面，苹果保留了他的董事会主席职位，让他继续负责整个 Newton 项目。此外，Newton 项目的一名日本员工何野耕（Ko Isono）开枪自杀，项目频频易主，团队士气低落。

在这个过程中，Newton PDA 的芯片设计也成为一个大问题：苹果花费数百万美元委托 AT&T 设计一款芯片，结果却不尽如人意。当时负责 Newton 项目的拉里·特斯勒（Larry Tesler）转而投资一家英国公司设计低成本的 RISC 处理器——我们熟悉的 ARM 公司（Advanced RISC Machines Ltd.）就是这样诞生的。

1993年8月2日，开发时间长达6年半之久的Newton PDA终于面世（见图32-6），相关专利也差不多在同一时间提交申请（如图32-7所示的US5563996A号专利附图）。但是此时的斯卡利已经无心留在苹果，在发布会后不久就辞职了。Newton PDA发售之后，在短短10周之内卖出了5万台，获得了各种工业设计大奖，但是返修率高达30%左右。尤其被人诟病的是Newton糟糕的手写识别系统。

图32-6　1993年发布的Newton PDA

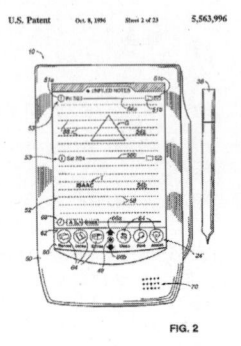

图32-7　苹果公司1993年申请的US5563996A号专利

Newton粉墨登场之际，各大科技公司的竞品也先后出炉。如"兴衰篇"中所述的，IBM在1994年8月开始发售形似移动电话的Simon，赢得了"史上第一款智能手机"的称号。而通用魔术的进度则落在了苹果、IBM和Tandy后面。

1994年9月，索尼开始发售采用了通用魔术的Magic Cap操作系统的PDA产品Magic Link。1995年1月，摩托罗拉也推出了采用Magic Cap的PDA Envoy（见图32-8）。两款设备的外观大同小异，均采用了摩托罗拉Motorola 68300处理器。操作界面则与通用魔术的US5689669A号专利附图（见图32-9）一模一样。

图32-8　摩托罗拉Envoy PDA的界面

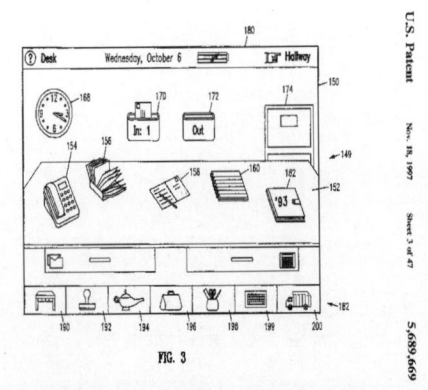

图32-9　通用魔术的US5689669A号专利：以走廊和房间来类比在层级之间导航的图形用户界面

虽然苹果的 Newton 被公认为是失败之作，但是从外观设计上看，其依然保持了苹果一贯以来的高水准，比笨重的 Magic Link 强多了。各公司的产品外观如图 30-10 所示。

图 32-10 从左到右依次为：苹果的 Newton PDA，索尼的 Magic Link，飞利浦的 Velo，摩托罗拉的 Envoy 和 IBM 的 Simon

这个时候，"更替篇"中故事的另一位主角——飞利浦也不甘落后，加入了战局。1995年，飞利浦从通用魔术挖走了当时仅 24 岁的托尼·法戴尔，他组建了一个移动计算部门并担任 CTO，负责开发飞利浦自己的 PDA 产品。短短几年间，PDA 市场从无到有，并迅速迎来第一个群雄争霸的高潮。从 1993 年到 1995 年初，有 8 家公司在市场上销售自己的 PDA 产品，表 32-1 列出了其中最主要的 6 家公司及其产品的主要功能。

表 32-1 1993 年到 1995 年初主要 PDA 厂商及产品情况对比[1]

	Amstrad	苹果	Tandy	IBM	索尼	摩托罗拉
产品名称	PenPad	Newton	Zoomer	Simon	Magic Link	Envoy
发售时间	1993 年 3 月	1993 年 8 月	1993 年 10 月	1994 年 8 月	1994 年 9 月	1995 年 1 月
操作系统	Eden Group	Newton	Geoworks	DOS	Magic Cap	Magic Cap
电池寿命	3 节 5 号电池 续航 40 小时	4 节 7 号电池 续航 14 小时	3 节 5 号电池 续航 90 小时	镍镉电池 续航 8 小时	6 节 7 号电池 续航 10 小时	镍镉电池 续航 8 小时
手写支持	有	有	有	有	有	有
连笔识别	无	有	有	有	有	有
表格功能	无	无	无	无	有	有
文字处理	无	无	无	无	有	有
红外传输	无	有	有	无	有	有
电话功能	无	无	无	有	无	有
发售价格	499 美元	699 美元	699 美元	899 美元	995 美元	1000~1500 美元

遗憾的是，当时很多技术对个人手持智能通信设备来说还为时过早。无论是堪称"龟速"的通信网络，还是孱弱的 CPU 算力，都无法支持早期先驱者的雄心。包括 Simon 和 Newton 在内，所有第一批 PDA 设备的市场反响都不尽如人意，飞利浦后来基于 Windows CE 操作系统推出的 Velo 和 Nino 也应者寥寥。1997 年，通用魔术推出了 Magic Cap 3.0 操作系统，尽管其拥

▼ 1 表 32-1 的来源参见"图表链接 .pdf"文件。

有更加丰富的视觉元素，但是合作伙伴们已经彻底失去了信心。当年，"通用魔术联盟"的硬件厂商们宣布不再生产支持 Magic Cap 的设备，通用魔术的手持设备梦想宣告破灭。这一年，距离 iPhone 的诞生已经只有 10 年时间了。

世纪之交的 PDA 市场远远没有达到斯卡利预言的规模。这个小小的市场被 Palm 公司占领。如前所述，Palm 在人机交互方面做出了两项重要的创新，赢得了早期用户的认可。2001 年，Palm 成为谷歌搜索排名第 4 的品牌，在消费电子品牌中仅次于诺基亚和索尼（见表 32-2）。如果我们回头看前面的图 32-1，就会发现这一年正是全美 PDA 相关专利申请量最多的一年！这两个看似不相关的事实却相互印证，显示了专利分析与技术史之间的微妙联系，为我们增添了不少研究下去的信心。

表 32-2 2001 年搜索量最高的 10 大品牌

排名	品牌名
1	Nokia
2	Sony
3	BMW
4	Palm
5	Adobe
6	Dell
7	Oracle
8	Ferrari
9	Honda
10	Canon

因为基于 Magic Cap 的联盟已经解体，通用魔术不得不转型。这群"世界上最聪明的人"再次选择了一个超越时代的发展方向——语音识别技术。1998 年，通用魔术赖以起家的手持设备团队被踢出公司，另组新公司 Icras。同年 3 月，通用魔术与微软签署许可协议，为微软提供语音技术支持。之后，通用魔术又尝试为通用汽车公司的 OnStar 系统开发语音辅助功能。虽然一度得到大公司的支持和投资人的青睐，但是通用魔术还是无法实现盈利。2002 年，通用魔术成为互联网泡沫的牺牲品之一，停止了运营。2004 年，这家公司正式破产清算，所有专利被打包出售。

从 1990 年到 1997 年（也就是通用魔术转型语音识别之前），通用魔术总共申请并获得了 17 件专利的授权，主要领域包括分布式计算、软件调制解调器、低功耗串行总线和图形用户界面等。这些专利平均被引 145.7 次，质量很高。杨铁军（2012）在《产业分析报告》（第 5 册）中，把智能手机专利技术分解为人机交互、低功耗设计、应用与服务三大类。[6] 而通用魔术的大部分专利也集中在这些方向：3 件关于图形用户界面的专利，5 件关于低功耗串行总线的专利，以及 FIR 滤波器、软件调制解调器、代码结构等专利。通用魔术破产后，微软创始人保罗·艾伦（Paul Allen）组织收购了这家公司的全部专利。这批专利几经转手，最后大多数都落到著名 NPE 高智的手中。

通用魔术失败的关键原因是，在技术革命和时代更替的关键时期，未能把握互联网的机遇，对股东不断妥协，过分追求技术而忽视了用户需求。

通用魔术的第 21 号员工史蒂夫·马勒（Steve Maller）在 Quora 上总结了通用魔术的失败原因 [7]，指出通用魔术和 1990 年代的很多涉足通信行业的高科技公司一样，试图打造一个独立于互联网的基础通信网络，与 AT&T 联合建设 PersonalLink 网络来支持自己设备的电子邮件、日程管理和传真功能，没有意识到互联网的必然崛起。通用魔术的早期产品甚至不支持 TCP/IP 协议。

史蒂夫·马勒还提到，公司的很多员工都是早期互联网的狂热爱好者，互联网上最早的一批网站有不少都出自通用魔术员工之手。例如，eBay 创始人皮埃尔·奥米迪亚就是在通用魔术工作期间建立了 AuctionWeb，这个网站最终发展成为电商始祖 eBay。但是 AT&T 等电信公司位居股东之列，它们不希望通用魔术做出一种颠覆传统电信网络的通信工具。

史蒂夫·马勒认为通用魔术的高层属于"成功人士"，他们的"通信"行为和普通人大相径庭。他们不在乎多带一件数字设备，未能用一个新工具去取代或整合现有的工具。

最后，史蒂夫·马勒认为通用魔术生不逢时。这家公司的愿景过于宏大而且超前，当时的 CPU、电池和通信网络都远远无法满足其需求。

美国投资人亚历山大·缪斯（Alexander Muse）则认为，通用魔术的失败与股东利益有关：

> ……马克·波拉特将产品开发交给他的团队，而他的团队则受到各方合作伙伴的制约。……在开发过程中，互联网开始崭露头角，就连通用魔术的一名实习生都意识到应该在设备中加入网络功能。问题是什么？互联网有可能让 AT&T 出局，而因为双方的合作伙伴关系，它（指通用魔术）不可以把网络功能加入设备。它做出来的设备基本上一无是处，这一点每个人都心知肚明，遗憾的是没人有胆量承认这一点，或者报告给马克。最后，所有的责任全落到马克一个人身上……[8]

通用魔术的故事再次为我们展示了"民为贵，社稷次之，君为轻"的道理。和苹果公司一样，通用魔术也收获了宝贵的经验。但是，这家公司已经寿终正寝，永远告别了个人手持智能设备领域。这些经验只能通过通用魔术出身的那批行业先驱者，如星火燎原一般在硅谷开花结果，传承下去。2018 年，马克·波拉特在接受《福布斯》杂志采访时说：

> 最让我骄傲的和我最重要的回忆，就是在通用魔术并排而坐的安迪·鲁宾和托尼·法戴尔，他们是全世界每一台智能手机背后的根源，这些手机的总数超过30亿台。[9]

如前所述，除安迪·鲁宾和托尼·法戴尔，通用魔术出身的另一位著名员工是eBay创始人皮埃尔·奥米迪亚。通用魔术公司的三位创始人在离开后也成就斐然，先后多次成功创业和在大公司担任高管，成为移动互联网时代的弄潮儿。谷歌Google+用户界面的主要设计师就是通用魔术的创始人安迪·赫兹菲尔德（Andy Hertzfeld）。通用魔术的凯文·林奇（Kevin Lynch）后来加入苹果，目前是Apple Watch软件方面的主要负责人。截至今日，他在苹果申请了90件专利，其中有21项获得授权。

乔布斯在1997年重返苹果之后，毫不犹豫地砍掉了Newton项目——一方面是因为Newton始终未能盈利，另一方面也因为这是仇人斯卡利的"亲儿子"。Newton的很多主要开发人员跳槽到Palm，在那里继续他们的掌上电脑之梦。1998年2月27日，Newton OS也停止开发了。Newton项目前后持续了大约11年，研发和营销支出约5亿美元，但在市场上仅仅存活了4年半，总销量在15万到30万台之间，是苹果历史上最惨痛的失败项目之一。

作为个人手持智能设备的行业先驱，苹果从Newton的失败中收获了宝贵的经验。欧文·W.林茨迈尔（Owen W. Linzmayer）指出[10]："就像之前的Mac一样，Newton的出现很大程度上是为了满足设计者拥有一个非他莫属的革命性设备的需要。"接下来，在乔布斯的带领下，苹果将以用户而不是设计者为导向，依靠两款革命性的个人手持设备再次崛起，再造传奇。

第 33 章 从 iPod 到 iPhone

与许多错过互联网浪潮的大公司不同，乔布斯执掌的苹果一直牢牢把握着网络时代年轻人的口味。如前所述，1999 年互联网上的头号热词是 MP3。早期网民对网上音乐的热情一直维持到 21 世纪初：2003 年，谷歌搜索的头号热词是歌星"小甜甜"布兰妮的名字（Britney Spears）。这个名字在接下来的 2004 年热词排行榜上仍然保持第一。2005 年，另一名流行歌星珍妮·杰克逊（Janet Jackson）的名字登顶，成为当年谷歌搜索的头号热词。在这一时期，iPod 的销量也呈几何级数增长，从 2003 年的 93.9 万台激增到 2005 年的 2249.7 万台（见表 33-1）。

表 33-1 2001-2008 年苹果公司 iPod、iPhone 的销售额及总营收

年份	iPod			iPhone			当年苹果公司营收（亿美元）
	销量（万台）	销售额（亿美元）	占比	销量（万台）	销售额（亿美元）	占比	
2001	—	—	—	—	—	—	53.63
2002	38.1	1.43	2.49%	—	—	—	57.42
2003	93.9	3.45	5.56%	—	—	—	62.07
2004	441.6	13.06	15.77%	—	—	—	82.79
2005	2249.7	45.40	32.59%	—	—	—	139.31
2006	3940.9	76.76	39.74%	—	—	—	193.15
2007	5163.0	83.05	34.60%	138.9	1.23	0.51%	240.06
2008	5482.8	91.53	28.18%	1162.7	18.44	5.68%	324.79

我们注意到，2006 年谷歌搜索的热词排名发生了有趣的变化：在前 10 名中看不到任何一位歌星的名字，反而是两家已经被今天的互联网遗忘的社交网站——Bebo 和 MySpace 占据了前两名的宝座（见表 33-2）。

表 33-2 2006 年谷歌搜索热词排行榜

排名	搜索词
1	Bebo
2	MySpace
3	WorldCup
4	MetaCafe

续表

排 名	搜索词
5	Radioblog
6	Wikipedia
7	Video
8	Rebelde
9	Mininova
10	Wiki

不难看出，随着互联网的蓬勃发展和宽带的普及，网民的口味越来越丰富，需求也越来越多元化：社交、娱乐、获取知识等都属于新时代网民的需求。

2006年是iPod发布（2001年）的第5年，iPhone发布（2007年）的前一年，乔布斯重返苹果的第10年。我们把1997年到2006年这段时间一分为二：1997年到2001年是苹果成功找到新的增长点的第一个阶段，它通过iPod塑造了第一段传奇；2002年到2006年是苹果依靠iPod赚得盆满钵满的5年，是智能手机发展的初期，也是乔布斯忍痛自我革命、塑造第二段传奇的关键5年。有意思的是，索尼恰恰是在2001年年底与爱立信合资成立索尼爱立信公司专攻手机业务的，这也使得2002—2006年这个时间段格外具有对比意义。

2006年对Facebook来说也是至关重要的一年。当年9月26日，Facebook正式对所有年满13周岁的人开放，从校友录升级为全民社交网络。

如果以Facebook为参考对象，我们会发现，在2002年到2006年间，苹果与索尼都申请了更多的互联网相关专利，但苹果更胜一筹。如表33-3所示，当笔者用涉及社交网络的一些关键词检索三家公司的专利储备时，都出现了Facebook最高，苹果其次，索尼敬陪末座的情形。

表33-3 标题或摘要（TIAB）中出现涉及社交网络关键字的专利数量与比例

公司名	Facebook		苹果		索尼	
检索关键字	相关专利数	占比	相关专利数	占比	相关专利数	占比
social/community	49	3.54%	11	0.25%	33	0.13%
web/internet/online/network	335	24.19%	576	13.00%	2024	8.13%
communicat*	253	18.27%	643	14.51%	3175	12.76%
messag*	151	10.90%	186	4.20%	401	1.61%
personal*/individual*	56	4.04%	152	3.43%	725	2.91%
专利总数（件）	1385		4430		24,886	

M:Metrics的高级分析师多诺文（Donovan）指出，iPhone用户对YouTube和谷歌地图的使

用频率明显高于其他手机用户。[1]2008 年 1 月，30.4% 的 iPhone 用户使用过 YouTube，36% 使用过谷歌地图。当时，手机用户使用 YouTube 的比例仅为 1%，使用谷歌地图的也只有 2.6%。他指出：

> iPhone 用户和其他智能手机用户的人口统计特征十分相似，但是 iPhone 用户在移动内容的消费方面，明显领先于其他智能手机用户……除了设备本身的属性，另一个需要考虑的重要因素是，所有 AT&T 的 iPhone 合约机都不限流量。

根据 M:Metrics 的这一研究，iPhone 上市一年左右，用户的特征是：男性，25~34 岁，拥有大学学历，年收入在 10 万美元以上。他们的上网行为和其他智能手机用户有着极大的不同，见表 33-4。

表 33-4 2008 年移动终端内容消费市场统计

	iPhone 用户	所有智能手机用户	所有手机用户
通过浏览器阅读新闻或其他信息	84.8%	58.2%	13.1%
在互联网上搜索	58.6%	37.0%	6.1%
观看移动版 TV 或视频	30.9%	14.2%	4.6%
观看订阅的视频或电视节目	20.9%	7.0%	1.4%
访问社交网站或博客	49.7%	19.4%	4.2%
听音乐	74.1%	27.9%	6.7%

iPhone 为什么好用，产品经理和软硬件工程师可能各有不同的看法。但是从专利的角度来看，最明显的一点是——苹果在人机交互界面方面的专利，无论在质量上还是在数量上都远远超过以索尼为代表的竞争对手，形成了巨大的优势。

第 34 章 多点触控专利小史

从专利上来看，苹果曾经至少考虑过一种 iPhone 设计方案，以最大化利用 iPod 产品线的资源，同时避免放弃与 iPod 相关的所有沉没成本。然而，这个方案最终还是被废弃了。

在 iPhone 立项之初，由托尼·法戴尔领导的 iPod 团队曾经尝试开发一款类似 iPod 版本的 iPhone。他们的设计保留了 iPod 的触控转盘，做出了一个可以在两种模式之间切换的 iPod：音乐播放器模式和电话模式。在音乐播放器模式下，转盘会以蓝色背光显示"播放"、"暂停"、"下一首"和"上一首"等控制按钮。切换为电话模式后，转盘会以橙色背光显示 1 到 9 的数字及其对应的字母，如同传统电话的拨号盘一样。这个设计方案反映在 US7860536B2 号专利中（图 34-1 为其附图）。但苹果最终放弃了这个方案，甚至托尼·法戴尔也认为，最糟糕的地方"就是那个转盘界面。它永远不可能成功，因为没有人想要一部带拨号盘的电话"。

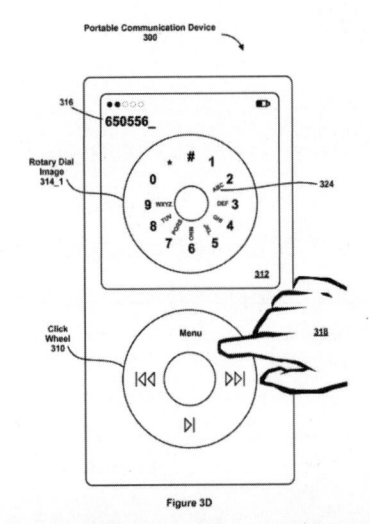

图 34-1 US7860536B2 专利附图：一部 iPod 版 iPhone

苹果放弃了这个不伦不类的触控板方案，而把手指操作推向极致——也就是我们现在熟知的多点触控技术。在第一款 iPhone 的发布会上，乔布斯骄傲地宣称："我们发明了一项现象级的新技术，它的名字叫作多点触控。"

比尔·巴克斯顿（Bill Buxton）是最早研究多点触控技术的计算机科学家之一。苹果发布 iPhone 时，他正在微软研究院工作。在乔布斯高调宣称苹果发明了多点触控技术之后，巴克斯顿收到了不少来自同行的邮件，为他鸣不平。作为回应，巴克斯顿在自己的网站上发表了一篇文章，简要回顾了多点触控技术的历史，并且非常大度地给予 iPhone 很高的评价："iPhone 是第一款真正取得成功的、拥有基于模拟技术的界面的数字设备……在这一点上算是巨大的突破。"

他在文章中指出，触控屏技术始于 1960 年代后期，早期的研发工作主要由 IBM 和伊利诺伊斯大学等机构完成。最早的一批研究结果在 1971 年左右开花结果，世界上第一台触控屏计算机——PLATO IV，在 1972 年已经进入大众视野，主要用于教育领域。但当时的触控屏基本上用的都是单点触控技术，没有压力感知功能。

比尔·巴克斯顿和他的团队在 1984 年左右完成了一项研究，并在 1985 年以"一种多点触控三维触敏平板"（*A Multi-touch Three Dimensional Touch-Sensitive Tablet*）为题发表了论文，这是最早使用"多点触控"（Multi-touch）这一术语的文献。这也是巴克斯顿被业界尊称为"多点触控教父"的原因。

虽然巴克斯顿被认为是多点触控技术的发明人，并且一直深耕于人机交互领域，但从专利记录上看，在 1990 年代，巴克斯顿对多点触控方面的贡献并不多，反而是随大流投身于手写笔技术的研究。这一时期，巴克斯顿在施乐公司做了不少关于人机界面的研究工作，其中很多专利都与软键盘有关。影响最大的是 US6094197A 号专利（被引用 628 次）：根据这项发明，用户用手写笔点按屏幕上软键盘的字母键后，以该字母键为起点向上或向右画直线或各种折线，可以实现 Shift 键、Alt 键或 Ctrl 键与该字母键的组合输入效果，如图 34-2 所示。

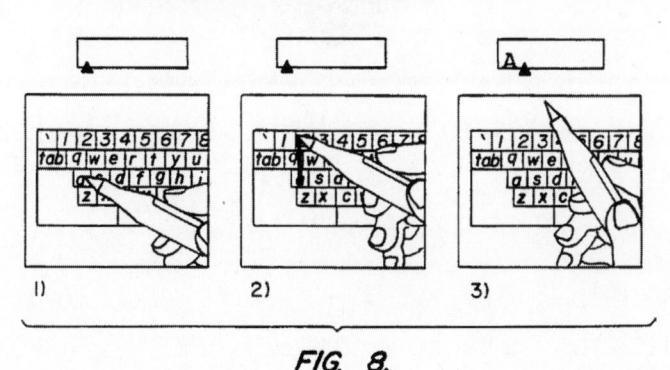

图 34-2 US6094197A 号专利附图。例如，手写笔从软键盘 A 键用力向上划，即可输入大写字母 A（Shift+A）

2010 年以后，也就是 iPhone 和 iPad 相继发布之后，这位"多点触控教父"才又重新回到自己一手开创的技术领域。在微软，他申请了一系列以"触控屏控制"（Touch Screen Control）为标题的专利（如 US20160062467A1〔未授权〕、US9223471B2 等），以及涉及多点触控手势的多件专利。可见，多点触控技术如今能够进入千家万户，服务普罗大众，单靠技术大牛的灵光一现是远远不够的，还需要产品天才不懈努力；而产品天才的努力反过来又促进了技术创新，形成良性循环，为社会持续地做贡献。

巴克斯顿指出，苹果多点触控技术的基础是韦恩·韦斯特曼（Wayne Westerman）在其博士期间的研究。韦斯特曼在求学期间患上了严重的"网球肘"，剧烈的疼痛使他一天连打满一页纸的字都非常困难。为了解决自己的问题，他发明了一种能够解放手腕的输入装置。1999年，韦恩·韦斯特曼在他的博士论文中发表了自己的研究成果。[1] 基于这一成果，韦斯特曼和他的导师在1998年共同创建了FingerWorks公司。

FingerWorks公司推出了一系列基于多点触控技术的计算机外设（见图34-3），支持各种手势操作，例如，用五指张开来最大化窗口。虽然这些外设是非常小众的产品，但其针对网球肘患者的贴心设计赢得了相当忠诚的粉丝。2005年，FingerWorks被苹果收购，韦斯特曼和他的导师加入苹果，所有产品停止发售。一名用惯了FingerWorks触控板的用户甚至出价1500美元，试图购买原价仅为339美元的输入设备，他抱怨"苹果从市场上抢走了一件重要的医疗产品"。

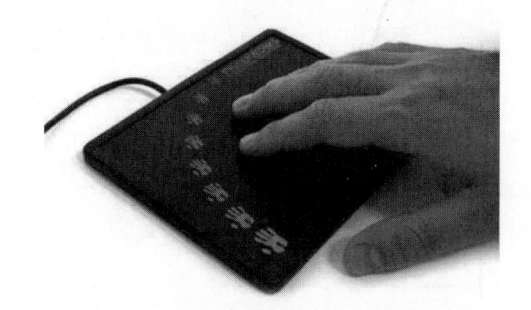

图34-3 FingerWorks生产的触控板iGesture

在一次接受采访时，身为苹果员工的韦斯特曼对iPhone给予了很高的评价。他说："iPhone有多点触控功能的显示屏，而FingerWorks只有不透明的表面……两者确实有相似之处，但苹果无疑更进了一步，把它（多点触控）应用到了显示屏上。"

和苹果后来推出的MagicPad触控板一样，FingerWorks触控板的表面是不透明的，内部装有芯片。这种设计显然没法用在屏幕上。为了制造出透明的触控屏，苹果的工程师乔什·斯特里克森（Josh Strickon）在阅读大量文献之后，找到了一个解决方案。在我们的研究中，这可以说是极具戏剧性的一个发现——这个至关重要的解决方案恰恰来自索尼2002年发表的一篇论文。

"索尼的这篇论文表明，可以通过行和列达到真正的多点触控效果。"Strickon回忆。这是整个项目最关键的时刻。

索尼的这篇论文[2]介绍了一款根本没打算进入大众市场的产品 SmartSkin。索尼为论文中提出的解决方案提交了专利申请（附图见图 34-4），但是没有进入实审阶段。该方案主要通过网格状天线和电容感应来计算手和接触面的距离：

> 传感器由网格状的发射器电极和接收器电极（铜线）组成。当垂直线为发射器电极时，水平线为接收器电极。当一个发射器被一个波信号激活时，接收器会接收到这个波信号，因为每个交叉点（发射器和接收器之间的交叉点）都形成了一个（非常小的）电容。接收信号的幅值和频率和发射信号的电压成比例，也与两个电极之间的电容成比例。当一个导电的接地物体接近交叉点时，它会电容性地耦合到电极并吸收波信号，导致接收信号的幅度减弱。通过测量这一变化，可以检测如人手之类的导电物体的接近程度。

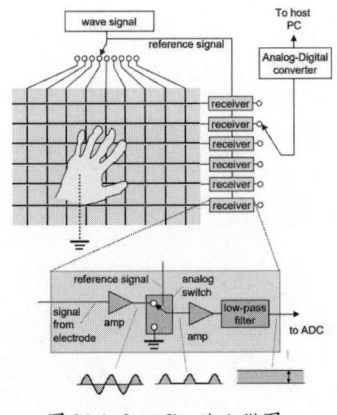

图 34-4 SmartSkin 论文附图

在这篇论文的最后，作者还非常贴心地指出，"使用氧化铟锡（ITO）或导电聚合物可以实现透明的 SmartSkin 传感器。"然而，即使到了这一步，索尼也没有考虑开发一款多点触控的触控屏，而是把一块巨大的触控平板做成了投影仪的屏幕。

氧化铟锡虽然是透明的，但当其以网格状排列后，还是会影响透明度。为了解决这一问题，苹果的工程师在氧化铟锡水平线与垂直线之间的空白区域加入电浮置的氧化铟锡（electrically floating ITO）。这个解决方案被记录在苹果的 US7663607B2 号专利"多点触控"的权利要求 10 中。

在苹果掀起的智能手机专利战中，摩托罗拉曾经试图以 SmartSkin 论文及索尼的专利申请为前案，无效掉苹果的这件专利。国际贸易委员会（ITC）以缺乏创造性为由，针对权利要求 10 做出了无效裁定。苹果随后上诉至联邦巡回上诉法院，法官以 ITC 的裁定没有考量 iPhone 取得的商业成功等原因为由，推翻了 ITC 的判决。然而到了 2014 年，这件专利的权利要求 1、2、3、6、7、10、11 还是在单方复审程序中被无效掉了。

第 35 章 更替瞬间的刹那余晖——专利视角下的索尼与苹果

2002 年到 2006 年间，索尼在美国提交了 291 件涉及用户界面的专利申请，125 件获得授权，在全球共有 441 个专利族。[1] 苹果在美国提交了 391 件涉及用户界面的专利申请，其中有 200 件获得发明专利的授权，19 件为外观专利，在全球部署了 290 个专利族。当时苹果的专利申请总量远远低于索尼，在美国的申请量只有索尼的 1/4 左右，但是关于用户界面的专利却与索尼相差不多，由此可见苹果对用户界面的重视程度。

在这批关于用户界面的专利中，索尼被引频次最高的一份文献是 US7456823B2 号专利（图 35-1 为附图），标题为"用户接口设备和便携式信息设备"，优先权日为 2002 年 6 月 14 日，是一项关于柔性屏幕的发明，全球被引达 632 次。

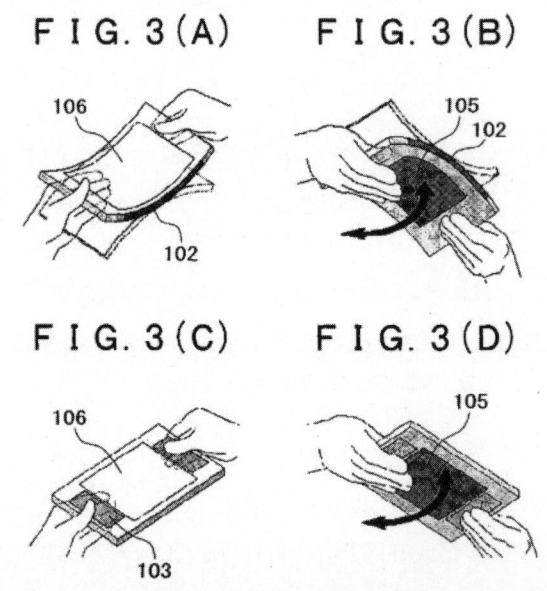

图 35-1 US7456823B2 号专利附图

从这个时间点来看，索尼的这项技术是不折不扣的"黑科技"。在专利说明书中，索尼更是明确指出该技术适用于"移动设备或没有鼠标键盘的设备"。遗憾的是，索尼至今也还没有生产出一款能够得到市场认可的柔性屏幕手机。

▼1 检索式：((TIAB=("user interface*")) AND (((AP=(sony)) OR (AEE=(sony))))) AND (AD=[20020101 to 20061231])

其次是 US6998816B2 号专利，这是一项关于低功耗的发明，标题为"减少无线卡的外部电池容量需求的系统和方法"（System and Method for Reducing External Battery Capacity Requirement for a Wireless Card）。接下来的一项重要专利是关于蓝光光盘的（专利号为US8150237B2）。如前文所述，由于带宽随着通信技术的进步而提升，蓝光光盘在流媒体的降维打击下没有还手之力，这项技术的重要性也大大降低了。

从这批专利再往下看，我们就会找到索尼关于触摸屏的一些重要发明。2006 年 7 月 31 日，索尼总部提交了"用于基于触觉反馈和压力测量的触摸屏交互的设备和方法"的专利申请（日本的公开号为 JP2008033739A，未授权；美国同族专利为 US7952566B2 号专利，687 次被引），当用户触摸图形界面上的图标时，设备为用户提供触觉反馈。专利说明书中明确指出，触摸屏存在的固有缺陷是，用户在对屏幕上显示的按键或按钮进行操作时没有触感回馈。这件专利的第一发明人是来自美国的伊万·普比列夫（Ivan Poupyrev），其次是日本工程师丸山重明。接下来，索尼爱立信公司 2006 年 8 月在美国申请的 US7791594B2 号专利也提到了这一问题。这件专利的标题为"基于方向的多模式机械振动触屏显示器"（Orientation Based Multiple Mode Mechanically Vibrated Touch Screen Display），主要讨论横屏与竖屏切换时重新绘制图形用户界面的问题，但也提及了为用户的触屏操作提供振动反馈的问题。2018 年，这件专利因为未续费而失效。

要知道，索尼早在 1990 年代就开始销售带有振动功能的手柄，因此想出振动反馈的点子也不足为奇。遗憾的是，索尼虽然注意到了这一问题，但并没有在这一领域深耕。从产品上来看，索尼的这两件专利都没有得到很好地应用。最终，还是苹果在手机中加入了振动马达（Taptic Engine，以 US20160211736A1 为代表的专利），并以"3D Touch"之名大张旗鼓地宣传，使触感反馈逐渐成为中高端触屏手机的标配。

接下来的两件专利也非常具有"黑科技"的色彩：一件是 US8793620B2 号专利"凝视辅助的计算机接口"（Gaze-Assisted Computer Interface，314 次被引），另一件是 US8395658B2 号专利"不需要实际触摸的触摸屏式用户界面"（Touch Screen-Like User Interface That Does Not Require Actual Touching，193 次被引，其中被苹果公司引用 29 次）。

如果反过来看苹果涉及用户界面的高被引次数专利，我们会发现一个有趣的现象：和索尼那些稀奇古怪的"黑科技"不同，苹果的这些专利涉及的每一个产品功能都会让苹果用户非常熟悉。

US8239784B2（1960次被引）是苹果关于多点触控的核心专利之一，覆盖了苹果几乎所有的触控设备。

US7312785B2（1165次被引）是Mac及iOS系统加速滚动效果的专利。

US7345671B2（1142次被引）是iPod的触控转盘的专利。

US20060033724A1（925次被引，未授权）是iOS的软键盘的专利。

US7509588B2（831次被引）则是在iOS中删除或重新排列图标时，图标似乎因为害怕而"瑟瑟发抖"的视觉效果的专利。

这一事实引人深思：苹果在2002—2006年的涉及用户界面的高质量专利很多从2007年开始就逐步实现产品化，每个iPhone用户对它们都不陌生。而索尼在同一时期的高质量专利，基本都需要很长时间才能真正产品化（如触屏振动反馈和隔空手势操作），有些甚至至今还带有"黑科技"的色彩，如视觉跟踪辅助操作和柔性屏技术。尽管这些专利受到业界的广泛关注，但其产品化却遥遥无期。它们被埋藏在索尼的技术宝库中，等待着下一个产品天才将其发掘出来，通过技术团队的改进脱胎换骨，化茧为蝶，改变世界——事实上，iPhone的诞生就与索尼的一项曾经无人问津的"黑科技"有着密不可分的关系。

索尼当然不是最早涉足柔性屏的消费电子厂商。诺基亚（Nokia）在2005年也为一种"折叠式电子装置和柔性显示装置"申请了专利，美国专利号为US7714801B2，全球被引366次，有中国同族专利CN101120295A。2008年，诺基亚发布了使用柔性OLED屏的概念机Nokia Morph。这是柔性OLED屏被广泛报道并进入大众视野的开始。

诺基亚涉及用户界面的美国专利有1251件（其中481件已获授权），这一数字高于苹果也高于索尼。相比之下，索尼作为传统的专利大户，涉及用户界面的专利明显偏少。其原因倒不在于索尼自身，而是与日本科技企业的传统和文化有关。

托尼·法戴尔在接受《纽约》杂志采访时曾经讲过一个故事[1]：在1990年代初，作为通用魔术员工的他前往日本三菱做宣讲。在讲到Magic Cap设备的调制解调器时，他指着幻灯片说："这是插电话线的地方。"然而，通用魔术的设备实际上并没有调制解调器。

日本人问道："但是，托尼先生，调制解调器在哪里？"托尼·法戴尔回答，没有调制解调器，这一功能是由软件实现的。话音刚落，会议室立即陷入一团混乱状态。在座的三菱员工有的用日语激烈争论，有的开始打电话，叫来了包括公司CEO在内的一大帮人。

混乱之中，台风警报突然响起，三菱开始疏散员工，工人走得一干二净，但会议室里却没有一个人离开。三菱高层坚持让托尼·法戴尔把软件调制解调器的事情讲完。托尼·法戴尔讲完之后，一位日方人员颓然坐倒，用手抓住脑袋，不停地撞着办公桌。会议主持人解释说：“你让加藤先生的整个部门过时了。”通用魔术的一位前员工骄傲地说："他们靠卖调制解调器芯片挣了几百万美元，而我们的工作让人们根本不需要芯片了。"

托尼·法戴尔的这个故事可以反映出当时美国高科技企业相对日本企业在软件方面的优势。在通用魔术的专利中，还可以找到一件名为"在空闲接收时间期间降低调制解调器的处理要求的系统和方法"的专利（专利号为US5995540A），它是最早在标题摘要中出现"software modem"的几件专利之一，与软件调制解调器公认的发明人——摩托罗拉的相关专利申请于同一时期。

很多研究都认为，在互联网时代到来之际，日本的软件业严重落后于美国。索尼前CEO、美国人霍华德·斯金格对这一问题有自己的看法，他认为日本的敬老传统和按资历晋升的体系，导致索尼的软件工程师不能尽早参与产品开发，这是索尼衰落的重要原因。而这一点恰恰是索尼早期的成功导致的结果。[2]

索尼以硬件起家，早期致力于硬件产品的小型化、轻薄化。1980年代的工程师们成绩斐然，身居高位。数字革命以后的一代软件工程师在公司里遇到了上升的天花板。霍华德·斯金格曾说

> 我们从一开始就没能让软件工程师参与产品开发。产品开发是由硬件工程师发起的，软件工程师随后跟进。这是因为在终生雇佣制的公司里，年长的员工位于高层，而年轻的软件工程师位于底层，从下往上爬。这里存在一个年龄上的代沟。

斯金格指出，当硬件工程师占据中高层管理职位之后，他们更倾向于提拔同样为硬件工程师的下属。因为职业生涯和专业领域的相似性，硬件出身的管理层会觉得年轻的硬件工程师更容易沟通。对他们来说，软件工程师的无形产品是不可捉摸、难以理解的。有研究者认为，这不仅仅是索尼的问题，更是日本企业的通病，是日本企业在IT革命中全面落后于美国企业的一个重要原因。[3]

为了验证这一判断，我们对索尼从2002年到2006年的所有手机专利进行了分析，挑选出名下专利数量最多的10位发明人，并且查找了他们在索尼公司最早申请的专利及申请日（见表35-1）。

表 35-1　2002—2006 年索尼员工申请专利最多的 10 位发明人及相关信息

排名	10 大发明人	专利数量	名下首个索尼专利的申请日	在索尼公司申请的前 3 件专利
1	Yoshiharu Nakajima	60	1992 年 6 月 18 日	JP06003647A 用于有源矩阵型液晶显示装置的驱动方法 JP06019429A 有源矩阵型液晶显示装置 JP06019430A 彩色液晶显示装置
2	Junichi Rekimoto	30	1996 年 7 月 10 日	CA2180891A1 一个三维虚拟现实空间共享系统的通知更新 US5926116A 信息检索装置和方法 US6055536A 信息处理装置和信息处理方法
3	Yoshitoshi Kida	27	2000 年 3 月 31 日	JP4742401B2 数字模拟转换电路和显示装置与所述相同的安装 JP4815659B2 液晶显示装置 JP2002040464A 液晶显示面板
4	Gregory A. Dunko	26	2002 年 10 月 30 日	US7369868B2 使用无线网络与远程设备共享内容的方法和设备 EP1557053B1 使用无线网络与远程设备共享内容 US7529556B2 用于移动通信装置的站点相关的临时好友列表
5	Shigeru Sugaya	26	1995 年 5 月 24 日	JP08321869A 检索方法与具有检索功能的电话机 JP08340377A 便携式终端 JP09114416A 显示装置和用于该装置的显示方法
6	Behram Mario Dacosta	20	2001 年 2 月 28 日	US7293115B2 用于更新应用程序的因特网感知代理 US6564286B2 即时开启的非易失性存储系统 US7039814B2 一种通过后期处理器指令解密保护软件的方法
7	Nobuyuki Matsushita	20	1997 年 7 月 7 日	JP11024839A 信息输入装置 JP11038949A 绘图装置、绘图方法和记录介质 JP11038967A 电子乐器
8	Yuji Ayatsuka	20	1998 年 8 月 19 日	JP2000066800A 用于处理图像和提供介质的设备和方法 JP2000122778A 选择器及其选择方法 JP2000348175A 用于对应点检测的方法和装置
9	Haruo Oba	18	1992 年 9 月 21 日	JP06102877A 音响构成装置 USD0356079S 便携式液晶彩色电视接收机 USD0358593S 组合 CD 播放机、收音机和盒式录音机
10	William O. Camp	18	2002 年 8 月 30 日	US7269846B2 具有抗病毒安全模块架构的移动终端 US7269424B2 使用测距信号接收器及方法的移动终端 US20040080454A1 使用数字电视信号确定移动终端位置的方法和系统

由表 35-1 可见，在这 10 位发明人当中，有 6 位发明人最早的专利申请发生在 1990 年代，

最早的为 1992 年。排名第 1 的 Yoshiharu Nakajima 和第 3 的 Yoshitoshi Kida 都是液晶面板领域的专家。从早期申请的专利上看，他们都是典型的硬件工程师出身。排名第 5 的 Shigeru Sugaya 所申请的专利集中于通信领域，最早的几件都是"电话机""便携式终端"等硬件专利。排名第 7 的 Nobuyuki Matsushita 则是以图像采集相关的专利起家的。排名第 9 的 Haruo Oba 更为典型，他最早申请的专利是 1992 年的一种音响设备，然后是 1993 年的便携式电视接收机、CD 播放器和收音机等外观设计专利。

在这 10 位发明人中，有 3 位的早期发明是偏软件的（位于第 4 位的 Gregory A. Dunko、第 6 位的 Behram Mario Dacosta 和第 10 位的 William O. Camp），他们在索尼公司的第一件专利均在 2000 年之后申请。这 3 位发明人还有一个共同特点：从名字上看，他们可能不是日本人。

可见，在索尼的大本营，模拟时代的"大牛们"仍然主导着索尼的研发工作。

作为对比，我们再看一下苹果公司 2002—2006 年手机专利的 10 大发明人，见表 35-2。

表 35-2　2002—2006 年苹果手机专利的 10 大发明人

排名	10 大发明人姓名	专利数量（件）
1	Anthony M. Fadell	25
2	Greg Christie	25
3	Imran Chaudhri	25
4	Jeffrey L. Robbin	24
5	Steven Jobs	20
6	Bas Ording	17
7	Stephen O. Lemay	17
8	Greg Marriott	15
9	Scott Forstall	15
10	Andrew Bert Hodge	14

对于这份榜单上的发明人，我们无须再做具体的专利分析，因为他们每一个人都在业界颇有名气。除了乔布斯之外，其他人几乎都是 IT 界赫赫有名的计算机"大拿"。

首先是我们前文中反复提到的托尼·法戴尔。与他并列第一的格雷格·克里斯蒂（Greg Christie）是 iPhone 人机交互界面的设计主管，也是 iPhone 滑动解锁专利（专利号为 US8046721B2）的主要发明人之一。如前所述，他和托尼·法戴尔一样，是 1990 年代第一次个人智能设备浪潮的参与者，是 IBM Simon 开发团队的一员。

并列第一的第三位发明人是伊姆兰·乔德里（Imran Chaudhri，1973年生）。他在1995年至2017年间效力于苹果公司，整整19年都在人机界面团队工作。在加入苹果手机项目组之前，他是Mac系统Dashboard的主要设计者之一。iPhone上只保留一个按钮的设计也是他的创意（按照乔布斯最初的设想，iPhone上应该保留两个主要按钮，除了我们熟悉的Home键，还要有一个"返回"键）。

第4位是杰夫·罗宾（Jeff Robbin），他从1990年代初就在苹果公司工作，后来独立创业，开发了Mac系统最早的MP3播放软件之一——SoundJam MP。乔布斯收购了这款软件，同时把杰夫·罗宾招入麾下。SoundJam MP整合了音乐市场等功能之后，就演变为我们熟知的iTunes了。

排名第5的人无须更多介绍，就是乔布斯本人。

排名第6的巴斯·奥尔丁（Bas Ording）是荷兰人，1998年才加入苹果的人机界面团队。他是一位计算机游戏爱好者，从游戏中汲取了不少设计灵感，喜欢在人机交互中添加"有趣"的动画效果。iPhone菜单下拉到底之后经典的回弹效果（rubber band scrolling）就出自他之手。2013年，巴斯·奥尔丁离开苹果，目前效力于特斯拉，仍然在做他的老本行，UI（用户界面）设计。

巴斯·奥尔丁曾经对外表示，自己离开苹果是因为对专利诉讼不胜其烦——作为苹果众多重要专利的发明人，巴斯·奥尔丁经常被拉到法院出庭作证。他抱怨说："我在法庭上的时间比做设计的时间还要多。"

与巴斯·奥尔丁并列第6的斯蒂芬·O.勒梅（Stephen O. Lemay）也是一位UI设计师。排名第8的格雷格·万豪（Greg Marriott）是苹果老臣，是System 7系统（Mac OS的前身）设计团队"Blue Meanies"（蓝色恶魔）的一员。排名第9的斯科特·福斯托尔（Scott Forstall）是Mac OS X和Aqua UI的主要设计者之一，因为强势的性格和行为方式，有着"小乔布斯"的雅号。只有排名第10的安德鲁·霍奇（Andrew Hodge）的履历看上去更像是一位硬件工程师：他的教育背景和早期工作都偏向工业设计领域，离开苹果后，他在微软主管HoloLens项目，目前是互联网摄像头公司Owl Cameros的CEO。

从IPC主分类号上来看，苹果专利在技术上也明显比索尼甚至诺基亚更偏"软"。在2002年到2006年间，苹果的414件手机专利申请中（包括已授权的和未授权的），有高达31.64%的申请属于G06F小类。索尼的1636件手机专利申请中只有17.97%属于G06F小类。在同一时期诺基亚的2266件专利申请中，也只有15.62%属于G06F小类。

具体到人机交互领域，苹果的专利也要比索尼"软"得多。在 2002 年到 2006 年间，苹果在美国申请了 33 个涉及键盘（keyboard 或 keypad）的专利[1]，这些专利几乎全部是与"虚拟键盘"或"软键盘"有关的。被引次数最高的是 US7844914B2 号专利（873 次被引），其提出了一种单手操作触屏设备的解决方案，允许用户在手持设备屏幕右下角呼出弧形键盘。显然，这个方案最终被苹果抛弃了。被引次数排第二的专利是 US9024884B2 号专利，大体上是音乐软件 Garage Band 的图形界面。

同一时期，索尼在美国申请了 131 件涉及键盘的专利[2]，其中影响最大的如 US20050162395A1（"在电子通信设备上输入文字"，280 次被引，未授权）和 US7853863B2（"在文本信息中表达情感的方法"，224 次被引）专利。虽然都是软件专利，但都只涉及普通键盘。明确提到"虚拟键盘"或"软键盘"的只有 US7477231B2、US20030201972A1（优先权为日本 JP2003316502A 号专利申请，未授权）两件专利。值得一提的是，这两件专利分别被苹果引用 18 次和 10 次，在被引证申请人中，苹果均位列第一。

标题摘要中涉及实体按键、物理按键或按压按键的专利，索尼在 2002 年到 2006 年间有 117 件日本专利申请（27 件获授权）和 50 件美国专利申请（21 件获授权），在全球共 128 个专利族（简单同族合并）。[3] 以同样的标准进行检索，苹果在 2002 年到 2006 年间涉及实体按键的专利申请只有 8 件——足可见苹果的触屏革命是何等彻底。

在这批涉及实体按键的专利中，我们发现了一件有趣的索尼专利（专利号为 US6560612B1，"信息处理装置、控制方法及程序介质"），该专利为计算机等设备提供"第二显示装置"和"第二输入装置"来方便输入信息，同时不增加计算机体积或影响其便携性。苹果对这件专利表现出极大的兴趣。该专利总共被引 129 次，其中有 48 次来自苹果。值得一提的是，苹果 Mac 笔记本取消功能键改为触摸屏的一系列专利（如 US9927895B2 号"具有动态可调节外观和功能的输入 / 输出装置"专利，见图 35-2），也以该专利为引证专利之一。图 35-3 所示为用触摸屏 Touch Bar 替代了 F1 到 F12 功能键的 MacBook。

▼ 1　检索式：TIAB=(keypad OR keyboard)) AND (((AP=(apple)) OR (AEE=(apple))))) AND (AD=[20020101 to 20061231])

▼ 2　检索式：TIAB=(keypad OR keyboard)) AND (((AP=(sony)) OR (AEE=(sony))))) AND (AD=[20020101 to 20061231])

▼ 3　检索式：TIAB=((press* OR depress* OR manipula* OR physical OR mechanical) (2n) button*) AND (((AP=(sony)) OR (AEE=(sony)))) AD=[20020101 to 20061231])

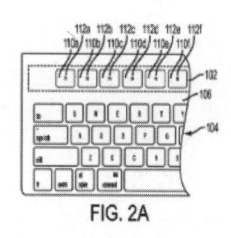

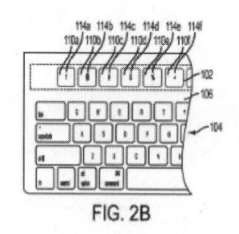

图 35-2　US9927895B2 专利附图　　　图 35-3　用触摸屏 Touch Bar 替代了 F1 到 F12 功能键的 MacBook[1]

  苹果的这些设计在多大程度上从索尼的专利中获得了灵感？对于这个问题，我们很难给出确切的答案。我们能够确定的是，像索尼这样的公司，其专利宝库中有着无数真正为用户着想却被长期埋没的优秀创意，值得我们认真发掘和研究。

  苹果的软件优势与索尼的硬件实力形成鲜明对比，这固然有日本的 IT 行业从业者资历浅、薪水低的因素，而美国几十年来制造业向东亚转移也是一个重要原因。截至本书完稿时，苹果 IPC 主分类号属于 F 部的美国专利申请共有 273 件，其中 116 件获得授权。[2] 非常有趣的是，这批专利的发明人名单上出现了大量的华裔或亚裔名字，远远超过前面分析的其他批次的专利。排名前两位的发明人都是华裔，第 1 名 Jun Qi 名下有 30 件专利，第 2 名 Victor Yin 名下有 29 件。接下来的 Wei Chen、Rong Liu、Amy Qian 名下分别有 9 件、8 件和 6 件专利。此外，还有 10 名左右的华裔或亚裔发明人拥有 3 件或 4 件专利。大名鼎鼎的乔尼·艾维在这个榜单上也只有 4 件专利。这批专利引用的其他公司专利也集中在东亚地区，有 45 件引用了三星的专利，35 件引用了鸿海精密（鸿海精密工业股份有限公司，Foxconn Technology Group）的专利，35 件引用了索尼的专利。

▼1　本图摄影作者：IM3847。本图基于知识共享协议（CC-BY-SA-4.0）共享。关于详细版权信息，请参阅"图表链接 .pdf"文件。

▼2　检索式：(((((AP=("苹果公司" OR "APPLE INC." OR "苹果电脑有限公司" OR "P.A.SEMI 公司" OR "苹果计算机公司" OR "苹果电脑公司" OR "苹果股份有限公司" OR "APPLE INC" OR "P A SEMI INC" OR "APPLE COMPANY" OR "APPLE COMPUTER" OR "APPLE INC US")) OR (AEE=("苹果公司" OR "APPLE INC." OR "苹果电脑有限公司" OR "P.A.SEMI 公司" OR "苹果计算机公司" OR "苹果电脑公司" OR "苹果股份有限公司" OR "APPLE INC" OR "P A SEMI INC" OR "APPLE COMPANY" OR "APPLE COMPUTER" OR "APPLE INC US")))) AND ((IPCM-SECTION=("F")) AND ((PNC=("US"))))

进入21世纪以来，对于索尼游戏部门申请的专利，苹果似乎有一种特别的偏爱。

在2002年到2006年间，索尼爱立信在全球申请了8962件专利，形成2990个专利族（简单同族合并）。其中59.8%的专利的主分类号为H部（电学类），又以H04M类（电话通信）最多，占18.09%；其次是主分类号为G部的G06F类（电数字数据处理），占15.45%。在所有这些专利中，影响最大的是关于"充电装置和充电系统"的发明，美国专利号为US7696718B2，被引310次，但是没有记录显示苹果公司引用了该专利。其次是EP1347361A1号专利（"在电子通信设备中输入文本"），在全球被引278次，其中113次是被苹果引用的。索尼爱立信的所有上述专利总共被苹果引用368次，引用最多的是三星，超过600次。

同一时期，索尼电脑娱乐（2016年更名为"索尼互动娱乐"）在全球申请了7147件专利，形成2621个专利族（简单同族合并）。48.53%的专利的主分类号为G部，G06F类最多，占29%，其次为涉及视频游戏的A63F类，为8.78%。影响最大的专利是US8547401B2号（"便携式增强现实装置和方法"）专利，其次是US8072470B2号（"提供实时三维交互环境的系统和方法"）专利。还有一件US9177387B2号（"实时运动捕捉的方法和装置"）专利，受到苹果的特别关注：苹果在2011年以后申请的多个与手势操作有关的专利都引述了这件专利。

US9177387B2号专利并不像索尼的很多高被引专利一样是飘在云端的"黑科技"，它产生了一款实打实的大众消费产品——索尼2009年推出的通过运动捕捉操作游戏的设备PlayStation Move，这款产品与微软的体感游戏控制器Kinect分庭抗礼。Kinect在上市60天之内售出800万台，目前保持着消费电子设备销量的吉尼斯世界纪录，而PlayStation Move虽然未能超越它，但也算是虽败犹荣。

引用索尼这些专利最多的专利权人包括索尼游戏部门的直接竞争对手微软（超过300次）和任天堂（近200次）、专利大户IBM（近200次）和三星（200多次），接下来就是苹果了（超过110次）。虽然这个数字本身低于苹果引用索尼爱立信的专利次数，但是苹果毕竟不是一家游戏公司，对索尼游戏部门这些专利的偏爱是非常明显的。

值得一提的是，这段时间索尼游戏部门的主要负责人是关注用户需求、深受"索粉"爱戴的平井一夫。他在2012年接替美国人霍华德·斯金格出任索尼CEO，同年即带领索尼扭亏为盈。这些事实或许可以说明：重视用户的科技人总是英雄所见略同。

乔布斯是著名的"索粉"。他在苹果公司申请的专利共625件，其中428件为外观设计专利。其余的197件为发明专利，有91件已获得授权。在这197件发明专利中，有132件引用了专利霸主 IBM 的专利；119 件引用了微软的专利；111 件引用了索尼的专利；在此之后才是诺基亚的专利，共 94 件；引用的三星专利只有 57 件。

乔布斯的 428 件外观设计专利中有 278 件引用了三星的专利，251 件引用了索尼的专利，243 件引用了 IBM 的专利，132 件引用了诺基亚的专利，101 件引用了微软公司的专利。

在外观专利中，关于经典款 iPod 和 iPod Nano 的外观，以及关于 Mac Mini 的 USD0601583S 号专利都引用了索尼的 US6254477B1 号专利（"便携电子设备、娱乐系统和操作方法"）。US6254477B1 号专利涉及游戏机和玩家的互动，8 件引证专利也大都与游戏机有关，看上去是一件与苹果主营业务风马牛不相及的游戏机专利。但是乔布斯和苹果公司对这件专利极其偏爱：乔布斯有 87 件专利引用过这件游戏机专利，苹果公司有 170 件专利引用过这件游戏机专利。反观索尼自己，引用这件专利只有 41 次；索尼爱立信和索尼移动完全没有引用这件专利的记录。三星引用这件专利只有 1 次，微软只有 2 次，IBM 也只有 1 次。这些数字充分体现了乔布斯的"索粉"特征。

第 36 章 小结

作为知识产权从业人士，我们可以大胆地说，索尼遇到的问题，在很大程度上与知识产权的管理和利用有关。

正如张世真教授援引索尼前高管所说的那样：（企业）内部的内容业务不一定是资产，它同时也是一种负债，因为我们要保护内容业务的利益。[1] 我们可以说，企业拥有的知识产权也不一定是资产。柯达对"剃须刀－刀片"模式的痴迷，索尼对自有产权格式的执念，都反映了一个同样的问题：企业围绕着"我拥有的知识产权"做产品，试图尽可能地把知识产权变现，这种想法走向极端时便成了"执念"，这种执念反而会成为企业的负担。如果坚持这种执念，企业知识产权反而成为束缚企业发展的枷锁，使企业无法顺应时代潮流，倾听用户呼声，自我革命，涅槃重生。

在合作磁带项目的时候，"开放创新"的概念还没有出现，索尼和飞利浦歪打正着，用一个几乎不产生许可费的产品抓住了市场。Walkman 本身没有专利保护，却重塑了人类欣赏音乐的方式，创造了索尼的传奇。苹果不仅缺少 MP3 的相关专利，也没有硬盘 MP3 播放器的专利，却书写了一代产品的神话。

可能是因为磁带和 CD 的成功，索尼对于自己拥有的独一无二的标准有着强烈的执念。建立标准的成本很高，在标准之争中失败的损失也非常大。标准的维持也不是没有代价的：索尼的特丽珑技术因为与业内通用的标准完全不兼容，索尼不得不花费巨大的成本建立垂直整合的生产体系。为了让 PS3 游戏机搭载价格高昂的蓝光光驱，索尼不得不延迟发布这款产品，其价格也一直居高不下。张世真教授指出，对自有标准的痴迷使得索尼在评判其他公司的技术或标准时也会有所偏差。[2] 孤军作战的索尼往往是"逆着业界潮流游泳"。

Betamax 引领了一场革命，带来了前所未有的版权问题，引起了整个影视业的激烈反对。事实证明，影视界的担忧完全是多余的：家用录像系统并没有对影视业构成威胁，反而成为现代电影公司不可或缺的盈利模式。索尼与潜在的合作伙伴大打出手，结果替竞争对手一劳永逸地解决了知识产权风险问题。

就像环球影业和迪士尼在家用录像机出现时表现出的恐惧一样，音乐公司和美国唱片业协会也对MP3充满了恐惧。网民选择了MP3，音乐公司却恨不得把MP3斩尽杀绝。在这种背景下，苹果顺应了大众消费者的选择，推出了与计算机和互联网紧密结合的iPod。索尼却迎合了音乐公司的恐惧，站在了音乐公司一边；索尼的音频部门更是对ATRAC格式的一大堆专利恋恋不舍。在iPod诞生之前，历史给了索尼很好的机会，索尼推出了一系列产品，包括记忆棒、MD、MD转接头、ATRAC3格式等。这些产品做工精良，技术出色，但是既不支持用户选择的MP3，也没有提供针对拷贝与分享音乐的解决方案。

索尼的音频部门和索尼音乐（全称Sony Music Entertainment）都对MP3持消极态度。但是，真正的问题从来都不在MP3本身。

"MP3之父"、弗劳恩霍夫协会的哈拉尔德·波普（Harald Popp）曾经说过：

> 真正的挑战不是MP3，而是互联网——到现在也依然如是。这是传统产业、媒体产业、音乐产业和视频/电影产业都需要考虑的问题——每个家庭都拥有互联网和计算机。这是一种挑战，也是一种机遇。问题不在MP3——我们每次都会给出这样一个明确的答案："MP3只是一种催化剂。如果MP3成为ISO标准，它也会成为一种产权保护模式（proprietary scheme）。"技术已经在那里了，你无法阻止人们压缩音频……有时这可能是违法的，这样不好，但这也只是技术革命的一部分。

回顾索尼经历的历次格式之战，就像是一代代的王朝更替。所谓"万里江山万里尘，一朝天子一朝臣"，在科技飞速发展的今天，没有哪个技术王朝能够千秋万代，即使一时取得胜利，也难免被时代的车轮碾得粉碎。VHS战胜了Betamax，又被DVD赶下王座。MD战胜了DCC，然后被MP3和iTunes引领的革命推翻。蓝光刚刚战胜东芝的HD-DVD，转眼间就被新一代通信网络带来的高清流媒体碾得粉碎。

对于无法阻挡的技术更迭，我们如何才能顺势而动，不被时代所淘汰呢？

消费者和客户是企业一切技术研发获得回报的最终来源，也是企业最重要的服务对象。笔者相信，紧跟客户，以客户的需求为导向，企业才能顺时代潮流而动，站在技术更迭的浪潮之巅。

第三篇

◆

边界篇

第 37 章 导论

很多商业专利数据库都提供了"专利沙盘"或"专利地图"功能,以类似于沙盘图的 3D 形式展示企业所申请专利的主要技术领域。通过沙盘模式来看 IBM、AT&T、索尼、柯达等这些百年科技企业的历史,是笔者在写作过程中的最大乐趣之一。这种体验就像是玩《文明》(*Civilization*)等历史模拟游戏,在一张巨大的 3D 地形图上见证诸国的兴衰。

很多企业的命运与历史上昙花一现的大帝国相似,"其兴也勃焉,其亡也忽焉"。它们从看似冷门的边缘技术领域悄然兴起,一炮而红,开辟了蓝海市场,就如同在大国夹缝中的边荒之地崛起的小部落,攻城略地,势如破竹,拓展了广阔的疆域。但是,有的企业没过多久就灰飞烟灭;而有的则能够持久繁荣,经受住了时间的考验。这些成功的经验和失败的教训,都是历史留下的宝贵财富。

那些屹立数十年甚至上百年而不倒的企业,必有作为安家立业之本的核心业务,就像一个政治势力的核心根据地。拥有"核心根据地"的企业,进可攻,退可守,即使不能深入蓝海开疆拓土,只要退守一隅,不称王称霸,亦不失累世公侯。IBM 以商用计算业务为核心,从古老的打孔卡片机到晶体管时代一直都能垄断市场;虽然在 PC 时代遭到新兴科技公司的阻击,王座岌岌可危,但到了 2010-2020 年代,它依然能在云计算领域占据一席之地。施乐立足于商用打印业务,在冲击个人计算机和打印领域失败后,公司规模一落千丈,但仍是美国市场上商用文档处理服务的重要供应商。索尼在全盛时期是消费电子领域无可争议的王者,全面涉足包括影音、文化在内的大量业务和产品线。到了移动互联网时代,索尼曾经的明星产品一个个退出市场,但索尼在高端领域和家用游戏领域仍能独树一帜。它就像今天的英国和西班牙,曾经拥有"太阳永不落"的广袤疆土,也经历了帝国衰落、分崩离析的痛苦。然而,凭着早期的积累,这些企业像英国、西班牙一样,仍拥有雄厚的实力。

国家的核心根据地未必是一成不变的,企业的核心业务也是如此。诺基亚曾是一家木材公司;德州仪器本是石油勘探工具的专业供应商;飞利浦则以照明业务起家;惠普拿到的第一笔大单,是给迪士尼生产音频测试工具。20 世纪下半叶,诺基亚的核心业务转向通信,一度成为手机领域的王者;德州仪器在贝尔实验室发明晶体管之后,转向半导体、集成电路及消费电子领域;而飞利浦则是在 20 世纪中叶全面扩张,成为欧洲首屈一指的消费电子巨头;惠普则凭借 PC 和打印机业务成为 PC 时代的巨头。近年来，诺基亚在手机领域遭到彻底失败，退守商用通信市场；德州仪器和飞利浦先后放弃消费电子业务，飞利浦将其赖以起家的照明业务独立为 Signify 公司，而自己则向专业医疗器械公司的方向转型。

可将企业专利地图的变化类比为历史上某些国家的版图变迁。比如，奥斯曼帝国兴起于中亚草原，全盛时期其疆域一度覆盖中东和北非，并对欧洲构成压力。1453 年，奥斯曼帝国攻占君士坦丁堡，随后其核心区迁至小亚细亚，扼亚欧大陆之咽喉。然而，随着第一次世界大战的结束，奥斯曼帝国解体，龙兴之地的阿姆河流域不复为其所有，而小亚细亚则成为土耳其领土的一部分。土耳其凭借优越的地理位置，仍然在中东地区具有重要影响力。

再比如，普鲁士王国的历史可以追溯到中世纪的条顿骑士团，其最早的大本营远在中东耶路撒冷附近的阿卡。后来，条顿骑士团在普鲁士地区获得了新的领土，并以此为基础积极参与欧洲事务，推动了德国的统一。普鲁士王国最终成为德意志第二帝国的核心，其核心区转向柏林与勃兰登堡一带。如今，地理上的普鲁士地区大部分归波兰所有，而文化政治意义上的普鲁士已经彻底融入德国，成为世界一流技术强国的一部分。

正如一句广泛流传的话，"世界上唯一不变的就是变化本身"，拥抱变化不仅是国家发展的必经之路，也是企业的生存之道。但是企业在核心业务领域转移的过程中，如何保留自己的文化与个性，充分利用原有核心业务积累的技术与品牌资源，也是值得探讨的课题。

本书对于创新的治理理念源自对军事、政治、文化历史演变的研究。对演变的过程进行形而上，得到了本书治理创新的核心逻辑。我们发现这样的一个逻辑，适用于军事、经济乃至文明。我们所说的核心，可以是一支军事力量的根据地，一个国家的经济重心，也可以是文明的核心。核心可以变化，可以转移，但不能没有核心。历史上，军事力量如果没有核心根据地，无异于无源之水，生存与死亡只在一线之间。例如，与条顿骑士团齐名的圣殿骑士团，在失去了中东地区的核心根据地之后仍然坐拥巨额财产，在欧洲四处放贷，一度富甲天下。但是，最大债务人法国国王一纸密令，散居各地的骑士团成员一夜之间被捕杀大半，百年基业毁于一旦。我国历史上多有农民起义因缺乏根据地支持而失败的教训。从专利角度来看，四处收集专利、敲诈保护费的 NPE 就是没有根据地的典型。它们就像专利领域的流寇抑或更像是山贼、土匪，不置产业，闻风而动，在实体企业风头正劲的当口儿一拥而上，盼着从实体企业身上撕下一块肥肉。它们手中的专利，有的是编出来的花架子，就像流寇裹挟下的流民，虽然声势浩大，却没有真正的战斗力；有的是买来的雇佣兵，虽然有一定实力，但是兵不知将，将不知兵，对专利的来龙去脉、答辩历史完全不了解，一旦打了败仗，专利被无效，因为没有真正的研发人员围绕产品进行新的开发,也就没有重建部队的可能。在"兴衰篇"中提到,那些曾经为人类科技进步做出重要贡献的科技企业,如果失去了自己的根据地,失去了根据地民众(用户/客户)的支持和拥护,很有可能沦为专利流氓,也就是专利领域的流寇、山贼、土匪。它们与历史上的流寇、山贼、土匪将面临同样的命运:没有根据地,部队会越打越少(核心专利越打越少),战斗力越来越差(专利质量不断下降)。从这类企业的专利沙盘图上,也不难看到这种趋势。

与"流寇思想"相反,建立稳固的核心根据地,稳扎稳打、逐步对外扩张的战略,在我国历史上一直受到推崇。楚汉战争时期,刘邦暗度陈仓,由萧何"以丞相留收巴蜀";在平定三秦后,将关中和巴蜀地区作为根据地,交由萧何管理,支援前线作战。项羽败亡后,刘邦力排众议,以萧何战功第一,使他成为文官封侯第一人,可见刘邦对核心根据地的重视。诸葛亮以"隆中对"建议刘备以荆州、益州为根据地,"跨有荆、益,保其岩阻,西和诸戎,南抚夷越",伺机北伐的战略,成为千古传诵的佳话。中华文明屹立于世界五千年而不倒,也正是因为中华文明一直有稳固的核心区。在核心区的支持下,进可以开拓西域,经略南海,退可以韬光养晦,保一方平安。祖先积累的智慧,无论核心区的经营,还是边界的开拓,都值得细细玩味。对统治区域的经营谓之治国,对企业的管理谓之治企,而以专利等知识产权为抓手,对创新的经营,谓之治理创新。

中国传统的边疆思想秉承中心主义,重视内外之别。上古有所谓"服事"说,天下以王畿为中心,分为"内服"和"外服",百官、百僚、百辟等群体为内服,列国、邦伯为外服[1];后来又演变为《尚书》、《国语》的五服说[2],乃至《周礼》的九服说[3]。王畿或甸服是国家的核心区,核心区以外有诸侯封邦建国、护卫王畿,再往外是蛮夷居住的荒服、夷服。研究者认为,服事制表明"春秋战国时期统治者对边疆少数民族实行了有限自治的政策,也就是羁縻政策。"[4]

"羁縻"一词较早见于汉朝。《史记·司马相如传》中有"盖闻天子之于夷狄也,其义羁縻勿绝而已"的说法。《汉官仪》解释说:"'马云羁,牛云縻',言制四夷如牛马之受羁縻也。"唐朝在边疆地区设立羁縻州,不直接收取赋税("贡赋版籍,多不上户部"[5]),但要由皇帝册封的都督、都护领导("然声教所暨,皆边州都督、都护所领")。汉唐等朝代以汉族传统农业区为核心,在边疆地区广设"羁縻"地区,积极对外开拓,为中国九百六十万平方千米的广阔疆土打下了坚实的基础。

本篇将讨论以开拓新领域为导向的创新治理方法,希望高科技企业能够锐意进取,不断开拓,不因事而衰,也避免成为世代更替的对象。企业的核心业务领域称为"核心区",核心区是企业的安身立命之本，为企业品牌形象之所系，也是企业现金流的主要来源。新开发的业务领域称为"羁縻区"，羁縻区代表的是新的发展方向，在初期可能不会产生收益（如羁縻州之"贡赋版籍，多不上户部"），羁縻区的业务经过一段时间，依托核心区的技术、人才、资本、渠道等资源的支持和孵化，争取到用户/客户的支持，从而这块业务能够产生利润反哺核心区。此时这个羁縻区转变为"过渡区"，如若过渡区的业务经过创新发展，能够比原核心区的业务服务更多的用户/客户，给企业带来的收益追上乃至超过原来的核心区，此时企业具备了两个或多个核心区；如若原核心区在企业的发展过程中逐渐失去竞争优势，萎缩甚至被淘汰，此时企业将实现核心区的迁移。待开发的业务领域是"业务边界"之外的新市场。企业在确定研发方向的时候，应该通过创新努力突破边界，在边界外建立新的羁縻区。

那么，企业应当向哪个方向努力，才能突破边界，开拓新的羁縻区呢？在上一篇中，着重强调"以民为本，民贵君轻"的基本思想，也就是以客户或消费者的需求为中心，探索新的技术路线。除此之外，大学、研究机构或研究型企业的科学发现也是科技企业突破边界的方向。在这两种情形下，专利工作者都有能力为企业做出贡献。刘邦被项羽封在巴蜀之地时，有萧何劝他"愿大王王汉中，养其民以致贤人，收用巴蜀，还定三秦，天下可图也"。刘备有诸葛亮献上"隆中对"，朱元璋也有朱升提出"高筑墙，广积粮，缓称王"的战略方针。笔者希望企业知识产权工作者凭着自己对科学、技术和产业的综合理解，成为企业研发战略的谋士，而不局限于以专利为企业保驾护航的本职任务。

更具体地说，我们认为企业要突破边界，可以从技术革新与用户需求中寻找答案。

一是科学发现和技术进步可以帮助企业找到边界的突破口。在这个世界上，有众多的科技工作者每天都在不断取得突破，但是科学家未必了解其研究的商业意义。只有那些优秀的企业家（当然，也包括具有企业家天分与嗅觉的科学家）通过对大众需求的理解、对市场和技术的感知，才能把科学发现转化为消费级产品，让实验室里的"高精尖"技术为老百姓带来幸福感和获得感。谁知道有多少宝藏埋藏在大学、研究机构乃至竞争对手的专利库、论文库中，等待优秀的企业家去发现呢？前一篇讨论过，苹果引以为豪的触屏技术，一部分来源于一家不知名的小众公司，而一个关键的技术突破则源自索尼研究人员的一篇论文。拉里·埃里森创建甲骨文公司，也是受到 IBM 一篇论文的启发。在本篇第一部分，将以晶体管和 CCD 技术为例，回顾从真空管到集成电路、从光电效应到数码照相机的漫长历史，总结 AT&T、索尼等公司在这段历史中成功的经验与失败的教训。

二是企业在核心区的技术积累。随着企业在核心区的悉心耕耘与产业技术的进步，企业可以基于核心业务突破核心区的边界经营若干羁縻区。在这一部分，我们会回顾博世、施乐等公司的早期发展史。博世原本是一家主要生产发动机点火装置的小工厂，建立了一个小的根据地，这块小根据地就是此时博世的核心区，在内燃机车时代到来之际，博世基于发动机点火装置的技术积累发明了汽车发动机火花塞，突破核心区边界建立羁縻区，解决了汽车工业的大难题，将火花塞业务建设成为过渡区，随着火花塞业务的发展壮大，完成了核心业务的转移，火花塞业务取代原来的发动机点火装置成为新的核心区。立足于这个核心区，博世看到了汽车用户的各种需求（新核心区的新边界），不断设计新产品（不断建立新的羁縻区），取得了巨大的商业成功，如今仍是世界上首屈一指的汽车"方案提供商"，拥有了多个核心区。施乐原本是一家生产影印设备与纸张的小企业，有一个小小的根据地，影印设备与纸张的生产就是此时施乐的核心区，在获得了静电复印技术专利后，施乐开拓了商用大型复印机的新市场，尝试建立羁縻区，此项业务获得成功后，其核心业务随之转移到商用复印领域，羁縻区转变为过渡区直至成为新的核心区。在开拓新核心区的过程中，施乐最早触摸到了图形用户界面、鼠标、字处理软件等无人区的边界，申请了一系列重要专利。遗憾的是，施乐没有抓住这些机会，羁縻区没能发展成为过渡区，让苹果、微软等公司后来居上，占领了这些新领域的市场，施乐至今仍然蜷缩在商用复印领域的一隅之地。

三是对企业精神内核进行多方向的边界突破。迪士尼以动画起家，以童趣和幻想为精神内核。为了创造更加真实的幻想世界，迪士尼在1920年代就申请了一系列早期动画技术的重要专利，在1960年代又开拓了现实中的幻想世界——迪士尼乐园，建立了第二核心区。21世纪以来，来自计算机动画领域的CGI技术支撑着迪士尼在真人电影领域不断突破建立第三核心区。近年来，迪士尼多次在全美电影票房排行第一，无论是真人电影还是3D动画，迪士尼在技术上都无人能及。这种严守精神内核、与时俱进、多方向突破的策略，也值得借鉴。

1492年，哥伦布发现美洲，旧大陆对新大陆的殖民由此开始。在当时的欧洲统治者看来，美洲的土地广阔而荒芜，算不上什么稀缺资源。在七年战争（Seven Years' War）中失败之后，法国国王路易十五把200多万平方千米的北美殖民地赠送给西班牙；拿破仑收回这片土地以后，又以总价150万美元、每英亩3美分的价格卖给美国，让美国的国土面积扩充了一倍。1867年，俄罗斯卖给美国的阿拉斯加更加便宜，近170万平方千米的土地，每英亩只卖2美分，总价堪堪720万美元。在新大陆还有大片未知之地的时代，对欧洲的统治者而言，边界的突破与扩张根本不是什么难事，只需打发一些囚徒、流氓和流放犯去欺压原住民，大片的土地就到手了。

到了19世纪下半叶，德国崛起，却发现地球虽大，已经被老牌殖民帝国瓜分完毕，再也找不到空白的殖民地可以任其巧取豪夺了！决意强行扩张的德国与英法产生了不可调和的矛盾，最终酿成第一次世界大战和第二次世界大战。战争的结果是欧洲损失大量人口，殖民地纷纷独立，欧洲由此转向衰落；而大洋彼岸的美国坐山观虎斗，悠然崛起为新的世界霸主。今天，成熟的市场大都由有着数十年甚至百年历史的老牌企业掌控，新兴企业面临的局面与第一次世界大战前的德国何其相似！但是德国的经验也表明，在传统行业盲目向老牌企业开战，进行"内卷"式的扩张，风险极大。

那么，企业应当向何处扩张呢？

前文中提到，万尼瓦尔·布什曾经于1945年发表重要报告《科学：无尽的前沿》(*Science:the Endless Frontier*)，在学界和政界都产生了重要影响，奠定了美国政府科技管理体系的基础。为了纪念该文发表75周年，美国还以"无尽前沿"为名，命名了关于未来科研战略目标的最新法案（《无尽前沿法案》，*The Endless Frontier Act*）。万尼瓦尔·布什在《科学：无尽的前沿》中提出，政府应当支持基础科学研究，科学研究终究会得到实际应用，带动新的技术和产业。从企业的角度出发，从科学研究成果中吸取营养，探索新技术和开发新产品，是拓展边界的重要途径。

必须指出，从科技发明到满足大众需求的消费级产品，可能要耗费很长时间，因为科学家不一定知道自己的发明能够在怎样的商业或生活场景中获得应用。笔者无意否定科学家对真理的追求，如果完全以赚钱的目的进行科学研究，现代科学不知道会落后成什么样子。科学家们承担着发现真理、揭示世界客观规律的重任，他们本来也不应该成为金钱的奴隶。

在刘慈欣的小说《朝闻道》里，人类在一项基础科学研究取得重大成果之后，遭到外星势力的干预。在这部小说中，外星人并没有恶意，他们强迫人类放弃这项科学研究，因为继续下去必然导致无法挽回的灾难。作为交换，外星人愿意把事情的真相和他们掌握的知识分享给感兴趣的地球人，但是获得知识的地球人必须放弃生命。为了知识，无数科学家义无反顾，如飞蛾扑火般走向外星飞船，在得到自己追求一生的科学问题的答案之后，心甘情愿地被人道毁灭——正应了孔子那句话"朝闻道，夕死可矣"。

《朝闻道》的故事悲壮而凄美，毅然赴死的科学家们并不是为了追求财富或地位，也不是要为人类文明做贡献，仅仅只是为了满足自己的求知欲。故事中的外星人透露，地球很早以前就是他们的重点观察对象，起点不是人类发现原子能时，也不是发明电时，甚至不是人类学会使用火时，而是摆弄粗糙石器的猿人抬头仰望星空，对大千世界表露出好奇心的那一瞬间。对知识和真理的追求是人类的超越物质欲望的高贵天性，也是人类进步的原动力之一，科学家在这一方向上的努力值得尊重。

但是，历史也证明，无论科学家们的发现是否受到物质和金钱的驱动，都可能隐藏着大量经济价值，而科学家本人往往意识不到这种价值。这些价值深藏在图书馆和专利数据库中，等待优秀的企业家将它们发掘出来。

前文中讲过的触屏技术，就是产业界发掘科学研究的成果并彻底改变人类生活的典型例子。1985 年，多伦多大学的计算机科学家比尔·巴克斯顿（Bill Buxton）发表了一篇名为"A Multi-Touch Three Dimensional Touch-Sensitive Tablet"的论文，提出了"多点触控"（Multi-touch）屏幕的概念。他被学界誉为"多点触控之父"，不仅是因为他首创了多点触控的概念，还因为早期研究多点触控的科学家和工程师多出自他的门下。十几年之后，特拉华大学的博士生维恩·韦斯特曼（Wayne Westerman）发表了关于多点触控技术的博士论文，并为自己的研究申请了多件专利。博士毕业之后，韦斯特曼和自己的导师一起创业，做出了一款支持多种手势操作的触控输入板。2002 年，索尼的工程师发表了一篇论文，描述了一种具有网格状天线的电容屏，可以在投影屏幕上实现多点触控效果。2005 年，苹果收购了韦斯特曼的公司及其触控输入专利。iPhone 立项之后，苹果的研发人员从索尼工程师的论文中得到灵感，结合韦斯特曼的触控输入技术对网格状天线触控屏进行改进，将其应用在手机上，并申请了专利（专利号为 US7663607B2）。2007 年，在第一款 iPhone 的发布会上，乔布斯骄傲地宣称："我们发明了一项现象级的新技术，它的名字叫作多点触控。"此时，距离比尔·巴克斯顿提出多点触控的概念，已经过去了 22 年。

从磁带录音技术的发明到随身听问世的漫长历程也是一个很好的例子。1888 年，美国人奥柏林·史密斯（Oberlin Smith）完成了用磁性材料记录声音的研究。他没有申请专利，而是把自己的设想完整地发布在《电气世界》（Electrical World）期刊上。这个发现一直被埋藏在故纸堆里，默默无闻，到 1941 年才被后人的研究文献提及。1990 年，在奥柏林·史密斯 150 岁诞辰之际，他才被相关机构追认为磁性材料录音技术的发明人。[6]1898 年，丹麦发明家瓦尔德马尔·波尔森（Valdemar Poulsen）独立设计出一种"钢丝磁性记录仪"，这是有史可考的最早用磁性材料记录声音的装置（见图 37-1）。波尔森为此申请专利并获得授权（专利号为 US661619A，图 37-2 为其附图），开启了产业界对磁性材料录音的研究。

1928 年，德国科学家弗里茨·弗雷默（Fritz Pfleumer）发明了一种含有"精细分布的顺磁性材料"的"声音载体"，可以用来记录声音信息。弗里茨申请了专利（专利号为 DE500900），这标志着录音磁带的诞生。如前文所述，德国人在音频的高质量录制与回放方面大有建树，这些技术在第二次世界大战期间成为纳粹宣传机构的重要武器。德国战败之后，一批高质量设备落入美国人之手。以 RCA 为代表的美国厂商纷纷投入录音磁带的研究，贡献了各种各样的磁带设计和大量专利。1968 年，飞利浦改进了美国厂商的盒式磁带设计，发明了走进千家万户的紧凑型卡式磁带（US3394899A 号等专利）。1979 年，索尼将小型磁带录音机与耳机结合在一起，发明了 Walkman，风靡全球，彻底改变了人类的生活方式和娱乐习惯。此时，距离奥柏林·史密斯的论文发表已经超过了 90 年。

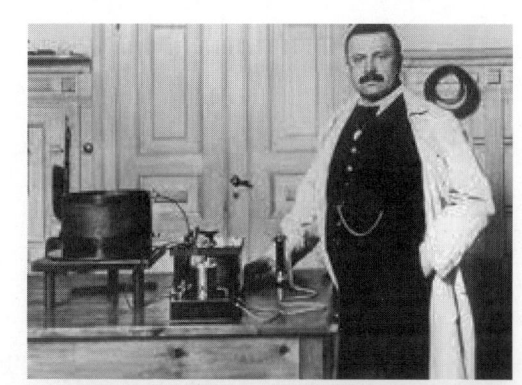

图 37-1 波尔森（上）和他的钢丝磁性记录仪（下）

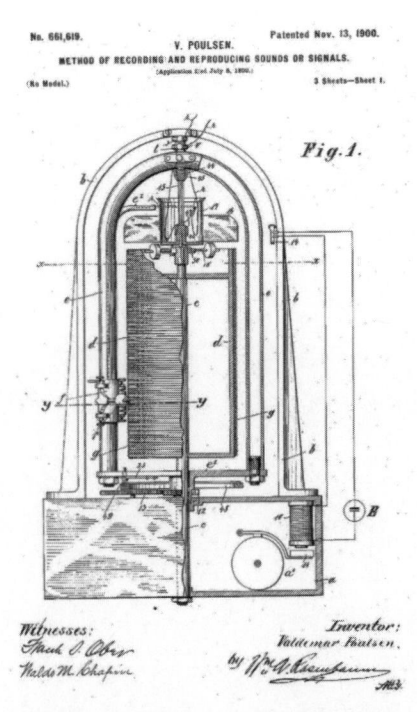

图 37-2 波尔森的 US661619A 号专利附图

1887 年，德国物理学家海因里希·赫兹发现了光电效应。1905 年，爱因斯坦发表论文《关于光的产生和转化的一个试探性观点》，对光电效应进行了解释，开启了量子物理的大门。众所周知，爱因斯坦最广为人知的贡献是相对论，但是他获得诺贝尔奖却不是因为相对论，而是光电效应定律。光电效应在多个领域有广泛应用，数码照相机可能是人们最熟悉的一种应用。而从光电效应定律的提出，到其被真正用于数码照相机，时间跨度将近一个世纪。

1969 年，贝尔实验室的威拉德·博伊尔（Willard Sterling Boyle）和乔治·史密斯（George Elwood Smith）发明了感光耦合元件（CCD），能够通过光电效应组成数字图像。威拉德·博伊尔和乔治·史密斯因为这一发明于 2009 年共同获得诺贝尔奖。

1972 年，德州仪器设计出一种以 CCD 为感光元件的"电子摄影系统（electronic

photography system)",申请了专利(专利号为 US4057830A),是最早的数码照相机专利。1975 年,柯达公司的斯蒂芬·萨森(Steven Sasson)制造了一台数码照相机,申请了专利并于 1978 年获得授权(专利号为 US4131919A),被公认为数码照相机的发明人。遗憾的是,柯达对这一发明并不重视,在新时代的浪潮中折戟沉沙。

1981 年 8 月,索尼发布了一款叫作"MAVICA"的电子照相机,可以把模拟视频信号存储在磁盘上,并且能够在标准电视设备上即时显示,是第一款真正产品化的数码照相机。1994 年,苹果推出了 QuickTake 系列数码照相机,由柯达和富士胶卷代工,定价在 600 美元到 749 美元之间,使数码照相机进入大众消费品领域。此时距离光电效应的发现已经超过百年,距离 CCD 的发明有 35 年,距离德州仪器的第一款数码照相机专利申请时间也有 22 年时间。十几年之后,数码照相机在可拍照手机的冲击下,终将和专业胶片照相机一样退出大众市场。

这些故事表明,从科学原理的提出到改变世界的产品进入寻常百姓家,其时间跨度可能长达数十年乃至近百年。在这漫长的岁月里,不计其数的专利和研究结果被发表出来,为产业界带来数不尽的机会。一项技术的普及,能给人类带来深远的影响和巨大变革。

以磁带技术为例,奥柏林的论文揭示了声音信号转为磁信号的基本原理,波尔森的发明代表了这一原理的最初应用,弗雷默的专利是最早的录音磁带,而飞利浦掌握着卡式磁带的标准。与这些发明创造相比,索尼的 Walkman 专利并不起眼,大多只是一些对磁头结构、马达位置之类的改进,但却彻底改变了人类的生活方式和娱乐习惯。事实上,从索尼推出第一款 Walkman(1979 年),到音频 CD 的发明(1980 年),只有一年时间。音频 CD 出现的时候,卡式磁带作为一种音乐媒介还没有真正在大众中流行起来。试想一下:如果索尼从未发明过磁带随身听,而是直接推出 CD 随身听,卡式磁带会不会作为一种失败的音乐载体而被历史彻底遗忘?从这个角度不妨提出一个问题:在科学家、大学和研究机构已经发表的科学文献中,有多少具有市场潜力的技术还没有得到商业开发,就已经被历史彻底遗忘了呢?又有多少有潜力的技术至今还埋藏在研究机构的故纸堆中,等待去发掘呢?

刘慈欣在《三体》中假想了一个可怕的场景:人类的微观研究受到外星文明"三体"的干扰,科学进展被锁死。这个设定给人带来一种强烈的恐惧和绝望感。中美贸易摩擦引发的芯片危机让中国人初步体验到这种恐惧,但是中国在半导体和高科技领域的进步不可能因此而停滞,以中国人的智慧和对科学的坚持,突破技术封锁也只是时间问题。

在各类科幻作品中,英国 Games Workshop 的"Warhammer 40,000"(国内称为"战锤

40K")系列的故事背景设定可能是最让人感到绝望的。在"战锤40K"系列的故事里,人类文明在一系列灾难性事件后失去了科学,只剩下技术。所有的科学理论和技术资料被一个宗教机构"机械神教"垄断。"机械神教"把一切技术手段——大到太空战舰的建造,小到枪支的保养维护——全部解释成宗教仪式,进行技术开发的唯一手段就是考古。这是"战锤40K"系列最有趣也是最黑暗的设定之一。和今天的士兵一样,故事中的士兵在保养他们的枪支时会对枪支进行拆解和擦拭;但是他们在保养时还会向"机械之灵"祈祷,并且全心全意地相信,擦拭枪支部件是与机械之灵沟通的宗教仪式的一部分。"战锤40K"系列作品大多以黑暗绝望的世界观为卖点,而科学的彻底死亡无疑是渲染绝望气氛的重要元素。这个故事假想了另一种科技被锁死的情形——不是因为外部因素,而是因为内部原因。"战锤40K"的故事虽然荒诞不经,但是因为自身原因而拒绝科学、拒绝创新的例子,在人类历史上比比皆是,不一而足。这是应当尽可能避免的。

在下面的故事中,我们会从专利视角探讨一些科学创新成果产业化的历程,这些故事会揭示科学创新在企业突破边界中的重要作用。

第 38 章 从科学创新到产品的漫长之路（一）

科学家对半导体的研究，始于 1833 年法拉第关于硫化银电导率的研究。1879 年，霍尔发现了"霍尔效应"，在一些半导体材料中发现了带有正电荷的载流子。从 1907 年开始，柯尼斯伯格等人开始把霍尔效应应用于半导体。1925 年，朱利叶斯·李林菲尔德（Julius Lilienfeld）提出了场效应晶体管的概念，申请专利并获得了授权（US1745175A 号专利，名称为"控制电流的方法与装置"），但是没有把他的发明产品化。1930 年代，英国物理学家威尔逊通过固体量子理论解释了能隙的作用。1947 年，贝尔实验室的肖克利、布拉顿和巴丁发明了晶体管，申请了多件专利。此后，半导体产业迅速发展，集成电路、电荷耦合器件（CCD）和微处理器先后被发明出来，引领了第三次工业革命。

晶体管是现代电子工业的基础，是 20 世纪最重要的发明之一。它是半导体工业最重要的元器件，也是集成电路等技术的根本。比尔·盖茨曾经说："如果能穿越时空去探险，我的第一站将是 1947 年 12 月的贝尔实验室。"[1]

我们的故事将从晶体管的前身开始。在晶体管被发明之前，它的一些主要功能是由真空管实现的。真空管并不属于半导体技术的范畴，其公认的发明人是美国物理学家李·德福斯特（Lee De Forest）。

德福斯特一生有 180 多项发明被授予专利，被誉为"收音机之父"和"电子工业之父"。他很早就投身实业，拥有自己的公司，但没能像爱迪生一样成为企业巨擘。他在创业中饱经坎坷，大半财富和精力都消耗在了昂贵的专利诉讼上。虽然他的专利具有重要的经济价值，但这些经济价值并没有在他的手中实现。

德福斯特在 1906 年发明了真空管，并且申请了专利（专利号为 US841386A，图 38-1 为其附图）。这一发明是他在英国物理学家约翰·弗莱明（John Fleming）的真空二极管（专利号为 US803684A，图 38-2 为其附图）的基础上改进的，在后者的基础上增加了一个栅格网。弗莱明的二极管只能把交流电转换为直流电，而德福斯特的三极管能够起到放大作用，可以实现今天晶体管的很多基本功能。

和自学成才的发明大王爱迪生不同，德福斯特是科班出身的物理学专业人士，拥有耶鲁大学的物理学博士学位。但是，对于自己亲手发明的真空管的物理原理，德福斯特本人也不甚了解。他曾经表示自己"不知道为什么它（真空管）能用，但它就是能用"。[2] 科技史作者汤姆·刘易斯（Tom Lewis）曾经写道："尽管他的发现是无意为之的，尽管他基本上不大明白为什么他的真空管能用，但这（终究）是他的发明。"[3]

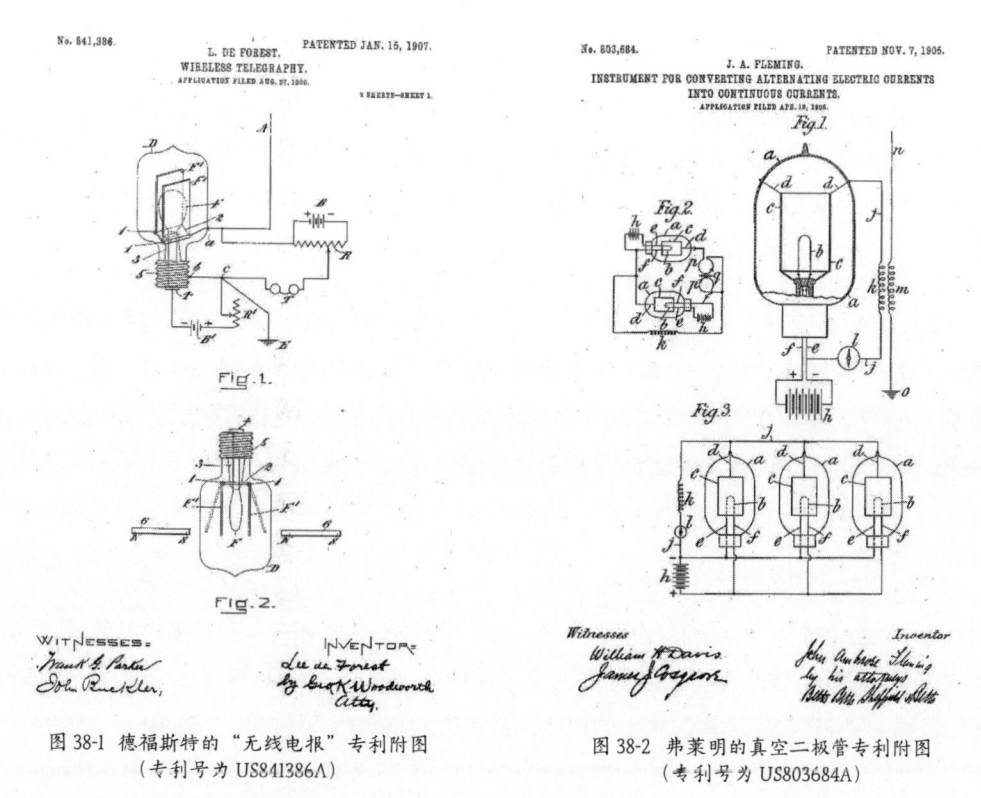

图 38-1 德福斯特的"无线电报"专利附图
（专利号为 US841386A）

图 38-2 弗莱明的真空二极管专利附图
（专利号为 US803684A）

德福斯特不仅没搞清楚真空管为什么管用，也没有预见到真空管究竟能派上什么用场。事实上，连"真空管"这个名字都不是德福斯特想出来的。他在 1906 年申请的 US841386A 号专利被公认为是最早的真空管发明，但其标题却是"无线电报"（Wireless Telegraphy）。专利说明书开篇讲道："我的发明涉及无线电报，更具体地说是一种震荡探测器（oscillation detector），可以用作调谐器件（tuning device）和静态阀（static valve），并且具有多种其他用途。"在说明书中，德福斯特把这种"震荡探测器"命名为"audion"。audion 的词根是 audio，强调的是对音频的放大功能。在他的专利说明书中，audion 内部不是真空的，要加入低压气体；US841386A 号专利的第 13 到 20 项权利要求都包含"封有气态介质的容器"。因为气体的原因，德福斯特公司的 audion 产品有着严重的稳定性问题，它们有的可以正常运作，有的则完全不能用，德福斯特一度百思不得其解。后来，通用电气的著名物理化学家欧文·朗缪尔（Irving Langmuir）经过研究发现，抽成真空的 audion 性能更佳，表现更加稳定。通用电气在 1913 年 10 月为这一改进申请了专利（US1558437A 号等专利），其中提到"将该放电装置抽成可以达到的最大程度的真空"，权利要求保护的也是"一种放电装置……包括高度抽空的容器"。经过朗缪尔的改进，真空管才真正成为"真空"管。

在最初的真空管专利（专利号为 US841386A）获得授权后，德福斯特只知道用真空管制造无线电探测器，他的公司只拿到一些来自军队的订单，收益平平。这时，AT&T 率先发现了真空管的潜力。AT&T 的工程师们注意到，德福斯特的真空管能够增强电话信号，改善长途电话的性能，可以用来做电话增音机（telephone line repeater）。于是 AT&T 向德福斯特提出购买其 7 件最早的真空管专利，开价 10 万美元。

但是，AT&T 的这个买卖做得并不光彩。当时，德福斯特正被一起股票欺诈案搞得焦头烂额，债台高筑，急需用钱。AT&T 了解到德福斯特的窘境，便故意拖着不签合同，一直拖到德福斯特现金流断裂，濒临破产，才通过律师以"不具名客户"的名义联系德福斯特购买专利。律师向德福斯特承诺立即付款，但出价比 AT&T 的原始出价少一半，只有 5 万美元。德福斯特迫于形势，只好将手中的专利贱卖。此后，AT&T 又多次向德福斯特购买真空管涉及无线电的若干专利。

AT&T 改进了德福斯特的真空管并将其大规模应用于自己的两项核心业务——电话和无线电。1915 年，AT&T 通过真空管技术实现了人类历史上第一次跨洲的电话通话。同年 10 月，AT&T 又通过真空管实现了美国本土到巴黎和夏威夷的超远距离无线电传输。

德福斯特在出售专利时，把专业电话电报市场的独家许可卖给了 AT&T，自己只保留了非专业设备和实验设备的制造及销售权。但因为 AT&T 替他挖掘出真空管的真正潜力，德福斯特的公司水涨船高，进入了良性发展阶段。遗憾的是，德福斯特为了把自己的专利卖个好价钱，马上又卷入了一场新的专利诉讼，赚到的钱大部分都进了专利律师的口袋。

1913 年，艾德温·霍华德·阿姆斯特朗（Edwin Howard Armstrong）通过对真空管的研究，发明了再生电路（regenerative circuit），并于 1914 年获得专利授权（专利号为 US1113149A）。当时，德福斯特正准备把一批专利打包出售给 AT&T 的子公司西部电气（Western Electric），为了把手头的专利卖出更好的价钱，他迅速申请了多个与再生电路有关的专利，同时对阿姆斯特朗的专利发起"抵触程序"。当时美国的专利法还没有 IPR 等无效程序，当两个申请人就同一发明主张专利权时，需要通过"抵触程序"来确定专利权的归属。

德福斯特通过自己的笔记证明，他在 1912 年就发现了再生电路的基本原理，并且在 1913 年年初用在美国联邦电报公司的无线电接收设备上。这可能是事实，但是德福斯特完全误解了再生电路的原理，也不清楚这一发现的真正意义；直到看到阿姆斯特朗的专利之后，他才对再生电路进行了后续研究。除了笔记和证人以外，德福斯特的团队还找到了多个对阿姆斯特朗不利的证据：通用电气的朗缪尔和德国人亚历山大·迈斯纳（Alexander Meissner）都在阿姆斯特朗之前有类似的发现。

经过多年的反复拉锯，德福斯特最终在美国最高法院赢了官司。这起诉讼拖得太久，在最高法院做出终审判决之前，德福斯特已经卖掉了自己公司的大部分股份，多年的收入也大部分用来支付律师费。美国作家麦克·亚当斯（Mike Adams）在德福斯特的传记中写道："德福斯特赢了这场为期 7 年的诉讼……虽然德福斯特无线电公司因为法院最近的判决，年收入达到 50 万美元，但是对于无线电振荡三极管的最重要发明人李·德福斯特博士，属于他的份额只有每年 15,000 美元。"[4]

德福斯特是爱迪生之后最重要的美国发明家之一，被誉为"收音机之父"和"电子工业之父"。作为有声电影的发明人，他还在 1960 年获得奥斯卡荣誉奖，拿到了一座奥斯卡小金人。但是，他没有像爱迪生、贝尔那样留下富可敌国的超级公司。虽然他的发明支撑了万亿美元规模的产业，但是在临终之时，他的银行账户里只有 1000 多美元。

德福斯特的死对头阿姆斯特朗也被专利诉讼折磨半生。为了和德福斯特打官司，阿姆斯特朗把自己的再生电路专利先后许可给 17 家公司，1920 年又以 335,000 美元的价格卖给西屋电气公司（Westinghouse Electric Corporation），和德福斯特一样，这些收入大部分都进了专利律师的腰包。阿姆斯特朗还和 RCA 进行了多年的专利诉讼。1954 年，阿姆斯特朗与妻子发生争执后自杀身亡。两位发明家的晚年都不算顺利，而 AT&T 和 RCA 则靠德福斯特和阿姆斯特朗的专利，赚得盆满钵满。

在德福斯特始料未及的领域，真空管的新用途不断被开发出来。在真空管被发明 40 年后，冯·诺依曼的团队用 17,468 根真空管组装出人类历史上第一台通用计算机 ENIAC，宣告了计算机时代的到来。

德福斯特的故事向我们证明，首创核心基础技术的发明人未必了解自己发明的真正意义，优秀的专利必须与产业结合才能带来真正的市场价值。无论是真空管本身，还是再生电路涉及的各种应用，因为发明人无法充分预见其应用场景，即使有重大发现，也可能错失其经济价值。

德福斯特的发明固然重要，阿姆斯特朗、朗缪尔和 AT&T 的发现和改进也都有重要意义。AT&T 结合产品进行的大量实践，推动了真空管在行业内的广泛应用；ENIAC 计算机对真空管的使用方式更是远远超出了德福斯特的想象，这些后续工作对人类的贡献不亚于 1906 年的那件并非真空的真空管专利。

在近现代技术史上，有很多德福斯特和阿姆斯特朗这样因为专利吃尽苦头的发明家。他们的故事通常被用来批评知识产权制度：知识产权保护的是大企业、出版商和资本家，而非发明人和创作者。但是从历史上看，名利双收的发明家也大有人在：爱迪生、亚历山大·贝尔、切斯特·卡尔森（静电复印术发明人）都是专利制度的受益者。这些故事表明，专利的经济价值和社会价值，还是要通过产品来实现。以经济价值而论，前所未有的创新固然重要，但做出产品才是王道。

和真空管一样，晶体管专利也没有为发明人带来太多的经济价值，而是在发明人以外的企业手里大放异彩，正所谓"墙内开花墙外香"。

如果说真空管的发明一定程度上是误打误撞的结果，那晶体管的发明就不一样了。晶体管技术由 AT&T 旗下的贝尔实验室开发出来，背后有着扎实的理论支持。但是对于晶体管的市场前景和经济价值，贝尔实验室并不十分在意。有科技史作者指出："晶体管只要可以生产，就可以销售，即使其他人都不购买，偌大的贝尔王国本身就是一个广阔的市场。"[5] 这是因为对于 AT&T 来说，贝尔实验室除了为公司主营业务提供研发支持，还承担着一个重要的任务。

AT&T 在成立之后的最初几十年里，除了借助专利垄断电话市场，还无下限地用阴着儿排挤竞争对手，包括破坏对手的电话线路、收买对手的供应商等，在美国的形象非常不好，一度被视为"全民公敌"；从德福斯特手中低价诈取专利的手段更是令人不齿，毫无大公司的体面。此外，AT&T 还长期拒绝用自己的线路传输其他运营商的电话信号。在 21 世纪初，我国网民中曾有"世界上最远的距离不是天涯和海角，而是电信和联通"的说法。当时跨网访问极慢，如果两台计算机分别使用电信和联通的网络，即使位于同一栋办公楼，相互通信的速度也会慢到令人发指。在 20 世纪初的美国，这种情况同样存在。当时一些美国人需要安装两到三部电话才能和不同电话线路运营商的客户通话。[6] 在这种情况下，作为市场老大的 AT&T 无疑是最招人痛恨的。

由于这些原因，美国政府的反垄断部门在长达半个多世纪的时间里，死缠着 AT&T 不放，双方几乎每十年就要开战一次。为了减少来自政府的压力，AT&T 旗下的贝尔实验室不断把各种先进技术提供给军方,"不为挣钱,只为了让它对美国政府举足轻重"。AT&T 曾经建过一个实验室——桑迪亚国家实验室(Sandia National Laboratories),研发方向和公司业务没有任何联系——这个实验室研究的是核武器!一些员工曾经对此感到非常困惑,问:"为什么我们要做这件该死的事?这和我们的事业无关。"对于这种问题,公司高层的答复是:"一旦我们卷入了反垄断诉讼,它就有用了。"[7]

因此,贝尔实验室虽然是 AT&T 下属的研究机构,但是对晶体管的市场前景并不重视。作为当年与反垄断部门和解协议的一部分,AT&T 把晶体管专利许可给一切感兴趣的申请人,许可费是 25,000 美金,一次性支付。

晶体管初期的应用与真空管类似,主要用于军事领域,订单均来自军队。而军事需求也推动了半导体技术的发展。"军方的需求在很大程度上导致了锗被淘汰,硅被选择为晶体管材料,因为它对热漂移的抵抗性更好。"[8] 科学探索需要与应用实践相结合,通过不断调整来找到正确的方向。

晶体管的三位发明人威廉·肖克利(William Shockley)、沃尔特·布拉顿(Walter Brattain)和约翰·巴丁(John Bardeen)在 1956 年共同获得诺贝尔物理学奖。其中,肖克利尤其值得一提。在众多醉心科学研究的诺贝尔奖得主中,肖克利算得上是一位话题人物:他是一位公开的优生主义者和种族主义者。

以研究能力而论,肖克利是公认的天才,但是他生性暴躁,多疑而善妒,自信又过于偏执。他在开办创业公司时,曾通过智商测验来招聘员工和评估员工潜能,使其公司臭名远扬。[9] 他的猜忌心很重,经常因为一些鸡毛蒜皮的小事怀疑手下要暗害自己,甚至强令全体员工接受测谎仪测试,引起员工强烈不满。

众所周知,自纳粹覆灭以来,优生学和种族主义都是西方社会的敏感话题,但肖克利在创业失败后,像走火入魔一样把大量的精力投入基因、种族与智力问题的研究。他曾抨击美国学术界对种族智力的研究太少,公开宣称"黑人智力的严重不足肯定主要源于遗传",并提议美国启动低智商人群的绝育计划,建议所有智商低于 100 的人自愿绝育。在七十多岁时,肖克利高调宣布捐精给一个诺贝尔奖得主的精子库,鼓吹优生,还向《花花公子》抱怨儿女与自己的智商相比"出现了明显的退化",原因是妻子的学术能力不行,基因不好。

根据上面的描述,你可能会认为肖克利是一个不谙世事的学究式人物。但实际上,在发明晶体管的三位科学家中,肖克利是唯一一位认识到晶体管的经济潜力并身体力行投身实业的人,他创办的公司也是历史上第一家以设计和制造晶体管为主营业务的企业。[10]与他相比，布拉顿和巴丁对晶体管的真正价值都没有充分的认识。在发明晶体管之后，布拉顿和巴丁都没有继续进行相关研究，而是转向了其他领域。

据布拉顿回忆，他在1960年代初访问埃及，看到一位骑骆驼的牧民在听晶体管收音机。看到自己在实验室里研发的高科技元件制成的产品已经跨越大洋，风靡于人类文明史上最古老的土地之一，他才意识到晶体管发明的革命性意义。[11]巴丁则在晶体管发明25周年的庆典上说："我们知道自己当时在研究一些非常重要的东西，会有很多用途……但我对于此后真正发生的革命完全没有概念——尤其是大规模集成电路。"[12]

在三位获得诺贝尔奖的科学家中，只有肖克利意识到晶体管潜在的巨大经济价值。他离开了贝尔实验室，开办了自己的公司。

在注册公司时，肖克利原本计划以生产双扩散硅晶体管为主要业务方向。这条路线本来有利可图，但是双扩散硅晶体管是贝尔实验室的技术，而肖克利作为一名科学家，总想做出一些更有独创性的东西。于是，他要求公司转变方向，全力完善并应用他自己发明的四层二极管（four-layer diode）。因为无法忍受肖克利的糟糕个性，再加上漫长的研发过程看不到盈利的希望，他手下最优秀的8名员工集体出走，创建了著名的仙童半导体公司（Fairchild Semiconductor）。这8名员工被称为"八叛徒"（Traitorous Eight），他们在硅谷落地生根，迅速发展，成为美国早期半导体产业的中坚力量。其中最优秀的两人就是英特尔的创始人罗伯特·诺伊斯（Robert Noyce）和戈登·摩尔（Gordon Moore）。

对于肖克利的路线错误，有学者总结说：

> 作为一名理论科学家，肖克利把生产制造视为科学研究的附属物。但是，理论已经不再是半导体技术最重要的方面。生产制造需要机械和工程能力，以及在缺乏科学理解的情况下继续前行的意愿。肖克利的教育背景和经验影响了他对这一事实的判断……他的公司专注于科学研究，而生产制造则被外包出去。[13]

到1960年左右，半导体工业已经发展成高利润的新兴产业，但肖克利的公司仍然专注于创始人的研究事业，无视产销，始终不能盈利，最终被投资人放弃，公司被转卖后解散。

这个时候，晶体管早已进入民用领域。1952年左右，由于扩散转印法（difussion transfer）的发明，晶体管的成本有所降低，首先在医疗器械上找到了最早的用武之地——助听器。因为医疗产业的特殊性，助听器厂家对价格不敏感，当时成本还很高的晶体管得以应用。

1952 年年底，纽约一家专门研制助听器的公司 Sonotone 推出了 Sonotone 1010 型助听器（见图 38-3），售价 229.5 美元，是历史上最早的晶体管助听器，也是晶体管最早的商业应用产品之一。因为当时的晶体管的信噪比还很低，噪声很大，Sonotone 1010 型助听器在接收端使用了两个小型真空管，仅在输出端用一个晶体管。单从尺寸上看，这款新机型与只使用真空管的前代产品差不多，重量均为 88 克左右，但是耗电量却减少为原来的一半（图 38-4 为 Sonotone 强调晶体管助听器的能耗优势的广告）。此后，随着晶体管制造技术的进步，很多厂商都推出了只使用晶体管的助听器，有着 30 年历史的真空管助听器在几年之内就迅速被市场淘汰了。

图 38-3 Sonotone 公司生产的 Sonotone 1010 助听器[1]　　图 38-4 Sonotone 在广告中强调晶体管助听器的能耗优势

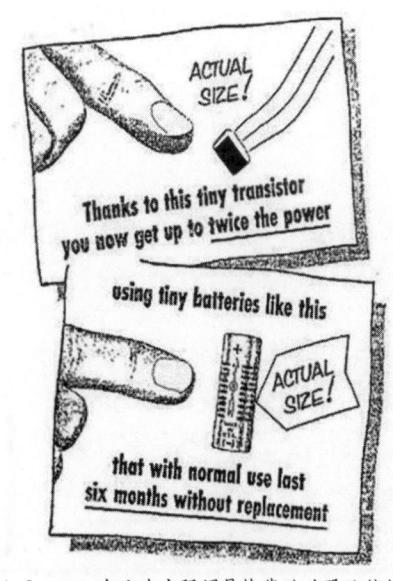

1954 年，德州仪器总裁帕特里克·哈格蒂（Patrick Haggerty）迈出了更大胆的一步，他决定投资 200 万美元来开发便携式晶体管收音机。这在当时是一个极具风险的决定——德州仪器的总营收也不过 2500 万美元，并且其在消费级市场没有任何经验。

德州仪器脱胎于 1930 年成立的地球物理业务公司（Geophysical Service Inc，简称 GSI），主营业务是用反射波勘探法进行石油勘探。1940 年代，GSI 凭借自己在信号处理方面的技术积累，为美军生产用来探测潜艇信号的电子设备，赚了不少钱，其专门负责电子业务的"实验室与制造部"反而超过了石油勘探方面的业务收入。1951 年，这个部门独立出来，重组为"通用仪器公司"（General Instrument），后来因为与另一家公司重名，改名为我们熟悉的"德

▼1　本图摄影作者：Karitxa。本图基于知识共享协议（CC-BY-SA-4.0）共享。关于详细版权信息，请参阅"图表链接 .pdf"文件。

州仪器"。

德州仪器是最早意识到晶体管潜力的企业之一。1952年，德州仪器以25,000美元从西部电气手中获得晶体管专利授权，开始生产和销售晶体管。1954年，贝尔实验室在硅晶体管技术上取得了突破，德州仪器吸收了贝尔实验室的技术成果，成为第一家生产和销售硅晶体管的企业。为了扩大晶体管的销路，德州仪器决定把晶体管用在当时正流行的收音机上，用一款优秀的消费级产品向全社会展示晶体管的潜力。

德州仪器很快开发出一台原型机，但是要造出能量产的产品就不那么容易了。由于自己没有生产能力，德州仪器先后联系RCA、飞歌（Philco）等大公司，希望它们参与生产，但是对方都不感兴趣。

最后，一家名为IDEA的企业基于错误的判断，接下了德州仪器的订单。IDEA的总裁都铎（Tudor）认为，美苏冲突无法避免，人类必然面临一场全球性核战；战争结束后，便于随身携带的晶体管收音机一定会是在废土世界生活的必需品。都铎相信这款收音机能在三年内卖出2000万台，但是核战并没有爆发，而且收音机小型化的难度也超过了他的想象。

对于1950年代的电子工业，"小型化"还是一个非常陌生的概念，整个美国都没有能制造小型元器件的供应商。很多供应商看到德州仪器的设计之后都不敢接单，担心元件缩小后出现质量问题，败坏自己的名声。经过反复沟通和尝试，一些敢于吃螃蟹的供应商站了出来：无线电电容器公司（Radio Condenser Company）提供了双联可变电容器；芝加哥电话设备公司（Chicago Telephone Supply）生产了小型的音量控制旋钮；詹逊扬声器公司（Jensen Speaker）制造了2.75英寸的扬声器；国际电子公司（International Electronics, Inc）专门开设了一条生产线，生产小型电解电容。这些公司从未生产过这么小尺寸的产品。在1980年德州仪器成立50周年的庆典上，IDEA总裁都铎（Tudor）曾指出，"是Regency收音机开启了小型独立元器件的市场"。

印刷电路板（Printed Circuit Board，PCB）也因为晶体管收音机的产品化，才真正进入大众市场。奥地利人保罗·艾斯勒（Paul Eisler）早在1943年就发明了PCB，其在二战中主要用于制造近炸引信（proximity fuze），战后这项技术即被政府解密，供民间使用。但是，在解密后的十年里，PCB技术一直无人问津。直到开发晶体管收音机时，PCB技术才真正进入民用市场，实现了产业化。

1954年11月，第一款晶体管收音机Regency TR-1在美国上市（见图38-5），定价49.95

美元（大概相当于今天的 450 美元到 500 美元）。这款最早的晶体管收音机并没有多少专利，只有总工程师迪克·考克（Dick Koch）设计的电路获得了专利授权（专利号为 US2892931A，图 38-6 为其附图）。

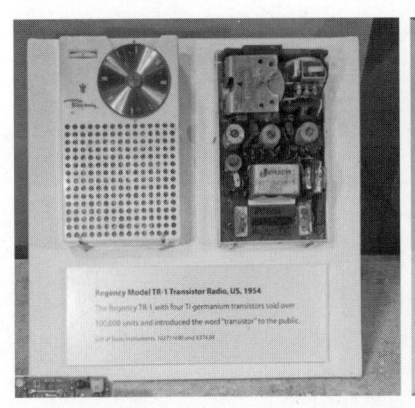

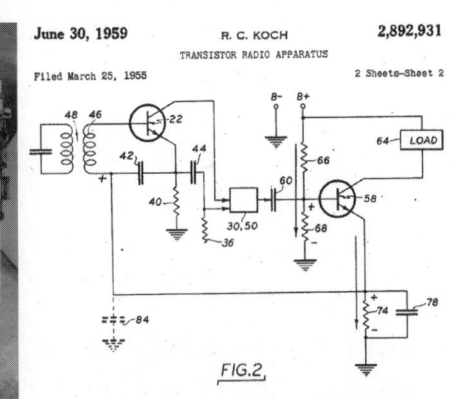

图 38-5 Regency TR-1 收音机（摄于美国计算机历史博物馆）

图 38-6 US2892931A 号专利附图

这个发明并不起眼儿，乍看只是一件平平无奇的电路专利，但是它对整个产业的影响可能超过了同时代的大多数晶体管专利。在 IDEA 与德州仪器就专利事宜谈判时，专利律师弗兰克·马斯加里克（Frank Mascarich）指出，当时大多数涉及晶体管的专利都是关于晶体管本身的，而 Regency 收音机是涉及晶体管实际应用的极少专利之一。他认为"Regency 是整个行业背后的一根刺，会刺激晶体管的实际应用"。[14]

受到这根"刺"刺激的一个重要人物就是 IBM 的第二任掌门小沃森。IBM 很早就注意到晶体管的重要性，冯·诺依曼在 IBM 的第一件专利（专利号为 US2815488A，1954 年申请）就提到可以用"晶体三极管"来增强功能。德州仪器的晶体管收音机问世之后，小沃森买了好几百台，分发给 IBM 高层尝鲜。他还向研发团队施压，要求 IBM 在 1958 年 6 月 1 日之后用晶体管取代真空管。据说，当有研发人员对这一决定提出异议时，小沃森就用一台 Regency TR-1 收音机堵住他的嘴。[15] 整个 1950 年代，IBM 申请了至少 179 件涉及晶体管的专利，仅次于 AT&T 的贝尔实验室和 RCA[1]（见图 38-7），同时也成为德州仪器晶体管元件的大客户。

Regency TR-1 发布一年之后的 1955 年，德州仪器为这款收音机制造的晶体管数量已经达到其历史上生产的晶体管数量的一半。此时，距离戈登·摩尔提出"摩尔定律"还有十几年时间，但摩尔定律的威力已经开始显现。

▼1　检索式：((ALL=TRANSISTOR AND AD=[19500101-19591231]) AND ((PNC=("US")))

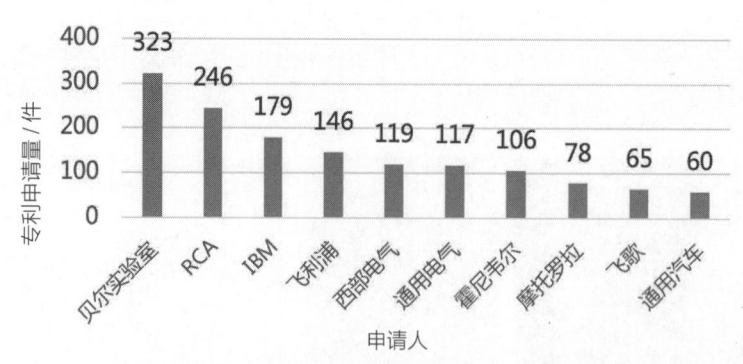

图 38-7 1950 年代美国晶体管相关专利十大申请人

Regency TR-1 在发布后供不应求，但由于产能不足，一开始只生产了 1500 台，远远低于 2000 万台的目标。由于核战并没有爆发，Regency TR-1 也没有成为人们生活的必需品，前后总共生产了 10 万台左右。可能是因为整体利润不如预期，德州仪器最终放弃了这款产品，把晶体管收音机市场拱手让人，最终索尼后来者居上，在这一领域迅速崛起。但德州仪器的晶体管元件销量因此而打开了市场，直到今天，德州仪器也仍然是全球最大的半导体企业之一。

由于索尼在电子消费市场的强大产品力，很多美国人至今还认为是索尼发明了晶体管收音机，而德州仪器的名字则常被人与计算器联系在一起。

1960 年，贝尔实验室的默罕默德·M.阿塔拉（Mohamed M. Atalla）和韩裔科学家姜大元（Dawon Kahng）开发出金属氧化物半导体场效应晶体管（MOSFET），两人分别获得了 US3206670A 号和 US2953486A 号专利。MOSFET 能够在极小的电流和极低的电压下工作，因此成为大规模集成电路和微处理器技术的基础元件。然而，无论是集成电路还是微处理器，都不是贝尔实验室的发明。

1960 年代，德州仪器的杰克·基尔比（Jack Kilby）申请了最早的集成电路专利。凭着这批专利，德州仪器先后起诉过西屋电气、Sprague、仙童半导体等公司，在 1970 年代就赢得了"达拉斯律师事务所"的名头[16]，堪比今天的"南山必胜客"。在"兴衰篇"中讲过，德州仪器在 1980 年代靠专利诉讼战把自己从破产边缘救回来，同时由于美国对专利制度进行大规模改革，专利许可收入成为科技企业高管眼中重要的现金来源。但我们并不推崇这种商业模式。

就像当年推出晶体管收音机一样，德州仪器总裁哈格蒂希望用一种新产品向世人展示集成电路的威力。和晶体管一样，集成电路最初只有军方采购。率先使用集成电路的是美军民兵洲际导弹（Minute Man）的研发项目，但这个市场对德州仪器来说过于狭小了。

1965 年秋天，哈格蒂在一次商务旅行中与集成电路的发明人基尔比同乘一架飞机。哈格蒂建议基尔比设计一种新产品，并且给了他三个建议：或者是能放进口袋的计算器，就像当年的晶体管收音机一样小；或者是不超过口红大小的录音笔；或者是任何一种可以使用集成电路的产品。基尔比选择了计算器。[17]

基尔比回到公司总部后召集了一个团队，一起讨论他对便携式计算器的设想。他认为这种计算器要有按键来输入，用氖管灯来输出答案，用电池供电，大小不能超过一本书。在初步研发中，其他部件都没有问题，唯有输出部分遇到了很大的挑战：氖管灯过于耗电，如果用电池则无法长时间工作。最后，团队选择了打印输出的方式，用热敏打印装置把答案打印在纸带上，甚至还申请了一个名为"集成加热器元件阵列和驱动矩阵"的专利（专利号为US3501615A）来保护这个解决方案。

1966年，基尔比的团队设计出一款原型机，有18个按键，包括从0到9的数字、加/减乘/除运算符，以及清除（C）、交换（E）和打印（P）等按键。虽然有乘法和除法按键，但是实际上只能做加减法——乘法和除法都是通过多次加法或减法来实现的。1967年，德州仪器为改进后的计算器申请了专利。经过漫长的答辩，其延续案"小型电子计算器"于1974年获得授权（专利号为US3819921A，图38-8为其附图）。

由于对消费市场不熟悉，德州仪器需要依靠外援来生产和销售其新产品。1970年，德州仪器和佳能联合推出了Pocketronic电子计算器，长、宽和高分别为8英寸、4英寸和1.5英寸，售价400美元，一上市便横扫市场（见图38-9）。当时的旧式电子计算器大小和打字机差不多，均价超过2000美元，在德州仪器推出的小型计算器面前毫无竞争力。

图38-8 US3819921A号专利附图

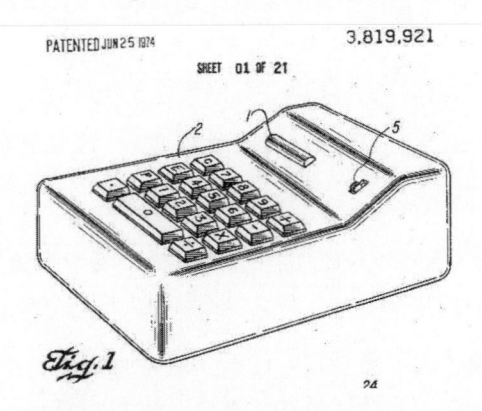

38-9 德州仪器和佳能共同开发的Pocketronic电子计算器[1]

目前，计算器仍然是德州仪器的一个稳定的收入来源。这并非因为德州仪器的产品多么优

▼1 本图摄影作者：Mister rf。本图基于知识共享协议（CC-BY-SA-4.0）共享。关于详细版权信息，请参阅"图表链接.pdf"文件。

秀，而是因为德州仪器是美国教育部指定使用的计算器品牌。近二十年来，德州仪器在这一领域坐收垄断之暴利，完全不思进取。德州仪器供美国高中师生教学和高考（SAT）使用的主流计算器价格均在100美元左右，但十几年来无论其功能、外观还是价格，一直原地踏步。根据2019年的一篇报道，计算器的销售收入占德州仪器总收入的3%左右，利润极高。主流计算器TI-83 Plus的售价为105美元，成本却不超过20美元。[18]德州仪器每年花费200万美元用于院外游说，维护与政府之间的关系，其中也包括维持其计算器在教育行业的垄断地位。我们充分尊重德州仪器发明便携式计算器的贡献，但是这种商业模式实在让人无法恭维。

在微处理器方面，德州仪器和英特尔大概在同一时期完成了研发。德州仪器率先申请了专利，包括US3757306A号（"计算机系统CPU"）、US4503511A号（"单片集成电路多功能算术逻辑单元计算系统"）和US4225934A号（"半导体集成电路中的多功能算术逻辑单元"）等，并开发了TMX1795处理器。个人计算机兴起之后，德州仪器利用微处理器专利先后起诉过戴尔、大宇和三星等公司，诉讼战一直打到1990年代。英特尔并没有就微处理器本身申请专利，其4004芯片是公认的第一款微处理器产品，为无数企业指明了新的业务方向。德州仪器在1980年代被日本企业逼到绝境时，英特尔却能凭产品实力把自己绑上Wintel战车，在日后数十年时间吃尽时代红利。

英特尔开发微处理器的过程充分表明，只有面向客户需求、与产业紧密结合，一项技术才能发挥出真正的潜力。1969年初，日本ETI公司委托英特尔为其生产计算器芯片，英特尔一位名叫马西亚安·霍夫（Marcian Hoff）的工程师负责谈判。别看今天的计算器非常廉价，甚至比纸质的笔记本还要便宜，但在1970年代，计算器是相当昂贵的高级办公用品。霍夫在谈判中发现，ETI公司的计算器的生产成本很高，不亚于一台小型计算机。霍夫本人长期在大学工作，有使用计算机的经验。他很清楚，计算器能干的事情，计算机都能干。"他在英特尔公司逢人便问为什么要以一台计算机的价格来购买只具备计算机一小部分功能的计算器……这个问题暴露了他的书呆子气和他对销售业务的天真。"[19]

最终，霍夫向ETI公司的代表提出，设计一种"装在一块硅片上的真正的通用计算装置"，这就是微处理器的雏形。虽然ETI公司对这个超越时代的想法并不感兴趣，但是英特尔的CEO诺伊斯全力支持霍夫。霍夫等人完成微处理器的完整设计之后，ETI公司才表露出兴趣，和英特尔签订了独家经营合同，4004芯片由此诞生。1973年和1974年，英特尔基于4004芯片申请了US3753011A号（"电源可调双稳电路"）和US3821715A号（"用于多芯片数字计算机的存储器系统"）专利。与德州仪器不同，英特尔并不认为"装在一块硅片上的真正的通用计算装置"这个概念具有可专利性，这两件专利仅涉及对电路和存储系统的改进。

之后又有一家 CTC 公司找英特尔设计芯片，霍夫又提出了大规模集成的概念。他的团队进一步设计出 8 位的微处理器 8008，但是 CTC 却失去了兴趣。英特尔销售部门对这种芯片也不感兴趣，当时英特尔的主营业务是存储芯片，完全不愁卖；而微处理器还完全是新鲜事物。

在霍夫的坚持下，英特尔决定把微处理器作为一款独立产品运营，并在新闻媒体上大力宣传。接下来，英特尔又在 8008 的基础上进一步改进，开发出 8080 芯片，并申请了专利（专利号为 US4010449A，"采用多个独立芯片的 MOS 计算机"）。早期的微处理器只是小众产品，除了专业公司，只有一些计算机爱好者会购买。但正是这些爱好者打造了一个全新的产业，彻底改变了人类的生活。

8080 芯片最重要的一个客户是 IBM。1981 年，IBM 推出了具有划时代意义的 IBM PC，并选择 8080 作为微处理器。还有一个值得一提的客户是 8080 发布时（1974 年）年仅 16 岁的比尔·盖茨和保罗·艾伦。他们花 360 美元买到了一个 8080 处理器，设计了一台可以进行交通流量统计的机器，还成立了一家叫作 Traf-O-Data 的公司，来兜售他们的新发明，这家公司就是微软的前身。在 8080 芯片发布的时候，贝尔实验室仍然孜孜不倦于人类基础科学的研究。而英特尔在认真做产品的时候，不经意间为未来称霸个人计算机产业的 Wintel 联盟埋下了种子。

日本著名科技作家西村吉雄博士在《日本电子产业兴衰录》中，对英特尔的成功做了以下总结：

> 英特尔基于"最小信息原则"进行研发……所谓最小信息原则，就是针对某个问题，大致推测其答案是什么，然后进行启发式的探索。如果这样不能解决问题，就重新回到出发点，尝试采用别的方法，努力避免为真正理解问题而进行大量研究。该原则认为解决问题所需的信息越少越好。这样的话，生产现场的研发工作就具备了优势。因为它们能使用生产线进行各种试验，如改变生产方法、引进其他做法、添加新的工程等。[20]

曾经担任英特尔研究部门副主管的大卫·特南豪斯（David Tennenhouse）在接受采访时也承认：

> 从历史上看，IBM 自己搞研究，而英特尔没有这样的历史……我们的很多研究工作是为了理解他人的研究成果，而 IBM 则尝试把自己的研究成果商业化。[21]

可能就是因为这些原因，英特尔没有贝尔实验室和 IBM 那么多令人赞叹的基础科学专利，但它同样是伟大的科技公司。

真空管在李·德福斯特博士手中诞生，在 AT&T 等公司手中实现了巨大的经济价值。晶体管在 AT&T 旗下的贝尔实验室中诞生，使德州仪器从一家军队电子设备供应商变成世界顶级的半导体企业。MOSFET 同样是来自贝尔实验室的发明，但是真正使其发挥潜力的是德州仪器与英特尔发明的集成电路和微处理器。这些发明在之后二十几年间催生了更多优秀的半导体企业和电子科技公司。这些事实证明，重要的科学发明可以在优秀企业家手中发挥巨大的威力，可能成为企业突破自我，开拓新领域的重要方向。

事实上，第二次世界大战后日本科技企业的崛起，很多都是吸收美国科研成果，开发具有开创性的产品或业务的结果。索尼就是一个典型的例子。

索尼公司（1950 年代初的名称还是"东京通信工业株式会社"）最早的电子消费产品是磁带录音机，主要在日本本土销售。由于当时的磁带和电子元件成本很高，索尼的磁带录音机主要是一些学校购买，销量平平。而索尼的两位创始人井深大和盛田昭夫一直都在寻找新的产品线。他们在 1948 年了解到肖克利的研究课题，对晶体管产生了浓厚兴趣。

1952 年，AT&T 下属的西部电气公司计划放出晶体管基础专利的对外许可，正好井深大赴美考察，了解到这个消息。他申请和西部电气的专利主管见面，但是当时的"东京通信工业株式会社"还只是一家籍籍无名的小公司，西部电气以事务繁忙为由把井深大拒之门外。井深大只好托熟人代为联系，才敲开了西部电气的大门。次年，索尼和西部电气签署专利许可协议。在双方的沟通中，西部电气明确告知索尼：晶体管很难在大众消费品领域获得应用，当时在民用产品中唯一取得成功的应用就是助听器。而晶体管的许可费为一次性支付 25,000 美元，差不多是当时索尼公司总资产的 10%。[22]

索尼倒不是出不起这 25,000 美元的许可费，只是当时日本存在严格的外汇管制，支出两万多美元需要国家通商产业部的批准。通商产业部的官员既搞不懂晶体管是什么东西，对索尼这家小公司的未来也不太有信心。井深大不得不前往通商产业部反复游说，花了六个月的时间才获得批准。

盛田昭夫在自传《日本制造》中回忆了当时索尼研究制造高频晶体管的艰苦过程：

> 贝尔实验室的晶体管是将两块铟片焊在锗金属板的两侧，锗为阴极，铟为阳极。我们当时认为，由于阴极电子的移动速度比阳极电子快，因此只要反转极性，应该就能产生高频信号。换言之，要把"正—负—正"（PNP）构造变为"负—正—负"（NPN）构造。可我们一直找不到合适的材料，比如铟，由于它是制造阳极的材料，因此无法使用。我们还尝试过"推倒重来"，改用镓和锑，结果依然不理想。

索尼的年轻工程师试图用磷掺杂法制造新型晶体管，但是根据公司获得的信息，贝尔实验室已经尝试过这种方法，没有成功。当时索尼的半导体专家认为"美国的科研和技术水平非常高，而贝尔实验室说的话更是不可撼动的真理"。

盛田昭夫写道：

> 即便如此，我们的研发小组里还是有一个人坚持尝试磷掺杂法。随着磷用量的增加，呈现的效果越来越好。在一次会议上，他谨慎地报告了他的发现，而其他人则没有什么进展。新型晶体管研发小组的负责人……对那名员工说："既然你觉得这种方法有成功的希望，那么别管贝尔实验室的说法。你放手去干好了，如果失败，我负全责。"结果，磷掺杂法获得了成功。我们以此为基础，进一步开展研究，终于研制出了梦寐以求的高频晶体管。

1957年3月，索尼推出了自己的便携式晶体管收音机TR-63，晶体管和主要元器件都由索尼自己设计制造，这款产品在全球范围获得了成功。TR-63比德州仪器的Regency TR-1更小，但还是无法装进口袋。盛田昭夫想出了一个巧妙的方法：给全体推销员定制衬衣，口袋比一般的衬衣口袋大一号，正好能装进一台TR-63。TR-63的定价为39.95美元（差不多相当于今天的360美元到400美元），远低于市面上的所有美国竞品。因为当时日本的人工非常便宜，TR-63形成规模效应后不断降价，到1962年已经降价到15美元左右（差不多相当于今天的150美元），使美国的收音机全线崩溃。

在1950年代，贝尔实验室申请并获得授权的专利中有356件涉及晶体管，德州仪器有73件，而索尼在美国申请并获得授权的晶体管专利只有区区5件（见表38-1）。

表38-1 索尼1950年代关于晶体管的5件美国专利

专利号	英文标题	中文标题	主要作用
US2959719A	Semiconductor Device	半导体器件	一种具有相对小的基极扩展电阻的晶体管
US2890159A	Method of Etching a Surface of Semiconductor Device	一种半导体器件表面蚀刻的方法	用磷掺杂法制造NPN型晶体管的方法
US2950385A	Transistor Oscillator	晶体管振荡器	能在广泛频率范围内工作的晶体管振荡器，尤其适用于减少短波转换电路中的牵引现象（pull-in phenomenon）
US3150017A	Doping a Pulled Semiconductor Crystal With Impurities Having Different Diffusion Coefficients	用具有不同扩散系数的杂质掺杂受拉半导体晶体	制造高频NPN型或PNP型晶体管的方法
US3070465A	Method of Manufacturing a Grown Type Semiconductor Device	生长型半导体器件的制造方法	用磷掺杂法制造高频NPN型晶体管

如表38-1所示，索尼在1950年代的5件晶体管专利几乎都是为收音机服务的，涵盖了磷掺杂法及高频晶体管的制造工艺。尽管在数量和质量上，索尼的这些半导体专利都无法与贝尔实验室或德州仪器的相比。然而，正是这些不起眼儿的专利使得晶体管走出实验室，飞入寻常百姓家，成为亿万民众日常生活中无处不在但又意识不到其存在的产品。

贝尔实验室对基础科学领域的贡献是毋庸置疑的，但是为产业界带来开创性变革的是德州仪器，而大众消费市场的最终胜利者则是索尼。对日本而言，索尼的成功具有尤其重要的意义。伴随着索尼的脚步，一批日本电子制造商蜂拥至美国市场，把美国本土的收音机厂商打得溃不成军，使日本在未来的日美半导体竞争中占得先机。而索尼自己也通过收音机产品在全球市场打出了名气，跨入了全新的领域，从日本一家不知名的录音机生产商变为全球知名的消费电子巨头。

1959年，索尼又把晶体管用在电视机上，推出了世界上第一台晶体管电视机TV8-301。这是一款便携式黑白电视机，用两节6伏铅酸电池供电，屏幕尺寸为8英寸，售价为249.95美元。这台机器虽然够精巧也够便携，但是价格过高，故障频发，卖得不好，到1962年就不再销售了。[23]但是这款产品标志着索尼已经不满足于仅在晶体管收音机领域发展，开始向当时最新潮的新型电子消费设备发起冲击。很快，索尼又以美国诺贝尔奖得主的专利技术为基础，开发出自己的独特技术和产品——特丽珑（Trinitron）显像管。

第 39 章 从科学创新到产品的漫长之路（二）

追根溯源，索尼的特丽珑技术来源于著名物理学家欧内斯特·劳伦斯（Ernest Lawrence）的发明。劳伦斯因为发明了高能粒子回旋加速器于 1939 年获得诺贝尔物理学奖。他参与了曼哈顿计划，是美国的国宝级物理学家，化学元素周期表中第 103 号元素铹（Lawrencium）即以他的名字命名。

1951 年，劳伦斯为他设计的"栅控彩色显像管"（Chromatron，又称"劳伦斯管"）申请了专利（包括 US2692532A、US2614231A、US2744952A 号等专利），注册了一家显像管技术公司。这家小公司的科研能力极其雄厚，除了劳伦斯本人亲自坐镇，还聘请了当年的诺贝尔化学奖得主埃德温·麦克米伦（Edwin McMillan）和后来的诺贝尔物理学奖得主路易斯·阿尔瓦雷茨（Luis Alvarez）担任技术顾问。当时，美国国家标准局正在考虑为彩色电视技术制定标准。同时，电影巨头派拉蒙（Paramount）正想向电视产业转型，为劳伦斯的公司提供了大笔投资。劳伦斯的公司占尽了天时、地利与人和。

彩色显像管的基本原理是使用电子枪发射电子束，激活显示屏内侧的荧光物质，以产生彩色图像。劳伦斯可以说是当时全世界最懂电子的人之一，在研制回旋加速器时，曾经发出"我们要轰碎原子"的豪言，并且带领团队实现了这一壮举。阿尔瓦雷茨和麦克米伦也不遑多让，他们的主要学术贡献都在粒子物理领域。"电子"（electron）一词在 US2692532A 号专利中出现了 278 次，在 US2614231A 号专利中出现了 61 次，尽显劳伦斯的学霸本色。遗憾的是，这支全世界最了解电子的团队没能开发出最好的显像管。最终，RCA 的"荫罩屏"（shadow mask）成像系统击败劳伦斯管，成为行业标准。

荫罩屏用三支电子枪发射电子束，通过显示屏后面的多孔板，激活屏幕上的荧光物质，产生彩色图像。劳伦斯的设计用金属丝网而非荫罩屏的多孔板，电子束的通过率更高，可以让更多的电子射到显示屏上，产生的图像比荫罩屏更加鲜艳明亮。在物理学家的眼里，劳伦斯管是一种更加"优雅"的设计。麦克米伦后来也曾提到过，这种设计和他的同步加速器（synchrotron）是同一原理。[1]

劳伦斯的团队成员信心满满地向派拉蒙展示了他们的发明，不过他们极大地低估了制造成本。精细的金属丝网没法大规模制造，在高压电流下很难保证稳定运行。一名团队成员后来评论说，他们在政府投资的实验室里面待得太久，不知道怎么做生意。要知道，全世界只需要一台麦克米伦的同步加速器，他大可以采用任何一种优雅精致的设计。但电视机这种产品如果没有十万乃至百万量级的产量，就毫无意义。RCA 的荫罩屏被定为行业标准后，三位诺贝尔奖得主先后离开公司，他们的股份和专利都被派拉蒙收购。劳伦斯显像管的色彩质量仍然无法被超越，但是民用级的产品一直没能被开发出来。

1961 年，也就是劳伦斯管的首件专利申请整整十年之后，井深大和盛田昭夫在纽约的一次展会上看到这种显像管的演示，被其完美的色彩表现深深折服，随即向派拉蒙购买了专利。回国以后，井深大改良了劳伦斯的设计，设计出索尼独有的特丽珑系统。特丽珑电视价格不菲，但是比劳伦斯管电视便宜得多，而且色彩艳丽，亮度高，尤其适合户外观看。

盛田昭夫在其自传《日本制造》中总结了索尼特丽珑系统的改进：

> 我们将三支电子枪整合为一支，可以射出三种电子束。在透镜方面，我们不用透镜组，而是用一枚大透镜来完成聚焦。为了进一步小型化和提高效能，我们既没有使用栅控彩色显像管的金属丝网，也没有使用其他厂家的荫罩屏，而是采用了一种简单的金属格栅结构——一块蚀刻着许多细长槽口的金属板。

结果非常令人满意，他写道：

> 我们的小型特丽珑彩电打开了细分市场，完全没有竞争对手……美国人喜欢在院子里烧烤、享受午餐，还喜欢躺在吊床上休息。这时如果要看电视，那么"便于搬动"和"画面亮度高"就成了必要条件，而我们的产品两者兼备。

图 39-1 和图 39-2 分别为劳伦斯 US2692532A 号专利中描述的金属丝网和索尼 US3437482A 号专利中描述的金属板。

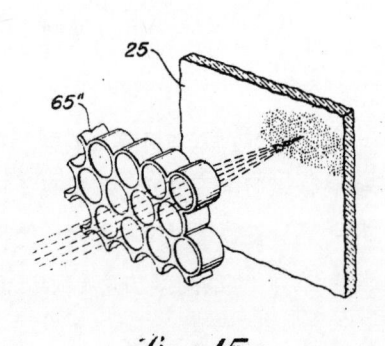

图 39-1 劳伦斯 US2692532A 号专利中描述的金属丝网 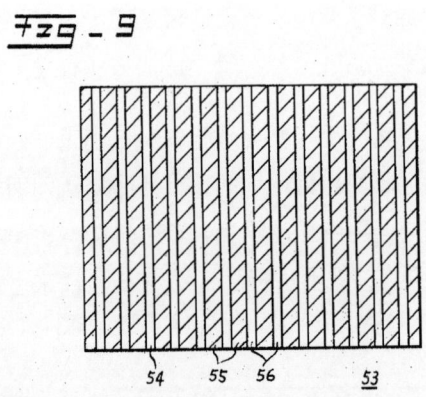　　图 39-2 索尼 US3437482A 号专利描述的金属板

从 1968 年到 1994 年，特丽珑电视的销售总量超过 1 亿台，而特丽珑显像管的销售总量则超过 2 亿个，直到 2008 年才停止生产销售。特丽珑显像管与 Walkman 随身听并列为索尼最重要的两大发明，也是让"日本制造"摆脱廉价、低质名声的标志性产品。

索尼收音机和特丽珑显像管的故事表明，一项前沿发明要真正改变世界，不仅需要技术、工艺和材料的进步，还要充分考虑用户需求，这样才能为普罗大众带来真正的好处。晶体管是划时代的革命性创新，劳伦斯管也是优秀的科技成就，倾注了一流物理学家多年的心血。这些"高大上"的技术最终还是通过一家大众消费品公司的民用产品进入了寻常百姓家。

如前所述，索尼于 1961 年开始开发显像管，开始了从音频领域到视频领域的扩张。实际上，索尼进军视频领域不仅限于一个方向。索尼靠收音机在海外打响名头，但在日本本土是以录音机起家的，在磁带技术方面积累了丰富的经验。在进军电视行业的同时，利用磁性材料记录视频也是索尼的一个主要方向。

在"更替篇"，我们提到过明星宾·克罗斯比支持了早期磁带录音的一些重要研发工作。1951 年，这位明星突发奇想，问他的首席工程师约翰·穆林（John Mullin），是否可以能像录制音频一样，将电视节目录制在磁带上。穆林认为理论上可行。于是，克罗斯比投资建立实验室，让穆林放手去做。之后，克罗斯比旗下的 Bing Crosby Enterprises（BCE）在这方面取得了许多技术突破，BBC、Ampex 和东芝等公司也在这一技术领域取得不少进展，但是它们做出的产品普遍体积庞大且价格昂贵。1956 年，Ampex 推出的 VRX-1000 是第一个取得商业成功的录像机（Video Tape Recorder，VTR），它使用多工多磁头录像带（Quadraplex），售价 5 万美元。

多工多磁头录像带系统存在一个固有缺陷：只能常速播放，不能慢放、快放或倒放。之后，包括索尼在内的日本公司开始积极申请与视频录制有关的专利，试图解决美国技术存在的问题。1960 年，索尼工程师木原信敏（Nobutoshi Kihara，他也是 Walkman 的主要设计人员，被媒体称为"Mr. Walkman"）在美国申请了"利用同步开关装置组合分离信号的设备"专利，这是索尼关于视频录制的最早专利，为磁性视频录制装置设计了一种"全晶体管化"的开关。之后，木原信敏在 1960 年代申请了大量关于视频录制的专利，很多专利针对的是多工多磁头录像系统的固有问题，例如 1965 年 9 月申请的 "用于视频信号的记录和此类信号的正常慢动作或静止图像再现的设备"专利（专利号为 JP40059263，1966 年进入美国，专利号为 US3509274A）。很明显，这一技术是为了解决多工多磁头录像带系统只能常速播放的问题。最后，东芝开发的螺旋扫描盒式磁带录像系统（helical-scan）解决了多工多磁头录像带的主要问题，被索尼采用；而索尼也在这一过程中积累了视频录像技术方面的大量经验。

1965 年 8 月，木原信敏团队设计的 CV-2000 VTR 上市（图 39-3 为其实物图），使用盘式磁带录制电视节目，一般被认为是最早的家用电视录像机。这款机器的售价很高，在 1965 年达到 695 美元以上，很少有家庭能够承担得起；但是这款产品又确实是面向大众消费市场的——型号名 "CV" 代表 "consumer video"，外观小巧，而且比其他厂商的类似设备要便宜得多。由此开始，索尼向视频领域迈出了关键的一步，为日后的 Betamax 格式之战打下了基础。我们在 "更替篇" 详细讨论过这场格式之战，索尼最终失败，而 VTR 也彻底没落。但家用电视录像系统的市场确实是索尼在 1965 年打开的，这是索尼一手开拓的战场。

1967 年，索尼在 CV-2000 的基础上又推出一款令世人惊艳的产品：DV-2400 Video Rover 便携式摄像机（见图 39-4）。就像 Walkman 只是便携式录音机增加了一副耳机一样，DV-2400 不过是在 CV-2000 的基础上增加了一个已经基本成熟的现有产品——一部由电池供电的黑白摄影机。摄影机、录像机再加上电池——这个简单的组合造就了人类历史上最早的消费级便携式摄像系统，在英语中称为 "portapak"。[2] 在此之前，小型的摄像机和小型录像机都已面世多年，但是就像耳机和录音机一样，在优秀的企业家把它们组合起来、解决易用性问题之前，它们距离一般用户都还有着遥远的距离。

图 39-3 CV-2000 VTR 录像机

图 39-4 DV-2400 Video Rover 摄像机[1]

我们在这里选择使用英文术语 "portapak" 而不是中文 "便携式摄像机"，是因为到 1980 年代还有另一种便携式摄像机 camcorder 问世。portapak 和 camcorder 这两个单词在词典中都被笼统地翻译为 "（便携式）摄像机"，但是两者有一个重要的区别：portapak 由一台便携式摄像机加上专门的录像机组成，这两部分是相互分离的，因为当时的技术还无法把两者合为一台便携式设备。1980 年代出现的 camcorder 则把磁带录制机整合到摄像机内部，进一步增加了便携性。由于时代所限，我国并没有完整经历个人摄像机历史上的这两个发展阶段，在中文中

▼ 1 本图摄影作者：Mwf95。本图基于知识共享协议（CC-BY-SA-4.0）共享。关于详细版权信息，请参阅 "图表链接 .pdf" 文件。

也就没有明确区分这两种设备。camcorder 也是索尼的重要贡献，我们在下文中还会详细介绍。

平心而论，索尼这款史上最早的 portapak 并不好用。它使用的存储介质不是我们熟悉的盒式录像带，而是较为古老的盘式磁带（reel-to-reel）。我们在"更替篇"中讲过，盘式磁带需要用户手动把磁带缠在磁头和转盘上，一不小心就会绕在一起。此外，那个时候的便携式摄影机拍摄的动态画面的效果并不理想，移动太快的话，图像就会模糊不清。而且镜头不能直接对准太阳，否则会损坏敏感元件。尽管有着诸多缺点，DV-2400 Video Rover 还是有划时代的意义的，因为这是摄像机走入大众生活的历史起点。有史以来第一次，非专业人士也可以肩扛一台摄像机，在自家庭院、厨房，在大街小巷拍摄自己想记录的一切场景和故事。DV-2400 Video Rover 及其后续产品在文化史上有着特别的意义，它们在 1960 年代和 1970 年代美国的反战示威、民权运动、先锋艺术创作和地下电影文化发展中都起到了重要作用。"视频艺术之父"白南准（Nam June Paik）的《扣子偶发事件》(*Button Happening*) 和艺术家布鲁斯·瑙曼（Bruce Nauman）的《围着一个正方形的边缘夸张行走》(*Walking in an Exaggerated Manner Around the Perimeter of a Square*) 都是用索尼 portapak 拍摄的作品。

近年来，互联网和智能手机引领的信息革命宣告了全民创作时代的到来。短短十几年间，从 BBS、小说网站、博客、微博、问答网站、公众号到短视频，每一项新技术的出现都让创作者们欢欣鼓舞。今天的网民是幸福的，因为新的技术和创作模式不断涌现，令人目不暇接，为创作者和创业者提供了无数机遇。但在半个多世纪以前，技术更迭并没有这么频繁，一个人终其一生可能也只能遇到一两次。在索尼发布第一款 portapak 之后，很多公司开始模仿索尼，研发新的便携式摄像设备。1980 年，美国发明家杰罗姆·莱梅尔森（Jerome Lemelson）获得了关于 camcorder 的首个专利。1982 年，JVC 和索尼正式发布了最早的 camcorder 产品，此时距离第一款 portapak 的发布已经过去了 15 年。相比之下，从第一代视频网站（如 YouTube）的出现到短视频的兴起（抖音于 2016 年上线），大约经历了 11 年，在这期间，现代网民见证了博客、微博、Instagram 与微信朋友圈的兴衰更迭。

索尼 1982 年推出的 camcorder 半卖半送，主要以新闻媒体从业人士为销售对象。如前文所述，1980 年代初的索尼正在力推 Betamax 系统，使用 Betamax 录像带的 camcorder 是格式之战的重要战略武器。索尼于 1983 年推出了针对大众消费市场的 camcorder，一开始销量尚可，但是在松下的 VHS 格式 camcorder 上市之后，销量就开始一路下降。格式之战的结果是"赢家通吃"，松下阵营取得胜利，索尼的 Betamax 摄像机逐渐退出了历史舞台。

尽管使用录像带的索尼摄像机失败了，但索尼却在使用数字技术的照相机和摄像机领域取得了成功,这在很大程度上也得益于美国科学家的贡献。

1969年,贝尔实验室的科学家维拉·S.博伊尔(Willard S. Boyle)和乔治·史密斯(George Smith)发明了电荷耦合器件图像传感器(CCD)。博伊尔和史密斯最初把他们的发明叫作电荷气泡元件(charge bubble devices),它可以沿半导体表面传送电荷,是作为存储设备而发明的一种器件。后来,贝尔实验室的另一名科学家迈克尔·F.汤普斯特(Michael F. Thompsett)发现,由于光电效应,CCD的表面在光照下会积累电荷,这些电荷可以用于创建和存储电子图像。1971年,迈克尔用CCD成功捕捉了图像,作为图像设备的CCD正式诞生。在此之后,仙童半导体、RCA、德州仪器等公司开始围绕这一新发明展开研究,其中仙童半导体率先在1974年开发出第一款商用级的CCD图像捕捉元件。1975年,斯蒂夫·萨森(Steve Sasson)就是用仙童半导体的这种CCD制作出第一台数码照相机的。

柯达高层对萨松的数码照相机并不重视,虽然申请了专利,但是没有进行后续的研究。而在这一时期,索尼的岩间和夫注意到CCD的潜力,带领索尼把巨大的人力、物力和财力投入这个新生的半导体元件上。

岩间和夫被誉为"日本半导体之父"。在索尼购入晶体管发明专利之后,岩间和夫曾四次访美,他白天在半导体工厂参观产线,晚上则在旅馆凭记忆把自己的所见所得写下来,寄回日本。这些记录汇集成256页的"岩间报告",是索尼进军半导体产业的关键文献。遗憾的是,岩间和夫在1982年就逝世了。为了纪念他对CCD的应用做出的贡献,索尼在他的墓碑上嵌入了一片CCD。[3]

根据索尼官网的记载,由于晶体管收音机的成功,索尼在1950年代堪称世界第一的半导体企业;但是到了1970年代,索尼的半导体业务落后于美国对手,止步不前。此时,岩间和夫从美国子公司回到日本,做出了"半导体团队已死"的判断。为了重振索尼的半导体业务,他把希望寄托在CCD技术上,并将CCD的相关开发工作升级为一个正式项目。对CCD研发团队,岩间和夫做出了一个重要指示:

> 我们要在五年内做出一个使用CCD的相机,价格要在5万日元以下。我们和这个领域的电子生产商没有竞争关系。我们的竞争对手是伊士曼柯达。[4]

晶体管发明后的第一个10年,美国相关的专利数量远超其他国家,而日本相关的专利几乎可以忽略不计。但在CCD发明之后,涉及CCD的日本专利的数量反而在短时间内超过了美国。根据IncoPat检索结果,在整个1970年代,全球涉及CCD或"Charged Coupled Device"的专利共有 1941 件（申请号合并）[1]，其中日本专利有 646 件，美国只有 398 件。索尼至少有 165 件，在所有申请人中排名第一（见图 39-5）。

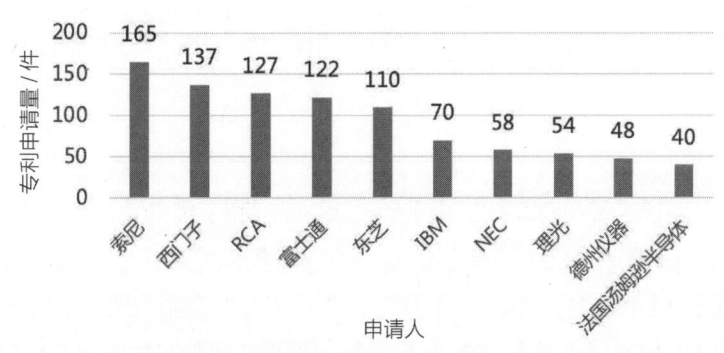

图 39-5 1970 年代全球 CCD 专利 10 大申请人

索尼涉及 CCD 的第一件专利是 1975 年初申请的"固态影像元件"（专利号为 JPS59037629），接下来是在英国申请的"电视摄像机"（专利号为 GB1501017A、GB1501018A），在美国申请的"具有多个图像传感器的固态摄像机"（专利号为 US4016598A），以及在加拿大、德国和法国分别申请的"固态摄像机"（专利号分别为 CA1026455、DE2514155、FR2266404）。在这 165 件专利中，至少有 69 件专利在标题中带有"camera"一词，从说明书的内容上看，这些专利大多数是"电视摄像机"。这表明，索尼一开始就非常坚定地要把 CCD 用在民用领域。更具体地说，岩间和夫盯上的是消费级照相机市场，与该领域的王者柯达竞争。

讽刺的是，半个世纪之后，柯达已经剥离掉当年的绝大多数业务，化身为一家以影像业务为核心的公司；而索尼几经兴衰，其影像业务仍然居于全球领先地位，客户包括华为等，但是偏偏把索尼自己的手机部门排斥在外。

索尼在 11 年内花掉了 2 亿美元来开发 CCD 相机。[5] 岩间和夫在董事会上多次被追问 CCD 投资的回报时间。当时岩间和夫年事已高，他的答案既坚定又悲壮："可能我活着的时候都不会有回报。"[6] 岩间和夫于 1982 年去世，没有看到数码照相机和数码摄影机最终战胜传统设备。

索尼的开发团队在几年内把 CCD 的像素数量从 2000 个增加到 8000 个，再增加到 70,000 个，到 1978 年达到 120,000 个。1979 年，索尼的研发投资达到 200 亿日元，但还是没有做出一款面向消费级市场的产品，只是单独销售了新的 CCD 芯片（型号名 ICX008）。

▼1 检索式：ALL=（"Charged Coupled Device" OR ccd)AND AD=[19700101-19791231]

1981年，索尼在日本为一种"固态图像拾取设备"申请了JP56212055A号专利，1982年该专利进入美国（专利号为US4541016A），是索尼最早的数码照相机专利之一。1981年8月25日，索尼发布了MAVICA数码照相机。在"兴衰篇"中，我们提到这部照相机对柯达的冲击。MAVICA需要3节5号电池提供电力，输出的画质可以达到当时电视和主流显示器的最高画质级别。索尼设计了一整套系统来支持该设备，包括镜头、Mavipaks软盘，以及专门用来回放的设备Mavipak Viewer。

这部照相机可以说是索尼CCD和摄像机研发技术的结晶。事实上，从1960年代发布portapak开始，索尼申请的"camera"专利虽多，但绝大多数都是"电视摄像机"（television camera），用于拍摄静态图像的照相机专利极少。这表明索尼在照相机领域的技术积累并不深厚，远不能与柯达相比。MAVICA照相机实际上采用的也是视频摄像机的技术，就是在视频信号中截取静止帧。[7]从US4541016A号专利的说明书中也可以看出，该专利解决的技术问题主要是"通常用于视频摄像机的图像传感器"在截取静态图像时遇到的问题，包括电荷泄漏引起的图像污染、捕捉运动物体的静止帧图像时出现的闪烁等；该说明书中引用的现有技术也多为"视频摄像机图像传感器"技术。为了解决这些问题，US4541016A号专利为这种传感器设计了一种光学快门，用以控制曝光时间，并清除"先前保留在垂直移位寄存器中的不需要的电荷"。

在数字摄像机领域，索尼于1985年1月推出了CCD-V8摄像机，其图像传感器使用CCD芯片（ICX018），分辨率达到25万像素。这是一款使用8毫米胶片的摄像机，存储介质还没有实现数字化。但是由此开始，CCD逐渐成为摄像机使用的主流图像传感器。1991年，罗技公司推出了第一款纯数码照相机Logitech Dycam，柯达也在1992年推出了Kodak DCS 200，苹果则在1994年推出了第一款彩色数码照相机Apple QuickTake。[8]同样是在1994年，索尼一年生产了1000万枚CCD，其中85%用于制造数字摄像机，并控制了40%的数字摄像机市场。

索尼在数字摄影与摄像技术上的投入终于获得了回报。在接下来的十几年时间里，索尼和佳能"一时瑜亮"，在数码照相机和数字摄像机领域都取得了巨大成功。到2010年左右，索尼在数码照相机销量排行榜（见图39-6）上坐二望一，仅次于佳能；柯达虽然仍在前十之列，但已经处于破产的边缘。

遗憾的是，无论是佳能还是索尼，都没能成为这场技术变革的最终赢家。如今，尽管索尼在数码照相机领域仍然位居前列，但是数码照相机市场已经不是昔日的蓝海。从2010年开始，随着可拍照手机的普及，数码照相机市场开始萎缩。根据相机与影像产品协会（Camera & Imaging Products Association，CIPA）2019年的统计数据，全球顶级数码照相机厂商（包括索尼、佳能、柯达、尼康、奥林帕斯等）的相机销量在 10 年间暴跌 87%（见图 39-7）。在这一时期，索尼没能像当年整合摄像机与录像机、耳机与录音机一样，做出划时代的优秀产品。我们在"更替篇"中分析过索尼失败的原因，在此不赘述。

```
=========================================
Vendor              2010        2009
-----------------------------------------
Canon               19          19
Sony                17.9        16.9
Nikon               12.6        11.1
Samsung             11.1        10.9
Kodak               7.4         8.8
Panasonic           7.6         7.6
Olympus             6.1         6.2
Fuji                4.9         5.4
Casio               4           4.7
PENTAX              1.5         1.7
Vivitar             1.2         0.7
Other               6.7         7
=========================================
```

图 39-6　2009—2010 年全美数码照相机市场占有率排名[9]

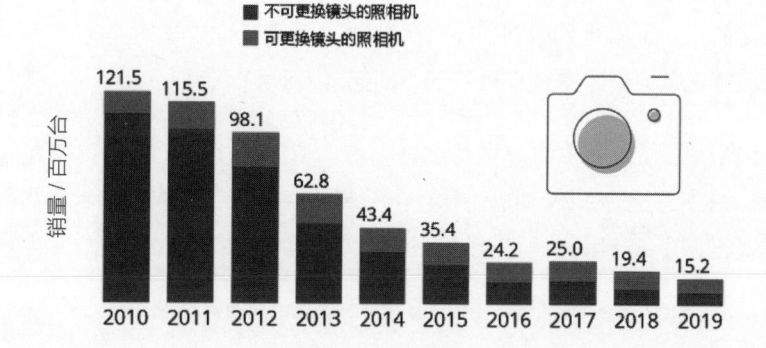

图 39-7　2010—2019 年，数码照相机销量暴跌 87%[1]

在"更替篇"中我们还讲过，苹果多点触控技术的一个重要灵感源自索尼工程师发表在学术期刊上的一篇论文。在这个故事里，索尼取代了本篇中贝尔实验室的角色，而苹果则变成了索尼的角色——将未被商业化的研究成果转化为风靡世界的一流产品。这不能不让人唏嘘不已。

▼ 1 本图图片作者：Felix Richter, Statista。本图基于知识共享协议（CC-BY-SA）共享。关于详细版权信息，请参阅"图表链接 .pdf"文件。

第 40 章 博世核心区的建立

1876 年，德国科学家尼古拉斯·奥托（Nikolaus Otto）发明了四冲程内燃机，创建了道依茨公司。汽车工业的两大先驱——戈特利布·戴姆勒（Gottlieb Daimler）和威廉·迈巴赫（Wilhelm Maybach）都曾经是这家公司的员工。

四冲程内燃机在商业上取得成功之后，戴姆勒和迈巴赫都想到了内燃机驱动车辆的点子，希望用奥托的发明开发一种全新的交通工具，但是奥托对此不感兴趣。戴姆勒和迈巴赫一同离开道依茨公司，后来分别创业，为汽车工业做出了巨大贡献；"戴姆勒"和"迈巴赫"这两个姓氏也流传后世，彪炳千秋。

戴姆勒和迈巴赫出走之后，奥托的道依茨公司仍然以工厂和磨坊使用的固定发动机为主要产品。100 多年以后，道依茨公司仍然是德国的著名企业，经营范围包括全系列发动机，2017 年的营收为 14 亿欧元；而戴姆勒公司作为梅赛德斯 – 奔驰（Mercedes-Benz）的母公司，2019 年的营收达到 1720 亿欧元，是道依茨公司的 100 倍以上。

尼古拉斯·奥托的儿子在事业上倒是走得更远：他创办了一家"巴伐利亚航空机械制造厂"，简称 BFW，主要生产飞机发动机。1917 年，BFW 重组为"巴伐利亚发动机制造厂"，简称 BMW，也就是我们熟悉的宝马公司。

戴姆勒和迈巴赫离开道依茨公司之后，不断改进奥托内燃机，增加转速，希望开发出汽油驱动的内燃机车。但是，公认的汽车发明人——卡尔·本茨（Karl Benz）领先一步，比戴姆勒更早制造出汽油机驱动的三轮汽车（见图 40-1），于 1886 年 1 月申请专利，同年获得授权（专利号为 DRP37435，DRP 指德意志帝国专利）。卡尔·本茨的三轮汽车被后人称为"本茨专利汽车 1 号"（Benz Patent-Motorwagen Nummer 1），先后生产了 25 辆，售价为 600 金马克，大约相当于 2020 年的 4000 多美元。就像整整 100 年之后的互联网产业一样，那个时候的汽车工业还是处于襁褓之中的婴儿，很少有人能预见到它的未来。

图 40-1 卡尔·本茨设计的第一辆三轮汽车

卡尔·本茨发明的汽车面临着很多问题。当时的欧洲路面条件很差，没有加油站，没有车辆保险，也没有 4S 店提供维修保养服务。本茨的妻子贝尔塔为了推广丈夫的发明，在没有告知本茨的情况下，自己驾车带着两个孩子完成了一百多千米的旅行，向世人证明新发明的汽车足堪使用。没有加油站，她就在沿途的药店购买汽油；遇到机械故障，她就用身边的各种小物件（如发卡和袜带）自己修理；链条坏了，她就找路边的铁匠帮忙。为了纪念这位人类历史上的第一位女司机，她驾车经过的路线被命名为"贝尔塔·本茨纪念之路"，几十年来都是德国巴登－符腾堡州的著名旅游路线。

贝尔塔的这次旅行证明，汽车已经是合格的代步工具。由此，汽车逐渐进入大众视野，为卡尔·本茨带来了巨大的经济收益。但是此时的汽车还面临一个卡尔·本茨始终没能解决的问题——内燃机的点火。

本茨使用的点火系统是用电池驱动的。当时的汽车上没有发电机为电池充电，电池电能耗尽后，点火系统就无法继续工作了，这极大地限制了汽车的行驶距离。此外，卡尔·本茨的点火系统与戴姆勒的点火系统非常相似。1896 年，戴姆勒以点火系统专利侵权为由把本茨告上法庭，本茨不得不向戴姆勒支付专利许可费。今天，戴姆勒和奔驰（本茨）这两个名字常常被人们视为一体，很少有人知道两家企业曾经因专利纠纷对簿公堂，而戴姆勒和本茨这两位汽车工业的先驱终生也没有互相说过一句话。

可能是因为这些原因，卡尔·本茨把点火问题称为汽车工业的"问题中的问题"。[1] 而最终解决这一问题的，就是博世公司的发明。

在卡尔·本茨发明汽车的同一年（1886 年），罗伯特·博世（Robert Bosch）在德国斯图加特开了一家"精密机械和电气工程车间"，是为罗伯特·博世公司的前身。开业后不久，一名客户请他仿照道依茨公司的内燃机点火系统，为其发动机制作一个点火装置。当时，道依茨公司的点火系统并没有申请专利，博世本可以照搬设计。

然而，照抄不是罗伯特·博世的风格：他在道依茨点火系统的基础上做了改进，用较小的、稳定的U形磁铁替换了笨重的条形磁铁，让点火装置更加稳定、性能更好（见图40-2）。改进后的点火装置很快就成为博世公司的拳头产品。1888年，罗伯特·博世的"精密机械和电气工程车间"先后生产了9个点火装置；到了1891年，产量就超过100个，占这家小企业销售额的50%以上，成为博世的核心与支柱业务。[2]

图40-2 最早的博世点火装置

以今天的视角来看，博世已经抓住了内燃机的机会，站在了时代发展的前沿。就像半导体革命和数字革命初期崛起的那些公司一样，博世立于新时代的浪潮之巅，眼前一片蓝海，机遇无限。人们常常会问，在高科技浪潮中兴起的企业能否抓住下一个浪潮，在时代更替中仍然屹立不倒呢？

博世做到了。

博世改进过的点火装置，和道依茨公司的点火系统一样，只能用于低速的固定发动机。点火装置工作时，电枢在磁铁中间前后往复运动，产生电流，在内燃机燃烧室里引发电火花。如前所述，道依茨公司的发动机主要用于工厂和磨坊，其体积庞大且笨重，转速较低，每分钟只能达到120转左右。点火装置的电枢运动速度大致与发动机转速匹配。随着科技的进步，固定发动机的转速提升到每分钟200~300转，但由于没有显著提升，博世的点火装置仍然可以工作。

然而，车用发动机与固定发动机不同，其体积更小，转速也更快。1897年，英国汽车生产商弗雷德里克·理查德·西姆斯（Frederick Richard Simms）找博世合作，希望让博世为其汽车设计一种自动点火装置。博世的一个学徒自告奋勇地测试西姆斯的三轮汽车，结果一头撞进了邻居的空酒桶堆，博世的工程师们这才意识到这辆车的发动机转速可以达到每分钟1800转以上，远远超过博世点火装置可以承受的范围。当时博世点火装置的电枢又重又大，如果要以这样的速度在磁场内运动，必然会导致设备严重磨损。

包括卡尔·本茨、戴姆勒在内的很多汽车工业先驱都在试图解决车用发动机的点火问题。传奇发明家尼古拉·特斯拉（Nikola Tesla）曾经发明过一种点火系统，还在美国申请了专利（专利号为US609250A，1898年），但是没能成功地产品化。

最终，博世公司在1897年设计了一种方案，避免了笨重的电枢高速运动可能带来的各种问题。这种方案不是让电枢在磁场内运动，而是把电枢固定，在电枢外部装设金属套管（见图40-3），由金属套管在磁场内做钟摆运动，从而产生电流。1897年6月，博世为这一方案申请了专利（专利号为GB189715411A）。

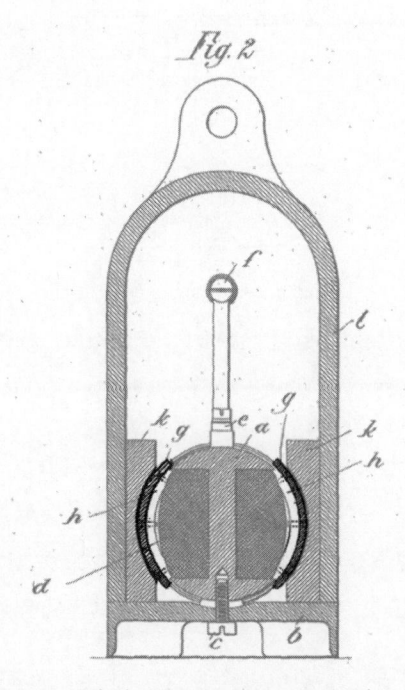

图40-3 GB189715411A号专利附图，颜色加深的部分为前文所述的金属套管

1897年秋天，博世公司第一次把电磁点火装置装在车用发动机上。这一思路已经在理论上解决了高速内燃机的点火问题，但并不完善，还依赖复杂的机械结构在燃烧室内制造断路，产生电火花。当时市面上的发动机设计各异，需要为每种机型单独设计点火系统；同时，机械结构容易损坏，需要定期维护保养。[3]

博世并未止步，继续改进其新产品。1902年，博世的工程师戈特洛布·霍诺德（Gottlob Honold）设计出第一款可大规模商用的点火系统，申请了专利，美国专利号为US802291A。与此前的设计不同，霍诺德用陶瓷材料作为绝缘体，用耐热合金作为电极材料，把两个分立的电极（discrete electrode，图40-4中的e和f）置于燃烧室内以产生火花。卡尔·本茨的汽车行业"问题中的问题"终于得到了根本解决。

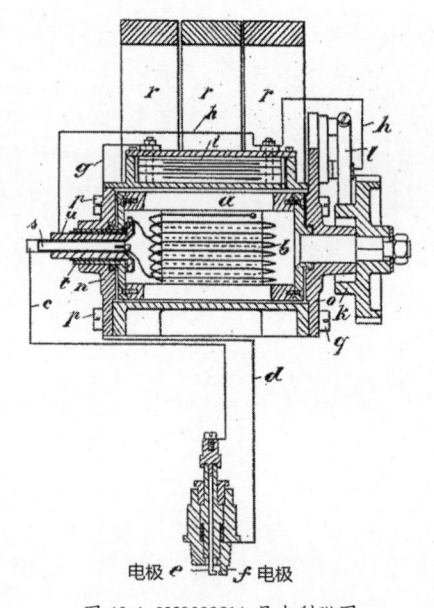

图40-4 US802291A号专利附图

如今，博世已经涉足多种业务，但其仍然是一家解决汽车问题的"方案提供商"，一百年来都在解决汽车行业的各种问题。

1897年到1902年间，博世一共制造了不到5万个电磁点火器；而霍诺德的发明投入市场之后，博世的订单爆发性增长，到1912年，点火装置产量突破100万。博世的点火装置售价不菲。1930年左右，一般中型汽车点火系统的售价约为200帝国马克，相当于一辆小型汽车总价的1/10，是博世普通工人月工资的两倍。[4] 直到今天，博世每年还要生产超过3亿个火花塞。[5]

从用于工厂和磨坊的低速固定发动机点火装置，到用于汽车的高速发动机点火装置，博世依靠核心技术，成功地扩展了核心业务的边界，进入了机遇与挑战更多的新行业，搭上了汽车工业的快车。就像21世纪初搭上互联网产业快车的IT企业一样，博世迎来了突飞猛进的高速发展期。

接下来，博世还要从两个方向进一步突破边界，以应对世界形势的风云变幻。

第 41 章 博世边界的拓展

第一次世界大战前夕，博世凭着点火装置和火花塞的销售收入，成长为一家颇具规模的国际化企业，其近 90% 的销售额来自国外市场。1912 年，博世的工厂有超过 4000 名工人，全球销售额约 3300 万德国马克。[1] 然而，1910 年代的欧洲局势阴云密布，德国与旧殖民帝国英法之间的矛盾已经无法调和。1914 年，第一次世界大战爆发。历史的车轮毫不留情地从德国土地上碾过，也让博世遭遇重创。

历时三年的第一次世界大战，让欧洲损失了一代年轻人，主要市场一片萧条。1917 年，德国战败，威廉二世逊位。从这一年开始，博世的专利不再有"DRP"（表示皇家专利）的前缀。博世在美国的工厂、办公室甚至商标商号都被美国政府没收，最终落入一家美国公司手中（我们在"更替篇"中讲过类似的故事。美国人从德国人手中攫取知识产权，也算是"传统美德"了）。在接下来的十几年时间里，美国公司公然挂着博世的名头出售竞品，而博世一筹莫展，直到 1920 年代末才重新拿回自己的商标。[2]

第一次世界大战之后，英美为保持欧洲均势，刻意扶植德国，反而让德国经济迅速发展，再次崛起。而博世也抓住了这个机会，全力发展主营业务，不仅在汽车工业技术上引领了一系列创新，也把自己的业务逐渐扩展到新的领域。

我们把博世的主要创新分成两类：第一类，在汽车行业内部突破边界，通过自己在行业内积累的经验和技术，解决本行业的新问题；第二类，在汽车行业之外突破边界，通过自己在汽车行业内积累的经验和技术，进入或创造新的行业。

在汽车行业，博世做出了不少关键性的改进和发明。1921 年改进的电喇叭、1926 年改进的雨刷、1927 年发明的柴油喷射系统和气动刹车系统，都使得博世的产品线不断拓宽。1936 年，博世还设计了 ABS（防抱死制动系统）的雏形，但因为技术能力所限，直到几十年后才重新启动研究，完善这一技术，使之成为业界标准。这些成果使得博世不再仅仅是一家点火器与火花塞生产商，而是一个真正的汽车"解决方案提供商"。难得的是，在涉足的所有这些细分领域，博世始终站在世界前列，在近百年的时间跨度下，其地位不曾动摇。

根据我们在 IncoPat 上的搜索结果，早期博世在德国的专利申请量明显偏少，在 1900 年代只有个位数，这可能是因为第二次世界大战导致德国早期专利文件被大量损毁，也可能是因为当时德国专利号以"DRP"而非"DE"开头，导致一些数据库没能被准确识别和收录。1900—1910年，博世在英国的授权专利为70件，在法国为68件，数量相当，均远高于在德国、美国的授权专利数。因此，在下文中我们姑且以其在英国的授权专利数为准。

从表41-1中可以看出，博世在20世纪的前10年，申请的专利几乎全部与点火装置有关。

表41-1 博世公司1900年1月1日至1910年12月31日申请的全部专利

公开（公告）号	标题	申请日
GB190000712A	爆燃式发动机点火装置的改进	1900/1/11
GB190007108A	磁电机构的改进或与之有关的改进	1900/4/17
GB190116062A	用于内燃式发动机的电子点火装置的改进	1901/8/9
GB190116063A	内燃机点火装置的改进及与之相关的改进	1901/8/9
GB190117249A	磁电机构的改进	1901/8/28
GB190201359A	爆燃式发动机点火装置的改进	1902/1/17
GB190501324A	内燃机或爆燃式发动机火花塞接线柱或导体的改进	1905/1/23
GB190511773A	汽油发动机等磁电点火装置的改进	1905/6/5
GB190523132A	内燃机磁电点火装置的改进	1905/11/10
GB190601507A	用于磁电点火装置的改进型集流器或连接装置	1906/1/19
GB190626982A	内燃机电磁点火装置的改进	1906/11/27
GB190701840A	内燃机火花塞的改进	1907/1/24
GB190707269A	内燃机火花塞的改进	1907/3/26
GB190715136A	用于内燃机电子点火装置的改进型接触断路器	1907/7/1
GB190724288A	内燃机电子点火接触断路器的改进	1907/11/2
GB190726435A	内燃机电子点火装置的改进	1907/11/29
GB190726436A	内燃机火花塞的改进	1907/11/29
GB190800897A	电磁火花塞的测试安装	1908/1/14
GB190800898A	电磁火花机轴承的改进	1908/1/14
GB190804137A	用电子点火启动内燃机的改进方法和装置	1908/2/24
GB190804257A	内燃机电子点火装置的改进	1908/2/25
GB190805298A	刀刃轴承的改进及相关改进	1908/3/9
GB190806157A	大型内燃机电点火装置的改进	1908/3/19
GB190807125A	有关发电机梭形电枢的改进	1908/3/31
GB190808190A	改进用于电子点火的断路器	1908/4/13
GB190813527A	内燃机点火装置的改进	1908/6/25
GB190814698A	磁电点火器碳刷架的改进	1908/7/10
GB190815262A	大型内燃机点火装置	1908/7/18
GB190820288A	磁电点火装置的改良端子	1908/9/26
GB190821568A	固定碳刷架的改进装置	1908/10/12
GB190823362A	碳刷架的改进	1908/11/2
GB190825547A	磁性点火装置及相关改进	1908/11/26
GB190825855A	磁电点火装置的改进	1908/11/30

续表

公开（公告）号	标题	申请日
GB190828442A	电磁设备绕组层绝缘的改进	1908/12/30
GB190828548A	磁性点火装置的改进	1908/12/31
GB190903511A	磁感应机电枢的改进	1909/2/12
GB190903759A	润滑磁电机点火装置断路凸轮的装置	1909/2/15
GB190915985A	内燃机火花塞的改进	1909/7/8
GB190918457A	内燃机点火装置的改进	1909/8/10
GB190918534A	用于电点火装置的多路分配器	1909/8/11
GB190920656A	用于内燃机点火装置的电流分配器的改进	1909/9/9
GB190922479A	电气设备绕组绝缘的改进	1909/10/2
GB190925236A	内燃机火花塞的改进	1909/11/2
GB190927103A	与磁性点火装置、电流分配器或类似装置中的碳保持器有关的改进	1909/11/22
GB190930049A	内燃机火花塞的改进	1909/12/23

在这些专利中，值得关注的是1909年2月申请的一件"润滑磁电机点火装置断路凸轮的装置"。如前所述，博世的早期点火装置是通过断路产生电火花的，而断路器用凸轮控制，凸轮的运动需要润滑油。此外，电枢等部件的运动也需要润滑油。这个发明显然是博世核心产品研发中的衍生成果。

从这件凸轮润滑装置专利开始，博世申请了一系列涉及润滑泵（lubricating pump）的专利。1910年，博世申请了GB191022857A号专利（见图41-1），这是一种"用于把油分配到需润滑的位置的方法与装置的改进"；以及GB191023661A号专利，这是一种"用来监控润滑泵供油的方法与装置"，利用活塞泵和滑动阀精确控制润滑油的滴灌。不久后，博世略微拓宽了产品线，开始生产和销售一种润滑油加油器（oiler），可用于大型车辆引擎和固定发动机，能够相当准确地控制滴灌的油量。[3]

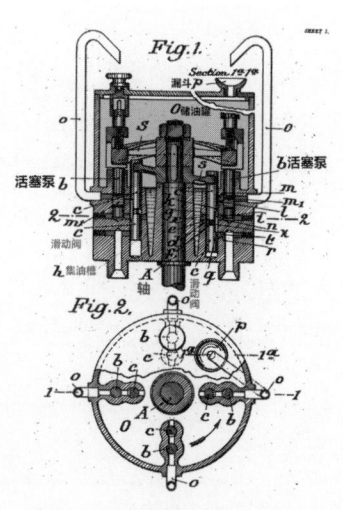

图 41-1 GB191022857A 号专利附图

从点火装置用的润滑装置到专门的加油器，这些看似不起眼儿的技术与工艺，经过长期积累，终于在十几年后大放异彩。

1892年，德国人鲁道夫·狄赛尔（Rudolf Diesel）发明了柴油发动机（专利号为DRP67207）。他的发明取得了一些商业成功，但也遇到不少技术问题，饱受非议。后来，狄赛尔投资失败，晚景凄凉。在第一次世界大战前夕，狄赛尔在英吉利海峡的渡轮上神秘失踪，他的技术也未能充分完善。

狄赛尔失踪后，柴油机经过后人的不断改进，重新获得业界的高度关注。到1920年代，一些专家认为，柴油发动机可能会取代汽油发动机，成为下一代内燃机车的核心。

柴油机和汽油机不同，它是通过高压和热量引燃燃料的，不需要点火装置。如果柴油机最终取代了汽油机，对于博世这样一家以汽油机点火系统和火花塞为核心产品的公司，必然是灭顶之灾。如果当真如此，博世的故事可能放在"更替篇"中更加合适。当然，柴油机并没有取代汽油机，博世的点火系统和火花塞业务也没有被其他公司取代。相反，博世针对新技术开发的新方案，在为业界解决了重大技术难题的同时，也为公司带来了新的发展方向。

面对柴油机的挑战，博世迅速做出了反应。1922年，博世开始开发柴油喷射装置，把柴油喷射进燃烧室。博世在这方面的经验，主要来自1910年代润滑油滴灌装置的技术积累。在博世官方发布的《博世汽车——产品史》（英文名称为"Bosch Automotive – A Product History"）中写道："博世从此前润滑泵的开发经验中受益良多。这些润滑泵，亦即博世加油器，能够在高压下把精确数量的液体准确传送到引擎的特定位置——这基本上就是燃料（指柴油）喷射泵要做的事情。"[4]

1926年，博世发布了第一批柴油喷射系统的原型机，到1927年年底，交货量达到1000件左右。不久，博世又在柴油机调速器（governor）上做出了重要创新。1930年5月29日，博世在美国申请了US1974851A号专利，标题为"内燃机调速器"，是博世同期专利中被引数最高的专利之一。

从图41-2可以看出，凸轮控制活塞泵，用活塞泵和滑动阀来调整液体在压力管道里的流动。这与博世早期润滑油加油器的关键部件与运作方式几乎完全一致。

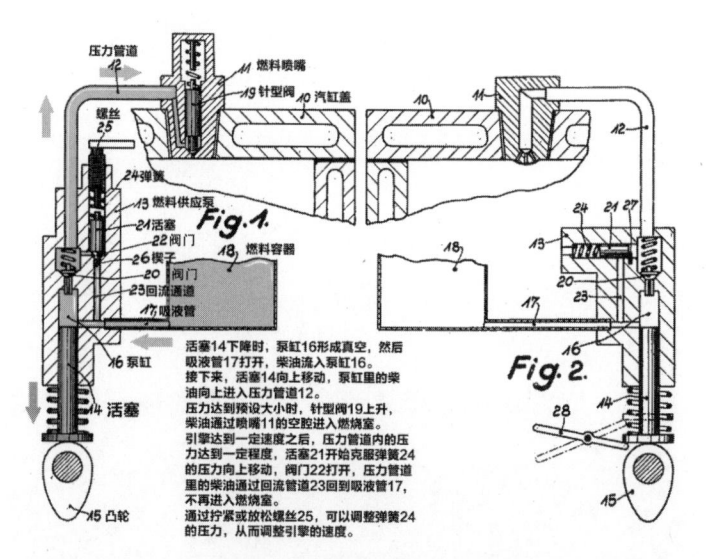

图 41-2 US1974851A 号专利附图 2

1930 年代，欧洲大陆的主流内燃机车企业越来越多地用柴油机驱动卡车和农用车辆，它们大多数都使用了博世的柴油喷射系统。例如，奔驰公司推出的世界上第一款批量生产的柴油机乘用车梅赛德斯－奔驰 260 D，就使用了博世的柴油喷射系统。

柴油喷射系统的主要部件对工艺要求很高，不可能由客户自行组装。因此，博世出售的不是单独的零部件而是整套系统，包括喷射泵、管路、燃料供应泵、燃料过滤器、喷嘴、喷嘴夹持装置，以及用于冷启动的电热塞。博世长期积累的精密机械加工技术，保证了所有部件能精确配合。

1986 年，博世推出全球第一款电子控制的柴油分配泵和管道泵。1997 年，博世又与奔驰联合开发了共轨柴油喷射系统 (Common Rail System)，这一技术成为 21 世纪柴油发动机的主流技术。[5] 历经近百年的时间，博世一直是全球顶尖的柴油机系统供应商。

柴油喷射系统并不是博世最早的"系统"级产品。根据《博世汽车——产品史》所述，博世从单一零部件生产商跃升为解决方案提供商的里程碑产品，是其在 1910 年代开发的车用照明系统。[6]

从 1900 年代到 1910 年代，博世申请的专利主要集中在点火装置和火花塞上，IPC 主分类号多为 H01 和 F02。包括润滑油加油器在内，绝大多数专利都与发动机相关。事实上，在 1912 年左右，博世的产品线非常单一：除了点火装置和火花塞，就只有润滑油加油器了。[7]

1914年到1915年，博世的研发进入了新的领域，开始申请涉及车灯的英国专利（如GB191325497A、GB191505184A、GB191508047A和GB191508180A）。1915年，博世又申请了第一个涉及汽车喇叭的英国专利GB191504603A。很快，博世就推出了自己的汽车车灯和汽车喇叭产品。

博世并不是车灯的发明人。在博世开始申请车灯相关专利时，车灯已经得到广泛应用。德国法律从1909年起要求所有汽车都必须安装两盏前灯，欧洲大多数国家也开始有类似的规定。与我们熟悉的现代车灯不同，当时的主流车灯不是电灯泡，而是电石灯（见图41-3）。

图41-3 左图为矿工使用的电石灯（并非车用，配此图是因为可以看到明火），右图为车辆上的电石灯，加装了玻璃灯罩[1]

以电石灯作为汽车前灯存在一些不便之处：引燃和更换过程非常麻烦，灯光穿透力弱，电池的续航能力不能确保车灯的长期运作。为了解决这些问题，博世为车灯提供了一个专门的车用发电机，和车灯一起打包出售，GB191505184A号和GB191508047A号专利就是这一解决方案的体现。

这两件都是关于车灯电路和开关的专利，在这两件专利中，为车灯供电的电源除了电池，还包括一个车用发电机。这个发电机由汽车发动机驱动，如果汽车停下，发动机不再转动，就会通过最低电压断路器把发电机从电路中断开。在这一设计的基础上，GB191505184A号专利为最低电压断路器提供了一个开关。当开关开启并连接发电机、电池和车灯时，最低电压断路器与电路相连；在其他情形下，最低电压断路器会从发电机电路中断开。GB191508047A号专利则为电路的开关增加了保险机制，确保无论车灯与一个电源还是两个电源（电池和发电机）连接，只要车灯处于开启状态，都必须先完成特定操作才能关闭车灯，以防用户在夜间行驶时

▼ 1 本图摄影作者：Stahlkocher。本图基于知识共享协议（CC-BY-SA-3.0）共享。关于详细版权信息，请参阅"图表链接.pdf"文件。

误操作而关掉车灯。

1913 年，博世开始销售成套的前车灯系统，整套系统除了车灯本身，还包括发电机、电压调节器和电池。这种新的商业模式奠定了博世作为"解决方案提供商"的基础。从 1920 年代开始，博世又开发了针对自行车和摩托车的车灯，到了 1930 年代，其产品线扩展到雾灯、远光灯、尾灯和刹车灯等领域。很快，博世就成为世界顶级的车辆照明系统生产商，并保持这一地位直到 1999 年车辆照明业务被剥离。而早期照明系统中使用的发电机则发展为独立的产品线，至今仍然是博世的一个重要业务部门。

从申请的专利可以很明显地看出，博世在推出第一款照明系统时，其技术积累与电灯本身几乎没有关系。当时的博世既不生产灯泡，也不生产电石灯，没有与照明设备直接相关的产品或专利；其最熟悉的领域是发动机、电机、电路和相关的机械结构。然而，博世偏偏就利用自己熟悉的电机技术，结合市面上常见的产品和新的商业模式，抓住了法律强制要求安装车灯的机会，开辟了新的产品线。

除了从自己熟悉的领域切入，博世还摸索终端用户的需求，从消费者体验的角度开发新产品。博世关于车灯的最早的英国专利 GB191325497A 就是典型例证。无论车灯采用早期的电灯泡还是电石灯，总免不了要频繁更换，而更换时用户很容易刮花或弄脏灯泡后面的反射凹镜，影响照明效果。为了解决这一问题，博世在 GB191325497A 号专利中提出把反射凹镜和灯罩玻璃固定在一起，两者不可拆分；车灯后部安装铰链，可以把车灯向下旋转后，从车灯后部拆卸和安装灯泡。GB191505866A 号专利则改进了玻璃灯罩上辅助反射镜的安装方式，避免反射镜本身遮挡车灯光线。从今天的视角来看，这几件关于车灯的专利并不复杂，但它们说明博世跳出了自己的舒适区——其创新点完全在 C 端用户的体验上，既不涉及点火系统，与发动机和电动机完全没有关系，服务对象也不是博世熟悉的 B 端用户。

与之类似的还有博世的汽车喇叭专利。汽车喇叭并非博世的发明，而是爱迪生手下的工程师米勒·里斯·哈奇森（Miller Reese Hutchison）在 1908 年发明的。在此之后不久，博世就开始提交涉及车喇叭的专利申请。在 1915 年申请的 GB191504603A 号专利中，博世指出，汽车喇叭通过振膜的振动发声，而汽车车身的振动与振膜的振动叠加会产生干扰，导致喇叭的声音不和谐，让人听起来不舒服。为了解决这一问题，博世借鉴管风琴的原理，把车喇叭设计成上端封闭、下端开放的柱状竖管。GB184155A 号专利则改进了这类汽车喇叭的安装固定方式。其权利要求 1 写道："带有振膜的喇叭固定装置，在板弹簧或一束板弹簧的一端安装喇叭，另一端安装在如说明书中描述的坚硬支撑主体上。"这种设计的目的是让振膜与喇叭口尽量远离，尽量减小车身振动对喇叭声音的干扰。

1921 年，博世推出了具有自己特色的汽车喇叭，如图 41-4 所示，其发声部分位于上方，用弹性件固定在车头，而开口朝下，专利附图见图 41-5。从这一产品开始，直到 100 年后的今天，汽车喇叭始终是博世的重要业务领域，而博世也一直是大多数主流汽车厂商的喇叭供应商。

图 41-4　1920 年代博世的汽车喇叭广告　　　　图 41-5　GB184155A 号专利附图

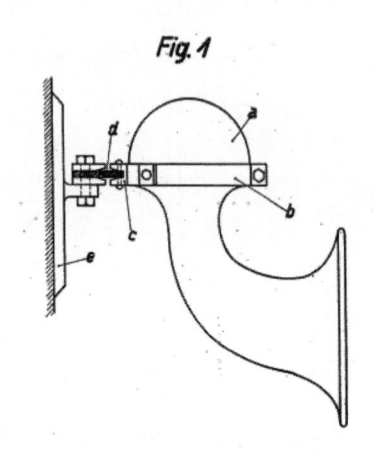

博世的车喇叭和照明系统产品，与前述柴油喷射系统的拓展方向不同。柴油喷射系统是博世将自己积累的技术应用于新领域的成果，而车灯和喇叭则是基于对用户需求的深入理解，从无到有开发出来的产品。这些产品也许可以代表企业开拓边界的不同方向。如前所述，在每一个取得突破的领域，博世都站稳了脚跟，屹立近百年而不倒。

博世在汽车市场的这些细分领域具有长期的稳固地位，不仅因为其最早进入市场，更因为其坚持创新。

1920 年代，汽车速度不断提升，可达到每小时 80 千米以上。刹车技术的发展越来越难跟上车速提升的步伐。1927 年，博世从 Dewandre 公司取得了一件气动刹车系统的专利许可，并在此基础上推出了自己的刹车系统，让刹车距离缩短了 1/3。之后，博世不断改进刹车技术。到 1936 年，博世公司设计出了一种"避免发动机车车轮锁死的机制"，在德国申请了专利（专利号为 DE671925C）。该专利被公认为是 ABS 系统的雏形。

1930 年代，工业界所能实现的机械控制能力还很有限。博世虽然申请了专利，但没有能力把这个发明产品化。直到 1960 年代，随着半导体技术的发展，电子工业突飞猛进，可以精确而有效地控制机械结构、增加或减少刹车压力。1969 年，博世重启了 ABS 系统的开发工作。

当年 12 月，博世申请了新的"防止锁死的车辆刹车系统"专利（德国专利号为 DE1961039A1，英国专利号为 GB1328127A）。

当时，位于德国海德堡的一家公司 Teldix GmbH 已经从事了 5 年的研究工作，开发出了世界上第一款车轮防抱死系统，可以独立控制 4 个车轮，称为"ABS"。Teldix 系统的关键部件是它的低惯量阀（low inertia valve），每秒钟可以产生 60 个脉冲，是本迪克斯（Bendix）、邓禄普等公司生产的同类设备的 10 倍以上。Teldix 是德律风根（Telefunken）和本迪克斯（Bendix）两家公司合资成立的，最早的主营业务是为 F104 战斗机生产航空电子设备，它的低惯量阀也是为航空设备设计的。Teldix 进行了大量的测试，其 ABS 系统已经能够正常运作，但是电子部件不够耐用。

1973 年，博世收购了 Teldix 的一半股份，两家公司开始联合研发 ABS 系统，博世发挥自己的特长，提高电子部件的耐用性。1973 年为"具有监控电路的制动防抱死系统"申请了专利（US3874743A）。1975 年，博世完全接手了 ABS 系统的开发工作。1978 年，博世在两家公司联合研发工作的基础上推出了 ABS2，成为业界标准。

第 42 章 新的边界——从理发器到电钻

从一个较长的时间跨度来看，20 世纪初的汽车工业与 21 世纪初的互联网产业一样，代表着人类高新技术的发展方向，其长期趋势是向上的，尽管中间也不乏反复。正如互联网产业在 2003 年、2008 年两度遭遇危机，汽车工业也先后经历多次危机。

1920 年代的经济危机使方兴未艾的汽车工业遭受到前所未有的冲击。在这一背景下，博世开始实施产品多样化战略，成功地从一家小型汽车零部件供应商转型为一个现代化的跨国电气工业集团。当时博世推出的新产品包括家电、个人护理用具和电动工具等，而电动工具无疑是其中最特别的产品线——它从无到有地开创了一个全新的市场，使"博世"这个名字几乎成为电动工具的代名词。今天的博世仍然是全球电动工具市场中的佼佼者。

博世官方网站的"History Blog"栏目中，有一篇名为《第一件博世电动工具：一款剪发器》（英文名为"The First Bosch Power Tool - a Hair Trimmer"）的文章。该文章指出，在 1920 年代遭遇汽车工业危机时，博世不得不另辟蹊径，拓宽产品线。工程师恩斯特·艾斯曼（Ernst Eisemann）做出了一把精巧的电动推子（剪发器）。罗伯特·博世迅速指示将这个发明产品化，用博世的材料制作外壳，并采用博世自产的电机，由博世子公司 Eisemann 生产和销售。

关于这款剪发器的具体技术细节，博世官网的这篇文章并未详细说明。我们找到了博世公司在这一时期的相关专利（专利号为 GB306028A）。如图 42-1 所示，这件专利并不复杂，所有权利要求保护的都是绝缘材料的使用。

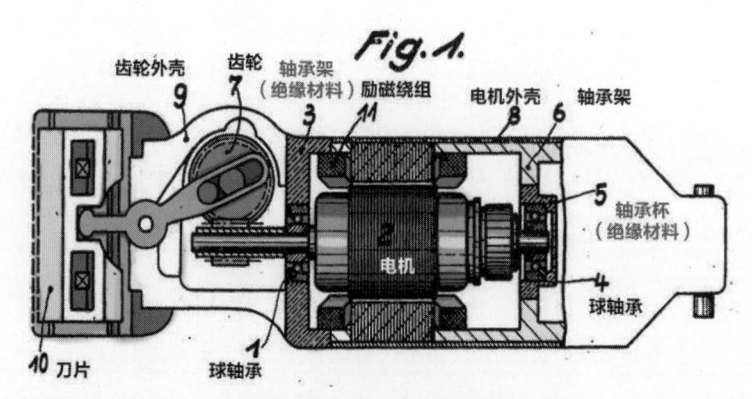

图 42-1 GB306028A 号专利附图

这款剪发器的产品名叫 Forfex，它取得了一定的商业成功，但算不上什么划时代的产品。不过 Forfex 的设计启发了博世开发轻型电动工具的灵感，使其开辟了一个全新的市场。当时，博世的工程师们正在全力研发新的柴油喷射系统，他们发现 Forfex 电机带动电机轴旋转的机制，完全可以用来改进他们手中的磨盘和螺丝刀。于是，工程师们调整了 Forfex 电机转子的周长、电枢线圈的直径和数量，在不到 6 周的时间内，设计出了一个空转速度（idling speed）可以达到 16,000 转、功率为 30 瓦（Forfex 为 8~10 瓦）的电机，其能够持续运转上百小时。

剪发器和电动打磨工具在基本结构上没有太大差别，都是用电机驱动电机轴旋转，带动前端的工具部分运动；而且，齿轮外壳、轴承架、励磁绕组和电机外壳等部件的布局几乎没有区别。只不过剪发器电机驱动的是刀片，而电动工具驱动的是磨盘或螺丝刀刀头。

与剪发器不同，博世的电动工具是由电机轴通过两个皮带轮带动主轴转动的，电机轴和带有磨盘或螺丝刀刀头的部件不在同一条直线上。这种设计使主轴的底部更靠近手柄，可以提供更好的支撑。此外，电机轴直接驱动的皮带轮后部安装有风扇盘，皮带轮转动时风扇盘也会转动，达到为电机散热的目的。电机外壳有多个散热口，通过它们排出气体。这些创新点都写在了 US1990035A 号专利的权利要求中（见图 42-2）。这些细节表明，博世的电动工具是充分考虑了用户需求的全新产品，并非简单拼凑现有部件的产物。

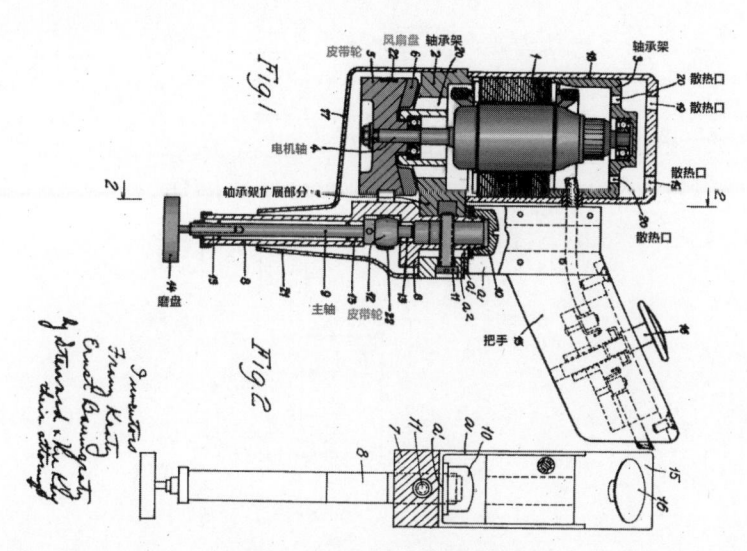

图 42-2 US1990035A 号专利附图

如前所述，在电动工具领域，博世至今仍然是全球首屈一指的企业。

在第二次世界大战期间，博世半数以上的工厂被炸毁；作为德军的供应商之一，战后博世也被盟军清算，损失巨大。此后，博世开始了艰难的重建过程。一方面为盟军车辆生产火花塞，另一方面开始回收废旧头盔等废钢废铁，回炉铸造铁锅出售。

或许是在熔铁造锅的过程中积累了经验和客户，博世开始把目光投向厨房，开发电动厨房用具。1951 年，博世在法国申请了 FR1034398 号专利（图 42-3 为其附图），次年推出了 Neuzeit I 型多功能电动厨具。和博世的多功能电动工具一样，这种厨具以旋转电机为核心部件，并以可更换的旋转部件实现切、削、搅拌、研磨等功能。博世不断改进这个产品，包括改进奶油搅拌功能（专利号为 FR1116305，1954 年）、改进离心榨汁功能（专利号为 FR1208920，1958 年）等，这个产品线也一直保留至今。1953 年，博世又用功率更大、体积也更大的旋转电机设计新产品，开始申请洗衣机专利（专利号为 DE1036802 等的专利）。

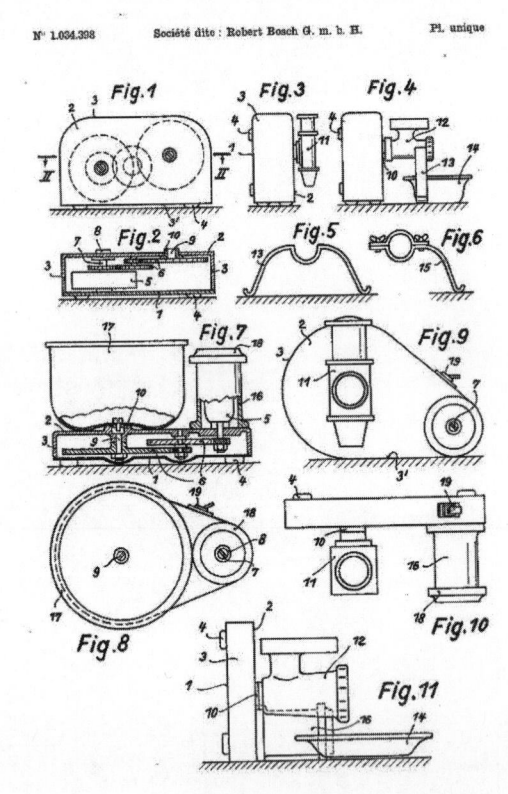

图 42-3　FR1034398 号专利附图

今天，博世的电动工具、厨具和家用电器同属于博世的消费商品事业部。该事业部在 2023 年的总收入为 199 亿欧元，占博世集团总收入的 22.2%。[1]

博世的崛起是第二次工业革命的结果。然而，博世并没有停留在第二次工业革命的核心驱动力——发动机上，没有满足于仅做发动机的零部件供应商，而是抓住了汽车工业快速发展的机遇；而且，伴随着汽车工业的突飞猛进，博世在家电和小家电领域也开辟了新的战场。

博世在自身核心业务（发动机点火装置）的基础之上，不断突破边界，开拓了多个新的业务领域。有的是核心业务的技术及工艺积累的副产品（如加油器），有的是基于对汽车行业和用户需求的深入了解而开发的新品（如照明系统和车喇叭），有的是行业重大技术问题的解决方案（如柴油喷射系统），有的则完全突破了行业的界限（如电动工具），开辟了全新的市场。

笔者用服务用户/客户的数量，以及能够给企业带来的利润多少来定义核心区、羁縻区和过渡区。企业最具竞争力的业务、内部最头部的产品或服务，是核心区。低速发动机的点火装置是博世初创时期的立身业务、最初的根据地，毫无疑问是第一块核心区。到了20世纪，汽车发动机的点火装置成为新的核心区。这一时期博世在汽车和电动工具领域的各种尝试，是突破边界建立的羁縻区。

企业通过羁縻区的尝试，新业务初步获得了用户/客户的支持和拥护，可以给企业带来回报，此时的羁縻区转变为过渡区。而过渡区的业务转变为企业的核心甚至头部业务时，就变成新的核心区。今天，博世早期的开创性边缘业务——汽车方案、消费电子和电动工具，都已经成为核心区，支撑着企业80%以上的营收。

博世崛起的1920年代恰逢美国经济腾飞的"柯立芝繁荣"（Coolidge Prosperity）时期。"柯立芝繁荣"的三大支柱分别是建筑、汽车和电气，而博世最重要的两次边界开拓恰好就是在汽车和电气领域，因此牢牢地抓住了时代的脉搏。那些能够维持数十年甚至上百年领先地位的欧美巨型企业，多少都有这样的过程：基于核心业务创新，再基于新业务进一步创新，步步为营，不断开拓新的边界。

必须指出，我们从专利角度提出的"边界拓展"不能与企业的"多元化"画等号。1960年代，美国经历了一次企业多元化的浪潮，这也是第二次世界大战后美国第一次大规模的以集团化（conglomeration）和多元化（diversification）为特征的企业并购潮。然而，在1980年代，美国发生了第二次企业并购潮，逆转了多元化的过程，回归专业化（specialization）。[2]

1960年代发生的企业并购往往是友善的、无敌意的，少用现金而多用股票换购，收购对象往往与公司主营业务无关联。1974年的一份报告显示，1959年"财富500强"中单一业务的公司占22.8%，到1969年降至14.8%；相反，没有支配性主营业务的公司比例从7.3%增加到18.7%。[3]

这一趋势背后有金融方面的原因：当时的美国经济运转良好，企业现金流充裕，估值普遍偏高；而企业的经理人又不愿意将大量现金作为股息分配，因此用估值偏高的股票换购有潜力的小企业就成为一种自然而然的选择。同时，在1960年代和1970年代，美国政府严格执行反垄断政策。如"兴衰篇"所述，IBM和AT&T这样的顶尖科技公司尽管拥有大量专利，却只能在"同意令"的约束下，把技术低价许可给竞争对手，例如在下文要讲到的施乐，就在反垄断部门的逼迫下，失去了自己十几年积累的专利壁垒。在严厉的反垄断政策下，美国的大公司——尤其是"财富500强"级别的公司，普遍不敢收购同行业的企业，只能在主营业务之外寻找新的出路。

由于这一原因，1960年代的投资者也看好多元化收购。有研究显示，在1960年代，美国的上市公司收购与主营业务没有关联的企业时，收购方的市值平均增加了800万美元；相反，在收购同行业的企业时，市值平均降低了400万美元。

1960年代的多元化潮流，在很大程度上是特殊时代和特殊政策的产物，与我们提出的"边界拓展"不同。事实证明，这种盲目的扩张很快就被历史抛弃了。

1980年代，美国出现了第二次世界大战后的第二次企业并购潮。这次的并购规模大了很多，火药味也更加浓厚。在1980年的"财富500强"中，有143家在1989年以前至少有一次被收购的记录。很多收购是带有敌意的，通常引起被收购方的激烈反抗。在本篇的后半部分，我们还将讲述迪士尼在这一时期遭遇恶意收购，经由著名的"拯救迪士尼"运动而浴火重生的故事。

这种变化仍然与美国的反垄断政策相关：里根政府上台以后，反垄断部门对专利维权的态度发生了180°转变。如"兴衰篇"所述，新政策下的专利司法改革让德州仪器凭借专利诉讼大翻盘，也让专利许可收入成为IBM的重要现金来源。同时，政府对同行业之间收购的监管也大大放松。这样一来，许多大企业积极收购同行业的小公司，而一些在1960年代多元化浪潮中变得过分臃肿的大企业也趁这个机会把与主营业务无关的部门剥离出来。对这种变化，投资人普遍喜闻乐见。1980年代的企业在收购同行业的企业时，其股价会上涨；而收购业务不相关的企业时，股价往往大幅下跌，柯达收购斯特灵药业（Sterling Drug）事件就是一个典型的例子。

如果说IBM和德州仪器是时代的受益者，那么柯达就完全是时代的弃儿了。反垄断政策的转变对专利司法和企业并购的影响，让柯达吃尽了苦头：一方面，因为在与宝丽来（Polaroid）的专利侵权案中惨败，支付了史上最高的罚金；另一方面，对斯特灵药业的收购逆历史潮流而动，导致投资人纷纷撤资。柯达在付出巨大代价完成这笔巨额收购后，市值反而狂跌20亿美元。

这两个事件都为柯达后来的失败埋下了伏笔。

有人认为 1960 年代的多元化浪潮使美国企业优化了资源配置，因为同一企业下的各部门之间的资源配置优于独立的不同公司间的资源配置。也有人认为，这种多元化浪潮是职业经理人把个人目标置于公司利益之上的结果。1980 年代的并购潮证明，1960 年代的多元化并不成功，曾经盲目扩张的公司开始剥离无关业务；一些公司即使没有意识到错误，也会有收购者主动出击，替它们剥离无关业务。

博世公司早期的边界拓展之路，与这种政策驱动的多元化完全不同。在我们分析的几个例子中，博世开发的新产品通常紧密依托于自身的核心技术：要么是对核心技术的创新应用，要么是将核心技术与用户需求相结合，再加上持之以恒的不断创新，博世因此在新的领域站稳脚跟，屹立百年而不倒。我们认为，依靠自身技术，以产品或用户需求驱动的多元化才是正确的发展方向；而因政策或金融市场变化而进行的多元化只能是一种歧途。如同武侠小说里的修炼内功，自己练出来的内力随时都能运用自如；要是吸取别人的内力，如果处理不当或压制不住，就可能随时反噬自身。

第 43 章 施乐核心区的建立：从影印术到静电复印术

静电复印术是一位专利律师的发明。如果发明人自己就是一位专利律师，很多人可能会对这样的发明抱有疑惑态度，因为以专利从业者的身份完成发明并撰写专利，然后出售给非实体企业并从中获得巨额利润，这难免不让人误以为是专利流氓。事实上，历史上最早的专利流氓就是一位专利律师，而最早的专利流氓起诉实体企业案距今已经超过 100 年。

1879 年，纽约专利律师乔治·赛尔顿（George Selden）认为汽车有可能成为未来的主要交通工具，于是向专利局提交了名为"公路引擎"的专利申请（专利号为 US549160A）。赛尔顿用宽泛的权利要求来保护一种公路机车，其部件"包括驱动轮和转向机构的适于行驶的设备；一种压缩式液态烃燃气发动机，包括一个或多个动力缸；一个合适的液体燃料容器；一个与推进轮连接并布置成比推进轮运行更快的动力轴；一个中间离合器或断开装置；以及一个适合于输送人员或货物的合适的车厢体"。赛尔顿从来没有造成过一辆车。他很清楚，当时发动机的技术尚不成熟，汽车工业也未成气候，于是故意拖延时间，静待时机到来。当时，专利申请人对美国专利局发出的通知进行答复的期限为两年，相关的程序性规定也不成熟。赛尔顿充分利用了当时的程序规则，把所有能拖的程序都拖到最后一刻，直到 1895 年才获得专利授权。此时，一些公司已经开发出了真正实用的汽车发动机技术，而赛尔顿的授权专利就成了悬在这些公司头上的达摩克利斯之剑。

1899 年，赛尔顿把 US549160A 号专利转让给企业家威廉·C.惠特尼（William C. Whitney）旗下的 EVC 公司（Electric Vehicle Company）。EVC 是早期电动汽车行业的先驱，在 19 世纪末成为全美最大的汽车生产商之一。到了 20 世纪初，EVC 的产品出现质量丑闻，无法应对非电动汽车的竞争。EVC 寄希望于专利许可带来的额外收入，发起了一系列诉讼，试图向所有汽车生产商收取每辆汽车售价 5% 的许可费。

1900 年，赛尔顿和 EVC 首先起诉了当时最大的汽车生产商温顿公司（Winton）。温顿花费了巨额律师费，希望无效赛尔顿的专利，但没能成功。1902 年，汽车行业的主要大公司采取了"打不过就加入"的策略，成立了"授权汽车生产商联合会"（Association of Licensed Automobile Manufacturers，ALAM），与塞尔顿和 EVC 谈判。双方达成协议，加入 ALAM 的公司仅需支付汽车售价的 1.25% 作为许可费，并且能够代替 EVC 运营赛尔顿的专利，有权对其他汽车公司提起专利诉讼。温顿也加入了ALAM，以此换取EVC撤诉。ALAM很快成为汽车行业的卡特尔组织，决定着整个行业的准入门槛。

1903年，亨利·福特（Henry Ford）建立了福特汽车公司（Ford Motor Company），向ALAM申请专利许可。此时，ALAM已经不希望新的竞争者进入汽车行业，以福特此前的失败经营史为由，拒绝给他授权，并威胁要起诉福特汽车公司。福特汽车公司继续销售自己的汽车，并且打出"只卖900美元，托拉斯（指ALAM）同样的汽车卖1500美元"的广告。ALAM随即起诉福特汽车公司专利侵权。

福特汽车公司和ALAM的专利侵权案持续了8年，直到1911年才审结。法院最终判定赛尔顿的专利有效，但是福特汽车公司未构成侵权。在判决中，法官对赛尔顿的专利进行了较窄的解释，认为该专利仅适用于过时的布雷顿型（Brayton-type）发动机，而福特汽车公司及当时的主流汽车都采用的是奥托型（Otto-type）发动机。因此，尽管赛尔顿的专利仍然有效，但已没有任何实际价值。法官在判决书中指出："如果他（指发明人赛尔顿）的眼光足够长远，可能会得到一个范围很广的专利，就像巡回法院认定有效的这件专利一样。和其他许多发明家一样，他对实现特定目标的方式有一定的概念，但他走错了方向。当时，布雷顿型发动机是领先的技术，他自然而然地被这种技术所谓的优势吸引，选择了这种类型。从我们了解到的事实中可以看出，如果他能够认识到奥托型发动机的优势……他的专利就会覆盖当代的汽车发动机。但是他没有这么做。"

该案件受到媒体的广泛关注。由于全社会对垄断集团的反感，福特在胜诉后被认为是"大众英雄"（folk hero），获得了民众的普遍爱戴。福特后来在自传中说："福特汽车公司的所有广告，可能都无法与这件案子相比。"EVC在1907年破产，退出了历史舞台。

这个故事给我们两个启示：首先，依靠法律知识编造的专利，终究不如那些能将产品和客户需求紧密结合的专利有价值；其次，美国人在专利领域搞歪门邪道的历史已经超过一个世纪，对于我国的专利从业者而言，学习美国人玩这种花样，是以己之短攻彼之长，在国内只会搅乱市场秩序，影响我国专利制度的健康发展，在国际市场上也不会有什么前途。所谓"重剑无锋，大巧不工"，对于真正的科技企业而言，专利流氓不过是疥癣之疾，产品力才是王道。

静电复印术的发明人切斯特·卡尔森（Chester Carlson）也是一位专利律师，并且是长期效力于企业的资深知识产权专家。和乔治·赛尔顿不同，这位专利律师把数十年的时间和精力投入枯燥的实验中，最终发明了静电复印术，为我们的办公室生产力做出了巨大贡献。

切斯特·卡尔森出身贫寒，早期的求学和职业生涯都不顺利。因为家境贫困，他在就学期间曾经同时打三份工，耽误了大量学业，导致高中不得不复读一年。毕业后，他几经辗转才进入梦想中的加州理工学院。当时，加州理工学院的学费大约为 260 美元一年，卡尔森无力承担，只能一边借钱一边打工，毕业时已经是负债累累。更加不幸的是，卡尔森获得物理学学士学位的那一年，正赶上美国前所未有的大萧条时期。在投递了 80 多份简历之后，卡尔森终于被贝尔实验室录用，后转岗到专利部门，从此长期从事专利工作。1933 年，在大萧条的后续影响下，贝尔实验室大规模裁员，卡尔森被迫离职。又过了一段时间，他才在一家名叫 P. R. Mallory 的公司谋得一份专利主管的稳定工作。

虽然很早就离开了研发岗位，但卡尔森始终保持着一颗发明家的心。和那些沦为专利流氓的专利从业者不同，卡尔森并不打算利用法律知识凭空设计一个发明来坐收渔利（尽管他确实因为自己的发明赚了大钱）；他的发明完全基于实际需求，目的是解决专利工作中最大的痛点——复印问题。

今天的专利工作者大多已经实现了无纸化办公，配备了大屏幕双显示器、千兆专线网络，还有各种专利数据库提供软件工具辅助阅读。年轻的一代已经很难想象，从 1990 年代到 2000 年代初，中国的第一批专利工作者在低劣的网络条件下，是如何面对闪瞎人眼的小屏 CRT 显示器工作的。更难想象的是，100 年前的专利工作者既没有计算机，又没有互联网，很多材料都必须亲自前往专利局索取，他们又是如何面对复杂的案牍工作的。更不要说在那个时候，专利工作者甚至连一台可靠的复印机都没有！当时的主流复印技术叫作"影印术"（Photostat），操作复杂，需要几分钟的时间才能复制一页文件。即便如此，影印术也支撑着一个不大不小的产业——当时打字员还是一个专门的职业，用粗糙的技术复印一份文件总比请一位打字员和排版师傅省心得多。

图 43-1 是 1913 年关于 Photostat 的一份广告。广告正文强调：Photostat 复印机复制的文档"不会出错"，无须校对，和原件一模一样。在今天，任何一款带有复印功能的设备都不可能这样做广告——复印件的内容如果和原件有任何不同，那还能叫复印件吗？但是在 Photostat 技术被发明以前，文件的复制只能靠打字员手动输入；如果对插图和版式有要求，还得请专门的画师和排版师。在大多数时候，原件与复印件内容一致这种简单的要求几乎就是一种奢望。尽管 Photostat 技术较为粗糙，但也算得上是划时代的技术创新了。

图 43-1 1913 年关于 Photostat 的一份广告

当时，施乐公司的前身哈罗德摄影公司（Haloid Photographic Corporation，下文简称为"哈罗德"），就是一家以 Photostat 影印技术为核心业务的公司。我们熟悉的黄巨人伊士曼柯达也是影印业的先驱者，通过哈罗德的专利授权从事相关业务。

影印术的本质是给文件拍照，其核心部件其实是一台照相机，它把图像直接曝光到一卷感光相纸上，整卷相纸的长度一般为 110 米，需要手动裁剪。经过 10 秒的曝光，照相纸上逐渐显现图像，然后风干或者用机器使其变干。整个复印过程相当漫长，大约要 2 分钟。另外，在用影印术进行复印时，复印件是通过直接曝光得到的，不使用中间片（intermediate film），因此复印件只能呈现"负片"效果：如果原件是白纸黑字，那么复印件就是黑底白字。当然，用户如果不怕麻烦，也可以把黑底白字的复印件放进复印机再重新复印一次，然后再次风干（整个过程大概需要 5 分钟），就能得到一张白底黑字的复印件了。这个过程非常麻烦，因为要使用专门的感光相纸影印，成本也相当高。

为了开发出一种实用的复印技术，卡尔森白天继续他的专利工作，晚上在纽约法学院读夜校，剩下的时间则在自家厨房里孜孜不倦地做各种实验。由于实验经常要用到结晶形硫

（crystalline sulfur）作为感光材料，他的厨房长期充斥着硫黄燃烧产生的臭鸡蛋味道。这让卡尔森夫人实在难以忍受，逼着他另租房子做实验。

1938年，卡尔森终于成功了，完成了历史上第一份使用静电复印术完成的复印件。身为一名资深的专利律师，卡尔森在专利申请上丝毫没有犹豫，把自己取得的技术突破都申请了专利。1942年10月6日，卡尔森拿到了自己的第一份专利授权书，专利号为US2297691A（图43-2为其附图），标题为Electrophotography，有人将其译为"静电复印术"，也有人将其译为"电子照相术""电摄影复印技术""电子摄影术"等。这份专利的授权书共10页，权利要求写了3页，共27项，充分展现了卡尔斯的专业性。两年后，卡尔森的复印机专利（专利号为US2357809A，图43-3为其附图）也获得授权。之后，卡尔森四处推销自己的技术，但是包括RCA、柯达、通用电气和IBM在内的多家巨头都表示不感兴趣。卡尔森曾感叹说："说服别人相信我的小板子和粗糙图像可以开启一个全新的行业，真是太难了。"[4]

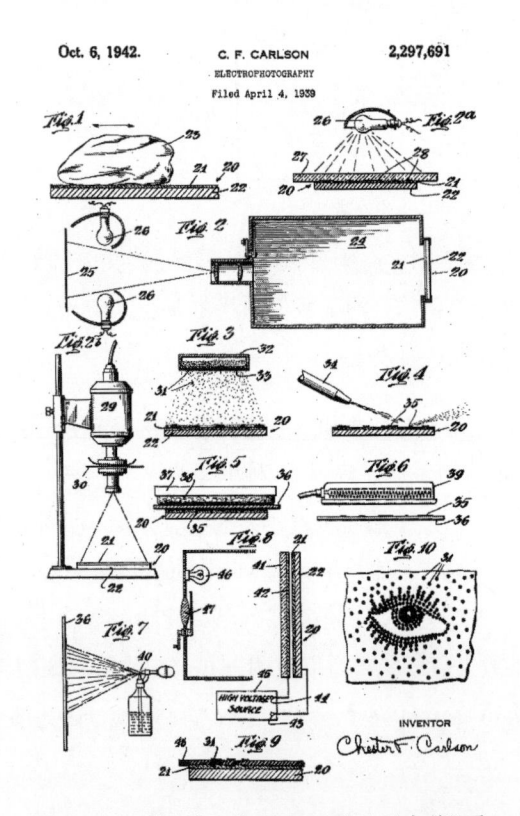

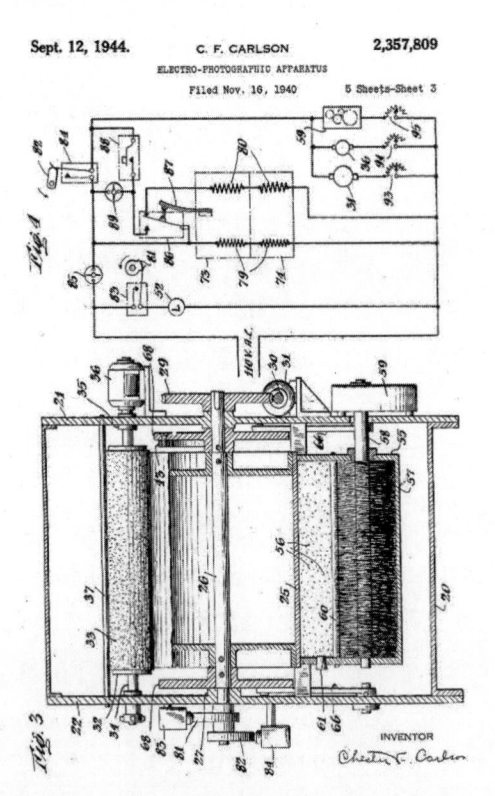

图43-2 关于静电复印术的US2297691A号专利附图　　图43-3 关于复印机的US2357809A号专利附图

后来，独立研究机构巴特尔纪念研究所（Battelle Memorial Institute）看到了卡尔森发明的前景，为他的研究提供了资助，组建了一个团队，该团队在卡尔森的领导下继续进行研究工作。

第 43 章 施乐核心区的建立:从影印术到静电复印术

在美国,最早通过影印术生产和制造复印机的是一家名叫 Rectigraph 的公司,哈罗德本来是它的供应商,为其生产化学原料和复印专用纸。1935 年,哈罗德收购了 Rectigraph,成为复印市场上的主要企业之一,销售复印专用纸和复印设备,也为柯达等相机公司生产相纸。从 1935 年收购 Rectigraph 开始,哈罗德申请了多件关于影印机器结构的专利,主要集中于专用复印纸的自动馈送(如 US2035558A、US2022891A 号专利)与切割(如 US1998324A、US2216629A 号专利)等功能。

1941 年 12 月 7 日,日军偷袭珍珠港,太平洋战争爆发。所谓"大炮一响,黄金万两"。世界大战让身处欧洲战场的飞利浦和博世深受其苦,但却给刚刚走出经济危机的美国带来了无尽商机。进入战争状态以后,美国国家战争机器全力开动,飞机、坦克和舰艇以人类历史上前所未有的速度开下生产线,同时美军也进行了前所未有的天量文档工作。

日本海军将领山本五十六曾经于战前多次访美,亲眼见到美国碾压时代的经济潜力和生产力水平。他知道美国战争机器开动之后的恐怖,虽然他是偷袭珍珠港事件的主要策划者,但一直反对日本对美开战。美国参战之后,美军的奢侈程度让来自老牌殖民帝国的英法盟军都咋舌不已。敞开供应的巧克力和肉罐头让美国大兵在缺吃少穿的欧洲大陆过着度假般的生活。当时的美军对军火和军需都不计成本,区区文档工作的耗材成本就更是小事一桩。

但是对哈罗德这样的小企业而言,文档工作的耗材就是一棵摇钱树。1947 年,哈罗德营收 700 万美元,利润为 13.8 万美元左右,算得上是一家比较赚钱的企业。而战争一结束,哈罗德的订单就跳水减至正常水平,不得不寄希望于新的技术。

一个偶然的机会,哈罗德的研究工程部主任约翰·德绍尔(John Dessauer)在柯达公司的一份月度简报中了解到卡尔森的发明。哈罗德总裁约瑟夫·C. 威尔森(Joseph C. Wilson)知道之后,立即去找巴特尔研究所谈判,购买了卡尔森的专利。根据双方达成的协议,哈罗德每年要向巴特尔研究所支付 25,000 美元,以及未来此项新技术复印业务收入的 8% 作为专利费。哈罗德根据希腊语生造了"xerography"一词,来代替"electrophotography"这个拗口的名词;1958 年,公司名称也改成"Haloid-Xerox"(哈罗德-施乐),可见哈罗德对这项技术的重视程度。1961 年,这家公司完全抛弃了"哈罗德"这个使用多年的字号,只保留"Xerox"这个生造词,官方中文译名为"施乐"(下文将不论时期,全部称其为施乐)。

卡尔森的发明揭示了静电复印术的基本原理和工作流程,但是光有技术方案是卖不了钱的,必须做成实用的产品。而卡尔森设计的复印机(US2357809A 号专利等)距离"方便易用"这四个字还有很远的距离。如前所述，施乐自收购 Rectigraph 之后，对影印机的自动化操作进行了深入的研究，其 1930 年代以后申请的很多专利都集中在影印机的纸张馈送与切割部件上。但是卡尔森的技术使用的是普通纸张，和以往的影印专用纸完全不同。如何利用卡尔森的技术建造一台前所未有的复印机呢？施乐只能从头开始研究。1950 年，施乐推出了第一款使用静电复印术的复印机 Model A，但并不好用，市场反响平平。在接下来的近 10 年时间里，施乐做出了巨大的努力，只为开发出一款方便易用的复印机。卡尔森最早的基础专利在 1957 年就已经过期，但直到那时施乐仍未做出一款好用的复印机。幸好施乐在这一时期申请了多件重要专利，延缓了竞争对手追赶的步伐。

从 1947 年到 1960 年，施乐总共投入 7500 万美元来开发新型复印机，这笔巨款差不多是其同期营业利润的两倍。公司大笔举债，并鼓励员工购买公司股票。为了筹款，约翰·德绍尔甚至把自家的房子都抵押了出去。后来发明新型复印机的重要功臣约翰·拉特库斯（John Rutkus）在 1955 年加入施乐时，他的第一个任务是给自己做一张桌子，这是因为当时的施乐已经穷到连基本的办公用品都难以齐备。[5] 对施乐来说，整个 1950 年代都非常痛苦，悲观的情绪笼罩着整个公司。德绍尔在一次接受《纽约客》（New Yorker）采访回忆这段历史时说："团队的很多成员都会来找我，说这破玩意儿永远都搞不定。"[6]

从图 43-4 可以看出，施乐早期的专利申请量并不突出，多的时候一年也只有寥寥数个而已，很难称得上是一家科技公司。在第二次世界大战期间，公司虽然订单大增、利润丰厚，但是专利申请量一度止步不前。购买卡尔森的专利之后，施乐并没有一个稳定的利润增长点，但是专利申请数量却逆势猛增，由此看出这家公司在感受到危机之后孤注一掷、破釜沉舟的勇气。

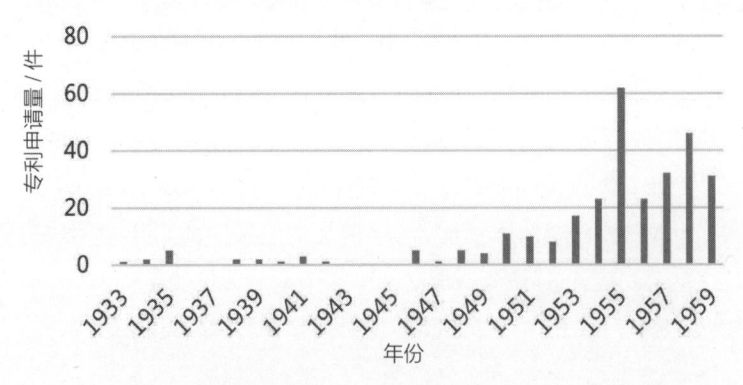

图 43-4 施乐在 1930 年代、1940 年代和 1950 年代的专利申请趋势

经过漫长而痛苦的研发过程，施乐在 1950 年代末设计出一款庞大、笨重、制造成本极高

的大型复印机。这一机型的研发周期长达 9 年，投入的研发费用高达 1250 万美元。由此开始，蛰伏了 10 年的施乐迎来历史的契机，一飞冲天。

这款复印机被命名为"914 型"，于 1959 年 9 月 16 日正式发布，是施乐历史上最成功的产品之一，其外观大致如图 43-5 所示（US2945434A 号专利附图）。型号名中的"9"和"14"指的是复印用纸的大小为 9 英寸 ×14 英寸（即 229 毫米 ×356 毫米，比 A4 纸略大一些）。从外观上看，这台复印机和今天的大型复印机差别不大，体积也相仿，长、宽、高均在 110 厘米左右。整机共有 1260 个零部件，总重约 294 公斤。如图 43-6 所示，其工作原理是用光线扫描文档，然后把反射回来的图像传递给硒鼓，让硒鼓上的静电形成与源文档上图文形状完全一致的图案。接下来，硒鼓在墨粉上滚动，墨粉会附在硒鼓上有静电的部分。最后，硒鼓滚过空白纸张，通过压力辊加压加热，把墨粉固定在空白纸张上，形成复印件。

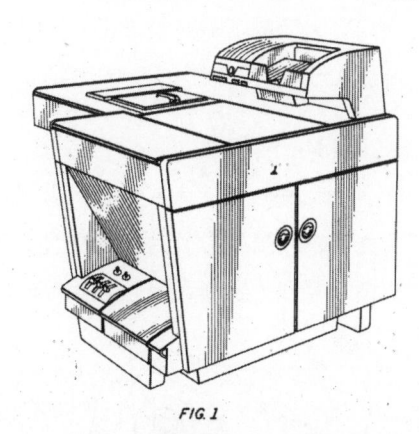

图 43-5　US2945434A 号专利附图 1

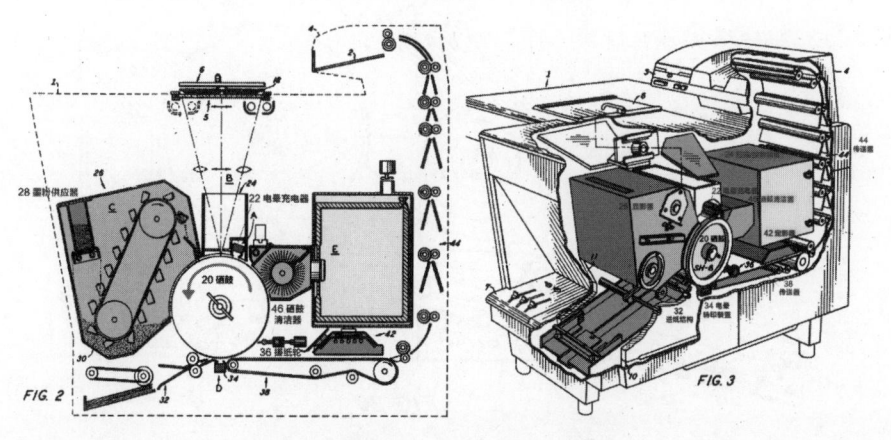

图 43-6　US2945434A 号专利附图 2 和附图 3

914 型复印机每分钟可以复印 7 页复印件，每月可复印 10 万页。当时，采用传统技术的办公用复印机的价格在 300 美元左右,因为用起来非常麻烦,一般的用户每天复印的文件数在 15 到 20 页之间,90% 的用户每天复印的张数都不会超过 100 页。[7] 与传统技术相比,施乐的 914 型复印机带来的进步之大,堪称惊世骇俗,完全是另一个次元的存在。

914 型复印机的专利技术集中在纸张的馈送方面。静电复印术使用普通纸张,而不是类似于相纸的专用复印纸,这是静电复印术带来的最重要的技术突破。普通纸张很轻,很容易吸附在带有静电的硒鼓上,这样就可以把硒鼓上的墨粉转印在纸张上。但这也带来一个问题:当纸张被静电吸附在携带静电的硒鼓上之后,怎么把纸张取下来呢?如果用机械的抓持装置取掉纸张,很可能会划伤硒鼓表面。如果用类似于真空吸尘的装置,又难免会把硒鼓上的墨粉吸进去。施乐的工程师们尝试了各种方案,最后还是约翰·拉特库斯在用打气筒给孩子的自行车打气时找到了灵感。他把一张纸蒙在自己汽车的车顶上,保持紧密贴合状态,这样纸张就像被硒鼓吸住一样,紧贴在车顶。然后,他用打气筒的喷嘴对着纸张的边缘喷气。接下来发生的事情验证了他的判断:只要有一点点气流进入纸张与车顶之间,整张纸就会因为重力而掉落下来。

施乐把这个发明点写入 US2945434A 号专利。图 43-7 中右下方的 36 号装置为 914 型复印机的拾纸装置(paper pick-off mechanism),其主要工作机制是对吸附在硒鼓上的纸张边缘喷气。当纸张边缘离开硒鼓表面之后,纸张就会因为自身重量而离开硒鼓表面,掉落到传送带上。施乐还为这个创新点单独申请了专利(专利号为 US824658A)。

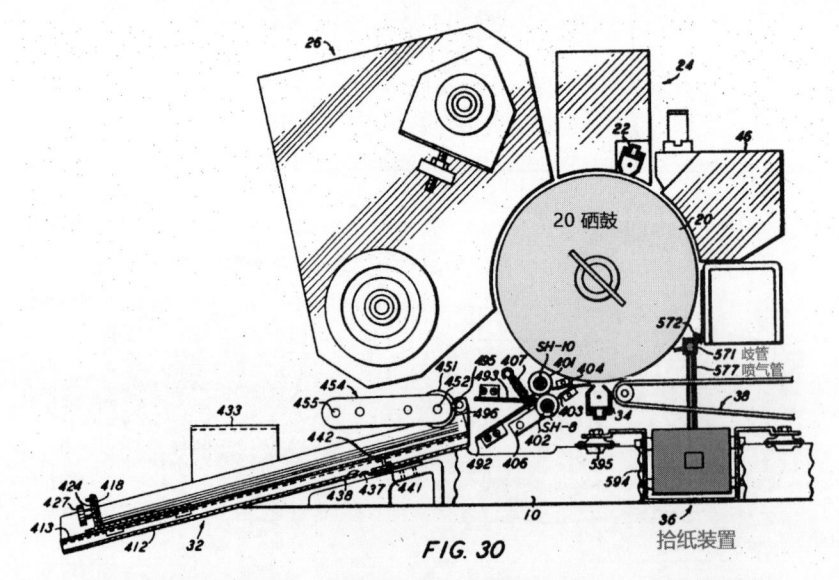

图 43-7 US2945434A 号专利附图 30,图中 36 号装置为带有喷气管的拾纸装置

纸张的传输也是施乐面临的一个新问题。在美国流传着一句俗话:"You can't push a

rope."（不能推绳子。）这句话隐含的意思是，绳子不是用来推的，是用来拉的。长期效力于施乐的物理学家罗伯特·冈拉克（Robert Gundlach）在回忆 914 型复印机进纸装置的设计过程时，提到他的朋友参加物理考试时总会反反复复地念叨："力等于质量乘以加速度，绳子不是用来推的，物理学就这么点儿东西。" 冈拉克从这句口头禅里得到灵感：纸和绳子一样都是柔软的，因此不能用任何"推"的方式从运动的反方向用力，只能用"拉"的方式来从纸张前部进行引导。US2945434A 号专利关于纸张传送的基本机制，就是用带有一定摩擦力的分离辊（separate roller）和传送辊轻压纸张的前部，然后转动以将纸张"拉"走。直到今天，复印机和打印机的送纸机制也没有脱离这一基本原理。

914 型复印机有突出的优点，但也存在突出的缺点。以今天的眼光看，这台机器的安全性和稳定性都非常糟糕，还有严重的发热问题。为了避免机器过热而引发火灾，施乐在出售 Xerox 914 型复印机的同时甚至要附赠一台小型灭火器。实际上，Xerox 914 型复印机的买家并不多：这台机器的制造成本很高，基本上只有美国政府会购买（因为某些法律的限制，美国政府不能租赁这类机器，只能购买，所以美国政府始终是 914 型复印机的主要买家。政府采购价高达每台 29,500 美元）。

完成开发之后，施乐面临着一个大问题。由于开发工作耗资巨大，施乐已然债台高筑，但是作为一家有着几十年历史的相纸生产商，施乐并没有工厂来生产庞大的 Xerox 914 型复印机。

施乐找到 IBM 希望进行商业合作，借助 IBM 长期与大型企业合作的强大销售团队，向大企业客户推销 Xerox 914 型复印机。针对这一提议，IBM 进行了慎重考虑，并委托著名的咨询公司 Arthur D. Little and Co.（简称"理特公司"）进行了详尽的市场分析。理特公司研究后认为，Xerox 914 型复印机本身已经很贵了，在复印过程中要支付的耗材同样很贵，没有客户会感兴趣，它预测，5000 台 Xerox 914 型复印机就可以满足整个美国的需求。这个答案让我们想起 IBM 创始人老沃森在 1943 年的名言："我想，5 台主机足以满足整个世界市场。"在最终的报告中，理特公司总结说：

> Xerox 914 型复印机对专业复印工作的适用性令人赞叹，但是在办公复印设备的市场上没有希望。

IBM 基于理特公司的研究结果，拒绝了施乐的合作请求。柯达和通用电气也以类似的理由把施乐拒之门外。施乐只好自己想办法运营其新产品。1959 年 9 月 26 日，施乐把 Xerox 914 型复印机推向市场。它为这台机器选择了新的商业模式——租赁。1965 年，Xerox 914 型复印机的租金是每月 95 美元，其中包含了 2000 页复印件的预付费。复印机上装有计数器，可以记录复印的总页数。超过 2000 页之后，客户要为每页复印件支付 4 美分。同时，施乐还为租户提供维修保养服务。这也算是一场豪赌：如果用户每月不进行 2000 页以上的大规模复印，施乐是赚不到什么钱的。

事实证明，施乐再次赌赢了：Xerox 914 型复印机投入市场之后，用户平均每天都会复印 2000 页复印件（每天大约 80 美元），而不是每月 2000 页！

施乐复印机不仅速度快，复印质量也一流。当时施乐拍了一个影响很大的电视广告：一个小女孩帮助父亲用 Xerox 914 型复印机复印一份文件。完成之后，她把复印件和原件一起交给父亲。父亲分不清楚哪一份是原件，就去问女儿，小女孩挠着头说："我忘了！"这个广告反映出 Xerox 914 型复印机的两大优点：一是容易操作，连小孩都能掌握；二是复印质量极高，原件和复印件难辨真伪。在本章开头，我们看过 Photostat 影印机的一个广告。当时，复印件能够"不出错"就已经是值得夸耀的显著优点了，而几十年后，施乐的复印机已经可以做到原件与复印件真假难辨。如今，这两种优点已经成为所有复印机的基本功能，再也不会出现在任何广告当中。而在当时，Xerox 914 型复印机的这一广告甚至遭到竞争对手的攻击，称其为虚假宣传，但是 Xerox 914 型复印机实际展现出来的工作能力最后让所有人都无话可说。

因为卡尔森的基础专利已经过期，3M 和伊士曼柯达等公司都试图靠静电复印术进入复印机市场，但它们的复印机远远做不到 Xerox 914 型复印机的易用程度，而且需要使用专门的纸张。

Xerox 914 型复印机投入市场之后，施乐的发展突飞猛进，可谓一日千里。1959 年，施乐的销售额堪堪 3300 万美元，利润也不过 200 万美元；1961 年，销售额翻倍，达到 6600 万美元，利润 530 万美元；1962 年，利润再次翻倍，达到 1390 万美元；1963 年，销售额翻倍，猛增到 1 亿 7600 万美元，利润则达到 2260 万美元，是 4 年前的 10 倍以上。[8]

1965 年，施乐的营收达到 3.92 亿美元，出租和出售的 Xerox 914 型复印机总数超过 6 万台，这些复印机为公司贡献了 62% 的营收。[9]1966 年，施乐的营收超过 5 亿美元。

仅从营收来看，还不足以反映出施乐当时有多赚钱。如果按利润计算，1966 年施乐的净利润额排在全美第 63 位，利润率据估计排在全美前 10 之列。股票市值更是疯涨，从 1959 年到 1967 年年初增长了 60 多倍，催生出一大批百万富翁。这种令人震惊的增速，连施乐高层都没有料到。据说，在施乐股票达到高点时，施乐的一些高管在亲朋好友面前都抬不起头来，因为在施乐的股价刚刚从 20 美分开始暴涨的时候，他们曾经非常保守地善意提醒自己的亲友，建议他们不要购入自己公司的股票。[10]

切斯特·卡尔森在独立研究静电复印术时曾经自掏腰包，雇用了一位助手科尔内（Kornei）。科尔内对静电复印术没有任何信心，在卡尔森完成发明时选择辞职，并放弃了对卡尔森技术的所有未来权利。当施乐股价开始疯涨时，卡尔森曾赠送给科尔内一小笔股份。到1972年，这份善意的礼物已经价值100万美元。

1968年，《财富》杂志把切斯特·卡尔森评为全美最富有的人之一，估计其财产超过1.5亿美元。当年，卡尔森与世长辞，1981年入选全美发明家名人堂（National Inventors Hall of Fame）。

同时，由于施乐过于成功，美国联邦贸易委员会（Federal Trade Commission, FTC）在1972年对其展开了反垄断调查。FTC认为施乐在1972年控制了办公用复印机市场的86%。经过3年的诉讼，施乐与FTC和解，其代价与IBM遭受的"同意令"相似：把辛苦积攒的大批专利免费或低价许可给竞争对手。

施乐崛起的故事是"美国梦"的典型体现，非常有名，被收录在《商业冒险：华尔街的12个经典故事》（Business Adventures: Twelve Classic Tales from the World of Wall Street）一书中，标题为"Xerox Xerox Xerox Xerox"。1991年，沃伦·巴菲特把这本书送给比尔·盖茨。比尔·盖茨在其博客中写道，施乐的故事是他最喜欢的一篇，"Xerox Xerox Xerox Xerox"这个标题"足以进入新闻名人堂。"[11]

手握大笔现金的施乐，并没有坐在钱袋子上不思进取，无论是在核心业务——复印和打印领域，还是在代表未来的计算机领域，施乐都投入了巨额资金进行研发。然而，直到今天，施乐仍然是一家以打印业务为主的公司，每年都在为"Xerox"这个商标的通用名称化苦恼不已。

据施乐当时的CEO约瑟夫·C.威尔逊（Joseph C. Wilson）本人承认，"Xerox"这个商标在字形上模仿了柯达（Kodak），有一种接近"回文"的感觉，无论是从左还是从右读都很相似。一开始，施乐很担心这个商标不够响亮，而且"Xerox"读起来接近"zero"，害怕商务人士有不吉利的感觉。但这种担心转瞬即逝，施乐很快发现，自己根本就没必要担心商标名称不够响亮的问题。恰恰相反，"Xerox"这个名字实在是过于响亮了。在英语国家，Xerox很快就变成了一个动词，导致施乐的商标一直面临着通用名称化的问题。这也算是产品线过于单一的一个诅咒吧。

1965年，施乐推出了2400型复印机。施乐主流机型的名称一向简单直接，均以数字命名，"2400"是指该机器每小时可以复印2400页。新产品仍然采取租赁模式，每页复印件的收费不断减少，最终减少到每页0.5美分左右，但是利润仍然源源不断。Xerox 2400型复印机的体积比 Xerox 914 型复印机更庞大，最早采用了自动进纸器（automatic document feeder）、切纸与打孔器、装订器（collator /sorter），使复印工作更加自动化。不久后，施乐又推出了升级版本的 Xerox 3600 型复印机，顾名思义，它每小时可以复印 3600 页。

1970 年代中期，施乐又推出了 Xerox 9200 复印机（其专利号为 US4054380A，专利附图见图 43-8），每秒可以复印 2 页，每小时复印 7200 页，比 Xerox 3600 还要快一倍。

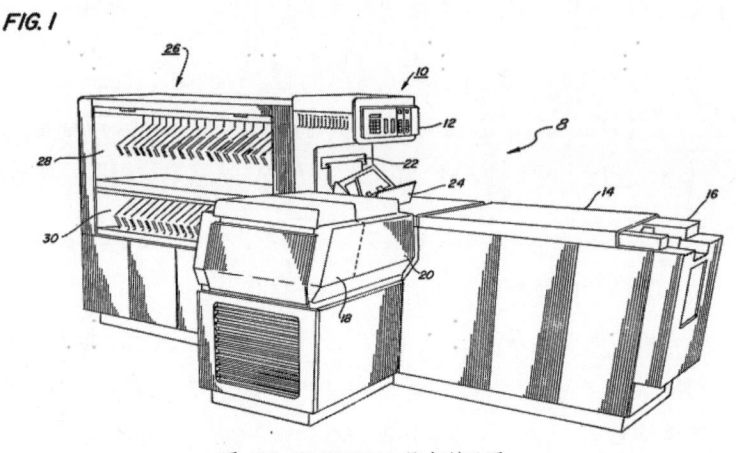

图 43-8　US4054380A 号专利附图

Xerox 9200 的一个重要创新是多进纸托板的设计。今天，我们常见的家用打印机一般只有一个进纸托板。用户在打印时如果发现纸张不足，标准的做法是暂停打印，把新纸放在进纸托板上，确保纸张摆正，没有折皱和粘连再恢复打印，以免卡纸。然而实际上，普通家庭用户发现缺纸时都是直接把新纸往进纸托板上一放，不会暂停打印。这是因为家用打印机的打印量不大，出现卡纸问题的概率不高，就算卡纸，也不是什么大不了的事情。但是对于服务成百上千名员工、一次打印或复印成千上万页的大型打印机或复印机，如果不中止打印或复印就直接加纸，出现卡纸问题的概率就会成百倍增加，而且一旦卡纸就是灾难性的后果。因此，Xerox 9200 在主进纸托板之外，还设计了一个"辅助进纸托板"。在进行大批量作业时，如果发现主进纸托板上的空白纸张快要用完，用户不需要停下机器，只需把纸张装入"辅助进纸托板"，然后按下"辅助进纸托板"按钮，机器就会自动切换成从"辅助进纸托板"进纸的模式，从而确保机器在续纸时能够不间断地大批量打印，解决了商业用户的一个大问题。除此之外，Xerox 9200 还设计了卡纸后的恢复打印、进行大批量打印任务时的插队打印等功能，这些功能都写在 US4054380A 号专利的说明书中。

加州大学伯克利分校的亨利·切斯布鲁（Henry Chesbrough）在一篇论文中指出了施乐复

印机研发的主要方向：复印速度和连续复印时间。他认为，施乐的租赁模式也是一种"剃须刀-刀片"模式，即在租售复印机的同时销售耗材，而耗材的利润通常更高。为了推动耗材的销售，施乐拼命地提高复印速度，好让复印机的复印量更大、复印速度更快、连续运行的时间更长。从 US4054380A 号专利来看，切斯布鲁所言不虚，Xerox 9200 的辅助进纸托板、卡纸恢复和插队复印功能都是为了确保机器持续运行的典型技术。切斯布鲁在论文中提出了一个论断颇值得我们深思："在优秀的商业模式下，即使是平庸的技术也比在平庸商业模式下的优秀技术更有价值。"[12]

这种商业模式和技术发展路线，使施乐从高端企业客户那里获得了巨额的服务费和耗材费。但是，这样的技术路线也带来了隐忧——对于小企业客户和低速的小型复印机市场，挣足了快钱的施乐显得不屑一顾。正如施乐当时的 CEO 所言："我们的利润由复印件的数量决定。复印机的复印速度变慢，就等于钞票从我们的口袋中溜走。"[13]

在技术上不断求新的施乐，积累了大量涉及复印技术的专利，在进纸、装订技术方面也都有建树，建立了强大的技术壁垒。此外，施乐还有一支针对大企业客户的优秀销售团队。施乐的复印机采用租赁模式，销售团队直接与客户沟通，不经过经销商，因此对产品和客户需求了如指掌。大企业客户注重复印服务的稳定性，对价格并不敏感。因此，施乐为客户建立了 24 小时待命的服务网络。当然，这种服务是收费的，而且成为施乐的一个重要收入来源。

专利技术、客户关系和售后服务为施乐的核心区筑起了有效的城墙，水火不侵，固若金汤。

如前所述，施乐在推出 Xerox 914 型复印机时，曾经找 IBM 和柯达合作，但是被蓝巨人和黄巨人拒之门外。在施乐一手建立了商用复印机市场之后，IBM 和柯达垂涎三尺，先后加入竞争，希望在这个全新的暴利市场中分得一杯羹。IBM 拥有雄厚的财力，而且深受大型企业客户的信任。IBM 的大型机与施乐的复印机一样，也采用的是租赁模式，早在 1960 年代就建立了与施乐类似的售后服务网络。得益于这些有利条件，IBM 1977 年在全球部署了 8 万多台 Copier II 型复印机，占据了全球市场的 10%，但是远无法撼动施乐占据的 70% 以上的全球市场的统治地位。[14]

面对 IBM 的挑战，施乐迅速以专利发起反击。1970 年，IBM 刚刚推出自己的第一代复印机 Copier I，施乐就在纽约地方法院以 22 件专利起诉 IBM 专利侵权。[15]

事实上，IBM 此前已经获得了施乐的专利许可，施乐允许 IBM 在某些"计算机周边设备"中使用静电复印技术，并为 IBM 提供了一些商业秘密作为技术支持，但是没有允许 IBM 在 Copier I 上使用这些技术。IBM 则以垄断行为为由对施乐提起反诉。[16] IBM 推出第二代复印机

Copier II 之后,施乐又针对该机型提起专利侵权诉讼。双方的大规模诉讼战持续了 8 年。1978 年,双方达成和解,IBM 支付 2500 万美元给施乐,双方进行了交叉许可。但是这个时候,大型商用复印机的黄金时代已经接近尾声。1988 年,IBM 把复印机业务出售给柯达,退出了复印机市场。柯达倒是另辟蹊径,以"柯达质量"(Kodak Quality)为卖点,在 1970 年代推出了复印质量超越施乐和 IBM 的机型,吸引到了一批忠实用户。但是柯达获得的市场份额有限,未能对施乐造成真正的威胁。

施乐在核心区守住了自己的阵地。然而,最终动摇施乐在复印机领域王者地位的既不是蓝巨人(IBM)也不是黄巨人(柯达),而是 1970 年代开始崛起的日本企业,以及它们采取的"农村包围城市"的低端市场战略。

在这些来自日本的挑战者中,给施乐带来最大麻烦的是佳能(Canon)。佳能的竞争优势来源于自己的核心技术:一方面是从计算器业务积累的微电子技术,另一方面是从照相机业务积累的光学与影像技术。1968 年,佳能发明了 New Process (NP) 技术,用液体墨粉代替了干墨粉,显著减少了打印机主要部件的尺寸,并降低了制造成本。虽然这项技术用起来比较麻烦,但它成功突破了施乐的专利壁垒。[17] 此外,1975 年,施乐与 FTC 和解时,把自己的专利免费许可给竞争对手,导致其专利壁垒彻底崩塌。

需要指出的是,在与 FTC 和解时,施乐并非只有一种选择:它可以在商业模式上进行调整,也可以放弃专利,选择权在施乐自己手中。最终在反复权衡之下,施乐选择保留自己的商业模式和对子公司的控制权,放弃了专利。施乐当时的 CEO C. 彼得·麦科洛(C. Peter McClough)在事后接受《纽约时报》采访时表示,当施乐"既小又弱"的时候,专利是非常重要的;而对于已经成为业界巨头的施乐,专利的重要性已经大大降低了。相应地,佳能也没有很好地保护自己的液体墨粉技术,在发明之后至少许可给了 20 家以上的竞争对手。最早在美国复印机低端市场上打响名声的也不是佳能,而是理光(Ricoh)。

1970 年,佳能基于 NP 技术推出了一款普通纸复印机 NP-1100,紧接着又推出了世界上第一款液干式普通纸复印机 NP-70。这个时候,施乐还没有把佳能视为竞争对手,而佳能则对施乐的地盘抱着一种势在必得的态度。前田武男出任佳能董事长之后,将复印机业务明确列为佳能未来的核心业务。

1970 年代末,佳能的小型复印机每分钟可以复印 8 到 10 页,复印机价格在 700 美元到 1200 美元之间。当时,施乐的大型商用复印机的速度高达每分钟 90 到 120 页,其售价虽然昂贵,但仍受到一些大企业客户的青睐,主要型号的机器可以卖到每台 8 万到 13 万美元。相比之下,可以说佳能完全采取了"农村包围城市"的产品营销策略。佳能的目标是小客户群体,它没有直接挑战施乐稳固的客户关系网,而是通过普通的办公用品经销商,把自己的复印机卖给中小企业。[18] 租不起施乐打印机的中小企业越来越多地采购佳能、理光等日本企业的小型复印机,而不是前往施乐的复印中心复印。

面对佳能的步步紧逼,施乐的日本子公司富士施乐(Fuji Xerox)曾经在 1978 年向总部提议,希望向低端复印机市场进军,在美国市场上对抗佳能,但被拒绝。

早期的复印机很容易损坏,对采用租赁模式的施乐而言,复印机损坏不是什么大事,而且还能从客户手里收取一笔维修服务费。而面向个人用户的佳能却很清楚,不能指望消费者三天两头向生产厂家支付维修服务费。个人使用的复印机必须要做到"免服务"。为了解决这一问题,佳能把复印机的所有关键部件:硒鼓(drum)、充电装置、碳粉(toner)和清洁器都集成在一个可替换的墨盒(cartridge)里。这样一来,即使是没有相关技能的用户也能够自己更换墨盒,甚至进行一些简单的维修工作。这一创新不仅成为打开个人复印机市场的关键,也是后来的激光打印机能够占领市场的重要原因。佳能的高管御手洗肇(Hajime Mitarai)曾表示:"如果要找到激光打印机成功的最重要的因素,那就是墨盒的创意,这是我们的发明。"[19]

佳能没有能力也没有意愿去建立像施乐那样的 24 小时服务网络。它把重点放在提高机器本身的可靠性上。每个墨盒可以复印大概 2000 页文件。把机器设计得尽可能简单,使一般的办公用品店的工作人员也能够进行维修。

在下面的图 43-9 中,US4540268A 号专利附图中的黑色线条部分为墨盒。不难看出,佳能的发明在很大程度上只是把一些传统部件缩小,装在一个可拆卸的盒子里。核心部件——显影器、清洁器、硒鼓和电晕放电器的基本组合没有太大变化。但是新的组合却带了全新的"剃须刀-刀片"的商业模式,可替换的墨盒成为佳能的主要利润来源,而服务的成本大大降低。这种商业模式最终撼动了施乐的市场地位。

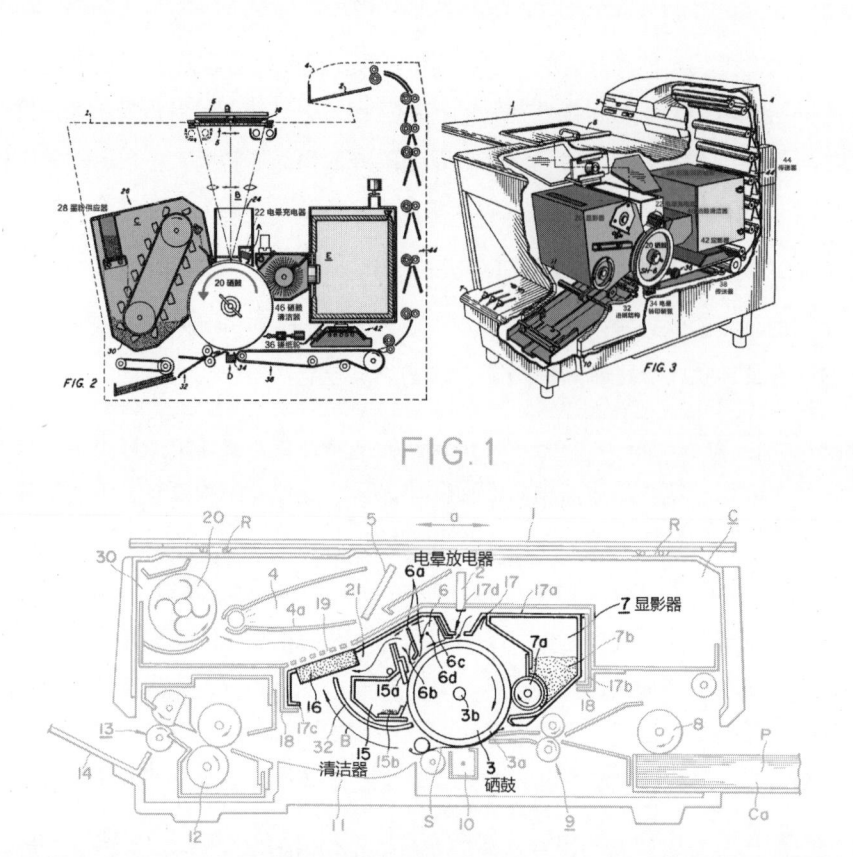

图 43-9 Xerox 914 型复印机专利附图（上），佳能关于可折卸墨盒的 US4540268A 号专利附图（下）

像施乐这样长期坐收巨利的公司，在复印机的各类自动机械部件上拥有长达半个世纪的技术积累，难道就没有能力把机器做得小一点儿吗？

到了 1985 年左右，佳能已经超越施乐，成为全球最大的复印机制造商（但不是最大的打印机制造商）。在此之后，施乐才开始尝试进军大众复印机市场，但是已经错过最佳的时机。在接下来的十几年里，IBM 兼容机引发的 PC 革命使 PC 成为美国经济的全新增长点，个人打印机市场也随之兴盛起来。面对这个新兴的高利润市场，施乐只能望洋兴叹，被惠普等竞争对手死死压制（关于打印机的市场，下文会详述）。

除了液体墨粉印刷技术，佳能也在尝试其他的廉价解决方案，其中包括我们熟知的喷墨打印技术。

喷墨打印技术与静电复印术有着本质不同，它完全抛弃了硒鼓，使得打印机更加廉价，与墨盒的价格相差无几。和我们熟悉的很多发明一样，这项技术的早期概念源自大学研究人员，

IBM 对其进行了最早的产品化尝试（IBM 4640），但是打印效果和市场反响都不好。直到 1980 年代，这项技术才被日本企业成功商业化。

佳能和惠普在 1980 年代分别研发出气泡式喷墨打印技术。佳能的这一解决方案的诞生纯属偶然。据说是一名研发人员把加热的烙铁放在注射器附近，导致注射器喷射出墨水，他受到这一现象启发，发明了气泡式喷墨技术。其原理非常简单：通过喷嘴附近的加热器让水滴形成的蒸汽气泡增大并爆裂，由此产生的压力将墨水喷射出来。佳能把这种技术命名为 Bubble Jet，并在日本申请了 JP61059911B 号专利；次年，在英国、法国、德国、澳大利亚、加拿大等国布局（如专利 GB2007162A 等）。惠普则几乎在同一时期找到了类似的解决方案，其灵感来源与佳能大同小异，据说是一名研发人员在办公室的滤煮式咖啡壶边等咖啡时想到的主意。

气泡式喷墨技术使佳能进一步拓展业务边界，为彩色打印机开辟了市场。在此之前，只有少数设计公司等专业机构才有财力购买彩色打印机，价格低廉的 Bubble Jet 系列彩色打印机打开了低端用户市场的大门，为佳能拓展了新的市场领域。施乐在这一领域的竞争以失败告终：2001 年，施乐决定完全退出大众市场，专注于高端市场。今天，施乐仍然在高端商用打印机市场上维持着较高的利润水平，但其整体规模已经远不能与当年相比了。

第 44 章 施乐的边界拓展：尝试了，努力了，失败了

美国畅销书作者道格拉斯·K. 史密斯（Douglas K. Smith）在 Fumbling the Future: How Xerox Invented, Then Ignored, The First Personal Computer 一书中写道：

> 施乐 PARC 的科学家们创造的不仅仅是一台个人计算机。他们设计、建造和使用了一套完整的硬件和软件系统，从根本上改变了计算的本质。在这条道路上，很多数字世界的"第一次"都发生在 PARC。除了 Alto 计算机，PARC 的发明家们制造了第一台图像显示器、第一个连小孩也能掌握的手持"鼠标"输入设备、第一套非专业用户也能使用的字处理软件、第一个局域网、第一种面向对象的编程语言，以及第一台激光打印机。[1]

Adobe 的创始人之一，曾经效力于 PARC 的查尔斯·格施克（Charles Geschke）更是一针见血地指出了 PARC 与 IBM 的研究在核心方向上的本质区别：PARC 的计算机"不是用来计算的，而是用来通信的"。[2]

这里提到的 PARC，是施乐 1968 年在帕洛阿托建立的计算机研究中心，全称为"帕洛阿托研究中心"（Palo Alto Research Center），简称为"PARC"。当时，计算机还不是工程师的必需品，即便施乐高层也不清楚计算机的未来究竟在哪里。但是，财大气粗的施乐成功地挖到了曾在五角大楼担任信息处理技术处处长的鲍勃·泰勒（Bob Taylor），让其来管理 PARC。鲍勃·泰勒本人并不是计算机科学家，但在科研人员与项目的管理方面颇有才能。他是互联网的前身 ARPANet 的策划者之一，有着"互联网之父"的美誉，对计算机领域的人才独具慧眼。

鲍勃·泰勒挖来了很多计算机领域的顶尖人才。施乐为 PARC 投入了大量的资金并给予了充分的自由，但是这种高度的自由让 PARC 长期游离于施乐的核心组织之外。在泰勒的领导下，PARC 的计算机专家们不辱使命，他们设计出一台多功能的个人计算机"Alto"，并先后组装了 40 余台。为了让非专业用户也能使用，他们为 Alto 计算机创造了鼠标，设计了图形用户界面，编制了能够实现"所见即所得"的字处理程序，还发明了允许计算机之间相互通信的以太网。

1979 年，尽管 PARC 没有设计出一款知名产品，但在业界已经积累了不小的名气。在和施乐商谈业务时，苹果公司的乔布斯提出访问 PARC，施乐同意了。在 PARC，一位研究人员为乔布斯演示了 Alto 计算机。这位研究人员的名字叫作拉里·特斯勒（Larry Tesler），后来成为

苹果的首席科学家。他最著名的成就，就是在施乐发明了我们熟悉的"复制 – 粘贴"功能。

乔布斯对 Alto 的图形用户界面和操作方式赞不绝口。他问特斯勒："为什么施乐没有把这个拿去卖？你们会让所有人大吃一惊的！"几个月后，拉里·特斯勒跳槽到苹果，苹果开始开发 Lisa 计算机。1983 年，Lisa 上市，成为第一款拥有图形用户界面的苹果计算机。

我们知道，在微软推出图形用户界面的 Windows 操作系统后，乔布斯大为光火，把微软告上法庭，双方打了多年的官司。在最后的判决书中，法官明确指出："图形用户界面的想法，或者说用桌面拟物的想法，毫无疑问是来源于施乐的，苹果不可能就此得到类似于专利的保护。"[3]

为了与图形用户界面配合，PARC 的研究人员进行了大量创新，其中就包括鼠标和光标的应用。

鼠标本身并不是施乐的发明。1968 年，斯坦福研究院（Stanford Research Institute）的道格拉斯·C. 恩格尔巴特（Douglas C. Engelbart）博士发明了鼠标，其外壳是一个木头壳子，里面有两个沉重的钢制滚轮。这两个滚轮的运动方向相互垂直，可以控制屏幕上的光标横向和纵向移动。恩格尔巴特在一次学术会议上展示了他的发明，希望向人们证明：计算机可以以多种方式与人类互动。斯坦福研究院为这一发明申请了专利，专利号为 US3541541A，但并没有产品化的记录。

鲍勃·泰勒为 PARC 招聘的计算机专家中，有些人是恩格尔巴特的学生。他们改进了恩格尔巴特的鼠标，申请了专利，并在全球范围布局。

恩格尔巴特发明的鼠标相当粗糙，仅配有两个圆柱体的滚轮，鼠标也只能横向或纵向移动。施乐的 US3835464A 号专利在此基础上进行了改进，用一个轨迹球和四个紧贴轨迹球的微型滚轮取代了两个滚轮，使鼠标和屏幕光标可以向任意方向移动。US3987685A 号专利在 US3835464A 号专利的基础上进一步改进，用一对相互垂直的滚轴来代替四个滚轮，并由一个带弹簧的偏离元件（biasing element）轻压轨迹球，保持其与两个滚轴的接触。1990 年代的机械鼠标很多都采用了这一设计。施乐在 1970 年代根据这一发明制造的三键鼠标，在功能和外观上已经与今天的鼠标非常相似了。下面的图 44-1 和图 44-2 为恩格尔巴特木制鼠标与施乐 1970 年代初的三键鼠标的实物图。

图 44-1 恩格尔巴特的木制鼠标
（摄于美国计算机历史博物馆）

图 44-2 施乐 1970 年代初的三键鼠标
（摄于美国计算机历史博物馆）

1990 年代到 2000 年代的机械鼠标基本上原样采用了 US3987685A 号专利的设计（专利附图参见图 44-3 的左图），由一个偏离元件压迫轨迹球，使轨迹球与相互垂直的一对滚轴保持接触。随后，施乐对 US3987685A 号专利在英国、加拿大、德国、法国、荷兰、瑞典、日本和瑞士也申请了专利保护，可见施乐对该专利较为重视；但是在德国和法国的专利申请都在不久后被撤回，而在瑞士的专利（专利号 CH607053）因为未缴费而在 1988 年被撤销。我们不清楚这个专利的失效是有意为之还是无心之失，但是我们很清楚地知道，世界上最知名的鼠标制造商之———罗技（Logitech），就是一家瑞士企业。图 44-3 的右图为罗技 1990 年代的 M-S48 机械鼠标的内部。

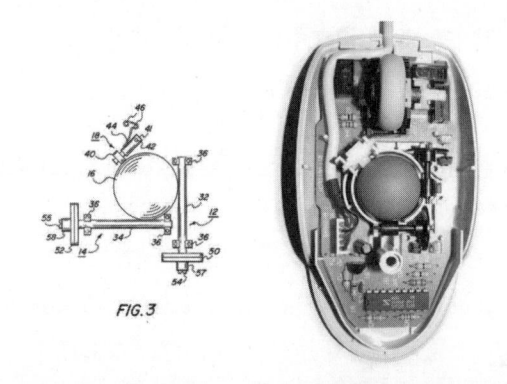

图 44-3 施乐 US3987685A 号专利附图（左）与罗技 1990 年代的 M-S48 机械鼠标（右）

施乐的鼠标的成本价约为 300 美元。乔布斯在 PARC 看到施乐的鼠标之后，立即联系供应商设计鼠标。他提出了两个要求：设计必须简单，只能有一个按键；成本要控制在 15 美元左右。

1981 年，施乐推出的 Star 8010 计算机系统包含施乐的三键鼠标，是市面上的第一款鼠标产品。而乔布斯于 1983 年推出的 Lisa 计算机虽然引起了更多关注，但因为售价高达 1 万美元，销量并不理想。1984 年，苹果推出第二款拥有图形用户界面的计算机 Macintosh，以 2500 美元的售价横扫北美市场，从此图形用户界面和鼠标开始成为计算机的标配。为了"强迫"用户使用鼠标，乔布斯还特意取消了 Macintosh 键盘上的方向键。得益于乔布斯的个人魅力，Lisa 和 Macintosh 都被认为是划时代的产品，Mac 产品线更是生存至今，而施乐的 Star 系统早已被世人遗忘。

以太网是 PARC 的又一项重量级发明。1973 年，PARC 内部已经配备了一定数量的 Alto 计算机。一位名叫罗伯特·梅特卡夫（Robert Metcalfe）的工程师为了连接这些计算机，设计了一种短距离连接计算机的标准。当年 5 月 22 日，他在记事本上写下了"Alto Ethernet"这个词组，画了一个简单的流程图，以太网由此诞生。同年 11 月，应用了以太网技术的网络系统第一次正式运作。

施乐为这一技术申请了专利（专利号为 US4063220A）。以太网技术不仅可以管理计算机与计算机之间的连接，也可以管理计算机与打印机之间的连接，预示着 PC 时代的未来。尽管如此，施乐一直都没有把以太网技术单独商业化。为此，梅特卡夫一度离开施乐，后来又被劝诱回来，但施乐高层始终不同意对他的以太网技术进行商业开发。1979 年，梅特卡夫对施乐完全丧失了信心，自掏腰包 1000 美元获得了 US4063220A 号专利的许可，开始创业。他争取到了英特尔和 DEC 的支持，融资建立了 3Com 公司，主要生产和销售以太网适配卡。

梅特卡夫抓住了时代的脉搏。他本想采取类似 IBM 或施乐的直销模式，与 UNIX 工作站市场的大企业客户合作。但是，这个时候 IBM PC 横空出世，一个全新的 PC 市场应运而生。梅特卡夫果断抛弃了施乐/IBM 模式，选择通过经销商销售以太网设备。2009 年，惠普以 27 亿美元现金收购 3Com 公司，而施乐在 2017 年的资产总额也不过 150 亿美元。

PARC 的计算机科学家很清楚计算机打印技术对施乐的意义，他们设计了一种面向非专业用户的字处理软件 Bravo，并于 1974 年开发完成。拜 Alto 的图形用户界面所赐，Bravo 第一次实现了"所见即所得"的打印效果。Bravo 的一位名叫查尔斯·西蒙尼（Charles Simonyi）的主创人员，他不仅提出了"所见即所得"的概念，还是公认的 Word 和 Excel 之父。1981 年，西蒙尼在梅特卡夫的建议下向比尔·盖茨自荐，从施乐转投微软，并成为微软的核心员工。查尔斯·西蒙尼在业界名声赫赫，长期位列全球最高薪的软件开发人员之一。2020 年，早已离开微软的查尔斯·西蒙尼还以 45 亿美元的财富位列"2020 福布斯美国富豪榜"的第 161 位。西蒙尼在微软拥有多件重要发明专利，但是在施乐期间，他的名下没有任何专利记录。[4]

PARC 的划时代发明数不胜数，但这个游离于施乐核心组织之外的 200 多位科学家组成的团队始终无法将他们的创新成果推销给公司的高层。鲍勃·泰勒虽然能够慧眼识英才，但他和公司一把手之间隔着四个层级。包括泰勒在内，整个 PARC 距离施乐管理层都非常遥远，距离市场和营销部门也过于遥远，和目标客户更是没有任何直接接触。这个由计算机天才组成的团队，没有办法知道真正的"普通"计算机用户究竟想要什么。包括梅特卡夫的以太网发明在内，很多发明的商业化和市场化的提议在到达高层之前就被否决了。此外，在 PARC 的创新不断涌现的时候，正是 IBM、柯达和日本企业进入复印机市场，施乐的霸主地位遭受挑战的一段关键时期，施乐管理层专注于核心业务，既无精力开辟新的市场，也没有意识到自己手中掌握着通往下一个时代的钥匙。

直到 1981 年，施乐才推出整合了 Alto 计算机的大量创新元素的 Xerox Star 8010 计算机。然而，与 Alto 计算机的情况相似，由于研发人员对客户的需求一无所知，施乐的这个新产品完全无法与竞争对手抗衡。此外，其 16595 美元的售价也让一般用户望而却步。[5] 要知道，苹果于 1977 年发布的 Apple II 4K 内存版计算机只要 1298 美元，48K 内存版计算机也仅需 2638 美元。同年发布的 IBM PC 作为一款引领革命的划时代产品，价格也不超过 3000 美元。

IBM PC 出现之后，PC 兼容机大行其道，最终取代了大型机，成为新的办公利器。而中小型计算机打印机随着 PC 的发展，成为商业办公的首选设备。施乐曾经是市场统治者，手中握着通向 PC 时代的钥匙，但却未能在个人计算机业务上有所作为，在打印机和复印机市场中也被佳能和惠普超越，在新时代被赶下王座。这个故事值得我们深思。

施乐的故事告诉我们，市场就像阵地，企业自己不去占领，必然会被竞争对手占领。对于 1970 年代的施乐，低端复印机市场和个人计算机产业都是触手可及的领域。但是因为种种原因，施乐在占尽优势的情况下，没有出手拿下这些阵地，只能眼睁睁地看着后起之秀后来居上。2000 年，施乐遭受巨额亏损，加上墨西哥分公司做假账事件被曝光，股价狂跌，一度濒临破产。后来，在新任 CEO 的领导下，施乐彻底抛弃了中低端市场，通过降本裁员，全力支持高端客户，方才起死回生，存活至今，仍然是一家营收数十亿美元规模的大企业。但是，联想到施乐在 1970 年代曾经拥有的无限可能，让人不能不扼腕叹息。

1990 年，美国总统老布什访问惠普公司。在演说中，他盛情感谢惠普的工程师"发明了计算机激光打印机"，为技术进步做出了卓越贡献。这种乌龙很像是小布什才会犯的错误，但也充分说明了惠普激光打印机的市场地位和深远影响。事实上，激光打印机不仅是施乐的发明，并且是施乐成功产品化的，还获得了很好的市场地位和成功。即便如此，在新时代遭遇的惨痛失败之后，旧时代的成功也只有被遗忘的命运。

今天，市场上的大多数复印机、打印机和扫描仪已经一体化，很多人可能意识不到，复印机与计算机打印机是两个时代的产品。复印机输出的复印件，其图像来源是机器本身扫描的原件。如前所述，20世纪初就已经出现了影印技术，基本的工作原理就是给文件拍照，整个过程用不到计算机，也用不到任何数字技术。计算机打印机的前身是打字机，比复印机出现得更早。然而，打印机要实现与计算机的紧密结合，还要等到字处理软件、图像处理技术和网络通信协议等发展到一定成熟的阶段才会实现。如前所述，这些技术都是PARC的强项。打印机市场的出现，与个人计算机的普及是分不开的。1970年代末，施乐拥有了多年复印机的生产、设计与制造经验，PARC又研究了大量计算机相关技术，如果将这些优势结合，施乐就算不能在个人计算机市场打开一片天地，至少也能在打印机市场上占据主导者地位。

PARC的很多发明都被施乐忽视了，但是以复印机起家的施乐，无论如何也不会漏掉激光打印机这个发明。激光打印机是PARC的发明与施乐核心技术的完美结合，如果仔细研究其专利技术，就不难发现，这个产品完全可以成为施乐进军新时代的桥头堡。

盖瑞·斯塔克伟泽（Gary Starkweather）被业界公认为激光打印机的发明人，他于1964年加入施乐。入职之初，斯塔克伟泽所在的团队负责一个涉及信息传输的研发项目，目的是在两台复印机之间建立连接，由一台复印机扫描，再由远端的另一台复印机输出。在研发过程中，斯塔克伟泽发现用激光扫描可以获得更准确的图像。基于这一发现，斯塔克伟泽产生了用激光打印的灵感：可不可以把复印机扔到一边，用一台计算机来指挥激光进行操作，直接用计算机打印图像呢？

但斯塔克伟泽的上司不看好他的主意，因为当时的施乐还没有考虑涉足计算机业务，即使涉及图像数据传输的研发，也是为了服务复印机和传真业务。斯塔克伟泽设想的产品模式必须依赖计算机，这与施乐公司的核心技术研发方向偏离太远。此外，当时的激光设备价格还非常昂贵，就算把斯塔克伟泽的想法做成产品，成本也会很高，不会为公司带来可观的利润。

斯塔克伟泽相信，激光设备的价格最终会降低到普通人可以接受的水平，激光打印一定是未来的方向。他在自己的办公室用布帘子围出一片空间，偷偷进行研究。上司知道后，反复劝他放弃，甚至以解聘相威胁。斯塔克伟泽坚持己见。1969年左右，他把一台施乐复印机改装成激光打印机的原型机，但当时并没有计算机可以配合他的设备。

1970年，PARC建立。盖瑞·斯塔克伟泽得知以后，强烈要求从总部转入PARC，获得了批准。[6]1971

年,在 PARC 的计算机科学家的支持下,斯塔克伟泽完成了整个激光打印系统的设计。

需要指出的是,激光打印并不是用激光在纸上刻字,而是用激光在感光鼓上扫描,使感光鼓表面形成静电图像,之后吸附墨粉,高温定影。这一过程和卡尔森的静电复印术没有什么本质不同。要在感光鼓上实现高精度和高速度的激光扫描,单靠激光发射器来高速移动是不现实的。斯塔克伟泽的解决方案是一个有 24 个面的多面镜,大小接近一个甜甜圈,中心部分安装在由一个电机驱动的旋转轴上。在打印时,中心轴旋转,带动多面体转动,反射激光,完成对感光鼓的扫描。施乐为这个可以旋转的多面镜申请了专利(专利号为 US3867571A,见图 44-4)。半个世纪之后的今天,这个多面镜仍然是激光打印机的重要组件。

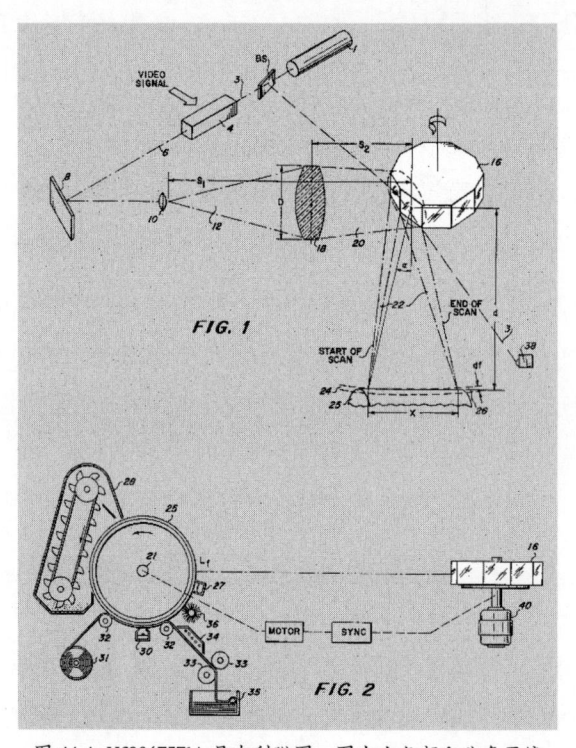

图 44-4 US3867571A 号专利附图,图中白色部分为多面镜

这个多面镜并不是 PARC 激光打印系统最重要的创新。事实上,斯塔克伟泽在 PARC 完成的这个打印系统,其真正重要的创新已经隐藏在它的名字里。PARC 最终完成的打印系统叫作 EARS,其中"E"代表 Ethernet(以太网),"A"代表 Alto(阿托),"R"代表 Research Character Generator(研究字符生成器,RCG),负责把数字信息转换成打印机可识别的信息。RCG 的主要设计人巴特勒·兰普森(Butler Lampson)又和查尔斯·西蒙尼(Charles Simonyi)进一步设计了字处理软件,在 PARC 内部使用,使得由计算机编辑、激光打印机输出成为

可能。这个字处理软件就是前文提到的 Bravo，它是最早的"所见即所得"的字处理软件。"S"代表"Scanned Laser Output Terminal"（激光扫描输出终端），这是斯塔克伟泽最初给激光打印机起的名字。以太网使得计算机和打印机连接在一起，字处理软件提供了直观的页面编辑功能，再加上激光打印系统本身——EARS 这个名字代表了 PARC 一些最重要的技术创新成果。这台激光打印机最终发展成为施乐在 1970 年代末的一款爆品。

一部打印机蕴含了这么多划时代的技术。打印机协议的设计人后来从施乐出来，创办了 Adobe 公司。然而，施乐拿出来销售的仅仅只是一个打印系统。

施乐对 PARC 的 EARS 激光打印系统进行了产品化，并结合公司内部的各种技术，最终整合成一台庞然大物——Xerox 9700 激光打印机，于 1977 年推向市场。Xerox 9700 激光打印机的打印速度保持了施乐一贯以来的高标准，分辨率可以达到 300 DPI，每秒可以打印 2 页，每分钟打印 120 页。在自动化方面，这款机型也非常优秀，保留了辅助进纸托板的设计，主进纸托板可以放 2500 张空白纸，辅助进纸托板可以放 400 张空白纸；输出端有两个堆叠器，每个堆叠器能够放 1500 张纸。该机器有操作控制台，带有 CRT 显示终端和键盘。这台机器可以通过并行信号（parallel channel）连接到 IBM 的大型机上。

Xerox 9700 激光打印机的价格为 35 万美元，在其上市之后的多年里，一直是市场上打印速度最快、打印量最高的顶级产品。遗憾的是，IBM、苹果和微软引领的个人计算机时代已经到来。办公室里配备的个人计算机越来越多，人们不喜欢大老远地跑到打印中心去打印几页文件。比尔·盖茨提出了"一家一台个人计算机"的设想，而惠普和佳能设想的是每个办公室配一台小巧的桌面式打印机。而对施乐来说，Xerox 9700 已经是它少数几个涉及计算机且能够盈利的业务之一。

1977 年，施乐申请了 365 件专利，包含"comput*"关键字的只有 13 件，其中还有 3 件是外观专利。涉及 Xerox 9700 的专利不多，主要包括 US3884408A 号专利等。US3884408A 号专利保护的是自动装订文件的机制与机械结构，而来自 EARS 系统的那些重要创新，如图形用户界面和"所见即所得"软件等都不在这批专利的保护范围之内。

不能否认，PARC 的研究人员对激光打印有切实的需求，但是他们主要将其视为以太网连接的工作站的一种输出手段[7]，在设计时没有充分考虑广大白领工作者的实际需求。举个例子，当时的打印机缺少现在常见的一些功能，例如对用户的信息反馈。1980 年，麻省理工学院的 AI 实验室新购入了一台 Xerox 9700 激光打印机。当时，在麻省理工学院工作的理查德·斯托尔曼（Richard Stallman）习惯对打印机进行改造，以便让用户了解打印过程中的一些必要信息，如正在打印的内容、在打印机卡纸时通知用户等待等。但他没有 Xerox 9700 的驱动程序源代码，没办法进行改造。后来，斯托尔曼听说卡内基梅隆大学有这款打印机的驱动程序源代码，就跑去索要。按照当时程序员社区的惯例，这种要求很正常，绝大多数人都乐于分享；但是卡内基梅隆大学的人却以保密协议为由拒绝了斯托尔曼。在今天看来，这种事情是理所当然的。但斯托尔曼觉得对方这种做法无法接受：自己花钱买的机器，改几行代码都不可以吗？受到这件事的刺激，斯托尔曼发起了自由软件运动，建立了 GNU 项目，并成立了自由软件基金会。[8] 这也是 Xerox 9700 的一个未被预见的影响。

如果以 1977 年为激光打印机的元年，那么施乐的对手在做些什么呢？

第 45 章 惠普的边界拓展：测量仪器、计算机与打印机

惠普（Hewlett-Packard Company）于 1930 年代创立，诞生于创始人的车库，是硅谷"车库创业"最早的例子之一。自成立以后，惠普的主营业务一直是各类测量测试仪器的生产、设计与销售。和哈罗德公司一样，惠普在第二次世界大战期间拿到大量军方订单，积累了丰富的资本。1960 年代，惠普的产品线包括医疗仪器、气相色谱分析仪器、质谱分析仪器、激光测量与测距仪器等。激光器是惠普的专业领域之一，惠普涉及激光技术的专利数量远远超过施乐。

贝尔实验室发明晶体管之后，惠普也开始涉足新兴的半导体行业。在利用晶体管改进测量仪器的同时，惠普也在积极探索半导体技术所开创的新领域。

图 45-1 为惠普在 20 世纪涉及晶体管的专利申请数量折线图。惠普在 1958 年 5 月申请了第一件涉及晶体管的专利（专利号为 US3441833A），将晶体管用于稳压电源；次年又申请了两件涉及晶体管稳压电源的专利（专利号分别为 US3105188A 和 US3101442A）及一件将晶体管用于取样示波器的专利（专利号为 US3011129A）。这表明惠普在核心业务方面已经搭上了时代的快车。1960 年代，惠普总共申请了 71 件涉及晶体管的美国专利，占 1960 年代惠普全部专利（429 件）的 16.6%。晶体管放大器成为惠普专利申请的一个主要方向。以最新的科学技术为突破边界的方向，这是惠普成功的原因之一。

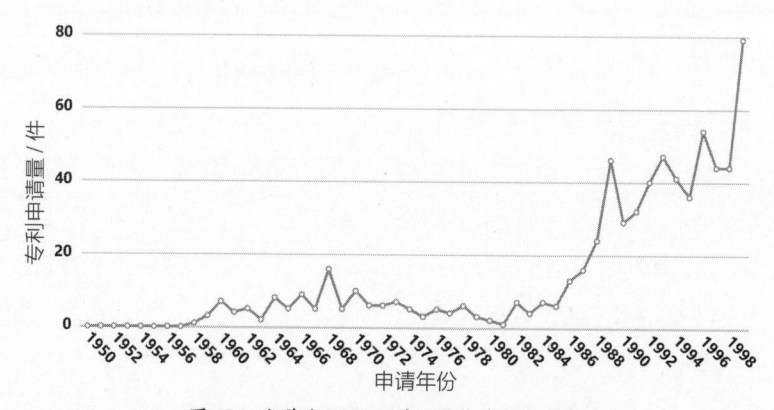

图 45-1 惠普在 20 世纪涉及晶体管的专利申请

从惠普 1960 年代申请的专利中我们看到，惠普已经开始对计算机技术进行最早的尝试。1968 年 8 月，惠普申请了 US3530440A 号专利，涉及一种"典型的基本计算系统"，这可能是

惠普关于计算机的最早专利。同年,惠普为一种"计算平方根的数字计算器系统"申请了专利(专利号为 US3576983A),1969 年又申请了三件涉及计算器的专利(专利号分别为 US3641328A、US3668461A 和 US3623156A)。

在产品方面,惠普在 1966 年推出了 2116A 型小型机(HP 2116A,下文简称为"2116A"),售价在 25,000 美元到 60,000 美元之间,这是惠普进入计算机行业的开始。

惠普为什么会跨界进入计算机行业呢?在晶体管发明之后,计算机技术突飞猛进,一日千里;很多企业、大学、研究机构都购买或租赁了 IBM 的大型机,惠普也不例外。很多科研人员一开始都会把惠普仪器测得的数据输入 IBM 计算机,由计算机分析处理结果。他们和惠普的销售人员交流时,提出希望测量仪器能够智能一些,比如,由测量仪器直接将数据输入计算机,省去人力手动输入的麻烦。[1]

惠普的两位创始人比尔·休利特(Bill Hewlett)和戴维·帕卡德(Dave Packard)了解了客户的需求后,做出了开发惠普计算机产品的决定。在这个过程中,设计人员提到将计算机与惠普其他产品连接起来的构想。帕卡德回忆说:"他们(指惠普小型机的主创人员)带来的愿景是一整套系统,惠普仪器连接着我们的打印机和绘图仪,由惠普计算机实现自动化。"他相信计算机可以成为黏合惠普其他产品的"胶水",促进惠普的发展。[2] 休利特和帕卡德分别考察了 DEC 和王安计算机公司(Wang Laboratories)的产品,最后采用 DEC 的架构设计制造了 2116A。

2116A 是用于实验设备的计算机(Instrumentation Computer),本来是为各类仪器的设计人员而设计的,并没有脱离惠普的核心业务。惠普原本指望大学和研究机构成为这台小型机的主要客户,没想到 2116A 一炮走红,在工业界的销量也特别好,让休利特和帕卡德都大吃一惊。事后分析时,惠普才意识到 2116A 与竞品相比有一个隐藏的优点——皮实。这是因为在之前的几十年里,惠普一直在生产能够应对各种恶劣环境的测量仪器,应用场景涵盖了油田、车间、海洋甚至外太空。核心业务领域的基本要求,被工程师们不自觉地带到新的业务领域。对于 2116A 的意外成功,休利特曾回忆说:"(2116A)有一个我们一开始没有意识到的附带优势:我们的仪器必须在防撞抗震上超过 B 级标准……所以,很自然地,我们做的计算机也会高于这些标准。"

当时,市面上的其他小型机都非常娇贵,而惠普的计算机能够承受相对恶劣、气温较高的环境。2116A 的第一个客户就是伍兹霍尔海洋研究所,它把这台机器装在一艘科研考察船上,在不断的摇晃和震荡中，2116A 运转良好，为惠普积累了良好的信誉和口碑。

惠普产品在特殊应用场景下所锻炼出来的优良品质，恰恰是用户极为在意的。而这样的优良素质，使惠普的边界突破取得了事半功倍的效果。很多企业都有突破边界的意愿，但是单有意愿是不够的。在核心区积累的资金和技术、应对各种场景的经验，再加上高质量的产品和服务，才是突破边界、占领新地盘的正道。

1965 年，数学家马尔科姆·麦克米兰（Malcolm McMillan）根据杰克·沃尔德（Jack Volder）提出的 CORDIC（COordinate Rotation DIgital Computer，坐标旋转数字计算机）算法，与沃尔德共同设计出一种可以进行科学计算的计算器。麦克米兰之后拜访惠普，向惠普推销他们的新发明。惠普的工程师高度认可这个计算器在软件方面的设计，但认为其硬件设计一塌糊涂。此时，恰好一名独立发明人汤姆·奥斯伯恩（Tom Osborne）设计出一款带有键盘和显示器的小型电子计算器，也来惠普展示他的发明；其设计精巧（见图 45-2），比尔·休利特把玩多时，爱不释手。最终，惠普把麦克米兰的软件设计和奥斯伯恩的硬件结合起来，于 1968 年推出了 HP 9100A 型计算器。

图 45-2 汤姆·奥斯伯恩设计的电子计算器

这个计算器比德州仪器在同一时间推出的便携式计算器大得多，但两者并不是同一类产品。在很长一段时间里，惠普坚持把这台机器叫作"可编程计算器"（programmable calculator）而不是计算机（computer），申请的专利也都以"可编程计算器"为名。然而，在多年之后，一些媒体和 IT 人在回顾历史时，把这台机器评价为历史上最早的个人计算机。[3] 比尔·休利特对此的解释是："如果我们把它叫作计算机，客户的计算机专家可能会把它拒之门外，因为它看起来不像 IBM 的计算机那样。所以，我们决定叫它'计算器'，这样就没有人提出异议了。"[4]

当时，IBM 的大型机售价为数十万美元，体积庞大，能塞满几个办公室。尽管"小型机"的英文为"minicomputer"，但是实际上一点儿都不"迷你"，惠普自己的小型机至少有一个大衣柜那么大。在当时的人看来，售价 5000 美元的 HP 9100A 确实很难与"计算机"联系在一起。

HP 9100A 的设计人员来自不同的部门。一位名叫戴夫·科克伦（Dave Cochran）的工程师前一天还在设计电压表，第二天就被调到计算器的研发会议上听人讲算法问题。这位工程师向主讲人提出的第一个问题是："算法是什么？"而 HP 9100A 的项目主管迪克·默尼耶（Dick Monnier）在计算机方面也没有任何经验，他主管的上一个项目是示波器。

　　根据休利特的指示，HP 9100A 必须足够小，大小应该和一台打字机差不多，才能适应办公室环境。他在一次会议上提出了非常具体的要求：HP 9100A 必须能够安放在打字机支架上，而且收起来以后要能塞进他办公室里的胡桃木办公桌桌洞里。

　　设计团队在 1967 年完成了 HP 9100A 原型机的制造。当时休利特有事不在公司，设计团队的几名成员直接闯进了他的办公室。原型机完美匹配休利特的打字机支架，但在往桌洞里塞的时候却被卡住了。一位工程师当机立断，到楼下找了一把锯子，削掉一部分木头，把桌洞加宽了 1/8 英寸。据说休利特很快就发现了这个小玩笑，但也一直装作不知道。[5]

　　惠普不断改进这款"可编程计算器"，于 1971 年底提交了"使用代数语言的可编程计算器"专利的申请（专利号为 US3839630A），随后几年又以该申请为基础，申请了 20 余件关于可编程计算器的专利。值得一提的是，当施乐还在计算机业务方面举棋不定的时候，惠普的可编程计算器已经配备了粗糙的打印功能。在下面的图 45-3 中，20 号装置为打印单元，22 号位置放置的为打印纸。作为前述专利申请的分案之一，US4152771A 号专利还特地保护了"向用户发信号指示打印机纸张供应耗尽的显示装置"。图 45-4 为惠普可编程计算器 HP 9100A 的实物图。

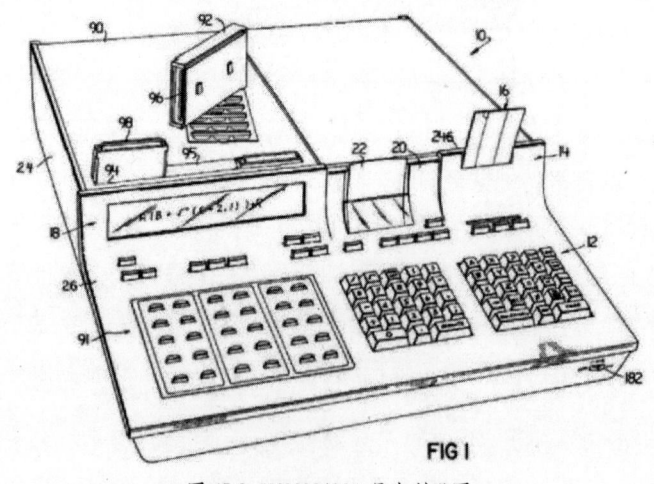

图 45-3　US3839630A 号专利附图

图 45-4 惠普可编程计算器 HP 9100A 的实物图[1]

需要指出的是，这并不是惠普在打印设备方面最早的尝试。如前所述，惠普主营的核心业务是测量仪器。所谓"好记性不如烂笔头"，无论用哪一种测量仪器，在测量读数之后，用户终究还是要用纸笔记录结果的。后来，惠普的工程师觉得用纸笔记录太麻烦，就给一款导频振荡器设计了一个打印输出装置，这就是惠普在 1957 年发布的 560A 型数字记录器（Model 560A Digital Recorder）。

这里的"数字"不是"数字技术"的意思，而是字面意义的数字——根据惠普 1956 年申请的"打印机"专利（专利号为 US2864307A，图 45-5 为其附图），560A 型数字记录器的打印方法类似于活字印刷，用若干个带有数字的转盘把数字印在纸上。用今天的眼光来看，如果把这台机器叫作打印机，可能有点儿太抬举它了——它的打印速度只有每秒 5 行，每行 11 个数字。但是，这个速度已经远非人力可比，可以记录在 1 秒内会产生多次变化的读数，一上市就大受好评，取得了良好的市场反响。另外，这台"打印机"也无形中为惠普未来开拓计算机打印机市场指明了方向：既然测量用的仪器需要打印装置进行输出，难道计算用的机器就不需要吗？因此，惠普在可编程计算器上配备打印输出单元也是顺理成章的事。由此看来，US2864307A 号专利和 560A 型数字记录器可以说是惠普进入打印机市场的起点。

▼ 1 本图摄影作者：Rama。本图基于知识共享协议（CC-BY-SA-2.0-fr）共享。关于详细版权信息，请参阅"图表链接 .pdf"文件。

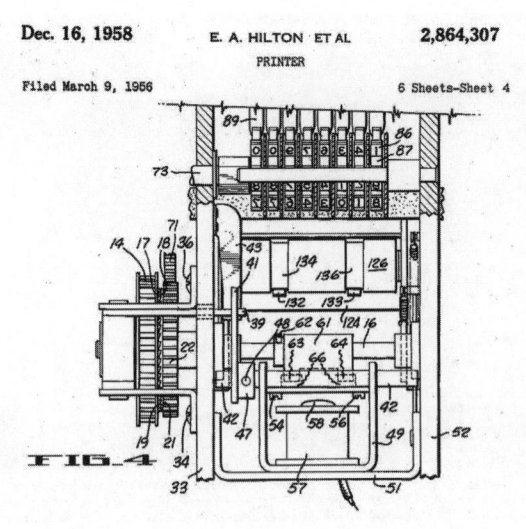

图 45-5 惠普 1956 年申请的"打印机"专利（专利号为 US2864307A）

惠普早期的打印专利集中在喷墨打印方面。直到 1988 年左右，惠普才开始申请激光打印机专利（如 US4847641A 号专利等）。

1981 年，惠普推出了自己的第一款激光打印机 HP 2680A，每分钟能打印 45 页，售价 108,500 美元。比起施乐在 1977 年上市的 Xerox 9700 激光型打印机，惠普这款机器的打印速度要慢 50% 以上，但个头小得多，价格也便宜，是当时市场上性价比最高的激光打印机之一。当时还没有通用打印协议这种东西，惠普的这款打印机只支持自家的 HP 3000 小型机，后者的价格在 12 万美元左右。但是 HP 3000 为 HP 2680A 打印机提供了足够的软件支持，包括售价 7500 美元的"互动设计系统"（Interactive Design System）和 5000 美元的"互动格式系统"（Interactive Formatting System）。除此之外，惠普还开发了最早具有"所见即所得"功能的演示软件 Bruno。今天，我们把这类软件称为"幻灯片"软件，以 PowerPoint 最为知名。Bruno 后来更名为 HP-Draw，可以安装在 HP 3000 上。

惠普的打印机部门对这台机器寄予厚望，预计在发售后第一个月卖出 75 台，结果一台也没卖掉。尽管如此，惠普还是保留了这个产品线，到 1987 年，这款打印机总共卖出了 1500 台。[6]

HP 2680A 本身不算成功，但是它为惠普的打印部门积累了宝贵的早期经验，也预示着计算机和打印机的结合将成为新的增长点。在 1980 年代，同时包含"comput*"和"print*"关键字[1]的美国专利申请共有 2348 件，其中惠普有至少 30 件，在美国公司中仅次于 IBM 和必能宝（Pitney Bowes）（见图 45-6）。个人计算机和打印机作为惠普的两个新领域，开始产生化

▼1 检索式：ALL=(comput* AND print*) AND AD=[19800101-19891231]

学反应，发挥出"1+1>2"的作用。

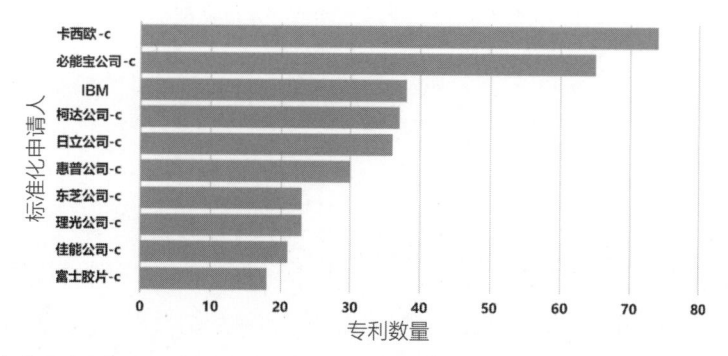

图 45-6 1980 年代同时包含"comput*"与"print*"关键字的专利申请前 10 大申请人（IncoPat 标准化申请人）

1984 年 5 月，惠普推出了自己的第一款桌面激光打印机 HP LaserJet（见图 45-7），其体积小巧，可以放在一张办公桌上，打印质量也相当不错，定价 3500 美元。这个系列的打印机与惠普的 PC（个人计算机）相互成就，都取得了不错的销量。

图 45-7 1984 年的初代 HP LaserJet[1]

曾担任惠普打印部门研发经理的吉姆·霍尔（Jim Hall）回忆说，1980 年代初，惠普主推 PC，PC 销售部门获得了大量资源，在经销商面前也很有话语权。HP LaserJet 开发完成后，打印机部门想搭 PC 的便车，恳求 PC 销售团队在和经销商进行宣讲时捎带上 HP LaserJet 激光打印机。PC 销售团队勉强同意，但把激光打印机的展示安排在宣讲会的最后阶段。此时，许多经销商的高层领导已经离开会场，只剩下一些级别较低的人员。然而激光打印机的展示一开始，这些人员就立即叫停，冲出房间去找他们的上司。最后，所有参会的经销商都表示愿意同时购买 PC 和激光打印机。[7] 后来，还有很多经销商为了保证打印机的货源，主动找惠普签下 HP-150 和 Vectra PC 的订单。[8] 一年后，惠普就占领了桌面激光打印机 85% 的市场。LaserJet 初

▼ 1 本图摄影作者：Atomic Taco。本图基于知识共享协议（CC-BY-SA-2.0-fr）共享。关于详细版权信息，请参阅"图表链接 .pdf"文件。

第 45 章 惠普的边界拓展：测量仪器、计算机与打印机

代打印机总共卖出了 50 万台，其影响力远超施乐的 Xerox 9700。这一时期，PC 逐渐从惠普的业务边界上的羁縻区向核心区过渡，而打印机业务成为新的羁縻区；核心区与羁縻区相互支持，使惠普在 1980 年代和 1990 年代取得了巨大的成功。

值得一提的是，从激光打印机元年 1977 年到第一代 LaserJet 发布为止，惠普并没有一件明确涉及激光打印机的专利。其涉及"激光"的美国专利申请共有 12 件，包括半导体激光器、电光电路（electro-optic circuit）、光刻方法等，并没有一件明确提到"打印"[1]；而涉及"打印"的美国专利申请共 35 件，其中的 11 件是具有热敏打印功能的可编程计算器相关专利，剩下的大多数是关于喷墨打印的专利。当时惠普高层也比较看好喷墨打印技术，认为喷墨打印才是惠普进军中高端打印机市场的希望。由此可见，单就激光打印技术而言，惠普的贡献远不如开山立派的施乐。惠普激光打印机的打印引擎来自日本供应商：HP 2680A 采用的是佳能的方案，之后改用理光的，最后又换回佳能的 Canon CX 引擎，也就是前文介绍的佳能可拆卸墨盒设计。

惠普在桌面打印机方面的技术贡献和专利积累主要集中在喷墨打印机领域，并且在大众消费领域取得了不错的成绩。在"兴衰篇"里谈到柯达时，我们提到过柯达公司有一位名叫安东尼奥·佩雷兹的 CEO，他在主掌柯达的最后的岁月里，曾经被多家媒体评为"2011 年度最差 CEO"。但是，在此之前，此君也有过光辉岁月。入主柯达之前，佩雷兹曾在惠普工作了 25 年，在 1980 年代长期担任惠普喷墨打印机事业部总经理。他坚定地认为，惠普喷墨打印机的未来在大众消费市场，而不是商用办公市场。因为激光打印机的价格迅速下降，喷墨打印机在中高端市场已经失去了竞争力，而大企业客户仍然信任 IBM 和施乐，不愿意为"惠普"这个名字买单。而迅速崛起的大众 PC 市场为低端的廉价喷墨打印机带来了机会。安东尼奥·佩雷兹认为公司应当改变方向，从追求高性能和多功能转向注重易用性。[9]

1984 年，惠普推出了 HP 2225 型喷墨打印机（见图 45-8）。这台打印机存在很多问题，例如只能用专用打印纸打印，喷头昂贵且容易损坏，说明书上甚至教用户用回形针修理喷头。但是，这台打印机非常轻便，比今天主流的喷墨打印机还小。此外，HP 2225 还有多个子型号，提供多种连接方式：HP 2225A 具有 HP-IB（Hewlett-Packard Interface Bus）接口和内置电源；HP 2225B 具有 HP-IL（Hewlett-Packard Interface Loop）接口，用电池供电；HP 2225C 支持并行接口，内置电源；HP 2225D 则使用串口连接。当时 PC 和商用计算机的通用化和标准化工作都还在发展的初期，提供多种连接方式的这款打印机真正体现了方便易用的特点。此外，HP 2225 还有一个重要优点：安静，噪声很小，因此拿到了很多图书馆的订单。

▼1 检索式：(((AP=(HEWLETT PACKARD) OR AEE=(HEWLETT PACKARD))AND AD=[19770101-19841231] AND ALL=(LASER)) AND ((PNC=("US"))))

图 45-8 HP 2225 型喷墨打印机

喷墨打印机的销量从 1990 年开始大规模增长。在 1990 年代初期，惠普是市场上的 No.1，到 1990 年代中期，惠普才逐渐落后于竞争对手。喷墨打印机有着典型的"剃须刀－刀片"商业模式，即打印机便宜而墨盒昂贵。墨盒放置一段时间不用之后喷头就容易堵塞，这使得喷墨打印机的墨盒成为惠普的重要利润来源。

在打印协议方面，惠普自己开发了 PCL（Printer Control Language），并且获得了微软的支持。在 1980 年代的 IBM PC 兼容机与苹果 Mac 的旷世大战中，个人计算机、打印协议、所见即所得的软件和激光打印机的产品线让惠普打出了一套组合拳，成为 PC 阵营的重要功臣。我们不能忘记，这些技术的源头都可以追溯到 1970 年代的施乐。

惠普的第三代 LaserJet 产品在 1990 年上市。该产品采用全新的分辨率增强技术（Resolution Enhancement technology，REt），可以提供极佳的打印质量。HP PCL 5 语言提供了良好的字体缩放功能。1991 年推出的 LaserJet IIISi 支持以太网连接，成为首款支持以太网的桌面激光打印机，并在市场上取得了很大的成功。我们知道，PARC 尚处于实验阶段的 EARS 激光打印系统，其名字中的"E"就是指以太网。而支持以太网的激光打印机，最终却是在惠普手中实现了市场价值。

LaserJet 系列的道路也不是一帆风顺的，第一个竞品就是苹果的 LaserWriter。很多人可能不知道，苹果也做过打印机，而且 LaserWriter 是历史上最早的桌面激光打印机之一，其推出时间仅略晚于惠普的第一代 LaserJet。

1985 年，苹果发布了 LaserWriter 打印机（见图 45-9），每分钟能打印 8 页，定价 6995 美元，和惠普的 LaserJet 一样也使用佳能的 Canon CX 打印引擎。LaserWriter 虽然价格昂贵，但它允许多达 16 台 Mac 共同使用，折算到每台 Mac 上，仅需要 450 美元，这就比惠普的 LaserJet 还要便宜，因此在施乐的大型打印机和惠普的廉价小型打印机之间达到了一个平衡，一度获得了良好的销售业绩。在 1980 年代的一段时间内，苹果一度成为世界上最大的打印机公司。[10] 后来，随着惠普的打印机不断降价，以及 PC 阵营对 Mac 阵营的最终胜利，苹果打印机销量日减，在 20 世纪末退出了历史舞台。

图 45-9 1985 年发布的苹果打印机 LaserWriter

PostScript 是 Adobe 成立伊始的最重要产品。我们在这里必须提一下 PostScript，因为其与施乐打印机的打印协议 Interpress 渊源颇深。如前所述，Adobe 也是由从施乐出走的员工创立的科技公司，创始人约翰·沃诺克（John Warnock）和查尔斯·格施克（Charles Geschke）都是施乐 PARC 的员工，也是 Interpress 的主要开发人员。在 Interpress 协议开发完成之后，约翰·沃诺克和查尔斯·格施克积极游说施乐高层，希望把这一协议单独产品化，但就像以太网一样，这个计划也没有得到施乐高层的支持。

沃诺克和格施克离开施乐之后建立了 Adobe 公司，本想开发自己的打印机或者打印工作站，但是乔布斯打消了他们的念头。1983 年，乔布斯把 LaserWriter 打印机的开发列入日程，并选择刚刚成立的 Adobe 公司来提供软件支持。沃诺克和格施克给乔布斯介绍了 Adobe 的技术之后，乔布斯回答说："我不要你们的计算机。我不要你们的打印机。我要你们的软件。"

乔布斯为 PostScript 支付了巨额的许可费，仅预付费就达到了 1500 万美元，同时苹果还以 2500 万美元购入 Adobe 20% 的股份（苹果在 6 年之后把这笔股票变现，卖了 8700 万美元）。在苹果的支持下，Adobe 的两名创始人放弃了建立一家硬件公司的计划，转而专心开发软件。[11]

20 世纪的 PC 与 Mac 之争最终以 PC 阵营的全面胜利告终。但是，Mac 和 PostScript 的合作让苹果在设计领域占领了一块稳固的阵地。直到今天，很多人仍认为苹果 Mac 是设计师的标配，根本原因还在于 Adobe 在打印和软件领域为 Mac 提供的支持。

第45章 惠普的边界拓展：测量仪器、计算机与打印机

PC和Mac阵营激烈竞争之时，施乐只能眼睁睁地看着自己的高端商用打印机市场不断被蚕食，新的大众打印机市场又挤不进去，而PC市场竞争更是早就与施乐没有了关系。

1992年，惠普的打印机销售总额达到30亿美元，占当年惠普总收入的五分之一以上。[12]1999年，惠普剥离了赖以起家的测量与测试仪器业务部门，该部门与医疗产品部门一起组成了独立公司Agilent。2001年，惠普重组为三大事业部：计算机系统、影像与打印系统以及IT服务。当年惠普在影像与打印业务方面的净收入为194.47亿美元，计算机业务方面的净收入为177.71亿美元，IT服务的净收入为75.9亿美元，打印业务已经成为公司的核心支柱。[13]美国知名媒体人迈克尔·马龙（Michael S. Malone）在一本关于惠普历史的畅销书[14]中把惠普称为"世界上最伟大的公司"，但是他认为惠普的喷墨打印机发明是惠普在整个20世纪最后一个堪称伟大的技术突破。

为了支持自己的耗材生意，惠普利用越来越多的专利来防范第三方耗材商。1997年，惠普对第三方耗材商RoT（Repeat-O-Type Stencil Manufacturing Corporation）发起专利诉讼，用多种墨盒专利起诉该公司侵权。从2001年起，惠普开始在年报中提到第三方耗材商给惠普带来的冲击。

这段故事给我们最重要的启示，就是企业在拓展边界时不同技术领域的相互支持至关重要。以惠普为例，其个人计算机和打印机产品相互支持，有软件部门提供软件支持，后来又得到微软的支持。再看看苹果，同样是个人计算机、网络协议以及Adobe的打印协议和软件相互支持。至此，我们才知道施乐错过了什么：由鼠标操控的图形用户界面计算机、以太网、Interpress打印协议和所见即所得的字处理软件，这些全都是施乐的发明。如果施乐把这些技术整合起来，果断进入PC和计算机打印机市场，1980年代的胜者又会是谁呢？

Xerox 9700激光打印机本来可以成为施乐的完美过渡区，集合了施乐传统的复印技术、新的激光与影像技术、网络技术和软件技术。但是，当施乐还在梦想着造出一台短时间内打印数百页的机器时，惠普已经卖出了上百万台打印机。机会一旦错过，就不会再来了。

很多人都知道苹果和微软在1980年代关于图形用户界面的世纪大战。双方一度为此结仇。很多人不知道的是，施乐在这之后也加入战团，想分一杯羹。

1989年，施乐在美国加州北区地方法院（United States District Court for the Northern District of California）起诉苹果。[15]施乐没有提起专利诉讼。这是因为在1970年代，当施乐做出许多重要创新时，计算机软件专利还刚刚起步，无论是程序员还是专利律师，对软件专

利都还在摸索阶段；而且，PARC 是一个鼓励自由研究的机构，鼓励研究人员发表研究成果，而没有建立鼓励专利申请的制度。[16]

1985 年 10 月 28 日，施乐为一系列计算机桌面图标申请了多件专利。这批专利可能是历史上最早的图标外观专利，至少也是最早把 "icon" 一词放进标题的美国外观专利，包括 USD0295631S、USD0295632S、USD0295633S、USD0296705S、USD0297243S 等。在施乐的官方网站上，施乐也颇以 "汉堡包图标" 的发明人为傲。这个由三根短线构成的极简图标（见图 45-10）是诺曼·考克斯（Norman Cox）在 1970 年代设计的，目前几乎所有的主流手机操作界面都会用类似的图标代表 "菜单"。考克斯同时也是折起一角的文档图标的设计人。图 45-11 收集了早期施乐的一些图标设计，相信读者能从中找到今天不少常用图标的基因。

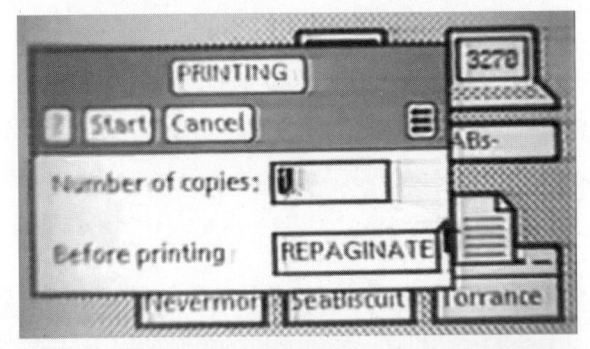

图 45-10 早期施乐系统的三根短线构成的 "汉堡包图标"）

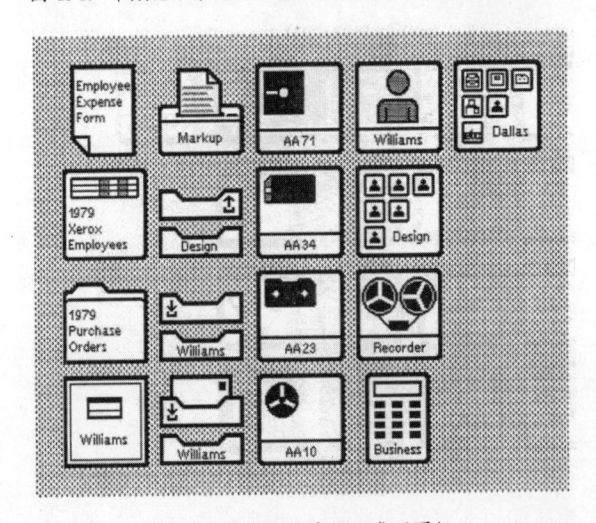

图 45-11 早期施乐系统的常用图标

虽然是最早 "吃螃蟹" 的人，但施乐申请的这些图标专利似乎没有派上什么用场，完全没有诉讼或无效的记录。这批专利申请也没给业界带来什么影响。在施乐之后，只有一些日本公司零零散散地申请了一些图标外观专利；苹果从 1992 年开始申请图标外观专利，微软 1999 年才开始申请这类专利。

实际上，以图标构建用户界面的想法并不是施乐最早原创的概念。有研究者认为用图标来与用户沟通的方法最早出自 1971 年的一篇论文。[17] 无论如何，1970 年代的施乐在图形用户界面和图标的应用上都没有什么专利积累，到 1986 年才开始申请关于图标应用于人机界面的软件专利（US4899136A 等的专利），1990 年才获得授权。1988 年，施乐还申请了"在显示处理器的显示屏的用户界面中使用的虚拟和仿真对象"专利。可见施乐已经意识到图形界面在 PC 时代的重要性，但已经太晚了，而且这个时候施乐的产品线上已经没有个人计算机了。而苹果最早的图形界面专利申请于 1985 年（US4786893A 号专利，"从复合数字视频信号产生 RGB 颜色信号的方法和装置"），这件专利对苹果也没起到太大作用——苹果起诉微软版权侵权。

施乐的诉状包括多项诉由。首先，施乐认为苹果在美国版权局注册的几件作品，包括 Lisa 计算机和 Mac 计算机涉及的软件版权，是施乐 Smalltalk 和 Star 系统的衍生作品（derivative work）。基于这一理由，施乐请求法院判决苹果关于 Lisa 计算机和 Mac 计算机的注册版权无效。但是根据 1986 年的一件判例[1]，此类请求应当以行政程序为前置程序，施乐应当首先向版权局提起行政救济，之后法院才会对版权局的行政决定进行司法审查。

其次，施乐认为苹果起诉微软和惠普版权侵权的一系列案件属于不正当竞争行为，而施乐是这一不正当竞争行为的受害者。施乐的理由是：苹果的这些诉讼影响太大，让业界和普通大众误以为苹果是图形界面涉及的一系列计算机技术的发明人。因为这个误解，很多科技公司在设计图形界面的软硬件时，都会倾向于寻找苹果而非施乐来购买技术许可，这样一来就减少了施乐对外技术许可的商机。所以，在苹果因为技术许可获得的版权收入中，有一部分应当属于不当得利，施乐认为自己有权从中分一杯羹。

苹果的律师在法庭上用一个尖刻的段子讽刺了施乐的逻辑。这位律师说，胡佛大坝上有两只河狸，其中一只问另外一只："大坝是你造的吗？"另一只河狸回答："不是，但大坝是基于我的想法才有的。"（It's based on an idea I had.）河狸是美国常见的动物，会用树枝在河流上搭建水坝，制造简陋的水库蓄水捕鱼。而胡佛大坝是 BBC 认证的"世界七大工程奇迹"之一。相信读者在一些影视作品中看到过胡佛大坝的雄姿。在迈克尔·贝（Micheal Bay）的《变形金刚》（电影版）中，胡佛大坝是美国政府建立起来封印威震天的，也是剧中第一次大战斗场面的主战场。身高十米的威震天，在胡佛大坝的背景下，看上去也只有河狸那么大。在苹果

▼ 1 Kiddie Rides U.S.A. v. Donald C. Curran, 231 USPQ 210 (D.D.C. 1986).

的律师看来，Mac 和 Lisa 计算机的伟业堪与胡佛大坝媲美；相比之下，施乐在 PARC 鼓捣出的玩意儿只不过是一群河狸用树枝和泥土搭起来的垃圾堆罢了。

施乐对惠普开战要晚得多。惠普在 1997 年占有 51% 的打印机市场，营收 430 亿美元；而施乐只占有 2% 的打印机市场，营收 182 亿美元。直到这个时候，施乐才对惠普发起第一次专利侵权诉讼，涉案专利包括 U74437122A 号（1981 年申请）、US5030971A 号（1989 年申请）等。1998 年 5 月 14 日，施乐在纽约罗切斯特地方法院起诉惠普侵权[18]，涉案产品包括多种打印机及墨盒；5 月 27 日，惠普以一件触屏界面专利反诉；9 月，施乐又以分辨率增强专利起诉；之后惠普以一件墨盒专利反诉。次年，惠普又将一件图像增强技术专利加入战场。这起诉讼持续不到两年，2000 年 3 月，双方和解。[19]

施乐还在 2001 年以 US5596656A 号专利起诉了 3Com 和 Palm 公司。[20] 我们在前面提到过，Palm 的 Graffiti 系统在 1990 年代脱颖而出，成为世纪之交最好用的手写输入系统；Palm 的掌上电脑是手机时代前最好用的掌上设备之一。Palm 的 Graffiti 系统虽然拥有自己的专利（见图 45-12），但还是落入了施乐 US5596656A 号专利（见图 45-13）的保护范围。施乐在 1990 年代的这些诉讼印证了我们在"兴衰篇"中阐述的观点：积极为用户提供有竞争力的产品并用专利全面保护创新，此时的高科技公司是蒸蒸日上的。当产品失去竞争力，且没有新的具备竞争力的产品接替的时候，仅仅保留专利，这些专利就像无源之水，无法支持高科技公司高峰时期的规模；失去了产品的支持，想靠专利捞钱的公司，公司的发展就进入了下降通道，最终坍缩为 NPE。

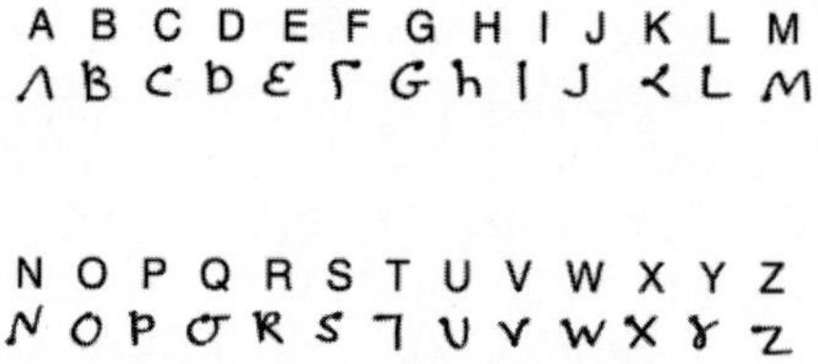

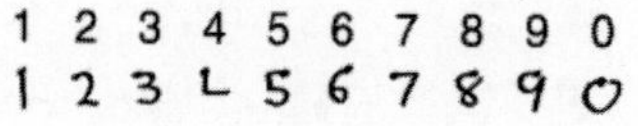

图 45-12 Palm 的 US6493464B1 号专利设计的手写输入法

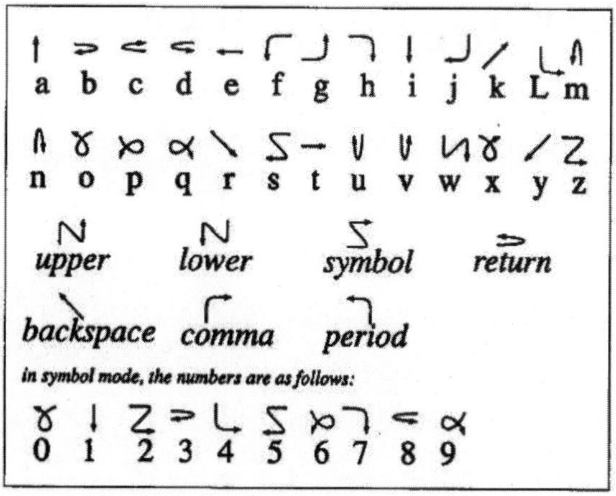

图 45-13 施乐 US5596656A 号专利设计的手写输入法

2001 年，施乐在经历了一系列诉讼和产品失败后，陷入严重亏损状态。2002 年 4 月，美国证券交易委员会指控施乐有财务造假嫌疑，并对其施以巨额罚款。施乐承认在重述财务报表中虚计收入 64 亿美元，虚计税前利润 14 亿美元，这在资本市场上引起轩然大波，导致施乐一度濒临破产。之后，施乐进行了大规模重组，剥离非核心业务，集中于影像业务，终于存活下来。

施乐与惠普的恩怨至今未了。2019 年，市值仅 67 亿美元的施乐对市值 313 亿美元的惠普发起敌意收购，惠普则以巨额回购和"毒丸计划"回应。《洛杉矶时报》在报道这一事件时叹息道："对于任何一个在计算机技术时代成长起来的人，惠普和施乐近年来的历史只能让人悲伤……最令人悲伤的是，这两个步履蹒跚的老巨人获得拯救的唯一方式就是合二为一。"[21]这一事件因新冠疫情被迫中断：2020 年 4 月，施乐宣布因为疫情原因放弃收购。

第 46 章 光与影的核心区建立

我们希望博世、施乐与惠普的例子能够展示我们对企业核心区、羁縻区、过渡区和边界的理解。在这些案例中，我们看到的是企业依托于核心区的技术积累开拓边界的方式。在本章中，我们会通过迪士尼和皮克斯的例子，探讨企业核心区对边界拓展的另一种支持方式，这种支持不仅仅是技术方面的，也不完全是品牌资源或版权方面的，还是企业核心业务的软实力乃至核心理念的力量。

我们很难相信一家企业有贯彻百年的研发策略，但是在阅读了数百篇专利之后，我们确实认为，迪士尼和皮克斯在技术上贯彻着类似的理念。这两家公司最终合二为一，作为一家电影公司取得了电影市场上的最大成功。

我们生活在三维世界，距离信息对我们的日常生活至关重要。但是，人类的眼睛还没有进化出激光测距功能，只能被动捕捉物体反射的光线，向大脑传达二维图像。这需要我们的大脑运用强大的想象能力，将左右两只眼睛分别捕获的二维图像组合、修正，处理成三维信息。这就是掠食性动物特有的"立体视觉"（stereoscopic vision）能力。

二维图像与三维图像有什么不同？答案很简单：三维图像能够提供远近信息，就视觉效果而言，也就是绘画、摄影、摄像等平面艺术领域所谓的"深度"（depth），或曰"景深"（depth of field）。

在二维图像上展现出景深可不是一件容易的事。几千年来，不计其数的艺术家通过种种努力，试图在二维的纸张、墙壁、画布上重现他们看到的三维景象。直到文艺复兴时期，人类才终于找到了诀窍，发明了透视法，让绘画的拟真程度上了一个台阶。早期的透视法对人物、前景和背景一视同仁，用类似的方法处理，与人眼观察事物的直接印象相比，还是有一点儿微妙的差别的。

这种微妙的差别，被人类历史上一位最具传奇性的艺术大师捕捉到了，并前所未有地应用在《蒙娜丽莎》这部作品上。1911年，这部作品意外失窃，媒体对后续事件的报道使其名声大噪，成为卢浮宫的三大镇馆之宝之一。

在《蒙娜丽莎》这幅画作中，人物背后是虚化的风景，模糊成一片；前景清晰，背景模糊，制造出一种"景深"的效果。对今天的年轻人来说，这种效果非常常见。用"大光圈"拍摄人像，虚化背景，突出人物，就很容易达到这一效果。事实上，所有的主流智能手机在"人像"模式下进行摄影时都会采用这种方法，在中文中通常被称为"背景虚化"，而英美人则用一个拼凑的日语单词"bokeh"来表示。在绘画领域，这种技法被称为"空气透视法"，早已是最基础的绘画技巧之一。即使是简单的素描或漫画作品，也会把距离较近的物体或元素用较粗的实线绘制，距离较远的用较细的浅色线条绘制，以制造一种"深度"的假象。

但本章的主角不是《蒙娜丽莎》的作者达·芬奇，而是两位在动画领域解决"景深"问题的天才。作为三维世界的生物，人类天生热爱眺望一望无际的草原、峰峦叠翠的群山。而这两位天才使层叠群山的层次感、辽阔草原的纵深感在二维平面上逼真地展现出来，在艺术史上留下了浓墨重彩的一笔。

1914年，美国导演与漫画家伊尔·赫德（Earl Hurd）发明了革命性的动画制作方法：用透明材料代替纸张，分层绘制动画人物和场景。具体地说，就是动画师先把静态的背景（如景物、街道、房间等）绘制在背景图层上，再把活动的人物角色画在透明材料画片上；然后，把画有人物角色的透明材料放在背景图层上进行拍摄。这样，无须在每一帧图像上绘制同样的背景，已经画好的背景图层可以反复使用。

这一技术为动画师们节省了大量的人力，是整个20世纪动画产业的基础。因为透明材料一般使用赛璐珞制成，所以使用这一技术制作的动画一般被称为"赛璐珞动画"（Cel animation）。伊尔·赫德为他的赛璐珞动画技术申请了专利，1915年获得授权，专利号为US1143542A（图46-1为其附图，动画中的景物、人物，甚至人物身体的不同部分都可以放在不同的图层，节省了人力）。"80后"和"90后"人群成长过程中看到的绝大多数动画（尤其是日本动画），都是使用赫德技术制作的赛璐珞动画。直到21世纪初，以宫崎骏为代表的一些老派动画制作人仍然顽固地拒绝计算机，坚持以手绘的方式在赛璐珞材料上制作动画。

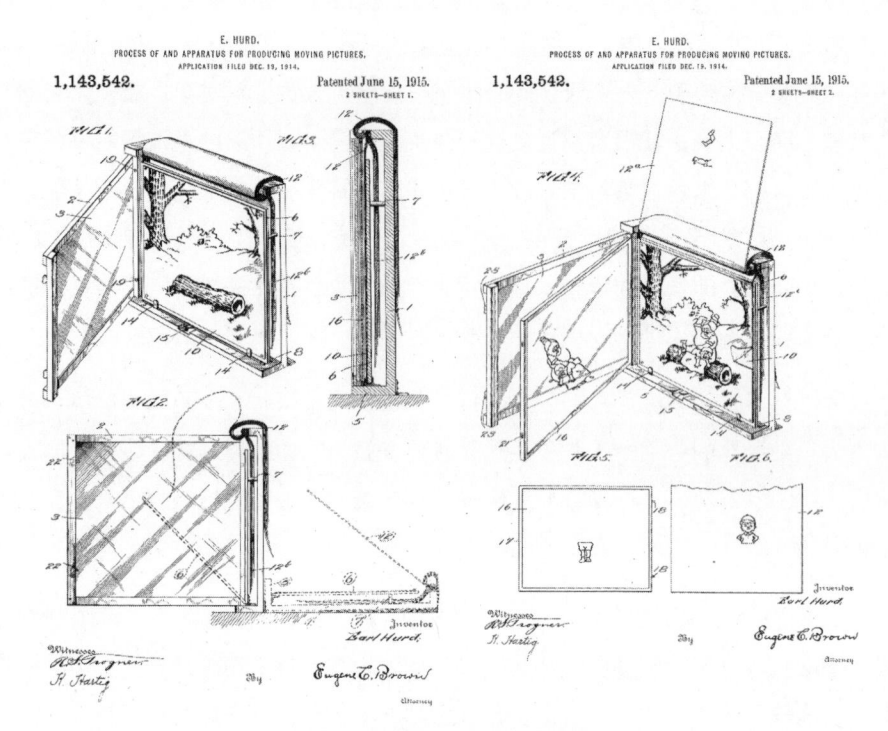

图 46-1 US1143542A 号专利附图

赫德的这件专利在动画史上有着举足轻重的地位，也为他带来了相当可观的财富。很多人可能误以为专利的用武之地只在工业领域，实际上，专利在文化产业中也有相当重要的地位。伊尔·赫德在发明了赛璐珞动画之后，和自己的老板约翰·布雷（John Bray）组建了"布雷－赫德专利信托"（Bray-Hurd Patent Trust）公司，在1932年专利到期之前，美国企业只要拍动画片，就必须向布雷－赫德专利信托公司缴纳专利费。

约翰·布雷也是动画史上的重要人物。他是使用工业化的流水线制作动画的历史第一人。[1] 除了赛璐珞动画专利，他还拥有一系列涉及动画制作的基础专利。约翰·布雷相当好斗，打起官司来从不手软。1977年，约翰·布雷逝世。一些动画师知道他的死讯后如释重负，感叹说："我们总算可以做动画了！"[2]

伊尔·赫德用自己发明的赛璐珞动画专利技术拍摄了"波比·邦普斯"系列（Bobby Bumps）动画短片，是动画史上的开山之作之一。赫德晚年加入迪士尼，参与了《白雪公主和七个小矮人》等名作的制作。而《白雪公主和七个小矮人》在赫德专利的基础上使用了迪士尼具有开创性的新专利技术，成为动画史上的不朽之作。

和当时其他动画制作人一样，华特·迪士尼（Walt Disney）也用赛璐珞制作动画，给约翰·布雷和伊尔·赫德缴纳专利许可费。就像人类历史上的众多平面艺术大师一样，华特·迪士尼在艺术上有着精益求精的追求，对缺乏层次感和纵深感的二维的平面效果不满意。

用透视法和空气透视法在平面介质上实现层次感和纵深感，并不是一件难事。但是，画面中的内容要是动起来，就麻烦了。比如，小孩子都知道"月亮走，我也走"的道理。如果摄像机跟着人物移动，人物附近的景物会朝着与人物前进相反的方向快速移动；远处的景物虽然也向人物运动的反方向移动，但速度会慢得多；天上的日月星辰则会跟着人物一起移动。如果用传统的艺术手法绘制动态的画面，就必须从多个角度反复绘制景物，其人力成本是无法想象的。

在华特·迪士尼的要求下，工程师威廉·盖里提（William Garity）制作了一套庞大而笨重的摄像辅助机器，并在1937年申请了专利（专利号为US2281033A）。这就是迪士尼早期最重要的核心专利之一——多平面摄像机专利。图46-2为US2281033A号专利附图。

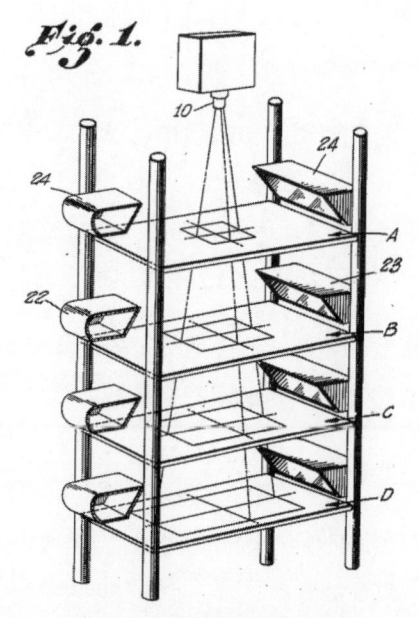

图46-2 US2281033A号专利附图

从外观来看，这台机器就像一张有四个桌面的桌子，桌腿上架有电灯给每个桌面分别打光，顶部的桌面上安装有一个镜头朝下的摄像机。桌子的桌面是中空的，上面固定着透明的赛璐珞画片，画片上画着人物和远近的不同景物。US2281033A号专利的权利要求1写道：

一种用图像表示的摄影画面中产生景深效果的方法，其步骤如下：在沿摄像机镜头光轴的两个平行间隔的平面中放置图像，所述图像是互补的，与所述摄像机镜头较近的图像画在透明构件上，把所述每张图像靠近摄像机的一侧照亮，位于后方的图像使用比位于前方的图像的照度高得多的光，以补偿因通过前方图像及其承载介质而被吸收所损失的光，以及在由所述摄像机进行摄影的时段之间，沿摄像机镜头轴线在相同方向上移动摄像机镜头和后部画面。

今天，我们要想把一张图像变大或者变小，用两根手指在手机或平板电脑上轻轻捏合就能做到；在计算机上，拖动鼠标或者用工具软件更改图像文件的参数，也能缩放图像。但是对于100年前的动画师，要把图像缩小或放大，是不是就只能重新画一张呢？US2281033A号专利的解决方案是通过"近大远小"的原理，让图像贴近摄像机，图像就变大；离远一些，图像就变小了。这种方法直到今天还是影视导演常用的手段。我们知道，在彼得·杰克逊（Peter Jackson）的《指环王》中，常人身高的甘道夫与半人身高的霍比特人同框的一些镜头，其实就是通过在拍摄时让甘道夫距离镜头更近一点儿来实现的。

图像在向摄像机移动的时候，图像和光源之间的距离发生变化，后期图像的显示效果会有所不同。为了解决这一问题，迪士尼的工程师给每个桌面都安装了光源，为每个桌面单独打光，这也是多平面摄像机专利的一个创新点。

平心而论，这件专利给人的感觉不是巧妙，而是"大力出奇迹"——用庞大、笨重的机械结构实现一个并不复杂的功能。用多平面摄像机拍摄的每个镜头都要耗费上万美元的成本，而且耗电量巨大。迪士尼一位高层曾经开玩笑说，这种多平面摄像机运作时"几乎搞瘫整个伯班克的电网"。[3]但是它也确实解决了华特·迪士尼希望解决的技术问题。

实际上，即使有了这台机器的帮助，迪士尼员工的工作也是相当繁重的。早期的迪士尼是不折不扣的血汗工厂，流水线作业，对时间把控极严。和今天的动画制作流程一样，先由画师画出黑白线稿，再由专门的上色人员涂上颜色。上色人员拿到的每张线稿都要标时间代码，包括A、B、C、D、E共5种：A表示要在10分钟内完成上色，时间要求最紧急，E表示要在40分钟内完成上色。[4]在严格的时间控制下，画师们离开办公桌都需要申请通行证（hall pass），上厕所需要上司专门批准。在上色部门（ink-and-paint division），这种通行证制度一直存活到1980年代。可以想象，如果没有这台机器，迪士尼的画师们就必须绘制几百倍甚至上千倍的背景图层，加上上色和后期处理，以迪士尼的人力是绝对无法做到的。因此，如果没有多平面摄像机，我们今天看到的动画可能完全是另外一种东西。

美国专利商标局把这一发明评为"名人专利"，在官方网站上评价道：

（多平面摄像机）有7个不同的图层和一个可移动的摄像机，从上到下垂直拍摄，制造出一种具有景深效果的幻境，在此之前没有任何动画可以制造出这样的效果。第一部用来测试多平面摄像机的动画电影是"愚蠢交响曲"（Silly Symphony）系列的《老磨坊》（The Old Mill），在1937年赢得了学院奖最佳动画短片奖。在《老磨坊》大获成功后，华特·迪士尼在他的《白雪公主和七个小矮人》和之后所有作品中使用了这一技术。在今天的动画中，景深效果是用计算机实现的。但是多平面摄像机仍然是动画史上最重要的创新。[5]

正如美国专利商标局所言，"在今天的动画中，景深效果是用计算机实现的"。从计算机三维动画诞生之日起，就解决了景深问题。与达·芬奇和迪士尼相比，在计算机动画领域实现"景深"效果的人，知名度就要小得多了。当然，此人也非泛泛之辈，他就是皮克斯的创始人，图灵奖得主埃德·卡特姆（Ed Catmull）。在计算机三维动画刚刚诞生的1970年代，卡特姆提出了"z-buffer"的概念（中文一般译为"深度缓冲"或"Z缓冲"），用来存储景深信息。

达·芬奇、迪士尼和卡特姆，从油画到动画再到计算机动画，伟大的灵魂在此交汇。

人类的平面艺术创作，从一万多年前的拉斯科洞穴岩画开始，就近乎本能地用线条表现动物与人物，用线条勾勒轮廓。一万多年后，印象派画家摒弃了线条，创造出美轮美奂的色彩艺术。正如法国画家马奈所言："自然界中没有线条，只有色块，彼此映衬。"（There are no lines in nature, only areas of colour, one against another.）

我们回到《蒙娜丽莎》这部作品。众所周知，《蒙娜丽莎》以"神秘"的微笑著称，而这种"神秘"源于达·芬奇在绘画技法上的另一处创新，即所谓"晕涂法"（sfumato）的技巧。达·芬奇把这种技法描述为"没有了线条或轮廓，宛若烟雾，或是位于焦点面之外的感觉"。[6]

在《蒙娜丽莎》这部作品中，达·芬奇对多处线条——背景、人物，尤其是人物的眼角和嘴角，都用高超的技法进行了模糊处理。在当时的技术条件下，达·芬奇如何用早期的颜料和画笔完成这种兼具美感与实感的效果，目前还不得而知。一些学者认为，达·芬奇是用手指反复涂抹颜料，等颜料晾干后再次涂抹，如此反复数年时间才得以完成的。

身为艺术家的华特·迪士尼，对线条也有着自己的艺术理解。在动画方面，这位大师极其憎恨线条，为了淡化线条的效果，要求画师们使用"墨水线条，而且和它们经过的地方颜色一致"。[7]在迪士尼早期的绝大多数动画中，我们都能看出画师对线条的淡化处理。有兴趣的读者可以对比一下1950年代的兔八哥系列动画和1961年的《101斑点狗》（One Hundred and One Dalmatians）动画。在早期兔八哥的系列动画中，兔八哥的身体轮廓线是偏彩色的，接近背景的色相；而斑点狗的轮廓线是极深的墨黑色，与背景相比，如刀刻一般清晰锐利。

《101斑点狗》是迪士尼公司采用了新技术之后的成果，整体制作成本比此前的作品有所降低，反响也堪称上佳。但因为线条的原因，华特·迪士尼个人非常讨厌《101斑点狗》的艺术效果，而采用了新技术和新风格的迪士尼动画确实表现平平。

为了尽可能地掩饰华特·迪士尼讨厌的线条，迪士尼公司曾在1939年申请了一个专门针对动画人物轮廓的专利。这件专利在1939年申请，1941年获得授权，专利号为US2254462A，标题是"在动画中制造景深和纹理效果的方法"。在背景技术中，发明人写道：

> 一只小动物，例如兔子、花栗鼠或者类似的动物，通常是毛茸茸的。但是在动画中，这类动物的轮廓线往往用不间断的实线呈现，其色彩会比动物本身的颜色更深。因此，由于不同对象或组成部分由不间断的实线分割，利用先前技术制作的动画会带来一种马赛克或彩玻璃镶嵌的感觉。作为对比，按照本发明的步骤呈现出来的动物毛皮有着柔软感和不明确的轮廓，以表现出圆润的、具有深度的效果和纹理，表现效果更加真实、更有艺术感，也更令人愉悦。

这一发明的技术方案并不复杂，只不过是在绘有人物的赛璐珞画片之上再叠加一张透明材料，专门用来绘制人物的阴影部分，以及处理人物的边缘部分，让人物产生一种立体感。除此之外，该专利的权利要求2、3和6还明确说，透明材料上的阴影部分要"至少部分遮盖轮廓线"，让人物的轮廓线不那么清晰明确，达到混色的效果。这正是马奈所谓的"色块彼此映衬"。在迪士尼的包括《白雪公主和七个小矮人》在内的很多作品中，大量阴影部分的轮廓线都与阴影融为一体，几不可见。从这件专利中，我们很容易看出迪士尼对线条的这种执念。

人有两只眼睛，建立了立体视觉系统，能够精确感知眼前物体的距离。同样，人类的两只耳朵也不是摆设。声音在空气中的传播速度为340米/秒，同一个声音到达两只耳朵的时间会有极其微小的差异，而人脑已经足以通过这种差异精确判断音源的位置。英国物理学家约翰·斯特拉特（John Strutt）最早于1896年解释了这一现象，称之为"双耳效应"。对人来说，耳朵听到的声音和眼睛看到的东西一样，都是立体的。

1931年，英国工程师艾伦·布鲁姆莱茵（Alan Blumlein）在陪妻子看电影时，发现所有声音都来自银幕的同一个位置，让人大有"出戏"之感。他告诉妻子，自己要解决这个问题。当年12月14日，布鲁姆莱茵以约翰·斯特拉特的理论模型为基础发明了立体声系统，在英国提交了"关于声音传输、声音记录和声音回放系统的改进"专利申请，1933年获得授权，专利号为GB394325A。艾伦·布鲁姆莱茵效力于老牌广播公司EMI，在第二次世界大战期间曾经为英军设计雷达。他的立体声发明最早被应用在长距离防空雷达上，而不是电影院。第二次世界大战爆发后，布鲁姆莱茵在一次飞机事故中意外身亡，没能看到自己的发明在电影院里投入民用。

迪士尼在立体声方面的尝试，发生在布鲁姆莱茵的发明投入民用之前。1930年代末，米老鼠的人气有所下降，迪士尼公司内部出现了放弃米老鼠角色的声音。华特·迪士尼不愿抛弃自己一手打造的这个动画角色。为了挽回米老鼠的明星地位，他耗费巨资，精心打造了动画短片《魔法师的学徒》（The Sorcerer's Apprentice）。这部动画的成本高达 12 万美元，是迪士尼同期其他动画的三倍。无论怎么看，这部片子都赚不到什么钱。

在音乐家利奥波德·斯托科夫斯基（Leopold Stokowski）的建议下，华特·迪士尼加拍了 6 部动画短片，与《魔法师的学徒》拼合成一部电影《幻想曲》（Fantasia），由利奥波德·斯托科夫斯基配乐。6 部短片的角色和情节都比较简单，多为抽象性画面，是艺术家用色彩和线条对音乐的描述，制作成本较低，从而把整部电影的总投入降到了可以接受的水平。最终上映的《幻想曲》也成为一部以音乐为主角的电影。

电影试映之后，华特·迪士尼对影院的音响效果大为不满。当时布鲁姆莱茵的专利还没有投入应用。

为了解决这一问题，盖里提等工程师发明了多通道录音，称为"幻声"（fantasound）。《幻想曲》也因此获得了史上第一部立体声商业电影的称号。"幻声"专利的权利要求 1 如下：

> 一种在影院中与影片的呈现定时相关的创建新的音效的方法，包括：将扬声装置设置在影院的侧壁、天花板和屏幕的后面，以在听觉上虚拟环绕影院的娱乐接收中心；通过投影播放电影；通过再现拾音器传送多个节目声音记录，同时通过具有智能控制功能的控制拾音器传送控制音轨；根据控制音轨所携带的信息，从来自所述再现拾音器的一个或多个所述节目声音记录中选择性地向预定扬声器提供声音记录振荡；以及根据所述智能控制功能改变所述扬声器的振幅响应。

因为"幻声"的播放要求太高，每次放映前要在影院加装几十个喇叭，还要专人操作，各大电影发行商都不愿接手《幻想曲》。迪士尼只好亲力亲为，用巡回路演的模式自己发行这部电影。

到 1941 年 4 月，《幻想曲》在 11 次路演中收获 130 万美元的票房，但是每次路演为"幻声"安装设备和布置场地就要花掉 85,000 美元，再加上租用场地的费用，最后还是入不敷出。因为当时第二次世界大战已经全面爆发，《幻想曲》不能在欧洲上映，也让将近一半的预期收入化为泡影。但《幻想曲》不是一部普通的动画片，没有传统意义上的剧情，而是以音乐为主角的音乐片，由第一流的音乐家和交响乐团演奏。对音乐爱好者来说，这部电影比剧情片更加耐看，也更依赖于现场效果。在立体声录制与播放技术成熟后，《幻想曲》历经多次重映和重制，票房最终达到 8300 多万美元，当然这已经是 1990 年代的事了。

值得一提的是，因为华特·迪士尼对《幻想曲》音乐效果提出的高标准，迪士尼公司不得不购入一批高质量的音频测试工具，结果让帕洛阿托的一家初创企业得到了第一桶金，从此一路披荆斩棘，成为全美最大的科技企业之一。1938年，迪士尼从这家企业订购了8个HP 200B型音频振荡器（audio oscillator），每个71.5美元。这500多美元的收入，是这家初创企业成立以来的第一笔大单。1939年7月，这家小企业正式注册为公司，其名为Hewlett-Parckard，也就是我们熟悉的惠普（HP）。这个故事让我们想起德州仪器收音机对小型电子元器件市场的推动作用。由此可见，新技术对整个工业产业有着蝴蝶效应般的促进效应，其源头可能是科学家，但是临门一脚往往是企业家和产品专家实现的。

有趣的是，在电影中首创音画同步并引入立体声的，不是任何一家真人电影公司，而是迪士尼这样一家动画电影公司。虽然是平面上的"假"人，但是人要立体，景要立体，连声音也要立体。这种对虚拟世界真实感的追求，就是迪士尼早期专利的核心理念。

事实上，早在1928年拍摄第一部有声片《汽船威利》（Steamboat Willie）的时候，迪士尼就已经表现出对声音的高标准和严要求。当时华纳、福克斯和RCA都已经推出了有声电影系统，包括华纳的Vitaphone、福克斯的Movietone、RCA的Photophone。华特·迪士尼考察了这些系统之后，对它们都不满意。他写信给自己的兄弟罗伊·迪士尼（Roy Disney），评价RCA的系统时说："这只不过是让一个乐团在背后演奏，徒然增加噪声。台词部分根本没有意义，连同步都做不到。"当时，大多数制片人都不会考虑音画同步问题。

为了达成心目中完美的音画同步效果，华特·迪士尼亲自上阵。US1941341A号专利是华特·迪士尼本人最早的专利之一，描述了一种"电影画面同步的方法与装置"。发明的目的是要让动画人物的动作与声音完全一致。该专利的权利要求1如下：

> 一种与声音伴奏同步的动画电影的修复方法，其步骤包括：制作把既定乐谱与一系列渐进动作步骤关联的静止图表，所述渐进动作步骤最好用图像表示，将所述图表上指定的图像分配给待制作的影片的连续帧并在其上进行指示，在所述图表上根据既定乐谱将音符分配和指示给与所述预定乐谱同步的那些帧；为所述连续帧的每个渐进动作步骤绘制图像，所述步骤的图像结束于已分配音符的关联帧，按照所述图表上指定并与所述连续帧相关联的顺序拍摄所述已绘制的图像，单独制作所述乐谱的声音记录，在记录期间以所述图表上分配的音符频率对所述乐谱进行计时，以及将图像表示的连续照片与所述乐谱的声音记录相组合。

和多平面摄像机专利一样，这一专利仍然给人一种"大力出奇迹"的感觉，虽然也设计了一个精巧的机械结构来给乐团乐手发出指示，但本质上还是让人不厌其烦地在画面和乐谱上进行标记和计时。迪士尼这种一丝不苟、精益求精的制作态度对动画行业影响很大。从迪士尼开始，美国院线动画甚至一些电视动画都会追求口型、动作与声音的完美贴合。这种态度与短平快的日本电视动画形成鲜明对比。我们知道，日本动画的重要创新点是"关键帧"，由艺术家绘制关键重要画面，让普通工人绘制过渡画面，以此节省成本。本书的读者应当都对环球影业的《猫和老鼠》这部动画片不陌生。在《杰瑞的音乐会》一集中，汤姆弹奏《匈牙利狂想曲第二号》时，其钢琴指法与音乐完全同步。有很多网友尝试与画面中汤姆的动作同步按键，发现可以完美还原剧中的钢琴曲。读者有兴趣的话，在 B 站或 YouTube 都能找到很多复刻汤姆弹奏《匈牙利狂想曲第二号》的表演视频。

迪士尼长盛不衰的秘诀在哪里呢？在上面这几件专利中，我们看到的是对隐藏于细节的艺术效果的不懈追求。细节是魔鬼，这是众所周知的道理；而迪士尼的追求远不仅是"细节"二字。

将一捋迪士尼在 20 世纪的那些专利，我们会发现，迪士尼作为一家主打幻想、追求童趣的公司，其理念中最重要的关键字，并不是什么酷炫的声光效果，而是"真实"二字（realism 或 realistic）。即使连小孩子也知道，动画里演的都是不真实的，而迪士尼恰恰就是要在虚幻的世界中，尽己所能地追求真实感。我们将这一理念总结为"幻中求真"。

迪士尼发明了耗电量巨大的多平面摄像机，只是为了给画面带来"真实"的景深效果，因为真实世界是三维的。

US2254462A 号专利为动画单独制作阴影图层，遮盖、模糊线条，是为了带来"真实"的立体效果，因为"自然界没有线条"。

为了让动画人物的动作和声音一致，在胶片上做标记，是为了带来"真实"的音画同步效果，因为真实世界中人类的声音和动作是同步发生的。

迪士尼为一部电影重新布置剧院，设计音响系统，是为了"真实"的立体声效果，因为真实世界的声音就是从四面八方传来的。

迪士尼的早期专利大都贯彻了"幻中求真"的核心指导思想。在完美的"幻中求真"理念之下，迪士尼接下来又开创了迪士尼世界，成为游乐园和酒店业的巨头。进入 21 世纪以后，迪士尼收购了皮克斯、卢卡斯影业，把在幻想世界中追求真实感的能力开发到极致。我们也注意到，作为一家机器人公司，迪士尼可能也是今天最专注于"让机器人更像人"的高科技公司之一。

接下来，我们看看迪士尼是如何围绕着这个核心指导思想，在其他业务板块大放异彩的。

第 47 章 幻与真的边界拓展

我们前面提到的几家美国公司——哈罗德、惠普和德州仪器——都从第二次世界大战中获得了直接收益，但迪士尼却没有。第二次世界大战爆发后，迪士尼完全失去了欧洲市场，公司本部也被美军征用，来保护附近的洛克希德工厂。华特·迪士尼只能给部队拍一些训练用的电影，赚点儿小钱。战后，米高梅（Metro-Goldwyn-Mayer，MGM）和华纳兄弟（Warner Bros. Entertainment Inc.，全称为华纳兄弟娱乐公司）等公司的动画作品迅速崛起，尤其是米高梅的《猫和老鼠》先后拿下 7 个奥斯卡最佳动画短片奖，成为迪士尼的强劲对手。迪士尼在第二次世界大战后投入对动画电影《灰姑娘》的制作，和迪士尼之前的动画作品一样，这部动画电影制作精良，成本高昂，比华纳兄弟等公司的作品的制作成本高出一倍以上[1]，风险很大。这一切都让华特·迪士尼倍感压力，身心俱疲。

华特·迪士尼的医生劝他找些小爱好来做，以摆脱工作压力。于是华特·迪士尼开始做一些手工的小玩意儿，很快就完成了一辆蒸汽火车的模型。他彻底迷上了火车，不仅去买各种火车模型，还找公司的机械工程专家罗杰·布罗基（Roger Broggie）帮忙，在自己的办公室里搭建铁路。最后，华特·迪士尼在自己的办公室里完成了一整套铁路布景，"可以装满一间能放两辆车的车库"，吸引了很多公司职员前去参观。[2]

华特·迪士尼一直想造一个公园。另外，很多观众写信给他，表示想去迪士尼参观，但是公司里确实没什么值得参观的东西。华特·迪士尼把这些想法和办公室里的火车模型结合在一起，为公司的未来发展方向找到了灵感。

1954 年 7 月，迪士尼乐园开工，1955 年 7 月建成开业，很快就成为加利福尼亚州最著名的旅游景点之一。

迪士尼乐园建成之后，第一年的营收就达到了 1000 万美元，占迪士尼当年全部收入的三分之一。[3] 在接下来的几年里，迪士尼乐园一直保持稳定增长。根据《时代》杂志的报道，在 1957 年"平均每位游客花费 2.72 美元用于乘用游乐设施和门票，2 美元就餐，18 美分购买纪念品，包括迪士尼乐园的小旗子、地图、唐老鸭的帽子等。1957 年的访问人数比 1956 年高 11%，访问量超过 450 万人次，迪士尼乐园的毛收入超过 1100 万美元"。[4] 如图 47-1 所示，迪士尼乐园的年游客人数常年保持稳定增长，在迪士尼的几个低谷期都为公司提供了稳定的现金流支撑。尤其是 1966 年华特·迪士尼去世之后，迪士尼乐园成为公司的中流砥柱，加州迪士尼乐园和奥兰多迪士尼世界贡献了公司将近 3/4 的收入。

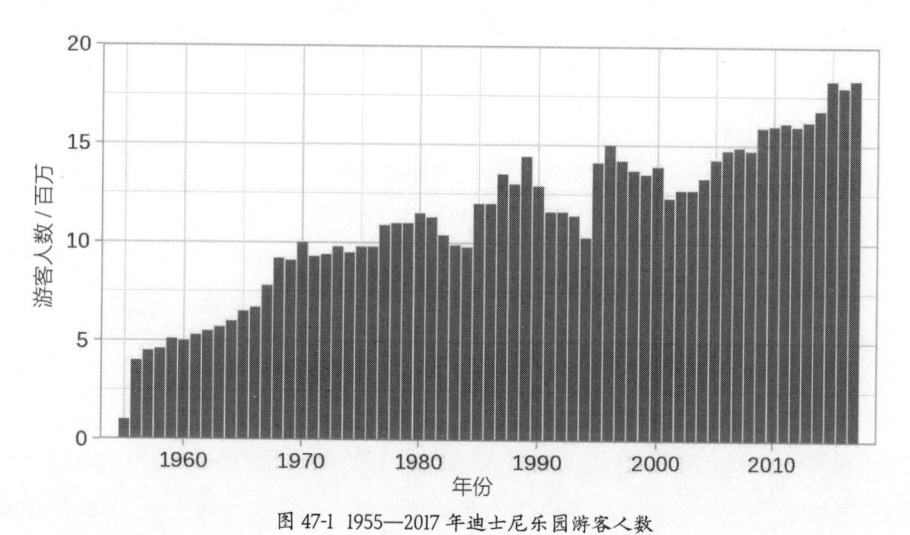

图 47-1 1955—2017 年迪士尼乐园游客人数

从专利申请上看，1955 年以前的迪士尼有 21 件获得授权的发明专利（见表 47-1），全部都与动画电影有关。

表 47-1 1955 年以前迪士尼获得授权的与动画电影相关的专利

专利标题	专利号	申请日	IPC 主分类
声音重放系统（即"幻声"专利）	US2298618A	1940/7/31	H04S3/00
铅笔组合物	US2280900A	1939/11/14	C09D13/00
计时器	US1964909A	1933/7/14	G03B31/00
制作动画片的方法（多平面摄影机专利）	US2281033A	1939/5/8	G03B15/08
卡通单元及其制造方法	US2362980A	1941/9/2	B44F1/06
连续运动胶片式声像盒放映机	US2449705A	1944/11/14	G03B21/54
寄存器引脚机制	US2418943A	1944/12/8	G03B21/46
用于拍摄微型照片的装置	US2312158A	1942/4/24	G03B15/08
动画设备	US2449702A	1944/12/8	G03B15/08
自动留声机重调装置	US2602668A	1946/5/3	G11B3/08
动画控制装置	US2198006A	1938/11/16	G03B15/00
声音的记录和再现方法及其装置	US2247554A	1939/4/12	G11B5/02
录音系统（《幻想曲》中的"幻声"专利）	US2313867A	1940/7/31	H04R3/12

续表

专利标题	专利号	申请日	IPC 主分类
光度计系统	US2269813A	1940/7/31	G01J1/42
电影同步的方法和装置	US1941341A	1931/4/2	G03B31/00
在动画中制造景深和纹理效果的方法	US2254462A	1939/11/21	G03B15/08
卡通效果的制作方法	US2260092A	1939/12/26	G03B15/08
创造幻觉的方法	US2314629A	1939/12/18	G03B15/08
动画艺术	US2201689A	1936/9/1	G03B15/08
适于对声音进行记分和重录的装置	US2246796A	1940/7/31	G11B7/28
简化动画的方法	US2348983A	1942/5/26	B44F1/10

从 1955 年开始，迪士尼开始申请关于实体游乐设施的专利，在接下来的 40 年间，游乐设施专利反而超过了动画与电影专利的数量，这与迪士尼乐园在迪士尼低谷期对公司的支持相符。从 IPC 分类号上看，迪士尼在这段时间关于动画与电影的专利大概有 46 件（见表 47-2），涉及实体游乐设施的专利大概有 62 件（见表 47-3）。1995 年《玩具总动员》上映后，迪士尼申请的关于计算机动画、电影特效和流媒体的专利越来越多，这也与迪士尼 21 世纪开拓的新领域相符。迪士尼在这些领域的成功也表明，专利技术的支持是不可或缺的。

表 47-2 动画与电影相关专利（45 件）

IPC 主分类号	专利数
G03（摄影术；电影术；利用了光波以外其他波的类似技术；电记录术；全息摄影术）	13
G06（计算；推算；计数）	9
H04（电通信技术）	7
G02（光学）	6
G09（教育；密码术；显示；广告；印鉴）	3
G01（测量；测试）	2
G05（控制；调节）	1
G10（乐器；声学）	1
G11（信息存储）	1
H01（基本电气元件）	1
C01（无机化学）	1

表 47-3 实体游乐设施相关专利（62 件）

IPC 主分类号	专利数
A63（运动；游戏；娱乐活动）	24
B61（铁路）	9
A01（农业；林业；畜牧业；狩猎；诱捕；捕鱼）	4
F41（武器）	4
B05（一般喷射或雾化；对表面涂覆液体或其他流体的一般方法）	3
A47（家具；家庭用的物品或设备；咖啡磨；香料磨；一般吸尘器）	2
F42（弹药；爆破）	2
A42（帽类制品）	1
A44（服饰缝纫用品；珠宝）	1
A62（救生；消防）	1
B01（一般的物理或化学的方法或装置）	1
B24（磨削；抛光）	1
B25（手动工具；轻便机动工具；手动器械的手柄；车间设备；机械手）	1
B60（一般车辆）	1
B62（无轨陆用车辆）	1
B63（船舶或其他水上船只；与船有关的设备）	1
B65（输送；包装；贮存；搬运薄的或细丝状材料）	1
E01（道路、铁路或桥梁的建筑）	1
E03（给水；排水）	1
F16（工程元件或部件；为产生和保持机器或设备的有效运行的一般措施；一般绝热）	1
F23（燃烧设备；燃烧方法）	1

我们认为迪士尼乐园是一次非常成功的边界拓展，充分利用了迪士尼的版权资源，开发了新的商业模式，取得了巨大的经济成功。可以看到，迪士尼在相关的研发工作中完全贯彻了其核心理念，打造出真实的幻想世界，这一点难能可贵。

US5403238A 号专利"娱乐公园景点"是迪士尼乐园的一件影响较大的专利。专利标题中所谓的"景点"主要指的是各种轨道游览车及轨道周围的布景。根据该专利的说明书，此发明的目的是为乘客提供一种"没有实际发生的乘坐车辆的真实体验"（a realistic moving ride vehicle experience that is actually not happening）。这正是我们前面总结的"幻中求真"。

US5403238A 号专利的权利要求 1 写道：

……适于沿着所述路径的乘坐车辆,所述乘坐车辆包括乘客支撑结构,支撑所述乘客支撑结构的运动基座,所述运动基座使所述乘客支撑结构相对于所述乘坐车辆沿所述路径的运动在多个自由度上铰接,并且独立于所述乘坐车辆沿所述路径的运动;以及控制系统,所述控制系统控制所述运动基座使所述乘客支撑结构铰接。

在此基础之上,权利要求9描述了三个"致动器",它们可以让游览车"向所述乘客支撑结构提供多个运动轴,包括俯仰、滚动和仰角",从而根据景物的形貌做出上升和下降的动作。有时游览车会经过假的障碍物,例如图47-2中的树干,就会先向上再向下运动。动物形态的游览车还能做起立、俯身等动作(见图47-3)。

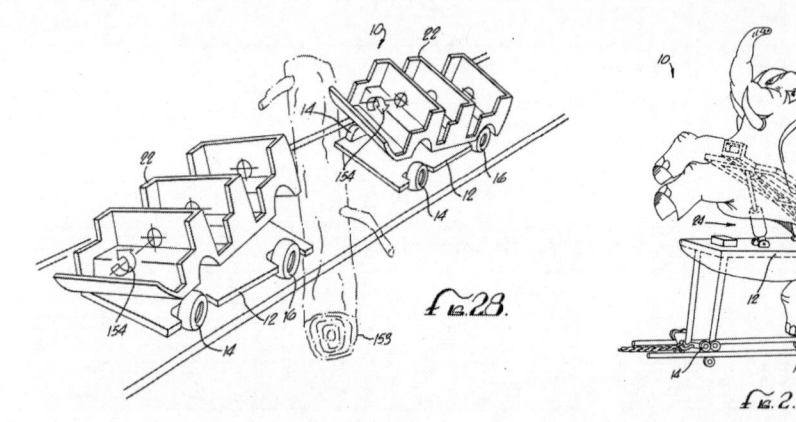

图47-2 US5403238A专利附图28,
模仿跨越障碍物的游览小火车

图47-3 US5403238A专利附图2,
做出俯仰动作的游览车

在乘坐迪士尼乐园的模型轨道游览车时,可能大多数孩子都知道,眼前的游览车只是大号的玩具,并不是真实的动物,也不是真正的小火车;游览车周围的山水风景也都不是真的。然而,尽管这些布景、火车和坐骑都明显是假的,迪士尼也固执地要制造出一种真实感。在当时的技术条件下,迪士尼的游览车还不能实现完美的拟真动作,但却能选择一些重要角度,模拟最具趣味性的一些动作。这种理念与我们前面描述过的迪士尼动画专利理念是完全一致的。

迪士尼1994年申请的US5595121A号专利更进一步,为过山车乘客提供了"推背"感和震颤感,其专利说明书中说:

本发明的乘坐车辆能够产生以往在传统过山车或动力车辆乘坐中不可获得的刺激,反向推进力和在反向运动时进行高度精准的操作……此外,由于能产生较大的加速度,可以使用更紧密的水平弯道和更短的山坡来获得等效的或更好的震颤。

如图47-4所示,迪士尼1994年申请的US5551920A号专利涉及一种用于"虚拟现实"的动感底座（motion base）。这也是迪士尼最早的虚拟现实专利之一。今天，"虚拟现实"已经成为资本市场的一个热词，大量老牌技术公司和初创公司都在开发虚拟现实技术产品。但是，大多数技术都聚焦于视觉，而迪士尼的这项早期发明则不然，其所关注的是人类对动力和重力的感知。US5551920号专利的说明书中指出，"当设备的旋转中心与用户的重心不一致时，会导致用户出现恶心或其他晕动症状"。迪士尼希望用这项发明实现旋转中心与用户重心的一致性；同时，在类似"魔法飞毯"之类的游乐项目中，要让"飞毯的运动和用户的输入真实地（realistically）保持一致"。所有这些专利的设计思想都是一致的，就是让人在明知是假载具的情况下，体验到一种乘坐真实载具的感觉。

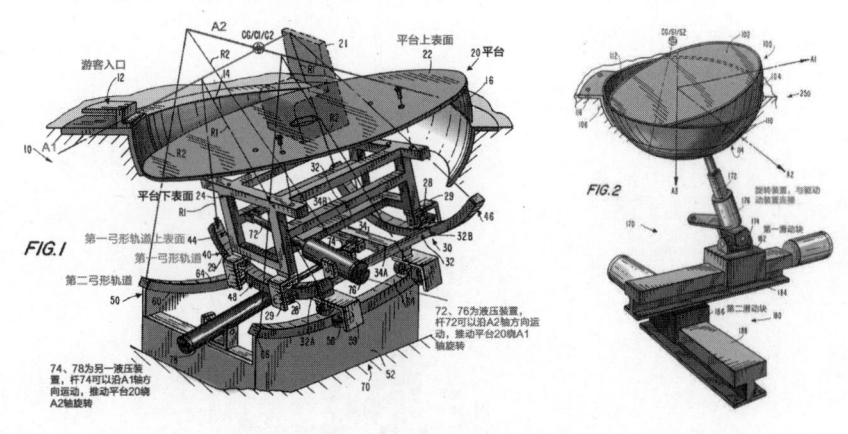

图 47-4 US5551920A 号专利附图

如前所述，迪士尼可能是最专注于"让机器人更像人"的著名科技公司。早在1960年代，迪士尼就开始了这方面的研究。这一技术叫作"发声机械动画人偶"（Audio-Animatronics®，简称"AA"），是迪士尼乐园的一项著名"黑科技"。

1964年左右，迪士尼受通用电气等公司委托，在纽约世博会上推出了一部用机械人偶表演的舞台节目，描述美国家庭数十年来的变迁，名为《进步之城》，受到观众普遍好评。世博会之后，迪士尼把《进步之城》搬进迪士尼乐园，并改名为《文明演进之旋转木马》。在今天的迪士尼乐园里，经过反复改进的 AA 技术仍然在广泛应用，如"星球大战"和"加勒比海盗"的主题人物场景等。

就像对动画人物有着音画同步的严格要求一样，迪士尼对机械人偶的要求也非常严格，要求口型和台词一致。由于技术能力所限，早期的机械人偶的嘴巴只能上下开合，眼睛也无法眨动，"恐怖谷"效应显著。经过长期改进，迪士尼在1970年代设计出了可以巧妙地模仿人类口型的机械人偶，并于1977年为这项技术申请了专利（专利号为US4177589A）。

US4177589A 号专利的说明书中指出，传统技术制作的机械人偶，嘴巴只能上下开合，不能模拟"O""U"等元音或"F""V"等辅音的口型。而 US4177589A 号专利提供的技术方案不仅能控制机械人偶嘴唇上下开合，还能让机械人偶的嘴巴模仿圆形口型，咧嘴发出"A"音或做出微笑表情，还可以把上嘴唇前伸而下嘴唇内收，做出"F"音的口型。此外，机械人偶的眼睛也会不时地眨动。机械人偶表面用一种特殊的柔性材料（聚氯乙烯塑料，polyvinyl chloride plastic）制作，以模仿人类皮肤之感。

AA 技术制造的机械人偶的表情动作由气压或液压驱动。在下面的图 47-5 的左下图中，圆柱体大多为活塞装置，129 号线缆为输气管道。右上图中的 14 号结构可让嘴左右咧开；12 号结构负责实现圆形口型，11 号结构负责眼睛的眨动。

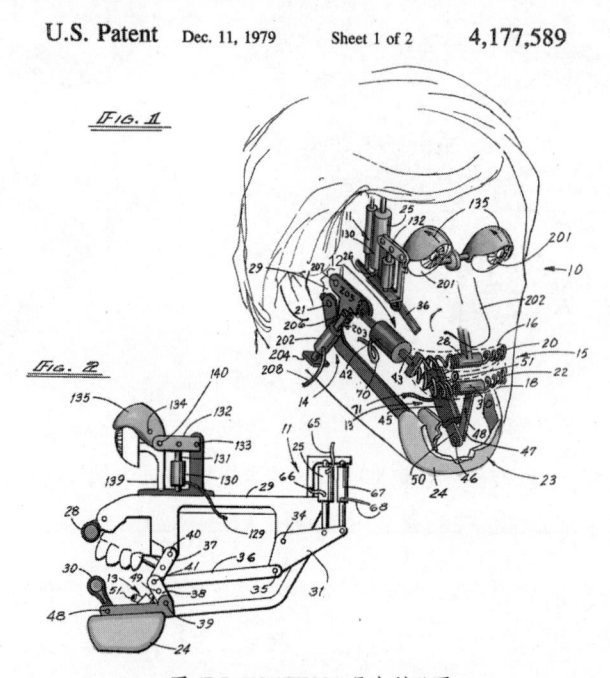

图 47-5　US4177589A 号专利附图

控制整个机械结构的是一套音频编解码系统，可以对"F""A""O""U"等音素做出精准的反应。机械人偶本身没有发音功能，在表演时由真人诵读台词或播放录音。录音机在播放音频的同时，会把音频同步输入编解码系统，由系统检测是否有"F""A""O""U"等音素。一旦检测到这些音素，编解码系统就控制气阀，让机械人偶做出相应的口型或表情动作。

在机械人偶处于张口状态时，如果检测到音频输入"O"或"U"音，则圆口机制（图 47-5 右上图中的 12 号结构）被激活，管道 70 输气，推动机械臂 43 前伸，弹簧缩短，机械人偶做出圆形口型。如果检测到"A"音，则咧嘴机制（14号结构）被激活，管道208送气，推动机械臂203向上抬起T形件205，向后上方拉动弹簧，使机械人偶做出咧嘴口型。

机械人偶表演的《文明演进之旋转木马》至今仍是迪士尼乐园的保留项目。直到今天，迪士尼仍然在锲而不舍地追求看上去更像人的机器人。事实上，在知名的大型科技企业中，迪士尼可能也是唯一一个对类人机器人有硬需求的大型科技公司，值得关注。

例如，US8052185B2号专利描述了一种"移动和表现得更像人手的手指"的机械人手。其说明书中指出，最早的机械人手通常都是两指的夹子或采用类似的开合式设计，只能做出抓握或夹持的动作。对迪士尼来说，抓握、能耗甚至成本都不是问题——它的机器人不是用来干活的，关键的问题是像不像真人的手。于是，迪士尼设计了一种具有五指的机器人手，每根手指像人手一样有三个关节，可以灵活地模仿人类的手势。US9162720B2号专利是一种可以"用机器人再现人类动作"的方法，基于人类在执行动作时的质心（COM）轨迹，通过求解逆运动学问题，来生成模仿指定动作的机器人动作。US9044859B2号专利是关于双足步行机器人步态生成和跟踪控制的方法。US7740953B2号专利是一种"用于机器人装置的人工皮肤系统"，用硬度不同的弹性材料制作外部蒙皮，好让机器人的皮肤触感接近人类。人们常说"眼睛是心灵的窗户"，迪士尼的US8651916B2号专利就是一种模仿人眼，让机器的眼睛看上去像人眼一样的技术。该专利的原理是在小型显示屏上"显示模拟眼睛运动的图像序列"，然后在显示屏上安装凸透镜，"对于观察透镜凸面的观察者来说，透镜看起来像一只眼睛，其特征是具有逼真的眼球运动"。

如前所述，我们认为关注细节和追求完美并不是迪士尼的独有之处。那些伟大的企业、伟大的专利和伟大的产品，很多都在细节层面注重用户体验。迪士尼专利反映出的真正特质在于"真实"，是在美妙的幻境中追求具有一定真实逻辑的体验。这种无处不在的真实可以让用户——无论是儿童观众、青少年游客还是成人，有意无意地忘记自己身处虚幻的童话世界。当设计者努力塑造真实的幻境时，用户也会主动配合，因为用户也希望自己身处美丽的童话世界，希望"入戏"而不希望"出戏"。

迪士尼"幻中求真"的理念，从二维的平面世界走进三维的真实物理世界，被完美地应用在迪士尼乐园里，也被拓展到玩具、游戏等周边产品中。这种理念的传承是值得我们学习的。

第 48 章 数字时代的传承与开拓

从 1970 年代到 1990 年代，数字技术开始蓬勃发展，计算机动画从无到有，逐渐成长起来。这一时期的迪士尼有过高潮也有过低谷，在新领域的开拓有成功也有失败，但其核心理念和核心业务依然完好地传承了下来。

这一切要从罗伊·迪士尼（Roy Disney）说起。罗伊·迪士尼（1930—2009）是华特·迪士尼的侄子。华特·迪士尼去世后，罗伊·迪士尼进入公司董事会，成为迪士尼家族在公司的代表。他对老迪士尼的成就充满崇敬，是典型的保守派。几十年来，罗伊·迪士尼一直在董事会发挥着重大影响力，以近乎"政变"的方式推翻了两个 CEO 对企业的领导，也曾把功勋老臣杰弗里·卡森伯格（Jeffrey Katzenberg）赶出公司——这一事件直接促成了竞争对手梦工厂（DreamWorks）的诞生。最为人知的是 1984 年和 2003 年的两次"拯救迪士尼"运动。

1977 年，迪士尼推出动画电影《救难小英雄》（The Rescuers），颇受好评。但这部动画似乎透支了迪士尼公司的灵感，自此之后，迪士尼进入了一个漫长的低潮期，在长达 18 年的时间里没有一流的佳作问世。1979 年，著名动画导演唐·布鲁斯（Don Bluth）带着 17 名资深动画师出走，另组唐·布鲁斯工作室，成为迪士尼从 1980 年代到 1990 年代初的头号竞争对手。在这段时间，迪士尼的动画部门摇摇欲坠。如前所述，在这段时间中，迪士尼乐园独立支撑着公司将近 3/4 的收入。

1981 年到 1982 年间迪士尼推出的电影，除了一部《狐狸与猎犬》（The Fox and the Hound）反响尚可，其他的都以失败告终。1983 年，由于电影业务的亏损和新建立的迪士尼电视频道的成本，迪士尼的净利润跌破 1 亿美元，下跌到 9300 万美元左右[1]，公司股价从 84 美元跌到 49 美元。因为与公司管理层不和，罗伊·迪士尼从董事会辞职，导致公司股票进一步下跌。这一系列事件使迪士尼面临自成立以来最大的危机。

当时金融大鳄索尔·斯坦伯格（Saul Steinberg）注意到迪士尼的股价处于历史低点。他通过分析计算得出，如果把迪士尼的资产全部卖掉，包括电影版权和迪士尼乐园周边 17,000 英亩未开发的土地，平均每股的实际价值至少在 100 美元以上。斯坦伯格组织了一批投资人，秘密购买大量的迪士尼股票，希望在收购迪士尼之后拆解其资产出售。他为迪士尼所有的资产都找好了买主，除了迪士尼乐园——斯坦伯格希望把这棵摇钱树留在自己手中。

第 48 章 数字时代的传承与开拓

迪士尼的财务部门注意到公司股票的日交易额在短时间内暴增，从正常的 20 万股左右增加到 1984 年 3 月中旬的 90 万股。但幕后的操作人是谁，迪士尼上下都蒙在鼓里，一度怀疑是媒体大亨默多克在组织收购。斯坦伯格在 3 月底才显露真身，向美国证监会提交了申报。4 月 11 日，斯坦伯格旗下的投资机构 Reliance 持股达到 9.3%。4 月底，斯坦伯格彻底露出獠牙，向证监会提交变更后的申报文件，要收购迪士尼 25% 的股份，收购目的只是单纯的"投资"。在公开场合，斯坦伯格说自己收购迪士尼只是因为"对儿童有着特殊的偏爱"。[2]但是，鉴于斯坦伯格过去在投资市场上冷酷无情的做派，迪士尼上下都不相信他的说辞。

在生死存亡之际，罗伊·迪士尼挺身而出，联合了一批高管和投资人，付出了巨大代价，把股票赎买回来。在这批投资人中，最有名的就是洛杉矶的媒体大亨巴斯家族（Bass family）。他们是洛杉矶湖人队的老板，熟悉 NBA 的人对他们都不陌生。"拯救迪士尼"成功之后，巴斯家族的掌门人西德·巴斯（Sid Bass）成为迪士尼最大的个人股东。罗伊·迪士尼以迪士尼救星的身份重返董事会，立即开掉了与他长期不和的 CEO 罗恩·米勒（Ron Miller），从派拉蒙挖来了迈克尔·艾斯纳（Michael Eisner）担任 CEO。艾斯纳从派拉蒙带来了杰弗里·卡森伯格（Jeffrey Katzenberg）担任迪士尼影业集团的主席。

上任之初，艾斯纳和卡森伯格希望以真人电影为新的突破方向。卡森伯格力推迪士尼公司的新品牌"试金石影业"（Touchstone Pictures），推出了《乞丐皇帝》（The Emperor's New Clothes）、《早安越南》（Good Morning, Vietnam）等面向家庭的喜剧电影。1984 年迪士尼影业的总票房还在各大院线排名倒数第一，1987 年就升到第一位。为了给真人电影腾地方，迪士尼动画部门被迫离开伯班克，在附近的货仓、车库、机库流浪了一段时间，最终在格伦代尔的一个工业园区稳定下来。1985 年，迪士尼动画电影《黑水晶》（The Black Cauldron）的票房惨败，艾斯纳等人对电影动画的信心进一步动摇，决定另组电视动画部门，希望转型到电视动画。

迪士尼的核心——无论是核心技术还是核心理念，在这一时期都变得摇摇欲坠。

我们知道，乔治·卢卡斯在 1977 年制作的《星球大战》（Star Wars），使特效科幻电影第一次大火。1980 年代美国出现了一大批叫好又叫座的科幻大片，包括 1978 年的《超人》（Superman）、1982 年的《银翼杀手》（Blade Runner）、1984 年的《终结者》（The Terminator）等。卢卡斯同时建立了工业光魔（Industrial Light & Magic）视觉特效公司，这家公司是美国电影特效工业的先驱。这些电影重新定义了"幻想"，把假想的人物与景物以最接近真实的形态展现出来。卢卡斯影业从 1982 年开始申请涉及计算机系统的专利，搭上了时代的快车。而这一时期的迪士尼，在电影特效专利和计算机动画专利方面都乏善可陈，没有什么建树。如果不能为人们描绘亦真亦幻的幻想，迪士尼的真人电影和其他公司的特效片又有什么区别呢？

这时，罗伊·迪士尼挺身而出，说服了艾斯纳，自己亲自监管电影动画部门。

在罗伊·迪士尼和卡森伯格的主持下，迪士尼动画从1989年开始强势反弹，杰作频出，票房与艺术评价双双丰收。因为这段时期迪士尼的动画作品大都取材于传统童话或传统故事，媒体称之为"迪士尼的文艺复兴"。源自丹麦童话的《小美人鱼》（*The Little Mermaid*，1990）、《美女与野兽》（*Beauty and the Beast*，1991）、改编自《一千零一夜》的《阿拉丁》（*Aladdin*，1992）、改编自《哈姆雷特》的《狮子王》（*The Lion King*，1994），都是这一时期的不朽名作。

在迪士尼的"文艺复兴"期间，卡森伯格担任整个迪士尼影业集团的主席，而罗伊·迪士尼则亲自监管动画部门，两人势同水火。卡森伯格喜欢出镜，喜欢在媒体面前表现自己，而CEO艾斯纳也乐于把这种机会留给他。很多人认为卡森伯格是迪士尼"文艺复兴"的头号功臣，这让罗伊·迪士尼愤懑不已。[3]

除了从迪士尼出走的唐·布鲁斯以外，宫崎骏的吉卜力动画也在这一时期走向世界。三家电影动画公司良性竞争，为电影动画开启了新的黄金时代。宫崎骏的《鲁邦三世》（*Lupin III*）系列的灵感来自迪士尼《大鼠探长》（*The Great Mouse Detective*），而迪士尼的格伦·基恩（Glen Keane）也承认自己受到宫崎骏的影响。

卡森伯格颇具进取心，积极争取迪士尼的"第二把交椅"的位置。这个位置本来是首席运营官（COO）法兰克·威尔士（Frank Wells）的。迪士尼CEO迈克尔·艾斯纳曾口头承诺卡森伯格，一旦法兰克·威尔士离职，就把卡森伯格提拔为二号人物。1994年，法兰克·威尔士在一场直升机事故中坠亡，卡森伯格梦寐以求的第二把交椅空缺出来，他要求艾斯纳信守诺言。

罗伊·迪士尼强烈反对卡森伯格的晋升。面对第二把交椅的空缺，他以"开战"威胁艾斯纳，不许艾斯纳提拔卡森伯格。艾斯纳最终屈服于罗伊·迪士尼，这让卡森伯格大为光火。经过一系列内部斗争，罗伊·迪士尼开除了卡森伯格。而作为反击，卡森伯格把迪士尼告上法庭，最终拿到了2.5亿美元的赔偿金，双方彻底决裂。之后，卡森伯格和史蒂芬·斯皮尔伯格（Steven Spielberg）携手创建了梦工厂（Dreamworks），成为迪士尼在未来十几年间最大的竞争对手。

曾任迪士尼CEO及董事会主席的罗伯特·艾格在回忆录中对罗伊·迪士尼颇有微词。他说罗伊·迪士尼嗜酒如命，常在酒后发出措辞不当、影响很坏的邮件，给公司管理层带来很大困扰。

不过艾格也承认，罗伊·迪士尼对其叔父的理念和遗产极为忠诚。据艾格回忆，迪士尼曾经推出过一批彩色的米老鼠玩偶。罗伊·迪士尼看到这些玩偶大为光火，特地写信给艾格，要求撤掉这些彩色的米老鼠玩偶，因为"黑、白、红和黄色，米老鼠只能是这些配色，不能改变！"

究竟谁才是迪士尼"文艺复兴"的大功臣，是卡森伯格还是罗伊·迪士尼？作为专利从业者，我们既没有能力也没有意愿从媒体报道中分析办公室政治和好莱坞家族的纷争。但如果要在我们的专业领域内寻找线索，那么迪士尼"文艺复兴"有一个不可或缺的重要功臣，就是以US5091849A 号专利为代表的全新数字技术。

迪士尼"文艺复兴"的一个关键助力，是迪士尼与皮克斯联手创造的一套秘密武器——CAPS（Computer Animation Production System）系统。皮克斯最早是卢卡斯影业（Lucasfilm）下属的计算机动画部门。CAPS 的雏形可能是在卢卡斯影业诞生的。卡特姆在回忆录中提到：

> 在乔治（卢卡斯）的要求下，我们制作了一套能让剪辑师运用计算机进行剪辑的视频编辑系统，但此举却使得剪辑师的不满情绪凸显出来。乔治想设计出一款程序，既能实现影像的轻松存储和整理，剪辑速度与胶片剪切法相比也能得到显著提升……系统的设计已是困难重重，但人们对改变的抗拒所带来的阻碍却更大、更根深蒂固。相比之下，设计本身的难度立即"逊色"了不少。
>
> ……剪辑师们使用的老方法需要用刀片将电影胶片切成小段，再把这些小段重新黏合在一起，他们对这种方法早已熟稔、精通。从短期来看，改用新方法可能会减缓剪辑的速度，因此他们不愿意尝试改变。剪辑师们习惯使用自己熟知的方式，而改变则意味着打破习惯。因此，等到我们将研究成果拿出来公测时，遭到了大家的冷眼。我们对视频剪辑法将带来的革命性影响深信无疑，乔治本人也对此系统大力支持，即便如此，剪辑师们仍不愿改变。由于这些剪辑师是我们新系统的目标受众，因此，他们的阻挠让系统的推行寸步难行。

我们很理解剪辑师们的这种态度，我们也很清楚地知道，时代的车轮不可阻挡，无论剪辑师们是什么态度，都无法阻挡新技术的脚步。在本篇涉及的这短短的时间跨度里，有多少行业被新技术的车轮碾压成齑粉，再无出头之日？熟练切割胶片的剪辑师、十指灵活飞舞的打字员、染色技巧高超的洗相师……一个又一个行业从历史中消失，我们唯有主动拥抱新技术，才不会成为时代的弃儿。

1983 年，乔治·卢卡斯与妻子离婚，需要支付 5000 万美元的分手费。这个时候，恰逢乔布斯被约翰·斯卡利赶出苹果公司，他改变世界的雄心受挫。乔布斯手里有大笔现金，而卢卡斯急需用钱。于是，卢卡斯将动画部门剥离，成立皮克斯公司，卖给了乔布斯。CAPS 系统在皮克斯独立之后得到进一步开发，并在迪士尼投入使用、臻于完善，最终开花结果。[4]

皮克斯独立以后，与迪士尼就 CAPS 系统接洽，双方进行了长达 18 个月的沟通。从 1987 年开始，双方联合开发这一系统，这也是乔布斯收购皮克斯之后，皮克斯的第一笔大生意。在迪士尼的工程师接手时，CAPS 系统还是个半成品，没有经过测试。[5] 双方分工协作，皮克斯负责图形和用户界面，迪士尼主要负责系统架构，为系统方面的改进申请了 US5091849A 号专利。

US5091849A 号专利的说明书表明，之前已经有用于电视动画的类似系统，但这些系统无力处理相当于电影 35mm 胶卷分辨率所必需的庞大数据量。US5091849A 号专利发明的系统包括两个全局网络（Global Area Network，GAN），第一个 GAN 负责将数据控制信息传输给数据处理设备（工作站），第二个 GAN 负责将数字图像数据传递给至少一个数据处理设备。之前由一个中心化的系统处理的巨量数据被分配到若干个信息处理设备，从而解决了算力问题。

CAPS 系统没有摆脱传统动画的基本制作方式。从 1989 年开始，所有的人物（当然包括动物）仍然由动画师用铅笔作画，逐帧绘制，但之后就会将这些画作扫描到计算机中，用 CAPS 系统进行处理。[6]

1930 年代的多平面摄像机最多只能支持 5 个图层，画幅大小有限，长宽不过两三米左右；操作起来也很困难，运行和维护的成本都很高。CAPS 系统突破了画幅大小的限制。在 1990 年代中期，CAPS 系统已经有能力处理 2K 分辨率的大幅画面。在计算机系统中，每个图层都可以随意移动、放大和缩小，不再需要移动高大笨重的多平面机械结构，更不用为每个平面设置专门的灯光设备来打光，也不会因为机械结构的运动多费一度电。动画师可以为图像随意上色，实现阴影或混色效果。

和 1930 年代的多平面摄像机一样，CAPS 系统的目的是追求更好的效果，而不是省钱；根据艾斯纳的说法，CAPS 没有为迪士尼节省多少成本。[7]

之后，迪士尼不断地改进这一系统。在《小美人鱼》里，一共只有三个多平面的镜头，而这差不多已经是当时的预算和系统算力能支持的极限了。到了集 2D 动画之大成的《狮子王》，迪士尼的动画师已经可以通过 CAPS 系统处理数百个多平面的镜头。每个多平面场景会用到 50 到上百个图层。《狮子王》能够完美呈现非洲大草原的壮丽美景，也正是因为天空、草原、丛林、树木与岩石分别位于不同的图层，镜头一转，上百个图层以符合真实世界逻辑的方式，以不同的速度做相对运动，制造出具有数千里景深，宏大而又不乏细节的美丽幻境。

在很长一段时间里，迪士尼都没有对媒体和大众透露 CAPS 系统的秘密。使用 CAPS 系统的名作包括《美女与野兽》《狮子王》《阿拉丁》等。人们能感觉到，这些作品与传统纯手绘的迪士尼作品有所不同，人物、近景、远景和天空有着层次分明的远近关系，而在镜头移动时，景物的变化与过渡却又流畅自然。在模拟镜头聚焦的地方，用高清晰度表现；在模拟画面失焦时，用低分辨率展现模糊效果。人们能注意到这种变化，意识到迪士尼的平面动画达到了一个新的高度，但又说不出所以然。

《狮子王》不仅为人们讲述了草原上的"王子复仇记"，还展现了CAPS系统带来的一次伟大的产品迭代升级：动画师们如臂使指地驾驭上百个图层，以前所未有的方式表现出景深、透视这些从绘画层面上凸显真实感的元素，为观众呈现出震撼人心的精彩画面。这是典型的迪士尼"文艺复兴"时期的作品，没有酷炫的声光电效果，但是精美的手绘图加上CAPS系统实现的无穷细节，直到今天仍让人回味无穷。

在计算机科学界，公认的"计算机图形学之父"是伊万·爱德华·萨瑟兰（Ivan Edward Sutherland）。1967年，他应另一位计算机图形学先驱大卫·埃文斯（David Evans）的邀请，从哈佛大学转到犹他大学工作。两人通力合作，将犹他大学计算机系打造成计算机图形学领域的黄埔军校。

萨瑟兰与埃文斯门下群英荟萃，人才济济。其中不乏Adobe的创始人约翰·沃诺克、硅谷图形（Silicon Graphics）和网景公司创始人吉姆·克拉克、雅达利公司的创始人诺兰·布什奈尔（Nolan Bushnell）这样的业界大牛。皮克斯的创始人之一艾德·卡特姆也是萨瑟兰的得意门生。

1973年，萨瑟兰推荐年轻的艾德·卡特姆前往迪士尼公司展示犹他大学在计算机动画方面的技术。根据艾德·卡特姆的回忆，这次交流让他很是失望：

> 迪士尼对萨瑟兰的交流计划一点儿兴趣都没有。那个勇于探索新技术的华特·迪士尼已经离世很久了。我兴致勃勃地介绍，对方却听得两眼呆滞，在他们看来，计算机和动画毫无契合点可言。[8]

卡特姆回忆说，当时迪士尼对计算机动画的负面态度主要源于1971年真人动画影片《万能飞天床》（Bedknobs and Broomsticks）的失败尝试。迪士尼本来希望用计算机制作有数百万个泡泡的场景，但因为技术不成熟，远远没能达到预期的效果。迪士尼的高层盛情邀请卡特姆加入迪士尼乐园的研发部门"幻想工程部"（Imagineering），但对计算机动画却兴趣索然。他们说"如果计算机动画技术连泡泡都做不出来，那么计算机动画的时代就尚未到来"。卡特姆不愿意放弃自己对计算机动画的追求，拒绝了迪士尼的邀请。1979年，乔治·卢卡斯在工业光魔开设了计算机分部，聘请卡特姆负责这个部门。卡特姆欣然前往，如前所述，这个部门就是皮克斯的前身，后来被乔布斯收购。

在收购皮克斯之后的 9 年间，乔布斯的大多数时间和精力都花在了 NeXT 上面，每年只去皮克斯一次。早期的皮克斯除了与迪士尼合作开发 CAPS 系统，主要业务以硬件为主，也做一些视频广告之类的小生意。皮克斯位于旧金山湾区，而非影视工业的中心洛杉矶。这使得皮克斯始终保持着一种科技公司的气质。

在迪士尼等传统动画、电影公司中，剧组成员不一定是公司员工。大多数电影从业人员是自由职业者，在拍摄电影时由公司或业界大佬召集而组成剧组，拍完之后剧组自然解散，电影公司不会继续为剧组成员发工资。但皮克斯不同：所有参与拍摄的人员都是公司的合同员工。在《玩具总动员》(Toy Story) 拍摄完之后，所有剧组成员仍需照常到皮克斯的办公楼里上班。

皮克斯与一般电影公司的不同之处就在于，如果没有电影要拍摄，乔布斯就会让团队人员做研发工作，而不是在电影短片和广告之类的小项目中浪费时间。这种策略使皮克斯在 3D 动画领域积累了大量重要专利。[9]

我们认为，皮克斯在计算机动画领域的很多专利都传承了迪士尼"幻中求真"的理念，从以下几件专利中可见一斑。

2000 年年底，皮克斯申请了一件"惯性场发生器"专利，公开了一种"将运动学特征可控地耦合到动态模拟元件的方法"。根据专利说明书的描述，"惯性场发生器"可以作用于各种动态元素，如毛发、服装、蒸汽等。

这种技术不是盲目地追求真实，而是要在一些虚幻、夸张的场景中呈现真实感。专利说明书中提到，当一个人物从高处坠下时，为了突出坠落的效果，动画师往往让人物比在真实世界中下坠得更快。如果人物穿着一件 T 恤，那么在真实世界里这件 T 恤很可能会因风力而向上飘动，把人物的头面部蒙住。同样，如果一个毛茸茸的角色以极快的速度挥动手臂，其手臂上的毛发也会随之快速飘动。然而，这种过于真实的效果，反而可能造成一种喧宾夺主的不真实感。

为了解决这类问题，皮克斯的这件发明把物体分为运动物体和动态附着元素。在"惯性场发生器"的作用下，动态附着元素虽然也会跟随运动物体的加速方向运动，但是会受到一个模拟的反方向作用力影响。这样，当运动物体以夸张、不真实的速度运动时，动态附着物就会以较慢、较真实的速度运动。

这件专利申请一年之后，皮克斯推出了《怪物公司》(Monsters, Inc.)。片中的主角之一是浑身长着蓝紫色长毛的怪物苏利文 (Sullivan)，还有一个重要的人类小女孩角色。这是 3D 动画电影中第一次出现拥有 200 多万根毛发的主角。在皮克斯的前几部电影中，人类都是非常边缘的角色；而在本片中，人类小女孩"布"（Boo）成为贯穿全剧的重要人物，在计算机动画史上具有里程碑意义。

2005 年，皮克斯以 2004 年的两件临时专利申请为母案，提交了"可变动态模糊"技术的专利申请，并于 2008 年获得授权，专利号为 US7348985B2。在此之前，计算机动画也能实现动态模糊效果，但在同一张图像或同一段动画中，所有对象的动态模糊程度是相同的。皮克斯希望不同的移动物体产生不同的动态模糊效果，甚至同一个移动物体的不同部分都产生各自的动态模糊效果，因为这种表现方式更符合人类对动态事物的感知。这种效果明显地体现在《汽车总动员》系列动画电影中。

2010 年 3 月，皮克斯为"头发动态属性的重定向"和"头发动态的柱身分离"技术提交了临时专利申请，2015 年获得授权（专利号分别为 US8698810B2 和 US9098944B2）；2012 年 2 月，又以前述临时专利申请为母案，提交了"卷发的艺术模拟"专利申请，2016 年获得授权（专利号为 US9449417B1）。

这几件专利主要针对的是头发的模拟，而且是"长长的卷发"（long curly hair）。在设计动画人物的动作时，皮克斯把一缕卷发处理成类似串珠项链一样——核心部分是串珠项链的链子，而卷曲部分是串在链子上的弹簧或珠子。当人物头部做出较大幅度的动作时，头发上的卷曲部分和核心部分会一起移动。为了避免产生类似钢丝一样的僵硬效果，核心部分和卷曲部分被设定为具有不同的质量。

2012 年 6 月，皮克斯的动画《勇敢传说》（*Brave*）上映，主角是长着一头蓬松卷发的梅莉达（Merida）公主。皮克斯此前的动画作品中也有不少长发女性角色，但没有一个像梅莉达公主的头发那样夸张而显眼：她的头发体积几乎占到整个身形的 1/4，而且和身体有着大量的互动。为了使梅莉达的头发运动尽可能自然，不显得过于蓬松，皮克斯特意把作用于头发的重力设定成接近于月球的重力水平，从而在影片中获得了理想的效果。

皮克斯在计算机动画领域的基础专利有很多，包括涉及随机采样的 US4897806A 号专利，涉及非仿射图像变形（Non-Affine Image Warping）的 US5175808A 号专利，涉及图像创建、操控与显示的 US5307452A 号专利等[10]，很多都是计算机图形领域难以规避的基础性专利。

1990 年代中期，乔布斯通过他的 CFO 了解到，皮克斯的 Renderman 系统使用的一些关键技术存在被侵权的风险，尤其是关于动态模糊的技术。例如，1985 年申请的 US4897806A 号专利，这是皮克斯最早的专利之一，也是第一件把"动态模糊"写入权利要求的计算机动画专利。当时所有开发渲染技术的公司都不可避免地会用到皮克斯的一些基础计算机动画技术，尤其是微软和硅谷图形这两家公司。

乔布斯了解到这个信息之后很兴奋，因为终于有机会对老冤家微软提起诉讼了。但是拉里·利维（Larry Levy）劝说他不要轻启战端。当时，《玩具总动员》的制作已接近截止日期，立维认为不能让公司的工程师们被诉讼分散精力。此外，微软和硅谷图形的市场和皮克斯的不同，不会影响到皮克斯的生意。两人最后决定，通过谈判拿到一笔许可费，以解决皮克斯的燃眉之急。

乔布斯一开始希望能拿到5000万美元，但立维认为这个数额必定会引发旷日持久的诉讼战。他提出：

> 专利许可不是皮克斯的商业策略。专利许可是一种融资策略，我们偶尔会用上一到两次来获取现金，但不会多用。（这种策略）会为皮克斯争取到时间，但不会带来长期的成功。

乔布斯接受了立维的意见。皮克斯和微软进行了三个月的谈判，最终获得了650万美元的许可费；其与硅谷图形的谈判则历时一年之久，最终拿到的许可费数额比微软的略高一点儿。硅谷图形作为皮克斯的供应商，还给皮克斯提供了一些免费的图形工作站。[11] 事实证明，皮克斯对专利的这种态度是正确的。专利是企业重要的战略工具。所谓"兵者为凶器，圣人不得已而用之"，如果以专利诉讼和许可为主业，让公司的研发人员疲于应对，只会距离客户和消费者越来越远。

就在皮克斯蓬勃发展的时候，迪士尼再次遇到了危机。

2000年以后，艾斯纳看到计算机动画的市场越来越大，开始对传统动画失去信心，这一点让罗伊·迪士尼非常不满。在一次接受《洛杉矶日报》采访时，艾斯纳表示2D动画和黑白动画一样，快要寿终正寝了。他想关掉公司拥有悠久历史的佛罗里达工作室——该工作室曾制作《兔子罗杰》系列和《花木兰》，把每年一部动画长片的计划改成几个月一部，同时考虑将一些佳作直接通过DVD发布，不再投入院线。2003年，艾斯纳大批量解雇传统动画师，全面转向计算机动画（后来迪士尼收购皮克斯之后，皮克斯又把这些人重新雇了回来）。罗伊·迪士尼认为这是对公司传统的背叛。这也是罗伊·迪士尼发动第二次"拯救迪士尼"运动的原因之一。[12]

2003年左右，罗伊·迪士尼和迈克尔·艾斯纳的矛盾彻底激化。罗伊·迪士尼要求董事会罢免艾斯纳，而艾斯纳则援引公司章程中董事会成员年龄不得超过72岁的规定，逼迫罗伊·迪士尼从董事会辞职。

罗伊·迪士尼被迫辞职之后，召集媒体开展"拯救迪士尼"的集会，列举艾斯纳的七条罪状，并号召股东投票反对艾斯纳。其中第四条罪状尤其可以反映罗伊·迪士尼的价值观："我们的所有股东都认为……公司变得唯利是图而没有灵魂，总是寻找'快钱'，忽视了长期的价值，这也导致了公众对公司信任的流失"。第六条罪状则是"没能与迪士尼的合作伙伴建立起良好关系，尤其是皮克斯"。这场政治斗争的结果是艾斯纳黯然离职，罗伊·迪士尼以无投票权的荣誉董事身份重返董事会，八面玲珑的罗伯特·艾格成为迪士尼CEO。

迪士尼和皮克斯的关系一直不错，但卡森伯格和乔布斯的个人关系一直不大好。1991年，当时卡森伯格还是迪士尼影业的负责人，乔布斯曾前往迪士尼，向卡森伯格推销NeXT公司的NeXTcube和NeXTstation工作站。乔布斯充满激情地宣称自己的产品能让全美所有家庭都像迪士尼一样制作动画。这段话意外地激怒了卡森伯格。卡森伯格冷冷地回答："我是动画的主宰（I own animation），谁都别想碰它。你这话就像是哪个浑小子要和我的女儿约会。我有一把霰弹枪，谁想碰她，我就轰掉他的蛋蛋。"

NeXT一直没能签到迪士尼的大单，倒是皮克斯的一些实验性动画短片引起了卡森伯格的注意。卡森伯格决定向皮克斯订购一部以玩具为主题的动画电影，这就是在动画技术史上具有革命性意义的《玩具总动员》。

1990年代初，乔布斯的日子很不好过。他苦心经营的NeXT销售状况不佳，而微软正如日中天，客户纷纷反水投入Windows NT和Sun的怀抱。皮克斯已经烧掉了乔布斯自掏腰包的6000万美元，但一直未能盈利。《玩具总动员》成为皮克斯仅有的一线生机。

卡森伯格只愿意把票房的一小部分分给皮克斯，再加上一笔制作费用。而乔布斯除了要求更高的票房分成，还要求未来的光盘/录像带销售收入以及软件方面的使用权。双方大吵一通，最后皮克斯得到的只是10%到15%的票房分成，迪士尼持有版权，尤其是续集的制作权。卡森伯格对乔布斯说，迪士尼从来不会为外部制作商付出1500万美元以上的制作费，迫使乔布斯接受了他的条件。事实上，卡森伯格骗了乔布斯，《美女与野兽》也是外包制作的，但是迪士尼支付了高达3200万美元的制作费。这个合同对皮克斯非常不利，后来乔布斯发现自己上当之后，卡森伯格已经离开迪士尼，自己只能吃哑巴亏。

在《玩具总动员》票房大卖之后，乔布斯一直想修改合同，让皮克斯获得更多权利，但艾斯纳寸步不让。而到了2003年，乔布斯已经在苹果公司重返人生巅峰，双方强弱易位，乔布斯再也不愿仰人鼻息，双方关系濒临破裂。

2005年，迪士尼CEO罗伯特·艾格（Robert Iger）在香港迪士尼乐园参观游行时，发现了一个令人不安的事实：在场的所有动画角色中，近十年以内诞生的角色全部来自皮克斯而非迪士尼。艾格在董事会上强调了这一事实，他表示："迪士尼动画的未来，就是迪士尼的未来。"因此，他提议收购皮克斯。

在柯达、索尼与施乐的故事中，我们常常会发出这样的感叹：如果柯达积极转型数字技术，如果索尼能够拥抱移动互联网，如果施乐能够把PARC的先进技术第一时间推向市场……对于这些公司来说，历史没有如果，机会一旦被错过就再也不会出现。幸运的是，迪士尼虽然没有在第一时间投入计算机动画的怀抱，但是在新世纪到来之际，它获得了亡羊补牢的机会。

艾格首先尝试修补与乔布斯的关系。当时苹果刚刚推出了第五代iPod，艾格在一次与乔布斯的会面中，同意把ABC（American Broadcasting Company）频道的节目放在iPod上播出。最后，乔布斯同意迪士尼以交换股票的方式收购皮克斯。2006年1月，迪士尼以74亿美元的总价完成对皮克斯的收购，每股皮克斯普通股股票可换2.3股迪士尼股票。乔布斯拥有皮克斯49.65%的股份。收购完成后，他在迪士尼的股份达到7%，估值为39亿美元，超越迪士尼前CEO艾斯纳（1.7%）和罗伊·迪士尼（1%），成为迪士尼的最大股东，并加入迪士尼董事会。罗伊·迪士尼于2009年去世，乔布斯也在不久后撒手人寰。今天，迪士尼最大的个人股东不再是迪士尼家族的成员，而是乔布斯的遗孀。约翰·拉塞特（John Lasseter）成为迪士尼的首席创意官（Chief Creative Officer），同时负责迪士尼影业和皮克斯动画。卡特姆继续担任皮克斯总裁一职，并兼任迪士尼动画影业总裁。

吸纳了皮克斯和工业光魔的技术后，迪士尼再次向真人电影领域发起冲击。

如前所述，迪士尼曾不止一次试图进入真人电影领域，其间有一些成功的作品，但真正大获全胜则发生在近几年。2008年，迪士尼影业的总票房收入占全美的10.5%。2018年，这个数字是26.3%；2019年达到33%，全球票房收入达到创纪录的119亿美元，其中美国国内市场为38亿美元，海外市场为81亿美元，力压所有竞争对手。[13]这其中有迪士尼收购漫威（Marvel）、皮克斯和卢卡斯影业的原因，但也不能忽视迪士尼强大的技术实力的助力。

如图48-1所示，根据专利分析机构GreyB在2021年6月对迪士尼全部专利的分析[14]，迪士尼目前拥有专利最多的领域仍然是动画，排在第二位的是"广播与流媒体"，第三位是"用户信息与数据处理"。排第二位和第三位的两个领域大致对应迪士尼在流媒体领域的技术积累。迪士尼于2017年收购了流媒体技术公司BAMTech 75%的股份，随后将其更名为"迪士尼流媒体服务"（Disney Streaming Services），以支持迪士尼新推出的 ESPN+ 流媒体服务。2019 年 11 月，迪士尼开始运营自家的流媒体服务"Disney+"，上线首日便有 1000 万用户订阅，目前订阅用户已超过 1 亿，成为 Netflix 的最大竞争对手。

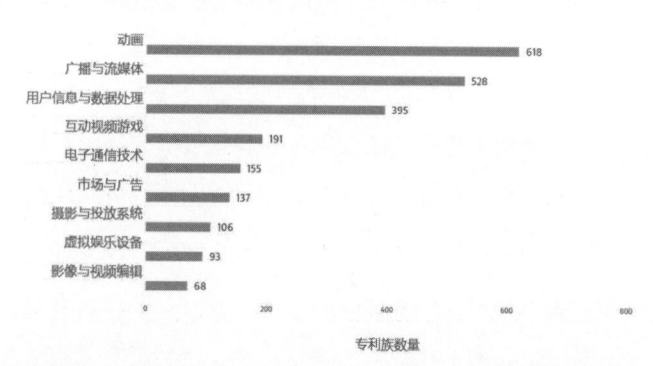

```
动画                                      618
广播与流媒体                         528
用户信息与数据处理               395
互动视频游戏              191
电子通信技术           155
市场与广告             137
摄影与投放系统       106
虚拟娱乐设备          93
影像与视频编辑        68
```
专利族数量

图 48-1　专利分析机构 GreyB 2021 年 6 月对迪士尼全部专利的分析

工业光魔的 iMoCap 系统最早用于迪士尼的《加勒比海盗 2：聚魂棺》。工业光魔是科幻电影特效当之无愧的鼻祖，2012 年迪士尼收购卢卡斯影业，把工业光魔也收入自己旗下。

除了吸收工业光魔和皮克斯的技术成果，迪士尼还在 2008 年成立了迪士尼研究中心（Disney Research），在瑞士苏黎世开设研究实验室，进行人工智能、机器学习和视觉计算等领域的研究。至今，迪士尼至少有 254 件专利来自苏黎世实验室，绝大多数属于 G06 和 H04 领域，不仅涵盖 3D 动画技术，还包括 3D 打印、无人机、机器人等技术。

迪士尼研究中心近年来最著名的成果是和工业光魔共同研发的美杜莎表演捕捉系统（Medusa Performance Capture System，下文简称为"美杜莎系统"），这是目前市面上最先进的面部表情捕捉系统。

以往的表情捕捉系统要在人脸上贴标记点，并佩戴带有相机和光源的头盔。而美杜莎系统不需要这些标记点。该系统主要通过在拍摄前对演员面部进行扫描，创建高精度的面部表情库供后期使用。在扫描过程中，演员做出导演要求的各种表情，美杜莎系统根据扫描结果生成某一表情所对应的面部几何网格。扫描精度极高，一张脸上的标记点可以达到上百万个，演员面部的微小的皱纹和凸凹无处遁形。最后团队会检查美杜莎系统扫描的视频，挑选各种表情的最佳瞬间。在真人实拍完成之后，制作团队可以利用美杜莎系统扫描的结果丰富角色表演。工业光魔的 Muse 系统可以精确操控美杜莎系统扫描得到的每个网格，从而控制计算机生成的角色的表情。在 2019 年获得奥斯卡最佳视觉效果奖提名的 5 部影片中，有 3 部使用了迪士尼的美杜莎系统。迪士尼研究中心因此获得了 2019 年奥斯卡奖的 Sci-Tech Award。最新的两部"复仇者联盟"系列电影也都使用了这一系统,绿巨人和灭霸两个角色的丰富表情也得益于美杜莎系统。

迪士尼近年来在版权和重要 IP 续作方面的操作,基本上是毁誉参半。例如,"星球大战"系列最新的电影正传让一些星战迷切齿痛恨,但电视剧《曼达洛人》(The Mandalorian)却拿奖拿到手软,让星战迷大呼过瘾。"复仇者联盟"系列刚在中国大陆市场创下票房纪录,接下来的《尚气与十环传奇》(Shang-Chi and the Legend of the Ten Rings)就因为选角问题,还未上映便迎来一片骂声。我们无意评价迪士尼对故事与版权的处理方式,无论迪士尼拥有 IP 的故事如何发展,人类总是会幻想,迪士尼一直在追求把幻想变成真实,只要这个理念能够通过技术创新继续传承下去,迪士尼就有希望不断拓展业务边界。

抛开迪士尼版权和品牌资源对新业务板块的支持,单以专利视角来看,我们认为迪士尼的边界拓展主要有三次。第一次是迪士尼乐园的建立,在大量关于实体游乐设施的优质专利的支持下,迪士尼乐园很早就由羁縻区向核心区过渡,成为公司的第二大核心业务。通过这次边界拓展,华特·迪士尼实现了自己孩提时的梦想,创造了一个成年人和子女可以共同玩乐的幻想天堂。迪士尼原本是一家动画电影公司,绝大多数客户都是儿童。而迪士尼乐园建立后,很多有子女的成年人,甚至无子女的情侣,都开始成为迪士尼的客户。

1990 年代迪士尼收购了 ABC 和 ESPN,进军电视行业。经过长期的技术积累,近年来迪士尼又推出 Disney+ 和 ESPN+ 流媒体服务。如前文所述,流媒体目前是迪士尼申请专利的一个主要方向,凭借雄厚的版权资源积累,迪士尼能够与 Netflix 分庭抗礼。受新冠疫情的影响下,迪士尼影业和迪士尼乐园的业务都受到了沉重打击,但对迪士尼流媒体服务来说却是一个绝好的机会。而迪士尼集团的受众也从有孩子的家庭扩展到体育迷和普通电视观众。

进入 21 世纪以来,迪士尼通过收购皮克斯与卢卡斯影业(及其下属的工业光魔),加上迪士尼研究中心在前沿技术方面的研究,让其在计算机动画和影视特效领域保持全球领先地位,用真人电影、动作电影、科幻电影收获了大批观众。

经过这三次边界拓展,迪士尼产品的受众面之广,可能超过了我们前面分析过的任何一家公司。索尼与苹果的产品多少有一些价格门槛,惠普的产品则偏向于商用办公环境,博世的主营业务针对的主要是汽车厂商,而且它的产品也有多种廉价竞品可以替代。而迪士尼的消费者则是所有热爱幻想的人,不局限于年轻人和儿童。我们在前面分析过,迪士尼技术的核心理念就是营造出真实的幻想世界,这一理念是所有热爱幻想的人的期待。我们在前文中反复强调"民为贵,社稷次之,君为轻"的道理,就是因为广大民众的期待——也就是消费者的需求,才是企业创新与拓展的最重要方向。

第四篇

◆

治理篇

第 49 章 导论

本书书名为《治理创新》。

创新是所有专利工作的根基，是专利制度存在的原因。创新也是人类的天性，从石器到铁器，从洞穴到房屋，从刀耕火种到四时节气，早在专利制度诞生之前，创新就已经无处不在，与人类的福祉息息相关。我们相信，对于创新这样一种伟大的天性，不能随意约束，不能横加管理，只能顺势而行，因势利导。这个过程，我们称之为治理。

"自然界而非宗教神学，为中国早期哲学的许多概念提供了本喻……水，滋养生命，从地下汩汩涌上，自然流淌，当其静止时变得水平如仪，沉淀杂质，澄清自我，忍受外在的强力而最终消磨坚石，可以硬如坚冰而散为蒸汽，是有关宇宙本质的哲学观念的模型。"[1] 其中，静止的水平面代表着法律的公正无偏，"法律"的"法"字即脱胎于这一意象，这是中国法律专业的学生在第一堂法学课上就会了解的事实。

中国政法大学王人博教授在《水：中国法思想的本喻》中也认为，"早期的中国哲人对法的思考并不借助于概念和逻辑，而是来自对水这种物质的观审、想象和沉思，由水所提供的意象成为中国法思想的一个原型"。[2] 古代政治家以"治水"为不世之功，以"大治"为追求，而当代政治家以"法治"为目标，以"中国之治"为追求。一个"治"字穿越几千年的时空，成为无数伟大人物的梦想，这是我们喜欢这个字的原因。

"理"字的词源，则是与中国人更有渊源的一样事物——玉。《说文·玉部》将"理"字解释为"理，治玉也，顺玉之文而剖析之"，也就是顺着玉的纹路切割雕琢，把原石做成玉器。有学者认为，"理"字从此出现两个引申方向：从玉的纹理，诞生了"物之理""逆顺之理"，与"道"和"义"并列，指事物的法则或条理；从治玉的行为，引申出"治理""管理"这样的动词[3]，和"治"联系起来。《荀子·修身》中就有"少而理曰治，多而乱曰秏"的说法。

"治"是行动，又是境界和目标；"理"则是方法论，即体现了顺势而行，其本身也是"天理""道理""情理"的体现。正因为如此，我们才选择"治理"二字作为本书和本篇的名字。我们认为，专利制度虽然是舶来品，但已经植根于我们这片土地，那就应当用适合这片土地的理念重新审视、批判和治理，使它为我们的社会发挥更大的作用。本书的前三篇都在讨论域外的历史故事，但我们并不赞成把域外的思想和理念囫囵吞枣。了解历史，寻求真相，找到可资借鉴的范本或规律，才是我们的目的。

历史的真相扑朔迷离，隐藏在各种史料之中。为了把这些故事尽可能真实地还原出来，我们颇花了一些时间搜集材料，探究隐藏在坊间传言、新闻报道和学术论文背后的真相。我们不是技术史学者，不是管理学专家，也没有渠道进行采访和实地考察，无从接触第一手材料。历史学家傅斯年曾经在《历史语言研究所之工作旨趣》中指出："能直接研究材料，便进步；凡间接地研究前人所研究或前人所创造之系统，而不繁丰细密地参照所包含的事实，便退步。"[4] 因此，在本书开始酝酿之时，我们的首要任务就是找到一种可以直接研究的史料，与业内传闻、新闻报道和学术论文描述的那些故事相互印证。

作为专利从业者，我们最熟悉的工具——专利数据库，很快成为我们最依赖的直接史料库。专利既能完整展示技术的发展和传播路线，又能和记载产品上市、企业兴衰的媒体报道及学术论文相互印证，再加上专利诉讼中的当事人陈述、法官总结作为补充，就是弥足珍贵的第一手史料。

唐代史学家刘知几在中国史学理论的奠基之作《史通》中，把史籍分为"当时之简"和"后来之笔"。"当时之简"是历史事件发生时的记录，未经史家笔法删削，作为史料的价值更高。从这个角度来看，专利对于我们讨论的这些故事，是当之无愧的"当时之简"。刘知几又总结有十种杂史，包括偏纪、小录、逸事、琐言、郡书、家史、别传、杂记等，各有其优点与缺陷。例如，郡书、家史常常"矜其乡贤，美其邦族"，公司对自己的研发历史的记载，往往文过饰非，免不了出现这种问题。逸事、别传会"真伪不别，是非相乱"，今天我们常读的媒体报道与网文网评，为了吸引眼球，常会出现这样的问题。刘知几推崇的研究方法是"征求异说，采摭群言"，希望"苟史官不绝，竹帛长存，则其人已亡，杳成空寂，而其事如在，皎同星汉"。今天，很少有科技企业会安排一个 Chief History Officer 来整理自己的历史，但是专利数据库与媒体、学术材料印证，足以在故事成为传说之后，帮助研究者还原技术史的真相。

在"兴衰篇"中，笔者通过这种方法表达了对"一流企业卖标准，二流企业卖专利"的反对态度，批判了 IBM 以许可费为目的的专利运营。在"更替篇"中，笔者分析了索尼和飞利浦对创建标准的追求，对消费者需求的漠视，以及在技术革命来临之际抱残守缺、不能自我突破，被后来者超越的结果。选取这些企业作为主角当然是有原因的：自 20 年前入行时，笔者就时常会听到同行对 IBM 收获的 10 亿美元的天价许可费的赞叹，对 CD 与 DVD 专利池巨头坐收巨利的向往；即使笔者本人，在刚刚接触专利时，也是这些专利霸主的崇拜者。但是，在与这些巨头打过交道之后，笔者清楚地意识到，IBM 专利运营团队 10 亿美元的许可费固然值得钦羡，但是 IBM 视为生命的云计算市场一直被亚马逊、谷歌和微软统治，即使收购了 Red Hat 公司，也没有真正的起色。一家 to B（意为"面向企业"）的公司，对真正的竞争对手束手无策，只能跑到 to C（意为"面向消费者"）的市场上，欺负一下和自己没有竞争关系的新兴互联网公司，这种胜利并不可取。这就像 13 世纪蒙古帝国崛起时，金国打不过蒙古，在自己统治的核心区丧师失地，就想出歪主意"北失之土，取偿于宋"，跑到河南去找南宋打仗。即使取得一些战术上的胜利，也无法弥补核心区沦丧的损失。

在"更替篇"中，我们主张企业主动突破自己的界限，要以壮士断腕的勇气，积极自我革命，再造新世界。在"边界篇"中，我们提倡企业要打造稳固的核心区，以此为基础开拓新边界，在新技术领域再造核心区，稳扎稳打，勇往直前。我们相信，这是企业经营的王道。

我们倡导的王道，或曰治理之道，并不完全是生财之道。一家企业若能行王道，以服务大众为宗旨，以新技术、新产业创百年字号，生财自然不是问题——所谓"乐以天下，忧以天下，然而不王者，未之有也"。至于能赚多少钱，让个人多久实现财富自由，我们的回答是"王何必曰利？亦有仁义而已矣。"

我们批判 IBM、索尼和飞利浦，不是因为它们营收下滑、市值缩水、赚不到钱，而是因为它们空有全球顶级的技术和人才储备，却不能站在人类探索星辰大海的最前线。说到底，站在服务企业多年的专利律师的立场上，我们痛惜无数研发精英经年累月积累的宝贵成果明珠暗投，不能造福大众。企业的生命何其短暂，律师和职业经理人的职业生涯又何其短暂！对个人和小企业来说，只要做几次成功的大案子，也足以赚得盆满钵满，半生衣食无忧。只是这种小伎俩，并不在本书的讨论范围之内。

****

2018 年 9 月，美国一家名叫"运货与交通"（Shipping & Transit）的小公司向法院提交了破产申请。这是一家臭名昭著的专利流氓公司，在其存续的十几年间，先后发起过 500 次以上的专利诉讼。[5] 其中，2016 年提起的诉讼总数达到 107 次，是当年提起专利诉讼次数最多的企业。[6] 在申请破产时，"运货与交通"公司手中有 34 件美国专利和 29 件美国以外的专利。按照相关程序法规定，这家公司需要在破产申请书上列明企业所有剩余资产的价值。于是我们就看到了下面的图 49-1，"运货与交通"公司所有 34 件专利的总价值是 2 美元。其中所有美国专利的价值是 1 美元，所有美国以外专利的价值同样是 1 美元。

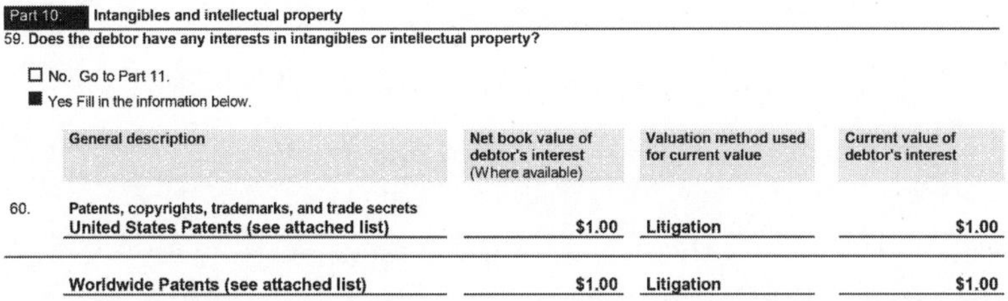

Part 10: Intangibles and intellectual property				
59. Does the debtor have any interests in intangibles or intellectual property?				
☐ No. Go to Part 11. ☑ Yes Fill in the information below.				
	General description	Net book value of debtor's interest (Where available)	Valuation method used for current value	Current value of debtor's interest
60.	Patents, copyrights, trademarks, and trade secrets United States Patents (see attached list)	$1.00	Litigation	$1.00
	Worldwide Patents (see attached list)	$1.00	Litigation	$1.00

图 49-1 "运货与交通"公司于 2018 年 9 月 6 日提交的破产申请书第 7 页（部分）[7]

"运货与交通"公司原名"到达之星"（ArrivalStar）。顾名思义，运货、交通、到达都与交通运输有关，而这家企业所做的正是涉及交通运输行业的专利讹诈。2012 年左右，"运货与交通"公司在美国多地起诉地方交通管理机构，包括各种运输署、交通局、港务局等。根据 2012 年的一篇报道，ArrivalStar 向这些机构索要的和解费一般在 50,000 美元到 75,000 美元之间。[8] 美国公共交通协会（APTA）发表于 2013 年的一份报告表明，至少有 11 家交通管理机构与 ArrivalStar 和解，以避免昂贵的专利诉讼。[9] 例如，西雅图下属 King County 的一个交通部门，因为对专利诉讼一无所知，轻易就支付了 80,000 美元以换取和解。[10]

2013 年 6 月，APTA 提起诉讼，对 ArrivalStar 的 13 件专利进行无效。ArrivalStar 马上举手投降，同意不再起诉 APTA 的所有成员。到 2018 年，这家公司再也赚不到钱，干脆申请破产，并厚颜无耻地承认自己的所有专利就值 2 美元。

用价值 2 美元的垃圾专利横行十数年，榨取数百万美元的财富，若以求财为目的，又有什么生意比得上专利流氓的运营邪术？但在笔者看来，身为专利律师，无论承认自己运营的专利是只值 1 美元的垃圾，还是拿着 1 美元的垃圾专利去骗钱，都是职业生涯的污点。我们皓首穷经，多年寒窗苦读，研究技术，再学法律，写案子，读案例，难道只是为了钻法律的空子，从社会掠夺财富吗？这种行为对社会没有任何贡献，也不创造任何价值，浪费大量行政和司法资源，是竭泽而渔的求财邪术，不是我们的治理之道。

****

1928 年，亚历山大·弗莱明（Alexander Fleming）意外注意到一种能够抑制细菌生长的霉菌，发现了青霉素，并通过一篇简短的论文把这个发现公之于众。10 年之后，牛津大学的霍华德·弗洛里（Howard Florey）团队率先意识到弗莱明发现的重大意义，经过艰辛的工作成功提纯了青霉素。弗莱明因技术和法律原因没有申请专利，而弗洛里的提纯方法是完全可以申请专利的。在提纯成功后，团队成员欧内斯特·钱恩（Ernst Chain）建议弗洛里把提纯方法申请专利，但是弗洛里基于当时英国医学界的传统职业道德，拒绝了这一建议。[11]

1942 年 8 月,弗莱明成功地用青霉素治疗病人,受到媒体的关注。弗莱明接受了采访,很快声名鹊起;但弗洛里不仅本人拒绝接受采访,还禁止团队成员接受采访,任由弗莱明获得荣誉。1945 年,弗莱明、弗洛里和钱恩共同荣获诺贝尔奖,铸就了一段佳话。

历史上颇有一些像弗洛里这样不求名利,将重要发明无条件奉献给社会的人物。他们的行为值得我们敬仰,但我们并不想请读者都放弃专利,像弗洛里一样做圣人。推动人类第一次工业革命的发明家詹姆斯·瓦特(James Watt)早在 200 多年前就指出,人类进行发明创造,既有济世利他的一面,也有追名逐利的一面:

> ……让人对技术做出改进的动机只有三种:造福社会的欲望、对名誉的欲望和增加个人财富的欲望。[12]

这正如子贡赎人、子路受牛的典故:子贡自掏腰包赎回沦为奴隶的同胞,却拒绝国家补偿。孔子批评他强加给他人不必要的道德负担;而子路舍身救人,并坦然接受被救者作为谢礼赠送的一头牛,受到孔子的表扬。从制度层面承认人的欲望并加以利用,正是专利制度存在的原因。我们无意站在道德高地指手画脚,我们讨论的治理之道也不是希望大家效仿子贡赎人的做法——像子路一样,坦然接受赞誉和奖赏就挺好。

****

菲洛·泰勒·法恩斯沃思(Philo Taylor Farnsworth)是被誉为天才少年的发明家。他 14 岁开始独立研究,在 21 岁时提交了"电视系统"专利申请,1930 年获得授权(专利号为 US1773980A)。后来,大公司 RCA 投入重金研发电视,发现无法绕开法恩斯沃思的专利,双方卷入一场旷日持久的电视专利战。诉讼持续多年,法恩斯沃思最终获得了胜利,也赢得 RCA 支付的一大笔许可费,但是因为长期诉讼的折磨,他一度神经衰弱。[13] 诉讼结束后,他打算放手大干一场,却赶上美国卷入第二次世界大战,政府中止了关于电视的一切研发活动。战争结束后,法恩斯沃思重启电视业务,但已经无法与体量庞大的 RCA 竞争,最后不得不把公司卖掉。而 RCA 一直不承认法恩斯沃思的贡献,在 1956 年还拍了一部纪录片《电视的故事》,通篇只讲述 RCA 开发电视的经过,就好像法恩斯沃思从来没有存在过一样。

这些行为深深伤害了法恩斯沃思,导致他晚年非常讨厌电视。他曾经对自己的孩子说"(电视)上没什么值得一看的,我们家不看电视,我不希望它成为你的精神食粮"。但在他去世的那年,法恩斯沃思还是在电视上看到了值得一看的东西。那是 1969 年 7 月 21 日,阿波罗 11 号在月球着陆,人类的脚步第一次踏上月球。在荧屏上亲眼见证这一场景后,法恩斯沃思对妻子说:"这让所有的一切都值了!"

笔者第一次读到法恩斯沃思的故事时，看到这句话，忍不住心有戚戚焉。我们常说人类的征程是星辰大海，但又有几个人真的有机会飞向星辰大海呢？作为普通人，至多也就能在人类探索星辰大海的伟业中，做出一点儿贡献而已。在笔者的一生中，若有机会为这份伟业尽一份心力，看到中国飞船在太空的翱翔有自己的一份贡献，那绝对是"一切都值了"！

我们讨论的治理之道，不是利用专利敲诈的骗术，不是组建专利池向行业内企业"收税"的纵横术，也不是放弃专利无条件奉献的圣行，而是能让我们在生命的最后感叹"一切都值了"的简单道理。

我们在本书中介绍了不少发明家和企业家，尤以19世纪、20世纪的美国人和德国人为多。对于他们的价值观，马克斯·韦伯（Max Weber）在其名著《新教伦理与资本主义精神》中有详细解读。一位19世纪的美国企业家或者发明家，可以通宵达旦地工作，疯狂地聚敛财富；同时又在生活中做到烟酒不沾，不近女色，不追求吃穿用度上的奢华。这是因为宗教告诉他们要勤奋工作，财富是神对他们履行正道的奖赏，是他们虔诚事神的证明；而懒惰、贪婪、暴食和色欲是人类的原罪，必须避免。我们中国人也认为勤奋和节约是美德，不排斥"拿来主义"，但19世纪美国清教徒的思想和生活方式，离我们还是太遥远了。我们只能从中国人自己的思想里去找治理创新的理念。

既然如此，按照中国人的传统理念，创新该如何治理？古人没有论述过如何治理创新，但对治理国家的论述不少。对于创新的治理，不妨用古人"治国"的思想进行类推。

儒家经典《大学》中有以下观点：

> 古之欲明明德于天下者，先治其国；欲治其国者，先齐其家；欲齐其家者，先修其身；欲修其身者，先正其心；欲正其心者，先诚其意；欲诚其意者，先致其知，致知在格物。物格而后知至，知至而后意诚，意诚而后心正，心正而后身修，身修而后家齐，家齐而后国治，国治而后天下平。

后人将其总结为"八目"，即"格物、致知、诚意、正心、修身、齐家、治国、平天下"。

"治国平天下"是古人的最高追求。在我们的同行中，颇有一些人达到了这种境界。瑞士专利局前审查员爱因斯坦，在专利局工作的第4年，研究成果井喷式爆发，用4篇论文"引发了人类关于物理世界的基本概念的三大革命"[14]，史称"爱因斯坦奇迹年"。美国专利局前审查员何乐礼在工作之余发明了制表机，并由此开创了人类历史上最伟大的科技企业之一。前专利工程师切斯特·卡尔森，靠业余时间孜孜不倦地进行研究，开创了复印机行业，方便了亿万世人，极大地推动了生产力的发展。除此之外，还有挪威专利局前审查员伊瓦尔·贾埃弗（Ivar

Giæver），在离开专利局后的第18年获得了诺贝尔奖。这些成就，足以称为达到了"平天下"的水平，当为我辈楷模。此等事可遇而不可求，如能躬逢其盛，为他们的伟大创新添油加火，就算不枉此生了。

达不到"治国平天下"的境界，我们至少能从基本的事情做起。"八目"的基础，是格物致知。先格物致知，后正心诚意，再修身齐家，在这个基础上，能够对社会有一些贡献，为中国之治和天下太平尽微薄之力，又何乐而不为呢？

王阳明为贯彻"格物致知"之道，亭前格竹，对着竹子想了七天，想探究竹子的道理，最终大病一场，什么也没"格"出来。但是这种坚韧和行动力，却帮助他最终龙场悟道，成为一代大贤。我们现代人都很忙，不可能花七天七夜去"格"一件身外之物。但对于专利从业者而言，专利就是我们专业范围以内的事，日思夜想，必有回响，只要勤于思考，主动去"格"，总会有一些关于创新的心得。

作为专利从业者，我们每天所面对的，是各种专利数据库、论文数据库和案例数据库，足可供我们"格"一辈子。这些数据库是无数前辈建立起来的条理清晰、格式统一、易于查询的知识宝库。我们做检索的，每天都在这些宝库中徜徉；做撰写的，每天都在为其添砖加瓦。这两句话看似没什么联系，却反映了类似的道理：人和工具同时诞生，对工具的感情是刻在基因里的，拿到称手的工具，就忍不住想用，想让它发挥出最大的功用。面对着专利数据库这样伟大的工具，我们当然要物尽其用，天天入宝山，岂能空手而归？

格物致知的下一步，是正心诚意。我们坚定地相信，专利从业者应当秉持正确的价值观。人存在贪欲是事实，追求财富和更好的物质生活也没有错，但是理想和欲望不能混淆。专利法的正确用法，可帮助我们探求真相，验证真正的创新，为人类的知识宝库添砖加瓦；而不是为求一己之私，搬弄文字，编造专利，滥诉滥讼，浪费公共资源。企业应追求以优秀的产品服务亿万大众；专利为产品保驾护航，是手段而不是目的。专利的数量、布局、诉讼、许可，都应当服务于产品和市场，保障企业服务人民的权利。如果把专利的数量和布局当作资本市场的噱头，把诉讼和许可成果作为高管邀功的手段，那就是本末倒置，是应当摒弃的邪道。

格物致知、正心诚意、修身齐家之后，即使不能治国，也可以用自己的方式治理创新了。"治理"二字，倚仗的是水的流向、玉的纹理。要治理创新，就要找到创新的法则、规律、趋势或方法论，按照规律和法则行事，顺天理而行，服务普罗大众。我们抱着这样的目的，完成了本书前三篇的写作，虽然谈不上有什么大发现，但也有一些来自专利历史的心得。接下来，我们用一个简单的模型对本书的理念做一次整理。

第 50 章 创新与专利的本质关系

在我们的想象中，人类的知识和技术就像一个以地球为中心的巨大空间（见图 50-1），从人类钻木取火、磨制石器开始，就一直在不断扩张。推动其扩张的，是人类的创新活动。从石器到弓箭、车轮、陶器，每一项在历史上留下名字的创新都让人类的生活发生天翻地覆的改变，使人类的生活变得更加美好，而人类也终于意识到创新的伟大之处。

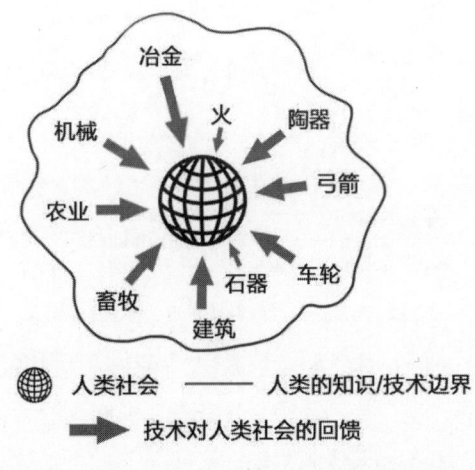

图 50-1 技术与创新对人类社会滋养的基础模型

于是，人类在创新边界之内，以时间为限，人为设置了一条边界，即知识产权，对新技术和旧技术进行区分。我们以专利制度的运行规则来表征知识产权世界的基本原理。新技术和旧技术同时滋养着整个人类社会。但是一般而言，新技术总能让人获得更多的满足感，使生活更加方便，为社会提供更多的工作机会，也创造更多的财富。一句话，新技术对人类社会的滋养更丰富。人们允许新技术的发明者获得一定时间内排他实施新技术的权利，以激励更多的人投入创新活动，并通过专利公开和许可，让新技术广为流传，广泛实施，使人类社会获得更多的滋养。

不同领域中的创新，如同物质世界之外的平行空间，分别包裹着现实的物质世界。这些平行空间的最外层边界是由人类最新的创新所标定的，它们在人类的创新驱动下，不断扩张、淘汰、转换。这些平行空间被一种叫作"本领域"的膜所分隔，若干虫洞将这些平行空间联系起来。从本书中介绍的这些人物来看，他们就像生存在不同平行空间的创新者，各个空间内的创新竞争是你死我活的,而跨空间的创新则基本风平浪静,似乎不存在竞争,比如 IBM 所处的计算空间,索尼、飞利浦所处的音乐播放空间,博世所处的机械制造空间等。人类所探索的科学原理,就像虫洞一样能够穿透各个平行空间,成为支撑各个平行空间的基础张力,但平行空间内的具体创新基于各自的科学原理互相独立,互不干扰,共同对物质世界施以反馈,予以滋养(见图 50-2)。

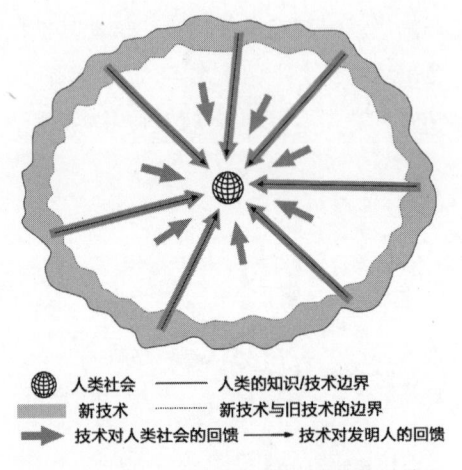

图 50-2 现代知识产权制度在基础模型中的位置

在单个平行空间内,各创新主体之间竞争激烈,各自以专利维持着犬牙交错的地盘(见图 50-3),而这些地盘的边界,是由专利律师、法官在专利制度的运行规则之下勘定的。勘定工作的核心就是鉴定创新,比如专利无效制度。在法律之下,可以对真实的创新边界予以认定、保护,比如禁令、判决、裁定等。但是,如何治理创新,并促进将创新聚焦于实施,这是法律之外的课题。

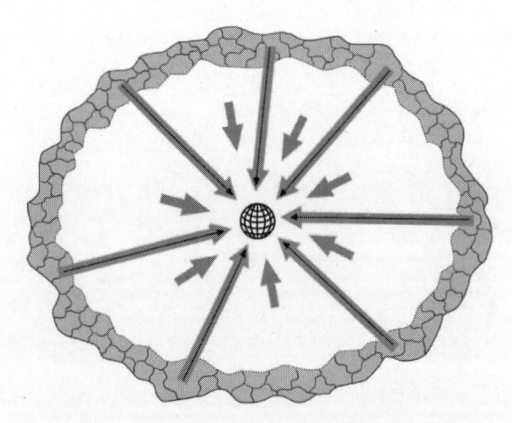

图 50-3 创新主体激烈竞争之下犬牙交错的边界线

法律可以勘定专利的边界，但不能实现人类知识边界的扩张。当专利的边界划到了旧技术的领域，或是划到人类知识边界未达之地，对人类社会而言，都不是好事。

新技术的领域并不和平。专利的边界冲突不断，战争此起彼伏，无时无刻不在消耗着人类社会的资源。这些战斗是否值得，能否让我们发出"一切都值了"的感叹？我们认为，既然技术的目的是滋养人类社会，战斗的目的就应当是保护实施创新滋养人类社会的权利。如果是为了保护自己排他地实施创新为人类服务的权利，那就无论如何值得为之一战；如果是为了剥夺他人为人类服务的权利，乃至寄生于创新实施者身上以自肥，客观上阻碍了实施创新对人类社会的滋养，那样的战斗是否值得，就需要深思了。

旧技术的领域当然也不是铁板一块。我们把它划分成有用的旧技术和古老的死技术。死技术对人类社会的回馈已经微乎其微，其经济价值也无限趋近于零（见图50-4）。

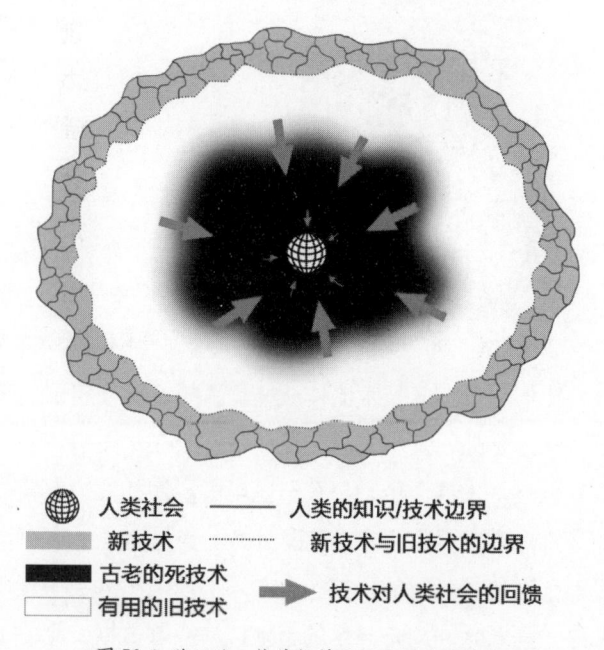

图50-4 陈旧的、价值很低乃至无用的死技术

随着技术突飞猛进，死技术的边界也在不断扩张。创新的速度越快，死技术领域的扩张也越快。以音乐的存储技术为例，从唱片到磁带，从盘式磁带到卡式磁带，再从卡式磁带到音频CD、MD、互联网音乐，尚不足一个世纪。像MD这样的集索尼音频技术之大成的优秀产品，其寿命比盘式磁带还要短，在十几年之内就无人问津，沦为一项死技术。唱片这样的死技术还有艺术和文化价值，盘式磁带和卡式磁带仅在特殊领域还有一些所剩无几的经济价值，对社会的贡献已经微乎其微——这就是我们模型里的"死域"。

我们在"兴衰篇"和"更替篇"中都探讨过自我革命、主动更替的价值。在卡式磁带和音频 CD 的时代，索尼与飞利浦双雄并立，完全改变了人类享受音乐的方式。但是在数字音乐时代，索尼舍不得自己的瓶瓶罐罐，押宝具有自有知识产权的 MD、记忆棒和 ATRAC 3 等音乐格式，在来势汹汹的互联网音乐大潮面前犹豫不决。转眼之间，MD 就被死域吞噬，成为一项死技术。这些曾经给人们带来无数美好回忆的精致碟片，永远失去了回馈人类社会的能力。这正是索尼衰落的一个标志性事件（见图 50-5）。

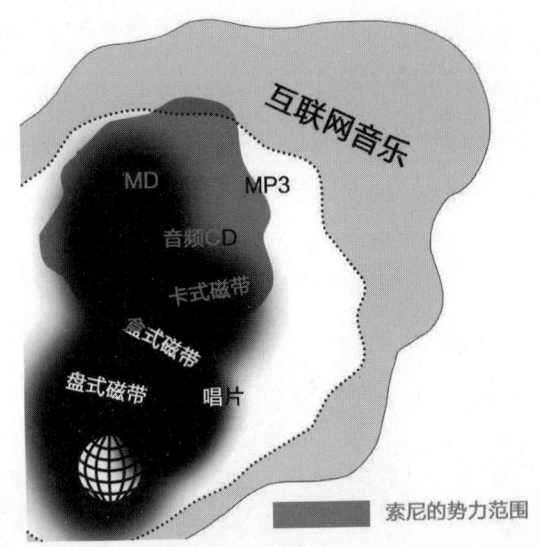

图 50-5 以索尼为例，死技术、价值很低的旧技术与新技术的演变模型

我们可以把死技术比作沙漠，旧技术比作丛林，新技术比作农田，未知领域比作尚未开垦的土地。沙漠当然不是一无是处，其中也有矿藏和绿洲。在那些被淘汰的死技术中，也有仍然在闪光的宝藏。数字影像技术发展至今，仍有一些电影导演和发烧友喜爱胶片的质感；也总有一些政府直到今天，还在为淘汰 3.5 英寸软盘而努力。但是对于一家有理想的科技企业，如果半身埋在沙里，是没有前途的。优秀的科技企业必须不断地和人类中最聪明、最敏捷的创新者赛跑，和他们共同前进，勇敢地冲向未开垦的土地，才能够占据一个好的战略地位。正如我们在"更替篇"和"边界篇"中描述的那样，企业要主动抛弃被沙漠吞噬的瓶瓶罐罐；在企业站稳脚跟的地方，前方是尚未开垦的万项土地，脚下是生机勃勃的良田沃壤，背后还有能抵御沙漠扩张的大片丛林。永远向前，自我更替，这既是求生之道，也是更好地为人类服务的唯一正道。

太史公在《史记》自序中引用了孔子的一句话："我欲载之空言，不如见之于行事之深切著明也。"接下来，我们还是讲几个小故事，与诸君讨论我们这些简单的心得。

第 51 章 保护创新的规则磨砺史

众所周知，在意大利的威尼斯最早诞生了专利制度，随后传入英国。1558 年，一代英主伊丽莎白一世即位，英国进入近代历史上的第一个黄金时代。1585 年，英国与西班牙爆发了战争，在格瑞福兰海战中，西班牙的"无敌舰队"一败涂地，英国从此崛起为海上霸主。

俗语说"大炮一响，黄金万两"，英西战争是英国崛起的开端，但也给英国政府带来了巨大的财政压力。伊丽莎白一世想了各种方法揽钱，她给海盗颁发私掠许可证，公开为公海抢劫行为背书，同时把行业垄断权作为王室敛财的工具。在几十年间，她在很多传统行业都以"专利"为名创设了垄断经营权，总共 50 多份，覆盖了当时英国的绝大多数工商行业，这些经营权很多都卖给了她的近臣。1601 年，除了粮食业以外，几乎所有行业的垄断权都被伊丽莎白一世卖掉了。相反，一些真正的发明却拿不到专利。[1] 如同汉武帝的盐铁专营政策一样，这几十份专利权给伊丽莎白一世和权利人带来了不菲的收入，为英西战争提供了财政支持，但也导致物价高涨，民怨沸腾。

1601 年年底，英国下议院召开会议，抨击伊丽莎白一世滥发专利的政策。一些议员攻击专利权人都是国家的吸血鬼，应当坚决取缔专利制度；但是也有不少议员自己就是专利权人，他们抨击一些行业的垄断，希望取消别人的专利权，但又不想放弃自己的专利。当时有一位著名冒险家沃尔特·雷利（Walter Raleigh），他也是议员，拥有冶锡行业的垄断专利。他认为其他人的专利都对国家有害，而自己的专利就不一样，他说："在我的专利之前，穷苦的工人们一周挣不到 2 个先令……从我拿到专利开始……他们一周能挣 4 个先令。"[2] 但是雷利也承认，工人们多拿的工资不是从天上掉下来的，也不是从雷利自己的口袋里抠出来的——自从雷利拿到冶锡行业的专利，锡的单价从 17 先令涨到 50 先令，大部分都落入了权利人的腰包。

这次的辩论雷声大、雨点小，没有讨论出什么结果。到了最后，沃尔特·雷利抛出一句话："如果所有人都放弃自己的专利，那么我的专利也不要了！"话音落下，全场肃静，没有人敢再说话了。[3]

如图 51-1 所示，现有技术对人类社会的回馈本来就有限，再被贵族权利人拿走一部分，老百姓能得到的就更少了。现有技术不能垄断——这是人类从专利制度诞生之初就学到的道理。

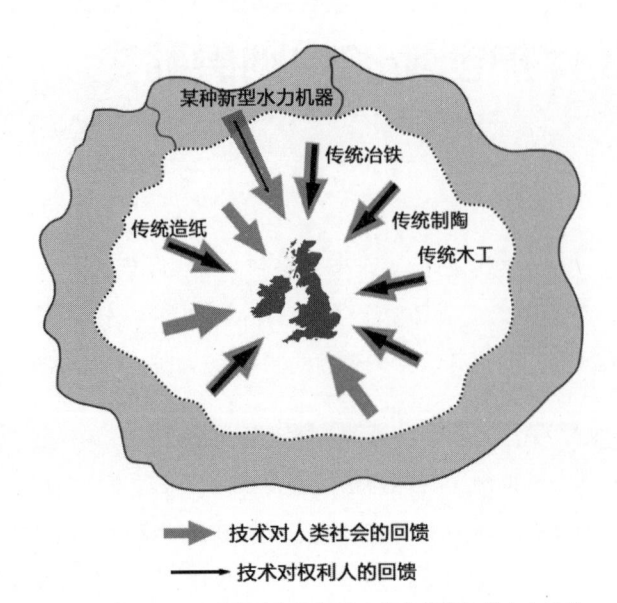

图 51-1 第一次工业革命时代技术对人类社会和权利人的回馈

议会没有明确要求女王表态，但伊丽莎白一世还是很快做出了反应。几天后，这位风烛残年的女王在议会发表演说，辩解说自己发专利不是为了敛财而是为了国家，并且承诺不再出售专利。这次演说也是伊丽莎白一世对自己执政生涯的总结，史称"黄金演说"。两年后，伊丽莎白一世逝世，詹姆士一世继承王位。1610 年，在议会的压力下，詹姆士一世宣布取消所有传统行业的专利，只有发明专利予以保留。在1607 到1617年间，大哲学家弗朗西斯·培根（Francis Bacon）担任王家诉讼专员（commissioner of suits），负责专利授权工作，在这段时间发放了 40 件技术发明专利。[4]1622 年，詹姆士一世出尔反尔，把肥皂行业的垄断权以专利名义卖给自己的近臣，导致肥皂的价格一口气涨了 6 倍，引起议会的不满。1624 年，议会迫使詹姆士一世签署《垄断法案》，确定唯有对技术进行革新的发明人才能拥有专利权，为期 14 年，仅限于发明人开创的新行业。

在伊丽莎白一世和詹姆士一世时代，英国各方面的发展虽然蒸蒸日上，但远称不上王道乐土。腐败现象自上而下普遍存在，官僚主义无处不在。贵族们饱食终日，无所事事，而工人们则一天工作 14 个小时才能勉强果腹。此时的英国仍然是大贵族的天下，法律制度烦琐复杂，充满冗长难懂的程序，尽管当时对新旧技术有所区分，却没有基于此设计一套宣告专利无效的制度。

今天，我们认为专利权是对智力活动的创造成果的保护，是为人类做出贡献的发明家理应享有的权利。[1]但是根据当时英国的法理，专利权来自王权，是国王的恩赐，如同国王授予臣民的土地、财富或荣誉一样。国王授予的特权（privilege），只能由国王收回。因此，专利权的撤销理论上也应由王室发起。所以，无效宣告请求人不能直接请求法院宣告专利无效，而是要请王家总检察长通过法院启动程序。当时的无效事由有四个：缺乏新颖性，申请人不是真正的发明人，公开不充分，以及"对国王陛下的臣民造成了损害或不便（prejudicial and inconvenient）"。如果符合这些条件，就可以认为专利申请人在申请专利时欺君罔上，可以以国王名义收回这一特权。这一制度称为 Scire facias 程序。[5] Scire facias 为拉丁文，《元照英美法词典》将其译为"告知令状"或"说明理由令状"，释义如下：

> 基于判决、特许状（letters patent）等法律文件签发的一种司法令状，它要求令状所针对的人向法庭说明为什么某法律文件的持有人不应从该文件中获益，或该文件不应被撤销或宣布无效的理由。

Scire facias 程序极其复杂，足以令普通人望而却步。直到《垄断法案》颁行一百多年后，才有了英国历史上第一个基于 Scire facias 宣告专利无效的重大诉讼。当时，理查德·阿克莱特（Richard Arkwright）发明了水力纺纱机，开创了近代工厂生产模式，成为与詹姆斯·瓦特（James Watt）共同引领第一次工业革命的时代先锋。1775 年，阿克莱特的"某种用于制备丝绸、棉花、亚麻或羊毛以供纺纱的工具"获得专利。为了保护自己的商业秘密，同时也为了方便行权，阿克莱特的说明书写得颇为粗略，只是大致描述了机器的主要部件，包括打籽器、带齿的铁架、纱筒、纱锭、铺着羊毛、亚麻、大麻或任何其他材料的一块布、簸箕、曲柄、圆筒、辊子、固定在木框上的滚轴、用于扭转木框内容物的圆筒箱和相应的机械结构、主轴和飞轮等。[6] 阿克莱特拿着这件专利，威胁当时英国的第一批纱厂工厂主。最终，一位不愿意给阿克莱特支付许可费的工厂主启动了复杂的 Scire facias 程序。

按照当时的标准，阿特莱特案算得上是一个大案，堪比今天的苹果与三星的专利大战。从 1785 年开始，阿克莱特案历经三次庭审，双方均聘请了一流律师坐镇，还聘请了专家证人参与。原告方就当时宣告专利无效的三个事由进行攻击。他们认为，仅依据阿克莱特的说明书根本不可能造出一台能用的机器，而且说明书中提到的"用于扭转木框内容物的圆筒箱和相应的机械结构、主轴和飞轮"也不知道有什么用处，阿克莱特的机器从来就没装过这些玩意儿。原告同时还请了不少纺织业专家作证，包括曾经给阿克莱特打工的工人，证明阿克莱特的机器缺乏新颖性。站在原告方的王室律师提出，专利权应当被撤销的最重要原因是"授权对公众造成了损害和不便"，因为这会导致技术工人外流。

▼ 1 我国知识产权法学科奠基人郑成思教授对知识产权的定义是：人们可以就其智力创造的成果依法享有的专有权利。刘春田教授的定义是知识产权是智力成果的创造人依法享有的权利和生产经营活动中标记所有人依法享有的权利的总称。

阿克莱特也请了几位重磅专家证人为自己作证,其中包括詹姆斯·瓦特和他的好朋友伊拉斯谟·达尔文(Erasmus Darwin),以及珍妮纺纱机发明人詹姆斯·哈格里夫斯(James Hargreaves)的遗孀和儿子。[7] 瓦特和达尔文都认为说明书足够充分。法官在听取了所有相关人等的意见之后,把阿克莱特的说明书拿给陪审团看,并询问他们一个懂机械技术的工人能不能按照说明书把机器制造出来。陪审团的回答是"不能"。法官随后宣告撤销阿克莱特的这件专利。

瓦特站在阿克莱特这一边是有原因的,他自己的蒸汽机专利说明书也写得宽泛抽象,缺少技术细节,面临着竞争对手的挑战。对技术史稍有了解的人都知道,瓦特是蒸汽机的发明人,这个说法并不完全准确。因为在瓦特之前,托马斯·萨弗里(Thomas Savery)和托马斯·纽科门(Thomas Newcomen)已经先后制造出具有实用性的蒸汽机(见图51-2),纽科门的蒸汽机在采矿业上得到了一定程度的应用。瓦特改进后的蒸汽机设置了独立的冷凝器,可以把蒸汽从气缸B中抽入冷凝器,在冷凝器里完成冷却,保持气缸的高温,从而极大地提升了效率。这一创新让瓦特在1769年获得第一件专利。1781年,瓦特凭借在齿轮和拉杆的机械联动装置上的改进获得第二件专利,加上1782年的双向汽缸专利,构成瓦特蒸汽机的三件核心专利。正是因为这些改进,蒸汽机才成为一件真正实用的机器,而今天在中小学教科书上留下名字的是瓦特,而不是纽科门。

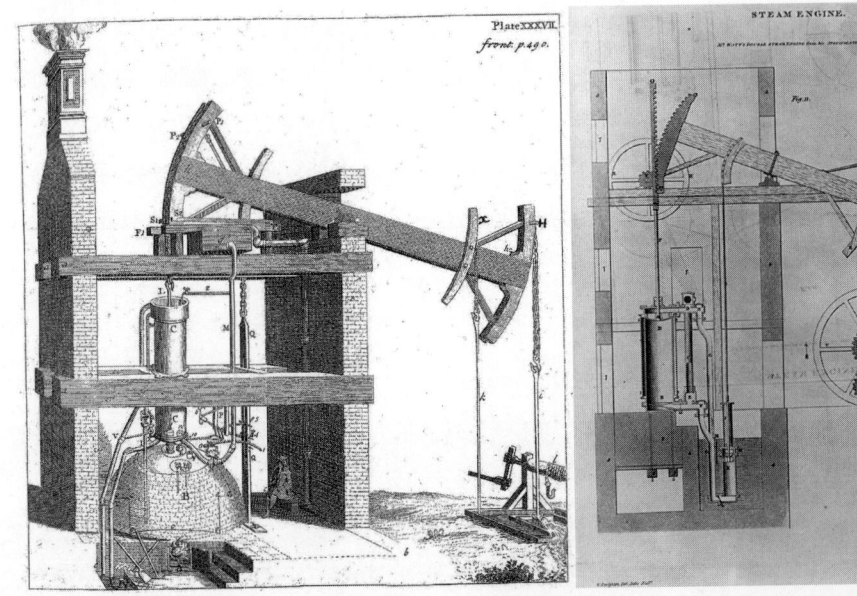

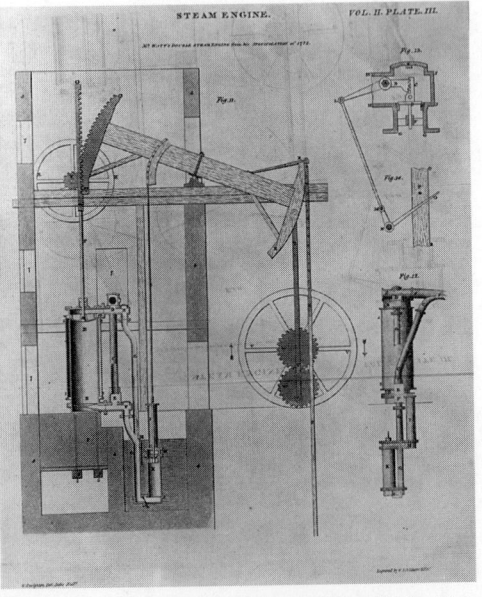

图51-2 纽科门的蒸汽机(左),瓦特的蒸汽机(右)。以上均为示意图,因为瓦特蒸汽机专利没有留下附图。图中B为烧水器,C为气缸,烧水器向气缸注入蒸汽。Z部分的水管可以向气缸外部注入冷水,使气缸冷却,蒸汽凝结,产生真空,拉动活塞以做功

瓦特在1769年获得授权的这件专利,我们可以在欧洲专利局数据库中找到1855年印刷的

版本，仅有3页A4纸的篇幅（见图51-3），可谓短小精悍。第1页是标准的套话，介绍技术内容的部分仅包括第2页第5行到第3页第10行的纯文字，总共列出了7项"原理"，并未包含机器的安装、运作方面的描述，也没附图。这是瓦特在申请专利时，听取友人威廉·斯莫尔（William Small）建议的结果。当时瓦特花了几个月的时间撰写专利，但迟迟无法定稿。斯莫尔催促他尽快定稿，少写细节，不加附图，只阐述原理。斯莫尔说："至于你的原理，我们认为应该尽可能宽泛地加以阐述……，在你发明的本质所允许的前提下，最大限度地保护你免受盗版侵扰。"瓦特最终采纳了这一建议。[8] 这个改变了人类历史的发明，其专利标题并非"蒸汽机"，而是"减少火力引擎燃料消耗的方法"，实质上是一个用于蒸汽机的方法的专利。因为是方法，对附图的要求不高，所以瓦特得以用一堆原理性的总结蒙混过关。

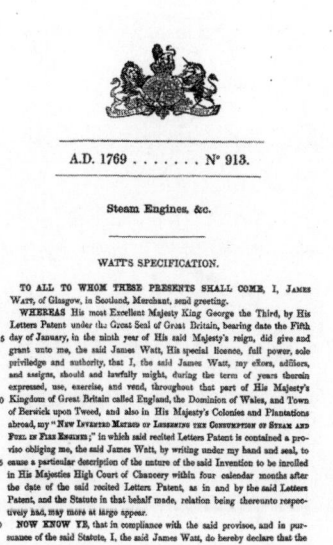

图 51-3 瓦特的 913 号专利的前 2 页

瓦特作为阿克莱特的证人和盟友，对阿克莱特案的结果颇有看法：如果专利存在问题，为什么不在一开始就拒绝授权，而让发明人支付昂贵的申请费，再经历漫长的诉讼，支付更多的诉讼费，最终又把专利撤销呢？基于这一点，瓦特在《关于专利的思考》（*Thoughts upon Patent*）一文中提出了改革专利制度、引入实审的构想，但是当时的英国没有回应这一建议。[9]

瓦特的蒸汽机极大地节省了燃料，在英格兰各地矿场投入使用。英国工程师爱德华·布尔（Edward Bull）和理查德·特里维西克（Richard Trevithick）也开始制造类似的蒸汽机，这些发明落入了瓦特专利的保护范围。1792年，瓦特决定提起诉讼，好朋友伊拉斯谟·达尔文（即《物种起源》作者查尔斯·达尔文的祖父）好心劝瓦特放弃。在工业时代行将到来之际，伊拉

斯谟·达尔文就明确提出专利诉讼不可靠,认为这只能让律师赚钱。他留下了这样一句名言:

> 一场让律师赚大钱的诉讼,就像一只蜗牛慢吞吞地在柱子上爬,每爬2到3英寸就往下滑,直到把整个柱子都弄得黏糊糊为止。

另外,当时的专利法还存在极大的不确定性。瓦特的律师曾经在1785年告诉瓦特,《垄断法案》虽然已经有了一个半世纪的历史,但相关判例并没有记录在案,连同案同判的参考都找不到。[10] 尽管如此,瓦特还是坚持发起了一场旷日持久、耗资巨大的诉讼。在1793年的关键庭审中,瓦特请到了8位专家证人出席,被告方也请了7位,几乎英国所有蒸汽机专家都参与了这起诉讼。在本书提到的所有专利中,瓦特的发明可能是历史地位最高的,引领了整个工业时代;与之相比,即使是"边界篇"提到的计算机专利也要相形见绌。这件专利的新颖性没有问题,双方争议的焦点落在说明书的公开是否充分上。虽然法官本人倾向于认为不充分,但陪审团做出了有利于瓦特的决定。最终,瓦特和他的合伙人在这次案件中获得了3万英镑的许可费。有资料表明,1800年瓦特的核心专利到期时,其有效期达到了31年,为他赢得了20万英镑的许可费。[11]

瓦特虽然赢了,但是伊拉斯谟·达尔文的这句话也没有说错,在200多年后的今天仍然适用。另外,瓦特的这场专利战在后世也颇具争议。爱德华·布尔和理查德·特里维西克也都是早期蒸汽机领域的重要发明家,在高压蒸汽机方面有独到之处。一些研究者认为,由于瓦特胜诉,布尔和特里维西克对蒸汽机的改进难以实施,实际上拖慢了英国工业革命的进程。

从那时开始,专利律师成为专利战的受益者。我们当然可以说,为了维护程序正义,推动司法实践,为权利人而战是律师的天职。但是我们总该思考一下,这样的战斗是否符合人类社会的利益,是否减缓了技术进步,阻断了技术对人类的回馈。在法律共同体中,总要有人思考这样的问题。

如图51-4所示,在专利技术对人类社会的回馈中,总有一部分是回馈给发明人的,也有一部分被专利从业者拿走了。物质不灭,能量守恒,此消彼长。但如果专利从业者拿到的过多,对社会并不是好事。

阿克莱特专利被宣告无效,不仅使包括瓦特在内的英国产业精英受到震动,其影响还直接波及美国。美国学者克里斯托弗·比彻姆(Christopher Beauchamp)认为,阿克莱特案是对美国专利立法产生重要影响的一个无效宣告案件。[12] 当时,美国国父之一亚历山大·汉密尔顿(Alexander Hamilton)正在密切关注英国的技术和制度,希望引进英国机器,吸引英国技术工人到美国就业，阿克莱特的技术是他重点关注的对象。阿克莱特案表明，如果是真创新，就应该授权专利；如果是伪创新，就应该撤销专利。因此，美国第一部专利法就对专利的撤销做出了规定。

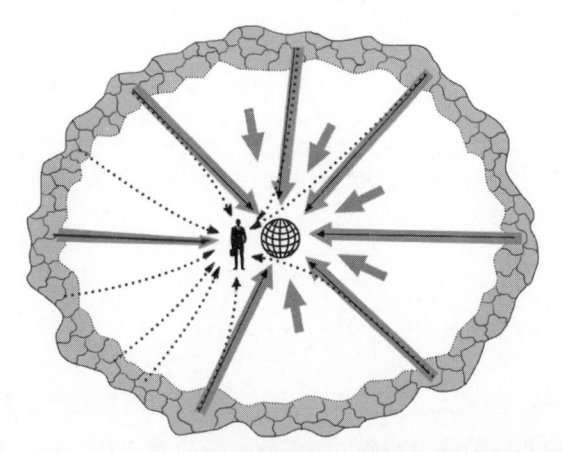

图 51-4　律师和其他专利从业者会从专利事务中获得回报

1791 年，也就是瓦特提起诉讼的前一年，美国一位名叫本杰明·福尔杰（Benjamin Folger）的商人为一种从鲸油中分离沉淀物的方法申请了专利。1792 年 1 月，托马斯·杰斐逊亲自授予了他专利。几个月之后，一位名叫乔纳森·詹金斯（Jonathan Jenkins）的商人在纽约地区法院发起诉讼，要求撤销该专利，理由是其不具有新颖性。根据比彻姆教授的考证，这是真正意义上的美国专利第一案，但是其细节已经无从考证。在接下来的几十年间，专利撤销的案件时有发生。1835 年，一位名叫约瑟夫·霍普金斯（Joseph Hopkinson）的法官在一份判决书中写道：

> 据记载有这样一个案例，涉及在普通的铁匠铺里使用普通石煤的专利。专利权人走遍全国，四处展示他那份盖着国务院印章、签着政府高级官员姓名的羊皮纸专利。这自然会让无知的铁匠害怕。但是既然专利权人只要两三美元或铁匠出得起的任何价钱就能提供授权，一个谨慎的人宁愿出这笔小钱，也不愿和一个准备充分的对手打一场专利官司。为了保护公众免遭此类盘剥，（专利法）第十条允许任何人召唤专利权人重审其专利，并将其废除，无论是否利益相关。[13]

这表明，一些专利从业者已经开始玩弄花招，把专利的边界划归到旧技术的领域，从本来就对社会回馈有限的旧技术上无中生有。好在制度的设计者很快就做出了反应。这些故事发生在现代专利制度的萌芽时期，在 19 世纪关于专利制度是否能促进创新的大辩论之前。也就是说，在英国的封建王权仍然强大，在美国的现代法律制度草创未就的时代，在现代法学家对专利的功能创造出一套又一套精致的理论之前，人们已经意识到，专利应该保护真正的创新。从这个时候起，越来越多的专利从业者战斗在新技术和旧技术之间的边界上寻求真相，确保专利不入侵现有技术的领域。这样的战斗是所有专利从业者的天职，我们认为这样的战斗是有价值的。

2800多年前，腓尼基国王皮格马利翁为夺取妹妹狄多公主的遗产，杀死了自己的妹夫。狄多公主带着少数追随者逃亡，横渡地中海，来到北非利比亚的一处海岸。当地人愿意和他们进行贸易往来，也同意卖给他们一片土地居住。根据双方的协议，狄多公主可以任选一块土地，但是其大小不得超过一张牛皮所能覆盖的范围。于是，狄多公主命人把牛皮切割成长长的细条，圈出一大片土地，包括一座毗邻大海的山丘。利比亚人无话可说，只能眼睁睁地看着狄多公主和她的追随者在山丘上建立城池，开拓疆土，发展成北非历史上唯一一个能与欧洲文明争霸的强国迦太基，与罗马争雄地中海。

这个故事始见于希腊人的记载，在殖民时代广为流传。根据张桥贵、林建宇的总结[14]，美国、菲律宾、缅甸、中国台湾和中国澳门都有"牛皮圈地"的传说。《明史》记载"时佛郎机强，与吕宋互市，久之见其国弱可取，乃奉厚贿遗王，乞地如牛皮大，建屋以居。王不虞其诈而许之。其人乃裂牛皮，联属至数千丈，围吕宋地，乞如约。王大骇，然业已许诺，无可奈何，遂听之。"《台湾府志》则有以下记载："天启元年，汉人颜思齐为东洋国甲螺，引倭屯聚于台。久之，荷兰红毛舟遭飓风飘此，爱其地，借居于土番不可，乃绐之曰：'得一牛皮地足矣，多金不惜！'遂许之。红毛剪牛皮如缕，周围圈匝已数十丈；因筑台湾城居之。"

这样的故事流传数千年，从西方传到东方，足可见人们对这种智慧的喜爱和向往，同时也反映出受害者的委屈与不平。合法利用规则，咬文嚼字，争取最大的利益，这不正是律师和专利从业者的工作吗？专利从业者为创新标定边界，岂不正如牛皮圈地？谁不想像狄多公主一样，为一个小发明划出巨大的地盘，奠定万世基业呢？

专利史上最著名的圈地高手，当属莫尔斯码的发明人——萨缪尔·莫尔斯（Samuel Morse）。莫尔斯本来是一位画家，没有技术背景。1832年，他结束了一段在欧洲的艺术之旅，乘船返回美国，在船上结识了科学家查尔斯·托马斯·杰克逊（Charles Thomas Jackson）。杰克逊在船上做了一些电磁实验的趣味性演示，为莫尔斯介绍了当时电磁技术的最新进展，使莫尔斯对这门新学问产生了兴趣。以此为起点，莫尔斯丢下画笔，以极大的热情投身于电磁学的研究。1837年10月，莫尔斯为他的电报发明提交了专利申请，并于1840年6月获得授权，专利号为US1647。这件专利公开了一种实用的电报系统，其权利要求3保护了著名的莫尔斯码。在此之后，莫尔斯两度撤回专利申请，修改保护范围，要求再颁专利，最终的权利要求8异常宽泛，涵盖了用来"通过信号和声音传输信息"的电磁电路和机械结构。

如前所述，莫尔斯本来就是职业画家，对商业兴趣不大。1845 年，他把专利卖给了几位合作伙伴，准备退休。获得电报专利权的人中包括一位在美国政商界都颇有影响的大人物阿莫斯·肯德尔（Amos Kendall），他是美国总统安德鲁·杰克逊的好友，曾经担任美国邮政总长，还是一位经验丰富的律师。合同签订之后，肯德尔信誓旦旦地承诺莫尔斯从此不会受到法律或者商业事务的骚扰，并成立了"电磁电报公司"（Magnetic Telegraph Company）来运营莫尔斯的专利。作为通信行业的始祖级企业之一，电磁电报公司和今天的通信巨头一样，既从事通信线路方面的基建业务，也开展专利许可业务。[15]

电磁电报公司的合作伙伴中有一位名叫奥莱利的商人，他购买了许可，但是把生意扩张到许可范围之外的州。肯德尔在 1847 年起诉奥莱利违约，要求法院基于许可合同对奥莱利下达禁令。虽然这一诉讼最终被法官驳回，但奥莱利还是大为光火。胜诉让他变本加厉地抢夺客户，与电磁电报公司的矛盾加剧；而专利风险也让他警觉起来，他一边购买其他的电报技术专利，一边用自研技术改进产品。1848 年，肯德尔再次在肯塔基巡回法院起诉奥莱利专利侵权，两人的专利战正式打响，莫尔斯也被卷进来。和今天的被控侵权人一样，奥莱利同时做了不侵权抗辩和无效抗辩。在无效抗辩中，奥莱利找来了当年在船上为莫尔斯演示电磁实验的查尔斯·杰克逊作证，声称莫尔斯的发明剽窃自杰克逊的创意。[1]

让莫尔斯感到伤心的是，他的多年好友和同事，著名科学家约瑟夫·亨利（Joseph Henry），也站在奥莱利一边作证。约瑟夫·亨利是当时美国极负盛名的电磁学专家，电感单位"亨利"（符号为H）就是根据他的姓氏命名的。如前所述，莫尔斯本来是一位画家，对电磁技术原理的了解有限，在发明电报的过程中，他确实得到了亨利的不少帮助。但是因为莫尔斯的合作者在关于电报发明史的一篇论文中遗漏了亨利的名字和贡献，让亨利很不爽，最终站到了莫尔斯的对立面。诉讼进一步加剧了两人之间的矛盾，莫尔斯后来甚至公开否认亨利对自己的帮助。1848 年 9 月，法院做出了有利于莫尔斯的判决。奥莱利对此极为愤怒，不肯罢休，

▼ 1 查尔斯·杰克逊参与此案的动机也很奇怪。他博学多才，是当时有名的医学家、化学家和地理学家。他对当时一些重大发明和发现的荣誉有着奇怪的偏执。他曾经和德国化学家克里斯蒂安·弗雷德里克·舍恩贝因争夺过火棉的发明人头衔，和"胃生理学之父"威廉·博蒙特（William Beaumont）争夺消化功能的发现者荣誉，还和自己的学生威廉·莫顿（William Morton）争夺乙醚麻醉剂的发明专利权。威廉·莫顿在 27 岁时公开演示乙醚的麻醉效果，轰动一时，并且申请了专利，他和最早用笑气做麻醉剂的霍勒斯·威尔士（Horace Wells）并称现代麻醉学的两大先驱。杰克逊认为莫顿的发明来自自己的教导，而莫顿反目成仇；而威尔士也宣称自己是吸入式麻醉剂的最早发明人，遭到杰克逊和莫顿的一致攻击。经过漫长的诉讼，乙醚的麻醉功能最终被法院认定为发现而非发明，不具有可专利性。莫顿基于乙醚制作的麻醉剂配方专利也无人问津，一些医生直接用乙醚做手术，轻松绕开了他的专利。而威尔士因为一次公开演示失败而名誉扫地，争夺专利权的诉讼也以失败告终。为了挽回名声，威尔士疯狂地研究氯仿（三氯甲烷），导致上瘾，在当街攻击妓女后被警察逮捕，在狱中自杀。而杰克逊则精神错乱，死于精神病院。

甚至要求国会弹劾法官。

但莫尔斯面临的专利诉讼还远未结束，涉及面不断扩大。没过多久，发明家亚历山大·贝恩（Alexander Bain）为其设计的电报系统申请了专利。莫尔斯的另一位合作者，同时也是莫尔斯专利的权利人之一，伦纳德·盖尔（Leonard Gale），当时已是专利局的审查员。他以莫尔斯的专利为依据，驳回了贝恩的专利申请。贝恩向法院起诉，启动了抵触程序，把莫尔斯再次拉上法庭。1849年，法官认为双方的发明各有独创之处，两件专利均维持有效。然而树欲静而风不止，奥莱利抓住这个机会，宣称自己的技术来源于贝恩而非莫尔斯，要求法院重审，又一次把莫尔斯拖回侵权案的法庭。同时，莫尔斯专利的另一位权利人弗朗西斯·O. J. 史密斯（Francis O. J. Smith）也对奥莱利提起诉讼，案件发展成跨州连郡的大规模诉讼。史密斯案的书面证词达到400到500页，而另一位专利权人案件的法庭记录更是超过了1000页。在漫长的诉讼中，史密斯也和莫尔斯产生了矛盾，反加入奥莱利阵营，作证称莫尔斯剽窃了杰克逊的创意。

1853年，最高法院认可莫尔斯是电报技术的真正发明人。莫尔斯虽然取得了胜利，但也众叛亲离，心力交瘁。肯德尔没能实现让莫尔斯摆脱法律和商业事务烦扰的承诺，只能写信安慰莫尔斯说："你遇到的麻烦不过是人为财富和名声必须要缴的税款罢了。"

在最终的判决中，法官虽然对莫尔斯的大多数权利要求予以认可，但也宣告权利要求8无效。这使本案成为关于"抽象概念"的最早重要案例。这项权利要求是这样写的：

> 我不愿把自己限制于前述说明书和权利要求中描述的特定机械或机械部件；我的发明的本质是利用电流或电流的动力，我称之为电磁学，其目的是在任何距离标记或打印可理解的字符、符号或字母，这是该技术的新应用，我主张自己是这种力量的第一个发明者或发现者。

利用电流远距离打印可阅读的文字，这是多么夸张的权利要求！一些学者认为，莫尔斯这个权利要求的范围之广，足以涵盖后来的电话、无线电、传真、电视甚至互联网。[16]莫尔斯案的法官写道："（莫尔斯）给他人的发明关上了大门……因为他声称该权利要求不限于说明书指定的机械和机械部件，而他主张的是垄断以远程打印为目的的应用，无论其如何开发……法院认为，该主张过于宽泛，不符合法律规定。"

莫尔斯的专利无疑是一项伟大的创新，但也是一种类似于牛皮圈地的圈占行为，如图51-5所示，他不仅要垄断自己的发明，还要垄断自己没有参与发明的未来技术。如果说基于创新性的事由宣告专利无效是因为专利侵占了现有技术的地盘，那么莫尔斯专利的权利要求8

被宣告无效就是因为其侵犯了未来技术的地盘。未来的技术不可能超越时空来滋养人类社会，提前标定边界只会给他人的发明关上大门。

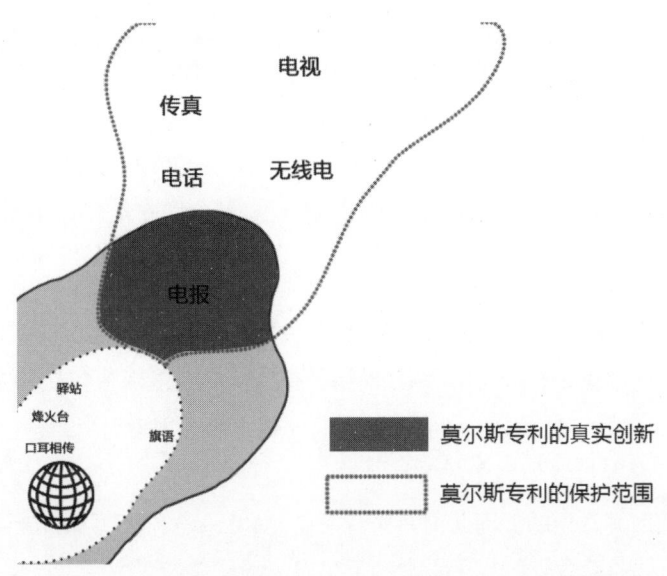

图 51-5 电报相关技术创新的真实边界与侵占未来技术地盘的模型

无论是侵占现有技术的地盘，还是侵占未来技术的地盘，用一句话总结，就是专利标定的边界与创新所拓展的人类知识边界不匹配。我们认为，只有在专利的边界与创新所拓展的边界吻合时，才是适当的专利，其边界才值得捍卫；否则，权利人就必然会从现有技术或未来技术中拿走不属于自己的东西。

从现有技术和专利说明书中寻求真相，从而修正专利的边界，使之与人类真正的创新边界吻合，是专利从业者的天职。为了真相而战斗，我们认为是有价值的。但是，为真相而战的最终目的，还是确保技术能够通过实施来滋养人类社会。如果忘记了这一点，把战斗本身当成目的，让战斗获得的补给和关注超出了应有的限度，对人类社会来说绝非幸事。

2010 年 1 月，老牌软件巨头甲骨文公司（Oracle Corporation）完成对 Sun 公司（Sun Microsystems, Inc.）的收购，获得了 Sun 持有的大量 Java 软件专利。当年 8 月，甲骨文在加利福尼亚州联邦地方法院对谷歌提起专利侵权诉讼。甲骨文诉称，谷歌在安卓操作系统中对 Java 语言的使用，侵犯了甲骨文的软件专利；同时，谷歌抄袭了甲骨文拥有版权的 37 项 Java 应用程序接口（API），构成版权侵权。

在这场旷日持久的诉讼中，代表甲骨文的是美国数一数二的顶级律师大卫·博伊斯（David

Boies）。博伊斯曾在2000年代表小布什参与美国最高法院关于总统选举的裁决（布什诉戈尔案），直接参与了关系美国命运的决战，被《时代》杂志评为年度人物第2名，排名仅次于小布什。2001年，博伊斯代表美国政府出庭参与微软反垄断案，逼得比尔·盖茨进退失据，险些把微软拆分。此君天赋异禀，自小患阅读障碍，但却有着"照相机般"的超强画面记忆力。在克服了阅读问题之后，对大段材料能够过目不忘，在庭审中经常将材料证词连带出处页码一字不差地准确复述，给对手造成极大的心理压力。在甲骨文诉谷歌案中，博伊斯带领律师团队从谷歌的内部邮件中发掘出证据。其中，最具戏剧性的是"林霍尔姆邮件"（Lindholm email）。

这封邮件是谷歌软件工程师蒂姆·林霍尔姆（Tim Lindholm）在2010年8月6日写给安卓团队主管安迪·鲁宾（Andy Rubin）的。在邮件中，林霍尔姆提到谷歌创始人拉里·佩奇（Larry Page）和谢尔盖·布林（Sergey Brin）要求他寻找可以替代Java的解决方案，用于安卓系统和Chrome软件。他写道："我们找到了一些（替代方案），但是它们都很糟糕（they all sucks）。结论是要按我们需要的条件，拿到Java的许可。"这封邮件是在甲骨文提起诉讼之前不到一周的时间发出的。而此前，甲骨文刚刚和谷歌就侵权问题进行过初步沟通，"林霍尔姆邮件"显然是谷歌内部针对甲骨文的诉求做出的反应。

这封邮件和安卓团队主管安迪·鲁宾在2005年的一封邮件一起，构成了谷歌故意侵权的关键证据。在2005年的那封邮件中，安迪·鲁宾写道："如果Sun不和我们合作，我们有两个选择：1）放弃我们现有的成果，改用MSFT CLR VM和C#语言；2）继续用Java，守护我们做出的选择，然后一路树敌。"结合2010年的"林霍尔姆邮件"，可以证明谷歌既知晓Sun的专利，也对侵权的风险心知肚明，但是仍然采用了涉案Java专利的解决方案。

为了让这封邮件成为有效的证据，博伊斯的团队煞费苦心。"林霍尔姆邮件"虽然是公司内部邮件，但是内容中有"高度机密——仅律师有权阅读"的字样。对于这类文件，谷歌的律师完全可以辩称，邮件是自己与被代理人之间的往来邮件，不能作为法庭证据使用，而且一开始就没有必要作为证据开示。

既然如此，这封邮件又是如何落到大卫·博伊斯手中的呢？著名专利博客FossPatent的博主弗洛里安·穆勒（Florian Muller）指出，博伊斯团队拿到的"林霍尔姆邮件"可能不是最终版本，而是原邮件被自动存储在服务器上的9份草稿之一。[17] 林霍尔姆发出的最终版本的邮件带有"仅律师有权阅读"的字样，除此之外可能还有其他关键语句，由于这些内容没有通过谷歌律师的关键字筛选，因此没有作为证据开示。但是，"高度机密——仅律师有权阅读"的标记出现在文档的最末，邮件草稿很可能不包括这部分文字，所以才成为关键字筛选的漏网之鱼，和服务器上的其他邮件记录一起落到了甲骨文手中。即使如此，如果在最终庭审过程中，谷歌以最终版本上"仅律师有权阅读"的字样为由，对这封邮件作为证据的有效性提起异议，法官还是有可能将其视为律师与被代理人之间的邮件，将其排除在有效证据之外。

为了确保万无一失，博伊斯团队特地选择在最终庭审之前的一次口审中，对谷歌进行突然袭击。这次口审原本是为了讨论谷歌发起的一个动议，但是在口审之前，主审法官阿尔苏普（Alsup）表示想和双方律师聊聊故意侵权的问题。博伊斯团队的律师趁机把"林霍尔姆邮件"和与口审动议相关的一大堆文件放在同一个文件夹里，带到法庭。口审开始后，律师刻意提到手中有一些"敏感"材料，表示不希望在公开审判的时候讨论。法官误以为这位律师在隐瞒什么东西，要求把材料递上来。于是，甲骨文的律师顺水推舟地呈上了"林霍尔姆邮件"。法官看完之后，表示这是一项重要证据。他随即向谷歌律师提问，邮件中佩奇和布林提到的"替代方案"是指什么。

在这个关键时刻，毫无准备的谷歌律师只能临场发挥，犯下了无可挽回的致命错误。他们不知道邮件上有"仅律师有权阅读"的标记，没有及时提起异议，而是强词夺理地回答了法官的问题："……甲骨文的人来告诉我们，这起诉讼会花掉很多钱，而且他们向我们索要几十亿美元。这时，CEO（指拉里·佩奇）提出的问题是，我们为了避免这一切发生，有什么其他的替代方案吗？"谷歌律师试图把"Java语言以外的替代方案"，解释成"诉讼之外的替代方案"。从邮件上下文来看，这一说法明显过于牵强了。

口审结束后，谷歌律师意识到了失误：这一回答等于坐实了"林霍尔姆邮件"是公司内部邮件，而非律师和客户之间的往来邮件，还给法官留下了信口雌黄的不好印象。

一周之后，谷歌的律师发起动议，要求将"林霍尔姆邮件"作为无效证据排除。他们诉称，该邮件属于律师与客户之间的往来邮件，不应作为证据开示，甲骨文的律师在使用这种文件时要提前通知他们。老谋深算的博伊斯早知如此，所以一开始就没有主动呈递这份文件，而是在法官要求之后才"不得不"予以展示；在交给法官之前，还非常诚实地说明邮件包含"敏感内容"。"林霍尔姆邮件"虽然标记了"仅律师有权阅读"，但从内容上看，可以确定是同事之间的内部往来邮件，而非律师与客户之间的邮件。基于以上原因，法官驳回了谷歌的动议，并且明确指出"把文档打上律师的标记或者发给律师"不能被认为是律师与被代理人之间的往来邮件。之后，双方围绕这封邮件先后发起了多次动议，谷歌动用了大量法律资源，连续9次尝试排除这一证据，但均以失败告终。

在 2012 年的庭审中，时任谷歌 CEO 的佩奇不得不就"林霍尔姆邮件"面对大卫·博伊斯的拷问。根据《洛杉矶时报》的报道[18]，总是一副运动休闲打扮的佩奇难得地穿上了西装，打着领带，接受大卫·博伊斯的质证。《连线》（Wired）的报道显示[19]，佩奇在回答博伊斯的问题时反应缓慢，而且东拉西扯，言辞模糊。在大卫·博伊斯面前，佩奇极力避免眼神接触，多次盯着天花板发呆。法官不得不反复敦促佩奇用"是"、"否"或者"不清楚"来回答博伊斯的问题，而佩奇基本上都会选择"不清楚"或是"不记得"作答。在被问到什么是 Java 时，佩奇显得语无伦次，回答："我觉得 Java 是个复杂的东西，有很多、很多东西。"博伊斯问到安卓是不是谷歌的"关键性资产"（crucial assets）时，身为谷歌 CEO 的佩奇居然回答"我不确定"。

在针对谷歌公司内部邮件的质证环节，佩奇表现得好像一个失忆症患者，对博伊斯的几乎所有问题都没有正面回答。对于博伊斯展示的所有邮件，来自斯坦福的天才科学家佩奇一口咬定自己全都记不清了；而对于 2005 年就加入谷歌且在业界颇有名气的明星工程师林霍尔姆，佩奇表示两人不熟，只知道他的名字而已。当博伊斯提到蒂姆·林霍尔姆的名字时，佩奇还装傻反问："哪个蒂姆？"商业新闻频道 CNBC（Consumer News and Business Channel）调侃说，佩奇被博伊斯问成了一张"空白页"（Blank Page，因为佩奇的名字"Page"有"页面"之意）。

这段故事充满了戏剧性，充分展现了美国顶级律师的策略和高超技巧，绝不逊色于任何律政剧。在经历了顶级律师完美操作的致命打击后，谷歌支付了史无前例的天价罚金，而甲骨文赚得盆满钵满吗？

事实是，甲骨文在这次诉讼中的策略看似强劲有力，但实际效果却非常有限。甲骨文一开始主张谷歌侵犯了 7 件 Java 专利，其中 5 件被 PTAB（Patent Trial and Appeal Board，美国专利审判和上诉委员会）认定无效，只有 2 件专利（专利号分别为 US6061520A 和 USRE38104E1）进入庭审阶段。而在庭审之后，所有涉案权利要求都被认定为未侵权！既然没有侵权，那么侵权的"故意"也就无从说起。博伊斯团队围绕"林霍尔姆邮件"的一系列精彩操作，不知道耗费了多少万美元，占用了高管和研发团队多少时间和精力，最终一点儿用处都没派上！

在笔者经手的一件美国专利诉讼中，对方也把大量的精力放在故意侵权的证据上，从证据开示阶段的问询、庭外证人取证，到庭上的交叉问询，占用了律师不少工时，大大挤占了对专利无效的讨论时间。笔者本来期待充分见识美国顶尖律师在证据组合方面的高水平攻防，结果却是不少时间被浪费在对一些市场材料的咬文嚼字和胡搅蛮缠上，让人大失所望。

早在 2003 年，马克·莱姆利（Mark Lemey）教授就把这种过分关注侵权故意的现象称为"Willfulness Game"，呼吁"结束专利诉讼的故意游戏"。[20] 律师把大量的精力花在证明侵权故意的证据上，使双方当事人不得不支付巨额律师费。由于故意侵权的风险太大，很多专利律师干脆建议客户在开发新品时不要看竞争对手的专利[21]；只要闭上眼睛和嘴巴，假装不知道竞争对手的专利，就没有故意侵权的风险，等真的遇到专利诉讼时，专注于证明专利无效和不侵权，反而会省掉不少律师费。罗宾·菲尔德曼（Robin Feldman）教授在一份研究报告中也指出："许多专利律师积极建议他们的客户不要查阅授权专利……这可能导致损害赔偿的计算启动，还可能因故意侵权而产生额外损害赔偿的风险。"[22]

对故意侵权行为加倍惩罚，笔者举双手赞同。但美国这种故意侵权惩罚与证据开示制度的结合，加上律师有意无意的引导，鼓励企业闭目塞听，放弃使用专利数据库这样的宝贵资源，已经完全背离了专利制度"公开换保护"的初衷。

美国专利诉讼和专利运营事务的活跃，和这样的制度密切相关。在莫尔斯、何乐礼、爱迪生和特斯拉的时代，发明人往往要面临抵触程序的考验。根据美国早期的"先发明制"，参与抵触程序的发明人需要拿出证据，证明自己是专利技术真正的最早发明人。抵触程序的失败者不仅会失去专利，还会失去作为真正发明人的荣誉。为了证明自己是真正发明人，发明人需要拿出自己的研发日志、实验记录，准备证物，联系证人，而所有的证据材料都要由律师过目，所有的证人也都要和律师一起排演证言。因为这些原因，美国专利诉讼从 19 世纪开始就非常昂贵。莫尔斯在最终被确认为电报发明人之后感叹"法律太昂贵了"，以及"被律师随意放血是一件坏事，尽量优雅地接受这种放血是最好的选择"，就是这个原因。

在今天的美国，抵触程序已经成为历史，但研发日志、实验记录、研发人员证词仍然是专利诉讼中不可或缺的部分。原告不仅要证明被告有侵权的故意，还要通过"次级因素"为专利的创造性提供支持。专利侵权案的原告往往要求被告开示大量的邮件记录、会议纪要、市场调研报告等与专利不大相干的文件，如果是软件专利，还要开示巨量的源代码，这些因素使得专利诉讼成本仍旧高昂。

如果中国的专利运营者想要和美国同行一样呼风唤雨，让实业界闻之色变，那么目前的制度显然无法满足他们的需求。与美国相比，我国的专利无效宣告程序和诉讼程序都要经济高效得多，在确定专利有效性之前不会将大量资源投入对"侵权故意"的证明中，也没有一个让原告和被告都长期大量"失血"的证据开示制度。

我们认为，技术产生的价值终归是有限的，律师拿走的越多，回馈给社会的价值就越少，发明人得到的也越少。前面讲过的德福斯特和阿姆斯特朗，都在专利诉讼中浪费了大量的时间和精力，最后郁郁而终。尼古拉·特斯拉，被坊间传为爱迪生死对头的天才发明家，也因无线电专利的归属和马可尼打了多年的官司，最终潦倒而死。

一个好的专利制度，固然应当保护权利人的利益，能够区分真正的创新和虚假的创新，但也不能喧宾夺主。诉讼的目的是守卫创新的果实，保护权利人服务老百姓的权利，使人类社会获得的回馈最大化，而不能是为了让诉讼发起人的利益最大化，这是我们对专利制度的期待。

在我们的模型中，我们把专利的保护范围比作土地。土地里不会凭空长出粮食，再怎么肥沃的土地，如果任由杂草丛生，不辛勤耕作，是无法滋养人类社会的。笔者认为，专利的生命也在于实施。

1900年，一位名叫兰姆森·克劳福德（Remsen Crawford）的记者不知道从哪里听说爱迪生有7件重要专利即将过期，认为自己发现了一个大新闻。在专利到期的当晚，他兴冲冲地跑到爱迪生的公司采访。当时天色已晚，爱迪生还在实验室工作，克劳福德被保安拒之门外。在他的软磨硬泡之下，保安同意为他带话给爱迪生，问爱迪生对他的重要专利到期有什么看法。爱迪生对保安说："回去告诉那个家伙，就说是我说的，这些专利的过期不值一提。告诉他，爱迪生先生说从来都没能独占自己的发明，也不期望能在当今世上做到这一点。专利过期对发明家的财富没有任何影响。"

爱迪生手下有一流的专利律师团队，在专利行权方面非常积极，其手段之强硬，从他们把整个电影产业赶到西海岸，孵化出一个好莱坞来，就可见一斑。但爱迪生归根到底是一位实业家，许可费并不是他商业帝国的核心——至少爱迪生本人是这么认为的。

30年后，克劳福德再次采访爱迪生，再次提出关于专利和财富的问题。这次他提出的问题是"你为什么不是全世界最有钱的人呢？"此时爱迪生已经年过八旬，打了一辈子的专利战，已经看透了专利制度的本质。他的回答是："在我的一生中，我获得了1180项专利。我为专利花掉的钱，包括研发试验费用和诉讼费，比我拿到的许可费还多。我的钱是作为制造商，通过开发和销售产品赚来的，而不是作为发明家得到的。"[23]

爱迪生的专利操作，在历史上可谓毁誉参半。但他毕竟是许多伟大技术的实施者，是人类跨入电气时代的领路人之一。据说爱迪生在临终昏迷之际，留下的最后一句话是"那里真美啊"。这是濒死体验，还是真的看到了天堂，我们不得而知；但也足可见他一生叱咤风云，临终得以无怨无悔。

但是，并不是所有做出了伟大发明的人，都可以无怨无悔地结束一生。

1903 年 12 月 17 日，莱特兄弟（Wright Brothers）的动力载人飞机试飞成功，标志着人类大踏步进入航空时代。在莱特兄弟的时代，很多致力于人类飞行事业的工程师和冒险家已经进行了无数次尝试，但是都没有成功；是莱特兄弟基于试验、观察和计算获得的一个重大发现解决了问题。之后，这个发明也得到了所有发明家所能想象的最完美的保护。

按照专利说明书的说法，莱特兄弟解决的技术问题是克服飞机在空中遇到的"干扰力"，因为"这些力会使飞行器偏离其为实现预期效果而应保持的位置"。他们的试验用机是一架简陋的滑翔机，机翼由帆布材料制造，固定在木质框架上。飞行员通过缆绳和滑轮拉动机翼的边缘部分，使机翼能够在一定程度向上或向下扭曲，从而改变两侧升力，保持飞机平衡。同时，滑翔机尾部有竖直的尾翼，专利说明书中称之为"垂直舵"（vertical rudder），可以左右转动，是飞机能够保持平衡的另一个关键点。飞行员在拉动机翼翘曲的同时，也造成"垂直舵"的偏转，既可以维持平衡，也可以操纵飞机转向。

当时的飞机当然是没有座舱的，莱特兄弟要趴在驾驶位上，用双手握住一个操纵杆来控制机头的水平舵，以确保飞机迎风而行（见图 51-6）；同时，还要用脚蹬身后的一个 T 形操纵杆，来控制机翼翘曲。一开始，他们只注意到机翼的翘曲，机尾虽然安装了垂直的尾翼，但尾翼是固定的，不能摆动。经过一些不太成功的试验之后，奥维尔建议让尾翼也摆动起来。因为手已经被前面的操纵杆占用，用脚蹬又不方便，于是他们把 T 形操纵杆改成压在身体下方的一个支架，用腰腿的力量来移动。这个支架与缆绳和滑轮相连，在拉动机翼翘曲的同时，还能拉动垂直舵转向。在莱特兄弟看来，用一个动作、一个装置同时操纵机翼和垂直舵是合理的方式，不会给飞行员造成额外的负担。这一点日后成为他们专利的唯一一个潜在漏洞。

图 51-6 莱特兄弟的早期滑翔机，趴在飞机上的是奥维尔·莱特

如图 51-7 可见，标号 18 的支架是机翼翘曲和垂直舵左右偏转的核心控制结构。

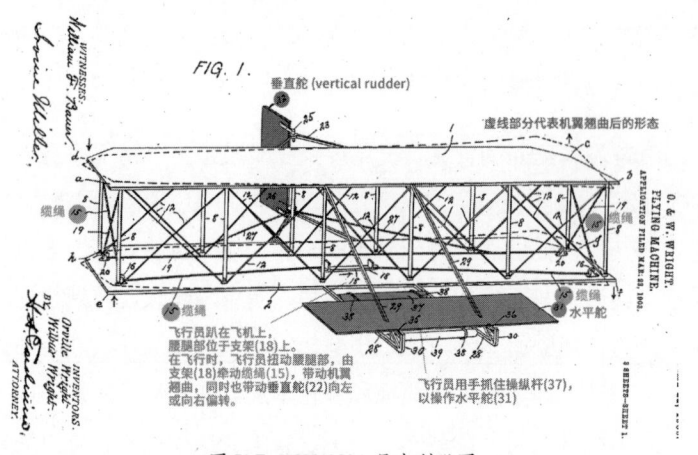

图 51-7 US821393A 号专利附图

飞行员用腰腿部移动支架（18），通过缆绳（15）拉动机翼的边缘向上或向下弯曲，同时带动尾部的垂直舵左右转动。这项技术称为"机翼翘曲"，不仅把当时所有的航空先驱甩在身后，还大大领先于当时空气动力学研究取得的全部成果。在 1906 年写给友人的一封信里，威尔伯·莱特自信地写道：

> 我们确信，五年以内没人能够开发出一种实用的飞行器。这个观点基于冷静的计算，考虑到了实践和科学上的困难，这些困难除了我们自己之外，其他人都一无所知。即使是您，香努特先生，也很难意识到飞行问题的真正困难所在。当我们看到人们年复一年地努力克服我们几周内就解决了

的问题,其进展尚不足以面对下一个更难的问题时,我们就知道他们的竞争在很多年内都不足为惧。[24]

1903年年初,莱特兄弟基于试飞用的滑翔机,为"机翼翘曲"技术提交了专利申请。当时,发动机已经广泛用于驱动汽车和摩托车,用发动机驱动飞机飞行是自然而然的想法。所以,莱特兄弟希望把发动机驱动的飞机纳入专利保护范围。但是他们对发动机并不是非常在行,也没有用发动机做过飞行试验,因此无法回答审查员在可行性方面的问题,他们的第一次申请被美国专利局驳回。

1903年年底的历史性试飞成功后,莱特兄弟再次把专利申请提上日程。他们花了大价钱,聘请业界知名的专利律师哈里·图尔明（Harry Toulmin）。如前所述,此时的美国已经经历了几十年专利诉讼的洗礼,专利律师咬文嚼字的能力得到了充分的锻炼。图尔明对莱特兄弟的专利申请进行了极具野心的改写。在权利要求1中,图尔明只字不提控制帆布机翼翘曲的滑轮与缆绳机械结构,只关注机翼"横向边缘"的上下移动。其权利要求1写道:

在一架飞行器中,一副通常为平面的机翼,具有可上下移动至机翼主体正常平面之上或之下的横向边缘部分,其移动沿着与飞行方向垂直的轴线进行,从而使得横向边缘部分相对于机翼主体的正常平面呈现出不同的角度,以在大气中形成不同的入射角,并具有用于移动横向边缘部分的装置,大体上如说明书所述。

需要指出的是,撰写权利要求直到1870年才成为美国专利法的强制规定。在此之前,已经有不少申请人在专利中写入权利要求,但权利要求尚未成为界定专利保护范围的法定要件。莫尔斯堪称疯狂的权利要求,就是在这样的时代背景下出现的。在基于权利要求的司法实践成熟之前,法官需要通过说明书总结专利所保护的核心原理。与涉诉专利采用同一原理的技术,有可能基于等同原则被认定侵权成立。[25] 但是1870年以后,美国专利律师撰写专利申请和权利要求的技巧越来越娴熟,法院开始区分"开创性"的大发明和"改进型"的普通小发明。如果一项技术是前所未有的"开创性"发明,那么在判定保护范围时就仍然可以像以前一样依据基于"原理"的等同原则,而不是仅仅依据权利要求。

在1898年的西屋诉博伊登动力制动器（Boyden Power Brake）案中[26],法官正式定义了"开创性专利"是为了保护"之前从未实现的功能、全新的设备,或者具有此类新颖性和重要性,足以在技术领域的发展中留下与众不同的一步"的发明,并指出开创性专利的三大典范是霍维的缝纫机专利,莫尔斯的电报专利和贝尔的电话专利。一件发明如果被认定为"开创性专利",就可以获得超出一般专利的保护范围。具体地说,就是可以"肆无忌惮"地适用等同原则,囊括一切运作原理相同的实施方式。开创性专利制度在美国专利史上存在了80多年,最终在 1980 年代被联邦巡回上诉法院在德州仪器诉美国国际贸易委员会一案中被废止。

但上述"开创性专利"不是由专利局认定的，而是由法院在司法程序中确认的，有点儿类似我国商标法实践中的司法认定驰名商标。在专利局授权之后，莱特兄弟的专利并没有"开创性专利"的地位，但莱特兄弟坚信这件专利是飞机技术的基石，毫不怀疑自己发明的开创性。此时他们还没从飞机的发明中获得一分钱的收益，但还是要求图尔明在英国、法国、德国、比利时、俄罗斯、意大利乃至澳大利亚都提交了专利申请。

1903 年年底的成功试飞，并没有在业界掀起多大的风浪。莱特兄弟虽然没有专利方面的经验，但是专利意识很强，保密工作做得也非常周全。如前所述，他们相信自己的技术极大地领先了时代，相信这件专利蕴含着巨大的财富。在专利公开前，他们也参与一些公开竞赛和表演，在业内积累了一些名声；但对于机翼翘曲的秘诀，他们一直遮遮掩掩，不露出底牌。

1906 年，就在威尔伯断言 5 年内不可能有人造出一架实用飞行器的那一年，一位名叫格伦·柯蒂斯（Glenn Curtiss）的工程师联系了莱特兄弟。柯蒂斯原本是自行车专家，有自己的自行车工场；后来，他自己设计发动机，把自行车改装成摩托车玩竞速。1903 年，他骑着自己的摩托车，以 103 千米/小时的速度飞奔 1 英里，打破了世界纪录，并且保持了数十年之久。此时，地面上的交通工具已经满足不了柯蒂斯对速度的痴迷，他把目光投向了蓝天。在了解了莱特兄弟的飞机的优异表现之后，柯蒂斯主动提出要为他们设计安装发动机。

此时莱特兄弟还没准备好和"外人"合作，但还是和柯蒂斯见了面。他们邀请柯蒂斯来自己的工场，双方相谈甚欢，相互钦服。在这次会面中，莱特兄弟是否透露了关键的技术信息，柯蒂斯是否从中了解到莱特兄弟的秘密，成为日后双方反目成仇、经年累月诉讼争论的一个主要问题，至今仍然是一宗悬案。

1907 年，大发明家亚历山大·贝尔结识了柯蒂斯，邀请他加入自己的"飞行试验协会"（Aerial Experiment Association）团队，设计飞机发动机。此时贝尔已经年届六旬，功成名就，但对发明的兴趣丝毫不减当年；当时他的兴趣正集中在飞机上。同年，贝尔和柯蒂斯设计了试验用机"白翼号"（White Wing）。"白翼号"在当时常见的双层帆布机翼边缘安装了可以偏转的三角形小机翼（见图 51-8），可以达到和莱特兄弟"机翼翘曲"技术类似的效果。[27] 这一设计后来被称为"副翼"，是贝尔本人的手笔。如前所述，这位大发明家和企业家一生经过许多专利诉讼，一手奠定了 AT&T 在科技公司中的崇高地位。此时莱特兄弟的专利已经公开，贝尔亲自研究过这一专利，他认为"副翼"已经足以规避莱特兄弟的专利。

图 51-8 "白翼号"飞机

"白翼号"最终因为飞行员操作副翼失误而坠毁。[28]1908 年 7 月，贝尔和柯蒂斯的团队设计的又一架飞机公开亮相，飞行了 1.6 千米，赢得了"科学美国"杯的奖项和 25,000 美元奖金。亚历山大·贝尔亲自将其命名为"六月甲虫号"。1909 年 4 月，贝尔和柯蒂斯等人共同为他们的新型飞机申请了专利（专利号为 US1011106A），保护的重点是针对副翼的设计（见图 51-9），"六月甲虫号"真机如图 51-10 所示。其权利要求 1 写道：

> 在一架飞行器中，具有正入射角的支撑表面、一对横向平衡舵（即副翼）以及舵之间的连接的组合，结构的纵向前后线的每侧各有一个舵，每个舵在正常情况下具有零入射角。

在专利说明书中，贝尔等人指出"已有人建议制造此类性质的飞行器，其支撑表面为柔性，边缘部分翘曲或弯曲，使得飞行器纵向中线两侧的支撑表面的不同端部呈现不同的入射角"。这种柔性、可翘曲的机翼，很明显是莱特兄弟的设计。与柔性机翼相比，贝尔和柯蒂斯的"白翼号"和"六月甲虫号"的特征在于"具有刚性的不可弯曲支撑面"。"六月甲虫号"初次试飞时，由于风会穿透帆布机翼，导致升力不足，三次起飞都未能成功。柯蒂斯使用帆船水手处理船帆的常用手段，把汽油和石蜡的混合物涂在帆布表面，使空气无法穿透[29]，这让帆布变得坚硬，如同刚性材料。

在专利说明书中，贝尔等人还特地提到"关键在于……支撑表面实质上应当是刚性的，在横向平衡被干扰时，不能通过翘曲或弯曲来恢复结构的横向平衡。"在"具有刚性的不可弯曲支撑面"的边缘部分，有"区别于支撑表面的装置，与所述刚性表面结合，用于使飞行器的下侧升起和上侧下降，以便在其横向平衡被扰动后恢复横向平衡"。简言之，莱特兄弟的机翼（支撑表面）是柔性的，用柔性机翼边缘的翘曲来维持平衡和控制方向；而贝尔与柯蒂斯的飞机机翼是刚性的，由"区别于"机翼的一对副翼来维持平衡、控制方向。从这个角度来看，贝尔与柯蒂斯的机翼与此后飞机的主流设计更加接近，副翼"区别于支撑表面"的特征也明显是为了规避莱特兄弟的专利。

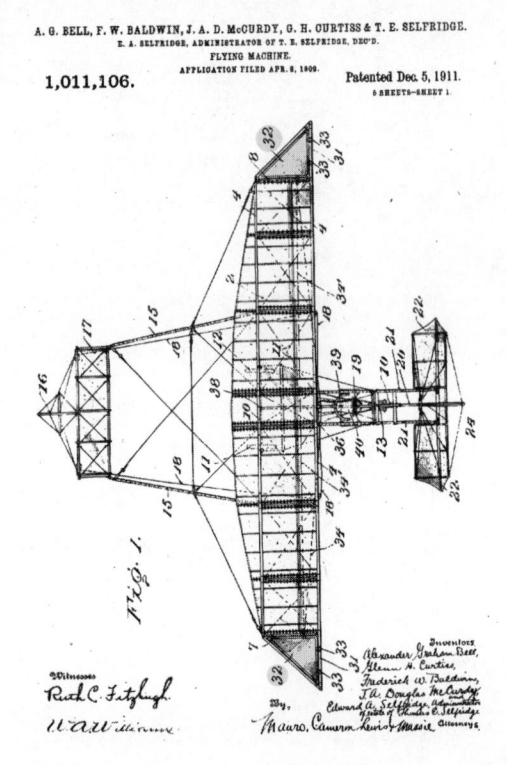

图51-9 US1011106A号专利附图。32号结构在专利中被称为"边缘平衡舵"（lateral balancing rudder）。这个结构后来通常被叫作"副翼"

图51-10 飞行中的"六月甲虫号"，可以明显看到三角形副翼扭转到与机翼主体不同的角度

1908年的"科学美国"杯大赛要求飞机用自己的动力起飞，但当时莱特兄弟的飞机还做不到这一点，因此没有参赛。听说柯蒂斯的飞机获奖之后，莱特兄弟大为不满，并立即写信给柯蒂斯："我们的821,393号专利的第14项权利要求明确涵盖了听说您正在使用的组

合……我们相信，如果没有使用我们专利所涵盖的某些特征，开发一款成功的机器将会非常困难。"权利要求 14 如下：

> 一架飞行器，包括叠加连接的机翼，用于将所述机翼的相对侧向部分移动至其正常平面不同角度的装置，一种垂直方向的舵，用于将所述垂直舵朝向呈现较小入射角和对大气阻力最小的机器一侧的装置，以及带有呈现上表面或下表面以抵抗大气阻力的装置的水平舵，其实质如说明书所述。

柯蒂斯谎称自己不打算再公开表演，并将专利问题推给贝尔的团队。同时，威尔伯·莱特在法国进行了兄弟俩的第一次公开飞行表演，轰动全欧，受到明星般的待遇。在此之前，尽管莱特兄弟的专利早已公开，并且在业界获得了一定的名声，但因为两人严格的保密策略，他们的成就还没得到世人的广泛认可。在法国的这次表演把他们的伟大发明彻底展示在聚光灯下，全世界都明白了一件事情：正如鸟的羽翼和尾羽一样，机翼边缘和尾翼垂直舵的扭转或摆动，是人类打开天空之门的钥匙；而这扇门已经通过莱特兄弟之手打开了！莱特兄弟沉浸于大众的欢呼和数不尽的荣誉之中，专利冲突暂时被搁置下来。

1909 年 11 月，莱特兄弟吸引了包括 J. P. 摩根在内的一批华尔街投资者，重组了公司。这里说的不是 J. P. 摩根公司，而是传奇投资人 J. P. 摩根本人。在摩根等人的支持下，新公司获得了 100 万美元的估值，莱特兄弟获得了 10 万美元的现金，持有 1/3 的股份，并且可以得到所有对外许可费的 10%。

新公司的运营宗旨，是在新兴的美国飞机市场实现绝对垄断。公司的一名发言人对外宣称："莱特兄弟和董事会的目标是保护和捍卫莱特兄弟的专利并对抗所有新进入者……成立这样一家拥有强大董事会的公司的主要目的之一，是在各个方面协助莱特兄弟维护其专利权益。"[30]

虽然这样的目标听起来有点儿奇怪，但是无论如何，莱特兄弟找到了可靠的合伙人，而这些人后来大多数时候都给予了两兄弟最大的支持。1909 年的早些时候，柯蒂斯也组建了新公司，但他的合伙人却是一个极其不可靠的家伙。这位合伙人名叫奥古斯塔斯·赫林（Augustus Herring），也是一位曾经参与飞行试验的飞机设计师。1909 年 3 月，他和柯蒂斯合伙组建赫林 – 柯蒂斯公司。为了说服柯蒂斯与自己合伙，赫林谎称自己手上有能够对抗莱特兄弟专利的专利。柯蒂斯希望看看这些专利，赫林却推说专利尚未授权，需要保密。柯蒂斯居然轻信了他的话，为新公司的成立支付了大部分的现金，让赫林拥有公司的多数股份。与此同时，贝尔的"飞行试验协会"完成了其历史使命，在赫林 – 柯蒂斯公司成立的当月解散。

1909 年，莱特兄弟正式起诉赫林 – 柯蒂斯公司，要求法院下达诉前禁令，禁止柯蒂斯生产飞机。除了权利要求14，他们还主张了权利要求3、4和15。权利要求3、4和15的内容如下：

权利要求3：在一架飞行器中，一个通常呈平面的机翼，具有可在机翼主体的正常平面上方或下方移动至不同位置的侧向边缘部分，其移动是沿着与飞行线垂直的轴线进行的。通过这种移动，该侧向边缘部分可相对于机翼主体的正常平面以及相对于彼此移动到不同的角度，从而向大气呈现不同的入射角，以及用于同时赋予所述侧向边缘部分此类移动的装置，其实质如说明书所述。

权利要求4：在飞行器中，组合具有平行重叠的机翼，每个机翼的侧边部分能够移动到机身正常平面之上或之下的不同位置，这种移动是围绕与飞行方向垂直的轴线进行的；从而这些侧边部分可以相对于机身正常平面移动到不同的角度，并且彼此之间也可以移动到不同的角度，使其相对于大气呈不同的入射角。支柱将这些机翼在其边缘处连接起来，支柱连接侧边部分，并通过柔性关节与机翼相连，同时具有使这些侧边部分同步移动的装置，所述支柱在其连接的部件之间保持固定的距离，从而使机器同一侧的侧边部分以实质上如描述的相同角度移动。

权利要求15：一架飞行器，包括叠加连接的机翼，用于将所述机翼的相对侧向部分移动至其正常平面的不同角度的装置，一种垂直方向的舵，用于将所述垂直舵朝向呈现较小入射角和对大气阻力最小的机器一侧的装置，以及带有呈现上表面或下表面以抵抗大气阻力的装置的水平舵，所述垂直舵位于机器的后部，而所述水平舵位于机器的前部，其实质如说明书所述。

这一年，柯蒂斯制造出一架新型飞机——"金甲虫号"。这架飞机采用了新的设计，将副翼放在上下机翼之间。这个改进被记录在柯蒂斯本人申请的US1204380A号专利中（专利附图见图51-11）。从1909年到1913年，莱特兄弟耽于诉讼，奔波于大西洋两岸，没有提交一件专利申请。而柯蒂斯则才思泉涌，他顶住了诉讼的压力和不可靠的合伙人的折腾，一共申请了10件专利（见表51-1），除了设计副翼，还成功设计出美国第一架水上飞机（见图51-12）。

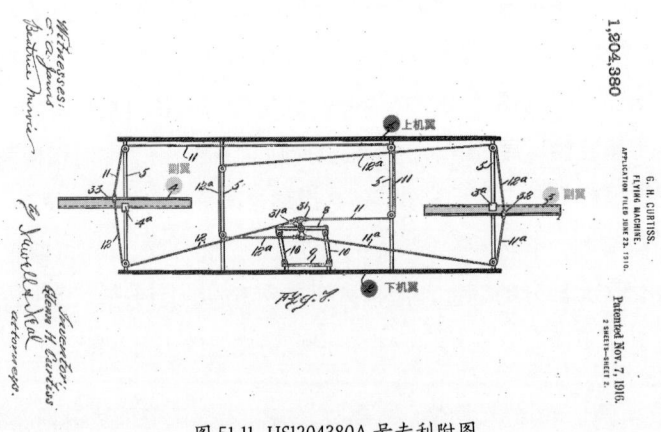

图51-11 US1204380A号专利附图

表 51-1 1909—1913 年柯蒂斯申请的 10 件专利

专利号	标题	申请日
US1011106A	Flying-Machine	1909-04-08
US1204380A	Flying-Machine	1910-06-23
US1420609A	Hydroaeroplane	1911-08-22
US1027242A	Means for Launching Flying-Machines	1911-09-01
US1085575A	Controlling Mechanism for Flying-Machines and The Like	1912-09-06
US1104036A	Flying-Machine	1912-09-14
US1108490A	Flying-Machine	1913-01-28
US1142754A	Flying-Boat	1913-06-04
US1223318A	Boat-Hull	1913-06-04
US1170965A	Hydroaeroplane	1913-09-16

图 51-12 美国第一架水上飞机

在同一时期，欧洲的飞机设计呈百花齐放之势，全面超越了处丁莱特兄弟诉讼阴影下的美国。1907年2月，法国发明家路易·布雷里奥（Louis Blériot）申请了"万向节控制器"专利（专利号为FR374494A），其使用万向节上的操纵杆来拉动缆绳，控制副翼（见图51-13）。当操纵杆向左移动时，飞机向左飞；操纵杆向右移动时，飞机则向右飞。后来航空技术的发展证明，这是最适合飞机的操作方法。布雷里奥的操纵杆最早应用在1908年首飞的Blériot VIII飞机上，该机型还安装了脚踏板来控制尾翼的方向舵。这种操纵杆加脚踏板的基本操作模式，最终成为后世飞机的标准配置。

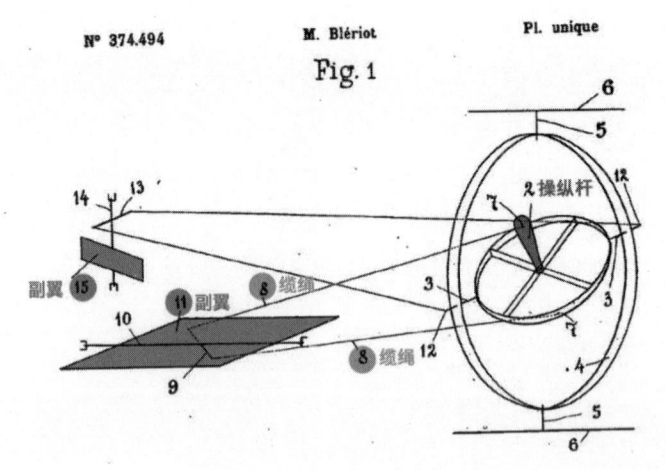

图 51-13 FR374494A 号专利附图

莱特兄弟并没有忘记他们的欧洲同行。如前所述，他们在欧洲的主要国家都进行了专利布局。1909 年，英国媒体大亨艾尔弗雷德·哈姆斯沃思（Alfred Harmsworth）悬赏 1000 英镑给第一位飞越英吉利海峡的飞行员，他盛情邀请威尔伯·莱特参加。但威尔伯担心海峡气候复杂，没有参加；而布雷里奥最后成功飞越了海峡，赢得了这笔奖金。布雷里奥的这架飞机是单翼飞机，采用了可以翘曲的柔性机翼，没有用副翼，落入莱特兄弟专利的保护范围。威尔伯随即把布雷里奥告上法庭。为了这起诉讼，威尔伯多次远赴欧洲，在法国、德国、英国针对不同的对手展开诉讼，每次停留都长达数月。

莱特兄弟在欧洲的诉讼进展并不顺利，因为欧洲并没有类似于美国"开创性专利"的规定。1912 年，德国法院裁定，由于莱特兄弟的一位朋友曾在专利申请前公开讨论过机翼翘曲技术，并以此为由宣告专利无效。莱特兄弟提起上诉，但德国最高法院驳回了上诉，并进一步把专利的保护范围限制为说明书上描述的具体结构。[31] 此时，欧洲的飞机已经普遍采用副翼设计，这一判决几乎使莱特兄弟的专利在德国失去意义。

在美国，莱特兄弟还起诉了多位飞行员。当时的飞机还没办法开展民用航空业务，飞行表演成为新兴的航空业能够赚钱的极少数业务之一。飞行员们在各种飞行表演大赛上赢得丰厚的奖金，像明星一样吸引了媒体和大众的目光。

法国飞行员路易·波朗（Louis Paulhan）来美国参加比赛，刚下船就被莱特兄弟的律师和法警围住，并收到一张传票。路易·波朗不会说英语，而法警不会说法语，路易·波朗还以为自己要被拘留，困惑不已。第二天，路易·波朗再次见到莱特兄弟的律师，收到一份法院令，要求他解释为什么可以进行美国飞行表演。还没等他反应过来，法院的禁令接踵而至，要求他支付 25,000 美元的担保金，否则就禁止他在美国进行飞行表演。波朗勃然大怒，隔天就买了船票回国。当时飞机产业还没有正式诞生，飞行员也不是一个正式的职业，很多飞机设计师像莱特兄弟和柯蒂斯一样，既设计飞机，也参加飞行比赛；既是工程师，也是运动员。从运动员的角度来看，通过法院禁令阻止对手参赛，是一种缺乏体育精神的表现。波朗和布雷里奥的案件导致莱特兄弟在欧洲的声望大跌，欧洲各大飞行组织纷纷表态：在波朗案结案之前，不会有任何欧洲飞行员来美国表演。

当时美国的飞行员数量远远少于欧洲。威尔伯曾高调宣布："我们计划在航空领域培养足够的人才，摆脱对外国选手的依赖，以防他们不应邀参加我们的比赛。"但是，如果由莱特兄弟的公司提供飞行员，赞助商每天要付给莱特兄弟 1000 美元；但在这笔钱中，莱特公司只肯分给飞行员 50 美元，而且飞行员在比赛中赢得的奖金还要全部上交给莱特兄弟公司。相比之下，柯蒂斯公司至少还允许飞行员保留 50% 的奖金。[32] 莱特兄弟还与美国航空俱乐部达成了协议，后者规定，只有获得莱特兄弟专利许可的赞助商，才能得到航空俱乐部的认证。获得认证的飞行表演，要将毛收入的 10% 交给莱特兄弟，这个数字已经超过了当时很多飞行表演的盈利率，因而进一步压制了美国航空业的发展。

在一次大规模飞行表演赛中，美国人约翰·B. 莫桑特（John B. Moisant）击败英国飞行员克劳德·格雷厄姆－怀特（Claude Grahame-White）获得大奖，这是当时美国人在同类活动中取得的少数胜利之一。美国观众激动得泪流满面，威尔伯·莱特也在场，他兴奋得大喊大叫。莱特公司作为飞机技术的专利权人，从这次比赛中获得 2 万美元的门票分成，莱特公司的飞行团队也拿到 15,000 美元的奖金，公司董事会还给莱特兄弟加薪 1 万美元。但莱特兄弟并不满意。如前所述，莱特兄弟一直要求的是毛收入的分成。他们拿到钱之后觉得太少，怀疑主办方扣除了一部分毛收入，少给了自己 15,000 美元，因此打算起诉主办方。这一次连公司的几位资深合伙人都看不下去了。一位早期投资人批评说"当航空公司试图推动航空科学和艺术的发展时，莱特兄弟只关心商业，对真正的科学几乎没有兴趣"，认为这种行为令人羞耻。在董事会的干预下，莱特兄弟放过了主办方，但没放过落败的英国飞行员格雷厄姆－怀特。格雷厄姆－怀特临上船前收到法庭文书，莱特兄弟向他主张 5 万美元的专利侵权费用，最后赢了诉讼，拿到 1700 美元。

然而，飞行员们通常打一枪换一个地方。当时的美国交通和通信条件都远远无法和今天相比，很难像把路易·波朗堵在码头一样及时抓到飞行员，何况其中还有不少外国人。哈里·图尔明作为专业的专利律师，建议莱特兄弟放过飞行员，而去起诉飞机制造商和飞行表演的赞助商。从法律上看,这是一步好棋,但从商业的角度来看,却是一个大昏着儿。飞机制造商也算是竞争对手,起诉它们也就罢了。但飞行表演的赞助商往往都是对初生的航空业展露兴趣的大企业、投资人和银行,起诉它们无异于将其生生逼到莱特兄弟的对立面,大大降低了其对航空业的兴趣。这个后果,不是作为专利律师的哈里·图尔明能够预见的。

大富翁哈罗德·麦考密克(Harold McCormick)在芝加哥举办了一场比赛,吸引了35万人观看,规模空前。奥维尔·莱特本来同意让莱特公司的飞行员参加,但他得知麦考密克允许未获得专利许可的飞行员参赛后,态度马上发生了变化,要求图尔明把主办企业告上法庭。最后,他们发现哈罗德·麦考密克没打算靠这次展览赚钱,整个活动支出19.5万美元,收入只有14.2万美元,作为被告的主办企业根本没钱给莱特兄弟。理论上莱特兄弟还可以追诉麦考密克本人,但他们的时间表已经完全被诉讼占满,只好就此作罢。

从美国到欧洲,莱特兄弟遭到了大面积的口诛笔伐,与反对者打起了嘴仗。在新诞生的 Aircraft 杂志上,波朗亲自撰文抨击莱特兄弟,并主张自己的飞机设计与莱特兄弟的专利不同。图尔明则发文《对莱特兄弟的攻击是完全没有道理的》(英文名称为 "Attacks on Wright Brothers Wholly Unjustified"),为莱特兄弟辩护,对技术问题避而不谈,而是强调莱特兄弟创业的艰辛,有权获得丰厚的报酬。支持波朗的一位律师就此撰文批判。这位律师自己也是航空爱好者,曾经亲手设计飞机并驾驶其飞行,但在一次坠落事故中摔断脊柱,导致下肢瘫痪。他愤怒地批判莱特兄弟专利"被一个贪婪而富有的公司所拥有,可能会威胁到航空业的生命力,扼杀这个国家的发展,排除外国进步的果实",并质问说,难道"航空航行的利润不足以为所有人分配,只够莱特兄弟分配吗?"

当时的一位海军军官曾经驾驶过莱特兄弟和柯蒂斯的飞机。他的评价是:

> 莱特的飞机安装了一种混合控制装置……非常不自然。你需要横向操作操纵杆,还必须前后移动以调节高度,然后还要操作操纵杆上的一个小控制器……柯蒂斯飞机的控制装置在某些方面显得更好……你可以左倾或右倾来操作副翼。操纵轮安装在一个十字线上……以操作升降舵。除了控制动力、踩油门,其他都不需要用脚控制。莱特飞机安装在滑行器上,起飞是通过一个重物下落辅助完成的。柯蒂斯飞机则有足够的动力直接从沙滩上起飞,为机动升空做好准备。

种种事实表明,执着于诉讼的莱特兄弟已经在技术上落伍了。首先,他们在欧美两地同时开战,面对多个对手,时间表被取证、质证和出庭占满了。其次,为了确保他们的专利能被认定为"开创性专利",莱特兄弟坚持自己的原始实施例独一无二,如果他们也采用副翼,那无疑是自己打自己的脸。而人类几十年航空飞行的经验表明,莱特兄弟虽然找到了打开天空之门的钥匙，但受限于当时的材料技术，副翼被证明是最优解。在欧洲人积极探索各种副翼方案时，美国只有倔强的柯蒂斯还在顶着诉讼压力继续设计飞机；而莱特兄弟却画地为牢，把自己困在柔性翘曲机翼的执念里。

除此之外，莱特兄弟对当时流行的花式飞行表演不感兴趣，拒绝为花式表演做专门的设计。奥维尔曾经说过："我更关心普通人能做什么，而不是冒险家或者傻瓜能用飞机干什么。"这个观点并没错，但是事实证明：一方面，民众对花式飞行表演喜闻乐见，这也是当时尚处于襁褓之中的飞机制造业能够获得收益的极少数途径之一；另一方面，各种高难度的急转弯、俯冲和极限爬升恰恰是早期飞机空战必需的技术。

身为公司一号人物的威尔伯·莱特积极地参与证人问询，亲自研究证词，已经达到了狂热的程度。柯蒂斯的证人作证之后，威尔伯当晚就会研究证词，从里面挑毛病。威尔伯对图尔明的能力也越来越不满。有一次，柯蒂斯的一个证人在庭审上说错了一句话，图尔明完全没有注意到，但威尔伯当晚就发现了，立即提示图尔明进行应对。第二天，证人主动承认自己的说法有误，纠正了证言，但与柯蒂斯的证言冲突。威尔伯为此欣喜若狂，特地写信给弟弟夸耀。根据莱特公司的一位经理记载："在威尔伯·莱特生命的最后两年，他全身心投入到与柯蒂斯的专利战中……威尔伯·莱特因为在专利诉讼中拼尽全力而死于伤寒。"他还提到，"在初创阶段……奥维尔·莱特做了所有工作，因为威尔伯·莱特必须全力投入于专利诉讼。"

1912年5月，威尔伯·莱特突然患上伤寒，几天之内就病入膏肓，留下了一生中最后一封信。这封信是写给斐锐律所的律师的。在生命的最后几天，威尔伯满脑子想的还是他的专利官司。他抱怨图尔明太多次与柯蒂斯的律师达成协议拖延法律程序，并哀叹说："现在有不计其数的竞争对手正在进入这个领域，生产他们第一架真正能飞的飞机。这些飞机的价格比我们的产品少了一半。"在最后的时刻，看到自己一手开创的产业百花齐放、繁荣昌盛，威尔伯并没有感到开心，而是满腔的愤怒和委屈。[33]而他的兄弟奥维尔则带着他的愤怒，继续战斗。

1913年，地方法院终于做出判决，认定莱特兄弟的专利有效，柯蒂斯侵权成立；更重要的是，莱特兄弟的US821393A号专利终于被认定为"开创性专利"（pioneer patent）。在判决书中，法官约翰·R.哈扎德（John R. Hazel）讨论了莱特兄弟专利申请前的各种现有技术，高度评价了莱特兄弟对航空业做出的革命性贡献，称他们为"航空技术领域的开创性发明人"，宣布莱特兄弟"有权对争议权利要求获得宽泛的解释"。

在这一前提下，柯蒂斯的不侵权抗辩就变得不堪一击了。柯蒂斯辩称自己飞机尾部的垂直舵仅用来转向，而非"恢复平衡"。很多开过柯蒂斯飞机的飞行员也提供了类似的证词。但柯蒂斯的一名证人承认，有一次在飞机不正常倾斜时动过后舵，而飞机随后也恢复了平衡。基于这一证言，法官认为柯蒂斯的飞机有着与莱特兄弟不同的"副翼"设计，并且"不是在任何时间、任何情况下都与莱特兄弟的原理相同的方式运作"，但"能够以与原告飞机大致相同的方式恢复平衡"。根据当时的判例法，与"开创性发明"原理大致相同的实施方式完全可以被认定为侵权。

哈扎德是一位倾向于专利权人的法官。我们之前提到的号称美国最早专利流氓的谢尔顿，正是在哈扎德法官的裁决下赢得了其首场专利诉讼的胜利，随后建立了自己的专利运营公司，在整个汽车行业予取予求。此时，亨利·福特正在与之对抗，屡屡在公开场合抨击哈扎德的判决。

柯蒂斯提起了上诉，但是于事无补。1914 年，第二巡回上诉法院维持了哈扎德法官的判决，尤其是确认了"开创性专利"的认定，宣布"专利权人可以公平地被视为使用重于空气的飞行器进行实际飞行的开创者，其权利要求应当获得宽泛的解释"。

莱特公司的董事会欢欣鼓舞，他们希望把所有竞争对手彻底赶出市场，或者收购为莱特公司的子公司。奥维尔·莱特反倒没有那么激进，他只打算对美国生产的每一架飞机收取售价的 20% 作为专利许可费。当时一架飞机的价格通常在 5000 美元左右。1914 年美国飞机的产量已经超过 1000 架，莱特公司可以轻松入账百万美元，这可比设计和制造飞机来钱快多了。此外，凭着"开创性专利"的巨大威力，莱特公司有权对 1906 年以来美国生产的几乎所有飞机主张许可费。对此，奥维尔·莱特表现得宽宏大量，宣布不会追究非故意的侵权者，但绝不放过柯蒂斯。柯蒂斯赚的每一分钱都要吐出来。

这时，莱特公司和柯蒂斯公司的技术差距已经越来越大。1914 年巡回法院判决后不久，艾尔弗雷德·哈姆斯沃思又悬赏 1 万英镑，奖励给第一位实现跨大西洋航行的飞机驾驶员。奥维尔直接放弃，认为这不可能。而柯蒂斯在高调宣称要上诉的同时，宣布要制造一架能够跨越大西洋的飞机。1919 年 5 月 15 日，美国海军的吕德少校（全名为艾尔弗雷德·莱昂内尔·吕德，Alfred Lionel Rudd）驾驶柯蒂斯公司的 NC-4 型水上飞机从纽约飞向里斯本，经过将近 44 小时，完成了人类历史上第一次横跨大西洋的飞行。

在输掉 1914 年的关键判决之后，柯蒂斯结识了亨利·福特。此时亨利·福特已经击败了美国第一个专利流氓乔治·谢尔顿，被大众视为英雄。他的流水线作业法正在大放光彩，财富和声誉都达到顶峰，同时他对专利深恶痛绝。福特向柯蒂斯提供了一些建议，并把自己的律师本顿·克里斯普（Benton Crisp）介绍给柯蒂斯。

经验丰富的克里斯普认为，继续上诉到最高法院没什么用，因为当时最高法院很少接受专利案件，而且大法官们更关注法律问题而非事实问题，改判的可能性不大。他建议柯蒂斯尝试规避设计。在 1913 年的判决中，柯蒂斯主张说自己飞机的三个部件——两个副翼和一个舵不是共同运作的，但法官并未接受柯蒂斯的这个主张。虽然法官没有明说，但是透露出这样一层意思：如果副翼和舵不是共同运作的，那可能就不构成侵权了。于是，克里斯普建议柯蒂斯允许驾驶员独立操作左副翼或右副翼，而不是同时操作两个副翼。[34] 这样其实胜算也不大，但只要莱特公司还没对新的机型提起诉讼，柯蒂斯就能继续生产飞机。这是赤裸裸的"阳谋"：已经被诉讼折磨得筋疲力尽的奥维尔·莱特必须再发起一起诉讼，才有可能让重新设计后的飞机也遭到禁令。

此时，莱特公司和柯蒂斯公司的前一场侵权诉讼还没完全结案——法官虽然认定侵权成立，但赔偿问题还要经过漫长的法律程序才能解决。奥维尔没有精力和财力同时进行两起诉讼。在挣钱和独占飞机市场这两个选项之间进行权衡之后，奥维尔选择了后者，他要让柯蒂斯一架飞机都造不出来。1914 年，莱特公司再次对柯蒂斯提起诉讼。

同年，欧洲发生了萨拉热窝事件，第一次世界大战爆发。曾经共同开拓蓝天的飞行员们纷纷参军，从开拓人类活动边界的战友变成生死相搏的敌人。这个时候，莱特公司连一台能够作战的飞机都造不出来，而柯蒂斯在 1914 年推出了一台双翼飞机 Model J，很快投入军用，成为当时美国空军仅有的 23 架飞机之一。

1915 年，奥维尔再也不愿意继续下去，把股份和专利一起卖给了华尔街的一个投资团体，获得将近 150 万美元的现金，保留了航空总工程师的头衔，实际上是退出了公司。1917 年，美国正式加入第一次世界大战。为了保证美国公司能正常生产飞机，美国政府组织了一个委员会，由柯蒂斯的律师克里斯普领导，起草了一个交叉许可协议，允许所有飞机制造商在较低的许可费下制造飞机，而美国飞机行业的一切专利诉讼也随之终结。即使如此，美国的飞机制造业已经全面落后于欧洲，没有一架美国本土生产的飞机可以执行军事任务。讽刺的是，莱特兄弟的公司经过几次并购，最后与柯蒂斯的公司合并，成为柯蒂斯 - 莱特公司。

莱特兄弟的专利战严重影响了他们核心专利的实施，拖慢了美国航空业的发展进程，极大地阻碍了航空技术对社会的回馈。威尔伯·莱特几乎为诉讼献出了生命，奥维尔·莱特活到 1948 年，但在威尔伯去世后，奥维尔对飞机行业几乎再也没有做出贡献。两位天才在短短几年间用简陋的滑翔机孕育出一个巨大的行业，却因一己之私扼住这个行业的咽喉，直到生命如流星般陨落。

我们认为，这样的专利战是不值得的。莱特兄弟亲手开辟了一片沃土，但却没有认真地耕耘。他们过分警觉地巡视着自己土地的边界，动不动便与他人大打出手。对于那些真正辛勤耕耘土地的人，他们又狮子大张口般地拼命索取，恨不能把整片土地变成无人区。这样的土地，自然无法给社会以正常的回馈，也无法孕育出真正伟大的企业。威尔伯在辞世之时，几乎已经成为一个专业的专利律师。但他在诉讼战场上的些许成就，又如何比得上他开创一个行业、造福亿万民众的万丈光芒呢？

第 52 章 知识产权规则的运用之道

回顾"兴衰篇"中的故事，何乐礼与莱特兄弟差不多是同时代的人，同样有堪称开创性的伟大发明。何乐礼这位真正的专利专家，在第一件专利获得授权后一个人默默改进自己的机器，仅在第一批专利过期后有过一次短暂的专利诉讼，而且早早抽身退出，没有陷入长期的专利战。最终，伟大的计算机产业经沃森父子之手而诞生，为人类在 20 世纪后半叶至今的技术飞跃提供了强大动力。

IBM 是伟大的，因为它无数次为人类开拓全新的领域；而在它的全盛时期，根本没有用专利诉讼压制竞争对手。划时代的 System/360 虽然留下了不少专利，但已经尘封在故纸堆里，没有留下能让专利代理人夸耀的故事，也没有让律师或法官留下大名。但是这些专利对人类的贡献之大，又岂是 Prodigy 的几件专利可以媲美的？

索尼和飞利浦的众多发明方便了无数人的生活，改变了几代人的生活方式，为众多艺术家提供了源源不断的灵感。今天人们谈起索尼和飞利浦的专利，首先想到的往往是从 CD 到 MP3 的众多专利池，以及飞利浦近年来积极行权的活跃。正因为如此，我们才从故纸堆里翻出早期录音机和 Walkman 被尘封的那些专利——这些没有留下任何诉讼记录的专利，深藏功与名，默默滋养着整个人类社会，它们才是索尼和飞利浦之所以成为传奇的原因。

近些年来，高价值专利的培育成为专利业界研究的一个主要课题。什么样的专利才是高价值的专利？业界已经提出了很多判断标准，如诉讼的胜利、许可费的多寡、资本市场的估值、引用量的高低等。在笔者看来，这些易于量化的指标反而不是最重要的标准。我们认为，最有价值的专利，其边界一定要与其所做出的创新边界相吻合，既不多，也不少。而它的价值，如前所述，一定要体现在实施上。

例如，笔者早先在中国专利奖评选中看到的一个专利——国家电网 CN103730247A 号专利"一种全屏蔽高压隔离型电压互感器"，用于标定高电压量值。它是 2022 年第 23 届中国专利奖的获奖项目，没有诉讼记录，引用量至今也只有 10 次。但是根据评奖说明，这一技术已经"完成我国全部特高压变电站现场电压互感器的交接试验工作"，还在至少 11 项海外工程中用于现场校准。其中包括地球另一面的巴西美丽山特高压输电工程，以及我们的近邻巴基斯坦默蒂亚里—拉合尔 ±660 千伏直流输电工程。再如第 22 届中国专利奖金奖，中国中铁山桥集团的"一种桥梁用 Q345qDNH 耐候钢的焊接方法"（专利号为 CN102837105B），这个名不见经传的专利，已经应用于世界最高桥北盘江特大桥、世界最长跨海大桥港珠澳大桥的耐候钢结构制造，是 21 世纪中国建筑奇迹的基础专利之一。

这些技术虽然少见于报端，没有在法庭上攻城略地，也没有在资本市场上吸引眼球，但是凭着这些技术，国家电网跋山涉水，深入不毛之地，为千万亚非拉家庭带来了光明，带来了现代生活和改变命运的希望。中铁山桥集团逢山开路，遇水搭桥，完成了一项又一项堪称奇迹的伟大工程。我们也想多发掘一些关于这些专利的故事，遗憾的是，在它们的背后，确实没有什么戏剧性的故事，只有无数工程师的默默付出。也许这些专利注定被人忘却，但是它们才是真正的高价值专利。

虽然前面讲的大多是古老的故事，在全书完结之际，笔者还是希望各位和我们一起往前看。我们相信人类的智慧，也相信一个成熟健康的专利制度必然有利于区分真伪创新，有利于伟大创新的落地实施，也有利于真正坚持正道的企业长盛不衰。

本书提到的一些早期专利制度上的问题，例如瓦特所担心的说明书是否充分公开，在今天已经不是一个值得大多数专利权人关注的问题。根据超凡研究院的《2021 年中国专利无效决定统计分析》[1]，2021 年被国家知识产权局专利复审委员会全部无效的 341 件发明专利中，以公开不充分为无效事由的只有几件，因缺乏新颖性和创造性而无效的有 303 件。不久前，公众号"企业专利观察"检索了国家知识产权局自 1987 年到 2021 年的 5.2 万件专利无效决定，发现其中只有 65 件专利是基于"说明书公开不充分"而被认定无效或部分无效的，在所有无效决定中，占比只有千分之一。[2]

在前面章节提到的那次采访中，爱迪生认为法官对技术问题不了解，是专利诉讼劳民伤财的原因。他希望建立"一个独立的特别法庭，把这些事情从常规司法系统中剥离出来……任命理工院校毕业的、对科学有所了解的人担任这个特别法庭的法官，负责审理专利案件"。[3] 爱迪生的这一期盼，在今天已经实现。由有技术背景的法官组成的知识产权法院已经在多国建立起来。

本书一直批判以收取许可费为目的的专利运营。在"兴衰篇"中，我们提出过这样一个问题：如果专利运营是正道，那么自工业革命至今二百多年，为何没有以专利运营为主业的百年企业呢？回顾了二百多年的专利史，我们没有发现这样的企业，反倒找到不少专门从事专利业务的百年律所。著名的斐锐律师事务所（Fish & Richardson），在一百年前代表亚历山大·贝尔争夺电话专利，代表爱迪生打电气时代的第一批专利官司，代表莱特兄弟打飞机制造业的第一场专利大战。在开始写本书时，斐锐还在代表 iRobot 公司，在 ITC 发起了服务机器人专利诉讼第一案。贝尔和爱迪生留下的遗产，AT&T 和通用电气，都已不复昔日的荣光；莱特兄弟的飞机公司连名字都已被人遗忘；而斐锐依然活跃，现在仍是美国排名第一的专利诉讼律所。

事实上，我国当前的专利制度也不利于这类专利运营的盛行。我国的专利无效程序相对高效，整体律师费用低于欧美国家。这正是中国专利制度的一大优点。此外，中国企业出海，无论在欧美，还是在第三世界国家，笔者认为也不宜以专利运营作为主要目标。只要心系客户，脚踏实地，当中国制造天下无敌时，中国的专利自然会天下无敌。"乐以天下，忧以天下，然而不王者，未之有也"，就是这个道理。

在本书完稿之际，筹备多年的欧洲统一专利法院（Unified Patent Court, UPC）正式开业运营，受到业界广泛关注。长期以来，在涉及专利流氓的问题上，欧洲人对自己的专利制度是比较骄傲的。其中一个原因是专利流氓执行难度大——专利权人需要在多个国家发起诉讼，才能在这些国家行权。统一专利制度生效之后，不少专利流氓蠢蠢欲动，认为专利运营的春天即将在欧洲降临。UPC 在未来的十几年内会如何影响专利运营，我等才疏学浅，不敢置评。但是从长期来看，如果一个制度有利于 NPE 和专利运营，不利于真正开发产品的公司，那么这个制度一定会被修正，否则它将成为套在创新上的枷锁。美国如此，欧洲亦然。

因为这些原因，我们对未来充满信心。今天的专利数据库前所未有的庞大，检索也前所未有的方便。而且一些 AI 工具，比如 ChatGPT 已经展示了强大的阅读、分析和总结能力，虽然还没有在专利检索方面得到应用，但已势不可挡。未来的专利制度和专利工具，一定会更加有助于我们分辨创新的真伪。真伪是非明辨之后，专利诉讼的舞台就不会被滥诉滥讼的流氓占据，创新的实施也就愈发顺畅。

无论是在王权时代的英国、草创时期的美国，还是在垄断资本呼风唤雨的美国，以及我们今天这个时代，专利制度在不断发展，虽然偶尔有反复，但总体上呈现螺旋上升的趋势。二百多年来，人们对垄断和资本的态度有过变化，专利侵权和无效的标准时松时紧，既有利于专利权人的时代，也有不利于专利权人的时代。未来十年、二十年会是什么样子，我们不得而知。但是只要专利制度存在，其鼓励创新的核心宗旨就不会变。有了这个核心宗旨，就必须识别真创新和假创新，推动真正的创新落地实施，造福万民。今天，从各国的立法趋势来看，专利无效程序都在向更方便、快捷、经济的方向发展。这是我们面对的水的流向、玉的纹理。

发明人用"天才之火"不断拓展人类知识的边界，专利工程师和代理人为他们确立界限，专利律师和法官以法律的名义守卫界限，当竞争对手强行闯入时，要为专利权人捍卫其权利。我们认为，当专利标定的边界与人类做出的创新重合时，才是真正的创新，这个边界是科学的、合法的、值得捍卫的。如果背后没有真正的创新作为支撑，就是不科学的、不合法的、不值得捍卫的。

依据所探索出的边界的真相来平衡权利人与社会公众的利益，让创新为物质世界产生真正的价值，本书作者认为，这就是对创新的治理。